别让压力毁了你
别让情绪左右你

方蕾 庞丽娟 编著

中国华侨出版社

图书在版编目(CIP)数据

别让压力毁了你，别让情绪左右你 / 方蕾，庞丽娟编著.—北京：中国华侨出版社，2013.4（2014.10重印）

ISBN 978-7-5113-3479-4

Ⅰ.①别… Ⅱ.①方… ②庞… Ⅲ.①压抑（心理学）—通俗读物 ②情绪—自我控制—通俗读物 Ⅳ.①B842.6-49

中国版本图书馆CIP数据核字（2013）第069284号

别让压力毁了你，别让情绪左右你

编　　著：方　蕾　庞丽娟
出 版 人：方　鸣
责任编辑：文　丹
封面设计：李艾红
文字编辑：刘晓菲
美术编辑：宇　枫
经　　销：新华书店
开　　本：1020mm×1200mm　1/10　印张：36　字数：770千字
印　　刷：北京德富泰印务有限公司
版　　次：2013年6月第1版　2018年4月第5次印刷
书　　号：ISBN 978-7-5113-3479-4
定　　价：59.80元

中国华侨出版社　北京市朝阳区静安里26号通成达大厦三层　邮编：100028
法律顾问：陈鹰律师事务所
发行部：（010）88866079　　传　真：（010）88877396
网　址：www.oveaschin.com
E-mail：oveaschin@sina.com

如果发现印装质量问题，影响阅读，请与印刷厂联系调换。

前言

美国女作家阿内斯·宁曾说过:"我们看到的世界是我们眼中的世界,而不是世界本来的面目。"当我们看到社会的险恶,周围形势的险峻,身边人们态度的冷漠时,也可以说是对我们内心状况的一种反射。我们很难以公平的态度看待世界,却可以尽可能地以客观的方式来陈述现状,不以压力扰乱心境,也不以自己的情绪评判事物。要做到这一点就需要修炼内心,控制情绪,放空自己内心的压力。

"人生不如意十之八九",生活在竞争激烈的现代社会,每个人都要面对来自工作、生活、学习和情感等多方面的压力,每个人都会被各种各样的压力包围,也会被形形色色的情绪左右。情绪是一把双刃剑,如果处理得好,可以将阻力转化为助力,帮你化解困境,让你在生活中左右逢源;如果处理得不好,情绪就会失控,使人做出一些非理性的言行举止,害人害己。重压力和坏情绪导致人们学习效率下降,生活质量降低,引发疾病,甚至对于自己的人生也产生了迷惘。更可怕的是,这些高压力和坏情绪还会传染。有的人将它们发泄给同事、朋友,有的人传递给妻子和孩子。心理学家发现,人的高压力和坏情绪同细菌病毒一样,有着同样的杀伤力,而且传染性速度非常快。如果我们不警惕它们的传染性,只会为职场、社交埋下隐患。

在生活中,你是否有过压力无法承受、情绪难以控制的情况?如果有,你是放任放纵,还是控制和疏导?其实,如果能很好地缓解压力,会让你自我感觉更好、生活更加幸福,免疫系统会变得更强健有力,耐力会显著增加,并促使你做出更好的决策,你的总体生活质量将大大提高。每个人都像在同自己战斗,情绪控制能力差的人容易在一场场没有硝烟的战争中迷失自己,成为失败者;而情绪控制能力强的人就能控制自己内心蠢蠢欲动的想法,调节即将喷发的怒火,缓解内心深处的焦虑。人人都能从容面对压力,人人都能管理好情绪,需要做的只是改变一下看问题的角度,学会一些放松自己的方法。掌握了正确的方法,人们就能平稳度过压力和情绪纷扰的难关!

那么,该如何面对压力,管理情绪呢?本书是一本解读新时代都市人人生困惑、追求内心和谐的心灵手册,也是一堂最实用的压力与情绪管理课。书中首先全面探讨了压力的含义、类型、起因、表现、症状,强调了压力对人身体免疫系统的巨大危害,以及由此对健康、工作、生活、交往所带来的一系列负面影响，分析了各年龄段、男性和女性、不同职业的人们压力产生的根源及其对压力的反应，总结出催眠疗法、锻炼疗法、芳香疗法、营养疗法、按摩疗法、创造疗法、乐观主义疗法等一系列有效的减压、解压的方法，帮助读者树立正确的认知、看待压力的观念，自信而乐观地面对世界，制订合理的压力管理计划，改变不良的生活习惯和工作方式，变压力为动力，走向轻松、乐观、健康的理想生活；书中还从当代人的生活状况出发，剖析了人们工作、情绪、生活失衡的种种现象，揭示其背后隐藏的内在原因，同时提供了一系列掌控工作、情绪、生活的高效方案，为广大读者提高工作效率、调控内心情绪、优化生活秩序指明了便捷的通道，帮助读者改变现状，释放忧郁、焦虑，排解烦恼、苦闷，游刃有余于生活和社交，以从容的姿态和轻松的心情面对工作和生活，从工作中找到快乐，在生活中获得幸福，更好地享受人生。

如果你想提升自我，让自己脱颖而出，成为工作和生活的主人，那么在书中你定会找到你想要的答案，得到你想要的一切。

目录

第一章 不得不生活在压力之中

什么是压力 ··· 1
当生活改变时：急性压力 ··· 2
当生活成为过山车的时候：阶段性压力 ································ 2
当生活变质时：慢性压力 ··· 3
人人都有压力 ·· 4
压力从何而来 ·· 4
你何时感到压力 ·· 5
人类压力的根源 ·· 5

第二章 别让压力毁了身心健康

身体压力 ··· 6
大脑压力 ··· 7
压力与胃及心血管的联系 ·· 7
承受重压的皮肤及慢性疼痛 ··· 8
压力与免疫系统 ·· 8
压力与疾病的联系 ··· 8
情绪压力 ··· 9
精神压力 ··· 9
"压力—自尊"循环 ··· 10
消除超额压力，建立自尊 ··· 10
建立自尊战略：A 点到 B 点 ·· 10
关爱自己 ·· 13

第三章 压力来袭，女人要面临哪些问题

女性的压力世界 ·· 14
女性压力管理不善的综合症状 ··· 14
压力与雌激素的联系 ··· 15

压力与月经不调：哪个是因，哪个是果 ………………………… 15
压力对女性生育能力的影响 ………………………………………… 16
怀孕、分娩与产后的压力 …………………………………………… 16
噢，宝宝! ………………………………………………………………… 17
低压的单亲哺育 ………………………………………………………… 18
选择不生育孩子 ………………………………………………………… 18
压力与更年期 …………………………………………………………… 19

第四章　面对重重压力，男人该做哪些准备

男性压力管理不善的综合症状 ……………………………………… 20
真正的男人确实有压力 ……………………………………………… 20
压力与雄激素的联系 ………………………………………………… 21
压力对男性生育能力的影响 ………………………………………… 22
愤怒，抑郁，还有别的难言之隐 …………………………………… 22
压力与男性中年危机 ………………………………………………… 23
压力与老年男性 ………………………………………………………… 24

第五章　知己知彼，深度剖析压力

压力面面观 ……………………………………………………………… 26
抗压临界点 ……………………………………………………………… 27
压力触发因素 …………………………………………………………… 27
压力弱势因素 …………………………………………………………… 27
压力反应倾向 …………………………………………………………… 28
个人压力测试 …………………………………………………………… 28
压力管理特征 …………………………………………………………… 38

第六章　把压力化为激发自己的动力

建立你的个人压力管理组合 ………………………………………… 39
压力管理日志 …………………………………………………………… 39
把压力日志用到工作中去 …………………………………………… 40
制定你的压力管理战略 ……………………………………………… 40
画出你的压力缺陷 ……………………………………………………… 45
建立你的压力管理目标 ……………………………………………… 45
实施你的压力管理计划 ……………………………………………… 45
压力管理维护 …………………………………………………………… 46

第七章　遵循缓解压力的黄金法则

睡眠解压 ………………………………………………………………… 47
压力管理战略一：睡眠 ……………………………………………… 48
压力管理战略二：水合作用 ………………………………………… 49
控制坏习惯 ……………………………………………………………… 50
坏习惯之最 ……………………………………………………………… 53
压力管理战略三：改造坏习惯 ……………………………………… 54

习惯表格：你的坏习惯汇总 … 54
维生素、矿物质，还有更多 … 55
压力与轻松的平衡 … 57
放松技术 … 58

第八章 挣脱束缚，减压方法不胜枚举

调整态度 … 61
自发训练 … 62
印度草医学 … 62
生物反馈：了解自己 … 64
创造疗法 … 64
梦境日志 … 65
鲜花疗法 … 65
朋友疗法 … 66
催眠：刺激还是缓解 … 67
乐观主义疗法 … 69
自我奖励疗法 … 70

第九章 减压的根本：管理好你的生活

你的金钱 … 71
无压理财的5条黄金法则 … 75
有效管理时间 … 75
工作中的压力管理 … 76
建立个人的避风港湾 … 79

第十章 解析情绪，打开人生命运密码

第一节 情绪跟随你的一生——认识情绪 … 81

情绪伴随我们一生 … 81
情绪是怎么一回事 … 82
情绪是一种反应形态 … 83
情绪是一个警示信号 … 84
情绪是一种力量 … 85
情绪的"蝴蝶效应" … 86
情商与情绪管理 … 87
情绪与情感的区别 … 88
情绪不等于性情 … 89
角色各异，情绪各异 … 90
你的情绪从哪里来 … 91
恐惧来自情绪的幻觉 … 92
人人都有情绪周期 … 93
观察自己的情绪 … 94
对自己的情绪负责 … 95
认识情绪的正负极 … 97
无论是好是坏，情绪都有传染性 … 98

情绪平衡时，你才是充满能量的人 · 98
接受并体察你的情绪 · 100
正确感知你所处的情绪 · 100
运用情绪辨析法则 · 101
了解我们自身的情绪模式 · 102
情绪同样有规律可循 · 103
用默剧的方式获知他人情绪 · 104

第二节 寻根溯源——是什么情绪在影响你 · 105

性格对情绪的影响 · 105
时时警惕心理失衡 · 106
为何负罪感久久不能散去 · 107
我们为何会产生忧虑 · 107
是什么原因造成了悲观情绪 · 108
我们因什么而困惑 · 110
为什么内心无法宁静 · 110
焦虑随时随处可以产生 · 112
自卑情绪生成的因素 · 112
抑郁对情绪的影响 · 114
善于运用情绪的自动发生系统 · 115
给你的情绪留一个思考空间 · 116
回忆也能存储情绪经历 · 117
勾勒一个美丽的情绪幻境 · 118
学会向别人倾诉真实的你 · 119
用表情带动你的积极情绪 · 120
对人对己，情绪归因有不同 · 120
情绪分析的"内观疗法" · 121
将换位思考运用在情绪分析中 · 122
运用辩证法策略改善情绪 · 123
消除因偏见产生的情绪问题 · 124
培养你的加法思维 · 125
行动前的利益权衡 · 126

第三节 梦想的启蒙之师——情绪的作用 · 127

认识情绪的巨大作用 · 127
情绪影响了你的行为 · 129
情绪可以改变命运 · 130
难以抗拒的感染力 · 131
情绪决定生活质量 · 131
情绪对认知和行为的影响 · 133
好情绪造就好人生 · 133
好心情对健康的积极效用 · 134
心情的颜色影响世界的颜色 · 135
坏情绪会阻碍你成功 · 136
1%的坏心情导致100%的失败 · 137

第四节 提升认知更能拥有好情绪 · 138

理清负面情绪的罪魁祸首 · 138
不断强化你的健康信念 · 140
告别"灾难化信念" · 141
从"森田疗法"中学会接受一切 · 142

不断提高自我对挫折的认知 …………………………………………………………144
　　完美主义是一种情绪问题 …………………………………………………………144
　　情绪不可恶意发泄 …………………………………………………………………146
　　情绪总有结束的时候 ………………………………………………………………147
　　解铃还须系铃人，理清情绪 ………………………………………………………148
　　改变情绪就可能等来机遇 …………………………………………………………149

第十一章　情绪负债：自身能量的透支

第一节　情绪负债来自自身 …………………………………………………………150
　　情绪债务从童年开始产生 …………………………………………………………150
　　情绪负债多半由自己造成 …………………………………………………………151
　　三种因素造成情绪负债 ……………………………………………………………152
　　我们如何摆脱情绪负债 ……………………………………………………………153
　　选择性遗忘和记忆，是情绪的反映 ………………………………………………153

第二节　性格约束情绪——情绪负债的来源 ………………………………………154
　　依赖性格让情绪他人化 ……………………………………………………………154
　　勉强自己，易让情绪负重 …………………………………………………………155
　　别让坏情绪影响你的判断 …………………………………………………………156

第三节　不当的处理会给情绪施压 …………………………………………………157
　　过度赞美的不利影响 ………………………………………………………………157
　　安慰也讲究方式方法 ………………………………………………………………158
　　说不出心里话，情绪受挤压 ………………………………………………………159
　　别给自己的内心增加包袱 …………………………………………………………159

第四节　解除情绪负债，实现自我拯救 ……………………………………………160
　　选择好情绪，还清情绪债务 ………………………………………………………160
　　理性思维引导情绪 …………………………………………………………………162
　　摆脱情绪负债，做你想做的 ………………………………………………………162
　　不要为让他人满意而压制情绪 ……………………………………………………163

第十二章　情绪爆发：失控的内心世界

第一节　梦想遭遇灭顶之灾——恐惧爆发 …………………………………………165
　　恐惧的消极影响 ……………………………………………………………………165
　　怀疑自己的能力 ……………………………………………………………………166
　　害怕失败的后果 ……………………………………………………………………167
　　恐惧是成功的敌人 …………………………………………………………………168
　　认识婚前恐惧情绪 …………………………………………………………………169
　　输给自己的假想敌 …………………………………………………………………170
　　不能正确认识已经历或未经历的事 ………………………………………………171
　　内心怯懦容易导致失败 ……………………………………………………………171
　　不要被恐惧束缚手脚 ………………………………………………………………172
　　不轻易给自己下判决书 ……………………………………………………………173
　　勇敢去做让你害怕的事 ……………………………………………………………174

第二节　痛苦袭击心灵——悲伤爆发 · · · · · · 175
悲伤情绪是心灵的牢房 · · · · · · 175
悲伤，只会让生命更脆弱 · · · · · · 176
别让你的世界黯淡下来 · · · · · · 177
把悲伤融化 · · · · · · 177
走出悲伤情绪，重获幸福 · · · · · · 178
沉浸在失去的痛苦中不能自拔 · · · · · · 179
总为逝去的昨天流泪 · · · · · · 180
内心世界没有阳光 · · · · · · 181
感觉挫折像暴雨一样袭来 · · · · · · 182
忘不了苦难和不快 · · · · · · 182
悲苦地面对生活 · · · · · · 183

第三节　不可抑制的气愤脱缰——愤怒爆发 · · · · · · 184
爆发的愤怒是一座火山 · · · · · · 184
平和心灵助你平息愤怒情绪 · · · · · · 185
愤怒，是安宁生活的阴影 · · · · · · 186
冲动，是幸福的刽子手 · · · · · · 187
不要被怒火冲昏头脑 · · · · · · 188
缺乏忍耐，容易冲动 · · · · · · 189
及时停住你的愤怒冲动 · · · · · · 190
控制愤怒情绪 · · · · · · 191
愤怒有信号，多加观察 · · · · · · 192
认为事情到了无法容忍的地步 · · · · · · 193
落入别人挖设的陷阱 · · · · · · 194
总为无谓的小事抓狂 · · · · · · 194
愤怒不能随心所欲 · · · · · · 195

第四节　见不得别人比自己好——嫉妒爆发 · · · · · · 196
心胸狭隘让你"情非得已" · · · · · · 196
极度自卑导致妒火中烧 · · · · · · 197
嫉妒情绪，让你陷入职场危机 · · · · · · 197
虚荣心如何引发嫉妒 · · · · · · 198
缺失正确的竞争心理 · · · · · · 199
看不到自身独一无二的优点 · · · · · · 200
化解嫉妒心理 · · · · · · 201

第十三章　情绪调节：管理好情绪，才能管理好人生

第一节　千万别让坏情绪绑架你——情绪调节 · · · · · · 203
"装"出来的好心情 · · · · · · 203
你为什么常常感到烦恼 · · · · · · 204
紧张情绪，人体的"定时炸弹" · · · · · · 205
我的情绪我做主 · · · · · · 206
用乐观情绪肯定自己 · · · · · · 207
好情绪，给你打开希望之门 · · · · · · 207
微笑，是一件无价之宝 · · · · · · 208
积极情绪帮你走出困境 · · · · · · 209

第二节　别被他人的不良情绪左右——情绪传导 210
  你只需要接纳你自己 210
  不要让他人影响你的情绪 211
  勇敢地为自己选择 212
  他人也是自己的一面镜子 213
  情绪具有感染力 214
  "退一步"中的情绪感染 215
  用笑容改善情绪气场 216
  不要太在乎别人对你的看法 217
  为自己而活，不要盲目取悦他人 219

第三节　给负面情绪找个出口——情绪释放 220
  丢掉坏情绪，做到浑然忘我 220
  吵架也能化解坏情绪 220
  丢掉悲观情绪，做个开心的人 221
  他人给的负面情绪不要留在心里 222
  为情绪找一个出口 223
  不要刻意压制情绪 224
  情感垃圾不要堆积在心中 225
  情绪发泄掌握一个分寸 226
  把负面情绪写在纸上 227

第四节　让积极成为你性格的一部分——情绪选择 228
  好情绪让你更健康 228
  任何时候都要看到希望 229
  变被动为主动 229
  幽默，情绪中的"开心果" 230
  培养你的积极情绪 231
  热情帮你战胜一切 232
  向责难你的人说"谢谢" 233

第五节　心理问题影响情绪——做自己的情绪咨询师 234
  有心理问题不等于精神病 234
  心理调治的常见误区 235
  心理咨询的形式 236
  行为疗法 237
  认知疗法 237
  情绪疗法 238
  个人中心疗法 239

第十四章　兵来将挡，努力抛弃一切坏情绪

第一节　丢掉抱怨，"不公平"是世界的一部分 241
  消除抱怨，让心情更好 241
  别为失败找借口 242
  别让抱怨成为习惯 243
  删除抱怨，拥抱快乐 244
  远离抱怨，路会越走越宽 245
  命运厚爱那些不抱怨的人 246

第二节　清除焦虑情绪，生活可以更轻松 ……247
  - 产生焦虑情绪的原因 ……247
  - 消除迷惘，让情绪放松 ……248
  - 警惕社交焦虑症 ……249
  - 把焦虑情绪打包寄出去 ……250
  - 别透支明天的烦恼 ……251
  - 学会让自己放轻松 ……252
  - 删除多余的情绪性焦虑 ……253
  - 说出自身的焦虑 ……253
  - 戒掉烦恼的习惯 ……254

第三节　提防忧郁情绪，和抑郁症擦肩而过 ……255
  - 多愁善感是抑郁症的诱因 ……255
  - 更年期女性的情绪危害 ……256
  - 抑郁，是心灵的枷锁 ……257
  - 忧郁情绪会给你制造假象 ……258
  - 不要偷走自己的快乐 ……259
  - 控制思维，调动你的快乐情绪 ……260
  - 抑郁是可以化解的 ……260
  - 了解抑郁症状，找对方法消除抑郁 ……262
  - 做自己最好的朋友 ……263
  - 别让抑郁遮盖了五彩斑斓的生活 ……264
  - 正视无法控制的事情 ……265
  - 好心态创造好人生 ……266

第四节　善待孤独情绪，走出心牢，感受温情 ……267
  - 孤独是怎么形成的 ……267
  - 摆脱孤独，方法很简单 ……267
  - 拿掉冷漠的面具 ……268
  - 你有"都市孤独症"吗 ……269
  - 孤独要适可而止 ……270
  - 别给自己设牢 ……271
  - 孤独情绪也有正向作用 ……272

第五节　放下后悔情绪，别被过往牵绊住脚步 ……273
  - 不要为打翻的牛奶哭泣 ……273
  - 心胸豁达，远离后悔情绪 ……274
  - 走出后悔情绪，给自己一次机会 ……275
  - 放过自己，学会向前看 ……276
  - 别让不幸层层累积 ……277
  - 学会从失败的深渊里走出来 ……278
  - 与其抱残守缺，不如断然放弃 ……279

第六节　战胜挫折情绪，锻造永不服输的魄力 ……280
  - 对梦想锲而不舍 ……280
  - 培养战胜挫折的意志 ……281
  - 学会转移情绪 ……282
  - 诱导积极情绪，对抗挫折 ……283
  - 战胜挫折，激发进取心 ……284
  - 对自己说声"不要紧" ……285
  - 别让自己打败自己 ……285

有意识地训练坚强的意志 ·················· 286
　　正视挫折，战胜自我 ······················· 287
　　获得"逆境情商"的能量 ··················· 288
　　从自己身上找原因 ··························· 290

第十五章　满怀希望，激发自己的积极情绪

第一节　相信阳光一定会再来——永怀希望 ··········· 291
　　事情没有你想象的那么糟 ··················· 291
　　困难中往往孕育着希望 ····················· 292
　　任何时候都不要放弃希望 ··················· 293
　　别让精神先于身躯垮下去 ··················· 294
　　在不如意的人生中好好活着 ················· 294
　　记着每天给自己一个希望 ··················· 295

第二节　对生命满怀热忱的心——常怀感恩 ··········· 296
　　感谢你所拥有的 ····························· 296
　　逆境感恩，减轻心中的痛楚 ················· 296
　　感谢折磨，它们让你更加坚强 ··············· 297
　　别以为父母的付出理所当然 ················· 298
　　感谢对手，是他们激发了你的潜能 ·········· 299
　　学会珍惜便是感恩生活 ····················· 300
　　在细微处感恩 ······························· 301
　　让感恩溢于言表 ····························· 302

第三节　善待他人胸怀更开阔——学会宽容 ··········· 303
　　及时原谅别人的错误 ························ 303
　　气量大一点，生活才祥和 ··················· 303
　　莫将吃亏挂心头 ····························· 304
　　做到心胸开阔，便能风雨不惊 ··············· 305
　　原谅生活，是为了更好地生活 ··············· 306
　　豁达是衡量风度的标尺 ····················· 306
　　忘记惹你生气的人 ··························· 307
　　原谅别人，其实就是放过自己 ··············· 308

第四节　学会给自己热烈鼓掌——增强自信 ··········· 309
　　激发自己的潜能 ····························· 309
　　多做自己擅长的事 ··························· 310
　　像英雄一样昂首挺胸 ························ 311
　　打造一颗超越自己的心 ····················· 312
　　自信心训练 ··································· 313

第五节　升华战胜一切的力量——提高热情 ··········· 314
　　消融冷漠，去除人际隔膜 ··················· 314
　　热忱：促使你采取行动的原动力 ············ 315
　　热情真诚为你赢得附加值 ··················· 316
　　放飞自己，你也有最美的羽毛 ·············· 317
　　在工作中寻找乐趣 ··························· 317
　　以参与游戏的激情对待工作 ················· 318

第十六章 情绪掌控：你才是情绪真正的主人

第一节 懂得表达自己的情绪 ······ 320
用表情传递你的情绪 ······ 320
听声音，也能知晓情绪 ······ 321
了解语言中的深层情绪 ······ 322
隐藏在习惯动作中的情绪 ······ 323

第二节 学会引导他人的情绪 ······ 323
给彼此一个由衷的微笑 ······ 323
如何激发对方的说话情绪 ······ 325
演讲中如何掌控听众情绪 ······ 326
向他人传递出积极的情绪 ······ 326
学会对他人感兴趣 ······ 328

第三节 正确地思考才能拥有好情绪 ······ 329
执着，但不固执 ······ 329
站在对方的角度看问题 ······ 330
懂得放弃是具有较高情绪控制能力的表现 ······ 331
对自己的人生主动出击 ······ 332
舍仇恨，得真快乐 ······ 333
我的快乐，我做主 ······ 334
改变态度：只看我有的 ······ 335

第四节 社交中如何掌控自己的情绪 ······ 336
打开心窗，战胜社交焦虑症 ······ 336
跳出"小我"的世界 ······ 337
无故的猜疑会加重情绪负担 ······ 337
不要急于证明自己 ······ 338
学会自我保护 ······ 339
适当地保留自己的秘密 ······ 341

第五节 恋爱中如何掌控自己的情绪 ······ 341
爱需要恒久的忍耐 ······ 341
失恋不失意 ······ 342
爱情需要理性经营 ······ 343
恋爱中男女情绪各异 ······ 344

第一章
不得不生活在压力之中

什么是压力

小小的巧克力曲奇饼会带来什么压力呢？如果你每天吃两块，作为正常饮食的组成部分，那就没有压力。如果你一个月不吃甜食，然后吃了一整条双层的巧克力软糖，那就有问题了。你的身体适应不了这么多糖分，这就产生了压力。虽然没有变卖汽车或移居西伯利亚那么严重，但还是有压力。

同样，任何反常事情的发生都会对身体造成压力。有些压力的感觉不错，甚至非常好。没有丝毫压力的生活必将无聊至极。事实上，压力并非坏事，但也并非总是好事。如果压力发生得过于频繁或者持续时间太长，就会引发严重的健康问题。

然而，压力并非都是反常的事物。压力也能隐藏在你的生活深处。如果你无法忍受中层管理的工作，却又害怕自己创业，也不敢放弃定期的薪水收入，因此，不得不每天上班；如果你与家人的沟通出现严重的问题，或者生活在没有安全感的环境中……遇到这些情况，你会有什么感受呢？也许一切都很正常，可你就是不开心。即使你适应了生活中的某些事情，比如水槽中的脏盘子、对你袖手旁观的家人、每天12小时的办公室工作，你仍然会感到压力。你甚至可能在事情进展顺利的时候感到巨大的压力。也许别人对你很好，你却疑心重重；也许你对过于干净的屋子反而觉得不舒服；你太习惯于困难，反而不知道如何调整……总而言之，压力是一种奇怪而且高度个人化的现象。

除非生活在没有电视机的山洞里（其实这不失为消除生活压力的好方法），否则，你肯定能从媒体、工作休息室、报纸、杂志等处听到或看到有关压力的报道。大多数人对普遍意义上的压力和自己的个人压力都有一个预想的观念。那么，压力对你来说意味着什么呢？

- 不适
- 疼痛
- 担心

- 焦虑
- 兴奋
- 害怕
- 不确定

这些情绪使人感到有压力，同时这也是由压力造成的。那么，压力本身是什么呢？压力的涵义如此宽泛，又有如此多种的压力以如此多的方式影响如此多的人，以至于压力已经无法定义。一个人的压力可能是另一个人的愉悦。那么，压力到底是什么呢？

压力有很多形式，有些明显，有些剧烈，有些是阶段性的，有些则持续不断。从现在开始，我们将进一步分析各种压力以及压力对你的影响。

当生活改变时：急性压力

急性压力是最显著的压力形式，如果你能联系上这件事情，就很容易鉴别：

是的，这就是全部：变化即生活中出现你不熟悉的事物，包括饮食的变化、锻炼习惯的变化、工作的变化、周围人群的变化，无论失去旧友还是结交新友。

换句话说，急性压力是身体平衡的扰乱因素。你的生理、心理、情绪，甚至体内的化学反应已经适应了事物的某种状态。你的生物钟调好了特定的睡眠时间，你的体能也在特定的时间达到顶峰或跌入低谷，你的血糖也随着每天特定时间的进餐而变化。沿着这条路走下去，在日常习惯和"正常"生活的庇护之下，你的身体和精神将会时刻知道接下来会发生什么。

无论是物理变化（比如感冒病毒、扭伤的脚踝），还是化学变化（比如药物治疗的副作用、产后的激素波动），或是情绪变化（比如婚姻、孩子的独立、配偶的死亡），只要我们目前的状况发生改变，平衡就会被打破，生活也会变化。我们的身体和情绪被迫离开了预期的轨道，变化之后就是压力。

人类的习惯意识非常强烈，因此，急性压力对身体和情绪的影响非常之大。即使最随性、最厌恶计划的人也有自己的习惯，而习惯并非只是享受早晨的咖啡或者睡在钟爱的床上。习惯包括物理因素、化学因素以及情绪因素对身体造成的细微、复杂、相互交叉的影响。

假设你每周工作5天，6点起床，就着咖啡吞下百吉饼，然后挤上拥挤的地铁。每年2周的假期中，你每天睡到11点，享受丰盛的早午餐。这也是压力，因为你改变了以往的生活习惯。

你或许感觉不错，从某种意义上说，假期确实能缓解长期以来的睡眠不足问题。但是，如果突然改变睡眠时间和饮食结构，你的生物钟和血液循环必须作出相应的调整。当你刚刚调整好时，又不得不回到6点起床、享用芝士煎蛋卷和百吉饼的老路上来。

这不是说不应该休假。你当然不能避免所有的变化。没有变化，生活也就没有乐趣。人们渴求也需要一定程度的变化。变化使生活更刺激，更值得留念。在一定范围内，变化就是趣味。

不易拿捏的是：在产生负面影响之前，你能承受多少变化？完全因人而异。一定的压力是好的，太多了就会损害健康、稳定和平衡。没有任何公式可以计算出每个人的承压范畴，你所能承受的急性压力可能和你的朋友或家人所能承受的完全不同（虽然低程度的压力容忍力是可遗传的）。

当生活成为过山车的时候：阶段性压力

阶段性压力就像很多急性压力，或者说很多生活变化，在一段时期内同时发生。遭受阶段性压力的人都有某些悲痛的经历。他们常常过于劳累，显得紧张、急躁、愤怒和焦虑。

如果你经历过1个星期、1个月或者1年的连续不断的个人灾祸，你或许就知道什么是阶段性压力的痛苦了。

先是炉子坏了，接着是支票被银行退票，然后又因为超速驾驶而被罚款，现在，所有亲戚打算在你家里逗留4个星期，你的小姨驾着你的车冲进了车库，最后是你自己得了流感。对有些人来说，阶段性压力就像是拟定的程序，他们已经十分适应；对另一些人而言，这种压力状态非常明显。"噢,多可怜的女人!她太不走运了!""你听说杰瑞这次的遭遇了吗?"

和急性压力一样,阶段性压力也有积极的一面。从狂热的追求,到盛大的婚礼,巴黎岛的蜜月,然后和爱人一起搬进新居,1年之内发生这么多事情,其间的压力可想而知。愉快,那是肯定的;浪漫,也毋庸置疑。甚至还有些惊心动魄。但这就是阶段性压力正面影响的典范,虽然压力程度并未减轻。

有时,阶段性压力会以更微妙的形式出现,比如"担心"。在压力和变化出现之前,甚至不太可能出现的情况下,担心就能将其制造出来。过度的担心与焦虑有关。即使担心没有持续如此长的时间,也会对身体技能造成损伤,而且通常都是没有理由的。

担心不能解决问题,往往只是在杞人忧天。担心使你陷入生活平衡遭到破坏的遐想中,而现实中根本没有发生过这些变化。

你是个自寻烦恼的人吗?以下哪些描述符合你的情况?

· 你发现自己在担心那些极不可能发生的事情,比如遭遇惨祸、患上没有理由让你相信自己可能患上的疾病。
· 经常失眠,担心失去爱侣之后自己该怎么办或者爱侣失去你之后该怎么办。
· 深夜躺在床上的时候,因为放不下狂乱的担心而无法入睡。
· 听到电话铃声或收到邮件的时候,立刻想到自己即将面对的坏消息。
· 你总想被迫去控制别人的行为,因为担心他们无法照顾自己。
· 只要是有可能对你或你周围的人造成伤害的事情,即使危险出现的几率微乎其微,你都过于谨慎,不愿参与(比如驾车、乘坐飞机、参观大城市)。

即使只有一项特征符合你的情况,你也有过度担心的可能。如果具有大多数或者全部的特征,担心对你就有非常严重的负面影响了。担心和由此产生的焦虑能够引发生理、意识和情绪上的各种症状,比如心悸、口干、呼吸困难、肌肉疼痛、倦怠、恐惧、惊慌、抑郁等。总而言之,担心会产生压力。

当生活变质时:慢性压力

慢性压力和急性压力的差别很大,尽管两者的长期影响相差无几。慢性压力与变化无关,而是长期持续的对身体、情绪和精神的压力。比如,某人常年生活贫苦,这就是慢性压力。患有关节炎、偏头痛等慢性疾病的人也是慢性压力的影响对象。不健全的家庭生活以及让你憎恶的工作环境是慢性压力的引发因素。根深蒂固的自我仇恨和较低的自尊也是慢性压力的来源。

有些人的慢性压力很明显。他们生活在可怕的环境中,必须忍受恐怖的虐待;或者在监狱中,在战火纷飞的国家;或者是生活在种族歧视严重的国家或地区的少数民族。

有些慢性压力没有这么明显。轻视工作,觉得永远无法达成梦想的人处在慢性压力之下,被破裂的感情纠缠不休的人也是如此。

有时,慢性压力是急性压力或阶段性压力的结果。某些急性病可能发展成为慢性疼痛。慢性压力的问题在于人们逐渐适应了压力,往往无法识别和摆脱这种状况。他们认为生活本来就是痛苦和压力重重的。

任何形式的压力都会引发生理、情绪、感情以及精神上的螺旋式损伤,包括疾病、抑郁、焦虑、崩溃等症状。压力过大是很危险的,不仅会磨灭生活中的乐趣,还可能置人于死地,比如心脏病突发、暴力攻击、自杀、中风,还有某些研究中提到的癌症。

慢性压力能让我们的身体得出处于平衡状态的错误结论。有些事情已经成为日常生活的组成部分,你也认为自己的身体已经适应了这些事情,比如长时间工作,吃垃圾食品、睡眠不足等,然而,无法满足身体需求而导致的压力最终会让你受到惩罚的。

人人都有压力

那么,谁受到这些压力的影响呢?你?你的配偶?你的父母?你的祖父母?你的孩子?你的朋友?你的对手?旁边工作室的家伙?电梯里的女人?公司的CEO?邮件收发室的职员?

是的。

几乎每个人都经历过不同种类的压力,很多人每天都承受着慢性压力,或者持续的规律性的压力。有些人将压力处理得很好,即使面对极端的压力也镇定自若;有些人在别人看来微不足道的压力之下也会全线崩溃。差别在哪里呢?

有些人可能学过控制情感过程的技能,可是很多研究者认为,人们具有遗传的压力忍耐力。有些人能够承受巨大的压力,仍然精神奕奕,其实,他们必须在压力之下才能发挥出最佳水平。而有些人则需要低的压力环境,才能有效地工作。

无论如何,我们都时不时地遇到压力。现在,越来越多的人始终处在压力之中。由此造成的影响也超出了个人层面。根据"纽约州居民压力协会"的报告:

- 平均每个工作日,估计有100万人因为与压力有关的疾病而缺勤。
- 将近一半的美国工人感到精疲力竭,或者因为严重的压力无法正常工作。
- 工作压力给美国工业界带来的损失每年高达3000亿美元,主要问题是缺勤、生产力耗损、员工离职、直接的医疗、法律和保险费用。
- 60%~80%的工伤事故与压力有关。
- 曾经罕见的工人压力赔偿金现在已经很普遍了。仅仅加利福尼亚一个州的员工就支付了10亿美元的与工人压力赔偿金相关的医疗和法律费用。
- 九成的工作压力诉讼能够获胜,其平均费用是伤害诉讼的4倍多。

压力已经成为很多人的一种生活方式,但是,这并不意味着我们应该对压力坐视不理,任其损伤我们的身体、情绪和精神。虽然你不能对别人的压力做些什么(除非你是导致压力的原因),你却可以控制自己生活中的压力(也是不让自己给别人造成压力的好办法)。

压力从何而来

压力可以来自内部,可以由你对事物的认识,而非事物本身引起。对某个人来说,工作调换可能是恐怖的压力;对另一个人而言,可能是千载难逢的机遇。关键是态度在起作用。

即使是不可否认的外界压力,比如你的钱财全部被盗,也会影响身体内部的一系列变化。更明确地说,任何形式的压力都会干扰身体制造3种维持平衡和"正常"的重要激素的功能。

1. 血清素是一种具有安眠作用的激素,产生于大脑深处的松果体。24小时之内,血清素转变成褪黑色素,然后再变成血清素,从而达到控制生物钟的目的。这个过程可以调节能量、体温和睡眠周期。血清素的循环和太阳周期同步,根据暴露在日光和黑暗中的时间进行自我调节。这正是那些常年不见阳光的人,比如生活在北方气候中的人,经历季节性情绪低落的原因,因为他们的血清素分泌出现了紊乱。压力也能造成紊乱,失眠也是。处在压力下的人常常会出现不正常的睡眠周期和失眠,还会因为睡眠质量不高,需要更多的睡眠时间。

2. 去甲肾上腺素是由肾上腺分泌的激素,与肾上腺素相对应,后者在身体感到压力的时候被释放,有助于克制压力。去甲肾上腺素与每天的体能循环有关。压力过重会干扰去甲肾上腺素的分泌,导致能量和动力的严重缺乏。这种感觉就像在很多重要事情需要完成的时候,你却只想坐下看电视那样。去甲肾上腺素的分泌如果遭到破坏,你就可能永远坐在那里,看着电视,完全没有兴致和力气做任何事情。

3. 多巴胺是一种与大脑释放胺多酚有关的激素。胺多酚具有止痛功能,从化学角度来看,胺多酚类似于吗啡、海洛因等镇静剂。受伤的时候,身体就会释放胺多酚帮助器官活动。如果压力破坏了身体分泌多巴胺的能力,也就破坏了分泌胺多酚的能力,你对疼痛的敏感度就会上升。多巴胺使你对喜爱的事物产生美好的感觉，也让你对生活本身产生幸福感。压力过大，多巴胺过少的结果就是乐趣和愉悦感的锐减，人生变得平淡而压抑。

正如你所看到的，压力既可能来自内部，也可能来自外部。怎样认识事件以及事件对身体和情绪的影响才是引起体内化学变化的真正原因。任何怀疑情绪和身体存在联系的人，只要看看人们感到压力和担心时的状况，就会疑云尽消了。两者不仅有联系，而且非常紧密。其间隐藏着控制压力的线索！

你何时感到压力

压力的形式如此之多，以致任何时候都有产生压力的可能。生活发生巨变时的压力非常明显，比如乔迁、失去爱人、结婚、跳槽或者经历财务状况、饮食、锻炼习惯、健康状态等的巨大变化。

但是，你也可能因为患轻度感冒、和朋友争执、节食、学习体操、太晚回家、酗酒，甚至由于讨厌的暴风雪，不得不和不用上学的孩子困在家里一整天等事情感到压力。记住，压力通常都是日常生活发生改变的而引发的，或者由生活的不快乐所导致。如果是后者，你的整个人生将会是漫长的压力历程。你现在就需要压力管理！

人类压力的根源

为什么有压力？关键是什么？压力是内部过程和外部过程复杂的交互作用，诱因却十分简单：生存本能。即使在今天，这也很重要！

生活充满了刺激。有些我们喜欢，有些却不喜欢。但是，我们的身体经过几百万年的进化之后，早已学会了如何生存，如何以特定的方式应对那些极端的刺激。我们已经发展到某个阶段，当你突然发现自己处于危险境地的时候，比如站在飞驰的汽车前面，在悬崖上失去平衡就快坠落了，老板站在身后却骂他（她）是老顽固，你的身体将以某种方式做出反应，使你得到最好的保护。你可能飞速跑开；你可能把自己拉到安全的地方；你的脑子可能转得飞快，让自己巧妙地摆脱困境。

无论是在热带草原被饥饿的狮子追赶，还是在停车场被喋喋不休的汽车销售员纠缠，你的身体都将其视为警报，分泌肾上腺素、皮质醇等压力激素，注入血液。肾上腺素产生的结果就是科学家所谓的"打或逃"反应（以后章节会有更深入的介绍）。

这会使你获得额外的动力和能量。只要觉得自己能够赢，你就会转过身来和狮子搏斗（和汽车销售员理论或许更现实）；否则，你就要跑得比鬼还快（对汽车销售员同样有效）。

肾上腺素能够提高心率和呼吸频率，将血液直接送到关键器官，产生更好更快的肌肉反应和思维能力。肾上腺素还能加快血液凝固，抑制血液向皮肤（如果被狮子咬了，血流量不会像平时那么多）和消化系统（不会呕吐，但并非总是有效）的流动。皮质醇在体内的流动可以在压力存在的时候维持压力反应的进行。

即使在穴居时代，人们也不是整天或连续几周被饥饿的狮子追赶（如果真是这样，他们应该考虑的是换个洞穴）。这种极端的物理反应不会时刻发生。但是，压力反应在紧急情况或别的极端状况下，包括在挚友的婚礼上念祝词等欢快场面，确实很有帮助。压力反应使你更快速地思考，更准确地应对，更显机智和幽默，或者讲个恰到好处的笑话，让观众沉醉于你的出色表现。

但是，如果每天都分泌定量的肾上腺素和皮质醇，最后一定会疲惫不堪。你将感到疲倦、周身疼痛、精神涣散、记忆力衰退、沮丧、易怒、失眠，甚至发生暴力事件。你的身体将会失衡，因为我们不是生来就能一直面对压力的。

然而，现在的生活节奏如此之快，科技让我们能在瞬间做完大量的事情。每个人都怀念过去，压力就此产生。过多的压力抵消了科技带来的成效：在你没有能量和动力的时候，任何工作都无法完成，你也将变得疾病缠身。

第二章
别让压力毁了身心健康

身体压力

你可以控制部分的身体压力，比如，你可以决定自己的饮食量和运动量。这些压力属于生理应激物的范畴。除此之外，还有环境应激物，比如环境污染、物质欲望等。

1. 环境应激物。这是在你周围，给身体带来压力的事物，包括空气污染、饮用水污染、噪音污染、人工照明、通风不畅、卧室窗外的豚草过敏原、喜欢躺在你枕头上的小猫留下的毛屑等。

2. 生理应激物。这是在你身体内部的导致压力的应激物。比如，怀孕期间或更年期的激素变化会给机体带来直接的生理压力，经前综合征（PMS）也有类似的作用。激素的改变也能通过情绪变化造成间接的压力。此外，吸烟、酗酒、吃垃圾食品、久坐不运动等不良的生活习惯也会引起生理压力。疾病也是如此，无论是普通的感冒，还是更为严重的心脏病或癌症。外伤也会导致压力，断了的腿、扭伤的手腕、椎间盘突出等都会使你感到压力。

应激物通过情绪对身体施加的影响同样有效，只是没有那么直接。比如，交通堵塞产生的空气污染会给身体造成直接影响。与此同时，困在车队中的你血压升高，肌肉紧张，心跳加速，愤怒情绪不断积累，这就是压力对身体的间接影响。

如果你换个角度来看交通堵塞，比如，看成上班之前听音乐放松的机会，你或许就不会感到任何压力。这再次说明，态度起着至关重要的作用。

疼痛是另一个更为复杂的间接压力的例子。头很痛的时候，你的身体也许并未感到直接的生理压力，反而是你对疼痛的情绪反应引起了严重的身体压力。人们害怕疼痛，而疼痛是让我们知道出现问题的重要途径。疼痛可以是伤害或疾病的信号。然而，我们有时已经知道哪里出了问题，我们得了偏头痛、关节炎或者因痛经、气候变化带来的膝盖酸痛等，这些"熟悉"的疼痛已经失去了提醒我们立刻采取药物治疗的作用。

但是，我们知道自己承受着某种形式的疼痛，就会有变得紧张的趋势。"噢，不，不是偏头痛！不，不要今天！"我们的情绪反应不会引起疼痛，但能导致与疼痛联系紧密的生理压力。疼痛本身不是压力，我们对疼痛的反应才是产生压力的原因。因此，学习压力管理技术可能无法消除疼痛，却能缓解与之相关的生理压力。

当你的身体经历这种压力反应的时候，无论是因为直接的还是间接的生理应激物所造成的，都会发生某些特定的变化。20世纪初，生理学家沃尔特·坎农提出了"打或逃"来形容压力给身体带来的生化改变，使其更安全、更有效地躲避或者面对危险。每当你感到压力的时候，就会发生这些变化，即使逃跑和打斗不切实际，或者对你没有帮助，也不会例外（比如，即将上台演讲、参加考试、面对岳母主动提出的建议，这些情况下，"打或逃"都不是有效的应对方法）。

这些是你感到压力时体内发生的变化：

1. 大脑皮层向视丘下部（大脑的组成部分，释放压力反应的化学物质）发送警示信号。大脑识别的任何压力都会引起这个效应，与你是否真正遭遇危险无关。
2. 视丘下部释放能够刺激交感神经系统抵制危险的化学物质。
3. 神经系统通过提高心率、呼吸频率和血压作出反应，一切都变得"亢奋"。
4. 肌肉变得紧张，做好行动的准备。血液离开四肢和消化系统，流入肌肉组织和大脑。血糖转向最需要的身体部位。
5. 意识变得敏锐。你的听觉、视觉、嗅觉和味觉都将显著提升，就连触觉也会更加敏感。

这听起来能解决所有问题，不是吗？想想精力充沛的执行官，带着目标演示和心知肚明每个问题绝佳答案的精明客户；想想冠军赛中足球队员的每个射球；想想考场上奋笔疾书的学生，完美的答案从笔尖流向A+的答卷；想想自己参加隔壁办公室的聚会，风趣而机智的言谈吸引了每一个人。压力太不可思议了！难怪人们会对此上瘾。

虽然适当的压力对我们有好处，过度的压力却是有害的，这是压力的不利方面，也是大多数事物的通性。更确切地说，压力会引起身体各个系统的问题。有些问题立刻就会发生，比如消化系统疾病、心率紊乱等；别的问题可能在长期承受压力的情况下才会发生。以下是某些不良压力症状，与肾上腺素直接相关：盗汗、四肢寒冷、恶心、呕吐、腹泻、肌肉紧张、口干、心里混乱、紧张、焦虑、易怒、急躁、沮丧、惊恐、敌意、好斗。

压力的长期影响更难纠正，比如抑郁、体重不正常变化造成的食欲增加或减少、频繁的轻微病症、各种疼痛、性功能障碍、倦怠、对社会活动失去兴趣、不断增多的上瘾行为、慢性头痛、痤疮、慢性背痛、慢性胃痛以及哮喘、关节炎等造成的恶化症状。

大脑压力

我们已经知道，压力可以促使大脑皮层释放某些激素，使身体做好处理危险的准备。除此以外，大脑在压力过重时还会发生哪些反应呢？首先，你的思维和应对更加迅速。但是，到达忍受压力的临界点之后，大脑就无法正常运作了。你会忘记事情，丢失东西。你不能集中精神。你会丧失意志力，沉迷于酗酒、吸烟、暴饮暴食等不良习惯中。

压力反应导致某些化学物质分泌增多，促使大脑和思维变得更加活跃，与此直接相关的却是其他物质的损耗，那些使你在巨大压力下保持思维正确性和反应敏锐度的物质。起初，你能毫不迟疑地回答测试问卷；3个小时后，却连应该用铅笔的哪一头填充那么多小圆圈都记不得了。为了保持大脑每天都能处于最佳水平，决不能让压力扰乱你的反应线路！

压力与胃及心血管的联系

身体进行压力反应的第一步就是促使血液从消化系统转向主要肌肉群。肠胃可能会清空内部物质，使身体做好迅速反应的准备。很多经历压力、焦虑和紧张的人也会出现胃痛、恶心、呕吐、腹泻等症状（医生通常称其为"紧张的胃"，确实如此！）。

长期的阶段性压力和慢性压力与许多消化系统疾病紧密相关，比如应激性的大肠综合征、大肠炎、溃烂、慢性腹泻等。

如果紧张或多喝了几杯咖啡、可乐会让你觉得心跳加速或心律不齐的话，你就知道心脏被压力影响时会有什么感受了。

然而，压力对整个心血管系统的抑制作用远非如此。有些科学家认为压力会造成高血压，几十年来，人们熟悉的说法是紧张、焦虑、易怒、悲观的人遭遇心脏病突发的可能性更高。事实上，对压力越敏感的人患心脏病的几率也越高。

压力也会造成不良的生活习惯，从而间接地引发心脏病。高脂肪、高糖分、低纤维素的饮食结构（快餐、垃圾食品的特征）会引起血脂升高，最终导致血流不畅和心脏病突发。如果缺乏锻炼，心脏疾病的危险因素就会进一步增加。就是因为你的压力太大，连吃份色拉或出去走走这些简单的事情都做不到！

承受重压的皮肤及慢性疼痛

粉刺等皮肤问题通常都与激素失调有关，而压力正是造成激素紊乱的重要因素。很多三四十岁的女性会在月经周期的特定时候遭受粉刺的侵扰。压力会延长皮肤问题发生的时间，疲惫的免疫系统则需要更多的时间才能修复各类损伤。

男性也不能完全免疫。压力会造成化学失衡，导致成人粉刺的出现或恶化。青少年处于青春发育期，激素波动十分剧烈，产生粉刺的几率很大。但是，处在重压之下的青少年想要控制粉刺就非常困难了。

记得第一次约会前偏偏冒出颗大痘痘的情景吗？这不是巧合，而是压力。

长期压力会导致慢性粉刺的出现，还会引起牛皮癣、麻疹等各类皮炎。

功能衰退的免疫系统和日益敏感的痛觉都会损害身体状况，包括慢性疼痛。身体处于压力状态的时候，偏头痛、关节炎、纤维肌疼痛、多发性硬化、骨质退化、关节疾病、旧病旧伤等都会恶化。压力管理技术和疼痛控制技术有助于慢性疼痛的缓解，还能改善情绪对疼痛的认知，避免疼痛造成压力的加重。

压力与免疫系统

压力是怎样削弱免疫系统功能的呢？当长期释放的压力激素破坏了身体平衡之后，免疫系统就无法有效运作。想想在地震时完成某份重要的投标书的情景吧！

在理想的情况下，免疫系统对机体自我修复的帮助最大。然而，情况不理想的时候，某些思想导向的冥想或集中的内心沉思可以帮助人们感知免疫系统要求身体采取的治疗措施。有些人对所谓的"体内经历"持怀疑态度，身体和精神的相互作用还很难被人们理解。广泛流传的证据指出，压力管理和遵从身体规律是改善自我治疗的关键因素。

压力与疾病的联系

关于哪些疾病与压力有关，哪些疾病与病毒或遗传有关，不是所有专家都能达成共识。然而，越来越多的科学家相信，身体和精神的相互联系意味着压力能够影响绝大多数的生理问题。反之，生理疾病和伤痛也会影响压力。

结果就是"压力—疾病—更多压力—更多疾病"的恶性循环，最终导致身体、情绪和精神的严重损伤。现在讨论的不是"先有鸡还是先有蛋"的问题，争论哪些情况是由压力引起的，哪些不是由压力引起的，也同样没有意义。压力（无论是引起生理问题的原因，还是生理问题造成的结果）的有效管理将使身体处于平衡状态，大大提高机体的自我治疗功能；同时改善人们对外伤和疾病的情绪反应，缓解痛苦。压力管理或许不能治愈病痛，但能让你的生活更有乐趣。而且，压力管理毕竟可以协助治疗病痛。

请记住，压力管理技术不能在全面药物治疗的情况下使用，而应该作为已经接受或即将接受的病痛治疗的补充。遵循医生的建议，通过减轻压力，进一步提高身体的自然治疗机制。

情绪压力

压力能引起多种精神和情绪反应，反之，这些反应也能引起压力。工作太累，把自己逼得太紧，体能消耗太大，说话太多，或者生活在不快乐的环境中都会导致沉重的压力负担。和身体压力一样，情绪压力也会使生活变得艰难，更糟糕的是，情绪压力会进一步引发别的压力。你将陷入新一轮的螺旋式沉沦。

你或许正在经历一段困难的个人感情。你觉得有压力，却又置之不理（或许看似无法解决），你全身心地投入工作，加班加点，承接更多的项目。由此产生的工作困扰会给生活增添新的压力，长时间工作，睡眠不足，不良的饮食习惯等也是重要的压力来源。你的身体和精神都将遭受伤害。起初，你也许能找到额外的优势，因为个人压力已经转换成工作的能量和动力。但是最终，你总会达到忍受压力的临界点。精神调节大大削弱，你将无法集中精神，也不能集中注意力，还会产生剧烈的情绪波动。你会觉得自己的工作表现很差，以及自我效能感的下降。沮丧、焦虑、惊恐、抑郁等也将接踵而至。

情绪压力有很多形式。社会应激物包括工作压力，即将来临的重大事件，和配偶、孩子、父母之间的感情问题，爱侣的过世等。生活中的任何巨变就会引发情绪压力，关键在于你如何看待这些事件。即使是积极的（婚姻、毕业、新工作、加勒比海巡游）、暂时的变化，也可能让你难以承受。

情绪压力使人失去自尊，悲观厌世，渴望自我封闭，此时，大脑正在寻求一切办法遏制压力的扩张。经过1周的高压工作，如果你只想一个人躺在床上，依靠一本好书和遥控器安度整个周末的话，说明你的情绪正在试图重新获得平衡。过量的活动和变化让你渴望摆脱所有事件，回到舒适而熟悉的日常生活中（和最好的朋友争吵过后，美味的冰淇淋就是恰到好处的解压剂）。

如果放任压力持续太久，你将变得精疲力竭，失去对工作的所有兴趣，控制能力也会不断下降。你可能会被恐惧袭击，会产生严重的抑郁甚至神经崩溃，这是精神疾病的暂时症状，会在较长的时期内突然或缓慢发生。

情绪压力非常危险，相对身体压力而言，你更容易忽视情绪压力。然而，两者对身体和生活的伤害却是等同的。找出情绪压力的源头是压力管理的关键。如果你能同时关注身体压力和情绪压力，生活将会更有乐趣。

精神压力

精神压力更加难以琢磨。精神压力无法直接衡量，却是一种和身体压力、情绪压力密切相关的强烈有害的压力形式。什么是精神压力呢？精神压力是对丧失精神生活的无视，也是对部分自我期望、热情、梦想、计划、追求超越人性和生命的事物的忽视。这是无形的自我，是灵魂。无论你是否有宗教信仰，精神层面总是存在的。这是不能测量、计算和完全解释的部分，定义真实自我的部分。

精神层面一旦被忽视，我们的身体就会失衡。当身体压力和情绪压力使我们自尊下降、愤怒、沮丧悲观、丧失情感和创造力、失望、害怕的时候，精神生活会受到更为严重的威胁，我们将失去生活的力量和乐趣。

你曾经见过面临不可克服的障碍、痛苦、伤害、悲剧或损失，仍能保持开心快乐的人吗？这些人的精神层面十分完善，或许是自身努力所致，或许是与生俱来的品质。

当然，有些人并不相信精神层面或灵魂的说法，他们认为一切都是物质的。另一些人更赞同联系说，觉得所有事物就像硕大而复杂的网络相互关联。如果你把整个自我纳入压力管理的范畴，就将获得更全面、更有效的成果，也会找到真正适合自己的途径。对你自身网络中的每个部分悉心保护、珍爱和培养，无论你如何标记它们，非凡的管理艺术必将得以保全自我。

"压力—自尊"循环

让我们看看压力是如何破坏你的自尊的。要指出循环的开端通常都很困难，不如假想你刚刚结束了一天辛劳的工作。（或许你根本不需要假想！好像一切都出了问题：下巴撞到了底层台阶上，出门时咖啡溅到了夹克上，汽车偏偏又坏了。老板甩出了一项艰巨的任务，预示着未来两个月的高压工作。你想象着即将来临的漫漫夜战和不得不错过的午餐。同事说你"看起来很糟糕"。回家之后，你撕毁了所有的健身计划，叫了一份比萨，全部吃完。然后，你又觉得内疚不已，后悔不应该放弃锻炼，不应该吃垃圾食品，不应该吃这么多。内疚迫使你又为自己加了一份圣代冰淇淋，看电视一直到深夜，试图忘记之前的一切。

第二天醒来的时候，你觉得浮肿不堪，浑身无力。迎接你的是一片狼藉的厨房，你只得拖着疲惫的身体去上班，再次承受与前一天一模一样的压力。就这样，循环不断地进行。你永远处在吃得太多、睡得太少的状态，对于制止引起压力的事端却又无能为力。或许因为能力不够，或许你根本不知道该如何做，总之，你无法制止压力的产生。相反，你的自我感觉越来越差，你很疲倦，很压抑，意志力也不断消退。感觉越差，就越有可能陷入这种破坏性的循环。

当然，这只是一个例子。关节炎、多发性硬化、慢性疲倦综合征等慢性疾病造成的压力会严重影响你的自尊。你想不明白为什么别人能做的事你却做不到。糟糕的感觉使你疲惫不堪，再也没有快乐可言。自我满足似乎成了遥远的记忆。压力剥夺了你所有的私人时间，让你觉得任何人都比自己重要。压力也会扰乱和分散你的思维，使你感到无法集中注意力。

那么，你应该怎样处理这个危险的循环呢？解决办法通常很难找到，尤其是问题究竟从哪里开始都不甚清楚的时候，更是如此。你是怎么进入的，又是怎么踩刹车的？进入和踩刹车，就是解决问题的方法。

消除超额压力，建立自尊

打破"压力—自尊"循环的第一步是分离能够掌控的事情。这不一定要与自尊有关。重要的是必须从一件事情开始，因为压力的特征之一就是缺乏重点。如果生活中有太多的事情让你手足无措，你也许就知道茫然徘徊、一事无成的滋味了。假设你完成了某个项目的一部分，却不得不转战另一个即将到期的项目，当这个项目有点眉目的时候，又有别的事情需要你的关注。你还没反应过来，一天已经过去了，你却什么都没完成。

因此，再次强调，打破循环的最好方法就是选择一件你能够控制和完成的事情。确实，还有很多事情需要处理。但是，只要你保持现在的感觉不变，这些事情就不可能完成。你知道这是事实！改变现状的唯一方法就是集中注意力。

选择做什么取决于你所受压力的种类。让我们看看你有哪些克服压力的方法，尤其是那些同时可以增强自尊的方法。也让我们看看怎样最有效地实施各种战略。

建立自尊战略：A 点到 B 点

消除生活中的过度压力可以增强自尊，因为压力消除之后，你的感觉会变好。因此，本书所有的压力管理战略都有增强自尊的内在倾向。以增强自尊为目的实施这些战略，效果也将更快更好。记住，必须有始有终。从 A 点开始，走完全程，到达 B 点，不要中断，也不要偏离轨道。

所有战略都不超过 30 分钟，因此，你没有理由拒绝实施。任何人都能从繁忙的一天中抽出 30 分钟，让自己感觉更好，效率更高。难道认识自我和思考生命不值得你每天花费短短的 30 分钟吗？

冥想散步

这种方法适合两类人群：平时锻炼不够，和过分担心生活中的负面事物的人。你知道自己属于哪一类！冥想散步要求在 30 分钟开始的时候，主动控制自己的生理和心理状态。如果你整整一天都担心地坐在办公室，到头来却一无所获，你就应该每天进行冥想散步，而且迫切需要。你可以在30分钟之内假装成积极的乐观主义者，最终，冥想散步就会潜移默化地产生功效。

正如你所知道的，运动能够释放压力，冥想散步也能在释放压力的同时改善你的自我感觉。你需要做的就是这些：穿上舒适的适合中度锻炼的步行鞋和衣服，保持良好的自我感觉；换言之，将标准定为，如果在散步途中邂逅某人，你也不会对自己的着装有异样的感觉。梳头，洗脸，擦点防晒霜，出于人性化的考虑，还可以略施粉黛。走到门口，做5次深呼吸。大声说："我已经准备好思考生活中的所有美好事物了！"

然后出门！以中等速度走30分钟：有运动的感觉即可，不要太快，避免疲惫、沮丧和肌肉酸痛的出现。

散步的时候，保持深呼吸。最重要的是，开始思考生活中的美好事物。

你可以考虑下面这些问题：

- 哪些事情有用？
- 生活的哪些部分使你感到高兴？
- 哪些人让你生活得更好？
- 你爱谁？
- 你喜欢自己的哪些方面？
- 你最喜爱的记忆有哪些？
- 你喜欢去哪些地方？
- 你最喜欢做哪些事情？
- 你最中意的食物是什么？
- 你最喜欢什么样的书？
- 你为什么喜欢家、宠物、汽车和工作？
- 你在生活中的哪些方面最为成功？

你可以想得很笼统，比如"我喜欢小孩"；也可以想得很细致，比如"我建立了按时付账、努力工作的整套计划"。如果集中思想有困难，可以设立目标，比如每走25步或每呼吸5次就在列表上添加一项内容。如果思维堵塞，必须停下来，直到想起某事，然后继续上路。

冥想散步的挑战在于30分钟之内，把那些你认为自己应该做的、却没有意义或消极的事情统统抛开。

散步结束之后，你可以回到工作中，但是现在，必须抛开！你回来的时候这些事情还在，不过没有以前那样纷繁复杂了，因为你已经理清了思路。冥想散步过后，你的生活会更美好，自我感觉也会更好。

清理你厨房里的水池

如果你有繁杂的家务，屋子的脏乱使你感到压力重重的话，下面这个网站就最适合你了。该网站将会帮助那些无力控制家务活的人彻底改变生活状态。家务可以严重损害人们的自尊，却又是千千万万的人必须面对的事实。如果你是其中的一个，就登录某些网站看看吧。仔细阅读网站上的内容，注意每天的提醒语，总有一天，会突然起效的。

该网站提供处理家务（以及与此相关的生活）的完整体系，即使你以前从未妥善处理，也能在这里学到一招半式。网站有些基本规则，不容质疑。保持水池的清空、干净、光亮就是最重要的规则之一。

清洁的水池有着缓解压力的神奇效果。正如网站说的："厨房解决了，别的地方也就解决了。"我要加一句："厨房问题解决了，你的生活问题也就烟消云散了。"厨房是屋子的心脏和灵魂，如果把屋子看成生活的标志（《风水》上所说），那么，保持心脏和灵魂的完美有序必将重塑你的全部生活。

如果你并不属于厌恶整理东西的那类人，这个方法就不适合你了。但是，如果你和我一样，或许就会觉得厨房是生活最清楚、最直接的反映。光亮的厨房让你自我感觉良好，觉得整个生活都井然有序。

别让压力毁了你，别让情绪左右你

厨房是我之前提过的压力循环的绝好切入口。无论多忙多累，只要你花费30分钟，甚至15分钟，走进厨房，把干净的盘子放进橱柜，把用过的盘子放进洗碗机，往水池里倒些热清洗液，洗掉剩下的脏盘子（如果实在没有时间，可以暂且放在别的台面上），然后清理水池，做完这些事情过后，你必将对自己的变化惊叹不已。

坚持每天都做，尤其是每个晚上，走进厨房，本来想着脏兮兮的水池旁边堆满了没有洗过的盘子，就连水壶都找不到立足之地，而你看到的却是干净闪亮的水池，这种效果会让你大吃一惊。真的！确实有用！如果你觉得有所帮助，立刻登录网站吧。

接近绿色

说到自然之美，比如森林、山峦、花园等，有些人既会享受，又能抛开，有些人觉得置身自然之中，或者只是观望一眼，他们的生活和整个世界都会产生巨大的变化。如果你对印度医学感兴趣，觉得自己像只八色鸫（东半球一种八色鸫科亮丽多彩的栖木鸟，生活在亚洲、澳大利亚和非洲的森林中，长有坚硬的嘴、短尾和长腿），你或许就是这种人了。

即使你不懂印度医学，也应该知道自然美能否影响自己。

即使生活在城市，你也可以利用大自然的美景释放压力，改善自我感觉。处在自然美景的意象之中时，你整天都会觉得轻松。以下方法可以达到这种境界：

- 把电脑桌面和屏幕保护设置成轮换的风景图片。登录某些网站，可以免费下载桌面和屏幕保护图片，其中很多图片都是关于风景、动物以及风暴、云海等自然现象的。每天早晨选择自己喜爱的图片，就像一次迷你度假。虽然没有身临其境，看看图片也能让你神清气爽。
- 今天晚上，不要看电视剧，也不要到剧场门口排队入场，看看"发现之旅"、"动物星球"或者公共频道的"请您欣赏"。这对大脑很有好处，是你的精神食粮，还能增长见识。
- 花30分钟的时间，在你的小天地中溜达溜达。即使花园或公寓周围的空地非常狭小，也会有些绿色植物。放慢脚步，仔细观察每一棵树、每一朵花、每一片草坪和每一个花坛。不要想别的事情，就想着你能看到多少东西。
- 试着了解住所周围的树木。有些文化相信树是精神的守护神。看看那些树，想想它们的精神世界。如果被感动了，你或许真的需要它们的保护。谁知道呢？
- 如果住所周围没有值得观赏的风景（即使一朵鲜花也是值得观赏的），可以步行或开车去稍远的地方，比如公园、绿化精致的街区等。到处走走，仔细观赏。让心灵仅仅容纳大自然的美丽景色，不要给焦虑留下滋生的空间，至少在这30分钟之内，你的目标是欣赏自然风景。
- 开辟一个花草园地，可以播种培植，也可以从种植园主那里移植。把花盆放在院子里、露台上、前后门的台阶上或者阳光充足的窗台上。每天都要精心照料，就让灵魂尽情地吮吸维生素吧。

去本地图书馆或书店浏览载有大量风景画的图书。你或许会被那些图片带上神奇的旅程：夏威夷、洛基山、欧洲、非洲、中美的热带雨林……放开想象的缰绳，尽情驰骋30分钟吧！

下次假期去自然风景地游玩。大峡谷、加勒比海、国家公园、森林、海滩……都是不错的选择。当然，这远远不止30分钟，但是如果平摊到一年之中的每一天，也就微乎其微了。

坚持到底

如果觉得生活中的琐事都乱了套，就应该试试这个方法了。如果事情太多，根本没有可能全部做完，那就抽出30分钟，集中精力完成下述列表中的一件事情，由此产生的成就感，远远大于20件做到一半的事情所能带来的成就感。这些事情都不需要花费太长的时间，却都是很多人不容易做到的。如果置之不理，就会有思想负担，压力也会加重，随之产生失控的感觉。

每天完成列表中的一件事情，你的自我感觉就会大不一样。坚持1周，你就能看到效果。

- 清洗汽车。扔掉所有的垃圾，整理出可以重复使用的东西，把本该属于屋子的物品放回原处。用手动吸尘器清理地毯，用玻璃清洁剂擦拭门窗。
- 整理钱包。扔掉所有不需要的东西。把收据归类保存。把所有物品放到正确的位置。轧平所有纸币，使其全部面朝一个方向。取出零碎的硬币，放到储蓄罐里。（如果每天坚持，你很快就会发现储蓄罐里的钱连支付学费都绰绰有余了！）

·整理衣柜。把不属于衣柜的物品放到应该放置的地方。把从衣架上滑落或即将滑落的衣服挂回原处。把所有的围巾、帽子、手套、耳塞放进专门的箱子。扔掉那些不合适的或者没人需要的东西。哇！谁知道原来有那么大的空间。

·平衡你的支票簿。不要为之恼怒或不安。好好处理即可。

·给牙医打个电话，预约就诊。然后准时赴约。

·走到办公桌前，任选一叠易于处理而又急需归档的文件，整理这叠文件中的所有资料。

·喝一大杯水，一口气全部喝完。

·清除起居室里所有平面上的灰尘。仅需5分钟，一切都将焕然一新。

·铺床。

·沐浴或冲凉，全身涂满保湿乳液，穿上浴袍，放松15分钟。

·读完你正打算看的那本书的一个章节。

·还记得你要打电话处理与公司之间的问题吗？现在就打吧。

·打扮你的宠物狗。

·还记得你想告诉那个人某件事情，却总是忘记或拖延吗？现在就告诉他（她）吧。

·抽出15分钟（仅仅15分钟！），体验你的个人时间。请别人不要打扰你，然后进入安静的房间，打开定时器，在这15分钟里，做一些你真正想做的事情。

阅读、听音乐、缝纫、削玩具、吹口哨……什么都可以。不要欺骗自己。从开始到结束，做满15分钟。瞧！你已经准备好下面的工作了。

这些真的如此困难吗？相信你的感觉已经好多了。

关爱自己

为了生活中的其他人进行自我压力管理固然没错，但是，你必须同时为自己负责。自尊的基本意义就是认识关爱自己的价值。当然，这意味着你能更好地关爱他人。佛教有云："化身为照耀自己的一道光芒。"认识自己，关爱自己，这样，你将学会如何爱，如何欣赏以及如何尊重自我。

产生压力的时候，你应该知道，外界压力不会改变你的身份和价值，也不会改变关爱自己的个性化及宝贵程度。没有人比你更了解你自己，如果你不试着理解自己，就不要奢望别人理解你。因此，一定要理解、分析、培育、尊重自己。剩下的一切，包括引起生活压力的所有因素，都将回归原位。

第三章
压力来袭，女人要面临哪些问题

女性的压力世界

近些年来，研究机构开始将更多的注意力投向女性的健康问题。一直以来，女性默默承受着生理和文化对自己造成的压力。

对大多数人来说，我们的生理负担比祖母和曾祖母轻松不少。我们的祖母要承担照顾家庭，洗衣做饭，打扫房屋等劳动强度难以置信的家务。如今，大量的自动化设备为我们分担了沉重的家务。此外，男性分担一部分家务也逐渐被社会所接受。那么，还有什么压力呢？

女性不必再用双手洗衣服，但是，由此节省下来的时间却被其他事情所占据。我们有工作，常常还是费心费力的工作。我们有经济压力，情感压力，还有来自相貌、形体与年龄的压力，来自控制与被控制的压力等女性从未摆脱过的甚至更多的压力。很多人还要照料家庭、配偶和孩子。如果我们舍弃这些"必要"的事情，如果我们没有结婚，没有孩子，决定不去外面工作，我们必定会遭受各类批判的狂轰滥炸。有时候，批判是来自内心的，表现为忧虑、惊慌、内疚和恐惧。如果不是世界希望我们做所有的事情，那就是我们自己的希望。

除此以外，女性在一生中会经历几次剧烈的激素变化，每个月也会有激素的波动。这些变动将导致压力感，而压力感反过来又能影响女性的激素水平。那么，面对沉重压力的女性应该怎样做呢？让我们先来看看我们现在是怎样做的。

女性压力管理不善的综合症状

研究表明，在面对压力的时候，女性比男性更愿意和他人交流，去倾诉内心的问题。这是一种健康的压力反应（参见第十一章的"朋友疗法"），也是女性可以为之自豪的自然倾向。但是，对别人的建议和主张的依赖，很可能会变成额外的压力来源。

即使在21世纪，女性（当然，也有很多例外）也比男性更关注别人对自己的看法。人们（不仅是父母，还有其他方面，包括电视）仍然鼓励女孩子保持矜持、礼貌待人、乐于助人、收敛锋芒并学习为社会所接受的各种规矩。

虽然男孩子也接受了大致相同的教育，然而，全社会却更倾向于认可和宽恕男孩子的违规和不安分。"哦，男孩子就是这样嘛。你要干什么呀！"人们也许会心地笑笑，就此了事。男孩子从中学到的是独立、竞争，甚至攻击都没有什么问题。相反，女孩却因为顺从和好表现受到嘉奖。

女性在很小的时候就知道自己的外表、是否乐于助人、是否友善顺从等因素将影响别人对自己的评价，因此，女性有时会过分关注自己的外貌和符合社会要求的行为，反而捍卫了摧残自身的传统观念。社会仍在嘉奖我们这样的行为。如果我们看起来很糟糕、做事粗鲁、在男性主宰的领域工作；如果我们把家里搞得乱七八糟、试图管束蛮横的孩子；如果我们是独断的老板、经理，或者是某家公司的首席执行官，或者成为专业领域的成功典范（无论你是否相信），付出的代价就是超乎寻常的压力。人们会怎么想，又会怎么说？

克服女性压力管理不善综合征，并不需要破除自己的良好习惯。但是，可以为自己和自己关心的人做些事情，而不要把注意力集中在自己并不熟识的人的评价和看法上。

当你因为别人的想法倍感压力的时候（或者你觉得别人有这样的想法），问问自己这些问题：

·我真的是被别人的想法所困扰吗，还是因为自己暗中同意他们的想法而感到困惑呢？（如果是这样，从自己的观点重新审视这种焦虑。）

·我是因为别人对我的习惯的看法而感到压力吗？我真的介意吗？

·如果有人不赞同我的观点，最坏的结果是什么？

·除却别人的观点之外，我觉得这种情况下什么是最重要的？

知道如何礼貌待人和帮助他人是好事，知道怎样保持房屋的整洁和烹调让人满意的晚餐是好事。但是，获得事业上的成功、独立、英勇、知道如何获取自己需要的东西、不依赖他人对自己的照顾，这些也都是好事。看不到你优秀品质的人是目光狭隘的。

压力与雌激素的联系

女性之所以成为女性的原因是女性器官的存在，以及大量的雌激素和少量的雄激素共同作用的结果。雌激素和相关激素控制着很多身体功能，比如排卵和皮肤的光洁度。

绝经之后，女性体内的雌激素水平会下降80%，引发各种身体变化，比如潮热和骨质疏松症等。

雌激素是女性心血管疾病发病率低于男性的原因所在，因为雌激素有保护心脏的功效。绝经之后，女性和男性心脏病突发的概率大致相等，但是，女性在第一次突发时丧命的概率却高于男性。

压力期间，雌激素的含量会暂时下降，因为肾上腺此时分泌的是压力激素。雌激素的下降会引起类似绝经后心脏易受伤害的症状。研究显示，面对压力的时候，雌激素下降，心血管内壁立刻出现脂肪物质的堆积，心脏病突发的几率迅速上升。压力对动脉内壁的伤害可能还不止这些。皮质醇的小小裂痕和伤口会加快物质在动脉内壁的堆积。控制压力，从而保持雌激素的稳定，这是分娩期间进行压力管理的另一个理由。

压力与月经不调：哪个是因，哪个是果

每个月的那段时间，我们每个月的"老朋友"，"来自弗洛的访客"，"鲜红的女士"——无论我们怎样称呼，月经是将近五成女性每个月的压力来源。月经常常伴随着不适。月经前不快症状（PMS）会引起附加的生理不适，以及易怒、沮丧、抑郁、愤怒、任何形式的夸张情绪等情感症状。

严重的月经前不快症状可以进行药物治疗。如果你在每个月的生理期之前或之中出现轻微的情绪波动、肿胀、疼痛或者几千克的增重，最好的处理方法就是提高压力管理的力度，采取特殊的方式照顾自己。你或许会注意到，这些方式中的大部分都是基础的压力管理策略，能够在任何时候帮助你缓解压力。但是，如果暂且忘记这些，现在就是恢复你的良好习惯的时候了：

- 保证8杯的饮水量，对抗肿胀。
- 保持充足的睡眠，早点上床休息。
- 避免咖啡因、糖类和饱和脂肪的摄入。
- 摄入足够的新鲜水果、蔬菜和全粒谷物。你需要大量纤维。你的身体会觉得更为平衡。
- 多喝牛奶，多吃酸奶酪。研究表明，补充钙质可能是月经前不快症状最有效的治疗方式之一。
- 放松，不要过于紧张。如果你不喜欢太晚回家，或者不想给自己太多压力，就不要这样做。
- 在床上放个加热垫，喝杯草药茶，或者读本好书，这些都能缓解痛经症状。
- 洗个热水澡。
- 布洛芬（止痛药）可以缓解痛经。
- 冥想，集中精神温暖腹部。
- 进行按摩。
- 研究女性历史。这是庆祝自己身为女性的绝佳时刻！
- 月经结束一个星期之后，做一次乳房检查。将任何可疑的肿块、增厚或者病变告诉医生。

不要忘了每年的骨盆检查！保持健康的最佳方法之一就是尽早发现问题，因为有些病症一旦被发现早期治疗会容易很多。

压力对女性生育能力的影响

决定生育孩子着实让人恐惧，但是，当你几经尝试没有任何结果之后，这种恐惧可能会变成困惑。难道是压力的缘故？

很多人研究了压力和生育能力之间的联系，尽管专家并不同意，却有越来越多的医生向存在生育问题的病人推荐压力管理疗法。近期的研究结果也强调了压力和生育能力之间的联系。

有些专家坚持认为，不孕能够引发压力，而压力不会引发不孕，两者之间的联系逐渐成为人们关注的热点。然而，将压力和不孕联系起来也有不利的方面：人们可能因为无法生育而责备自己，引起更大的压力，使问题更为严重。当然，导致人们暂时或者永久不能生育的原因有很多，存在生育问题的人不应该责备自己。

压力管理技术能够改善人们处理生育问题时的感觉。由于生理和心理存在密切的内在联系，控制压力感，尤其是那些因为不孕而产生的担忧和焦虑，或许可以大大提高受孕的机率。如果压力能够干扰雌激素和雄激素的分泌（事实上确实存在干扰作用），那么，深度放松、冥想、关心自身等抵制压力反应的技术有助于维持身体平衡，提高受孕机率的说法当然是合情合理的。

如果你发现自己存在特殊的生育障碍，不论是否可以医治，都可以进行压力管理，以期达到下列的任何目的：加速外伤的愈合速度，提高冥想的效果（通过可视化技术，虽然科学尚未证实在这种情况下的作用，可是谁知道呢？），帮助自己或伴侣接受治疗。

压力管理还能帮助你处理得知不能怀孕后的失落感。给自己一些时间和关怀，也给自己伤心的机会。好好照顾自己，或者让别人代劳。然后，让压力管理帮助你搜寻别的方式，比如领养，或者帮助你进入崭新的人生，让自己成为真正独立的成年人。

怀孕、分娩与产后的压力

任何孕妇都能列出特殊压力源的长长清单，从头3个月的晨吐到最后3个月的关节肿胀。除此以外，还有各种各样的情感压力，比如准备家庭新成员的到来，个人生活的变化，感情生活的变化以及家庭生活的变化。

分娩在很多方面都会导致沉重的压力。首先，分娩非常痛苦！你的身体将经历一个神奇而高度紧张的过程，你的思想将以各种方式适应这种情况。

产后阶段需要很多环境和激素的调整。产后抑郁会使简单的日常家务显得困难异常。

在这个人生的转折阶段进行压力管理对你来说更为重要，因为怀孕时的你承受着"两个人的压力"。

本书介绍的任何技术对怀孕期间的压力管理都很有帮助，但是，良好的健康状况和自我关怀最为重要。在你怀孕的时候，必须做到下面几条：

- 每天喝8杯水（包括粥等）。
- 保持充足的睡眠。
- 摄入健康、营养丰富的食物。
- 坚持在每周的大多数日子里进行轻度锻炼（除非医生另有指示）。
- 进行冥想，或者练习别的放松技术。
- 停止不良习惯，比如吸烟和酗酒。如有需要，可以寻求帮助。

寻求伴侣、朋友和家人的支持也是怀孕期间的重要方面。如果知道别人会帮助自己，伴随怀孕而来的担忧和焦虑也会减轻不少。寻求支持，尽管要求自己需要的东西，不要有顾虑。毕竟你是为了孩子。

无论你的情况如何，不要试着独自面对。你或许有能力这样做，可是这必定承受巨大的压力，对孩子非常不利。即使你目前觉得能够处理，孩子出生之后，当你面对紊乱的激素波动时，感觉就会发生变化。帮助自己就等于帮助孩子。

参加工作之前就建立育儿计划是为在职母亲缓解压力的好办法。

将你希望的事情发展进程写下来，包括你对疼痛治疗的感受（考虑对此的思想转变，以防万一），你在工作时能够做的事情（听音乐、冲凉、联系朋友和家人），你是否愿意在分娩时使用摄影机，以及你认为可以做的任何事情。

分娩的压力管理是一件非常重要的事情。心理助产法、布拉德利法，以及别的帮助分娩的课程随处可见。助产士和导乐（doulas）在分娩现场发出的镇定而理性的语音提示能够缓解产妇对分娩的恐惧。伴侣也应该在现场给予额外的帮助，然而，他们可能自己也非常紧张，提供的帮助相当有限。

噢，宝宝！

你觉得怀孕很有压力。现在，孩子出生了，你应该知道什么才是真正的压力！哺育子女有着独特的压力源。从此以后，你不能仅仅为自己负责。在未来18年左右的时间里，你必须承担起照顾、哺育、教导和保护另一个人的责任。

这是巨大的责任，仅仅想到这份责任就会让人畏缩，当然，也让人感到沉重的压力。新生儿的父母往往得不到充足的睡眠，这使得任何事情都更加困难。然而，新妈妈可以做些事情，处理和控制这些必要的压力。

- 喝适量的水，保持水分的充分供应。
- 摄入真正满足精神需求的健康食品。
- 放松，让身体修复。
- 让别人来帮助你。你不必向任何人证明任何事情。
- 坚持给自己留出一些时间，哪怕是每天在卧室中独处10分钟，做几次深呼吸。
- 孩子睡觉的时候你也睡觉。
- 品味和孩子相处的时光。

父母经常要牺牲自己的时间、金钱和自由。这些牺牲当然是值得的，但是，作为父母的你也应该控制好自己的压力。如果你还能教导孩子怎样处理他们的压力，这将是你给予他们的厚礼。孩子长大之后，将会遇到来自学校、同伴、课业负担、社会期望等方面的压力。因此，他们也会产生沉重的压力感。

在家庭生活中处理压力最为重要的是归属感。这与家庭成员的构成无关。你可以没有丈夫和妻子，可以没有孩子和宠物。只要每个人知道自己属于这个团体，感受到彼此的关爱，共同相处，这就是一个家庭。每周一次的"家庭之夜"或许就足够了。做游戏，谈论国际时事，看电影，轮流准备晚餐，无论你做什么，一起相处将给你留下甜蜜的记忆。

低压的单亲哺育

没有生活伴侣并不意味着你不能成为优秀的父母。忘掉那些关于单亲家庭将遭遇更多问题和困难的报道（虽然别人向你引用这些信息的时候很难忘却）。

单亲家庭仍然是家庭。如果每个家庭成员都有归属感、共同相处、寻求共同的乐趣、彼此关爱和支持，这将是一个出色的家庭。

然而，单身父母必须每天扮演双重角色，生活的压力可想而知。一个人做饭、洗碗、扫地、扔垃圾、赚钱，然后快乐地和孩子玩耍，要做到这些并不容易。但是，你可以做到，而且值得去做。你可以努力地进行压力管理，使你的生活变得轻松些：

- 保持充足的睡眠！你可能觉得不可能，只要重新安排你的时间表，通常是可以做到的。
- 保持健康的饮食。你的孩子会把你作为学习的榜样。
- 尽量和孩子一起吃饭，和他们交流。关掉电视机！
- 不要让孩子成为你生活的全部内容。每周至少参加一次成人活动。
- 偶尔纵容一下自己，这是你应得的！
- 每天进行冥想。
- 每天提醒自己，虽然你和别的父母一样，难免会犯些错误，总的来说，你的表现非常出色。
- 好好享受和孩子在一起的时光，以后就没有这样的机会了。
- 如果你必须在孩子和清理工作之间选择，大多数情况下应该把时间留给孩子。也可以让孩子参与清理工作，使之成为你们共同承担的家务。
- 尽量不要怀疑自己。如果发现怀疑情绪的存在，有意识地为自己增添信心。记住小小的引擎能够做的事情！
- 教孩子锻炼。一起学习一项体育运动，或者一起练瑜伽。孩子喜欢瑜伽，这对全家都有好处。
- 彼此告诉对方自己喜欢他（她）的哪些方面，并使之成为家庭的传统。
- 不要太精明！
- 做你自己最好的朋友。培养内在的自信心。在没有人鼓励你的时候，还有积存的精神和力量。

选择不生育孩子

选择不生育孩子的女性，或者由于种种原因不能生育孩子的女性，在接近育龄末期尚未生育孩子的女性都面临着巨大的社会压力。为什么呢？因为社会希望女性生育孩子，任何没有生育孩子的女性必定犯了什么错误。不是吗？

当然不是！世界的人口已经够多了。我们没有任何必须生育孩子的公民责任。选择不生育孩子的女性，无论她们是否选择结婚，常常受到好心的亲人和朋友的评论。"那么，你打算什么时候成家生孩子呢？"这些无心的询问往往成为那些几经尝试却没有结果的人和那些认为自己不适合生育孩子的人的心痛之处。

你应该如何处理压力呢？保持镇静，想好答案。你或许有以同样侵犯性的回答反驳关于生育的无谓问题的冲动，但是，这只会使你更紧张，感觉更差。不如用这些回答来结束交谈（如果这是你想做的）：

- "为什么这样问呢？"
- "这是私人问题。"

- "孩子还不在我目前的计划之中。"
- "我有其他表现母性的途径。"

或者，你想采用更机敏的回答：

- "噢，我的天哪！我还没意识到有这个需要！"
- "你也知道，我经不起这种考验的。"
- "现在是21世纪了！难道没有解决这种问题的特殊设备吗？"
- "他们不鼓励从事秘密工作的人生育孩子。"

这些答案也许有些混乱，但是，你至少可以扰乱人们的思维，让他们安静下来！

关键在于：选择是否生育孩子是你的私人事情，与别人毫无关系。你没有必要向任何人（包括你的父母）证明自己是否正确。不要让别人的评论使你对自己的抉择产生愧疚感。深呼吸，抛开人们的言论。

压力与更年期

压力不会引起绝经。引起绝经的是衰老，而这也是不可避免的自然法则。记住这句格言：改变你可以改变的，接受你不能改变的，具备分辨两者差别的智慧。这就是你不能改变的，身为女性的你，更年期是必经的人生阶段。

如果压力往往与变化有关，我们就不会称绝经是徒然的"变化"。绝经对生理和心理都会造成巨大的压力。此时的显著特征是雌激素的急剧下降，以及由此引发的潮热、抑郁、焦虑、平庸和失落的感觉、剧烈的情绪波动、阴道干燥、性欲的消退、骨质流失、不断增加的心血管疾病、中风和癌症的发病几率等。

那么，绝经有积极的一面吗？

绝经不仅是激素的调整。所幸的是，绝经引起的很多变化都是暂时的。尽管某些疾病的发病几率在绝经之后仍然很高，潮热、抑郁、情绪波动，甚至对性生活兴趣的消退都是暂时的。

压力管理技术有助于缓解和减轻很多绝经产生的暂时性影响。冥想和放松技术与有规律的适度锻炼（包括力量训练）互相配合，正是你的不适症状所需要的。如果采用激素替换疗法（这是有争议的治疗方法，必须征求医生的意见），绝经引起的暂时症状将得到进一步的缓解。这可以将你的注意力转移到好的方面：全新的自己！

当然，绝经之后的你还是你自己，只是进入了人生的另一个阶段，不再有生育能力。如果你从未有过孩子，在别人问你"打算何时生孩子"的时候知道自己已经过了生育年龄反而是一种解脱。你现在开始的人生阶段也让你回到以自己为中心的状态。这并不意味着你将变得自私自利。你仍然可以帮助家人、朋友和孩子。

对很多老年人来说，这并不容易。正在你成为自己生活中心的时候，却发现生活中夹杂了别的东西：赡养年迈的父母，照顾年幼的孙子和孙女。你的成年子女也可能在此时回到你的身边。救命啊！或许你喜欢帮助家人，可是在你进入这个特殊的人生阶段之后，你自身的快乐和对自己的照顾都会因此受到不利影响。这不是自私。如果你更开心、更镇静、更满足，你对别人的帮助也就更大。在继续关爱和支持父母和子女的同时，让自己成为被关注的首要对象。不要在你仔细欣赏自己的成就之前就让生命悄然流逝。将眼光放得长远些。

第四章
面对重重压力，男人该做哪些准备

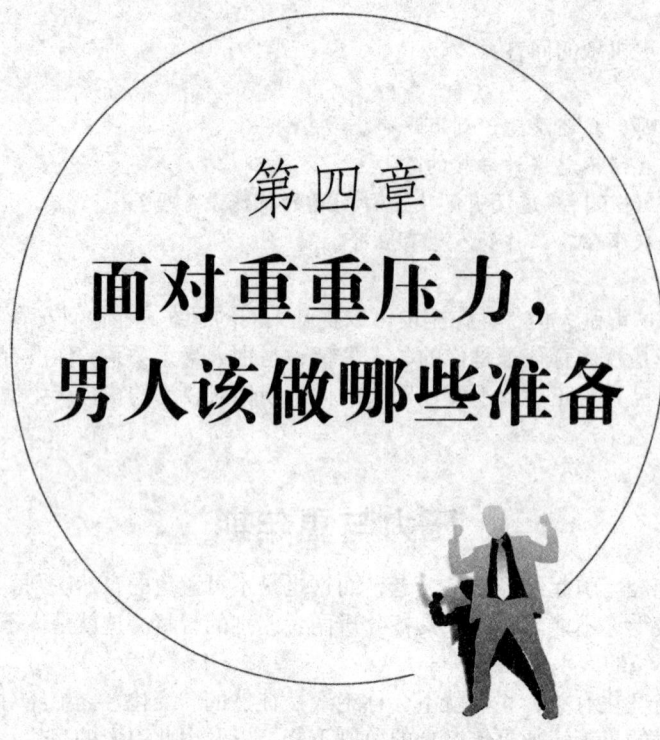

男性压力管理不善的综合症状

研究显示，男性和女性在处理压力的时候有所不同。女性会和别人谈论自己的问题，而男性不会。男性寻求他人的陪伴，却不分享或分担；或者进行体育锻炼。

两种方法都有效果，但是，男性不愿表达内心感受的传统习惯将扩大压力的消极影响，包括孤独感、抑郁、自尊心的降低、物质浪费等。男性自杀的可能性是女性的4倍，男性也更可能吸食毒品、酗酒和采取暴力行为。

你应该如何控制自己的压力，遏制自己将压力藏在心里的倾向呢？以下是对男性压力管理的若干建议：

·不喜欢谈论压力？那就写下来吧。通过日志倾吐心中的苦闷。即使你不喜欢写自己的感受，在你写过之后，就会觉得有效果了。
·运动是释放压抑的焦虑、恼怒和抑郁的好方法。
·喝更多的水，这将使一切有所好转。
·减少咖啡因的摄入量。咖啡因会让你更焦虑，还会使血压升高。
·试试冥想或者别的放松技术。
·用幽默来降低环境压力。
·如果你觉得自己的感受已经不受控制，可以和咨询师或治疗医师交流。有时候，和与私人生活无关的人交流会容易些。

真正的男人确实有压力

男性受到的教育是独立、坚强和理性地处理事情。有时候，这种方法是应对危机、完成工作或者忽略那些没有必要详细处理的事情的有效方式。

但是，理性和坚强并不能解决真正的问题，问题依然存在。有些男性依靠药物、酒精或者别的嗜好（比如赌博和性）来麻痹压力造成的痛苦、沮丧和焦虑。很多男性存在抑郁感，然而，像女性那样承认自己的抑郁或者寻求帮助的男性却少之又少。

有时候，没有感到压力反而更糟糕。压力的最终爆发会迫使你有所感觉。保证自己处于受控状态的最好方法是在压力出现时就加以处理。让自己承认压力的存在，这样才能处理压力。

注意，"男子气"以及所有给你类似暗示的东西都将影响你处理压力的能力。生活没有必要成为一场战斗，成功也不总是用金钱和名誉来衡量的。你不必依靠5个小时的睡眠艰苦度日，也不必在工作之余和朋友过度放纵。

你不必否认自己感到压力，也不必告诉任何人，但是，你应该对自己承认压力的存在。你可以用很多方式处理压力，使生活变得更轻松。你也可以用不同的技术在家里独自释放压力。总而言之，这是你的私人事务。

压力与雄激素的联系

研究表明，生理压力和心理压力与雄激素的下降有关。雄激素是显示胡须、肌肉、低嗓音等男性体征的激素。雄激素与行为之间存在复杂的联系：雄激素可以影响行为，行为也能影响雄激素。在古代，净身之后的男性（有史以来，各个国家的皇室都有此类侍从）显得更温顺，他们的性欲降低了，脂肪的堆积却增多了。

雄激素与男性的统治行为有关，是男性渴求控制、理性、支配等的原因之一。无数的研究显示，男性和女性在交流风格，学习风格，甚至语言理解能力等方面存在差异，研究人员正在探索主要受雄激素控制和主要受雌激素控制的人之间的情感关系。

研究显示，女性容易被男性特征和统治行为（不是攻击行为）更为明显的男性所吸引。尽管文化因素对生命力也有影响，尽管存在很多例外，但是，男性特征和统治行为始终是生育能力强盛的生理信号。

我们的传统文化中，男性在外谋生，养家糊口，以此满足他们的统治欲望。受雌激素和后叶催产素驱使的女性留在家里，照顾孩子，料理家务。但是，如今的生活比以前复杂多了（虽然我们将以前的生活过于简单化了）。随着社会需求的演变，人们不愿意被锁定在某个特定的角色。很多女性从工作和养家中获得满足；也有很多男性从照料孩子和家庭中获得满足，有些男性还是出色的贤内助。然而，这些所谓的角色颠倒并没有真正颠倒。料理家务和照顾孩子能够满足男性完成重要事务的需求。对孩子来说，居家父亲可以是积极的统治者。家务可以成为一种竞争，也可以成为男性的骄傲。

另一方面，女性在工作中的出色表现也是基于她们的沟通技能和细腻的心思。换言之，男性和女性能够从事任何工作，只是处理的方式有所区别。你照顾家庭和孩子的方式或许与你的爱人不同，这并不表示你的方式就不好。

关键在于，男性不必因为没有从事传统的"男性"事务而感到挫败和压力。然而，当男性无法成为自己理想的样子时，就会感到压力。当统治欲望强烈的人处于被统治地位的时候，这种统治欲望就会演变为压力。如果男性被迫担任下属，而这又不是他们的本性（即使直接听命于首席执行官），结果往往是大量压力的产生。如果没有及时发现和控制，这种压力就会转变成攻击性以及别的违反社会规则的行为。如果男性控制自我的需求得不到满足，不能参与竞争，觉得自己没有多少贡献，他们就会感到挫败和失落。

当压力降低雄激素水平的时候又会怎样呢？雄激素的降低会导致自信心和控制感的丧失，使本来就充满压力的情况变得更糟糕。习惯于拥有统治权的男性会因此感到挫败和焦虑。因此，为了维持自信和健康，压力管理非常重要。如果雄激素水平保持平衡，你的自我感觉就会更好，自信以及对情感和行为的控制能力也会有所提升。做到这些的最佳方法是常常检查自己的压力状况。

别让压力毁了你，别让情绪左右你

压力对男性生育能力的影响

压力能够抑制雄激素的产生，雄激素的降低会抑制精子的生成，严重影响男性的生育能力。

如果你们正准备怀孕，压力管理对你们来说是同等重要的。怎样才能回到生育的正轨呢？两个人的做法是一样的，你们可以一起做。

- 每天进行适度的锻炼。
- 摄入健康的食物。
- 保持充足的睡眠。
- 摄入足够的水分。
- 每天进行冥想或者练习别的放松技术。
- 练习深呼吸。
- 有意识地让自己拥有积极的态度。
- 如果你真的控制不了某些事情，就暂时别去管。

愤怒，抑郁，还有别的难言之隐

压力对男性的特殊影响（虽然可以医治）使他们感到迷惘、挫败和绝望。对男性来说，愤怒管理是一项重要的技术。男性天生较高的雄激素使他们比女性更容易恼怒和发生攻击行为（当然也有例外）。压抑愤怒和不适当地发泄愤怒一样危险，两者都将导致压力激素的激增，对身体造成伤害。

经常性的愤怒也是抑郁的信号。抑郁是很多男性的重要问题，因为他们不愿意承认自己的抑郁情绪，也不愿意寻求治疗。这些都是抑郁的典型表现：

- 觉得不受控制。
- 暴怒。
- 对以往喜欢的东西不再感兴趣。
- 食欲的突变（过度的食欲旺盛或食欲不振）。
- 睡眠状态的突变（失眠或者睡得太多）。
- 觉得没有希望。
- 觉得到了绝境，没有出路。
- 焦虑、惊慌。
- 常常哭泣。
- 产生自杀的想法。
- 破坏已有的成就（辞去一份好工作，结束一段珍贵的友谊）。
- 物质浪费。
- 不良嗜好的增多。
- 性欲的降低。

如果你感到抑郁，应该及时处理。通过治疗、冥想或者两者的结合，抑郁很容易就可以治愈。在你跨越了第一个障碍之后，自我感觉就会变好，也更愿意改变生活风格，比如每天进行锻炼，这将进一步缓解抑郁的情绪。

到处存在的压力

男性往往觉得寻求帮助是脆弱的表现，然而，在处理抑郁的情况下（还有很多别的情况），寻求帮助恰恰是坚强的表现。天无绝人之路！向他人寻求帮助吧。

男性面临的另一个问题是勃起功能障碍，这将直接导致轻微或暂时的压力。偶尔的勃起障碍对性生活产生影响是正常的。过度劳累、酗酒、工作不顺利或者给自己太多压力等可能导致偶尔的勃起障碍。但是，如果经常发生（出现问题的概率至少达到50%），你就可能患有勃起功能障碍了，而且可能是由压力导致的。

其他原因

当然还有其他原因。50岁以上的男性患勃起功能障碍最常见的原因是循环系统的病变，比如动脉硬化。不仅心血管会随着年龄的增大而硬化，阴茎处的动脉也会发生阻塞，使得勃起所需的血流量得不到满足。勃起功能障碍也可能是某些严重疾病的症状，比如糖尿病、肾衰竭、肝功能衰退等。

疾病或手术部位的神经损坏也可能引起勃起功能障碍，包括脊柱手术、克隆手术、前列腺手术等。勃起功能障碍还可能是药物副作用的结果，比如抗抑郁药物（非常常见）、治疗高血压的药物、止痛药等。酗酒和吸烟也是引发勃起功能障碍的原因之一。

然而，勃起功能障碍也有心理方面的诱因，很多情况下，这个诱因就是压力。压力和勃起功能障碍形成恶性循环：你感到压力，就会出现偶尔的勃起障碍，这使你的压力更大，出现问题的可能性随之增大。怎样才能打破这个循环呢？

很多由于心理原因而患有勃起功能障碍的人在睡眠或清晨的时候会出现勃起。为了确认是否存在隐秘的生理疾病，看医生仍然是最好的办法。如果确认是心理方面的原因，你就可以专注于自身的压力管理了。

看看你能否找出原因。引发勃起功能障碍的压力可以来自各个方面。总体的生活压力当然可以引发勃起功能障碍，别的压力也可以，包括下面这些：

- 与性伴侣的感情问题引起的压力。
- 担心表现不佳引起的压力。
- 对亲密行为的恐惧，或者情感关系的突变（比如订婚）引起的压力。
- 对疾病的恐惧。
- 未解决的性问题（包括性取向）引起的压力。
- 抑郁以及由此引发的性欲消退。

如果你知道或者怀疑压力的来源，可以从这些方面做起。进行冥想和放松练习。保持充足的运动量。如果你害怕某些事情，就经常说，经常想，然后写下来，或者寻求帮助，将其彻底解决。如果你感到抑郁，应该寻求治疗。如果你有感情问题，应该勇敢地面对和解决。有时候，你需要的仅仅是开放的交流。

勃起功能障碍也可能是你和性伴侣不协调的信号。好好想想，无论是什么原因，心理诱因导致的勃起功能障碍是可以治疗的，在你恢复功能之后，不会残留任何的病患痕迹。患上勃起功能障碍后，"不要担心，开心点"总是说起来容易做起来难，但是，这的确是很好的建议。

压力与男性中年危机

男性和女性都会经历中年危机，然而，男性出现此类问题的几率更大。中年危机可能有也可能没有激素成分，无论怎样，这都是无可争辩的事实。处在这个阶段（35岁之后到45岁左右）的男性开始质疑过去的生活方向；他们怀疑自己是否错过了什么事情；他们厌倦了自己的工作，觉得感情生活枯燥乏味；他们甚至害怕自己对生活失去兴趣。

男性对中年危机作出怎样的反应取决于自身以及危机感的强烈程度，但是，我们从电视和电影中已经看到了典型的反应：离婚、二十几岁的女朋友、红色跑车。当然，结果并非总是如此。有时候，对危机的反应是抑郁、冷淡、焦虑、对日常生活的日益不满等。有些男性在这个时候改变职业，追求自己的梦想。

中年危机和压力之间存在怎样的联系呢？因为无法解决的感情问题和对工作的不满而常年积聚的慢性压力将导致最终的崩溃，这就是中年危机。此外，伴随中年危机产生的种种变化对生活也有影响，因此，中年危机也是压力的来源之一。

对此你可以做些什么呢？首先，在中年危机来临之前学会压力管理。这可以打破危机，如果能够按照你希望的方式生活，也就不会出现危机了。如果你的中年危机已经迫在眉睫，也可以对即将到来的压力做好准备，减轻打击的力度：

· 将所有未实现的梦想列成清单。好好看看和想想，哪些梦想是不现实的，是你永远都不会去做的，现在就把这些内容从清单上划去（或者写到另外的清单上）。

· 看看还剩下什么。什么是你真正想做，一直在做，却没有完成的？仔细思考这些事情。这是你真正想要的，还是你觉得自己想要的？放松，闭上双眼，想象得到这些东西后的情形。

有时候，我们喜欢某些东西：博士学位、出色的伴侣、极度富有……但是，当我们想到实现这些梦想必须付出的代价时，就觉得并不值得。你觉得哪些梦想不值得去实现？将这些从清单上划去（或者写到另外的清单上）。

· 看看还剩下什么。你为什么还没有实现这些梦想？你还需要做什么才能实现？开始思考为了实现梦想可以做的事情。将每个步骤列成清单。如果你有爱人，鼓励她也整理自己的清单，讨论你们应该如何共同努力，才能在你还年轻的时候实现梦想（年轻是一个相对的概念）。

· 如果你的不满来自感情生活，现在就是采取措施的时候了；但是，这并不意味着将感情抛诸脑后。逐步重温你的感情，打破常规，一起旅行，改变卧室的陈设，增添浪漫的情趣，真正关注你的性生活。如果你们对这些改变还没有准备，就应该探讨没有准备的原因。如果你需要解决以前的事情，就应该将其彻底解决。专业的治疗医师是很有帮助的。

· 不要做你不喜欢或者没有必要做的事情。如果你真的受不了现在的工作，不妨找份新工作，或者开始创业。如今，自主创业的机会越来越多，也有越来越多的人希望拉近自己与家庭的距离，将更多的精力投入家庭，使生活更贴近自己的梦想和渴望。少花些钱，还能生活下去吗？如果可以，就这样做吧。如果想到你参加的委员会、团体和俱乐部就觉得害怕，就放弃这些活动吧。不要浪费你的生命做那些你不喜欢或者没必要的事情。

· 给予。所有的自省都会让你感到自私。有意识地将时间、精力或金钱给予真正需要的人，这将让你感到平衡。你可以将时间投入到对你有意义的慈善组织，或者你信仰的事业中去；你也可以多留出一些时间和伴侣共处，和孩子交流，和孙子或孙女玩耍。

压力与老年男性

当身体开始违背你的意志时，一切都变得不容易；承认你不能做以前轻而易举就能做到的事情也更困难。对男性而言，衰老是很有压力的，有时还可能充满失落感：肌肉的衰竭、耐力的退化、性欲的消退，甚至头发的稀疏。女性或许觉得男性越老越好看，可是当男性意识到自己不断增加的体重和不断衰竭的体力时，就不会这样觉得了。

退休也可能增添压力，给你雪上加霜。失去多年以来从中获取地位和自我价值的工作对男性来说是灾难性的，他们在瞬间迷失了自己，不知道应该做什么。当然，你不是你的工作，也许你也知道。但是，工作了50年之后，你可能觉得退休意味着失去了自己的大部分。

老年男性应该怎样做，才能感到坚强和自信，才能摆脱压力呢？当然是压力管理！试试这些建议：

· 保持充实。参加户外活动，比如无偿服务、团队运动、绘画课程、写作课程、业余爱好团体、做礼拜等。学习木工、烹饪、钓鱼、跳舞等。任何感兴趣的事情都可以尝试。你好不容易有了时间，千万不要浪费！也许你一直想学习法律，或者想学意大利语，或者想成为鸟类观察家。保持活跃将使你对周围的事情充满热情。这也能保持思想的充实和活跃，让你感觉更年轻。

· 不要中断和朋友的联系。努力保持联系。既要结交和自己年纪相仿的朋友，也要结交比自己年轻的朋友。和朋友一起参加户外活动。你或许能帮助有同样需要的人呢！

·考虑养宠物。有证据表明,宠物有助于减轻压力,可以给予持久而令人满足的感情纽带。小狗和小猫给你的回报是你为之付出的10倍,小鸟也是"知恩图报"的好伙伴。

·保持活跃。每天坚持散步,或者进行别的体育锻炼。和朋友一起散步对生理和情感都有益处。

·关心世界的变化。和朋友或伴侣谈论时事。放开思想,以充分的论据支持自己的观念。

·尝试瑜伽。保持身体的柔韧性,降低受伤的几率。越来越多的老年男性在尝试瑜伽,并且受益匪浅。

·摄入富含钙质、蛋白质、纤维素等营养丰富的食物。

·考虑每天服用锌制剂,保持前列腺的健康。南瓜子富含锌,蒲葵对前列腺的健康也有益处。

·练习举重,保持肌肉和骨骼的强健。

·保持充分的水分摄入和睡眠。

·考虑资深的整体保健医师。让他(她)帮助你减轻对药物的依赖,培养更健康的生活方式。

·每天进行冥想。审视内在的自我,重新认识真正的自我!

·保持思想的充实。培养新的兴趣爱好,学习新的语言,品读和你以前读过的不同流派的书籍,研究字谜,和朋友进行智力讨论,创造一些东西。

·为他人服务。既能提升你的自我感觉,又能帮助他人。

·开始撰写自己的生活史。你将从整理记忆中获得乐趣,你的手稿也将成为珍贵的家族遗产。

·重视自己。

无论你是男性还是女性,无论你是二十几岁还是九十几岁,压力都将扰乱你的健康和身体机能。你应该努力减轻压力对生活的影响,这与性别和年龄没有关系。不要成为性别或年龄的受害者。这是你的身体、你的思想、你的生活!

第五章 知己知彼，深度剖析压力

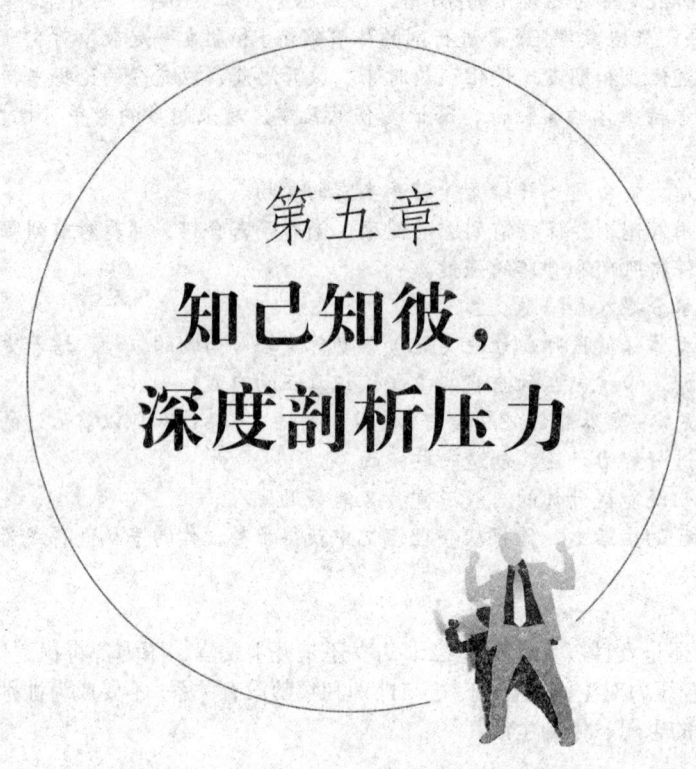

压力面面观

　　压力本身是一个非常简单的概念：身体对特定程度刺激的反应。但是，压力对你的影响可能与对你朋友的影响完全不同。你的身体会释放肾上腺素和皮质醇应对压力，然而，你的压力可能来自苛求的上司，来自10个难以监督的下属，或者来自不可能达到的最后期限。你朋友的压力可能来自留在家里需要照顾的4个孩子，来自紧张的经济预算。有人或许承受着慢性骨关节炎带来的压力，也有人可能被漫长无期的情感问题纠缠不休。

　　对于不同的人，"压力"有着千差万别的意义。因此，任何人实施有效的压力管理方案之前，都必须分析自己的个人压力剖析图。只有识别了你在生活中经历的特殊应激物，与你的个性相联系的压力倾向，以及你处理压力的独有方式，才能设计真正适合你的压力管理组合。

　　比如，本来就被错综复杂的人际关系搞得精疲力竭的人，增加社交活动的方法就没有意义了。相反，那些因为缺乏支持而感到压力的人或许就能从社交活动中获益。有些人通过冥想可以获得深度镇静，有些人却深受折磨。有些人觉得自信训练能够释放压力，真正自信的人却学着把工作留给别人，让自己清闲无事。

　　你可以把个人压力剖析图（PSP）看成业务策划书。你就是业务，没有达到最高效能的业务。你的个人压力剖析图就是整项业务的概况，以及阻碍业绩提升的所有因素的具体性质。有了个人压力剖析图，你就能有效设计自己的压力管理组合。不知不觉中，你就已经进入顺利、高效、富有成果（快乐自然不在话下）的轨道。

　　那么，你该怎样控制生活中纷繁复杂的压力呢？又该如何一一应对呢？你可以从本章提供的各项测试中获取关键信息，在此基础之上，编制自己的个人压力剖析图。

　　你的个人压力剖析图由4部分构成：

1. 你的抗压临界点。
2. 你的压力触发因素。
3. 你的压力弱势因素。

4. 你的压力反应倾向。

一旦知道自己能够承受多少压力，哪些事情会引起压力（即使不会对朋友、配偶、兄弟姐妹引起压力），自己的压力弱势在哪里，以及倾向于如何应对压力，你就能建立自己的个人压力管理组合。这就是业务计划。找到问题之后，就能制定战略。你可以订立计划，通过压力管理来改善生活。

抗压临界点

注意，这里说的是控制压力，不是消除压力。因为消除所有压力是不现实的。在这之前已经提过，有些压力对你是有益的：可以为你补充体能，可以让生活更有趣、更刺激。我们不是都需要一定程度的压力吗？我们厌倦了无聊的日常工作，盼望一次令人兴奋的假期。我们渴望彼此相爱的感觉、结识新朋友的兴奋、晋升的挑战、学习新知识、参观新地方，及在陌生的新城市或镇上不熟悉的地方迷路（很短的时间）时迸发出的火花。

换言之，过度的压力会造成伤害，适度的压力却有益健康。因此，消除生活中的全部压力是没有道理的。适当的压力很有益处，只要不是周而复始，杳无宁日。最后，大多数人会选择平衡，或许是例行公事，或许是较早的上床时间，或许是在家用餐。

可能你已经注意到，有些人在持续的变化、刺激和压力之下，仍然能够保持旺盛的精力。想想到处奔波的新闻记者和网络管理员，想想那些能够把平凡生活写成伟大剧作的人。另外一些人却更喜欢高度规范，甚至形式化的生活方式。比如那些从未离开家乡又能知足自乐的人。当然，大多数人处在两个极端之间。我们喜欢旅行，希望偶尔经历一些刺激的事情，然后回到家里，恢复以往的常态（常态就是平衡，我们最佳的生活状态）。

无论你是哪种类型的人，让你反应迅速、思维敏捷、产生兴奋感的体内变化只能持续到某一点。超过这一点之后，压力就从积极转为消极。虽然每个人情况有所不同，大体上说，压力也会给你带来良好的感觉，还能改善你的绩效表现，直到某个特定的转折点：你的抗压临界点。如果压力到达这一点后继续增长，你的绩效就会下降，对身体造成的影响也会从正面变成负面。

压力触发因素

如何到达转折点因人而异。每个人的生活都有各自的特点，充满着不同的压力触发因素。有人遭遇了一场车祸，有人即将参加大学入学考试，两者的压力触发因素完全不同，但承受的压力或许所差无几，这取决于车祸的严重性和入学考试的重要性。当然，两个人的抗压临界点可能不同，对应试者而言的高度压力，对车祸受害者来说或许只是中等程度的压力。然而，两者的抗压临界点可能都高过那个1周之内经历3次偏头痛的病人。

换言之，你的压力触发因素就是引起压力的事物，而抗压临界点则决定了你能够承受多少压力，以及达到怎样的程度之前，压力所保持的积极作用。总而言之，你的压力触发因素组合是与众不同的。

压力弱势因素

压力弱势因素使得整个系统更加复杂。有些人能够承受较多的压力（家庭问题除外），有些人可以忽视批评指责或别的个人压力形式（工作问题除外），有些人可以接受朋友和同事的所有指责。

由于个性、阅历、遗传等因素的不同，每个人面对特定的压力形式（不受别的压力影响）时，都会表现出独特的弱势和敏感度。

压力弱势因素决定了生活中的哪些事件会对你造成压力，哪些事件不会使你感到压力（即使会给别人带来很大的压力）。

压力反应倾向

压力反应倾向，也就是你作为个人将对压力作出的反应，它进一步增加了整个体系的复杂性。遇到困难的时候，你会借助食物和烟酒发泄情绪呢，还是会蒙头大睡，或者向朋友倾吐苦衷呢？也许你会找朋友倾诉，或者进行放松练习和冥想。也许你对自己的弱势因素采取某种应对方法，对那些容易处理的压力又采取另外的方法。

通过压力认知，有意识地追踪压力触发因素，以个性化的方式控制压力，尝试各种压力管理技术并找出适合自己的方法，建立并应用个人压力剖析图，这样，无论是消耗体能还是侵蚀脑力的压力，你都能妥善处理。

让我们从你自身开始，识别你生活中的应激物，以及你对此的反应倾向。以下测试将揭示生活压力的每个细节。基于这个测试，你也能建立自己的个人压力剖析图。

个人压力测试

现在，不要为测试感到压力。这是不计分的。把它当成了解生活和个人倾向的机会。慢慢做，不用着急！同时记住，你的回答和整个压力剖析可能随着时间而改变。在今年、这个月、这个星期还是非常沉重的压力，到了明年、下个月、下个星期或许就变得轻松不少。到那时，你可以再做一次测试，看看压力管理组合的实施效果。至于现在，就你目前的状况回答以下问题。

第一部分：你的抗压临界点

在最适合你目前状况的答案上画圈：

1. 以下哪句话最能描述你平时的生活状况？
   A. 令人舒心的规律。我每天起床、用餐、工作、娱乐的时间基本相同。我喜欢这种有序的生活。
   B. 令人愤怒的规律。我每天起床、用餐、工作、娱乐的时间基本相同。枯燥的重复简直要我的命。
   C. 基本规律，却无次序。大部分日子，我会遵循起床、用餐、工作、娱乐的套路，但我从不关心做这些事情的具体时间，如果有什么新鲜事发生，那就太棒了！我一定会看个究竟。
   D. 极不规律，压力沉重。每天都有事情扰乱我的计划。我渴望规律的生活，可我的努力总是没有结果。

2. 饮食或锻炼不规律的时候，将会发生什么？
   A. 我会伤风、感冒、过敏、浮肿、疲倦，还会出现其他提示我的良好习惯将被打破的信号。
   B. 我并不关注饮食和锻炼，但是大部分时间感觉良好。
   C. 饮食？锻炼？如果我有足够的时间和精力把这些事情安排到日程表里的话，我也许会尝试。
   D. 我很激动，而且兴致高昂。我喜欢打破常规，我想让自己进入不同的状态。

3. 如果被某人批评，或者被某个权威人物指责，你会有怎样的感受？
   A. 我会惊慌、失望、焦虑、抑郁，好像发生了某件不受我控制的可怕事情。
   B. 我会生气，产生报复心理。我会被所有可以或应该的应对方式所困扰。我会精心设计报复计划，即使我并不打算付诸实施。
   C. 我会感到气愤和伤痛，但不会持续太久。我的重点将是如何避免此类情况的再次发生。
   D. 我觉得被大家误解了。我知道自己是正确的，却又无能为力，这就是天才的代价！

4. 无论什么原因（音乐会、演讲、演示、讲座），你正在为在众人面前的表演做准备，你此时的感受是什么？
   A. 我觉得想呕吐。
   B. 我觉得很刺激，有点颤抖和紧张，精力充沛。
   C. 我会避免这种情况，因为我不喜欢在众人面前表演。
   D. 我觉得表现自我的机会到了，跃跃欲试。

5. 处在人群中间的时候，你有何感受？
   A. 高兴！
   B. 惊慌！

C. 我觉得会有麻烦出现。为什么不报火警呢?
D. 暂时觉得没事，然后就准备回家。

第二部分：你的压力触发因素

在最适合你目前状况的答案上画圈。如果没有一项符合你的情况（比如，你对自己的工作和生活十分满意，没有感到任何压力），请不要做任何记号：

6. 关于住所，你觉得哪些问题最有压力？
   A. 我觉得城市污染／室内过敏原会带来压力。
   B. 我觉得和家人的频繁争吵会带来压力。
   C. 我觉得睡眠不足会带来压力。我的起居环境（新生婴儿、吵闹的室友）根本不让我获得必需的睡眠时间。
   D. 我觉得家人的突然变化会带来压力，比如突然的消失（搬走、去世）和出现（搬来、新生婴儿）。

7. 你应该改变哪些习惯？
   A. 我不应该长时间地待在室内，而要经常呼吸新鲜空气。
   B. 我不应该总是压抑自己。
   C. 我不应该吸烟、喝酒、暴饮暴食。
   D. 我不应该太在乎别人对我的看法。

8. 哪些事情可以改善你的生活？
   A. 离开城市，离开乡村，离开小镇，离开郊区，离开这个国家！
   B. 认清自我。
   C. 更健康，精力更充沛。
   D. 更多的权力、更高的声望、更多的金钱。

9. 你真正害怕的是什么？
   A. 我害怕节日，节日的喜庆气氛使我沮丧。
   B. 我害怕失败。
   C. 我害怕生病和疼痛。
   D. 我害怕在很多人面前讲话。

10. 你对自己的生活和事业有何感受？
    A. 我觉得如果换个完全不同的工作环境，我会更开心。
    B. 我觉得很失望。我不能充分施展个人技能。
    C. 我觉得压力很大。由于各种轻微的病痛，我已经用完了所有的病假。
    D. 我觉得被迫遵循同事的工作方式和上级对我的期望，即使感觉不舒服也无能为力。

第三部分：你的压力弱势因素

在最适合你目前状况的答案上画圈：

11. 你将怎样描述自己？
    A. 我很外向，和别人接触的时候就会精神奕奕。
    B. 我很内向，独处的时候精力旺盛。
    C. 我是个工作狂。
    D. 我喜欢照顾他人。

12. 什么使你感到紧张？
    A. 我想到财务状况时会感到紧张。
    B. 我想到家庭问题时会感到紧张。
    C. 我想到爱人的安全问题时会感到紧张。
    D. 我想到别人对我的看法时会感到紧张。

13. 当生活的大部分受你控制的时候，你会在哪些方面突然失控？
    A. 吃太多东西，喝太多酒，花太多钱。
    B. 异常担心。

C. 不断地打扫或整理房间。
D. 总是闭不上嘴！不断地惹恼甚至侵犯他人。

14. 你怎样描述自己的工作情况？
    A. 我很有动力，踌躇满志。
    B. 我在混日子。工作很无聊，却难以完成。
    C. 我很满意，也为工作以外的生活感到高兴。
    D. 我非常不满。只要有机会尝试，我可以把事情做得更好！

15. 你在人际关系方面的能力如何？
    A. 我总是受人控制。
    B. 我是个跟随者。
    C. 我总是在追寻自己没有的东西。
    D. 我有些离群。

第四部分：你的压力反应倾向

遇到以下情况时，你最可能采取哪种行动，圈出相应的答案：

16. 如果生活十分繁忙，又有很多社会责任和社会工作，每天都在为日程表中的事情到处奔走，遇到这种情况，你会怎么做？
    A. 我会觉得手足无措，焦躁不安，失去控制能力。
    B. 我会增加体重。
    C. 我会精心设计详细的运作系统，保持生活的各个方面井然有序，我会坚持几个星期，直到最终放弃。
    D. 我会削减现在的任务，同时拒绝新的任务。

17. 如果醒来时发现自己感冒了（喉咙痛、流鼻涕、四肢发冷、周身酸痛），你会怎么办？
    A. 我会请病假，休息一天，享用蜂蜜茶。
    B. 我会吃些感冒药，正常上班，装出没有生病的样子。
    C. 我会去体操馆，参加跆拳道班，在踏车上跑几千米，好好出身汗。
    D. 我有这么多事情要做，怎么可以感冒呢！我会担心生活中很多事情都会因为我的生病而变得混乱不堪。

18. 你将怎样处理人际关系问题？
    A. 我会装作没有任何问题。
    B. 我会要求讨论这个问题，而且立即讨论。
    C. 我会感到沮丧，认为是自己的错，弄不明白自己为什么总会破坏人际关系。
    D. 我会花些时间思考自己应该说些什么，怎样说才不会有责备的语气。然后和对方讨论具体的问题。如果没有效果，我至少能对自己说：我试过了。

19. 如果上司告诉你某个客户对你不满，然后叫你不要为此事担心，但要多加注意在客户面前的言行，遇到这种情况，你会有何感受？
    A. 我会觉得自己被严重侵犯，连续数天被猜测客户和实施报复的思绪所困扰，还会因为他（她）让我在老板面前难堪而耿耿于怀。
    B. 我觉得无关紧要，有些人就是过于敏感。
    C. 如果冒犯了某人，我会觉得很惊讶，更会对整件事情如何发生的迷惑不解。然后我会异常礼貌地对待别人，甚至迎合他们，但我的自信心必定深受打击。
    D. 我会觉得受到伤害，或者有点生气，但会听从上司的劝诫，不再担心此事。之后，我会更加注意与客户的言谈。

20. 如果第二天早上有一次大型考试或演讲，结果非常重要，睡觉之前你会有何感受？
    A. 我会有点紧张，又非常兴奋，因为我已经准备充分。我将美美地睡上一觉，使自己处于最佳状态。
    B. 我会很紧张，甚至会呕吐。我需要烟酒和饼干让自己镇静下来，尽管这些通常都没什么效果。我会睡得很不安稳。

C. 即使已经牢牢记住，我还会熬夜检查笔记。总觉得多看几遍不会有坏处。

D. 想着考试或演讲会让我紧张，我就故意装出若无其事的样子，尽量不去想它。

就这些！你完成了。现在，按照下面的规则统计各个部分的得分。

第一部分：抗压临界点分析

在下面的表格中圈出你的答案，找出答案出现频率最高的纵列：

	略低	略高	太低	太高
1.	A	C	B	D
2.	A	B	D	C
3.	C	D	B	A
4.	C	B	D	A
5.	D	A	C	B

抗压临界点表示你能够承受多少压力。如果你的答案在多个类别均匀分布，说明你在某些方面可以承受很多压力，在别的方面只能承受少量压力。或者说你生活的某些部分压力太大，其他部分压力适中甚至太低。以下就是抗压临界点揭示的内容：

如果你的大部分答案集中在略低纵列，说明你不能承受太多压力，你也知道这个事实，能够有效采取限制压力的各种措施。当你为自己设计的安逸规范进行顺利，而且没有太多意外发生的时候，你将会表现得最好，也会最开心。你可以在短期内面对压力环境，但是每次休假之后，无论假期多么完美，你总会期盼着回家，总会回到自己的轨道上，遵循每天（早晨开始工作，晚上一边吃饭一边看新闻）、每周（每个星期五和挚友在咖啡店约会）、每年（永远不变的感恩节菜单、情人节聚会和系统的春季大扫除）的计划。

你已经有了适合自己的规范，如果某事超出了规范，你就会感到压力。认识到自己较低的抗压临界点，你就有很多保持生活低调和有序的工具可以运用。

或许你很轻易就能拒绝生活中多余的事情；或许你可以在假期的周末去度假，却整个寒假都待在家里，因为这就是传统。

当生活发生巨变，或者失控的环境扰乱了你的日常计划，你必须掌握一定的技能来处理这些情况，这就是现在需要培养的技能。如果你或某个家庭成员生病了，如果你被迫换工作或搬到另一个城市，如果你踏进校园或从学校毕业……无论你喜欢与否，变化总是不可避免的。面对长期或永久性的变化，你的日常规范必须足够灵活，才能适应新的环境，这种调整可能是暂时的，也可能是永久的。对于短期变化，你或许只要临时搁置钟爱的日常规范就行。

如果你的大部分答案集中在略高纵列，说明你能够承受相当高的压力，你还是喜欢多些刺激的生活。没有太多日常规范的时候，你的表现会更好，也会更开心。你或许逍遥自在惯了，喜欢观赏下一个生活弯道即将发生的变化。严格的规律会使你无聊至极。当然，在生活的某些方面，你也喜欢传统和礼节性的东西。你或许有喝早茶的习惯，关注《纽约时报》金融版的同时，还兴味盎然地看卡通漫画。也许今天在厨房喝，明天在院子里享受，后天却为了多睡45分钟不得不把早茶带到地铁上。

你或许不会按时用餐和锻炼，而这正是你所喜欢的状态。你已经有意或无意地设计了能够让自己开心和兴奋的生活方式。你喜欢有趣味的事情，因而抗拒规范，并且允许足够的压力进入生活，使你保持高效运作。在混乱喧哗的活动中，你的效率有时可能会下降，但是，只要有压力能让你开心，你仍能集中精力。

多少压力能让你满意，必定有一个最高点。你的最高点也许比别的人高。也许你比朋友更能承受压力。然而，即使是你，也存在某一最高点，超过之后，压力就会太多，你的情绪、身体和精神也会遭受损伤。

当然，不是所有的变化都能令人愉快。你能够成功掌握的压力管理技术恰恰能帮你应对那些令人讨厌却又难以逃避的变化，比如疾病、伤痛、爱人的去世等。即使你不会一直想着这些事情，你也会发现自己很难集中精神。冥想和其他类似的技术可以带来外表和内心的平静，让你学会自律和放慢速度（无论喜欢与否，任何人都有需要放慢速度的时候）。学习如何规范自己的生活也能让你获益。虽然你没有选择这种方式，但是，当你生病了，有了小孩，或者和抗压临界点较低的人一起生活，学会规范必定大有裨益。你已经相当灵活，学习各种压力管理技术（不只是那些你现在感兴趣的技术）将使你更灵活、更自律、更能妥善处理各种各样的情况。

如果你的大部分答案集中在太低纵列，说明你的抗压临界点很高，现在承受的压力远远低于这一点，也可能是你的抗压临界点相对较低，但是你目前的状况仍然处在该点之下。既然你还没找到最佳的压力水平，任何人都无法给出确定的答案。总之，必须增加刺激，你才能达到最理想、最开心的状态。

或许你的生活高度规范，使你无法忍受。你渴望刺激、变化，渴望任何东西，即使挪动起居室的家具也能在死寂中激起少许波澜。

没有达到抗压临界点会使你沮丧、愤怒、充满敌意和抑郁。你没有发挥出潜能，但是你可以采取行动！害怕换工作吗？准备充足的储蓄，然后做一次大冒险。学习一项新技能，加入一个新组织，为生活添加自己感兴趣的社交活动。如果觉得婚姻缺乏情调，千万不要正面冲撞，找个咨询专家，请他帮你为感情加料。你总是待在家里照管一切吗？学习上网吧，你会发现电脑以外的精彩世界。打电话问候一下老朋友，也可以画画，或者写你心中的那本小说。

无论你是否相信，压力管理技术会给你带来帮助。其实，缺乏足够的压力达到抗压临界点也是压力的表现形式之一。让有趣而积极的变化来满足你的需求，让压力管理技术帮你摆脱沮丧、敌意和抑郁。压力管理本身就是充满刺激和困难的学习过程。比如，学习各种形式的冥想技术就能让你大展拳脚，兴奋异常。

如果你的大部分答案集中在太高纵列，你或许非常清楚自己已经处在高于正常压力的位置。你或许正遭受着压力带来的负面影响，比如频繁的疾病、无法集中精神、焦虑、抑郁、自我迷失等。你或许经常觉得生活失去了控制，自己的处境又毫无希望。不要丢掉这本书！你将从各个章节中学到很多压力管理的技术。你的生活状态将会改善，这在任何时候都不会太迟。你行的！深呼吸，继续读下去吧！

第二部分：压力触发因素分析

统计你在这部分选择 A、B、C、D 的次数。对于选择多于一次的字母，请参阅以下内容：

两次或两次以上的 A：你正在遭受环境压力。这是来自周围世界的压力。你可能住在污染严重的地区，比如吵闹的街区旁边，或者和吸烟的人住在一起（也许你自己就是个烟鬼）；你也可能对周围的某些事物过敏。总而言之，你深受环境压力的影响。环境压力还包括环境变化给你带来的压力。或许在过去的几年中，你的邻居变更频繁；或许你的房子正在重新装修，或许你即将搬入新居或搬到别的城市。家庭成员甚至宠物的变化也是相当大的环境压力因素。婚姻和分居也是如此。虽然也有来自个人和社会的压力因素，但是家庭成员的组成发生了变化，因此也被纳入环境压力的范畴。

有些人对天气很敏感。暴风雪、雷阵雨、台风或者绵延数日的阴雨都能成为压力来源。每次听到隆隆的雷声时，你是否感到焦虑和惊恐？看天气预报的时候，你是否担心暴风雨的到来？

大多数环境应激物都是不可避免的，但是某些技术能够帮助你把应激物看成普通的客观事件。如果你被环境应激物所困扰，可以参阅以下压力管理技术（后面章节有更详细的介绍）。

· 冥想（用于观察、疏远环境）
· 呼吸法（用于镇定）
· 锻炼法与营养法（增强体质，抵御环境压力）
· 维生素与矿物质治疗法、草药疗法、顺势疗法（增强免疫系统的功能）
· 风水（平衡并促进环境中的能量流转）

两次或两次以上的 B：你正在遭受个人压力。这是来自个人生活的压力，包括个人情感认知的各个方面，以及自尊和自我价值的体现。如果你对自己的外貌不满，觉得没有能力达成目标或实现理想,感到害怕、羞涩,缺乏毅力和自控能力,饮食不规律,有不良嗜好(也是生理压力的来源),以及别的使你不开心的个人问题,就说明个人压力的存在。即使极端的喜悦也会造成压力。假设你疯狂地坠入爱河,闪电式地结婚,最近又被提升,赚了一大笔钱,还开始了自己梦想的事业,你同样会感到个人压力。这种情况下,很容易产生自我怀疑,不安全感,甚至足以破坏成功的过分自信。

换言之,个人压力产生在你的意念之中。但是,这并不意味着个人压力比环境压力或生理压力更加虚幻莫测。如果有区别的话,只会是个人压力更真实。处理个人压力最有效的技术就是控制自己的思想和情绪。运用这些技术可以尝试:

- 冥想
- 按摩疗法
- 习惯重塑
- 放松技术
- 可视化
- 乐观疗法
- 自我催眠
- 锻炼(瑜伽、举重等)
- 创造性疗法
- 梦境日志
- 朋友疗法

两次或两次以上的C:你正在遭受生理压力。这是针对身体的压力。虽然各种形式的压力都会引起生理反应,有些压力却是来自纯粹的生理问题,比如疾病和疼痛。伤风感冒就是疾病带来的压力。

扭伤的手腕或脚踝也会使身体感到压力。关节炎、偏头痛、癌症、心脏病突发、中风……无论轻重缓急,都是生理压力的表现形式。

生理压力也包括体内的激素变化,比如经前综合征、怀孕期和更年期的波动,以及失眠、慢性疲倦、抑郁、极端无序、性功能障碍、饮食不规律、不良嗜好等引起的各种变化和失衡。对有害物质的沉溺是生理压力的来源之一。酒精、烟碱(俗称尼古丁)以及其他药物的错误使用也会造成压力,就连处方药都可能成为生理压力的来源。治疗某种病痛的时候,其副作用往往会引起严重的压力。

虽然很多生理压力无法控制,不良的生活习惯却是可控因素,这是重要而又常见的生理压力形式。熬夜造成的睡眠不足、不良的饮食习惯(过量或不足)、运动过度或缺乏锻炼、自我关爱意识的普遍缺乏,诸如此类的因素,都能对身体造成直接压力。

缓解生理压力的最佳途径是追根溯源。很多压力管理技术都是直接针对生理压力的,以下这些就可以尝试。

- 习惯重塑
- 营养与运动平衡
- 按摩疗法
- 可视化
- 放松疗法
- 关注冥想
- 维生素治疗法、草药疗法、顺势疗法
- 印度草医学

两次或两次以上的D:你正在遭受社会压力。宣称不在乎别人如何看待自己的人往往都是口是心非。人是社会动物，我们所处的社会复杂多变，相互联系，而且正在向全球化发展。我们当然在乎别人的看法。我们必须在乎，我们不能脱离整个体系。当然，为了健康，我们不应该在乎太多，但是，正如大多数事情一样，最理想的状态是达到平衡。

社会压力与你在他人面前的表现有关。别人是怎样看你的？他们对你的所作所为和发生在你身上的事情是如何反应的？订婚、结婚、分居、离异……既是个人压力的来源，也是社会压力的来源，因为人们必将对婚姻关系的形成和破裂产生各自的观念和反应。这在成为父母或祖父母、升职、失业、婚外情、盈利、损失等情况下也同样成立。社会总是密切关注这些事件，并且影响他人对你的看法（是否正确，是否正当）。你受到社会压力的影响程度取决于你对公众舆论的容忍能力。如果社会压力已经侵扰到你的生活，这些技术可以供你参考和尝试。

- 锻炼
- 态度调整
- 可视化
- 创造性疗法
- 朋友疗法
- 习惯重塑

第三部分：压力弱势因素分析

和压力触发因素不同，压力弱势因素与你的个人倾向有关。每个人的压力触发因素不尽相同，此外，每个人的性格和对特定压力的弱势因素也互不相同。你和某个朋友的工作或许都很紧张。你可能对工作压力特别敏感，由此产生的困扰使你感受到的压力远远超过实际情况；与此相反，你的朋友也许能够妥善处理压力。另一方面，你们都有两个孩子，你的朋友总是为此操心劳累，而你却能很好地控制压力。

在此部分，每个答案都能揭示你最容易受到哪类压力的影响。根据下面对答案的分析，你可以找出自己的弱势因素。

独处的时间太长，缺乏满意的人际交往：11.A，13.D

外向的人会偶尔享受独处的乐趣，但是时间一长，就会觉得精神萎靡。他们需要保持与外界的充分接触，才能精神奕奕，意气风发。他们在团队工作中的表现最好，个人工作则几乎不可能完成，因为得不到足够的鼓励和动力。对他们而言，人际交往至关重要，如果没有伙伴，就会觉得生活不够完整。他们有很多朋友，从朋友那里获得能量、支持和满足。

外向的人在说话之前往往不知道自己在想什么，他们直言不讳，从不遮掩。朋友疗法、日志法、群体疗法、冥想课程、运动课程、按摩疗法对外向的人特别有效。

与人相处的时间太长：11.B，15.D

内向的人喜欢偶尔的人际交往，但是不能太多，否则就会精力枯竭。和他人相处之后，他们需要独处的时间来恢复精神和体力。他们在人群中间很难有出色的表现。

他们在家庭办公室或远程工作时的效率最高。尽管他们不一定害羞，人际交往也能让其获益匪浅，但是，他们仍然需要独处的时间。内向的人在说话之前肯定会深思熟虑。他们有时看起来很冷漠，与外界的联系好像被一片宽阔的海湾所阻隔。这或许是需要独处的信号，你的身体需要补充能量。有时候，这也可能是独处时间太长的信号。必须找到平衡！内省技术和冥想、可视化、心轮中心等独处技术对内向的人很有好处。

看护人的难题：11.D

自找烦恼的人喜欢担心需要自己赡养的人。如果你为人父母、祖父母或者是年迈的双亲或祖父母的看护人，你就面临着巨大的压力，你必须保障他们的健康和安宁。这个负担并不轻松，即使你已经做好承接的准备，也会感到压力重重。如果你是疼爱孩子的父母，你的一切辛劳当然物有所值。但是，赡养对象的存在让你更容易担心，而担心又会使作为看护人的压力更加沉重。

学会处理看护人的压力首先必须承认压力的存在，然后就要像关爱赡养对象那样关爱自己。这绝对不是自私。如果忽视自己的身心健康，你就不可能成为合格的看护人。自我关爱的压力管理工具有多种形式，比如为创造力和自我表现开辟空间等，这对看护人尤其重要。不要害怕承认对于看护责任的复杂感情：热爱、气愤、开心、厌恶、感激、沮丧、恼怒、快乐……成为看护人听起来就像成为一个充满七情六欲的自然人，不是吗？有些人或许认为比自然人更自然。

财务压力：12.A

有些人无论赚多少钱，总会莫名其妙地从指间溜走，或者从那个众所周知的"衣袋破洞"漏掉。钱财是很多人的压力来源，也是常见的压力弱势因素。你觉得足够的钱财真的可以解决所有问题吗？你每天都会担心是否有足够的钱财满足自己的需要和愿望吗？你是否被怎样存钱、怎样赚钱、怎样花钱等问题所困扰？你是否非常看重他人的经济状况？

如果钱财是你的弱势因素，能够让你承担自己的财务责任（如果这就是问题所在）和从生活大局看待财务问题的压力管理技术就是你的选择了。钱财确实买不到快乐，但是摆脱财务压力却能让你获得更多的快乐！

家庭动力学：12.B

你爱他们。你恨他们。他们知道你好的一面，也清楚你坏的一面。无论喜欢与否，你和他们有着千丝万缕的关系，即使你决定不再和他们说一句话，也无法逃避这种关系。是的，我说的正是你的家人。

对很多人而言，这是压力的一大来源。家人清楚地知道我们现在是谁，曾经是谁。这会给我们带来沉重的压力，尤其是我们想逃脱过去的阴影的时候。众所周知，家庭成员最清楚我们的弱点。谁会比兄弟姐妹更能让你生气？谁会比父母更能让你陷入尴尬局面呢（即使你已经长大成人）？

家庭总会给人们造成一定程度的压力，但是对某些人来说，家庭的压力尤其沉重，可能是因为人员的混乱，也可能是因为过去的痛苦。如果家庭对你有压力，不妨做些改变，或者继续前行。你可能每天都被家人疏远，或者被他们纠缠不休。无论怎样，识别家庭压力都是处理的第一步。处理的方法取决于你的个人情况。你可以考虑发挥人际交往能力的技术，也可以尝试增强自尊基础的技术。日志法和别的创造性技术对家庭压力的处理非常有效，还有，千万不要忘了朋友疗法。朋友的好处之一就是他们不是你的家庭成员！

在很多人眼里，家庭都是神圣而充满温情的生活部分。是的，家庭也是压力的温床。这无关紧要。你深深地爱着家人，牢牢地黏附着他们，同时，你不得不承认家庭是生活压力的重要来源。谁说生活很简单？任何情况下，记着家庭的正面因素，记着家人对你的积极影响，这是减轻家庭压力的好方法。

强制性担心：12.C, 13.B

如果你是这种类型，就再清楚不过了。你担心每一件事情，对此又无能为力。面对选择的时候，你就成了"担心专家"。你担心自己的体形、留给别人的印象，担心你的子女、孙子和孙女。总之，你就是不停地担心。担心天气，担心家庭，担心宠物，担心学校、工作、社交圈。你的朋友可能瞪大眼睛，愤愤地说："不要再担心了，行吗？"然而，直到此时，他们仍是你的担心对象。

但是，停止担心并不容易，不是吗？自寻烦恼是个容易造成巨大压力的坏习惯。学会停止担心可以让你平心静气，使你每天的生活发生难以想象（不是因为太忙而没有时间想象）的奇妙变化。控制思想和停止担心是值得学习的重要技能。锻炼有助于摆脱忧虑，尤其是具有挑战性的锻炼。当你专注于瑜伽动作和跆拳道的套路时，就没有担心的空闲了。不要因为戒除每天看新闻的习惯而担心。你担心的已经太多了，如果真有重要的事情发生，你迟早都会知道的。最重要的是，学习如何提高担心的效率。担心那些你有能力改变的事情，设法找出改变的途径。担心那些你没有能力改变的事情完全就是浪费时间。生命有限，经不起这种无谓的浪费。

需要时时得到别人的确认：12.D, 15.B, 15.C

有些人从来不曾意识或关心自己有多"酷"。另外一些人却在建立和维护个人形象的劳碌中度过一生。如果你的形象比形象背后的自我更重要的话（即使某些时候有这样的感觉），形象压力可能就是你的弱势因素。如今，不关注形象已经很难了。外貌、魅力、"酷"……一切都难以抗拒。然而，过于关注是要付出代价的。一辈子都活在向他人展现自我的追索中，反而会丧失真实的自己。你会时常担心除了世人眼中的"你"之外的自己究竟是谁吗？形象困扰很有压力。即使一定程度的"酷"对你的失业和个人满足感的影响也很大，正确看待形象和正确看待其他事物一样，都是至关重要的。

形象压力是青少年面临的大问题，也是成年人不容忽视的问题之一。你必须寻求能够帮助你接触内在自我的压力管理技术。你对内在的自己了解越多，就越会觉得外在的自己多么肤浅，对形象也会丧失兴趣。认识自我，形象反而会得到提升。

或许你已经注意到了：内心安宁，满足真实自我的人看起来都相当的"酷"。

缺乏自控、动力和条理性：13.A，13.B，13.C，13.D

你给自己带来的压力已经超过了必要的程度，因为你没能控制好自己的习惯、思想和生活。当然，你不可能控制所有事情，如果你试图控制所有事情，就会滑到另一侧的控制问题。但是，在很大程度上，你可以控制自己的言行、反应、思想以及对外界的认知。这是对万物的有力控制，也是你真正需要的控制。很多人却忽略了，反而找些"生活受命运和他人摆布"的托辞。

那么，生活中有哪些事情是我们可以比较容易地加以控制的呢？饮食习惯、锻炼计划、言辞刻薄的冲动、愤怒、咬手指甲、嚼铅笔上的橡皮、用完东西从不放回原处……这是我们能够控制的。这些都是简单的习惯，如果某个习惯给你造成压力，何不改变这个习惯呢？打破习惯很困难吗？活在长期压力之中可要难受得多。找些可以帮助你获得控制力的压力管理技术：让自己更有条理，更健康，更有责任感，甚至更像一个成年人。

需要控制：14.A，15.A

你已经控制了范围之外的事物。你知道做事的最佳方式，没有人能超过你。你喜欢控制，因为你相信自己知道的最多，大多数情况下也确实如此。现在的问题是，使每个人都听从自己（我能说"服从"吗？）是很有压力的。

那个家伙竟然在高速公路上超你的车！你走的是通行道！同事竟然不采取你提出的关于改进团队绩效的绝妙建议！他一定会后悔的！你也许承认需要一定的个人表现。人们应该尊重你的权威，不是吗？要求应得的尊重难道不对吗？

当然不是。我们都希望自己的成就得到认可。你的优势之一就是高度的自尊。但是，就像别的事情一样，自尊也可能超过一定的限度。记住，保持平衡！知道自己正确是一回事，要求每个人承认你正确却是另一回事。你可以从有助于放开统治缰绳、保持中立、跟随大众的压力管理技术中获益。你不需要被告知"做事"；你不像别的懒鬼，你一直都在"做事"。你的招数是"随它去"。现在是接受挑战的时候了。你时刻都准备着迎接挑战，不是吗？我们知道你行的，你也知道自己行的。根据自我意识的定义验证你的个人主义，你的压力必将大大减轻。卸下重压的生活更有趣味。

你的工作与失业：11.C，14.A，14.B，14.D

你可能喜欢自己的工作，也可能厌恶这份工作。但是，有一件事是肯定的：工作使你感到巨大的压力！对工作压力抵抗较弱的人可能有着压力特别大的工作，比如，被最后期限催逼的工作，充斥着难以打交道的同事的工作，承受着成功压力的工作。即使在某些人看来没什么压力的工作，对另一些人来说却有很大的压力。某个人轻描淡写地说："嘿，我肯定能做好的。"但只要另一个人稍稍提及最后期限，他就会陷入无底的焦虑深渊。

如果工作压力对你影响很大，可以尝试适用办公室环境（包括家庭办公室）的压力管理技术，以及针对你可能遭遇压力的各种技术，比如，与难以相处的人共事的技术，坐了很长时间之后有助于缓解和释放压力的技术，应对高压情况的深呼吸和放松技术，以及任何与工作相关的技术。

此外，应该特别关注工作之前的准备时间和工作之后的解压时间。每天工作前后，花15分钟的时间应用你所选择的压力缓解技术，给自己建立缓冲保护。这样，你的业余生活就能与工作完全分离，你就不会觉得工作压力吞噬了生活中的一切。即使你在家里工作，也应该设置工作时间界限（甚至可以简单到"周五晚上完全不工作"），时间到了就"下班"。记住，重要的是找到平衡！

低水平的自尊：13.D，14.D

即使你能沉着应对工作压力，也有可能受到自尊的袭击。一句对体重或年龄的评价或许就能让你情绪失控。逛街时偶尔从玻璃窗中看到自己的糟糕形象或许也能让你一整天都没有自信。

自尊不仅仅是外貌问题。如果发现有人质疑你的能力，你会失去理智或觉得没有安全感吗？

你渴望从周围的人那里得到经常性的安慰、赞扬以及别的能够增强自尊的言行吗？很多压力管理技术可以增强自尊。最重要的是，必须记住，自尊和身体一样，需要维护。关注自尊，关爱自己。不断提醒自己，你是多么特别，即使你并不这么认为。

不在乎自己或许能够帮助你忽略自尊问题，但是，却无法解决问题，也无法"修复"自尊。寻求自信和积极自我交流的源泉，保持良好的自我感觉。

自信训练有助于降低对别人无意评价的关注程度。你可以成为自己最好的朋友。这确实需要一些联系，但是，请相信我，没有人更适合这份工作。你有特殊的价值，必须认识自己的价值。你能够带来无穷无尽的神秘和新奇，你异常迷人，异常可爱。

你只有先赞赏自己，别人才会赞赏你。这虽然已是陈词滥调，却是至理名言。

第四部分：压力反应倾向分析

这个部分将分析你应对压力的倾向。在下列表格中圈出所选的答案，计算出每个纵列被圈的次数。

忽视	反应	攻击	控制
16.	A	B	C	D
17.	B	D	C	A
18.	A	C	B	D
19.	B	C	A	D
20.	D	B	C	A

你选择最多的类型就是你的压力反应风格。每个类型的详细说明如下所示：

忽视：如果你的大多数答案都属于忽视纵列，你就有忽视压力的倾向。有时忽视是绝妙的处理方法。有时却会进一步加重压力。有些问题在早期可以轻松解决，如果置之不理，只会变成越来越沉重的压力来源。注意自己的忽视倾向，这样才能有意识地运用这种策略。因为没有意识到而忽视压力是没有用的，本来应该承认和宣泄的情感也会就此掩埋。有效忽视压力的关键是学会充分认识压力的存在。然后，你就能决定什么时候忽视它们，什么时候控制它们。

反应：如果你的大多数答案都属于反应纵列，你就有对压力做出反应的倾向，而这些反应轻则无害，重则使压力升级。每次压力失控的时候，你或许会把冰箱里的冰激凌洗劫一空，或许会变得抑郁、气愤、恼怒、焦虑、惊恐，或许会没完没了地担心，或许会吸烟、喝酒，或者借助别的药物忘记压力的存在。无论何种情况，这样的压力反应只会让你成为受害者，你觉得压力被自己控制，实际上却深陷压力的魔爪。不要成为压力的俘虏。面对压力，偶尔放纵一下自己也未尝不可，可以看成沉溺和自怜，甚至是关爱自己的一种方式，当然，这必须在一定范围之内。控制压力总是比不去控制它有效得多。

攻击：如果你的大多数答案都属于攻击纵列，说明你不仅能够处理压力，手段还很粗暴，而且发自内心地全力扼杀。你不想让压力损害自己的最佳状态，但是，在你的从容和健康背后，也隐藏着不足的危险。有时，你对控制压力的有效方法置之不理，而有时你却从各种角度、用各种方法将压力碾为尘土。当然，这可能是高效的应对方法。难以解决的工作问题、经营的失败甚至体重问题，都能通过快速、猛烈、直接的攻击方式得到妥善解决。这种能量可以有效缓解某些特定压力。对于别的压力，攻击方式可能就不怎么理想了。学习应对不同压力的各种压力管理技术，可以丰富你的处理方式清单。当然，清单的第一项应该是放松。

控制：如果你的大多数答案都属于控制纵列，说明你已经能够很好地处理生活中的压力。面对刺激因素，你会采取温和的处理方式，绝对不会走极端。行动之前，你会给自己充分的时间来分析压力状况，你也不会为自己无法控制的事情过分担心。当然，有些事情偶尔会让你难受，可是你知道，不是每个人做的每件事情都是针对你的。然而，能够有效控制压力不代表没有改进的余地。学习更多更好的压力管理方法能够让你对将来的应激物做好充分的准备，这些应激物在每个人的生活中都有可能出现。

压力管理特征

在特殊的地方，比如为压力管理而准备的日志或笔记本里，记录个人压力测试的所有结果。编好日期，本书所介绍的压力管理技术实施几个月之后，再做一次同样的测试。

看看你获得的结果，写一篇关于大体印象的总结。在感觉不舒服之前，你能够承受多少压力？哪些因素会触发压力？你的弱势因素在哪里？你是如何应对压力的？

这就是你的压力管理剖析。对压力剖析的清晰认识可以帮助你选择适合自身的压力管理技术，设计出能够在生活中取得最佳效果的压力管理计划。

第六章
把压力化为激发自己的动力

建立你的个人压力管理组合

　　本章的大部分内容将由你自己来完成,但不必急着在一天之内就做完。当你从其他章节中逐步了解各种压力管理方法的时候,还能随时回顾本章,记录自己的想法,尝试之后再记下自己获得的益处。

　　或许你也猜得到,压力管理组合不是固定不变的。记录,尝试,调整,再尝试,直到找到适合自己的方法,然后在其他领域加以应用。压力管理组合就像一个投资组合。如果你仔细观察市场,并且根据市场变动进行股票交易,那么,投资组合就会改变。同样地,生活是不断变化的,压力管理组合也会随之改变。在你建立、调整和实施这个系统的同时,还必须分析生活中的各类压力,压力管理战略是随着压力本身的变化而变化的。

　　压力管理组合是一个不断被完善的动态计划,它的基础是从剖析个人压力中获得的种种细节和全面认识。当你完成个人压力剖析(PSP)之后应该有一个总体认识,这将构成压力管理组合的轮廓或某些侧面。压力剖析的每个部分对压力管理战略的建立都会有所帮助。

压力管理日志

　　除了追踪本书提及的压力,最简单也最重要的压力管理战略之一就是记录压力日志。在你的压力日志中,你可以记录压力测试的结果,可以描述你的个人压力剖析,可以追踪各项压力管理战略的过程,包括尝试的内容、时间和效果。

　　压力日志也能记录每天的压力来源和相应的控制方法。你可以记录压力管理战略成功或失败的地方,检查自己为什么能够(或者不能够)有效地处理压力,甚至可以倾吐和抱怨自己遭遇的压力(这本身就是压力管理的技术之一)。记下应激物和相应的处理方法有很多好处。

・记录每天的压力来源可以帮助你适应生活中的压力。你将对不曾注意的压力来源和压力结构有更清晰的认识。

·记录你的压力和应对措施可以帮助你识别什么时候压力管理战略能够产生效果,什么时候没有效果。你还能发现自己对生活压力和压力管理效果的真实感受。记录是发现的最好方式。

·如果你常常忽视压力,那么,在你记录的时候就能意识到压力的存在。如果你想对压力采取行动,纸笔之间的宣泄总是比说些或做些会让自己后悔的事情要好。如果你想应对压力,在纸上应对也比养成不良习惯好得多。

压力日志有多种形式,包括律师用的便笺簿、带有空白页面的精装书,甚至你的电脑。不论你选择哪一种,必须是你喜欢使用的。你可以列明应激物的清单,也可以描写自己的感受和应对措施。总之,必须找出适合自己的日志记录方法。

记录压力日志最困难的地方是必须养成每天都要记录的习惯。和别的习惯一样,记录压力日志是可以学习的,加上适当的自律,也是可以坚持的。做到了,你就会很高兴。迫使自己每天记录压力日志也是压力管理的一次胜利。你从增强个人压力意识的过程中获得的其他益处也是努力的价值所在。

把压力日志用到工作中去

当你为压力日志准备好笔记本之后,就可以开始你的压力管理计划了。完成并分析了前一章的压力测试后,关于压力对生活的影响,你有怎样的总体认识?想清楚后,写到压力日志中。有了这些记录,你就能常常回顾,检查自己的总体认知是否有变化。你可以在日志中开设"我对压力的总体认知"页面,记录这些内容。

接着,你就能更具体地关注压力的方方面面了。

哪些方面没有问题

完成前一章的问卷之后,你或许已经发现了某些规律和结构。如果没有,不妨回头看看,试着找出一些有价值的东西。在你完成测试的时候,可能也认识到了自己在生活中的某些方面能够很好地处理各种问题。然而,有些事情确实没有任何问题!

如果没有类似的发现,就请你现在好好想想。认识生活中没有问题的方面可以指导你把相应的体系和态度应用到生活中效果不佳的其他方面。

生活中的哪些事情完全没有问题呢?你对哪些部分感觉最好?你的压力管理获得了哪些成果?你的高效体系在哪里?你有哪些最真挚、最具支持力的人际关系?你的哪些积极品质最能在生活中得到印证?花些时间想想哪些事情是没有问题的,然后记录到日志里"生活中没有问题的方面"标题之下。

哪些方面存在问题

想想生活中有哪些尚待改善的空间。你需要更多的时间吗?需要更浪漫的感情吗?需要更健康的生活习惯吗?想要更有条理的家庭吗?需要和孩子的相处更融洽吗?需要和朋友的交谈更坦率吗?

将需要改善的事情列成清单,当你控制了额外的压力之后,就能关注和改进这些事情。将其记录到日志里"生活中需要改善的方面"标题之下。

制定你的压力管理战略

回到前一章,将个人压力剖析的结果记录到日志中。在本书后面的章节中,你将看到很多压力管理的技术。阅读的时候,想着自己的个人压力剖析图。每个方面都有针对的使用压力管理技术。

学习技术的同时,试着找出这些技术对个人压力剖析各个方面的不同效果。

记录你的测试结果

在日志中记录和分析测试结果的时候,你可能需要与下述表格类似的模版。你也可以复印几份,放在笔记本或活页簿里备用。

我的压力管理剖析

日期：_____

我的抗压临界点（选择一项）：
☐ 略高　　　　　　☐ 太高
☐ 略低　　　　　　☐ 太低

我认为自己处在（选择一项）：
　　　　　　　☐ 之上
抗压临界点　☐ 附近
　　　　　　　☐ 之下

我对自己能够（或者不能够）处在或接近抗压临界点的感受是：
_____
_____
_____

我的压力触发因素包括（概括）：
_____
_____
_____

环境应激物（具体）：　　　　　　　生理应激物（具体）：
_____　　　　　　_____
_____　　　　　　_____
_____　　　　　　_____

个人应激物（具体）：　　　　　　　社会应激物（具体）：
_____　　　　　　_____
_____　　　　　　_____
_____　　　　　　_____

我认为对自己的压力触发因素有效的技术包括：
_____
_____
_____
_____
_____
_____

分析我的压力弱势因素之后，我相信自己是（选择一项）：
☐ 内向的人
☐ 外向的人

我想尝试的符合上述性格特征的压力管理技术包括：
_____　　_____
_____　　_____

我特别容易受到以下压力的影响（符合的都可以选）：
☐ 工作
☐ 自尊
☐ 自控
☐ 金钱

□ 形象
□ 家庭
□ 竞争，控制，个人主义
□ 担心
□ 赡养对象

我打算关注这些方面的压力管理技术：
_____
_____
_____

这是我对自己的压力弱势因素的观察结果：
_____
_____
_____
_____

我的压力反应倾向是（选择一项）：
□ 忽视
□ 反应
□ 攻击
□ 控制

这是我对自己的压力反应倾向的思考结果：
_____
_____
_____
_____

现在，你可以查阅自己的测试结果。如果再次测试，也能使用这个模版。
以下部分将帮助你根据测试结果选择合适的压力管理技术。

你的抗压水平管理战略

无论你的抗压水平略低还是太高，或是不同方面有着不同的水平，压力管理的关键是保持在健康的抗压水平附近。

如果你处在略低水平，就应该有意识地消除生活中的额外压力，继续享受你的低压状态。记住哪些是没有问题的，你是如何保持低压状态的。然后，为将来的压力升级建立计划并做好准备。

如果你的压力水平略高，也应该有意识地将其控制在适合自己的位置。虽然你可以比别人承受更多的压力，也可能出现压力过度的情况。当生活中的压力失去控制时，某些技术能够强化身心意识，使你认识到失控的危机。能够比普通人承受更多压力的人不太会关注自己的压力水平，他们认为可以承受一切。事实却是每个人都有一定的能力限制。

如果你的压力水平太高或太低，你也需要给自己设定计划。怎样才能有效地消除压力，使自己达到健康的抗压水平呢？或者，如何以积极健康的方式为生活增添刺激，从而达到适当的抗压水平？记住，太多的压力对身体有害，压力太少也会使生活失去乐趣和意义。

把你的抗压水平记到日志里，作为提醒。阅读本书剩余章节的时候，把你感兴趣的压力管理战略列成清单。尝试之后，想想它们的功效，最后，把合适的战略加入自己的压力管理列表，在每天或每周的日常规范中加以运用。

记录各项技能的治疗效果非常重要。也许你能在短期内记得某种草药疗法十分有效，或者某项放松技术枯燥无味，一个月之后，你可能就忘了。因此，记录自己的所有经历和体验是有必要的。

你可以根据下面的模版将这部分内容纳入你的日志中，也可以复印几份空白模版，放在活页簿中备用。

我的抗压水平是：_____

将要尝试的压力管理战略	在多长的时间内尝试几次（每天，每两周）	帮助我达到健康抗压水平的效果如何（以1到10衡量）	保持或不适合我
_____	_____	_____	_____
_____	_____	_____	_____
_____	_____	_____	_____

你的压力触发因素战略

无论是新来的室友、流感、结婚、留级、怀孕，还是超速驾车的罚单，各种触发因素都会增加生活中的压力。控制压力触发因素是调节抗压水平的关键。记住，压力触发因素有4种形式：环境因素、个人因素、生理因素、社会因素。你的触发因素属于哪种类型，往往是选择压力管理战略的关键。

把你的压力触发因素类别记到日志中（参阅前一章的个人压力剖析）。然后，你就能选择不同的压力管理技术来应对（消除或缓解）每种触发因素。

阅读后面章节的时候，可以回到这里，把你觉得对某种触发因素特别有效的压力管理技术记录下来。比如，改善饮食习惯和增加每天的运动量可以消除生理压力带来的各种疾病。朋友疗法和定期的自尊维护或许能够有效缓解社会性焦虑。不要担心如何确定哪项技术对应哪种类型，我会在每个部分给你提示。你要做的就是记下那些你觉得有趣的技术。

无论何种类型，很多压力触发因素的处理都是因人而异的。在这个部分中，记下你个人的压力触发因素，以及你决定采取的处理方法。你将再次幸庆这份记录的存在。你不仅可以在将来记起哪些方法有效，哪些方法无效；还能清楚地看到自己是如何控制压力的，而不是反过来被触发因素所控制。

每次处理一项压力触发因素的时候，在日志中记下你尝试的方法和效果，下面的模版供你借鉴使用：

我的压力触发因素	我尝试过的方法	尝试的效果
_____	_____	_____
_____	_____	_____
_____	_____	_____

你的压力弱势因素战略

了解你的压力弱势因素，或者在生活中特别容易被压力影响和侵害的方面，可以为特定压力管理技术的使用创造机会。无论你的弱势因素是工作、家庭，还是自尊，你都能找到适合自己的个性化技术。在日志中记录所有的相关内容。

阅读后面章节的时候，跟踪记录适用于你的压力弱势因素的各种战略。如果某种战略特别适合生活的某个方面，我会给你提示。比如，债务管理战略对财务压力的处理非常有效。这是很明显的。相对隐晦的是，可视化对提升自尊的作用，祈祷和精神开放对免疫系统的作用。你可以使用下面的模版，将压力弱势因素记录在日志中。

我的弱势领域	我尝试过的方法	尝试的效果	保持或不适合我
_____	_____	_____	_____
_____	_____	_____	_____
_____	_____	_____	_____

你的压力反应倾向调整计划

在这里，你能够控制天生的反应倾向，应对各种压力。记下你倾向做的，无论对身心健康有益、无益还是有害的所有事情。

在前面的章节，你已将自己的压力反应倾向分成4类：反应、攻击、忽视、控制。你可能会针对不同的压力，采取不同的应对措施。你可以定期检查日志中的压力反应，得知自己的进步。

别让压力毁了你,别让情绪左右你

正如曾经提到的,我们非常希望你坚持记录。

你可以在日志中使用下面的模版,连续6周检查自己的压力反应。每个星期之内,你可能采取多种应对措施,全部记录下来,同时记下针对的压力来源。认清自己应对压力的方法是作出积极健康的压力反应的关键。在每个项目的第二列中写下你可以采取的更为有效的反应措施。

我的压力反应

第一周
日期:_____ 至 _____

本周
1. _____
2. _____
3. _____
4. _____
5. _____

我的下周计划
1. _____
2. _____
3. _____
4. _____
5. _____

第二周
日期:_____ 至 _____

本周
1. _____
2. _____
3. _____
4. _____
5. _____

我的下周计划
1. _____
2. _____
3. _____
4. _____
5. _____

第三周
日期:_____ 至 _____

本周
1. _____
2. _____
3. _____
4. _____
5. _____

我的下周计划
1. _____
2. _____
3. _____
4. _____
5. _____

第四周
日期:_____ 至 _____

本周
1. _____
2. _____
3. _____
4. _____
5. _____

我的下周计划
1. _____
2. _____
3. _____
4. _____
5. _____

第五周
日期:_____ 至 _____

本周
1. _____
2. _____
3. _____
4. _____
5. _____

我的下周计划
1. _____
2. _____
3. _____
4. _____
5. _____

第六周
日期:_____ 至 _____

本周
1. _____
2. _____
3. _____
4. _____
5. _____

我的下周计划
1. _____
2. _____
3. _____
4. _____
5. _____

画出你的压力缺陷

有些人就是写不了东西。如果你不太会写，或者不愿意写，压力日志的方法不但没有效果，反而可能造成更多的压力，成为工作列表永远完成不了的一项内容。如果你有类似的情况，图片表示法对你来说可能会轻松一点。压力图和压力日志的内容和目的完全一致，只是前者使用图片、符号和标志，后者使用文字。

把你的压力图当成城市地图来描绘。每幢大楼表示应激物，每个地区表示弱势区域，每条街道表示应激物之间的联系，比如，缺乏锻炼和关节疼痛之间的联系，财务问题和缺乏消费能力之间的联系。单行道表示应激物之间的直接因果关系（失眠导致睡眠不足，受伤的关节导致持续疼痛）。

不要担心自己没有艺术天分。你可以简单地做些基本标记。当然，如果你愿意的话，也可以画成一幅巨作。重要的是必须找到适合自己的表达方式，才有助于发现生活压力的相互联系，个人应激物的来源，以及某些应激物之所以能够影响另一些应激物的原因。只须消除或有效控制某个应激物，可能就会同时消除另外几个应激物。

建立你的压力管理目标

考虑到认识自身压力的重要性，我们已经花费了很多时间提高你的压力意识。然而，这只是压力管理的步骤之一。

设定目标也很重要。你想有更高的针对性吗？大大减少生病的几率？不再对孩子大叫大嚷？拥有更高的工作效率？缓解慢性疼痛？消除抑郁，还是全部？

想想你的压力管理目标。你想获得哪些成果？你当初为什么选择这本书？你的脑海里或许已经有了某个目标，即使只是消除长期以来的压力感。好好思考和分析你的目标，然后记录下来。这是压力管理组合的重要组成部分，随着压力剖析和压力组合的其他部分同时完善和发展。完成某些压力管理目标之后，应该建立新的目标。至于现在，先把你目前的压力管理目标列成清单。不用担心必须立刻完成所有的目标。新的目标出现时可以随时添加，旧的目标达成后也可以及时删除。

实施你的压力管理计划

你已经分析过各种压力的来源，明确了没有问题和存在问题的各个方面，也思考过应该采取哪些缓解压力的方法。那么，还剩下什么呢？当然是消除压力！

开始的时候，要找到从哪里入手并不容易。面对这么多信息和想法，你或许会迷茫甚至沮丧。你可能觉得自己永远都控制不了这些压力。

但是，请你记住，如果不认清你所有的压力来源，你就无法妥善地处理这些压力。你已经完成了重要的第一步，你甚至已经思考过进一步的行动。你将不断发现新的压力管理技术，也应该将其不断加入你的技术列表。但是现在，你需要一份可完成事项的有序清单，使你知道应该从哪里开始。

为了实施压力管理计划，可以准备一份编过号码的清单。选出你认为最容易处理的应激物，就从这里开始。比如，你觉得自己应该补充睡眠，这就是一个很好的起点，因为当你睡眠不足的时候，别的任何事情都很难处理。

每天都要在压力管理目标的达成上花些时间，这样，你才会觉得有能力完成自己设定的各项任务。比如，决定今天10点睡觉是很容易的，然而，今后的每一天都必须早睡似乎不太可能做到，甚至让你沮丧。你喜欢熬夜，这没有问题。如果只想着"今天"，可能会轻松一些。你也可以只想着"今天"不吃垃圾食品，"今天"去体操馆健身，效果都是一样的。

只要养成更为健康的习惯，你就能把目标延长到1个星期甚至1个月。尝试不同的方法之后，你就能将目标调整到最适合自己的位置。

你的压力管理计划实施行动可能很像这个样子：

今天的压力管理计划实施行动

产生应激物的原因　　　　　　　　今天的行动
睡眠不足　　　　　　　　　　　　1. 今晚不看电视
电视看到太晚　　　　　　　　　　2. 把电视节目录下来
　　　　　　　　　　　　　　　　3. 10 点睡觉

从你想过如何处理的应激物开始。学习越多，就越能知道应该怎样处理那些更具挑战的生活压力。

压力管理维护

学习新鲜事物总是很有趣味，甚至让人兴奋。当你阅读本书前面几章的时候，或许就产生了消除所有生活压力的欲望。但是，新鲜感淡薄之后，压力管理就像所有事物一样，成了你必须坚持和遵守的习惯。如果没有持续的努力，你就可能在同时爆发的压力管理挑战面前精疲力竭，也就不可能坚持到最后。你知道这是怎么回事。你或许已经尝试过很多新的生活方式，比如更健康的饮食，有氧体操，为了简化生活而清理到一半的物品，然而，新鲜感失去之后，一切都会变得枯燥乏味，你也就很难坚持。

但是，压力管理对你的身心健康非常重要，将其作为一种习惯或者生活的组成部分需要也值得你去不懈努力。因此，不要想着一次完成。设定合理而现实的目标，循序渐进。让生活慢慢变化，你会发现很容易适应这些改变。久而久之，你的生活就会接近健康的抗压水平。此时，你的感觉会非常好！

压力管理计划实施 90 天之后，再做一次前面一章介绍的压力测试，把结果记到日志中。

然后，你可以重新设定计划，逐步控制生活压力的同时，不断调整自己的压力管理战略。重新填写个人压力剖析，也把结果记到日志中。重新建立计划，随着压力剖析的变化，调整你的压力管理战略。

你或许不觉得生活中的压力如此沉重。你还没有达到心脏病突发或神经崩溃的边缘是吗？

但是，如果你现在不开始控制压力，将来会是怎样一番情景呢？你允许压力侵蚀生活多长时间，尤其是在你知道可以阻止的时候？这就是压力产生的原因，而压力管理正是本书的核心内容。

正如压力可以以多种形式普遍存在，压力管理技术也有同样的普适性。你可以控制，甚至消除生活中的负面压力。你所要做的就是找到最适合自己的压力管理技术。好好学习，然后改写生活。

这就是本书的重点。你将学到压力管理的各种形式及相关知识，从而为自己量身定做压力管理的方案。

第七章
遵循缓解压力的黄金法则

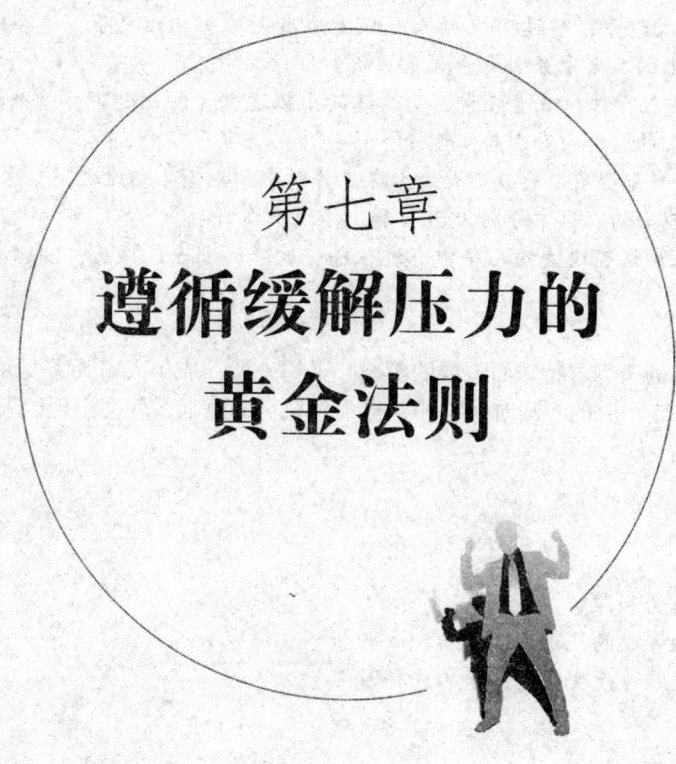

睡眠解压

　　修炼抗压体质的第一要务就是保证有规律的、充足的睡眠。2000年，美国国家睡眠基金会全美公共汽车睡眠测试的结果显示，被调查的人群中，有43%的成年人说每个月都有几天感到特别困顿，而且干扰了日常的生活和工作；20%的成年人每周都有类似的经历。

　　如果你仍然怀疑睡眠不足对生活的影响，可以看看国家睡眠基金会的调查结果：

- 美国有超过一半的工作者（51%）认为工作时的困顿干扰他们的工作完成量。
- 40%的成年人承认，在他们困顿的时候，工作质量显著下降。
- 至少有2/3的成年人表示困顿使他们无法集中注意力，另外有66%的人说困顿使他们更难处理工作压力。
- 将近1/5（19%）的成年人表示，困顿使他们的工作偶尔或者经常出现错误。
- 总体而言，工作者估计，在自己困顿的时候，工作的质量和数量会下降30%左右。
- 2/3以上（68%）的轮班工作者有着不同程度的睡眠问题。
- 接近1/4（24%）的成年人每周都有2天或2天以上很难起床。
- 如果允许的话，有1/3的成年人会在工作时小睡片刻。（然而，被调查的人群中只有16%的人说小睡是被允许的。）

　　此外，超过30%的美国司机承认曾经不止一次在开车时睡着。根据美国国家睡眠基金会的报告，大约1万起的交通事故和1500例与交通有关的死伤事件都是因为司机在开车时睡着造成的。

　　年轻一代（18～29岁之间的青少年）中的数字更为惊人，根据测试的统计结果，超过50%的年轻人在醒来时感到精神萎靡，33%的人在白天会严重困顿，这个比例比众所周知的昏昏欲睡的轮班工作者还高出一筹！

　　很多年轻人承认自己看电视或上网到很晚，53%的人承认减少睡眠时间是为了获取更多的成

就。年轻人同样因为睡眠不足遭受严重的工作压力:

· 18～29 岁的人群中,超过 35% 的人起床上班有困难(相比之下,这个比例在 30～64 岁的人群以及 64 岁以上的人群中分别为 20% 和 9%)。
· 将近 25% 的年轻人偶尔或者经常因为嗜睡而上班迟到(相比之下,这个比例在 30～64 岁的人群以及 64 岁以上的人群中分别为 11% 和 5%)。
· 40% 的年轻人每周会有 2 天或 2 天以上在工作时感到困顿(相比之下,这个比例在 30～64 岁的人群以及 64 岁以上的人群中分别为 23% 和 19%)。
· 60% 的年轻人承认在过去的几年中有过在昏昏欲睡时驾车的经历,24% 的人甚至在驾车时睡着。

睡眠不足对身体健康有着特殊而重要的影响。平均来说,成年人每天需要 8 小时的睡眠时间,青少年需要 8.5～9.25 小时的睡眠时间。如果得不到充足的睡眠,就会出现以下症状:

· 更容易恼怒。
· 抑郁。
· 焦虑。
· 难以集中注意力和理解信息。
· 犯错误和发生事故的几率不断增加。
· 变得迟钝,反应速度变慢(驾车的危险因素)。
· 免疫系统功能衰退。
· 恶性的体重增加。

不幸的是,即便准时上床休息,睡眠障碍也会影响我们的睡眠质量。睡眠障碍包括失眠、打鼾(你自己或者旁边的人使你无法入睡)、呼吸暂停(睡眠时呼吸受到干扰)、梦游、呓语、腿部运动综合征(双腿处在不适状态,有被迫移动的感觉)。此外,时差和值夜班也会导致睡眠的紊乱。

保证充足的睡眠必须双管齐下:

· 安排睡眠时间。
· 消除睡眠障碍。

如果没有睡眠障碍,但是需要睡眠时间;或者有足够的睡眠时间却存在睡眠障碍,你当然只需要一种方法。总而言之,睡眠不足会增加压力,损害健康,限制潜力的发挥。补充睡眠非常重要,应该成为压力管理列表的首要任务。

无论你处于何种状态,以下的压力管理战略能让你迅速进入梦乡。

压力管理战略一:睡眠

如果你已经获得一夜高质量的睡眠,你会发现自己的压力管理能力有所增强。这些建议可以引领你踏上 8 小时高质量睡眠之路:

· 找出睡眠不足的原因,然后下定决心改变一贯的生活方式。白天哪些时候有浪费时间的情况存在?如何才能重新安排日程表,使该做的工作早些完成,以此获得较早的上床时间?你能够安排较晚的起床时间吗?如果你每天都看电视或上网到很晚,不如在接下来的几天里放弃这些娱乐项目,看看多出来的睡眠会如何改变你的心情和体能。
· 规定自己的上床时间。父母常常建议厌恶睡觉的孩子保持规律的生活状态,这对成年人也是适用的。你的生活规律应该包括获取放松的一系列步骤,比如沐浴或冲凉,然后可以是几分钟的深呼吸或别的放松活动;一杯草药茶,一本代替电视和网络的好书,找一个伙伴交换按摩背部、颈部和足部,写日记,然后熄灯睡觉。

·尽量不要养成在电视机前睡觉的习惯。一旦养成这种习惯,脱离了电视就很难入睡,而且睡眠质量也会降低。如果不幸有此习惯,可以尝试一些放松技巧和活动。

如果你觉得睡觉是在浪费珍贵的时间,使你无法完成该做的事情,那么,就要不断提醒自己,睡觉本身就是做事。当你睡着的时候,你的身体正忙着修复,保存能量,为你充电,并促进细胞的生长和再生,增强记忆力,通过做梦释放情绪。其实,睡眠是高效的机体运作,获得高质量的睡眠之后,你的工作能力和效率都会大幅提高。

不要因为睡眠不足而感到压力。只要平时保持充足的睡眠时间,偶尔的熬夜不会对身体造成多大的伤害。与其在黑暗中辗转反侧,难以入睡,不如打开台灯,找点有意义的阅读材料,让自己感到舒适。喝点温热的牛奶或菊花茶,试试冥想。抛开那些烦心的琐事,想想开心愉快的事情(不是睡眠)。调整呼吸。这样,即使不睡觉,你也能得到休息和放松;或许你很快就会昏昏欲睡了。

如果你有睡眠问题,可以尝试以下方法:

·如果入睡有问题,建议你在午饭过后就不要喝含咖啡因的各类饮品,包括咖啡、茶、可乐以及苏打水(注意检查成分标签),某些止痛剂、感冒药等非处方药(注意检查成分标签),用于提神的刺激物,甚至可可和巧克力。

·食用健康、清淡、低脂肪、低碳水化合物的晚餐。用新鲜水果、蔬菜和全粒谷物代替精细加工、蛋白质含量低的食品。鱼、鸡、豆类、豆腐等都能使你在入睡时达到更镇静、更平衡的状态。避免在晚间摄入脂肪含量高、加工过细的食物,这些可能引起消化问题,从而导致睡眠障碍。(你知道这种感觉:在凌晨3点惊醒,发现腹中饥肠辘辘……)

·晚餐保持清淡。过晚和过量的晚餐会给消化系统造成负担。为了保证整晚的安稳睡眠,尽量减轻晚餐的分量。

·对于晚间的零食,可以吃些色氨酸含量较高的食品,这种氨基酸能够刺激机体分泌血清素,从而促进睡眠。血清素还能调整情绪,使你感觉良好。富含色氨酸的食物包括牛奶、火鸡、花生、黄油、大米、金枪鱼、枣椰、无花果、酸奶等。上床前30分钟到1小时适量食用上述食物有助于提高睡眠质量。

·不要在晚上喝酒精类饮料。很多人认为酒精有安眠功效,其实,酒精只会扰乱睡眠,使你难以安稳入睡,还可能增加打鼾和呼吸暂停的几率。

·增加白天的运动量。充分的锻炼能够使你快速入睡,延长睡眠时间,提高睡眠质量。

·如果你仍然存在睡眠问题,可以向医生咨询。研究显示,2/3美国人不曾被医生问及睡眠状况,但是,80%的人也没有和医生谈及有关睡眠的问题。告诉医生,你很关注自己的睡眠情况,他或许会有简单的解决办法。

压力管理战略二:水合作用

当你感到焦虑的时候,喝水或许是缓解情绪的最佳方法。我们体重的2/3都是水分,但是,很多人都处在轻度的缺水状态(由于体液流失而含水量低于正常水平的3%~5%),并且对此一无所知。

重度缺水(10%或更高程度的体液流失)具有显著症状,甚至可能导致死亡。与此相反,轻度缺水或许不会引起注意,而且常常发生在剧烈运动处于高温之后,节食、呕吐、腹泻(疾病引起的、食物中毒引起的或者过度饮酒引起的)等都会导致缺水。

如果在身体缺水的时候到处走动,就会感到压力,而且,抵抗其他压力源的能力也会降低。

你存在缺水状况吗?缺水症状包括:

- 口干舌燥。
- 头昏眼花。
- 尿液发黑（本来应该是淡黄色的）。
- 难以集中精神。
- 心理混乱。

含有咖啡因的饮料也是导致缺水的原因之一。当你喝完一罐可乐，觉得口渴得到缓解的时候，咖啡因反而充当了利尿剂的角色，促使水分排到体外。

引起缺水的另一个原因非常简单，那就是饮水不足。在过去，水是大多数人主要的甚至唯一的选择。如今，很多人觉得苏打水、加糖果汁、热腾腾的或冰镇的咖啡更有滋味，这些饮品也比以前更容易获取。有些人几乎不再饮用清水。

除了抵抗压力之外，水还能为身体带来诸多益处。如果处于缺水状态（根据统计数据，这种可能性相当之大），你的压力管理就会缺乏能量，因为机体忙于补充缺水造成的体能损失。

多喝水是控制压力最简单易行的方法。水分充足，自我感觉就会有所改善，肤质也会变好，体能也会提高。因此，多多喝水吧！

和其他事情一样，喝水也是一种习惯。如果不能养成习惯，喝了几天清水之后，你就会回到每天5罐健怡苏打水的老习惯中去。以下建议可以帮助你养成这种健康的习惯：

- 如果你实在不喜欢喝清水，可以试试几种添加矿物成分的瓶装水。这些矿物成分能够形成多种口味。或者可以添加少量柠檬、酸橙或橙汁。如果你就是喜欢气泡，可以用苏打水代替碳酸水。还不够有滋味？试着用等量的清水或苏打水稀释纯果汁（没有添加糖分的加工果汁）。
- 理想状态是每天饮用1800毫升（8杯左右）的清水。听起来似乎很多，如果在一天之内间隔开来，也就不多了。清晨喝450毫升，午餐时喝450毫升，晚餐时喝450毫升，晚上再喝450毫升。出汗或剧烈运动的时候，可以再加450毫升甚至更多。
- 我们对饥饿的知觉已经退化，常常把口渴当成饥饿，我们在仅仅需要一杯凉水的时候却乱吃东西。吃饭前和平时感到饥饿的时候喝杯水，不但可以满足机体对水分的需求，还能有效抑制过度饮食。

控制坏习惯

坏习惯会使我们自己和他人感到不适，也会产生压力。很多坏习惯会影响生理健康、情绪稳定和意识的敏锐度。为了增强机体控制各种生活压力的能力，首先必须控制你的坏习惯，这些都是不必要的压力。

习惯会以3种方式造成压力：

1. 直接的。很多压力对身体有直接的负面影响。吸烟、酗酒、吸毒（合法的或非法的）会将毒素或有害物质引入体内，扰乱机体的正常运作，使人们渐渐上瘾，还会引发各种疾病。习惯对精神和情绪也有直接影响。醉酒、过度的心烦意乱、体能削弱等使人更容易生气、出错、发生意外。当你的身体和（或）情绪受到某种习惯的负面影响时，你的压力水平就会提高。

2. 间接的。习惯也会间接影响压力水平。知道自己喝得太多、睡得太晚、吃得太多等，可能会引起挫败感和自尊心的丧失，从而影响第二天的工作和生活。如果前一天晚上受到坏习惯的控制，你的压力就会高出正常的水平。可能会有人说你的指甲太过粗糙，使你感到尴尬，甚至生自己的气，你或许会因为失控而斥责朋友。当我们受制于不良习惯，就会变得很无助，因为担心自我控制能力会丧失，担心这些习惯对自身健康以及对他人产生的影响。

3. 综合的。有些坏习惯既有直接的负面影响，也有间接的负面影响。其实，大多数的坏习惯都属于这个类型。任何有害的、我们能够控制而又不愿意控制的事物，或多或少都会对情绪和自尊心造成伤害，并且引发各种压力。

比如，情不自禁的暴饮暴食对身体伤害很大，因为机体的生理构造不允许一次摄入过多的食物。暴饮暴食还会对精神造成负面影响，可能引起挫败感、抑郁、焦虑等情绪。即使不甚严重的坏习惯，比如习惯性的凌乱，也会产生综合的影响。如果周围的物品混乱不堪，你可能就会因为找不到需要的东西而焦躁，也会因为凌乱而遭受经济损失，甚至可能因为别人的整洁而使自尊心受到伤害。

当然，有些习惯是好的。如果你总能保持整洁，总能礼貌待人，还能每天坚持吃些新鲜色拉，你或许已经知道这些习惯是健康的守护者了。

有些习惯是中性的。比如，你总是吃同样口味的燕麦片，或者总是去同一个加油站，或者洗碗的时候喜欢哼着小曲。只要这些行为不影响他人，就没问题。

别的习惯就没有这么好了。那么，坏习惯到底是什么呢？坏习惯会降低你的健康和开心程度。即使沉溺于这些习惯的时候感觉良好，你或许已经知道这仅仅是暂时的现象。就像你在购物中心花了400美元在并不十分需要的物品上，你很冲动，但是刚回到家，你就开始后悔，觉得内疚，甚至气愤。习惯成了你的主宰，而非其他。

你或许对咬指甲、卷头发、嚼碎片、看电视、拖延等习惯毫无办法。即使如此，你也应该认识到这些仅是习惯而已，而习惯是可以打破的。

那么，如何纠正坏习惯呢？首先，确认这些是不是真正意义上的坏习惯。如果你确实因为喜欢咖啡的味道而每天早上喝一杯，这就不算坏习惯。如果你每天必须喝好几升的爪哇咖啡，否则就会有恐惧感或者无法工作，这就是坏习惯了。

确认自己的行为是坏习惯之后，就要分析这些习惯，找出它们形成的原因。一旦认识并承认了自己的坏习惯，你就能慢慢获得控制力。

不良个人生活习惯

个人习惯是指你所做的、可能把他人"逼疯"的行为，或者你从来不在他人面前做的、担心会把他们逼疯的行为。不良个人生活习惯包括咬指甲、卷头发、挤压指关节、吐唾沫、发牢骚、习惯性的咳嗽或清嗓子、习惯性的咒骂、吹口香糖等，诸如此类，不胜枚举。如果某种个人习惯使你自己和周围的人（至少那些你不愿打扰的人）感到厌烦，使你产生不良的自我感觉，或者对自身不利，就要全力摆脱这种习惯了。

滥用毒品

除了治疗健康问题的使用目的之外，滥用毒品可能引起身体的失衡，从而酿成疾病。

对于那些没有酒瘾或者没有上瘾倾向、却又喜欢喝酒的人，晚餐时喝一小杯是没有问题的。大麻香烟对哮喘患者十分危险，并且对任何人都会立刻产生暂时的生理压力（即使你感到放松，其实也是压力表现）。非法毒品，如海洛因、可卡因等会导致诸多风险，法律纠纷只是最轻微的问题。除此以外，还会引起巨大的压力。

任何试图改变情绪的人造物质，如果摄入太多或太频繁，都会对身体造成不同程度的影响：轻则抑制控制压力的能力，重则形成巨大的压力。虽然合法，但是很少有人会质疑过度饮酒造成的危险。当你感到压力或生活无望的时候，或许会借助药物引开自己的注意力，忘记那些烦心的事情。但是，采取积极的改进措施（控制压力，而不是将压力暂时隐藏起来）在长期看来更有效。如果你依靠改变情绪的药物规避生活中的烦恼，那么现在应该重新思考这个有害的习惯了。

暴饮暴食

暴饮暴食使人过度忧虑，动作迟缓。晚上摄入过量的食物会延长消化系统的工作时间，从而影响睡眠质量。摄入过多的单糖会提高胰岛素的含量，使人兴奋，造成暴饮暴食的恶性循环。暴饮暴食还会导致体重超标，现在已经有一半以上的美国人超重了。

很多情况下，饮食疾病是产生问题的根源。易饿和厌食是众所周知的病症；对于狂食症，人们不是那么熟悉，但却十分常见，通常具有复杂的心理原因和生理原因。一旦发现自己或爱人有饮食疾病，请尽快联系医生、咨询师或别的健康专家。如果置之不理，连易饿和厌食等轻度病症都会产生致命的危险。

有些时候，暴饮暴食仅仅是习惯而已，可能和崇尚饮食的文化有关，也可能因为长得太瘦（有点可笑）。享受丰盛的美食是人生乐事。好东西到处都有，而且价格便宜。在电视机前待1个小时，你就会看到很多令人馋涎欲滴的美食广告。此外，处在过重的生活压力之下，你会觉得自己应该得到糖果和意大利辣香肠比萨的慰藉。你如此努力地工作,难道不该得到回报吗?

我还会介绍正确的饮食方法,使你的压力管理达到最佳效果。但是现在,如果暴饮暴食是你的坏习惯,可以借助本章最后部分的压力管理战略进行自我训练,摆脱这种坏习惯的困扰。

工作过度

对你来说,努力工作可能是一种需求,而非习惯。有些人和你的情况类似,有些人可能将其当成习惯。你或许工作到忘记社交生活的存在,或许迫于升职而努力工作,或许因为对同事和工作环境产生了家的感觉,以致产生依赖感。只要你对同事的依靠没有达到他们承受不了的程度,这种家庭意识是没有问题的。

无论怎样,如果你已经习惯于过度的工作,而且工作已经影响到你的业余生活,你觉得没有私人时间,无法抛开工作,因为同事不停地往你家里打电话,这时,过度工作就是一种习惯了,当然,你还有改变的机会。

媒体过多

数字电缆、卫星电视、电影频道、随处可见的影碟租借商店、在线广播、车内CD机、高速网络、DVD……我们所处的是一个诱人的技术世界。有些人很难抗拒窝在床上抱着笔记本电脑看电影、享受高级音像设备、在互联网上游荡好几个小时的诱惑。如果你有依赖媒体的习惯,就不会觉得孤独。"电视自由的美国(TV Free America)"的调查数据表明,98%的美国家庭至少拥有一台电视机,40%的家庭拥有3台甚至更多的电视机!平均来说,电视机每天使用7小时20分钟,66%的美国家庭边吃晚饭边看电视。84%的人至少拥有1台录像机,每天租出的录像带高达600万,而图书馆借出的图书只有300万。将近一半(49%)的美国人承认自己电视看得太多了。

就和别的事情一样,适度地利用技术和媒体才是好的。即使是好事,超过限度也可能变成坏事。如果对媒体的依赖占用你过多的时间,让你不得不牺牲做其他重要事情的时间,这样的习惯就是坏习惯了。

想想每天的新闻节目。人们借助新闻了解发生在世界各地的事情,知道第二天的天气情况,保持对当地事务的熟悉程度。但是,心不在焉地看新闻会让你的注意力转移到与日常生活毫无联系的事情中,担心整个世界的状况(很多情况下,你确实可以做些贡献,但是不值得为此彻夜难眠),甚至因为所有的坏事情烦恼不堪。遗憾的是,新闻通常都很关注悲剧事件。不要过分沉溺于媒体,设置界限,不要让网上冲浪、频道搜索妨碍你的睡眠和正确饮食,也不要为此牺牲锻炼的时间。

喧闹习惯

喧闹习惯往往与依赖媒体习惯有关。如果你总是开着电视机或广播,如果没有背景音乐或电视节目你就难以工作,如果你几经尝试都无法忍受寂静,如果你常常在看电视或听音乐的时候睡着,你就可能有喧闹习惯。

寂静不仅有治疗作用,还能增强体力。每天找个安静的地方让自己静静思考,可以为身体不断充电。喧闹本身没有问题,但是,持续的噪音会影响你的注意力。你或许能在电视机前完成各项工作,可是你花费的时间会更长,工作质量也会有所下降。

独居的人往往喜欢保持一定的背景音乐。喧闹可以暂时掩盖你的孤独和紧张,它能够镇静情绪,或者分散注意力。

持续的喧闹或许能使自己获得放松,却可能妨碍你的思考能力和绩效表现。如果喧闹使你无法处理和控制压力,甚至无法面对自己,就应该试着为生活增添几许安静了。太多的噪音对身体和精神都有伤害。让自己休息一下,每天享受至少10分钟的安静时光。不要害怕安静。正如玛撒·斯图尔特说的:"这是一件美妙的事情。"

购物

有人喜欢美食,有人喜欢购物。购物虽然会给很多人带来美妙的感觉,但是也可能成为你的坏习惯,甚至是不良嗜好。如果你喜欢在感到挫败、抑郁、焦虑、担心(甚至担心没有足够的钱付款)的时候去购物,如果单纯的购买东西可以改善你的心情,你的购物理由就可能是错误的。

我们生活在消费导向的社会,面对着来自各方面的购物刺激。然而,我们应该具备理性的购物理由,比如确实需要某些东西。只想买"任何东西"不是购物的好理由。你努力工作,辛辛苦苦赚钱,难道就忍心花在那些堆在家里,你从来不穿、不用、不吃,甚至连看都不看一眼的废物上吗?

就像暴饮暴食的习惯一样,购物习惯也可以纠正。如果你觉得自己的购物原因有问题(这是十分常见的习惯),就在购物欲望高涨的时候做些别的有趣的事情。试试那些不用花钱的事情怎么样?可能开始的时候感觉不是很好,当你摆脱这个习惯之后,你会对自己在这些废物上花费了这么多钱而感到吃惊。你会发现:生活中最美好的事情并不是物质。

拖拉

哪个人不曾有过一两次的拖拉?但是,如果你总是不能按时完成工作,无论你的准备如何充分,无论工作本身多么简单,你可能已经养成拖拉的习惯。有些拖拉是因为家事、私人生活、办公室的混乱造成的;有些拖拉则是自己形成的,无论你多么整洁,拖拉总是不可避免的,你去任何地方、做任何事情都存在情绪上的阻碍。

对于习惯拖延的人来说,拖延已经成为性格中根深蒂固的部分,很难改变,他们往往为此感到沮丧。然而事实并非如此!拖拉也是一种能够改变的习惯。当然,努力也是必需的。摆脱任何坏习惯都不容易,但不是不可能。记住,你并不需要一次性纠正所有的拖拉行为。先选择从何处着手,比如按时上班。你打算如何重新安排早晨的琐事,如何督促自己起床?你也可以从按时清偿账单开始,或者规定自己在睡觉之前整理好东西、洗完所有的盘子。相信自己,你做得到的!

坏习惯之最

苏珊·妮列弗特和加里·麦克莱恩博士在《一个十足的傻瓜对打破坏习惯的建议》中指出了10项最糟糕的坏习惯:

- 说谎。
- 迟到。
- 健忘,疏忽。
- 挤压指关节。
- 打嗝,放屁。
- 过度整洁。
- 不能给出承诺。
- 吝啬。
- 拖拉。
- 吸烟。

你囊括了几项?常见的坏习惯不表示就没问题。让我们看看如何治疗前3项的建议:说谎、迟到、健忘和疏忽。

1. 说谎是一种习惯,但不一定是性格缺陷。有些人即使没有很好的理由,也会习惯性地掩藏事实。你是否有过歪曲事实使之引人入胜的行为?你是否对别人说他们喜欢听到的东西而非事实?说真话也是一种习惯,说话之前稍作停顿,好好想想将要说的话是否是让自己开始说真话的最佳方法。问问自己:"我要说什么?"如果你的答案与你所了解的现实有出入,就再次问问自己:"我有很好的理由去掩盖实情吗?如果我说了实话,会发生什么?"在你采取习惯行为的时候保持一定的意识能够帮助你慢慢改变这种习惯。

2. 你为什么总是迟到?你生来就是混乱不堪的吗?你是否因为别人的等待而觉得自己很有权力?迟到是考虑不周甚至是粗鲁的表现。迟到会有损你的个人形象,更会给模仿你的人树立不良的榜样(比如你的孩子)。解决混乱的最好办法就是依次解决问题。把你的第一个目标锁定在迟缓上。计划是关键。在开始做事前的1个小时中,充分准备所需的各种物件。如果你因为喜欢迟到而迟到,可以借助阅读摆脱这种嗜好。

3. 健忘和疏忽,包括习惯性的迟到,表示对他人的不尊重。你可能有各种理由:"你没赶上车子","你盘子里的东西太多","你当时欠考虑"……但这些仅仅是借口,你对待他人的行为对你的人格有着直接的影响，而这恰恰是你掌控范围内的事情。控制你的人际交往技能，坚持每天都为某人做些细致周到的事情。试着把自己想成你的行为的接受者。如果你的朋友说了那些话、做了那些事，或者把你忘了，或者没有赴约，你会有怎样的感受？对于任何习惯，意识才是关键。

压力管理战略三：改造坏习惯

想着自己必须做出改变或许让你难以承受，但是，有些具体的策略却能帮助你建立目标，然后一步一步地达成这些目标。按照下面的指导建立你的目标。每周尝试一种策略，不要泄气。冰冻三尺非一日之寒，要改变这些习惯也需要很长的一段时间。但是，你是可以做到的！

- 学习停顿。知道自己的习惯，每次出现习惯行为之前，学着停顿，然后思考片刻。问问自己：这对身体有好处吗？这对精神有好处吗？这对我有好处吗？事后我会为此感到开心吗？事后我会为此感到内疚吗？这值得回忆吗？这真的值得回忆吗？
- 不要让引发坏习惯的物品出现在你的家里。如果糖类使你兴奋，就不要把甜食放在周围。如果你难以抵挡购物的诱惑，去商店的时候就不要把信用卡放在皮包里，或者干脆放在家里，只带你必需的现金在身上。如果酒精是你的薄弱之处，就不要在家里储备酒精饮料。如果特别喜欢晚间的电视节目，就把电视机搬出卧室，放到厨房里，或者干脆打包藏起来。
- 如果你依靠不良习惯缓解压力，奉劝你用其他等效或更好的"慰劳"方式代替这些习惯（食物、香烟、长时间的网上冲浪）。让自己在陷入坏习惯的泥潭时，能够轻而易举地采取这些"慰劳"方式。比如，如果你下班回家的第一件事就是打开电视机，就给自己20分钟的时间，安静地整理思路。不要让任何事情打扰自己！放些轻松的音乐，调整呼吸，静静地思考，喝杯茶，读本书，看看杂志或者小憩片刻。同肥皂剧和脱口秀相比，这些更能有效恢复你的体力。
- 把习惯变成特长，让自己成为某个领域的专家！让食物变成真正的享受，追求质量，而非数量。如果你很想吃东西，可以尝尝少量的美食，仔细品味每一小口。不要在大量的低质量食品上浪费时间、体能和健康。酒精也是同样如此。与其尽情畅饮唾手可得的劣质酒，不如品尝一小杯高品质的美酒。购物也是一样。不要看到什么就买什么。收集那些有价值的东西，全面了解这些商品的详尽信息。比如，你可以在全球范围内学习你所感兴趣的一切事物。

如果你喜欢看电视，就看些高质量的节目。让自己成为经典影片或独立影片的评论专家。看些介绍自然、科学、艺术、烹饪等的电视节目，只要有兴趣，你就能从中学到有价值的东西。你甚至可以学习制作自己的电影。如果你难以忍受寂静，可以学着欣赏古典音乐、爵士乐、经典摇滚或者你喜欢的其他音乐。美好的事物如此之多，相比之下，人生反而显得过于短暂。

当然，变成专家不是对所有的习惯都行之有效。比如，不会有人成为拖拉的专家。但是，小小的创意仍然能使习惯变成一种爱好甚至一项专长。如果你有拖拉的坏习惯，可以让自己变得简单而淳朴，你要做的事情和要去的地方都会变少（拖拉的机会自然也会减少）。

你也可以让自己转到习惯的反面。喜欢咬指甲？那就学习修甲吧。你很懒吗？那就找找最轻松、最简易地完成家务的办法吧。很多自称懒汉的人已经成了整理专家，甚至有了成功的事业。

习惯表格：你的坏习惯汇总

现在是重温压力管理日志的时候了！将下面的表格抄到日志中，列示你的习惯，描述引发这些习惯的因素，然后写下每种习惯对你造成的压力。比如，你可以在第一栏写"咬指甲"，在第二栏写"感到紧张或无聊"，在第三栏写"社交时的尴尬，魅力的丧失，对自己恼怒"。

也许你还没有完全准备好戒除某种习惯，也许你知道自己看电视成瘾，可是还不准备放弃那些心爱的节目。这样的话，最好在表格中记录所有的习惯，在你准备好之后就能随时处理（即使短期之内不可能准备就绪）。这样做至少能将你所有的坏习惯正式地记录在某个地方。

填完表格，记下导致压力的不良习惯之后，坚持时时查阅，在你觉得可以处理的时候，逐步戒除这些习惯。

习惯	引发因素	压力反应
____	____	____
____	____	____
____	____	____

习惯	引发因素	压力反应
____	____	____
____	____	____
____	____	____

维生素、矿物质，还有更多……

创造能够抵抗压力的健康体魄的另一途径是保证维生素、矿物质和植物化学物质（从植物中提取、有助于增强免疫系统功能的化学物质）的充分供给。并不是每个人都认同补充制剂的重要性，遗憾的是，大多数人的日常饮食都存在或多或少的失衡和营养素的缺失。因此，不妨将各种补充制剂作为自己的保险策略。

为了借助营养物质达到抵抗压力的最佳程度，请遵循以下建议：

- 保持饮食平衡。
- 每天食用多种维生素剂和多种矿物质制剂，增强体能，补充营养。
- 维生素C，维生素E，胡萝卜素（维生素A的一种形式）、硒、锌等都是抗氧化剂。研究表明，增加饮食中的抗氧化剂可以降低心脏病、中风、白内障等疾病的发病率，还能减缓衰老。（注意：有资料显示，抗氧化剂类补充制剂会提高吸烟者的癌症发病率。）从柑橘类水果、椰菜、西红柿、多叶绿色蔬菜、暗橙色蔬菜、黄色蔬菜、红色蔬菜、坚果、植物种子、植物油中提取的抗氧化剂对身体都是有益的。
- B族维生素对人体也有诸多好处：可以增强免疫功能，改善肤质，抵抗癌症，缓解关节疾病，提高新陈代谢的效率，增加体能，甚至能够帮助机体减轻各种压力的影响。
- 钙是一种矿物质，在维持骨骼重量、预防癌症和心脏疾病、降低血压、治疗关节炎、改善睡眠、代谢铁质、缓解月经不调等方面起着关键作用。
- 还有很多微量元素可以保持身体的健康状态和正常运作，包括铜、铬、铁、碘、硒、钒、锌等。
- 氨基酸和必需的脂肪酸对身体的健康运作也是不可或缺的。
- 很多补充制剂是由别的物质制成的。有些可能具备上述功效，有些可能是错误的。如果感兴趣，可以研读有关补充制剂的书籍。但是记住，最重要的仍然是保持饮食的健康、平衡和多样化。

预防性的维生素养生法

研究显示，增加某些特定维生素和矿物质的摄入量可以增强体质，还能治疗某些特定的疾病。额外的维生素C（每天摄入500～1000毫克）和锌锭剂能够减轻感冒症状，并能缩短感冒的康复时间。这些治疗方法对很多人都是有效的。额外的钙质可以缓解妇女的月经不调。维生素C，维生素E和其他抗氧化剂具有预防某些癌症和心脏疾病的功效。

你可以从下表看到各种维生素在哪些食物中的含量最为丰富。我将帮助你借助营养物质来控制压力。

维生素/矿物质	功效	来源
A	增强视力，帮助骨骼生长，帮助细胞分裂，预防某些癌症	动物肝脏、鸡蛋、牛奶、柑桔、绿色蔬菜、营养燕麦片

B₁	维持神经系统功能，预防心脏疾病，治疗贫血症	猪肉、牛奶、鸡蛋、全粒谷物
B₂	促进新陈代谢，增强视力，抵抗压力，改善肤质	牛奶、鸡蛋、营养面包、营养燕麦片、多叶蔬菜
B₃	改善神经系统功能，降低胆固醇含量，降低血压	肉类、鱼、鸡蛋、全粒燕麦片
B₅	增强体能，加快愈合速度，抵抗压力，控制脂肪代谢	鸡蛋、酵母、糙米、全粒燕麦片、动物脏器
B₆	增强免疫系统功能，预防某些癌症，缓解月经不调和停经	鱼、肉类、牛奶、全粒燕麦片、蔬菜
B₉(叶酸)	预防某些新生儿疾病，预防心脏疾病，预防某些癌症	多叶绿色蔬菜、麦芽、鸡蛋、香蕉、坚果、柑桔
B₁₂	维持神经系统功能，增强记忆力，增强体能，促进健康生长，预防某些癌症	猪肉、牛肉、动物肝脏、鱼、鸡蛋、牛奶
C	增强免疫系统功能，预防某些癌症，加快伤口愈合速度	柑橘类水果、多叶绿色蔬菜、椰菜、大多数新鲜水果和蔬菜
D	促进钙质吸收，预防某些癌症和骨质疏松症	营养牛奶、脂肪含量较高的鱼类、日照
E	保护细胞免受自由基的破坏，预防某些癌症和心血管疾病	植物油、坚果、多叶绿色蔬菜、麦芽、芒果
钙	维持和增强骨骼，预防骨质疏松症和关节炎，预防肌肉抽搐	牛奶、芝士、多叶绿色蔬菜、豆腐、大马哈鱼、鸡蛋
铁	增强体能，增强免疫系统功能，预防缺铁性贫血	贝类、甲壳类动物、麦麸、制酒酵母
硒	保持肌肤和头发的健康，增强免疫系统功能，保持眼睛健康，增强肝脏功能，预防某些癌症	金枪鱼、麦芽、麦麸、洋葱、西红柿、椰菜
锌	增强免疫系统功能，预防某些癌症，预防和治疗常见的感冒症状	蘑菇、牡蛎、肉类、全粒谷物、鸡蛋

中医疗法

中医学是经过时间的检验而延续至今的古老艺术。很多人都尝试过中医疗法，从用紫锥菊治疗感冒，到更为复杂的对各种疾病的治疗。优秀的中医能够帮助你采用自然方式解决健康问题，以此弥补传统药物的不足之处。

你最好找那些名声较好、有质量保障的中医。他们知道各种草药的副作用以及和其他药物的交互作用。

很多处方药是由草药制成的，或者是草药的提取物。中医的治疗方法是针对整个人体的，而非某些特定的部位。他们认为药物治疗至少应该顾及那些可能的干扰因素，应该致力于增强机体的康复能力。

顺势疗法

和中医疗法一样，顺势疗法也是整体性的治疗方法。很多健康食品商店都有顺势疗法的药物出售，而且稀释到了对任何人而言都非常安全的程度。作为整体性的治疗方法，顺势疗法遵循的基本原则是以毒攻毒。那些使健康个体出现病痛的草药和别的自然物质被不断稀释，从而形成浓度极低的药物，支持并增强机体自身的康复能力。顺势疗法有些基本的指导原则：疾病是身体进行自我治疗的信号，因此，病症不应该被打压；运用微小剂量的致病物质可以抵消疾病的影响；症状的清除顺序和出现的顺序正好相反。

顺势疗法非常安全，因此，你不必了解整个疗法体系之后才尝试。事实上，顺势疗法是治疗健康失衡的极其安全的方法，尽管比传统药物疗法的速度要慢些。很多人偏爱顺势疗法，因为该疗法对身体的侵害程度最轻，副作用最小，而且比传统的药物治疗更具整体性。顺势疗法对多种疾病疗效显著，比如感冒、关节炎和变态等慢性病症、焦虑和抑郁等情感问题。此外，顺势疗法的药物可以取自任何物质，从草药和浆果，到矿物质和牡蛎，到浸泡蜜蜂的酒精……而真正的有效成分又非常之少，因此，这些药物比处方药便宜很多。

压力与轻松的平衡

为身体补充睡眠、水分和营养物质，同时采取全面的健康疗法，这将帮助你保持良好的状态，提高控制压力的能力。活跃的思维、紧张的肌肉、充斥在脑海中的焦虑像录音带似的反复纠缠，这会是怎样的情景啊！

当压力开始侵入，或者身体开始遭受压力影响的时候，在负面作用尚不严重之前就知道如何应对和缓解压力，这是非常有用的技能。

医学博士赫伯特·本森在其畅销书《放松反应》（《The Relaxation Response》Avon Books，1975）中阐述了自己的研究结果：有意识地借助冥想法获取放松反应必定涉及下述4个环节，而且与所采取的冥想技术没有关系：

- 安静的环境。
- 关注的焦点（声音、物体、思想等）。
- 舒服的姿势。
- 被动的态度。

在营造放松状态的4种方式中，最重要的是被动的态度，或者说不要评价自己和自己的放松过程，也不要变得过于心烦意乱。被动的态度可以沿用到生活的很多方面，当压力开始积聚的时候，也可借用这种方式。在人们主动追求或非常在意某件事情的时候，他们就会感到沉重的压力。客户的尖锐评价、孩子对你的不尊重、发现牙膏盖又一次掉到了抽水马桶的后面，做事笨拙，比如不小心把咖啡泼到了键盘上、打翻了祖母的水晶大浅盘，或者倒车时撞到了别人的车……这些都可能是你过于关注的事情。

这种情况下，尤其当这些成为最后的救命稻草时，你就可能遭遇爆炸性的压力。你的皮质醇分泌量急剧上升，肌肉极度紧张，呼吸也开始加速。最近的研究表明，突然增加的皮质醇会引起血管的小面积破损。

当你恼怒、情绪激动、极度失望和恐惧、破口大骂的时候，最好的克制方法就是有意识地采取被动态度。你或许无法停止暴怒；或许找不到安静的地方进行一次专注的冥想和祷告（冥想的时候反复念诵的单词或声音，有助于清理思想，带来平和的感觉）；或许感觉不怎么舒适，但是，你可以采取被动的态度。怎么做呢？默念两个字：还行。

这两个字的力量非同小可。真的！有人斥责你了？还行。咖啡泼到键盘上了？还行。东西坏了？还行。孩子和你顶嘴？还行。

这种反应方式看似对你有害无利。还行？这难道不会阻止你从错误中吸取教训吗？难道不会让别人轻视你吗？当然不会。如果孩子和你顶嘴，这并不意味着他无需承担必要的后果，但也并不意味着你必须全力处理这件事情。平和的父母比情绪激动的父母能更好地处理此类事件。

如果你犯了错误，就应该吸取教训，下次就会变得更加小心。觉得"还行"意味着你已经认识到，面对错误如果产生过多的负面情绪，只会扰乱你的思想，而不是帮助你解决问题。

只要不是盛怒状态，你就能作出更好的反应。你会镇静而礼貌地应对客户；你会冷静地清理键盘，而不是把整个笔记本电脑摔向墙壁；你会给祖母写一封诚恳的道歉信，说明大浅盘没有破裂；你会买自己的牙膏，而不会为了伴侣丢了牙膏盖而愤怒不已。

"还行"本身已经成了一种颂词，在你情绪爆发的时候提醒自己缓解和控制压力。这并不意味着忽视所有的经历，而是保护身体，使之免受毫无必要的压力激素大量分泌造成的伤害。除非你需要打斗或逃跑，否则，最好抑制皮质醇的大量分泌。

放松，说句"还行"，你将平衡压力反应和放松反应。祝你好运！

放松技术

如果你确实有多余的时间练习放松技术，当然可以选择各种适合自己的方式。长久以来，世界上的各种文化都创造并发展了各自的放松技术。有些需要冥想，有些需要调整呼吸，有些需要做些特殊的动作。有些要求迅速完成，有些要求放慢速度。有些需要借助更多的生理力量让思想得到放松；有些强调思想的集中，让身体获得休息。在你了解所有的放松技术之后，就能在各种环境下选择适合自己运用的技术了。接下来，我会告诉你有关这些技术的部分内容，在本书后面的章节中，你还将学到更多的这方面的知识。很多技术不是为放松而设计的，但是放松可以作为练习的副产品（比如瑜伽和某些种类的冥想）。

身体扫描

身体扫描是一种相当流行的放松技术，是指用意念巡视全身，找出存在压力的位置，然后从思想上缓解或解除这些压力。

你可以自己完成身体扫描，也可以让别人从旁说出各个身体部位，指导你在什么时候放松什么部位。你还可以把身体扫描的提示语录在磁带上，练习的时候回放即可。

身体扫描是下班后放松自我的好方法，也是在压力事件发生之前获得镇静的好方法。每天练习，可以维持身体免受压力的侵害，也能提高自己关注身体健康的意识。

不同的人有不同的身体扫描方式。有些人喜欢使身体各个部位依次变得紧张，然后彻底放松。有些人喜欢想象压力的放松，并不在开始的时候收缩肌肉。你可以想象自己的每个部位都在呼吸，一次就呼出一个部位的压力。无论选择何种方式都没问题。你可以尝试多种方法，然后找出自己最喜欢的那种。

如果你想制作自己的身体扫描磁带，可以参考以下的脚本。对着录音机大声朗读这段文字（或者找个语音柔缓的朋友来帮你）。提到每个部位之后，不要忘了停顿片刻，让自己有时间放松和缓解压力。遇到脚本中的"停顿"字样时，不用读出来，但要停顿5~10秒钟甚至更长时间。

舒适地仰卧在坚实的地面上。双肩、中背部、下背部和臀部贴于地面。放松上臂、前臂、双手、大腿、小腿和双脚。双脚自然分开。放松颈部，使头部感到抵住地面的重量。深呼吸。（停顿）

感受双脚。放松了吗？搜索双脚的压力，缓解足部所有的紧张和压力。不要忘了呼吸。（停顿）

感受小腿，从脚踝到膝盖都放松了吗？搜索脚踝处的压力，释放压力。搜索小腿肌肉的压力，释放压力。搜索胫骨的压力，释放压力。缓解小腿所有的紧张和压力。保持呼吸。（停顿）

现在，把注意力集中到大腿部位，关注大腿上下及两侧的肌肉以及髋关节。

搜索压力。释放大腿前侧的压力。释放大腿下侧的压力。让呼吸把压力带走。放松腿部，使其舒适地平放在地面。缓解髋关节处所有的压力。深呼吸。（停顿）

现在，把注意力集中到胃部肌肉。这些肌肉或许整天都会保持紧张状态。释放压力。彻底放松腹部肌肉。深呼吸，呼出所有的压力。（停顿）

感受辐射于体侧的肌肉，使其向上背部伸展。放松肩胛骨、肋骨、胸腔和上部脊柱。释放压力。呼出压力。（停顿）

注意双肩和颈部。感受积存在那里的紧张和压力，使双肩和颈部的肌肉保持紧张。随后，使之慢慢消退，做几次长时间的深呼吸。彻底放松双肩和颈部。（停顿）

感受上臂肌肉，包括顶部的三角肌以及上臂周围的二头肌和三头肌。搜索所有可能潜藏的紧

张和压力，然后释放压力。放松上臂，呼吸。（停顿）

感受肘关节、前臂肌肉、手腕、双手以及手指的各个部位。想象辐射状的热量循环沿着手臂向肘关节、前臂、手腕、双手和手指传导，溶解这些部位的所有压力。（停顿）

现在，感受头部肌肉，感受头皮、面部肌肉和下颚。释放头皮、太阳穴、耳朵周围、前额、眼部周围、脸颊、下颚、嘴部和下巴的压力。放松。呼吸。（停顿）

现在，想象温暖的辐射光圈在体内从下往上慢慢移动。从脚趾开始，移到头顶，然后再次移到脚趾。

移动的光圈会检查所有残余的紧张和压力，并且立刻消除。你将感到温暖和深度放松，还会产生健康的意识。（停顿）

继续仰卧几分钟，尽情享受完全放松的感觉。准备就绪之后，慢慢地向体侧翻转，然后小心地坐起来。（停顿）

让呼吸带走压力

最简单的放松方式之一就是呼吸，也就是呼气和吸气。很多人都有浅度呼吸或胸腔呼吸的习惯。这虽然能加快呼吸的频率，却容易造成意外。微弱的呼吸不能像深呼吸那样进入肺的深处。有意识地进行几次缓慢的真正意义上的深呼吸可以抑制压力的产生。深呼吸还有助于肺部排出更多的空气，加强肺部功能。

说起深呼吸，人们往往会借助胸部的大幅扩张吸入大量的空气。其实，深呼吸的位置在胸部的下面，应该是胃部肌肉和腹部肌肉的扩张和收缩，而不是胸部，尤其不是双肩。

深呼吸的关键是呼气。有了真正的深度呼气，吸气也就不成问题了。

如果你还不习惯从身体深处呼吸，做起来就会有些困难。在你还是婴儿的时候，采用的就是深呼吸；作为生活在高压力环境中的成年人，你已经忘记应该怎样去做深呼吸了。训练自己进行深呼吸最简单的方法就是从躺下开始。

躺卧，让自己感到舒适，一只手放在腹部，另一只手放在胸部。按照以下步骤进行练习：

· 从正常呼吸开始。注意自己的呼吸，但不要刻意控制。注意感受哪只手起伏的幅度更大，放在胸部的手还是放在腹部的手？

· 现在，试着慢慢呼出完整的一口气，发出"咝咝咝"的响声。当你觉得已经呼出所有的空气时，再给肺部一次压力，使其继续呼出最后的一点空气。呼气的时候，应该感到放在腹部的手慢慢下沉，越来越低。此时，身体内的空气已经完全排出体外。

· 深度呼气之后，你就会很自然地进行一次深度吸气。注意不要猛吸空气，应该让身体自然地吸气。不要将空气吸入胸部，只要让身体慢慢补充空气。此时，尽量固定胸部和双肩。随着空气不断地进入体内，放在腹部的手将会慢慢升起。

· 再次呼气，尽量缓慢、完整，感觉放在腹部的手在下沉。

· 重复10次这样的深呼吸。

掌握了深呼吸的感觉之后，就可以坐着练习。同样，必须注意呼气。采用数数来测量呼吸时间是一种很好的练习方法，呼气的长度应该是吸气的2倍。当你感到压力的时候，可以尝试下面的练习方法（在你说或做某事之前，就知道将来会后悔）：

· 慢慢吸气，进入鼻腔，数到5。使身体从下往上充满空气。保持双肩和胸部的固定，感觉腹部和下背部的扩张。

· 用嘴慢慢吐气，嘴巴撅起，发出"呼呼呼"的声响，数到10。保持双肩和胸部的固定，感觉腹部和下背部的收缩。

· 重复数次，或者直到镇静为止。

想象的力量

想象可以让你获得即刻的放松。想象既简单又有趣。如果你觉得压力重重、感到焦虑、感到无助，那么去旅行吧。不用离开办公桌，不用去机场。坐在办公室里，闭上双眼，放松，调整呼吸，想象自己最想去的地方。

你还记得自己的想象力,是吗?就是童年时幻想像小鸟那样飞翔,像大象那样跺脚,像小狗那样叫,幻想消除世界上所有的疾苦,幻想远途旅行、跳伞和用糖果做成的世界。记得这些吗?是不是很有趣?

想象仍然存在于你的头脑中,虽然不经常使用,显得有些迟钝。现在是拿出想象力的时候了,运用到压力管理中!你或许不会把自己想象成超级英雄(你或许愿意这样想,为什么不呢?)。然而,何不想象自己漫步在静谧的海滩上,沐浴在落日的余晖中,观赏芬芳的热带海风在翠绿的大海上撩起微波?或许你更喜欢在温馨的林间小屋和爱人(即使你还没有遇到他/她)相依相偎,享受火堆的温暖。或许远东的风景、热带雨林,或者在阿拉斯加的冰川中远足会给你带来平静。或许你钟爱沙漠,或者奇异的甜食!(想象完全用糖果做成的世界并无过错!)

偶尔也让自己做做白日梦。可以将其看成私人时间,给自己充电的时间。这很有趣,也非常合理,还是控制压力的绝佳方法。其实,假期的作用就在于此!

不要为了补充能量而在早餐时刻意摄入糖分含量过高的甜食,比如油炸圈饼、肉桂卷、甜味燕麦片等食物。复杂碳水化合物和少量的蛋白质就足够维持血糖和体能的正常水平。一块涂上低脂芝士的全粒谷物百吉饼(先蒸后烤的发面圈)、一碗掺入少量杏仁或胡桃的麦片粥、一块外面包裹煎蛋的玉米粉圆饼、一份花生黄油三明治……诸如此类,都是不错的选择。

第八章
挣脱束缚，减压方法不胜枚举

调整态度

记得那首修正人们态度的乡村歌曲吗？本书所讲的态度调整与暴力毫无关系。这里的态度调整是指慢慢改变一个人的态度。

消极情绪贪婪地吞噬着你的体能，不断增加和放大压力，直至压力达到难以控制的程度。很多人都有消极的倾向和习惯，你呢？

你的态度是怎样的？你看到的是"还有半杯水"还是"只有半杯水"？你最先想到的是积极的方面还是消极的方面？

消极是一种习惯，可能是过去的遭遇造成的，这不难理解。但是，习惯是可以改变的，消极也能就此停止。即使遭遇不幸，你也不必消极。有些人在困苦中仍然保持积极的情绪，有些人却彻底绝望。差别在哪里呢？态度。

怎样改变消极的态度呢？首先，注意自己在什么时候会变得消极。记录消极日志。在感觉消极的任何时候，不要随性地表现出来，将其记到日志里。当你将内心的情绪记录在纸上之后，就能进行客观的分析。最后，你将找到其中的规律。

当你知道哪些事物会触发你的消极情绪（或许有多种触发因素）之后，就能开始掌控自己的行为。碰到出乎意料的情况时，从你口中迸出的第一句话是不是"噢，不会吧！"？如果是，在"噢"之后就让自己停下来。注意自己在做什么。告诉自己："我不必采取这种反应方式。我应该等等，看看是否真的需要如此夸张的.噢，不会吧."。这种对思维过程和消极反应的阻断能够使你变得更客观，对各种情况的态度更积极。

即使在停止之后，你发现确实需要"噢，不会吧"，你也不必对每次小灾祸都大惊失色。你可以将"噢，不会吧"留到真正需要的时候。

你越是习惯于阻止消极反应，采取中性或积极反应，消极反应本身就会越来越少。不要说"噢，不会吧"，试着沉默，采取"等等看"的态度；或者告诉自己："哦，我能看到积极的方面！"

你或许会遇到很多阻碍，这也是意料之中的事情。你也许会在消极日志中发现自己享受着消极带来的快乐和安全感：如果你永远做最坏的打算，就永远不会失望。但是，你必须克服这些阻碍。虽然消极在某些方面能够为你带来慰藉，但值得为此失去你的体能和快乐吗？坚持下去，诚实地面对自己。你也许会发现所有的消极反应都是出于对自己的保护，而你完全可以找到比这更好的防护方式。好朋友、给人带来满足感的业余爱好、有规律的冥想练习……这些都是不错的选择。

如果你认真戒除这些消极反应，就能调整自己的态度。但是，必须多加注意。（本章稍后介绍的"乐观主义疗法"是与此相关的一项技术。）

自发训练

自发训练是不需要催眠师和催眠时间的催眠疗法，而且功效显著。

自发训练采用放松的姿势，并对肢体的温度和重量进行口头提示，使练习者深度放松，缓解压力。自发训练被用来治疗肌肉紧张、哮喘、肠胃病、心律不齐、高血压、头痛、甲状腺炎、焦虑、易怒、倦怠等疾病和情绪问题；此外，还有增强抗压能力的作用。

自发训练的口头提示用于改变身体对压力的反应。提示包括6个要素：

- 重量。放松四肢部位的随意肌，缓解四肢肌肉的紧张，尤其是压力导致的肌肉紧张。
- 温度。扩张四肢部位的血管，阻止在压力状况下血液向身体中心的流动。
- 规整的心跳。使心跳正常，防止压力造成的心跳加速。
- 规整的呼吸。使呼吸正常，防止压力造成的呼吸加速。
- 放松与腹部的保暖。阻止压力造成的血液向消化系统的流动。
- 镇静头脑。阻止压力造成的血液向头部的流动。

换言之，压力激素对循环系统的主要影响已经被全部涵盖了，并通过口头提示在自发训练中被有效制止。

你可以自己进行自发训练，在专业教练的指导下学习正确的做法也是不错的选择。如果找不到当地的教练，也可以找些相关方面的书籍，根据书上的指示进行练习。

更简单的做法是：找个安静、不受外界打扰的地方，让自己彻底放松；营造舒适而温暖的氛围，调暗灯光，坐下或平躺；将注意力集中到六大要素上，反复吟诵下面的口头提示，注意你在对自己说什么。但是，不要强迫自己集中思想。保持态度的被动性和吸纳性。无论发生什么都没有问题，自发训练是不会错的。如果想听取专家意见，可以咨询当地实施催眠疗法的精神治疗医师，或者咨询具有执业资格的整体治疗医师，比如脊椎指压治疗医师、草药治疗医师、按摩疗法医师等，他们或许能向你推荐附近的专家。

你可以将这些提示录在磁带上，也可以记在心里。每句提示重复4遍，放慢语速，然后诵读下一句：

我的右手臂有重量感。我的左手臂有重量感。我的右腿有重量感。我的左腿有重量感。我的右手臂感觉温暖。我的左手臂感觉温暖。我的右腿感觉温暖。我的左腿感觉温暖。我的手臂有重量感，而且感觉温暖。我的双腿有重量感，而且感觉温暖。我的心跳缓慢而轻松。我的心脏感觉平静。我的呼吸缓慢而轻松。我的呼吸感觉平静。我的胃部感觉温暖。我的胃部非常放松。我的前额感觉凉爽。我的头皮非常放松。我的全身非常镇静。我的全身非常放松。我很镇静，也很放松。

瞧！你可以和压力反应道别了。

印度草医学

印度草医学是一门研究如何通过练习达到延年益寿、抵抗疾病、延缓衰老等目的的古老科学。这可能是人们所知的最古老的保健体系，有着五千多年的悠久历史！更让人惊叹的是，时至今日，

第八章 挣脱束缚，减压方法不胜枚举

印度草医学还在被广泛运用。在内科医生和作家迪帕克·查普拉博士的努力之下，印度草医学已经作为一门科学在20世纪迎来了发展的新高潮。

印度草医学认为压力就是失衡。一旦身体失去平衡，疼痛、疾病、伤痛，以及各种生理和情绪问题就会接踵而来。印度草医学的理论体系非常复杂，简单地说，就是通过特殊的食物、草药、油类、色彩、声音、瑜伽练习、净化仪式、圣歌、生活方式的改变、劝告等，使身体和精神达到最佳的健康状态。印度草医学还有一个非常特别的核心理念：通过特殊的练习，可以遏制疾病和衰老，甚至可以使其逆转。

印度草医学将人们（任何事物都可以这样分类，比如味道、季节、气温等）分为3种主要的哚萨类型。很多人是两种类型的组合，甚至是3种类型的平衡，但是，大多数人会偏向某种类型。不同的类型将决定哪些食物、草药、油类、色彩、声音、瑜伽练习、净化仪式、圣歌、生活方式的改变以及劝告是最为有效的。

印度草药学医师能够判断你的哚萨类型，有时通过把脉就能得出结论。对于每个寻求草药治疗的病人，都要进行严格而详尽的分析，包括涉及生理状况和生活习惯等方面的诸多问题、喜好和憎恶，以及从事的职业等。书中和网上有很多测试可以帮助你判断自己的哚萨类型。有些人选择去印度草药学的治疗中心，参与住院病人的治疗过程；有些人则仅仅接受饮食和生活风格方面的建议。

印度草药学的体系非常迷人，也很复杂，本书只能触及皮毛。对于刚刚开始的你，这里总结了每种哚萨类型的常见特征。这张表格只是给出对3种类型的总体印象，并没有列出所有的特征。

虽然大多数人有一个主导的哚萨类型，但是，每个人都含有3种类型的成分，也都会经历类型之间的失衡。瓦塔最先失去平衡，接着是皮塔，最后是卡塔。印度草医学有很多治疗失衡的方法。

如果你对印度草医学产生了兴趣，可以做些研究。关于这门研究长寿的古老科学的书籍和其他信息来源非常丰富。这些是我比较喜欢的。

瓦塔	皮塔	卡塔
瘦削；如果超重，往往是异常表现，多为虚胖，不是结实	肌肉发达，体形正常；很容易产生肌肉	骨骼宽大，往往超重，身体健壮
头发卷曲、细软，呈褐色	头发略带红色，或者较暗，或者呈草莓的亮色；肤色偏红有雀斑	头发浓密、有光泽、泛油光，颜色较深；皮肤光滑；嘴唇较厚；皮肤呈奶油色或橄榄色
眼睛细小	目光锐利，双眼布满血丝	眼睛较大，呈白色
关节干裂	关节松软	关节宽大、厚重、强健
不能遵从计划的时间安排；饮食和睡眠都比较随性	食欲旺盛，进食较快	食欲稳定，进食较慢
缺乏忍耐力	忍耐力适中，能够忍受炎热	具有强烈而持久的忍耐力
容易受到疼痛、关节炎、神经系统和免疫系统疾病的侵扰	容易受到疾病的感染，容易发烧	容易患呼吸道疾病，容易浮肿和肥胖
快速而多变的生活风格	目的性强，目标导向，非常自信	缓慢、稳定、优雅的生活风格
对噪音比较敏感	对强光比较敏感	对浓重的气味比较敏感
适应能力强，有时不够果断	聪慧，有时过于苛刻	稳定，有时略显迟钝

生物反馈：了解自己

这种高科技的放松技术旨在训练身体直接而及时地逆转压力反应，让你能够控制以前觉得无意识的身体参数。生物反馈兴起于20世纪60年代，在70年代和80年代非常流行。在生物反馈的练习过程中，你将被安置在各种器械上，测量某些身体参数，比如体表温度、心率、呼吸频率、肌肉紧张度等。训练有素的生物反馈教练能够指导病人，让他们在读取器械数据的时候放松全身。心率和呼吸频率一旦下降，你就能从仪表上看出来，此时，你的身体将有不同的感受。多次练习之后，你将学会如何降低自己的心率、呼吸频率、肌肉紧张度和体温。

生物反馈需要特殊的器械和训练有素的专业教练，因此，这不是你在家里就能练习的技术。但是，只要你掌握了其中的技巧，你就能控制自己的关键身体参数了。

创造疗法

创造疗法将绘画、写作、雕刻、演奏等作为缓解压力的一种形式，以及处理情绪和心理问题的一种方法。历史悠久的艺术疗法通过特殊的技术，能够开启病患者的创造力。但是，艺术疗法需要训练有素的专业医师。创造疗法是一个更为宽泛的概念，旨在让病患者利用自己的创造力缓解自身压力。艺术疗法是创造疗法的一种，但不是唯一的一种。在创造疗法的过程中，你可以写诗、弹钢琴、甚至浇铸家用的面团模型，这些都有助于缓解压力和发挥创造力。

创造疗法是缓解压力的绝好方式。当你沉浸在创造乐趣中的时候，就能获得和冥想练习所能达到的高度集中。让自己与你的创作（绘画、诗歌、小说、日志、雕塑、音乐等）融为一体，能够有效缓解（即使是暂时的缓解）生活中的各种压力。你的身体将通过放松抵制多种压力引起的负面影响。

创造疗法与冥想类似，旨在使你的思想在较长时间内关注某个单一的事物。这是很好的练习方式，也是磨炼情绪的好办法。创造疗法还能提升你的自我感觉。你不必整天从事应该做的工作，或者别人希望你做的工作。创造疗法将给你一个私人空间，让你抒发内心深处的想法、感受、问题、焦虑、快乐以及深藏在潜意识中急待释放的想象力。

怎样实施创造疗法呢？每天抽出30分钟到1个小时的时间。选择自己发挥创造力的渠道。你可以写日志，拉大提琴，画水彩画，种植花草，听古典音乐，跳舞等。无论你选择什么，必须像冥想那样全身心地投入到这段练习中去。将其看成不容改变的约定。在安静并且不受外界打扰的地方坐下，开始尽情创造吧（做任何你想做的事情）。

开始创造疗法的一个月内，不要观赏自己的作品，也不要分析自己的表现，至少不要仔细地观赏或分析。一个月之后，仔细看看自己的创作成果。看到模式了吗？基调如何？主题如何？文章中的词句和绘画中的图案都是你个人的主题，舞蹈和演奏中的动作、声音等对你来说也有重要的个人意义。仔细思考这些成果对你的意义。你的潜意识到底想告诉你什么？

即使你不懂绘画，不会创作诗歌，或者对你选择的艺术形式一无所知，也没有关系。这些作品不是用来评价、分析和展示的。这是潜意识的直接反映，是抒发内心感受的过程。这种感觉很不错。

这里有些关于创造疗法的建议：

· 开始之后就不要轻易停止。不断地写或画。如果停下来，很可能就会评价自己的作品。
· 不要评价自己的作品！
· 在疲倦的时候进行创造疗法。有时候疲倦会使清醒、规整、敏锐的思想变得迟钝，此时，潜意识中将产生更多的意象。
· 允诺自己，在疗程结束之前，不要读自己的文章，也不要看自己的绘画。否则，你可能会不自觉地进行评价。
· 对自己获得的成果不要太苛刻，也不要失望。进行创造疗法不会出现错误，除非你对自己妄加评论。
· 卡住了？面对白纸无从下笔？开始的时候，可以随意涂写，不需要任何想法或计划。即使写了满满三张纸的"我不知道写什么",或者画了整页整页的直线,也没有关系。最后,你必将感到疲倦,新的东西就会出现了。

·遵从治疗的程序。即使开始的时候效果甚微,只要每天坚持30分钟(初学者可以减至10~15分钟)的练习,最后的效果将使你惊诧不已。

·不要因为自己"缺乏创造力"就觉得无法进行创造疗法。无稽之谈!每个人都极富创造力。有些人的创造力得到了很好的发展,有些人却没有。创造疗法就是要帮助不是艺术家的普通人意识到自己的创造力。

·最重要的是好好享受这个过程!创造疗法趣味无穷,很能给人启示。

梦境日志

梦境日志与创造性疗法非常相似,因为不受控制的创造力和梦境都是潜意识的反映。尽管"梦的组成"仍是极具争议的话题,很多人相信梦境是潜意识中希望、恐惧、目标、忧虑、欲望等的反映。

每个人都会做梦,却很难记住梦的内容,有些人甚至声称自己从未记住过任何梦的内容。梦境日志就是追踪梦的意象、主题、基调和感情的方法,能够训练你的思维,使你能够做最有益于自身的梦。因此,梦境日志是很好的压力管理工具。

这种思维训练将提高思想受到压力创伤后的恢复能力。梦境日志揭示的信息也能帮助你消除和摆脱不必要的生活压力。

首先,准备一个你喜欢的日志本。可以是你的压力管理日志,也可以是单独的一本日志。准备一支写起来顺手的笔。将日志本和笔放在床头柜上,确保自己躺在床上的时候伸手就可以够到。

入睡之前,闭上双眼,告诉自己:"我将记住今晚的梦境。"这将给你的意识设定目标。也许第一次、第二次甚至连续几周都没有效果,可是最终必定会起作用。

第二天醒来,在你刚刚睁开眼睛,没有起床做任何事情的时候,拿出床头的梦境日志,开始记录。如果你能记起梦的内容,就尽可能详细地记录下来。即使你记不起任何东西,也可以记下头脑中的零星印象。在你写的时候,梦境(甚至详尽的梦境情节)可能出现在你的脑海中。如果没有,你还可以继续记录潜意识中的记忆,这在醒来后的几分钟内最容易记起。

当你写下所有关于梦境的记忆,或者清晨的思绪已经枯竭之后,可以停止记录。第二天晚上,继续提醒自己记住梦的内容,醒来后记在梦境日志上。

和创造疗法一样,在一个月之内不要看之前的记录。一个月之后,可以翻阅以前的梦境记录。

能够看到主题、基调和重复出现的意象吗?这些可能是潜意识发出的信号。仔细想想,这些信号想要告诉你生活、健康、情感、幸福等方面的哪些信息?梦境日志或许能够提供重塑生活和消除压力的线索。

即使你没有发现任何信息,也应该坚持记录。这个过程与冥想类似,通过思想和精神的高度集中,让你认识内心深处的创造力,也让你体会与自身的紧密联系。每天花些时间进行自我反省的人自我感觉比较好,而且不容易受到压力的负面影响。让梦境引领你走向真正的自我,与之建立更为稳固和紧密的联系。

鲜花疗法

鲜花疗法(又称花香疗法)的药物由水和完整的花朵制成,保存在酒精中。其中并没有真正的鲜花成分,而使用者却相信这种药物含有鲜花的精华和能量,具有治疗情感创伤的功效。人们认为鲜花疗法是以震动方式对身体施加影响,而不是通过生化作用。典型的用量是每天4次,每次取4滴鲜花疗法的药物放在舌头下面。

鲜花疗法是安全而温和的平衡情绪的方法,对身体没有伤害。你喝下了药物,但是药物中并没有真正的花叶成分,因此不会造成伤害。

鲜花药物直接针对压力对情绪造成的影响,没有任何副作用。这是调节情绪的自然之法。你可以根据整体治疗医师的处方自己制作。其实,制作鲜花疗法药物本身就是抵制压力的有效方法,

别让压力毁了你，别让情绪左右你

这种方法轻松而有趣，甚至可能成为你的业余爱好！

不同的鲜花药物针对不同种类的情绪失衡，能够帮助患者理清思路，"打开"困于心中的情节，培养理性而高效的思维方式。多种鲜花药物往往被混合使用。诺尔曼·谢利医学博士在著作《图解自然疗法百科全书》（Element，1998）中指出，鲜花药物如此简单，使用者完全可以自己制作。如果你想制作自己的鲜花药物，可以参阅相关书籍，或者咨询你的整体保健医师。如果你不想自己做，或者需要不生长在本地的鲜花，也可以从保健品商店或整体治疗医师那里买现成的鲜花药物。

从下面的表格中找出你的情绪压力症状，判断自己需要哪种鲜花药物。

症状	鲜花药物
将问题隐藏在愉快行为的背后	龙牙草
持续的忧虑、焦虑，思维紊乱	白栗花
强烈的失落和绝望	金雀花
无法找到生活的目标和方向	野生燕麦
停不下脚步，不愿等待，做事急躁，慢不下来	黑眼苏珊
顺从，被动，冷漠	野生玫瑰
自私，阴郁，自怜，忘恩负义	柳树
自我批判，厌恶自己	山楂子
自我迷恋，不愿听取他人的意见，不愿与他人分享	石楠花
对他人过于敏感，总是担心有恐怖的事情发生在爱人身上	红栗花
拖延，工作倦怠，没有激情	角树
把付出看成自己的义务，不顾自己的需求，导致最终的精疲力竭	矢车菊
缺乏强烈的志愿，喜欢跟从和模仿别人	皂角
控制欲强烈，自私，唠叨	菊苣
终日异想天开，生活在幻想中，而不是现实世界	铁线莲
紧张，口吃，学习速度较慢	灯笼海棠
喜欢评判，过于苛刻，不够宽容	山毛榉
怯懦，悲观，因为环境而略显抑郁	龙胆根
强烈的恐惧感，害怕，紧张，惊慌	沙漠坐莲、樱桃、凤仙花、铁线莲、圣诞星的混合药物
对过去念念不忘，觉得过去是辉煌的，而将来是黑暗的	金银花
过度消极，憎恨，妒忌，多疑，报复心强	冬青树

朋友疗法

朋友疗法很简单：让朋友帮助你进行压力管理。研究显示，没有社交关系和朋友的人往往觉得孤独却又不肯承认。孤独将导致压力，抑制感情造成的压力则更为严重。

有些人在遇到困难的时候自然而然就会向朋友求助；有些人却将自己孤立起来，独自面对压力，给自己寥寥几句鼓励而已。

有些人已经拥有一群可以求助的朋友，但是当压力事件发生的时候，他们往往会中断和朋友的联系。当你感到压力时，会不会停止回复电子邮件、中断和好友的电话联系、不再参加任何集体活动？采用朋友疗法吧，给他们打个电话，告诉他们你的压力状况。请他们聆听你的倾诉。如果你不需要建议，也可以请他们不要发表意见。当然，如果需要的话，也可以请求他们的帮助。

如果你没有现成的朋友群，或者已经和他们失去联络，可能就要从头开始了。结交朋友最简单的方法之一就是参加各种活动。上课、加入俱乐部、去教堂做礼拜、寻找支持性的组织。你可能需要尝试多种方式，才能找到真正能够依赖的朋友。但是，只要坚持不懈，就肯定可以获得成功。

不要用日程表安排不下别的事情作为搪塞的理由。和你喜欢的同事多联系，在孩子的校园活动中和别的家长交流经验，邀请很久没有联系的朋友共进午餐，饭总是要吃的，不是吗？

采用朋友疗法缓解压力并不意味着坐在家里，等待朋友的到来，而是主动出击。有时候，只需要几句话，就能找到和你处于同样困境、需要朋友疗法的朋友。

朋友疗法并不复杂，唯一的要点就是人与人的接触，不是基于网络的虚拟接触。电话联系很有帮助，但是触及不到真正的问题。和朋友一起聊天（即使与你的问题毫无关系），给日常工作安排一段小小的插曲，这将是放松和提升自尊的绝好方法，也是帮助他人的机会。

在朋友疗法中，你无需做任何特别的事情。你需要的只是社交生活。

当然，朋友能够和应该为你做些什么也有一定的限制。朋友疗法应该是接受和付出相互平衡的过程。有效的朋友疗法必须是互惠的。如果只有你向他们倾吐苦恼，却从不分担他们的苦恼，他们是不会成为你长久的朋友的！

催眠：刺激还是缓解

人们对催眠似乎存有偏见：不断摇摆的钟锤，带着德国口音、拥有超强控制力的催眠师，被催眠的人却像小鸡那样在台上乱跑乱叫。诚然，催眠确实被某些寻求赞许的人误用过。但是，催眠和催眠疗法却是用于调整情绪的合法方式。催眠的实质是伴随着可视化的深度放松。

催眠不是任由催眠师控制的神秘状态。催眠之后，你并没有失去意识，可是身体极度放松，甚至无法移动，你的意识变得狭隘，思维也会变得简单，此时的你比非催眠状态时更容易接受建议。催眠的作用就是这种对建议的可接受性。

在我们的一生之中，我们常常希望改变自己，比如习惯、对压力环境的反应方式、忧虑倾向、失眠症状等。仅仅对自己说"不要这样"、"快点入睡"是没有用的。我们要做的事情太多了，我们的行为已经形成惯性。

我们的思想失去控制，变得急躁不安。我们非常紧张。正是这些问题阻碍了我们做自己应该做的事情，比如戒烟，不要过分担忧等。

催眠是一种近似于睡眠的状态：身体得到彻底放松，不再受到外界的干扰；思维反而高度集中，更能完成我们想做的事情。这种集中使我们对行为和感受的控制更真实，甚至连身体都会作出相应的反应。这并不是什么新东西。看电影或听故事的时候，我们的身体常常会有反应，好像自己就是情节中的人物。激动的场面使心跳加速，刺激的情节引起情绪反应的高潮，出现不公平时，我们就会愤怒不已。

催眠使用特殊的方法指导思维，使身体在完全放松的状态下对思维作出各种反应。这就是催眠的本质。

催眠疗法是专业治疗师通过催眠术的运用，帮助病人消除过去的创伤，改变不良的生活习惯，或者重新获得对某些行为的控制力。催眠疗法常常被用来帮助人们戒除吸烟和过度饮食等习惯，也是治疗慢性倦怠的常见方法。此外，催眠疗法还能有效提升自尊、自信，以及对社会的渴望和热爱。

不是每个人都能接受催眠，然而，你确实可以催眠自己。当然，你必须愿意，并且遵循专业建议。下面的练习改编自玛撒·戴维斯博士、伊丽莎白·罗宾斯艾谢尔曼和马太·麦克基博士合著的《放松和减压手册》（New Harbinger，2000），可以用来训练思维对建议的反应。你可以通过这些测试判断自己是否适合催眠。如果尝试几次之后没有产生任何反应，催眠对你可能就没有什么帮助了。

练习一
1. 双脚分开站立，与肩同宽，双臂悬于体侧。闭上双眼，放松。
2. 想象右手提着一个小箱子。感受箱子的重量和对身体的侧拉作用。

3. 想象有人拿走你的箱子，然后给你一个中等大小的箱子。这个箱子更重、更大。感受手柄和箱子重量对右侧的压力。

4. 想象有人拿走你的箱子，然后给你一个大箱子。这个箱子非常沉重，你几乎拿不动。箱子将你的整个身体拉向右侧，箱子本身的重量似乎在向地面下沉。

5. 继续感受大箱子的重量，坚持2～3分钟。

6. 睁开双眼。你仍然笔直地站着吗？还是微微向右侧倾斜？

练习二

1. 双脚分开站立，与肩同宽，双臂悬于体侧。闭上双眼，放松。

2. 想象自己站在大草原中间的小山上。微风习习，阳光灿烂。天气非常好。

3. 突然，风变大了。你迎风站着，觉得风在把自己往后推，头发也被往后吹，甚至连手臂都似乎被吹向后方。

4. 风很大，你几乎无法站立。如果你不倾斜，就会被风刮倒！你从未见过这样的大风，每一阵狂风都几乎可以把你吹倒！

5. 感受风的强劲，坚持2分钟。

6. 睁开双眼。你仍然笔直地站着吗？还是顺着风向微微倾斜了呢？

练习三

1. 双脚分开站立，与肩同宽，双臂前举，与地面平行。闭上双眼。

2. 想象有人在你的右臂上系了一件重物。你的右臂必须承受这个物体的重量，觉得非常紧张。感受重物，想象它挂在右臂上的样子。

3. 想象有人在你的右臂上系了另一件重物。两个物体把右臂往下拉。它们非常沉重，为了举起重物，你的肌肉非常紧张。

4. 想象有人在你的右臂上系了第三件重物。三个物体太重了，你的手臂几乎举不起来了。感受重物将手臂往下拉的样子。

5. 想象有人在你的左臂上系了一个巨大的氦气球。感受气球在将左臂不断往上拉。

6. 感受右臂的重物和左臂的气球，坚持2～3分钟。

7. 睁开双眼。你的手臂仍然对称吗？右臂有没有稍稍下落，左臂有没有稍稍上升？

这3套练习尝试几次之后，如果你的身体始终没有任何反应，说明催眠对你可能没有帮助。当然，如果你仍然想尝试的话，尽管尝试好了。人的意念力量非常强大，想让意念发挥作用就已经成功了一半。很多研究者认为，几乎每个人都能进行自我催眠。

自我催眠的方法与催眠别人几乎没什么差别。如果专业的催眠治疗医师和催眠师可以催眠你的话，你也可以使用同样的方法催眠自己。你必须想清楚需要治疗的问题，比如戒烟、每次岳母来访的时候不再局促不安等。

自我催眠有着详细的过程，包括呼吸、肌肉放松、假想走下一段楼梯，然后从10倒数到1。细节性的可视化练习可以促使思维高度集中。最后，催眠以提醒自己采取所希望的行动而结束。提示的措辞必须积极，比如"我觉得很强健，也很自信，岳母来访的时候我将控制好整个局面"，而不是"我不想在每次岳母评价我料理家务能力的时候哭出来"。

提示之后，就可以一边数数一边让自己慢慢退出催眠状态，并告诉自己，数到10的时候就能恢复清醒和警觉了。

有几本关于自我催眠的书很不错，有如何催眠的详尽解释。如果你觉得自我催眠不舒服，可以请教催眠治疗医师。无论怎样，催眠都是一种有效的深度放松技术，帮助你控制原来觉得难以驾驭的压力。

你的内科医生或许能为你推荐催眠疗法医师、从事催眠疗法或者认识催眠疗法医师的同事。你也可以查阅电话簿，或者咨询自己熟悉的练习者。

乐观主义疗法

你觉得自己是根深蒂固的悲观主义者吗？乐观主义疗法类似于态度调整，但是更关注作为乐观主义者的反应重塑。乐观主义有着透过玫瑰色玻璃歪曲世界的恶名。然而，乐观主义者确实更开心，也更健康，因为他们觉得自己能够掌控命运，而悲观主义者却觉得自己被命运所掌控。

心理学家根据人们对不幸事件的描述来判断他们是乐观主义者还是悲观主义者。描述风格包括3个部分：

1. 内部/外部描述。乐观主义者更相信不幸是由外部原因导致的，而悲观主义者倾向于责备自己（内部原因）。

2. 稳定/不稳定描述。乐观主义者觉得不幸是暂时的（不稳定的），而悲观主义者认为不幸是永恒的（稳定的）。

3. 普遍/特殊描述。乐观主义者觉得问题是特殊环境造成的，而悲观主义者认为问题是普遍存在的，不可避免。

那么，乐观主义者的身体状况和悲观主义者的身体状况有什么差别呢？完全不同。研究表明，乐观主义者普遍比较健康，拥有强健的免疫系统，更快的伤痛恢复能力，以及比悲观主义者更长的寿命。

由于倾向的不同，即使面对同样的压力，悲观主义者也会比乐观主义者感到更大的压力。对压力的感知将直接影响身体的反应，因此，悲观主义者的压力反应更为严重。

乐观主义者也更可能采取积极的行为，比如锻炼和健康的饮食。悲观主义者可能持有宿命论的观点，他们认为吃什么和保持多少运动量并不重要，因此总会选择最简单的行为方式。悲观主义者往往自我封闭，倍感孤独，他们缺乏社会交际，或者有几个会带来负面影响的朋友。

如果你是悲观主义者呢？你能改变吗？当然可以。你需要的就是乐观主义疗法！研究表明，即使在不开心的时候，微笑也能让你开心起来，而乐观主义者恰恰拥有很多真诚的笑容。装成乐观主义者将使你觉得自己真的成了乐观主义者，也使你的身体学会乐观主义者那样的反应。

如果你的悲观主义是暂时的，或者是最近才产生的，或许就可以独立完成自己的乐观主义疗法。每天醒来的时候，在你起床之前，在你还没有时间变得悲观之前，大声诵读几遍下面的提示：

- "不论今天发生什么，我都不会评判自己。"
- "我的生活将出现由内而外的改善。"
- "我将用健康的方式愉快地度过今天。"
- "不论身边发生什么，今天都将是个好日子。"
- "这可能是愉快的一天，也可能是糟糕的一天。我选择让它成为愉快的一天。"

选择一天中的某个段落或部分，立誓在这个段落中成为一名乐观主义者。你可以选择午休时间、员工会议，或者晚餐前与孩子共处的时间。在这段时间里，每次想起或说起悲观的事情时，立刻用乐观的想法和语言代替原来的内容。比如，咖啡洒出来的时候，不要说"我真蠢"，可以换成"哇！杯子正好从我手里滑走了"；面对挑剔的上级时，不要想"他总是讨厌我的工作"，可以想成"他不喜欢这次任务的这个部分，别的工作没有问题"。

刚开始练习的时候或许有些不自然，但是做得越多，就越会成为习惯。你可以养成乐观的生活习惯，这对你的健康大有裨益！

如果你的悲观主义思想根深蒂固，而且患有抑郁症，就应该请专业的心理治疗医师采取意识疗法。意识疗法的治疗师将帮助病人认识悲观和抑郁对情绪的影响，并帮助他们看清这些想法的本质，让他们在悲观行为中悬崖勒马。意识疗法对抑郁非常有效，有些研究表明，意识疗法有着与抗抑郁药物同样的疗效。对很多抑郁症患者来说，意识疗法和药物治疗的结合将达到更好的效果。

别让压力毁了你，别让情绪左右你

自我奖励疗法

如果你训练过小狗，或许就知道正强化在训练中的作用，而这正是现在绝大多数动物训练师所使用的方法。人们（包括狗）做事的目的不外乎两个：

- 获得利益或奖励。
- 避免不好的事情发生。

第一个原因更具强制性，也更积极。你看到一块巧克力蛋糕。你知道自己不应该吃，因为会增加体重（负强化）；可是你又非常想吃，因为味道很好（正强化）。你会选择哪个？吃还是不吃？如果你能采用正强化的方式进行压力管理（且不说别的习惯和你正在试图改变的生活方式），成功的机会就会大很多。即使负强化成功了（没有吃那块蛋糕），也不会是开心的结果，你很可能对此念念不忘。如果不吃蛋糕的奖励是在晴日的公园里散步，或者举行一次午后音乐会，情况又会怎样呢？肯定比单纯的不增加体重的承诺更鼓舞人，不是吗？

但是谁又能因为每一次的良好行为为去看一场电影呢？你的奖励不必花费这么多的时间。其实奖励本身就足够了。或许你不会因为小狗跳了筋斗就给它喂饼干，可是这并不意味着你不喜欢奖励。

整理一张你的个人奖励清单，每次面临困难和压力的时候，允诺自己获得清单上的某项奖励。这样，你肯定能以良好的行为获得成功。奖励的承诺能让你积极思维，轻松地享受"训练课程"！

你的个人奖励清单或许是这样的。当然，这只是鼓励你开始训练的建议。你的正式清单可以更有个性。

- 叫外卖或者出去吃晚餐，而不用在家里煮饭。
- 进行按摩。
- 参加瑜伽课程。
- 早点睡觉。
- 再看一遍自己最喜欢的电影。
- 抽时间给朋友打个电话，好好聊聊。

接连不断的奖励可以为生活减压，给你带来更多的乐趣。当你花时间关心自己，以奖励的形式庆贺成功的时候，你的自尊也将获得保持和提升。因此，通过正强化好好享受生活吧！

第九章
减压的根本：
管理好你的生活

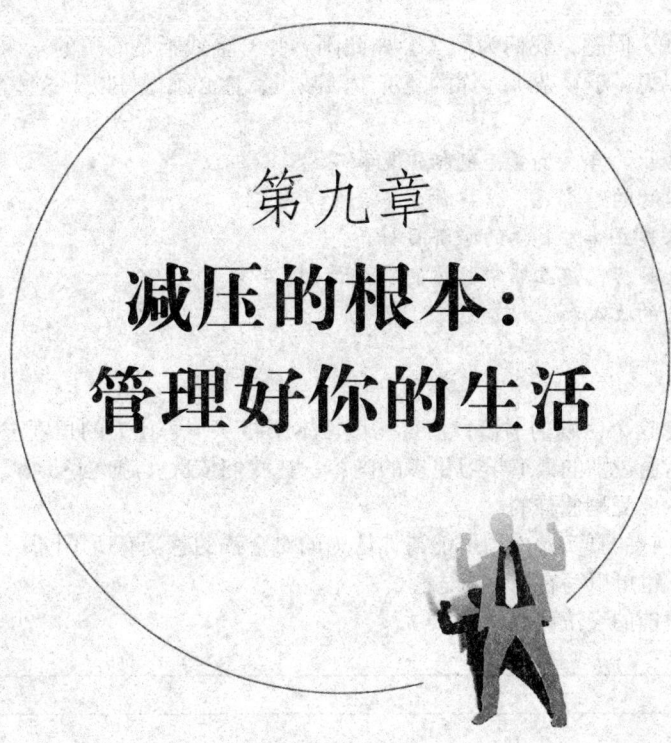

你的金钱

在你的压力清单上，金钱处于怎样的高度？在很多人看来，金钱是导致日常压力的主要原因之一。我们常常觉得自己的钱不够，即使有足够的钱，也会担心怎样管理这些钱财。

理财比付账和投资难多了。几千年来，金钱以各种各样的形式出现在人们的生活中，对我们的思想和精神具有根深蒂固的影响。对于金钱，我们有着若隐若现的复杂感情，有困惑，有迷恋，还有各种奇怪的想法。有些时候，你或许用嗤之以鼻式的"不就是钱嘛"来批判别人的奢侈行为，让穷困的自己好受些。但是，真正将金钱看成"不就是"什么东西的人却少之又少。

金钱对我们很重要，对我们的文化也很重要。有些人甚至认为整个世界都受金钱的控制。但是，你不应该被金钱所控制。

注册理财专家、投资咨询师苏士·欧曼在《通向自由理财的九大步骤》中将"认识到自己的过往对将来财富状况的关键作用"列为第一步。小时候对金钱的记忆将决定我们现在对金钱的感受，即使我们没有意识到，这种影响也始终存在。

也许你认识某个富庶的家庭，可是家里的成员对你却不怎么友善。你是否受过鄙视富人的教育，坚信他们不懂爱和家庭的重要意义？或许你生长在一个不愁吃穿的家庭，你们和某个比较贫困的家庭有交往，你是否觉得那些家庭成员不值得信赖？你对低收入人群是否存在戒心？

你的家庭可能非常看重金钱，也可能并没有将金钱看得如此重要。你或许学过理财技巧，但是，还有很多人不懂这些技巧。

很多成年人除了支付账单和购买食物之外，对理财几乎一无所知。

除却个人经历，文化传统也有重要影响。电视节目、电影、书籍等常常将富人塑造成冷酷的势利小人，将穷人描绘成衣衫褴褛的小偷。吝啬鬼守住所有的财富，这看似有些疯狂；慷慨的人捐出所有的钱财，这让他们像天使一样高尚。有时候赚钱似乎是罪恶的，有时候没有足够的财富更像是犯罪。

一直以来，美国的"中产阶级"被认为是最理想的阶层。如今，这个阶层不断扩大，大多数人都将自己归入中产阶级。大部分人并不贫困，但也不富有。这难道不是我们舒适生活的源泉吗？是的，我们始终迷恋金钱和财富，害怕贫穷，沉迷于金钱所能购买的物品。这难道不是资本主义的本质吗？

如果"只是金钱"问题，我们为什么会如此困惑呢？金钱不是简单的东西。但是，这并不意味着你必须将金钱想得过于复杂。为你的经济生活减压，你必须做好以下这些事情：

- 认识到你对金钱的真实感受，包括偏见和观念。
- 继续清楚认识你的财富观，这样你才不会受其控制。
- 为现在和将来建立非常具体的经济目标。
- 为了达到这些目标，建立非常具体的实施计划。
- 确切知道自己的收入和支出。
- 建立财务储备金。

有很多专门讨论这个话题的书籍，值得一读。本书将从缓解压力的角度进行论述。我希望你能从这里开始，然后通过别的渠道学习更多的内容。让我们依次实施这些步骤。

你对金钱的真实感受是怎样的

为了得到你对金钱的真实感受（可能与你认为的对金钱的感受有所不同），请回答以下问题。答案可以写在这里，也可以写在压力日志里。

1. 你觉得自己目前的经济状况如何？
___
___
___

2. 检查你对经济状况的所有消极感受。你觉得自己为什么会有这些消极感受？
___
___
___

3. 你父母对金钱的感受是怎样的？
___
___
___

4. 在你幼年的时候，你的家庭对比你们富有的人持有怎样的态度？
___
___
___

5. 在你幼年的时候，你的家庭对比你们贫苦的人持有怎样的态度？
___
___
___

6. 从你幼年的经历中，举出一个能够反映你的家庭对金钱态度的例子。
___
___
___

7. 描述一部书籍、电影、电视剧，或者别的你认为可能影响自己对金钱的感受的信息来源。
___
___
___

8. 如果你拥有足够未来支出的钱财，而且确信自己会永远富裕，你会有怎样的感受？
_____
_____
_____

9. 诚实列举你认为比金钱更重要的东西。
_____
_____
_____

10. 必须改变哪些东西，才能让你不会因为金钱而感到压力？
_____
_____
_____

继续认识你的财富观

　　回顾你的答案，找出财富观的线索。在你简化经济生活的时候，必须将这些记在心里。如果你觉得拥有财富不对，你的整个生活可能就会遭到破坏，你将在不知不觉中失去财富的安全屏障。也许你坚信金钱是不重要的，可是你却因为金钱的匮乏而备受牵制，在这种情况下，金钱反而成了生活中最重要的东西。也许你认为自我价值和财富价值是相互联系的，除了金钱，你觉得自己没有多少价值。也许你真的相信金钱可以买到快乐，或者觉得金钱是万恶之源。

　　无论你怎样认为，必须澄清自己的观念，然后质疑自己的财富观，这样，你的经济生活才不会被摧毁。你与金钱的关系必须非常清晰，不应该受到任何偏见的影响。否则，你的经济生活必将成为压力的来源之一。

建立具体的经济目标

　　如果你对金钱的用途没有清晰的认识，你就无法从中获益。无论你赚多少钱，无论你投资股票还是从事放贷，你必须有具体的经济目标。当你清楚地知道经济方面的前进方向时，生活压力将会有所减少。即使需要花费大量的时间来实现目标，你至少知道自己努力的方向。

　　你需要多少钱应付每月的花销？（很多人都会低估这个数额）退休之前，你打算存多少钱？你需要为孩子上大学准备积蓄吗？需要支付购房的首期付款吗？你希望有多余的钱用来投资吗？如果失去工作能力，你认为自己需要多少钱才能保障为期半年的生活支出？

　　无论实现的希望多么渺茫，为你的经济目标列张清单。可以自己整理，也可以求助于理财专家。

1. _____
2. _____
3. _____
4. _____
5. _____
6. _____
7. _____
8. _____
9. _____
10. _____

建立具体的理财计划

　　光有目标是不够的。你还需要切实可行的计划来实现这些目标。如果你觉得自己能力欠缺，可以求助于理财专家。

　　经济目标的达成更多的是依赖于支出的减少，而不是收入的增多。在过去的10年中，简朴的生活风格和精简规模的浪潮非常盛行，人们觉得物质财富已经相当丰盛，可是精神上的回馈却微乎其微。借着这股浪潮，书籍、网站、时事通讯以及其他的信息来源盛极一时。以下这些建议将通过简化经济需求的方式降低你的经济生活压力：

- 注意广告的宣传作用，了解广告是如何让你觉得需要那些事实上并不是真正需要的东西。
- 每次花钱之前先定定神，深呼吸一次，问问自己："我真的需要这些吗，还是觉得仅仅现在需要？"
- 每次花钱之前先定定神，深呼吸一次，问问自己："我辛辛苦苦赚的这些钱，花在这个东西上真的值得吗？"
- 如果你觉得自己确实需要某件东西，而且值得花这些钱，即使对别人来说毫无意义（为了躲避煮饭而去餐馆吃饭，苦苦寻求数年的美洲早期的精美陶器，感觉舒适的皮鞋），买下它或许比错过更能减少你的压力。
- 将可以和家人或朋友一起做的、不用花钱的事情列成清单。发挥你的创造力，然后充分利用这张清单。
- 放慢节奏。你并不需要不断的行动和花销。为什么不换个口味，和家人或朋友一起留在家里呢？
- 少开车。多走路，多骑车，多使用公共交通。
- 你真的需要那些额外的电影频道吗？基本的电视网络可以满足你吗？
- 煮饭也是件有趣的事情。自己做的饭菜比速冻食品便宜很多。
- 你多久去一次体操馆？如果采用步行、慢跑或骑车的方式进行锻炼，岂不是可以省下很多？对有些人而言，体操馆是物有所值的；对另一些人来说，这完全是不必要的浪费。
- 园艺种植需要初期投资（投资的多少取决于经营的简朴程度），但是会有免费的植物场区，而且是锻炼和呼吸春夏季节新鲜空气的绝好去处。
- 想办法清理不需要的东西，而不是添加无谓的东西。
- 学着体会简单生活的乐趣和自由！

理清自己的收入和支出

详细记录每分钱的收入和支出并不容易，但是，理财方面的书籍都会要求你这样做。确实，如果你不这样做，你就永远不会知道钱都花到哪里去了。只要稍不留神，调皮的小孩就会到处乱跑。钱也一样。理清你的开支是个好习惯。当你知道了钱的去处，就能制订出切合实际的预算，而不是那些异想天开的计划。

记下每天每一分钱的支出还有另一个令人惊讶的作用：缓解压力。清楚自己的开支有着让人难以置信的镇静作用，即使你花完了所有的钱，你至少知道这些钱都花到哪里去了。

你有没有过这样的经历：刚刚从自动取款机提出的 20 美元不见了，你花了整整一个小时想回忆出钱的去处，几乎到了疯狂的程度！知晓就是成功的一半。关于金钱，知晓就是力量。

当你知道自己的开销之后，就能找出那些不必要的支出。你能相信自己这个月在咖啡型饮料上花费了 75 美元吗？这是不是太可笑了？如果你觉得是（或许你觉得这些开支是值得的，但是，如果你不这么觉得），你就应该知道自己需要哪些改变了。

经济压力主要是困惑、怀疑、希望、恐惧等情绪的结果，而导致这些情绪的原因就是你对开支的一无所知。你可能认为金钱有自己的"生活"！即使这样，你也应该知道，它们的"生活"是受你控制的。你才是决定它们去哪里，不去哪里的人。即使收入不多，这种控制的感觉也很不错。

建立财务储备金

出现紧急情况时，你知道自己的存款账户上没有足够的积蓄，这也是经济压力的重要来源。如果你的汽车坏了，或者突然需要大笔的医疗支出，或者屋顶漏水了，或者你的叔叔需要保释金而你却没有备用现金……遇到这些情况，你该怎么办？此时，你的压力水平可能就会上升。

如果你有储备金（很多专家建议将相当于 6 个月收入的钱存到随时可以取现的或者货币市场的账户上），即使在不需要的时候，也能安心不少，因为你知道自己有这些应急准备。每次动用储备金的时候，将补足差额作为你的首要任务。

怎样建立储备金？如果你觉得自己的收入只能勉强维持支出的话，这就比较困难。但是，成功的储户会在自己遇到任何的花钱机会之前，将收入的 10% 或者更多存进账户。建立一个体系，使这 10% 从你的收入中自动扣除，就像税收那样。从头至尾，你的双手都没有动过这笔钱。

当你习惯这样做之后，就不会觉得缺钱了。你将逐渐适应依靠 90% 的收入维持生活了。手头拮据的时候，你也能坚持一段时间。

将这个作为你的首要任务，这是消除经济压力的简单方法。计算自己每个月必需的开销，乘以6，这就是你的储备金数额。将下个月收入的10%存入这个基金。

如果你每个月存入10%，在不动用这笔钱的情况下，5年之后就能拥有6个月的储备金。如果想更快达成目标，就多存一些储备金，比如收到假期礼物、获得意外收入的时候。你也可以第一年存10%，第二年存20%……有些人的目标是用收入的50%维持生活，存下另外的50%。这是相当厉害的储蓄！当然，在收入条件不允许的情况下，这并不是你的现实目标。但是，你调整得越好，生活越简朴，存下的钱就越多，经济方面的压力也就越少。

无压理财的5条黄金法则

结束金钱话题之前，让我们看看无压理财的5条黄金法则。无论你有怎样的倾向、收入、财富观，也无论你有多少积蓄，这5条黄金法则都能帮助你减少日常生活中的经济压力。把这些法则摘抄下来，贴在目之所及的地方，并严格遵守。

立刻执行这些法则并不容易。如有必要，你可以将其加入自己的经济目标清单。这些法则的运用将使你赚的每一分钱用在最需要和最适当的地方。这是获取控制力和理性，继而维持和改善生活的有效工具。

1. 生活在自己的能力范围之内。换句话说就是支出不要超过收入。不要轻易使用信用卡，除非必须这么做。如果没有备好的现金，就不要去疯狂购物。当然，为了遵循这条法则，必须清楚地知道自己每个月有多少可支配收入（参阅前面提到的"理清自己的收入和支出"）。

2. 摆脱负债。将摆脱高息负债作为你的首要任务。对有些人而言，仅仅知道巨额负债的存在，就会产生强烈的压力反应。首先是清除债务，然后开始积蓄。当你开始清偿债务的时候，就会觉得头上的乌云在慢慢散去。不要听信"负债是必要的"的说法，那是美国人的生活方式。抵押贷款和购车的分期付款或许没问题，除此以外，还清所有的债务，让自己更自由地呼吸吧。

3. 简单理财。建立理财体系。选择一家银行，完成所有的私人业务。如有可能，使你的收入自动转到银行账户，使支出实现自动化或者使用网上支付，这样你就不用常常跑银行了。如果想投资，也最好选择一家投资机构。如果投资的思想负担使你感到压力，就不要投资。

4. 知道自己的财产。知道自己收入多少，支出多少。知道自己的钱放在哪里。知道投资的收益有多少。了解并信任自己的经纪人。如果是自己直接进行投资，必须清楚自己做的每件事情。保持支票账户的结余和银行对账单的平衡。这样，你永远都不会因为不知道支票是否会被退回，不清楚投资的收益或损失，不知道自己有多少存款等问题而承受沉重的压力。

5. 为将来打算。积蓄，积蓄，积蓄。决定不买那些不是真正需要或者不经常使用的物品，决定不去做昂贵的塑型手术，决定搬进更精致也更容易打扫的屋子，决定减少出去吃饭的次数……这些短期牺牲将使你的存款数额飞速上涨。你的生活将变得简单而轻松，你将拥有应急的储备基金，这些都能有效缓解你的经济压力。

有效管理时间

与你极度匮乏的时间相比，金钱造成的压力或许不算什么。如果你永远觉得时间不够，完成不了任何事情，你或许就会感到持久的慢性压力。严格来说，每个人每天拥有的时间都是一样的（24小时），但是，时间有着神奇的延展性。你有没有过这样的经历：有时候1小时就像5分钟那样转瞬即逝，有时候又像3个小时那样遥遥无期？有时候一转眼就到了下班时间，有时候才11点，就觉得该下班了。你能否将这种延展性为己所用呢？

当然可以！虽然说"快乐的时光总是飞速流逝"，在你精神涣散、思维紊乱的时候，时间也会快速溜走。假设给你3个小时来完成工作，如果你不能有效安排时间，这3个小时就会一闪而过，留下的只有完成了一半的工作，而忙于应付任务的你已经精疲力竭。

与此相反，如果你能够有效安排时间，每次集中精神完成一项任务，时间的数量和质量都将得到提升。你完成了工作（即使只有一项工作），感到满足。时间不会像你忍受不幸遭遇时那样难熬。时间可能过得很快，但是由于任务的完成，你就会有成就感，自尊也会随之提高，压力也就得到了缓解。

学习如何有效管理时间需要一定的练习，如果你有计划，就相对容易些。很多优秀的书籍甚至网站都能帮助你合理安排和利用时间。成功的时间管理能让你远离来自能量涣散和低效率的压力，你可以从时间管理的十大戒律开始。

1. 简单的开始。如果你有太多的目标，太长的工作清单，或者太高的自我要求，你就是在自寻失败。从简单的事情做起，比如，在前一天晚上准备好第二天要穿的衣服，这样就可以节省早上的时间；每天晚上洗掉当天使用的餐具，第二天吃早餐时就会轻松不少。掌握了每个步骤之后，你就可以添加更多的步骤了。

2. 明确时间管理的对象。你是不是工作的时候很有效率，回到松散的家里之后就丧失了所有的时间管理技能？你是不是在平时能够保持房屋的整洁，可是家人在的时候，就开始手忙脚乱，失去了轻松的"共处时光"？

你是不是整天都在处理别人的事情和忙于工作，却没有时间坐下来关注自己的事情？找出你的问题现场：时间被浪费的那些地方。

3. 明确时间管理的首要任务。按照需要时间的迫切程度，列出工作清单。你是否愿意将与家人共处的时间安排在第一位，然后是料理家务的时间，然后是私人时间？你是否需要更多的工作时间，是否需要减少处理他人事务的时间？你希望给自己的兴趣爱好和浪漫经历留出更多的时间吗？你需要更多的睡眠时间吗？

4. 关注最重要的5件事情。关注时间管理清单上最前面的5件事情。谨防除此以外的会占用你时间的任何事情。

5. 建立战略。每天开始的时候，想好自己去哪里，做什么。没有计划的时间往往是被浪费的时间。然而，这并不意味着你不能在日程表以外拥有一两个小时的自主时间。即使有意识地取消整天的时间计划也是有意义的。但是，如果你有10件不同的任务需要完成，而你却没有做任何计划，这就是浪费时间了，而且会导致巨大的压力。有很多资料可以帮助你建立适合自己的时间战略。

6. 说"不"。你的时间非常珍贵，甚至比金钱更珍贵。凭什么你就应该把如此珍贵的时间献给任何人和任何事情呢？学会对消耗时间的要求说"不"，除非这个人或这件事情对你非常重要。你不必参加委员会，不必加入俱乐部，也不必出席会议。只要说"不"，你就会看到即将落在你头上的压力转向别的方向了。

7. 舍弃。如果你的负担已经过于沉重，就应该学着舍弃。不要让什么事情都来浪费你的时间。用于放松和恢复体能的时间不算浪费，徘徊和忧虑的时间就是浪费。出席自己并不感兴趣的会议也算浪费，参与对自己有启示和激励作用的会议就不是浪费。舍掉那些既没有意义又不重要的事情。

8. 索取更多。如果你受雇于自己，不要在不值得你花费那么多时间的事情上浪费时间（这相当困难，除非你有明确的标准）。这条规则不仅适用于时间和金钱。你做的每件事情都需要花费时间，事情的成果能否弥补这些时间的价值呢？如果不能，就不要做。

9. 稍后再做。你真的需要每天进行完整的清理工作吗？你真的需要每隔10分钟检查一次电子邮箱吗？你今天真的需要换床单、清理汽车和修剪草坪吗？或许你认为稍后再做纯粹是拖延，你也会在空出的时间里忧心忡忡。但是，或许你认为你的时间非常宝贵，可以把次要的事情推后处理，这样不仅可以缓解压力，还能让生活变得轻松。虽然有很多事情需要处理，但是并非每件事情都要现在处理。

10. 记住，时间不够永远只是借口，而不是原因。只要是重要的事情，你总是能够抽出时间来处理的。你要做的只是停止在不重要的事情上花费时间。是你控制时间，而不是时间控制你。

工作中的压力管理

对有些幸运的人来说，工作是能量、自我满足感和缓解压力的源泉。而对于大多数人而言，即使有时候或者常常能从工作中获得回报，工作始终是重要的压力来源。人们的工作量越大，工

第九章 减压的根本：管理好你的生活

作时间越长，就越希望能够提早退休。那些中了百万彩票的人当中，有谁没有花时间考虑自己该怎么办呢？告诉老板？精力旺盛的年纪就辞职？再也不工作了？

某项关于彩票中奖者生活满意度的研究表明，因为中彩票而辞职的人当中，觉得中奖后比辞职前更快乐的几乎没有（中奖本身也会导致压力）。虽然所有的工作都有压力，有时也很枯燥，然而，工作带给我们的不仅仅是经济上的收入。我们在工作中获得自尊，建立理想，实现自我价值。我们从人际交往、组织结构和责任义务中获益。

你的工作可能并没有给你带来这些好处。也许你应该考虑转变。如今，无论是否自愿，人们都比以前更高频率地换工作。你需要改变工作吗？对照下面的清单，看看有多少符合自己的情况？

- 大部分时候我都害怕去上班。
- 下班回家总是精疲力竭，除了看电视和睡觉，不想做别的事情。
- 我在工作的时候得不到尊重。
- 我的报酬低于我的付出。
- 我不愿意告诉别人我的职业，我觉得难为情。
- 我对工作的感觉不好。
- 我在工作中不能充分发挥潜能。
- 我的工作和我的理想相距甚远。
- 如果没有后顾之忧，我想立刻辞职。
- 工作使我难以享受生活的乐趣。

如果你存在2种或2种以上的情况，或许就应该考虑换工作了。如果你没有能力做自己想做的事情，可以设定一个计划。找出自己更感兴趣的工作需要哪些培训。筹备资金，这样就能开始自己的事业。如果不确定自己喜欢做什么，可以寻求职业咨询师的帮助，他们将找出更适合你的工作。

如果你喜欢自己的工作，可是在某些方面不能从容应对并且感到压力的话，可以采取必要的措施，使工作压力处于你的控制之下。值得注意的是，有些压力是有益的，可以激发你的斗志和表现。你只是不想突破自己的压力承受极限，至少不想超越极限太多。

首先，明确工作中哪些方面是导致压力的主要原因。也许工作本身没问题，可是同事很难相处，或者存在别的原因。想想下面列出的几个方面，当你考虑到工作的这些方面时有何感受？用几句话描述这种感受，这将帮助你更清楚地认识到压力的来源。

答案可以写在这里，也可以写在压力日志里。

1. 我对同事的感受是这样的：
_____
_____
_____

2. 我对上司的感受是这样的：
_____
_____
_____

3. 我对工作环境的感受是这样的：
_____
_____
_____

4. 我对雇佣的价值和目的的感受是这样的：
_____
_____
_____

5. 我对自己从事的日常工作的感受是这样的：
_____
_____
_____

6. 我对自己所做工作的重要性的感受是这样的：
_____
_____
_____

7. 工作中我最喜欢的事情是：
_____
_____
_____

8. 工作中我最不喜欢的事情是：
_____
_____
_____

9. 我的技能在工作中的这些方面会被用到：
_____
_____
_____

10. 我的技能在工作中的这些方面不会被用到：
_____
_____
_____

11. 工作不能满足的需求在别的地方能够（不能）被满足，请解释原因：
_____
_____
_____

12. 我希望工作能有这些改变：
_____
_____
_____

回答完这些问题之后，你或许能更清楚地认识到哪些地方会导致不满，哪些地方暂时没有问题。将工作中引起压力的地方列成清单。在每个条目后面标示○（觉得自己可以忍受）或×（觉得自己不能忍受）。

1._____ ○ ×
2._____ ○ ×
3._____ ○ ×
4._____ ○ ×
5._____ ○ ×
6._____ ○ ×
7._____ ○ ×
8._____ ○ ×
9._____ ○ ×
10._____ ○ ×

看看选择了×的条目。如果没有，你的状态相当不错。如果有，这就是需要改进的地方。当然，怎样处理工作中的压力源取决于这些压力源本身的特征。你可以采取不同的措施：

第九章 减压的根本：管理好你的生活

- 避免压力源（比如有压力的同事）。
- 消除压力源（授权或分担某项讨厌的任务）。
- 面对压力源（如果上司做的某些事情增加了你工作中的困难，就直接与其交流）。
- 处理压力源（给任务增添愉快的因素，完成任务之后给自己某些奖励）。
- 平衡压力源（忍受压力，同时运用缓解压力的技术来平衡压力的负面影响）。

工作是生活的重要部分。你如果能够避免、消除、面对、处理或者平衡工作中的压力，你的整个生活将会更和谐，压力也会更少。关键是及时处理，而不是忽视压力，任由工作压力的负面影响不断累积，直到你不堪重负，开始逃避工作或者将工作置于危险境地（即使你仍然觉得这是一份不错的工作）。

建立个人的避风港湾

一整天紧张而忙碌的工作之后，终于可以回家了，回到自己的城堡，回到甜蜜、安静、舒适的家……可是，你看到的是什么呢？大堆待洗的衣服和餐具、大摞需要整理回收的报纸和杂志、厨房里成串的脚印、成堆的等着挪进饭厅的箱子（这些你可以稍后处理）；天哪，还有昨天就该归还的录像带，还有，晚饭吃什么呢……你突然觉得回到家里也并不轻松，随手抓起一张比萨联票，开始从大堆的杂物中寻找无线电话。

然而，回家并不一定是这番情景。晚上回家或者在家里待一整天也可以是轻松、安静，甚至非常愉快的经历，只要这是你所期望的样子。这是你的家，可以变成你喜欢的样子，而不应该成为另一个沉重的压力负担。如果家里和你希望的样子不同，可能就需要适当的压力管理了。

生活的缩影：家和办公室的布置

如果你的家是生活的缩影，你的生活将是怎样一番景象？仔细看看自己的周围。你的生活中是否堆积着不需要的东西？物品的流通速度如何？距离你上次维护生活环境已经多长时间了？

无论是家里的办公室还是工作场所的办公室，都可以成为生活的缩影。你的生活中是否充斥了尚未支付的账单，等待整理的东西，处理起来非常耗体力却没有收获的零碎信息，失灵的设备，堆到摇摇欲坠的书籍、文件、活页封面和文件夹等？

如果你发现家里或办公室里的东西不是生活中真正需要的，就可以动手处理了。让你的家和办公室继续充当生活的缩影，并让这种缩影更贴近真实的生活。拿走堆积的物品，保持清洁，营造一个轻松、积极的环境，来消除积累了一天的压力。

简单化

减少家里的压力，使之变得更安详的方法之一就是简单化。在每个房间花些时间，列出你在里面做的每件事情。这个房间的功能是什么？是什么妨碍了这种功能？怎样可以简化每个房间，包括它的功能？

简化你的清扫工作，建立一个体系，每天完成一部分；简化你的购物，实行批量购买，并提前准备好一周的菜单。你可以简化家里的运作模式，降低待在家里时感到的压力。

很多不错的书籍、杂志和网站都有关于简单生活的内容。参阅书后的资源清单，可以获取更多信息。以下是简化居家生活的若干建议：

- 稍稍延长穿衣服的时间（除非沾上了污点），减轻洗衣服的负担。
- 选择一个能够适合所有衣物的衣橱。
- 降低更换被褥的频率，谁会注意这些呢？
- 拿走那些增加负担却没有益处的居家用品，比如经常需要清理的华丽装饰物，每天需要浇水的植物，不能放进橱柜的餐具，需要干洗的衣物等。
- 雇用学生或邻家小孩来整理草坪，清扫落叶，送递东西，照顾幼儿等。考虑雇人完成清扫工作。
- 简单化的方法很多，记得留心寻找。

别让压力毁了你，别让情绪左右你

清理杂物，减轻压力

有些人在堆满杂物的房间里也能舒适地生活，但是，面对干净整洁的桌面，只悬挂简单装饰物的墙壁，不堆放玩具、书籍和衣物的地毯，仅仅摆放必要的家具的房间，难道不觉得更舒适、更安详吗？不是每个人都喜欢完全实用主义的居家生活，因此，年复一年，你肯定积累了很多无用的装饰物。

为什么不把东西收起来或者干脆扔掉，腾出更多的空间呢？当你在为桌面、地板、墙壁和房间创造空间的时候，也会觉得在为自己的思想创造空间。在干净、秩序井然、没有杂物的环境中，你将觉得更轻松、更安详。如果你把物品捐出来，还能救济别人的匮乏。如果你通过委托卖掉不需要的衣服和物件，还能赚些零用钱。

堆放的杂物不仅使你的家、你的桌子、你的车库显得杂乱无章，还会使你的思想混乱不堪。你的东西越多，总是乱七八糟的、不合适的、找不到的东西越多，你就越担心这些东西的维护、找寻、处理、持有等方面的问题。清理杂物是降低居家压力、创造安详环境最重要的工作。

然而，清理杂物并不容易，尤其对那些不舍得扔掉任何东西的人来说更是如此。你是个杂物迷吗？下面哪些描述符合你的情况？

- 我留着很多衣服，觉得以后可能还可以穿。
- 我至少有一个堆放零件、小配件等杂物的抽屉，虽然我并不清楚都是些什么，可是觉得将来可能有用。
- 我留着至少一年的杂志，觉得自己还会翻阅。
- 家里所有的储藏空间都"物满为患"，而我却不知道都是些什么东西。
- 我录了很多电影、电视节目和音乐，其实我根本没有时间看完或听完。我保存了所有的录像带，留着以后用。
- 我买了很多书，却看不完，我觉得以后可以读。
- 我至少有5个整理箱。
- 我觉得需要换个更宽敞的新家，因为现在的家里堆满了各种物品。

如果你有超过一种的情况，就可能是个杂物迷了。这意味着清理杂物对你来说比那些没有这个问题的人更困难。如果清理比在杂物中生活更让你感到压力，那就选择压力最小的生活方式。

如果你非常喜欢这些东西，希望处在它们的包围之中，那么，为居家生活减压的关键就在于整理，让一切都显得井然有序。

如果所有东西都很整洁，你知道每件物品的摆放位置（当你需要它们的时候，就不必手忙脚乱地到处寻找），你的大量收藏和挚爱的物品将为你带来快乐、舒适和安详，就像别人对整洁宽敞的空间的体验一样。

第十章
解析情绪，打开人生命运密码

第一节
情绪跟随你的一生——认识情绪

情绪伴随我们一生

生活中，我们难免会有各种各样的情绪随境而生。心中愉快时，我们就会开怀大笑；心中愤怒时，我们就会横眉竖眼；心中伤感时，我们就会泣涕涟涟。这些都是情绪的表达，仿佛也是我们与生俱来的技能。但是情绪有时候也会让我们十分苦恼，一些坏情绪干扰了我们的行为与生活，也给我们带来很多负面影响。

这就是情绪，无论你是否喜欢，它都与你绑在一起，伴随我们每个人的一生，它是客观事物是否符合人们需要、愿望和观点而产生的主观体验，也是对现实的反映，既体现了主体对客体的关系，也反映了主体对客体的态度和观点。

所以这种情绪反应带有很强烈的个人色彩，每个人因外物而引起的情绪体验都是不同的。如当你正在安静思考的时候，一声紧急的刹车声就有可能让你心生厌烦；但是换成另外一个人，他的情绪可能就不会受这种外界的干扰，还是专注于思考中。

另外，人们在不同的时间段引发的情绪体验也会有所不同：比如一个人在前一分钟可能还觉得桌子上摆着的盆栽很漂亮，但是下一分钟可能就会觉得它既突兀又难看，原因可能就是他想起一件让自己生气的事。这种现象在我们的生活中十分普遍；又或者第一次的失败让你觉得羞愧难当，情绪低落，但是下一次的失败你就可能更快地从低落情绪中走出，失败的经验多了，也许就不会对你的情绪有负面影响。

情绪体验除了会有各方面的不同外，它还是会保持一定稳定性的，也就是形成我们所说的心境。《辞海》里这样解释：心境，心情也。心境之好，使人悦，催人奋进；心境之坏，使人颓丧，茫然无措。当一个人处于持续的健康情绪中，心境自然而平和，他的整体心理状况是积极向上的。

但是现在很多人无法保持心境的平静，尤其是在高压力、高节奏的工作环境下，每个人的心情就像是六月的天空，瞬息万变。很多人容易被自己的情绪左右，结果不仅影响工作，还不利于自己的身心健康。

我们与情绪朝夕相处、日日为伴，所以我们应该学会调整自己的情绪，使自己的心境保持在一个平和、极佳的状态。如果你现在面临困境，那么请保持乐观，将挫折视为鞭策自己前进的动力，遇事多往好处想，多聆听自己的心声，努力在消极情绪中加入一些积极的思考；如果此刻你感到焦虑，那么就静下来理智地分析原因，冷静地恢复自信心，使自己振奋，摆脱主观臆断。如果此刻你感到抑郁，那么就可以郊游、运动、与人交谈、读书写字、听音乐、看图画等既能转移"视线"又对健康有益的活动，往往对人产生良性刺激，使你得以解脱。

另外，情绪还对生命健康有很大的影响。当心情愉悦的时候，个人的精神、体力、想象力都达到了最佳状态，这个时候不仅在工作、生活上会觉得如鱼得水，而且还能化干戈为玉帛、化疾病为健康，甚至还能把握机遇，享受成功的喜悦，从而让生命锦上添花。但是坏心情就不同，当一个人情绪处于低迷消极期，不仅会觉得各种琐事、烦心事都向你涌来，让你应接不暇、招架不住，而且会整天愁眉苦脸地面对生活，不管做什么事情都不积极，导致错误百出，还经常跟别人发脾气，不愿意配合别人的工作，人际关系相当紧张，从而使心情更加消极抑郁，这时候的你茶不思、饭不想、夜不寐，长此以往，这些负面的情绪很可能诱发各种疾病，你的健康就会亮起红灯。

既然情绪是伴我们一生的朋友，我们就要把握住自己的情绪规律，从而由渐悟到顿悟，让自己的心境修成正果。当然，我们还要学会呵护、调理好心情，不断使其滋润生命，让生命更加丰盈、饱满，促使生命之花灿烂绽放。

情绪是怎么一回事

情绪与我们的生活密不可分，我们就应该时刻关注情绪，并深入地了解它。下面我们就从以下4个方面来认识情绪：

情绪如何产生

科学研究表明，人的大脑中枢的一些特殊的原始部位明显地决定着人的情绪。但是，人类语言的使用和更高级的大脑中枢又影响和支配着比较原始的大脑中枢。影响着人的情绪和行为的主要来源是人自己的思维。另外，有些专家也指出：遗传结构只是在很小程度上决定着你是倾向于安静还是倾向于激动。而孩提时的经验和当时周围人的情绪则诱发着你的情绪萌芽。各种生理因素（如疾病、睡眠缺乏、营养不良等）可能使你变得容易激动。但是，对大部分人来说，这些因素并不能决定我们能否免受焦虑、愤怒和抑郁之苦。

我们的情绪在很大程度上受制于我们的信念、思考问题的方式。如果是因为身体的原因而使自己产生不愉快的情绪，则可借助药物来改变身体状况。但我们非理性的思维方式就像我们的坏习惯一样，都具有自我损害的特性，而又难以改变。这正是情绪不易控制的真正原因。

情绪的种类

情绪的种类主要分为以下几种：

1. 原始的基本的情绪。

这类情绪具有高度的紧张性，包括快乐、愤怒、恐惧和悲哀。

2. 感觉情绪。

这类情绪包括疼痛、厌恶、轻快。

3. 自我评价情绪。

这类情绪主要取决于一个人对自己的行为与各种行为标准的关系的知觉。包括成功感与失败感、骄傲与羞耻、内疚与悔恨。

4. 恋他情绪。

这类情绪常常凝聚成为持久的情绪倾向或态度，主要包括爱与恨。

5. 欣赏情绪。

这类情绪包括惊奇、敬畏、美感和幽默。

情绪的反应模式

情绪的反应模式是多种多样的，依据情绪发生的强度、持续的时间以及紧张的程度，可以把情绪分为心境、激情和应激反应3种模式。

1. 心境。

心境是一种微弱、平静、持续时间很长的情绪状态。心境受个人的思维方式、方法、理想以及人生观、价值观和世界观影响。同样的外部环境会造成每个人不同的情绪反应。有很多在恶劣环境中保持乐观向上的例证，像那些身残志坚的人、临危不惧的人都是情绪掌控的高手。

2. 激情。

激情是迅速而短暂的情绪活动，通常是强有力的。我们经常说的勃然大怒、大惊失色、欣喜若狂都是激情所致。很多情况下，激情的发生是由生活中的某些事情引起的。而这些事情往往是突发的，使人们在短时间内失去控制。激情是常被矛盾激化的结果，也是在原发性的基础上发展和夸张表现的结果。

3. 应激反应。

应激反应是出乎意料的紧急情况所引起的急速而又高度紧张的情绪状态。人们在生活中经常会遇到突发事件，它要求我们及时而迅速地做出反应和决定，应对这种紧急情况所产生的情绪体验就是应激反应。在平静的状况下，人们的情绪变化差异还不是很明显，而当应激反应出现时，人们的情绪差异立刻就显现出来。加拿大生理学家塞里的研究表明：长期处于应激状态会使人体内部的生化防御系统发生紊乱和瓦解，随之身体的抵抗力也会下降，甚至会失去免疫能力，由此就更容易患病。所以我们不能长期处于高度紧张的应激反应中。

影响情绪变化的因素

影响情绪变化的因素有很多，概括起来主要有以下3个方面：

1. 遗传因素。

遗传因素对情绪的影响主要体现在人的高级神经活动方面。我们可根据高级神经活动类型的三个基本特征，即兴奋与抑制过程的强度、灵活性、平衡性，将受遗传影响的情绪分为四种类型：胆汁质、多血质、黏液质、抑郁质。遗传因素对情绪的影响一经产生，就很难改变。

2. 个人认知因素。

情绪是由刺激引起的一种主观体验，但刺激并不能直接导致情绪反应，而是要经过人的认知活动进行评价，而后才决定人体验到什么样的情绪。对同一事物，不同的人由于需要不同、观念不同、理解不同，情绪体验相差甚远。同样，由于认知不同，表现在不同人身上的同样的情绪，其产生的原因也可能是千差万别的。同一种刺激会产生不同的情绪，比如：迎面来了一个熟人，他并未向你打招呼，匆匆而过。如果你认为他故意装作没看到你，你的心情会很坏；如果你认为他很忙，根本没注意到你，你就不会懊恼。因此，你对事件的理解，很大程度上决定了你的情绪状态是好是坏。如果改变认知观念，转变理解角度，你就会有一个良好的情绪体验。

3. 特定的环境因素。

环境因素对人的情绪也有一定的影响。特定的环境可以增强或者减弱情绪变化的速度和强度。美丽的山水、清新的空气、宽松整洁的办公室等环境会使你心情愉快，而嘈杂的街区、拥挤的交通则无疑会让你感到烦躁。社会环境对人的影响可能更大，他人对自己的关怀、帮助，将使个体出现的焦虑、紧张、痛苦得到缓解，甚至彻底消失。

了解了这些情绪的基本知识，有助于我们下面深入探讨情绪。情绪说浅显真的很浅显，说高深也就真的很高深，需要我们每个人认真学习。

情绪是一种反应形态

情绪作为一种反应形态，有快乐、悲伤、兴奋、惊讶、愤怒、沮丧等多种表现形式。不同的原因引发不同的情绪，了解这些原因，才能更好地掌控情绪。总体来看，情绪包括生理变化、主观感觉、行为冲动和表情动作这四个方面的反应形态。每一种反应形态有其特点，并不是所有形态都必须同时出现，我们的情绪可能会通过其中的几项来表达。下面就主要介绍一下：

生理变化

情绪会引起人们的某种生理反应，这是在生活中司空见惯的。比如"怒发冲冠"这四个字就是形容人极度愤怒而让头发都竖起来了，虽然有一点夸张，但也能很好地说明情绪反应与生理变化之间的关系。还有些人害羞时会脸红，也是情绪反应中的生理变化，反之，我们通过脸红，就可以知道这个人可能是害羞了。

另外，情绪的变化也会受人自身神经系统的控制。人的神经系统分为自律神经和向律神经。向律神经不受人的完全控制，自己会动，而自律神经则可以通过大脑的控制指令进行自我情绪调节。当你很兴奋的时候，自律神经会告诫自己要保持冷静；当你很激动的时候，自律神经又会自我调整到缓和的状态。

主观感觉

不同的人面对同一种事物，反应不一定相同，这就是主观感觉特征。比如有人看到晴天会产生愉悦感，讨厌阴雨天，而有人则喜欢雨天漫步，讨厌艳阳高照。他们对于天气的不同感受也同样影响着其自身的情绪。

不同的人可以有不同的主观感觉，或高兴或生气或喜欢或不喜欢，这都是自己的情绪，与他人关系不大。即使面对相同的情况，每个人的反应也不尽相同。因此，我们要彼此尊重对方的情绪，千万不要将自己的感觉推己及人。你喜欢喝咖啡提神，有人或许喝咖啡容易犯困。假如你出于好意请对方喝咖啡一同加夜班，反而会耽误了对方的工作。错误地通过自己的主观感觉去判断别人的主观感觉，很有可能会弄巧成拙。

另外需要注意的是，主观感觉的私人化特征比较明显。对一件事物不同的主观感觉，对情绪的影响也不尽相同，"将心比心"应当站到别人的立场去想问题，观察问题，尤其不要将自己的主观感觉强加到别人头上，剥夺别人的评估能力。正所谓"己所不欲，勿施于人"。

行为冲动

行为对人的情绪影响分为正面和反面的影响，好的行为能够促进积极情绪的产生，然而行为上的冲动则容易导致负面情绪产生。

比如，学生考试成绩不好，假如老师通过研究总结发现成绩下滑的原因，通过鼓励缓解学生的焦虑情绪，良好的情绪可以促进学习的进步，反之，假如老师一味打骂学生，学生就会出现抵触情绪，容易厌恶学习。因此，要在冲动之前保持冷静，才能避免冲动之后的后悔。

表情动作

喜欢某种东西时会表现出高兴，厌恶某人时会撇嘴，看东西时会很专注……表情动作这一特征对于全人类来说，状态都是一样的，大家都能从表情动作上看出个人情绪的变化，这也是不需要语言的"世界语"。

然而，很多情绪并不是表面上的表情动作就能体现出来的，不同的后天教育和文化的影响，表情动作表现的方式方法也不一样。

中西文化有差异，即使同样表达同一种情绪，个人采用的表情动作也会不同，西方人喜欢自然地表现出喜怒哀乐的情绪，中国人则讲究含蓄；美国人认为一个人有话就说是有能力的表现，中国人在很多时候会认为这是"出风头"，容易成为众矢之的，"枪打出头鸟"。大学生走上工作岗位，尤其要注意如何利用表情动作去合理表达情绪，不能不表现，也不要乱表现，通过适当地表现来表达情绪才是比较合理的。

了解了这四种反应形态之后，我们就能更好地把握自身和他人的情绪。注意不要刻意压制自己的情绪反应，长此下去，对我们的精神与身体都是非常有害的。

情绪是一个警示信号

情绪有好有坏，坏的情绪很明显，好的情绪却往往容易被人忽略。然而，无论情绪是好是坏，我们都应该认识到，虽然情绪作为一种本能的反应，但是我们都应当意识到情绪对自身的警醒作用和管理情绪的重要性。

情绪提醒我们自身观念的问题

人和人之间情绪的不同，主要源于彼此观念的不同。如果我们的观念出现了问题，那么情绪也会随之出现问题。例如有些人存在浓重的个人私利观念，一旦别人侵犯到他们的利益，他们就会立刻产生愤怒情绪；还有一些人对自我认识不足，他们容易产生自满情绪或自卑情绪。

所以想要拥有良好而且适度的情绪，我们必须调整自己的观念，使它达到一个正常的标准。

情绪提醒我们心理的问题

一些不良情绪向我们反映了自身心理可能出现了偏差，甚至出现了心理问题。例如郁闷情绪就容易和抑郁挂上钩，如果只是短时间的郁闷，那只是一个正常的情绪反应；但如果一个人长期处于郁闷情绪中难以自拔，或许就是抑郁心理在作祟了。

我们需要区分哪些情绪是短暂的、符合正常值的，哪些情绪是长期的、超出正常值的。这样我们才能及早排除自己心理存在的问题，让情绪及早回归理性。

情绪提醒我们行为习惯的问题

情绪作为一种反应，还向我们昭示了一些自身行为习惯的问题。

当你饿的时候，摆在你面前的是满桌的美味佳肴，在饥饿感的驱使下很多人会迫不及待地想动筷子，这是饥饿情绪的本能反应，然而，肚子饿只是一个讯号，你应当在动筷子之前，考虑一下是否需要等待别人来了之后一起就餐，否则很不礼貌。这就是所说的情绪警示，它使人在处事时三思而后行，有助于个人在为人处世中得以方圆。

倘若吃饭的时候一味地从自己的本能情绪出发，自己的情绪虽然受到了照顾，却容易引起其他人的反感，任由情绪的发展，不是一件好事。我们需要将情绪自然反映出来，但也不能忽视情绪产生的不良后果，应当具体问题具体分析，通过对情绪生成的解析来具体行事，这正如过马路的黄灯区，行人都会停下来考虑自己下一步该干什么，情绪的表现也需要一个思考的过程，不能任由情绪自由发展。现在很多人没有将情绪作为警示灯来认真分析对待，喜怒哀乐直接显示在脸上，这样不利于人与人之间的相处。

情绪提醒我们身体的问题

我们都知道，身患疾病的人在情绪方面表现很强烈，他们经常情绪不稳定，起伏性大。易烦躁激动，爱发脾气。情绪激动时，表现出极大的焦躁不安，有时难以控制自己。对外界因素反应更加敏感，对身体的细微变化和各种刺激往往表现出过度的情绪反应。一点微小的事情，也会成为引起强烈情绪产生的导火索。别人的一句不合意的话，也会使其感到受了极大的委屈。甚至别人说话声音太大或者收音机音量太响，也会令其烦恼。

从这一点就可以看出，某些情绪的集中爆发可能就是我们身体出现问题的警讯，不能不加以重视。找不到情绪源的负面情绪可能就是由身体疾病引发的，例如莫名其妙地烦躁不安、毫无理由地生气和低落消沉的情绪可能都是某种疾病潜伏在你身体里的征兆，我们要多加注意。

当代社会高速发展，人们的压力也越来越大，对情绪的管理便显得非常重要，在稳定的情绪下，一切都很容易顺利展开，但情绪不好的时候，行事则十分困难。因此，我们要管理好自己的情绪，适当地调整自己的情绪，然后才能一心一意去做事，所做的事情才能更见成效。

情绪是一种力量

情绪是十分强大的力量，它能够激励你实现自己的理想、克服最严重的创伤，也会让你因为小挫败而一蹶不振。

听说过"一只苍蝇引起的憾事"吗？如果不能控制你的坏情绪，最后失败的可能就是你。

有一场举世瞩目的赛事，台球世界冠军已走到卫冕的门口。他只要把最后那个8号黑球打进球门，凯歌就奏响了。

就在这时，不知从什么地方飞来一只苍蝇。苍蝇第一次落在握杆的手臂上，冠军有些痒，便停下来轰走了苍蝇。冠军准备击球，可苍蝇又飞了回来，这回竟落在了冠军锁着的眉头上。冠军只好不情愿地停下来，烦躁地去打那只苍蝇。苍蝇又轻捷地脱逃了。冠军做了一番深呼吸再次准备击球。天啊！他发现那只苍蝇又回来了，像个幽灵似的落在了8号黑球上。冠军怒不可遏，拿起球杆对着苍蝇捅去。苍蝇受到惊吓飞走了，可球杆触动了黑球，黑球当然没有进袋。按照比赛规则，该轮到对手击球了。对手抓住机会死里逃生，一口气把自己该打的球全打进了袋。

卫冕失败，冠军恨死了那只苍蝇。可惜的是他后来患了不治之症，再也没有机会走上赛场。临终时他对那只苍蝇还是耿耿于怀。

一只苍蝇和一个冠军的命运胶着在一起，也许是偶然的。倘若冠军能控制怒气并静待那只苍蝇飞走，故事也许就是另一个结局了。

是什么毁了他的冠军梦？是那只苍蝇吗？当然不是，是他的坏情绪毁了他自己。

生活中，我们常常会发脾气，可回想起来，又有多少真正值得生气的事。也许时间可以让你的怒气平息，但因你的坏情绪而造成的伤害却成为难以愈合的伤口。而因坏情绪而累积的憾事，又有谁能够数得清呢？

人的一生都会有被枷锁困住的时候，而且这些束缚你手脚的枷锁通常又不易被察觉，于是人就深陷其中而难以自拔，言行举止完全被牵绊住了。这一股拉扯的力量，总是让人有心无力，人生的航程也因此而严重受阻。更为可怕的是，这些心灵的桎梏往往隐藏着一种极大的杀伤力，并且会逐渐腐蚀人的心灵，磨损人的志气，直到生活变得一团糟了，我们还找不到原因在哪里。

我们要明白，在生活中，难免会遭遇各种各样的事情，自然我们的情绪就会跟随着起伏。但如果我们任由自己陷在消极的情绪中，那么这些不良的情绪就会变成阻碍我们人生航程的桎梏。

举例来说，如果你身在激烈争吵中而不是正在悠闲地品一杯茶，难道你的行为不会有所不同吗？如果你买的彩票中奖了，而且数目不小，你会有怎样的反应呢？假设你遇到一个陌生人，毫无理由地向你大吼，前提是你并没有做出任何不妥的事情，你会做何反应？或者你和你的爱人争吵了一个晚上，第二天去公司上班，你的心情又是如何？答案可以有很多种可能，抱怨或是惬意，惊喜或是愤怒，这都要因人而异，因事而异，因为每个人有每个人独特的行事风格，因为情绪就是我们行动的基础。当强烈的情绪占据你的时候，你是不可能完全控制自己的情绪的，了解这一点很重要。我们都有不顺心的时候，每个人都会经历创伤或者失败，这是人生必须要面对的。人有生离死别，生活有酸甜苦辣，有高兴的事情存在，自然也会有沮丧的事情发生。

通常情况下，我们倾向于将各种层次和不同程度的感受分成两大类别，而这两大类别往往是以对立的形式出现的，如：黑与白、好与坏、善与恶、是与非，否则我们会觉得它们含糊其辞，难以确定。分完类别之后，接下来我们的情绪会依据我们对周遭世界的诠释来指导行为。然而这些情绪的出现并不是有意识的，它们的反应是受过去经验所塑造的模式的影响所给出的一种潜意识行为。

我们经常说人的情绪多变，其实我们往往不是自己情绪的主人。情绪的发展和变化是我们因人因时因地因事而产生的。不同的情绪有不同的作用，它所具有的力量也会有所不同，有的给人带来鼓励，有的给人带来力量，有的给人带来认识，有的给人带来进步；有的助人成才，有的助人成功，有的助人成长，有的助人成熟；有的使人懂得珍惜，有的使人懂得爱护，有的使人懂得勤奋，有的使人懂得拼搏；有的让人勇敢，有的让人激情，有的让人理智。总之，我们的感受和需要是在多方面、多角度、多条件中转换选择的，有很多事是在影响感染中发生的，我们的情绪也随之出现。要知道，什么样的人和事联系起来，就会有什么样的情况和结果。

要知道情绪的力量可以制约人，也可以成就人，更可以损害人，因此，把握情绪有利的一面，获取最大化的情绪力量，对我们尤为重要。

情绪的"蝴蝶效应"

气象学中有一种"蝴蝶效应"的说法：如果身处南美洲亚马孙河流域热带雨林中的一只蝴蝶偶尔扇动几下翅膀，两个星期之后，美国的得克萨斯州可能会发生一场龙卷风。一只小小的蝴蝶扇动翅膀引起一场大的龙卷风，这听起来有些不可思议，但事实确实如此。因为蝴蝶扇动翅膀的过程中，可以引起微弱气流的产生，由此导致旁边的空气和其他系统发生变化，从而引起连锁反应，最终导致其他系统的极大变化。

同样，在生活中也存在"蝴蝶效应"，其中最明显的一种表现是情绪，情绪的起因往往就是一句话、一个无意动作的影响，或许说话人自己都没有注意，但为日后事情的发生埋下了伏笔。如果我们不注意处理微小的不良情绪，就有可能由于情绪的积累酿成大祸。

生活中的小事情往往是情绪产生的最根本原因，小事情可以置人于死地，也可以挽救生命，关键就看这小事情所引起的情绪是正面的还是负面的，而我们又是否能够妥善地处理好产生的情绪。

很多朋友都不明白东子是怎样把临街那家水果店开得如此红火，以前在那个位置开店的总是不超过一个月就关门了，而东子的店自从开张以来生意就没有断过，而且还越来越好。一次朋友们去参观东子的店才明白这其中的奥妙：有大爷大妈来店里买东西的时候，东子总是亲切地叫出王大妈或李大爷，从没有叫错过，而且还会关心地问一句身体状况，遇到年轻人还会和他们聊聊天。在朋友眼里，所有客人都成了东子的朋友。

在东子的水果店里，人们得到的都是一些轻松愉悦的心情和积极正面的情绪。即使在客人进店之前还有些许负面情绪，也能在东子那里得到发泄和沟通。有时候一句关怀的话、一个善意的行动也能温暖人心，可以产生促进好的情绪的"蝴蝶效应"。

我们需要关注情绪最初产生的细微原因，并对此保持高度的"敏感性"，尤其要注意情绪的变化，通过及时调整心态来保持自身良好的情绪状态。只有从最初的根源对情绪及时把握好，才能避免负面情绪的积累，才能促进积极情绪的有效形成。

情商与情绪管理

我们所说的情绪控制与管理能力被心理学家引申为"情商"这个概念。1990年，一个心理学概念的提出在世界范围内掀起了一场人类智能的革命，并引起了人们旷日持久的讨论，这就是美国心理学家彼得·塞拉维和约翰·梅耶提出的情商概念。紧跟其后的1995年10月美国《纽约时报》的专栏作家丹尼尔·戈尔曼出版了《情感智商》一书，把情感智商这一研究成果介绍给大众，该书也迅速成为世界范围内的畅销书。

过去，人们往往认为智商比情商更重要，从而忽视了对情商的开发和培养。但现实告诉我们，情商比智商更重要。与人打交道会遇到不同性格、不同文化、不同背景的人，情商高的人，往往在工作和生活中能够如鱼得水、游刃有余。

超市等着结账的队伍排得越来越长。玛格丽特大概排在队伍的第十位，因此没有清楚前面发生了什么事。只听到有人叫来主管，要打开收款机检查，看来还得等很长时间了。

玛格丽特等得有些不耐烦了，但是理智告诉她不能发火，因为她认为出现故障也不是收银员的错。时间过去了10分钟，收款机还是没有修好，这时队伍远处传出喊叫声。队伍前面有个男子在骂收银员和主管："你们是什么专业素质啊！这么大的超市怎么会犯这种低级的错误呢？你们不会修好收款机啊？没看见队伍有多长吗？我还有事，太可恶了。"

收银员和主管只好道歉，说他们已经在尽力修了，建议男子换个收款台。"为什么要我换啊？是你们的错，又不是我的错，浪费我的时间，我要给你们领导写信。"男子丢下满是物品的购物车，气愤地离开了超市。

男子离开后一两分钟，又发生了三件事。为了不耽误这支队伍的顾客交款，超市在旁边又专门开了一个收款台；刚才坏了的收款机也修好了；为了表示道歉，主管给玛格丽特及这个队伍中的其他顾客每人5英镑的优惠券。

玛格丽特挺高兴的，买东西还得到了优惠。但是，那个愤怒的男子却既没有买到自己想要的东西，又没得到优惠券，还跟人生气发火。

在这个故事中，谁运用了情商？显然是玛格丽特，她虽然也有些生气，但她没有发火，只是耐心地等待，她站在别人的角度分析了情况，而她前面那个愤怒的男子完全没有控制自己的情绪，情商从某种程度上来说有些不足。

情商不是天生注定的，它由下列5种可以学习的能力组成：

了解自己情绪的能力

这种能力包括能立刻察觉自己的感觉、情绪、情感、动机、性格、欲望，以及基本的价值取向等，行动上以此为依据。能够了解情绪产生的原因，能够适时地认识到自己的负面情绪。了解自己的真实感受的人才不至于沦为感觉的奴隶；掌握自己的感觉，个人才能成为生活的主宰，对人生大事做出妥善的选择。

控制自己情绪的能力

这种能力是能够认识和协调自己的快乐、愤怒、恐惧、爱、惊讶、厌恶、悲伤、焦虑等情感。能够安抚自己，摆脱强烈的焦虑、忧郁以及能够控制产生刺激情绪的根源。懂得进行自我调节，把负面情绪抛到九霄云外。这方面能力较匮乏的人往往会陷入低落的情绪之中。

激励自己的能力

这种能力是能够整顿情绪，让自己朝着一定的目标努力，增强注意力与创造力。自我激励能够使人走出生命中的低潮，重新出发。人生难免会碰到一些挫折和困难，面对这种情况，积极的人往往会自我激励，迎难而上，从失败中吸取经验，提高自己；而消极的人，常常会往坏处想，越想越坏、越做越糟。

了解别人情绪的能力

这种能力体现在能够理解别人的感觉，察觉别人的真正需要，具有同理心，即能善于感觉别人的感受。认知他人的情绪是与他人正常交往，实现顺利沟通的基础。一般，有同理心的人能从微小的信息上感觉他人的需求，了解他人的情绪、性情、动机和欲望等，并做出适度的反应。要学会察言观色，善于从对方的语言、语调、语气、表情、手势和姿势等来判断他人真实的情绪和情感。善于识别他人的情绪，想人之所想，急人之所急。

维系融洽人际关系的能力

人际关系属于一门管理他人情绪的艺术，一个人的人际和谐程度、领导能力通常与这个人能否细微地关注、恰当地对待别人的情绪有关。要能够理解并容忍别人的情绪。人际交往能力是情商的核心部分，高情商的人都是人际交往能力强的人，而沟通和交往的要点是善解人意。

以上几种能力中，情绪控制、自我激励是中心问题，它们和其他几种能力相互补充、相互贯通、相互制约。

情绪与情感的区别

在我们的生活中，情绪和情感常常被广泛地用来表述同一类事物，但两者还是存在着细微的差别。我们不能把这种区别简单地理解为情绪是情感的表达，需要更深入地去探讨两者的区别。

例如，我们爱自己的父母，但是也难免会有对父母生气发火的时候，我们的情感不会因为一次情绪的表达而改变，而情绪只是会短暂停留，并且由于自身情感的存在，我们可能还会克制自己的情绪。

情感与情绪具体有哪些不同呢？我们还是要仔细分析。

满足的需要不同

人的需要分为生理需要和社会需要。生理需要是必不可少的维持生存的需要，人类离不开食物、空气、水、睡眠，这些在一定程度上具有原始本能的特性。生理需要的满足与否也会影响人们的情绪变化，如品尝美味佳肴让我们愉快满足，而面临危险处境时无论成人或儿童都会有恐惧感，这都属情绪的范畴。社会需要在很多时候我们可以看做是精神的需要。如团队精神、受人尊重的程度、受人爱护的需要、爱国主义精神等，指的是人类在社会当中形成的、为维护社会的存在和发展而产生的需要。劳动的需要、交往的需要、友谊的需要、情感的需要、求知的需要和道德的需要等，这些都是人类情感的范畴而非情绪体现。

发生的角度不同

无论是人还是动物，都能制造情绪和表达情绪，这也就是说，情绪发生得更早一些，我们在很早以前就对情绪熟知。但是情感就不同了，它是人类特有的东西，是我们的大脑发展到一定程度之后才进化出的产物。

我们从智力低下的人中可以明白，由于受大脑的局限，他们懂得表达情绪，比如笑和哭。但是他们却很难产生具象的情感。

稳定性不同

从二者的稳定性来看，情绪具有情境性和暂时性，情感具有稳定性和长久性。小孩经常因为调皮惹父母不高兴，这种生气是一种情绪，过一段时间之后自然就会淡忘，而父母对孩子的爱却是长久的情感，长期伴随着我们的成长。由此可见情绪和情感在稳定性方面的不同：情绪可以伴随情境的变化而发生变化，也会伴随情境的变迁和需要的满足与否而减弱和消退。情感则是基于主客观的关系概括而深入的认识和一贯的态度，它具有稳定性和深刻性。情感的稳定性和长久性也正是形成个人性格特征的根本。

表现方式不同

情绪多表现为外在的冲动，而情感却更为隐藏和深沉。当人们受不同情绪控制时，通常的表现比较外显，如哈哈大笑、暴跳如雷、歇斯底里、垂头丧气等，情感则比较收敛，对一个人的感激、尊敬，对一件事情的伤心、犹豫，自身情绪的孤独、寂寞，这些都不是一瞬间的情绪，往往需要人们用长时间去体会、感悟。

情绪和情感的细微差别要求我们对二者加以区分，并正确看待情绪。

情绪不等于性情

情绪和性情不同，对此，我们很容易理解，正如一个内敛沉静的人也有情绪爆发的时候，一个激情四射的人心情也会有低落的时候，我们虽然性情不尽相同，但是在表达情绪上却存在着相似性。

我们很多人虽然明白这个道理，但还是会在生活中把情绪和性情两者混淆，以致出现判断他人失误的情况。

江阳去一家公司参加面试，偏巧碰到公司一位经理在严厉地训人，他发火的样子着实吓了江阳一跳。后来，江阳顺利通过面试，恰好就被分到了这位经理的部门中工作，由于有了"第一次"的经验，江阳对这位经理总是小心翼翼，生怕惹他生气。有一次他和同事聊天谈到了经理，同事笑了笑对他说："那是咱们经理唯一一次发火，当时因为有个员工私自拿了回扣，而且还损害了公司利益，刚好被你碰上了，其实他平时很和蔼，非常随和，对下属也特别好。"听了同事的话后，江阳慢慢放开了胆量去接触经理，才发现他正如同事所说的那样，非常随和。

生活中这样的例子屡见不鲜，我们每个人的性情与情绪其实还是有分别的。

从内在稳定性来看，性情是天生的，具有稳定性，很难改变；情绪是基于性情的基础上，借助外在的刺激产生的，具有不稳定性，可以改变。

我国有句古话"江山易改，本性难移"，讲的就是性情与生俱来的本质，它是个人性格的一种明显的标志，每个人都有独特的个性。有人生性懦弱，有人生性刚烈，勉强一个温和的人上战场或委屈一个刚烈的人在家照顾孩子，如同将一块木头磨成铁针一般不可能，本质不同，潜能就无法转换。

情绪则不然，虽然人人都有正面或负面的情绪产生，但情绪却是在性情的基础上借助外在的刺激而产生的，本身没有规律可言。情绪的产生和消失都很快，比如愤怒，往往来得快，消失得也快。当情绪出现的时候，我们应当认识到情绪的不稳定性，理性思考情绪发泄所导致的后果，才能避免不良情绪造成的危害。

性情不容易改变，但通过适当的调节，转变看问题的观念和视角，是可以改变情绪的，所以，我们要利用合适的方法，让失落的情绪尽可能转变为积极高昂的情绪，摆好心态，生活也会向你微笑。

角色各异，情绪各异

人具有社会性，在社会上扮演不同的角色。即使在发泄情绪的时候，也要根据自己所扮演的角色，适当地控制情绪，否则将不利于自己的发展。每个人都应该有自己的角色定位，对待情绪的方式也应有所差别。

如果你没有确定自己的角色，那么，从现在开始，你要注意自己的言行了。生活上最忌讳的就是人扮演了不属于自我的角色。不应该由你做的事情，千万不要去做。否则，你会在与其他人的交往中，因不当的情绪引起他人反感，也会给自己带来很多麻烦。

江丽是一家化妆品销售公司的小职员。活泼开朗，性格非常爽快。同事们也都很喜欢她。然而，后来发生了一件小事，改变了大家对她的看法。

一个工作日的早晨，公司里来了一位外商，要求见经理，洽谈一下合作的事情。恰好经理不在，江丽就代为接待了。因为江丽在上大学的时候学的就是外语，所以她与外商洽谈得非常顺利。待经理回来时，双方已经快要达成一致意见，准备签订合同了。按理说，江丽仅仅是一个小职员，没有这个权利签订合同。经理见状，脸色立即变得很难看。

待外商走后，经理就立即召见了江丽。在对她进行了严厉批评之后，准备让她写辞职报告。江丽很不解。要求经理给自己一个说法。为此差点与经理争吵起来。"我这也是为公司好啊！"江丽委屈地掉下了眼泪。

同事见状过来开导她："你的确是好心，但是公司有自己的规定，你怎么能随便代表公司签合同呢？何况，在经理面前吵闹，这明显是对经理的不尊敬吗？"

听罢，江丽乖乖地坐到位子上写好了辞职报告。

生活中，每个人都有自己的责任和义务。扮演好你自己的角色，才能让人觉得你是个懂得分寸的人。如果你连基本的规则都不懂，那么你将在社会中寸步难行。像江丽那样，虽然是为了公司好，但到头来却触犯了职场上的禁忌。如果一个人不了解自己和他人各是什么角色，就很难体会到他人的心意和情绪，也很难做出令人满意的事情来。再看看下面这个例子，看清不同角色表达不同情绪的重要性。

张洁是一家外贸公司的销售经理。为人正直，业务能力强，一直很受公司领导的赏识。久而久之，他变得越来越自满。一次公司例会上，谈论下一步的工作计划。公司老板在提到上个季度销售成绩时，提到了一个数字，张洁觉得数目有偏差，于是直接打断老板的话，纠正了这一错误，弄得老板当时非常尴尬。

事后，张洁自己也做出反省：既然老板特意提起这个数字，就说明他有信心。我当时纠正他，无异于当场给他一个耳光。

公司的老板都想在员工面前树立威信，希望员工尊重他。也就是我们经常说的有面子。张洁没有顾及这一点，当众纠正老板的错误，让老板很尴尬。

职场是我们每个人在生活中停留时间最长的场所。人在职场，想要处理好情绪，就不要把自己看得过高，也不要把自己看得过低，踏踏实实做好自己的工作就行。即便自己有鸿鹄之志，有杰出的才能，那也要在现在这个位置上踏踏实实地工作。即使你有委屈，有不顺心的地方，也要分场合、分角色，不能随时随处大发雷霆。

除了在职场要认清自己的位置以外，在社会中的各个场合我们都要分清自己的角色，恰当表达自己的情绪，以免引起不必要的误会。

你的情绪从哪里来

每个人都知道情绪这个词，但是如果要让他具体解释这个词的意思，不是每个人都能解释清楚的。俗话说："没有无缘无故的爱，也没有无缘无故的恨。"情绪的变化往往是因为受到环境的变化而变化。

简单地说，所谓情绪是指个体受到某种刺激后所产的一种身心激动状态。从心理学上说，情绪是身体对行为成功的可能性乃至必然性，在生理反应上的评价和体验，包括喜、怒、忧、思、悲、恐、惊七种。行为在身体动作上表现得越强，就说明其情绪越强，如喜就会手舞足蹈、怒就会咬牙切齿、忧就会茶饭不思、悲就会痛心疾首等，这些都是情绪在身体动作上的反应。

情绪状态的发生每个人都能够体验到，但是对其所引起的生理变化与行为却较难加以控制。人们处于某种情绪状态时，个人是可以感觉得到的，而且这种情绪状态是主观的。因为喜、怒、哀、乐等不同的情绪体验，只有当事人才能真正地感受到。别人固然可以通过察言观色去揣摩当事人的情绪，但并不能直接地了解和感受。

情绪经验的产生，虽然与个人的认知有关，但是在情绪状态下所伴随的生理变化与行为反应却是当事人无法控制的。情绪每个人都会有，心理学上把情绪分为四大类：喜、怒、哀、惧。再把它们细分还有很多，基本包括我们身上所发生的所有。

普通心理学认为："情绪是指伴随着认知和意识过程产生的对外界事物的态度，是对客观事物和主体需求之间关系的反应，是以个体的愿望和需要为中介的一种心理活动。情绪包含情绪体验、情绪行为、情绪唤醒和对刺激物的认知等复杂成分。"

生理反应是情绪存在的必要条件，为了证明这一点，心理学家给那些不会产生恐惧和回避行为的心理病态者注射了肾上腺素，结果这些心理病态者和正常人一样产生了恐惧，学会了回避任务。

情绪与我们每个人的生活息息相关，情绪可以简单分为好的情绪和坏的情绪。好的情绪会为我们提供一种向上的力量，对我们的人生发挥促进作用，而坏的情绪则相反。当然，我们都想发挥好的情绪的积极作用，避免坏的情绪的负面作用。那么，情绪究竟是从哪里来的呢？关于这个问题的答案，总的来说有以下几种：

生活方面的变动

生活方面的变动是情绪的主要来源之一。比如年底的时候，公司发给你一笔数目可观的奖金，你的第一反应必然是开心，内心充满喜悦；又或者在一次重要的会议上，你的笔记本电脑忽然没电了，你精心准备的PPT也无法展示，这时你的情绪一定是懊恼的；再比如期待中的假期即将到来、受伤、失业等，都是可以造成情绪变动的事件，这些事件令我们必须面对新的生活需求以及新的环境要求，从而导致情绪产生波动。

自然事件

虽然作为现代人的我们，不可能像林妹妹那样见落花流泪，但是不可否认的是，自然条件的变化会给我们带来情绪上的改变。比如一连阴沉了几天的天气放晴了，我们的心情必然焕然一新。而自然灾害的发生对于受害者来说，必然是一件重大的情绪事件。而且，对于现场目击者、前往救援的人、救治医院的工作人员、受害者的亲友以及从各种媒体听闻这件事的人来说，其情绪都会或大或小受到影响。

长期的社会性情绪来源

当今社会的确存在比较多的情绪现象，比如生活空间过度拥挤、食品安全受到威胁、经济衰退、环境污染等。这些现象的存在不仅是科学技术上的问题，而且也是心理上的问题。不过，要解决这些社会事件所造成的情绪问题，单个人的微薄之力是不够的，还需要借助整个社会的共同努力。

致力于研究身心成长的作家张德芬说过，天下能引发自己产生情绪的只有三件事：自己的事，别人的事，老天的事。关于这三件事，她有如下解释：

自己的事：诸如上不上班，吃什么东西，开不开心，结不结婚，要不要帮助别人……自己能安排的皆属之。

别人的事：诸如小张好吃懒做，小陈婚姻不幸福，老陈对我不满意，我帮助别人却不被感激……别人在主导的事情皆属之。

别让压力毁了你，别让情绪左右你

老天的事：诸如会不会下雨、地震、战争……人能力范围之外的事情，都属于老天爷的管辖范围。

人的情绪、烦恼就来自于：忘了自己的事，爱管别人的事，担心老天的事……所以要轻松自在很简单：打理好"自己的事"，不去管"别人的事"，不操心"老天的事"，如果真能做到如此，人还会有什么烦恼的情绪吗？

情绪的产生是由于个体受到某种刺激以后产生的身心激动状态。这种刺激可能来自生活中遇到的各种人或事，如故友重逢，仇人相见；嘈杂闹市，鲜花广场；考试试卷，缴费账单等。外界的任何事件都能引发我们喜怒哀乐各种情绪反应。情绪的产生还和我们的某些心理活动，如：回忆、想象、联想，或者一些生理性刺激有关。所以，情绪是个体的深刻体验，我们能感受到它，却常常不能自如地控制它。

刺激是情绪产生的客观原因；需要能否获得满足决定情绪的性质和内容；主观认知是影响情绪的内在原因，了解了自己的情绪如何产生就能帮助我们进一步认识自己的情绪。

当我们完全理解和看透了自己的不良情绪时，如果能够再提出一些问题，不断地进行递进式提问，审视自己的内心，那么许多影响我们情绪的因素便会拨云见日。找到问题的症结之后，下一步的行动就会轻松很多。当然，对提出的问题通常有两项要求：深度和广度。这样，你才会更加真切和有力地看清自己情绪的核心。

恐惧来自情绪的幻觉

我们恐惧什么？其实，很多时候，我们的恐惧来源于我们自我意象的提示。就像我们做了一个不好的梦，心里就会想一定是有什么不好的事情将要发生，有了这种心理暗示，我们的紧张情绪就会被调动起来，进而让我们产生恐惧心理。

其实，我们最害怕的事物往往并不存在，那只是想象中的影子罢了。

卫斯里为了领略山间的野趣，一个人来到一片陌生的山林，左转右转，迷失了方向。正当他一筹莫展的时候，迎面走来了一个挑山货的美丽少女。

少女嫣然一笑，问道："先生是从景点那边迷失的吧？请跟我来吧，我带你抄小路往山下赶，那里有旅游公司的汽车在等着你。"

卫斯里跟着少女穿越丛林，阳光在林间映出千万道漂亮的光柱，晶莹的水汽在光柱里飘飘忽忽。正当他陶醉于这美妙的景致时，少女开口说话了："先生，前面就是我们这儿的鬼谷，是这片山林中最危险的路段，一不小心就会摔进万丈深渊。我们这儿的规矩是路过此地，一定要挑点或者扛点什么东西。"

卫斯里惊问："这么危险的地方，再负重前行，那不是更危险吗？"

少女笑了，解释道："只有你意识到危险了，才会更加集中精力，那样反而会更安全。这儿发生过好几起坠谷事件，都是迷路的游客在毫无压力的情况下一不小心摔下去的。我们每天都挑东西来来去去，却从来没人出事。"

卫斯里冒出一身冷汗，对少女的解释十分怀疑。他让少女先走，自己去寻找别的路，企图绕过鬼谷。

少女无奈，只好一个人走了。卫斯里在山间来回绕了两圈，也没有找到下山的路。眼看天色将晚，卫斯里还在犹豫不决。夜里的山间极不安全，在山里过夜，他恐惧；过鬼谷下山，他也恐惧。况且，此时只有他一个人。

后来，山间又走来一个挑山货的少女。极度恐惧的卫斯里拦住少女，让她帮自己拿主意。少女沉默着将两根沉沉的木条递到卫斯里的手上。卫斯里胆战心惊地跟在少女身后，小心翼翼地走过了这段"鬼谷"。

过了一段时间，卫斯里故意挑着东西又走了一次"鬼谷"。这时，他才发现"鬼谷"没有想象中那么"深"，最"深"的是自己的恐惧。

有些人对一些本来并不可怕的事情却产生了紧张恐惧的情绪。他们自己也能意识到这种恐惧是完全不必要的，甚至能意识到这是不正常的表现，但却不能控制自己，即使尽了很大努力也依然无法摆脱和消除，因而感到极为不安。

许多人简直对一切都怀着恐惧之心：他们怕风，怕受寒；他们吃东西时怕有毒，做生意怕赔钱；他们怕人言，怕舆论；他们怕困苦的时候到来，怕贫穷，怕失败，怕收获不佳，怕雷电，怕暴风……他们的生命充满了林林总总的恐惧。

从前，有一个国王，他提供了非常优厚的一份奖金，希望有人能画出最平静的画，以便自己在心情烦躁时能拿来缓解情绪。许多画家都来尝试，国王看完所有的画，只有两幅他最喜欢。

一幅画是一个平静的湖，湖面如镜，倒映出周围的群山，上面点缀着如絮的白云。大凡看到此画的人都同意这是描绘平静的最佳图画。

另一幅画也有山，但都是崎岖和光秃的山，上面是愤怒的天空，下着大雨，雷电交加。山边翻腾着一道涌起泡沫的瀑布，看着一点都不平静。但当皇帝靠近一看时，他看见瀑布后面有一个小树丛，其中有一鸟巢。在那里，在奔流的水流中间，母鸟坐在它的巢里——平静安详。

国王选择了后者，奖金给了画这幅画的画家。

平静并不等于完全没有困难和辛劳，而是在那一切的纷乱中间，心中仍然宁静。

一幅画就能带给一个人内心的安宁，这说来多多少少都有些不可思议。我们总是把情绪和幻觉重叠，无法辨认哪些是真实存在的，哪些是虚幻的。因为情绪本身就有不确定性，它很容易被外界因素所影响。

对自我进行深刻的剖析，认清自己真实的情绪，才是主宰自我的根本所在。

人人都有情绪周期

有时候，我们常常对突如其来的情绪感到莫名其妙：不知道自己为什么有时候会毫无来由地心情低落，做任何事情都没有兴致。其实，这都是我们的情绪在作怪，就像一年有春夏秋冬四季的变化一样，我们的情绪也有周期性变化。

情绪周期是指一个人的情绪高潮和低潮的交替过程所经历的时间。它反映出人体内部的周期性张弛规律，也称"情绪生物节律"。一个人如果处于情绪周期的高潮，就表现出强烈的生命活力，对人和蔼可亲，感情丰富，做事认真，容易接受别人的规劝，具有心旷神怡之感；若处于情绪周期的低潮，则容易急躁和发脾气，易产生反抗情绪，喜怒无常，常感到孤独与寂寞。

情绪周期就像是人生情感的天气预报一样，我们可以依据预报的提示安排好自己人生的节律。比如，情绪高涨的时候安排一些难度大、复杂而又棘手的任务，因为人在良好的情绪状态下迎接挑战可以淡化退缩情绪；而在情绪低落时就不要勉强自己，我们可以先做些简单的工作，也可以放下手头上的事，出去走走，多参加一些娱乐活动，让身心得到及时的放松。如果有了烦恼的事情，要学着多向信任的亲人和朋友倾诉，我们要积极化解不良情绪，寻求心理上的支持，安全地渡过情绪危险期。如果情绪低迷时还坚持做复杂而艰难的工作，不仅效率不高，还会增加失败意识，并严重打击自信。

了解情绪周期，适时调节自我情绪。

情绪周期的一般规律

人的情绪周期一般为五周，也有的人较短或较长。科学研究表明，人的情绪周期是与生俱来的。从出生的第一天开始，一般28天为一个周期，周而复始。每个周期的前一半时间称为"高潮期"，后一半时间称为"低潮期"。由高潮向低潮或由低潮向高潮过渡的时间，称为"临界期"，一般是2至3天。

人的情绪总是从兴奋到抑制，从抑制再到兴奋，往复循环。一个人的情绪不可能一直处于低潮，也不可能一直高涨。以情绪为例，在高潮期内，人的精力充沛、心情愉快，一切活动都被愉悦的心境所笼罩;在临界日内情绪很不稳定,机体各方面的协调性能较平时差,自我感觉特别不好,健康水平下降,心情烦躁,容易莫名其妙地发火,在活动中容易发生事故;而在低潮期内,情绪低落,反应迟钝,一切活动都被一种抑郁的心境所笼罩。

女人情绪周期的表现

女人行经前的一个星期左右以及行经期间,身体通常会感到不舒适,或出现种种毛病。例如腹胀、便秘、肌肉关节痛、食欲增加、容易疲倦、长粉刺暗疮、胸部胀痛、头痛、体重增加等;有些女性还会显得沮丧、神经质及容易发脾气等。

以上种种与经期有关的症状,医学上称之为"经前症候群"。形成的原因有很多,主要是跟体内的荷尔蒙变化有关。一旦体内的激乳素、雌激素、肾上腺素等荷尔蒙出现了变化,马上会影响到心理情绪及生理上的改变。建议你在日历上记下你的情绪周期,一旦出现忧郁、焦躁不安、想发脾气的时候,立即看看是否情绪周期出现了。

男人情绪周期的表现

说到女人的情绪周期,可能所有人都会很认同,可是男人也有情绪周期吗?答案是肯定的。男人周期性的情绪低潮其实是一种正常的现象,是一种生物节律变化,也是男性机体激素水平变化的结果,是有规律可循的。专家解释说,人的生长、发育、体力、智能、心跳、呼吸、消化、泌尿、睡眠乃至人的情绪无一不受体内生物节律的控制。只不过有的人节律明显,有的人不明显。

据国外一些研究显示,男人的情绪节律周期影响着男人的创造力和对事物的敏感性、理解力以及情感、精神、心理方面的一些机能。在"情绪高潮"期,他往往表现得精神焕发、谈笑风生;在"情绪低潮"期,他又变得情绪低落、心情烦闷、脾气暴躁。有趣的是,目前流传一种说法:男人"例假"也会受自己爱人例假周期的影响。还有一种说法称,男人"例假"还受月亮潮汐现象、天气变化的影响。

另外,工作和生活环境也是影响男人情绪周期的重要因素,长时间的紧张工作和不规律的生活也会带来情绪上的压抑,要是不能及时宣泄出来,到达一定极限时会不自觉地转化为急躁、烦闷。

对于感情来说,情绪周期在男人身上的表现可以总结为一个过程:亲密——疏远——亲密。对于理解男人感情的"情绪周期",有个完美的比喻:男人就像"橡皮筋"。将橡皮筋拉长,只要没超过弹性限度,一松手,立刻就会反弹回来。典型而常见的情形是:起初他对你爱意绵绵,你对他信任有加。忽然间,男人显得烦躁不安,六神无主。他开始疏远你,他不愿与你聊天,甚至不理不睬。一段时间以后,他才恢复常态,再次对你亲热起来。此时,橡皮筋自动反弹回来了。之所以逃避,是男人潜意识里要满足"独处"和"反省"的需要。一段时间的逃避之后,男人就又会强烈地渴望爱,留恋亲密的感觉。

掌握了自己的情绪周期,就应该将其应用于我们的日常生活之中。遇上低潮和临界期,我们要提高警惕,运用意志加强自我控制,也可以把自己的情绪周期告诉自己最亲密的人。让他能提醒我们,帮助我们克服不良情绪。

观察自己的情绪

善于观察自己的情绪,并能对自己的情绪有相当的了解,是我们快乐生活的保证。如果我们对自己的情绪总是感到猝不及防,我们的生活也必会遭到不良情绪的破坏,进而弄得一团糟。

芬妮是一个脾气暴躁、情绪容易激动的女孩,经常因为小事和别人吵架,她的人际关系因此愈来愈紧张,最后,男友也难以忍受她的坏脾气,和她分手了。直到有一天,她觉得自己已经处于崩溃的边缘,她打电话向她的一个朋友詹森求救。詹森向她保证:"芬妮,我知道现在对你来说是有点糟,可是只要经过适当的指引,一切都会好转。听我说,你现在要做的第一件事就是让自己安静下来,好好地享受一下宁静的生活。"

听了詹森的话,芬妮开始试着放弃先前忙碌的生活,好好地放松自己,给自己放了一个长假。当她的情绪稳定了一段时间之后,詹森又给了她新的建议:"在你发脾气之前,先想一想,究竟是哪一点触动了你,让你有那么大的情绪。你可以选择两种方式进行思考,一是让每件事情都在脑海里剧烈地翻搅，另一种则是顺其自然，让思想自己去决定。"

詹森说着，从抽屉里拿出两个透明的刻度瓶，然后分别装了一半刻度的清水，随后又拿出了两个塑料袋。芬妮打开来一看，发现分别是白色和蓝色的玻璃球。詹森说："当你生气的时候，就把一颗蓝色的玻璃球放到左边的刻度瓶里；当你克制住自己的时候，就把一颗白色的玻璃球放到右边的刻度瓶里。你要记住，关键是你要学会控制自己的情绪，如果你不试着控制自己的情绪，你会继续把你的生活搞得一团糟。"

此后的一段时间内，芬妮一直照着詹森的建议去做。后来，在詹森的一次造访中，两个人把两个瓶中的玻璃球都捞了出来。他们同时发现，那个放蓝色玻璃球的水变成了蓝色。

原来，这些蓝色玻璃球是詹森把水性蓝色涂料染到白色玻璃球上做成的，这些玻璃球放到水中后，蓝色染料溶解到水中，水就变成了蓝色。詹森借机对芬妮说："你看，原来的清水投入'坏脾气'后，也被污染了。你的言语举止，是会感染别人的，就像这玻璃球一样。所以，当你心情不好的时候，一定要控制自己。否则，坏脾气一旦投射到别人身上的时候，就会对别人造成伤害，再也不能恢复到以前。"

芬妮后来发现，当她按照詹森的建议去做时，她再也不会有头脑烦乱的时候了，事情也很容易就理出头绪。在此之前，她的心里早已容不下任何新的想法和三思而后行的念头，已经形成了一种忧虑的习性，这些让她恐惧慌乱而情绪化。

当詹森再次造访的时候，两个人又惊喜地发现，那个放白色玻璃球的刻度瓶竟然溢出水来了，看来芬妮对自己的克制成效不小。慢慢地，芬妮已学会把自己当成一个思想的旁观者，来看清自己的意念。一旦有了不好的想法就很快发现，想法失控的时候就及时制止。这样持续了一年，她逐渐能够信任自己并且静观其变，生活也步入正轨，并重新得到了一位优秀男士的爱，美好在她的生活中渐渐展现。

其实，芬妮的实验不过是好朋友的一个善意的谎言，但正是这个谎言让芬妮改变了自己，并且能很好地控制自己的坏情绪。在生活中，我们有时也会像芬妮一样，被自己的坏情绪所左右，这是一件很危险的事情。

生活中总会有不如意的事，当你要发脾气的时候，应该做的第一件事就是尽量让自己安静和放松下来，想一想目前出现了什么情况，而不是顺其自然地让脾气发作，被情绪牵着走。

我们常说的"察言观色"中的"色"亦表达相同的含义。主观体验是和相应的表情模式联系在一起的，如愉快的体验必然伴随喜形于色或手舞足蹈。生理唤醒则指情绪产生时的生理反应，它是一种生理的激活水平。不同情绪的生理反应模式是不一样的。比如愉快时心跳节律正常；恐惧时心跳加速、血压升高、呼吸频率增加甚至出现停顿。因此，我们要学会观察自己的情绪，在坏情绪还没有爆发之前，将它化解掉，这对我们的生活会有很大的改善。

对自己的情绪负责

如果有人问你，你能对自己的情绪负责吗？你可能说："情绪怎么能随便控制呢？"有高兴事就乐，有伤心事就悲，这是人之常情。

凯斯特是一名普通的汽车修理工，生活虽然勉强过得去，但离自己的理想还差得很远，他希望能够换一份待遇更好的工作。有一次，他听说底特律一家汽车维修公司在招工，便决定去试一试。他星期日下午到达底特律，面试的时间是在星期一。

吃过晚饭，他独自坐在旅馆的房间中，想了很多，把自己经历过的事情都在脑海中回忆了一遍。突然间，他感到一种莫名的烦恼：自己并不是一个智商低下的人，为什么至今依然一无所成，毫无出息呢？

他取出纸和笔，写下了4位自己认识多年、薪水比自己高、工作比自己好的朋友的名字。其中两位曾是他的邻居，已经搬到高级住宅区去了；另外两位是他以前的老板。他扪心自问：与这4个人相比，除了工作以外，自己还有什么地方不如他们呢？是聪明才智吗？凭良心说，他们实在不比自己高明多少。

经过很长时间的反思,他终于悟出了问题的症结——自己性格情绪的缺陷。在这一方面,他不得不承认自己比他们差了一大截。

虽然已是深夜3点钟了,但他却出奇地清醒。他觉得自己第一次看清了自己,发现了过去很多时候自己都不能控制自己的情绪,例如爱冲动、自卑、不能平等地与人交往,等等。

整个晚上,他都坐在那儿自我检讨。他发现自从懂事以来,自己就是一个极不自信、妄自菲薄、不思进取、得过且过的人,他总是认为自己无法成功,也从不认为能够改变自己的性格缺陷。

于是,他痛下决心:自此而后,决不再有不如别人的想法,决不再自贬身价,一定要完善自己的情绪和性格,弥补自己在这方面的不足。

第二天早晨,他满怀自信地前去面试,顺利地被录用了。在他看来,之所以能得到那份工作,与前一晚的感悟以及重新树立起的这份自信不无关系。

在底特律工作了两年后,凯斯特逐渐建立起了好名声,人人都认为他是一个乐观、机智、主动、热情的人。在后来的经济不景气中,每个人的情绪都受到了考验,很多人都倒在了情绪面前。而此时,凯斯特却成了同行业中少数有生意可做的人之一。公司进行重组时,分给了凯斯特可观的股份,并且给他加了薪水。

成功,首先来自于情绪的完善,而非才能。因为,如果没有情绪的完善,才能将难以发挥作用。

这个世界上,成功的"天才"太少,而被宠爱坏了的"天才"却太多。很多有才能的人,往往对自己的才能过于自负,而忽略了对情绪智商的培养。他们不善于与人沟通,在面对困难与打击时,不能有效控制自己的情绪,不时抱怨自己"怀才不遇",结果落得个一事无成。

美国心理学家南迪·内森指出:一般人的一生平均有十分之三时间处于情绪不佳的状态,每个人都不可避免地要与消极情绪作持久的斗争。

弱者听任情绪控制行为,强者则控制情绪。关上通往恐惧和担忧之门,你就有机会打开希望和信心之门。不要让心中藏有任何消极的记忆,也不要把时间浪费在无法改变的事情上。

你必须给自己定一个目标:"今天,甚或现在,我一定要控制自己的情绪。"你不妨从下面这些做起:

多看美好的一面

调节情绪与控制相机镜头是一样的,假如你把镜头对准垃圾,就会留下垃圾的画面;假如你把镜头对准鲜花,就会留下美丽花朵的画面。情绪也是如此,总是看积极的方面,就会产生乐观的情绪;如果总是看消极的方面,就会产生灰色的情绪。

适当的情绪宣泄

找知心朋友释放一下自己的委屈、忧愁、牢骚和怨恨等不快,有时候,情绪一旦宣泄出来,就烟消云散了,而压抑反而使不良情绪越积越多。

不要苛求

现代人对自己要求越来越高,对环境的要求也越来越高,这就导致对自己不满,对环境也不满。我们要理性地看待自己,适当地原谅自己。

转换思维的角度

所有的绊脚石都是垫脚石,就看你怎么用它。创痛能教导我们某些事情,使我们学到安逸状态下学不到的东西。创痛能帮我们克服困难,发现自身的力量。强者善于运用失败与挫折,使其转化为成功的动力。

人之所以会产生不良情绪,很多时候是因为我们把问题极度扩大化了。其实,这个世界只有两种问题,一种是能解决的问题,另一种就是无法解决的问题。所以,你应该立刻以最实际的办法,着手解决你能解决的问题。至于那些你无法解决的问题,立刻忘掉它吧。

比如,当你听说一次本该到手的晋升机会被一个同事抢走时,开始,你会暴跳如雷,进而你又悲观失落,甚至觉得自己的一生都没指望了。但实际上,你根本不需要如此。你失去的仅仅是一次小小的晋升机会而已,你要知道,当造物主为你关上一扇门时,又悄悄为你打开了另一扇窗。不要放大消极情绪,不要听任情绪的发展,你应该做的,只是把这次晋升忘掉,开动你的创新思维,去争取更广阔的发展空间。

认识情绪的正负极

马可·奥勒留认为：“如果神灵对于我，对于必须发生于我的事情，都已经做出了决定，那么他们的决定便是恰当的。”他劝自己要接受所有对他发生的事情，这在很多人看来可能是顺从命运的消极主义看法。但是，在很多时候，很多东西并不是我们可以预测的，未来也不是凭我们的意志就可以改变的。世界上没有绝对的事情，任何事情都有两面性，塞翁失马，焉知非福？任何事情都是变化无常的，好的事情也会变坏，有的时候坏事情也会出现好的转机。要学会从乐观的角度来看待和接受所发生的事情。

从前，有一个国家，它的宰相总是觉得"一切都是最好的安排"，这让国王觉得又可笑又有些讨厌。

有一天，国王准备外出，突然下起了大雨，这让国王非常扫兴。但是宰相说："这是一件好事情，大雨过后的街道一定会被冲刷得很干净，国王您就可以享受清新的空气了。"

国王没说什么。

又一次，国王准备外出巡视时却遇到了酷热的天气，十分郁闷。这时宰相又对国王说："这是一件好事情，在这么炎热的天气下出巡才能了解百姓的疾苦。"

国王忍着一股无名火没有发作。

后来，国王在检查猎具时，不小心被猎具斩断了一截手指。宰相居然也认为这是上天最好的安排，是一件好事情。

国王听后终于忍无可忍，立即把他打入大牢，并以一种幸灾乐祸的嘲讽口吻问宰相："你认为这是一件好事情吗？你认为这也是最好的安排吗？"

没想到宰相居然说是，国王更加生气地告诉他："好，既然你认为好，那你就继续在这里待着吧！"

过了两天，国王去打猎，不小心误入森林深处，被食人族捉住了。当晚，食人族准备了柴火，支起了大锅，准备烹饪国王。但是，当食人族清洗国王身体的时候却发现国王少了一根手指头，这在族内是大忌，因为他们认为不完整的动物是不祥之物。于是他们用特有的仪式把国王送出离他们很远的森林之外。

劫后余生的国王回国后做的第一件事情就是去牢里拜见宰相，他激动地说："断了指头果真是一件好事情。"

过了一会他突然想起了什么，他问宰相："难道我把你关在牢里这么多天也是好事情吗？"

宰相说："当然是好事情了，陛下您想，如果我不在牢里，而是像以往那样陪同您去打猎，我们都会被食人族捉住。您会因为那个断指而保全性命，但我必死无疑，因为我很完整！"

国王终于开悟，任何事情都有两面性，你所接受的都是最好的安排。

就像老子所说，祸兮福之所倚，福兮祸之所伏。坏事可以引出好的结果，好事也可以引出坏的结果。当你的事业遇到瓶颈的时候千万不要灰心丧气，要接受现实并想办法进行突破，因为这刚好就是你百尺竿头更进一步的大好机会；当你在工作中遭遇重大失败的时候千万不要情绪低迷，这是一个好事情，因为经验教训是一笔宝贵的财富，你会避免今后再犯此类的错误；当你与同事关系不好的时候，这也不是什么坏事情，因为这说明你该反省自己了，人只有不断反省才能不断成长进步。

总之，接受所有发生的事情吧，多点乐观精神，多把事情往好处想，不要让失意的事情来影响你的情绪，这样你会更加容易快乐，更加容易跨越所有阻碍与困难。

人生不可避免地要经历很多不如意的事情，很多事情也并不是我们自己可以自由选择的。在职场中生存，除了坚强、勇敢，还需要乐观，以使我们在面对任何事情的时候都能够百折不弯。

无论是好是坏，情绪都有传染性

假如有一天，寝室里某一个成员情绪很好，或者情绪很坏，其他成员就会受到感染，产生相应的情绪反应，于是就形成了愉快、轻松或者沉闷、压抑的寝室氛围。

情绪的好与坏对一个人的影响是很大的。因为每一种情绪都犹如强大的病毒一样，很容易传染他人或者影响自己。笑脸对人，回收的是笑脸；恶语对人，回收的是恶语；认真地对待生活，生活也会给你以真诚的回报。

有一只流浪狗，无意间闯进一间四壁都镶着玻璃镜的屋子。

突然看到很多的狗同时出现，它大吃一惊，这只狗便龇牙咧嘴，发出阵阵低沉的吼声。

而镜子里所有的狗看起来也十分生气，每只狗的脸上也出现怒吼的面孔。这只狗一看，简直吓坏了，不知所措，开始绕着屋子跑起来，一直跑到体力透支，倒地死亡。

其实，真正危害到这只狗的是自己的情绪，要是这只狗肯对镜子摇几下尾巴，情形就会完全改观，镜子里的狗必然会回报它以同样友善的举动。我们对待生活也是一样，镜子就如同他人一样，我们呈现出怎样的情绪，就会被怎样的情绪回馈。如果我们是喜悦的，我们传染他人的也同样是喜悦，大家一起心情舒畅；如果我们是悲伤的，我们传染给他人的也同样是悲伤，当悲伤聚集到一起的时候，我们的内心会因为承受不住巨大的压抑而濒临崩溃的边缘。

试着对你所处的恶劣环境，积极主动地表达心中的善意，情形必然会有所改善。在与陌生人交往中，我们常常会将一些不良情绪带给对方，使对方不是时不时地抱怨就是坐立不安。这时候我们与陌生人的交往就变得十分困难。

许多人都知道一些交际的心理知识和一些交际技巧，每当他们自信地和人打交道时，结果却因为自己不能保持良好的情绪而让人际交往的结果大打折扣。原因很简单，他们注意到了很多技巧性的东西，却忽略了自己的情绪，这些或紧张或烦躁，或失落的情绪直接反映到一些细节上，例如，双眼暗淡无神，不时地看手表，表情僵硬等，这些小细节都会给对方无聊、紧张、冷漠的心理暗示，在这种暗示的影响下，他们原本的情绪就会不自觉地被牵引，变得十分糟糕，进而对交往产生障碍。

当然，事物都有两面性，糟糕的情绪表现会破坏你和陌生人的交往，乐观积极的情绪又会感染对方。正确利用情绪效应，让它为你所用，就能帮你给别人留下很好的印象。

掌握自我情绪，对你的社交会有很大帮助。现代心理学研究发现，人的情绪有两个关键时刻，一是早起时，一是晚上就寝前。如果能把握好这两个情绪的关键时刻，在这两个时刻保持良好的心情，稳定自身情绪，就很容易获得一整天的好心情。

情绪平衡时，你才是充满能量的人

情绪是一种能力。在生活中，我们拥有很多能力，在很多事情上，我们都有自信、勇气、冲动，或者是冷静、轻松、悠闲，或者是坚定、决心，也或者是创造力、幽默感，更或者是敢冒险、灵活、随机应变……所有这些能力，细想一下，我们就会发现这些都来自一份感觉，一份内心里的感觉。而这份感觉就是情绪，情绪可以支配我们的自身资源，发挥这些资源的最大潜能。

我们每时每刻都在感受着情绪带给我们的力量，它存在于我们的无意识中，不易被我们发觉。比如，观看一场扣人心弦的体育比赛会使人产生兴奋和紧张；失去亲人会带来痛苦和悲伤；完成一项任务或工作后会感到喜悦和轻松；受到挫折时会悲观和沮丧；遭遇危险时会出现恐惧感；面对敌人的挑衅时会产生压抑不住的愤怒；在工作不称心时会产生不满；在美好的期望未变成现实时会出现失落感；而在面临紧迫的任务时会感到焦虑。这些感受上的各种变化就是我们通常所说的情绪。

当一个人受到批评时，可能会出现悲伤、沮丧、不满等情绪；当一个人获得成功时，一般会产生兴奋、欢快、喜悦、满足等情绪。我们已经知道了情绪是很复杂的，人类有数百种情绪，其

第十章 解析情绪，打开人生命运密码

间又有无数的混合变化与细微差别，情绪之复杂远非语言能及。

情绪首先表现为肯定和否定的对立性质，也就是情绪具有两极性。如满意和不满意、愉快和悲伤、爱和憎，等等。而每种相反的情绪中间，存在着许多程度上的差别，表现为情绪的多样化形式。处于两极的对立情绪，可以在同一事件中同时或相继出现。例如，儿子在战争中牺牲了，父母既体验着英雄为国捐躯的荣誉感，又深切感受着失去亲人的悲伤。

情绪的能量也分正负极：一种是积极的，一种是消极的。积极、愉快的情绪使人充满信心，努力工作，消极的情绪则会降低人的行动能力，如悲伤、郁闷等。消极情绪不仅影响自己的表情和理智，也会影响他人对你的看法。

然而，对于不同的人，同一种情绪可能同时具有积极和消极的作用。例如，恐惧会引起紧张，抑制人的行动，减弱人的神志，但也可能调动他的精力，向危险挑战。

每一种情绪都有其对立面。比如：

激动和平静

激动的情绪表现强烈、短暂，然而可能是爆发式的，如激愤、狂喜、绝望。人在多数情景下处在安静的情绪状态，在这种状态下，人能从事持续的智力活动。

紧张和轻松

紧张决定于环境情景的影响，如客观情况赋予人的需要的急迫性、重要性等，也决定于人的心理状态，如活动的准备状态、注意力的集中、脑力活动的紧张性等。一般来说，紧张与活动的积极状态相联系，它引起人的应激活动。但过度的紧张也可能引起抑制，引起行动的瓦解和精神的疲惫。

情绪是很不稳定的，经常呈现出从弱到强，或由强到弱的变化，如从微弱的不安到强烈的激动，从快乐到狂喜，从微愠到暴怒，从担心到恐惧，等等。情绪的强度越大，整个自我被情绪卷入的趋向越大。不同的情绪表现形式，能够成为度量情绪的尺度，如情绪的强度、情绪的紧张度、情绪的激动程度、情绪的快感程度、情绪的复杂程度等。

情绪的稳固程度和变化情况，就是情绪的稳固性。情绪的稳固性与情绪的深度也是密切联系着的。深厚的情绪是稳固持久的。浅薄的情绪即使很强烈，也总是短暂的、变化无常的。

情绪不稳固首先表现在心境的变化无常上。情绪不稳固的人，情绪变化非常快，一种情绪很容易被另一种情绪所取代，人们经常用"喜怒无常"、"爱闹情绪"等来形容；其次还表现在情绪强度的迅速减弱上。这类人开始时往往情绪高涨，但很快就冷淡下来，人们经常用"转瞬即逝"、"三分钟热度"来形容他们。

情绪的稳固性是性格成熟的标志之一，稳固的情绪是获取良好人际关系的重要条件，也是取得工作成绩和人生成功的重要条件。

情绪对人的生活能发生作用，这就是情绪的效能。情绪效能高的人，能够把任何情绪都化为动力。愉快、乐观的情绪可以促使人们积极工作，即使悲伤的情绪，也能促使他"化悲痛为力量"。情绪效能低的人，有时虽然也有很强烈的情绪体验，但仅仅停留在体验上，不能付诸行动。

愉快、乐观等积极性情绪使人陶醉于这种氛围中，从而延迟、停止、放弃行动；悲伤、抑郁的情绪则使其不能自拔，也使其延迟、停止、放弃行动。

人的情绪与智力有密切关系，没有智力的人很难说情绪是什么样的，所以，情绪也是智力活动的结果。人们很难找到没有智力的人的情绪。

情绪占据了人类精神世界的核心地位。在任何时候，人们都不会忽视情绪的力量。著名的泰坦尼克号沉没的时候，年老的船长平静地留在轮船上，安心地面对死亡，他的行为感动了许多人，致使这些人在大灾难和即将来临的死亡面前，表现得异常镇静，这充分显示了情绪在人类生活中的重要性。

了解了情绪的正负能量所带来的巨大作用，我们就应该意识到情绪对我们人生的影响。平衡自我情绪，不要被情绪冲昏头脑，才是我们获取情绪能量的法宝。

接受并体察你的情绪

每个人的情绪都处于不断变动的状态中，有兴奋期就不可避免地有低潮期，掌管和控制情绪之前应该先去接受和体察它。情绪变化是有规律的，只有接受和体察，才能真正地顺应内心、帮助内心回归平和。

当然，不同的人处理情绪的态度不同，但是大家有一个普遍的共识：情绪不能压抑，压抑会导致各种心理障碍，也会导致某些疾病的产生。因而针对情绪化的人，心理学家建议他们对待情绪的基本态度就是承认和接受。

平时，方女士对同事和对身边的朋友都非常友好，从来不和别人发生冲突，大家都觉得她是一个脾气温和的人。在别人眼里，她温柔又和善。

但回到家里，她往往会因芝麻大小的事就对丈夫大发脾气，甚至会摔东西。丈夫对此也很无奈，非常不开心，觉得她很难让人接受。

面对自己阴晴不定的情绪，方女士非常痛苦。其实，丈夫对她很好，她也很爱丈夫，但她又害怕丈夫会因自己的情绪而离开她。有时候，她也非常受不了自己，可是当发脾气的时候她却无法预计和控制。很多次，她都告诉自己的父母和丈夫，但他们都说是她自己没有克制能力。对于他们对自己的不理解，方女士很苦恼，于是，她尝试去看心理医生。

心理医生分析了方女士的情况，又咨询了一些关于她成长的事情，最后终于找到她情绪化背后的根源：由于孩提时父母离异，方女士非常敏感但又异常依赖身边的亲人，脾气暴躁。医生为她提出一些改变情绪化的建议，并告诉她要悦纳自己的情绪，才会便于改善情绪。

很多人的情绪化都产生于孩提时代。孩子总是被大人引导，使他们将自己最直接的情感与不愉快的事情相联系：孩子可能会因哭闹受到处罚，也可能因嬉闹而受到处罚。揭开情绪的面纱时，自己总是能找到导致情绪化的原因。不能公开地表达自己的情感，但起码可以承认它们的存在。要承认它们存在的最基本的一步就是允许自己体验情感，允许自己出现各种情绪并恰当表达它们。

体察情绪的第一步，就是要正视它。情绪不会凭空消失，存在就是存在，它不可能因为你的否定而消失。相反，一味地否定只能让情绪潜藏在意识里，可能会带来更坏的影响。每个人都有发泄情绪的权利，如果不敢承认情绪的存在，可能也就不敢发泄情绪，盲目压抑情绪对个人的身心发展非常不利。

其次，可以采取"情绪反刍"或是"寻根溯源"的方法来认识自己的情绪。要沿着自己的心灵发展轨迹，溯流而上，用当前情绪去联想更多的情绪状态，慢慢体味、细细咀嚼自己的各种情绪经历，并询问自己当时如果没有产生这种情绪会是一种怎样的情形。这样可以使人变得心平气和。

再次，学会养成体察自身情绪的习惯。也就是时时提醒自己注意："我现在有怎样的情绪？"例如，当自己因同事的一句话而生气，不给对方解释的机会，这时就问问自己："我为什么这么做？我现在有什么感觉？"如果察觉自己只对同事一句无关紧要的话就感到生气，就应该对生气做更好的处理。有许多人认为："人不应该有情绪"，因而不肯承认自己有负面的情绪。实际上，人都会有情绪，压抑情绪反而会带来不良的结果。

最后，缓解和调理自己的情绪。觉察自己情绪的变化，能更清楚地认识自己的情绪源头，也有助于理解和接受他人的错误，从而轻松地控制消极的情绪，培养积极的情绪。疏解和调理情绪，也需要适当地表达自己的情绪。

接受并体察你的情绪，不要拒绝，不要压抑，勇敢地面对自己的情绪变化。在情绪转好之时，抓住机会，投入到有意义的事情中去。

正确感知你所处的情绪

知觉与评估情绪的能力是心理学上两类最基本的情商，也是衡量一个人情商高低的最基本的要素。通常来说，低情商者对自己及他人的情绪感知能力弱，容易导致情绪失控；而高情商者对自身的情绪能够做理智的分析，其实对自身情绪的评估能力越强，越有利于问题的解决。但往往有很多人，对自身的情绪很难把握，对此，可以从心理状态加以分析。

著名心理学家约翰·蒂斯代尔提出的"交互性认知亚系统"理论是一种以正念为基础的认知治疗理论，该理论认为人一般有三种心理状态：无心/情绪状态、概念化/行动状态、正念体验/存在状态。

无心/情绪状态指人们缺乏自我觉知、内在探索与反思，一味沉浸到情绪反应中的表现；概念化/行动状态则指人们不去体验当下，只是在头脑中充满着各种基于过去或未来的想法与评价；正念体验/存在状态才是最为有益的心理状态，它是指人们去直接感知当下的情绪、感觉、想法，并进行深入探索，同时对当下的主观体验采取非评价的觉知态度。

进入正念状态需要高度集中注意力去关注当下的一切，包括此时此刻我们的情感和体验，而不应当将自己陷入对过去的纠缠或是未来的困惑中，对现在的情绪有所评判和排斥。接受发生的一切，关注当下的感受，才能发挥"正念"的透视力，达到认知自我情绪，主动调适，从而反省当下行为进行调节以增加生活乐趣的目标。

那么，如何将心理状态调整为正念体验/存在状态，这需要我们平时就应该进行正念技能训练。根据莱恩汉博士的总结，正念技能训练包括"做什么技能"和"如何去做技能"两大类别技能训练。

第一，"做什么"的正念技能包括观察、描述和参与三种方式。

例如，当生气时，留意生气对身体形成的感觉，只是单纯去关注这种体验，这是观察，观察是最直接的情绪体验和感觉，不带任何描述或归类。它强调对内心情绪变化的出现与消失只是单纯去关注，而不要试图回应。

用语言把生气的感觉直接写出来即是描述，如"我感到胸闷气短"、"心里紧张、冲动"，这都是客观的描述，描述是对观察的回应，通过将自己所观察到或者体验到的东西用文字或语言形式表达出来，对观察结果的描述不能有任何情绪和思想的色彩，要真实、客观。

对当前愤怒的感受和事情不予回避，这是参与，参与是指全身心投入并体验自己的情绪。

在特定的时间内，通常只能用其中一种来分析自己的情绪，而不能同时进行，用这三种方式去感受自己的情绪，有助于留意自身情绪。

第二，"如何去做"的正念技能包括以非评判态度去做、一心一意去做、有效地去做。这些技能可以与观察、描述、参与三种"做什么"正念技能的其中某一项同时进行。

以非评判态度去做，应当关注正在发生的一切，关注事物的实际存在，而不需要进行评价。仍以愤怒为例，当生气的时候，"应该"、"必须"、"最好是"停止或继续发怒的想法都是有评判色彩的语气。对于愤怒应当去接受而不需要去评判。

一心一意去做，就是要集中精力去关注思考、担忧、焦虑等情绪。美国宾州大学心理学教授托马斯认为由于人总不能把握现在和关注此刻，容易产生焦虑和抑郁的情绪。基于此，托马斯发展了专治慢性焦虑症的心理疗法。"当你在焦虑时，你就专心焦虑吧。"他要求患者每天必须抽出30分钟时间在固定的地点去担忧自己平时担忧的事。在30分钟之内，患者必须全神贯注担忧，30分钟之后，则要停止担忧，并要警告自己："我每天有固定的时间担忧，现在不必再去担忧。"

有效去做，就是要让事情向好的方向发展，以有效原则衡量自己的情绪，可以避免感情用事，防止因为情绪失控而做出不恰当的事、说出不负责任的话。

我们通过每天的情绪变化去积极主动地调适自己的心理。可以在情绪激动时能及时察觉与反省自己的当下行为，学会控制自己的情绪，使自己在面对痛苦的时候心情有所缓解，恢复快乐。只有学会"感受"自己的感受，方能让自己在处理负面情绪时游刃有余。

运用情绪辨析法则

知己知彼，方能百战不殆。在情绪的战场上，首先要了解自己的情绪，才能保持好情绪、战胜负面情绪。我们不自知的种种心理需求，乃至内心理念以及价值观，都可以通过自身不同的情绪反映出来。因此，要做到"知己"，首先要准确地做出自我情绪辨析，只有如此，才能够有的放矢地解决情绪问题，保持身心健康。

心理学家温迪·德莱登将所有情绪统分为两大类——正面情绪与负面情绪，又将负面情绪进一步细分为健康的负面情绪和不健康的负面情绪。

德莱登认为，健康的负面情绪是由合理的信念引发的。它促使人们正确地判断所处的负面情境改变的可能性，从而理智地做出适应或改变的行为。健康的负面情绪导致的结果是正面的，它引发思维主体进行现实的思考，最终解决问题，实现目标。

不健康的负面情绪是由不合理的信念引发的。它会阻碍人们对不可改变的环境做出判断以及对可以改变的环境进行建设性改变的尝试。不健康的负面情绪导致的歪曲思维会阻碍问题的解决，最终阻碍目标的实现。

大多数人可以准确地判断自己的情绪属于正面的情绪还是负面的情绪，但对很多人而言，如何才能判断当前的负面情绪是否健康是有一定困难的。以担心和焦虑这两种负面情绪为例，由德莱登的定义可知，在信念的来源上，担心源于合理的信念，这种情绪会导致行为主体正确地面对威胁的存在，并想办法寻求让自己安心的保障；而焦虑来源于不合理的信念，这种情绪会导致行为主体不愿意面对甚至逃避威胁的存在，从而寻求那些并不能使行为主体安心的保证。

每个健康的负面情绪，都有一个不健康的负面情绪与之相对应。类似的，德莱登还列举了悲伤、懊悔、失望、等情绪作为健康的负面情绪的典型代表，列举了抑郁、内疚、羞耻、受伤等情绪作为不健康的负面情绪的代表。而以上情绪都是两两对应的，如悲伤和抑郁，前者是健康的负面情绪，后者是与之相对应的不健康的负面情绪。

判断一种负面情绪是否健康，最本质的区别在于健康的负面情绪来源于合理的信念，而不健康的负面情绪来源于不合理的信念；同时也可以根据情绪强度来判断：大多数不健康的负面情绪都强于健康的负面情绪，如焦虑的最大强度大于担心的最大强度。

除此之外，健康的负面情绪和不健康的负面情绪，二者所导致的情绪主体的应对行为以及行为趋势也有显著差别，换言之，当人们出现情绪问题时，不仅有可能体会到两种不同的负面情绪，而且会由此导致完全不同的有建设性的或无建设性的行动，这种行动可以是真实的也可以是"意愿中"。

举例来说，抑郁的情绪会使人持续回避自己喜欢的活动，而悲伤的情绪会使人在哀伤过后继续参与自己喜爱的活动。同样的，内疚只会使人被动地祈求宽恕，而懊悔会使人主动地要求对方的宽恕。受伤使人被愠怒充斥头脑，忘记理智，而悲哀会使人更加果断地判断事物，理清头绪。羞耻会使人采取鸵鸟战术，以回避他人的凝视来逃避关注，而失望仍能使人正确对待与他人的目光接触，与外界保持联系。

不健康的愤怒会使人仪态尽失，出言不逊甚至诋毁他人，健康的愤怒会促使人果断处理眼前的麻烦，仅关注自己被不当对待的事实而不会迁怒于他人。不健康的嫉妒会使行为主体怀疑他人的优势，而健康的嫉妒会以开放的态度去学习他人的优点以提高自己。与之相似的，不健康的羡慕打击他人进步的积极性，而健康的羡慕会依此为动力鞭策自己获取类似的成功。

在我们经历情绪的变化时，不仅能够判断出自己所经历的是正面的情绪还是负面的情绪，而且能够准确地分辨出其中的负面情绪是否健康，并能分析出此情绪的来源以及可能导致的后果，我们就能真正达到"知己"的境界。

了解我们自身的情绪模式

心理学上有一个定义称为情绪模式，它是指在外界持续刺激的影响下，逐渐形成的固定的连锁情绪反应路径与行为结果。通俗地解释，即"每当……时（外界刺激），我的心情就会……（情绪反应），结果我就会……（产生行为结果）"。例如，每当有女同事穿了漂亮的新衣服，"我"就会认为自己的身材不好，穿同样的衣服肯定没有那样的效果，心情就会很低落，结果整天避免和穿新衣服的女同事正面接触。

情绪模式起因于人类大脑的应激功能和记忆功能。如果对于外界刺激的应对方式被持续使用，大脑和身体的网络系统就会发生作用，将这种应对机制模式化，生成固定的链接，从而形成情绪模式——面对相同事物时产生相同的情绪、思维和行动。

情绪模式有以下特点：

其一，情绪模式的形成源于相同的刺激源。每当遇到同样的情境，人们就会产生相似的情绪并导致相似的行为结果；

其二，情绪模式的形成是一个循序渐进的过程，经过多次相同的外界环境的刺激，情绪模式才会形成；

其三，情绪模式的反应速度极其迅速。它具有"第一时间反击"的特点，一旦形成后，再遇到外界相同的刺激源时就会以主体察觉不到的速度快速启动。

情商理论中有种现象叫做"情绪绑架"，是指已经形成的情绪模式阻碍了大脑的理智思考，强制启动应激行为作为对情绪的反应。这是因为情绪模式一旦形成就很难改变，这也是为什么常常会听到有人说"我不知道为什么当时那么伤心，以致做出那么傻的举动"，"我那时候就是忍不住对平时很尊敬的老师大吼大叫"的原因。由此可见，"情绪绑架"对情绪主体是弊大于利的。

人们一直致力于摆脱"情绪绑架"，而成功的关键就在于识别自身的情绪模式，找到病因，对症下药。但是情绪模式经过日积月累已经成为我们潜意识的一部分，行为主体很难站在客观的角度将其识别出来。可以根据以下几个步骤来有意识地察觉自己的情绪变化及其引起的连锁反应，以及最后自己采取的行动，从而识别出自己的情绪模式。

步骤一，记录情绪变化。有意识地关注自身情绪变化，包括变化的原因及变化引发的影响。察觉到这些之后要及时准确地加以记录。

步骤二，自我情绪反省。充分利用步骤一的成果——情绪变化记录表，观察自己历次情绪变化的诱因是否值得，情绪反应的行为是否得当。如果造成的是积极的结果，要告诉自己努力保持，如果造成的是消极的影响，要及时提醒自己消除不良情绪的滋长，将其扼杀在萌芽状态。例如，发现自己总是为衣着打扮等外在因素而嫉妒身边的女同事，从而与其疏远，那么经过反思之后遇事就要用包容的心态去思考，要让自己提高内在素养，摒弃对虚无外表的追求。一段时间过后，你会发现自己从前对身外之物斤斤计较的想法是多么可笑和不值得。

步骤三，倾诉不良情绪。不识庐山真面目，只缘身在此山中。由于情绪模式已经固化在我们的头脑和神经系统中，难以自我察觉，所以，我们可以求助于他人来捕捉自己的情绪变化。可以先与家人和好友沟通，请他们在自己情绪变化时及时告知。观察的方法可以通过日常沟通中的面部表情、肢体语言等流露出的潜意识来判断你的情绪变化，从而追踪到你情绪变化的诱因和由此导致的行为结果。你可以根据他人的意见来了解自己内心真实的想法。

步骤四，测试自身情绪。我们可以通过专业的情绪测试工具或咨询专家来发现自己的情绪模式。看似与情绪问题相距甚远的测试问卷或者专家的漫无边际的访谈，却可以借助科学的手段准确地了解你情绪模式的病症所在。

当然，以上四个步骤的最终目的是发现问题，解决问题。我们发现了自己的情绪模式之后就可以将其一一列出，并且在每天的日常生活中逐项加以克服，坚持这样一个循序渐进、由浅入深的过程，我们就可以达到摆脱"情绪绑架"的最终目的了。

情绪同样有规律可循

人的情绪如同眼睛一样，也有自己看不到的"盲点"，通过了解自己的情绪盲点，从而把握自身的情绪活动规律，可以最有效地调控自己的情绪。

情绪盲点的产生主要是由于以下3个方面的原因：

1. 不了解自己的情绪活动规律；
2. 不懂得控制自己的情绪变化；
3. 不善于体谅别人的情绪变化。

其中，能否把握自身的情绪规律是情绪盲点能否出现的根源。

认识到情绪盲点产生的原因，我们便需要从原因入手，从根源上把握自身的情绪规律。这就需要从以下几个方面加强锻炼以培养自己与之相应的能力：

了解自己的情绪活动规律，培养预测情绪的敏锐能力

科学研究证明人都是有情绪周期的，每个人的情绪周期不尽相同，大概为28天，在这期间内，人的情绪成正弦曲线的模式：情绪由高到低，再由低到高。在人的一生之中循环往复，永不间断。

计算自己的情绪节律分为两步：先计算出自己的出生日到计算日的总天数（遇到闰年多加1天），再计算出计算日的情绪节律值。

用自己出生日到计算日的总天数除以情绪周期28，得出的余数就是你计算日的情绪值，余数是0、4和28，说明情绪正处于高潮和低潮的临界期；余数在0～14之间，情绪处于高潮期，余数是7时，情绪是最高点；余数在15～28之间，情绪处于低潮期，余数是21时，情绪是最低点。

由此可以看出，情绪有高低起伏，我们不要认为自己会永远处在情绪高潮期，也不要觉得自己会一直处于情绪低潮期，在情绪好的时候提醒自己注意下一阶段的低落，在情绪低落时告诉自己会慢慢好起来的。我们所吃的东西、健康水平和精力状况，以及一天中的不同时段、一年中的不同季节都会影响我们的情绪，许多人虽然重视了外在的变化对自身情绪的影响，但却忽视了自身的"生物节奏"，其实，通过尊重自己的情绪周期规律来安排自己的学习和生活，是很有必要的。

学会控制自己的情绪变化，坦然接受自身情绪状况并加以改进

想要控制自己的情绪变化，首先要对自己之前的情绪经历做一个简单梳理，从之前的经验来寻找自身情绪的活动规律。同样的错误不能犯第二次，这正是掌握情绪活动规律后得到的经验。一个有敏锐感知能力的人能够在自己一次的情绪失控中回顾反思，总结、评估事情的前因后果，并最终达到提升自己情绪调控能力的目的，毕竟，情绪的偶尔失控和爆发是一种正常的现象，但倘若情绪失控成为常态，则不是一件好事。

想要控制自己的情绪变化，还需要对自己的情绪弱点做一个分析总结，去认识自己的情绪易爆点在哪里，情绪失控的事情可能会是什么，事先考虑好如果再次遇到同种情形所需要选择的应对方式。这样可以在事先做好准备，及时采取应对措施，防止情绪失控之后的被动解决所导致的追悔莫及。

学会理解他人情绪和行为，同时反省自己

人际交往中，理解的力量是伟大的，但在通常情况下，虽然人们希望得到别人的理解，希望别人能够理解自己的情绪和行为，却往往忽视了理解别人。这就是为什么人的情绪出现盲点的外在原因。

理解他人的需求、情绪和感受等有助于增添交流的共同话题和认同感，有助于彼此之间形成和谐健康的人际关系。并且，通过对别人情绪的反观来看自己的情绪变化和体验，可以清晰地了解自己，从而把握自身的情绪节律和促进自身情绪状况的改进。

用默剧的方式获知他人情绪

卓别林表演的默剧电影想必大家都有所了解，虽然电影中人物没有说一句话，全部是用肢体动作代替，但人们仍然可以轻松地读懂剧中人物的喜怒哀乐和生活情况，这种别样的表演方式给人们的是特殊的享受，其实，我们在观看的时候，正是通过观察别人的表情和行为觉察到了剧中人物的情绪。

人的情绪智力（情商）是一个包含着多个层面、内容丰富的概念。心理学家戈尔曼博士通过大量的实验证明：情绪智力的五大构成要素包括情绪的自我觉察能力、情绪的自我调控能力、情绪的自我激励能力、对他人情绪的识别能力和处理人际关系的能力。其中，对他人情绪的识别能力作为一项重要的能力，是在情感的自我知觉基础上发展起来的。它通过捕捉他人的语言、语调、语气、表情、手势、姿势等可以快速地、设身处地地对他人的各种感受进行直觉判断，是一种重要的情绪感知力。

在生活中，我们也应该如同看默剧一般，尝试培养感受别人情绪的能力，一个情商很高的人可以敏锐地觉察到别人身体行为所透露的信息，通过觉察他人的情绪来对其心意进行合理解读。

这就如同我们做一个默剧游戏的过程：要求是尽量避免听到别人的声音，而只是通过观察别人的表情和行为来判断情绪。在默默无语的过程中，你需要掌握一些辨认表情的诀窍。脸部有几个部位是展现情绪的重要区域：嘴角、嘴型、眉毛、眼角、眼睛、额头。这些区域对于辨认某些情绪特别重要，比如从嘴巴的表情观察人的厌恶和喜悦情绪，从眉头和额头去辨别这个人悲伤或是恐惧的情绪，等等，肢体语言和所隐含的情绪之间往往存在着照应，如：

肢体语言	所隐含的情绪
脸红、紧闭双唇、交叉手臂或双腿、说话快速、姿势僵硬、握紧拳头等	生气
紧闭双唇、皱眉、斜眼看人、一边嘴角翘起、摇头、转动眼珠等	怀疑
交叉双臂或双腿、躲避眼神、呼吸加快、身体面对对方、沉默	敌意（防御性）
眼光游移、身体斜靠、胡乱涂鸦、身子往一旁倾斜以避开某人目光、打呵欠、玩弄纸笔	无聊
乱瞟、不断玩弄他物、流汗、突兀地笑、抖腿、姿势僵硬	紧张

当然，需要注意的是，肢体语言和情绪对照并不是绝对一致的，我们不能通过一个简单的肢体行为武断地判断一个人的情绪，要通过整体的动作行为来判断一个人的当前情绪。

识别他人的情绪是建立良好人际关系的基础，通过了解自己、了解他人，使人们相互理解，人与人和谐相处，这有助于建立良好的人际关系。但遗憾的是，生活中，绝大多数人都不善于去理解别人的情绪，只是能够注意到肢体或面部的大致表情，而不能够对眼神暗示、细微表情和下意识动作有所关注，除非这种情绪表现得特别明显或激烈。因此，在平时交流中，要想解读别人暗含的信息，不妨培养自己敏锐的情绪识别力和感知力。学会察言观色，方能在人际交往中如鱼得水。

第二节
寻根溯源——是什么情绪在影响你

性格对情绪的影响

不同的外界刺激会使不同的个体产生不同的情绪。由于情绪是个体和外界刺激共同作用的结果，因此，个体心理特征对情绪的产生具有重大的影响。所谓个体心理特征就是我们常说的性格。

性格是情绪的宏观表现，情绪是性格的微观组成，性格与情绪之间有着千丝万缕的联系，如果要认识并有效管理自己的情绪，就必须首先了解并熟悉自己的性格。

性格主要表现在对自己、对他人、对事物的态度所采取的言行上，是个体独特的、一贯的行为心理倾向。如，大多数人都具有趋利避害的倾向，总是愿意去接近那些能给自己带来快乐的事物，同时回避那些可能会给自己带来痛苦的事物。人类的性格在很多方面具有共性，这些共性甚至被提炼成不同的品质一代代地继承和发扬。举例来说，从人们对社会、对集体、对自己的态度中所展现出的诸如公正和徇私、热情和冷漠、慷慨和吝啬、勇敢和懦弱等，都属于性格特征。由于性格特征种类繁多且彼此并不相同，这使每个人身上都表现出自己独特的风格和个性差异。以下介绍两种典型的性格：

安静型的性格，又称内向型性格。这种性格的人心理敏感，感情细腻丰富，善于分析，但易得出消极的结论，所以看待事物较为悲观。安静型性格的人在情绪发生变化的时候，通常有两种反应：一是在情绪中挣扎，时而战胜情绪，时而被情绪所战胜，乐观和悲观交替，直至有新的刺激介入并打断这种混乱状况；二是沉溺在情绪中，任由情绪掌控自己登上兴奋的顶点或是落至沮丧的低谷，不加以任何控制。

别让压力毁了你，别让情绪左右你

冲动型的性格，又称外向型性格。这种性格的人比较乐观，而且热情，总是精力充沛，可以同一时间做好几件事，而且热衷于此，享受忙碌的感觉。性格冲动的人善于取悦他人，也容易获得他人的好感，融入新的氛围。但通常组织能力较差，耐受性不高。冲动型性格的人自始至终对社交活动保持高度的热情，适合有弹性的工作，特别是交际类型的工作。但是，对于必须遵守预设好的时间行程，或有时间限制的事情，他们很容易感觉沮丧。因此，这种性格的人不太适合稳定、枯燥的工作。

性格的形成是一个很复杂的过程，是内外因共同作用的结果，既有先天因素，也有后天因素。先天因素主要是基因方面，后天因素则主要是自身长期受外界环境影响而积累的情绪体验。如人的成长过程中或多或少会受到他人的影响，有直接的言传身教，也有间接的学习、模仿，或是通过书籍、电视、网络等媒介认识和观察到其他人对事物的态度和行为方式，然后自己会对这些事物产生相关的情绪反应，并由情绪引导做出行动，情绪加行动的组合就成为了我们后天的性格。

人与人的性格千差万别，有的人偏激刚烈，有的人中庸温和。刚烈可以说是天生的性格，严格地说，这不能算是缺点，但刚烈的性格不容易控制自身的情绪，会给生活带来麻烦。可以通过后天的努力，有意地使自己的性格朝着有利于控制自身情绪的方向发展。

时时警惕心理失衡

现实生活中，每个人都会存在一些不平衡心理。某人赚了钱，某人升了官，某人买了车，某人买了别墅等，自己本来能力比他们强，可自己却不如他们风光体面。由此便心理不平衡，而这种心理不平衡又驱使着人们去追求一种新的平衡。倘若在追求新的平衡中，你能不昧良知、不损害别人，自觉接受道德的约束和限制，通过正当的努力、奋斗去实现人生的自我价值，达到一种新的平衡，获得了正面的情绪，是值得称道和庆幸的；倘若在追求新的平衡中，不择手段、毫无廉耻、丧失道义、膨胀自私贪欲之心，让情绪处于一种失控的状态中，那么就必然会产生一些意想不到的可怕后果。由此，你的人生必将陷入难以回旋的败局之中。

约翰逊曾是个表现不错、能力很强的地方官员，因政绩突出不断受到提拔。但在最近这几年，当他知悉过去的同事、同学通过各种途径生活条件都比他好时，心里总不是滋味，想想自己能力不比他们差，职位也比他们高，可钱却比他们挣的少；而且自己作为一地之长，担子比他们重，责任比他们大，工作也比他们辛苦，经济上却不如他们，因此心里深感不平衡。他有一段时间觉得自己抬不起头来，同学们组织的聚会也不愿参加，因为一点小事他就会与别人发生口角，他甚至还将不满的情绪发泄到家人身上。后来，他竟然在他任职期间，大肆收受贿赂。这样，他思想上警惕的闸门在不平衡心理的驱动之下终于倾斜了，欲望的洪水顿时倾泻而下，一发不可收，最终成了一名囚犯。

孙子杰是一名年轻的教师，以前在教学上精益求精、兢兢业业，对学生无私奉献，赢得了学生和家长的一致好评。但在一次朋友聚会的晚宴上，看见一些人很富有时，心理开始失衡。此后，他总在想，自己怎样也能富有？他开始不断焦虑，经常陷在不良情绪之中，当有学生打扰他思考发财的问题时，他就会把怒气转到学生身上。于是，他经常在上班的时间做发财的梦，开始对教书不负责任。学生和家长对他意见很大，他得到了学校的黄牌警告，但他不悔改，每天还是只想着如何发财。一次，在一个朋友的鼓动下去做走私生意而被抓获。其结果是没发财，却进了监狱。

上述案例中原本好端端的两个人物都在不平衡心理的影响下走上穷途末路。不平衡使得一部分人自始至终处于一种极度不安的焦躁、矛盾、激愤等情绪中，他们牢骚满腹，不思进取，得过且过，心思不专，更有甚者会铤而走险，走上了危险的钢丝绳。

不平衡心理隐藏在人的潜意识领域，具有潜在的爆炸性力量。如果压抑自己的不平衡心理，将不合理的冲动伪装起来而骗过内心，它就会成为我们最可怕的敌人。这种无名的力量会冲击我们的生活和工作，搅乱我们心灵的平静，我们受着挫败感的折磨，使我们感到沮丧、自卑，对生活缺乏信心。因此，我们必须要走出不平衡的心理误区。

为何负罪感久久不能散去

负罪感的产生主要是源于自我的严格要求,对自己创造的全部价值进行否定,并由此产生强烈的愧疚感。具有负罪感的人通常这样评价自己:"我当时绝对不应该那样做,现在这样全都怪我。"或者"我当初绝对应该那样做,但我却没有那样做,我应该承担所有责任,我应该被处罚。"

小刚和丽丽是一对恋人,他们大学毕业后在一个城市工作,准备第二年结婚。有一天小刚因为工作上与领导发生摩擦,心里很不舒服,于是在酒吧喝得酩酊大醉,温柔的丽丽送他回宿舍后又上街去买醒酒药,结果被一辆飞驰而过的汽车撞倒,23岁的女孩就此香消玉殒。

小刚在医院号啕大哭,泪流满面,最后不得不接受了这个残酷的现实——他的未婚妻真的已经不在了。

在所有人都认为这场悲剧的阴影已经在慢慢消散的时候,小刚的不良情绪却渐渐严重起来,他食欲不振、严重失眠、浑身乏力、不愿和别人来往,整天沉默寡言,对曾经非常喜爱的篮球也失去了兴趣。每当看到他和丽丽曾经合影的照片,路过曾经经常约会的地方或是听到丽丽喜欢的歌曲时,他都会感到强烈的悲哀和痛苦。小刚失去恋人的痛苦已经发展成情绪过度低落和精神失常。

在朋友的劝说下,小刚咨询了心理专家,原来他一直生活在悔恨中无法自拔。那天本来俩人约好去选婚戒的,谁知下午开会时因为跟领导意见不合发生了小摩擦,所以把买婚戒的事给忘了,然后就去了酒吧,待他酒醒之后,悲剧已经发生。他很爱自己的未婚妻,因此无比自责:"如果我不去酒吧,我不喝醉,她就不会为我买药,也就不会发生车祸了。"

小刚如此伤心难过,沉浸在深深的自责中不能自拔。他无法摆脱对未婚妻死亡的负罪感。过分自我谴责的人,习惯把一切过错归于自己,即使一点小事,也是反复检讨,更不要说造成严重后果的事件,例子中的小刚就是这样,他不仅认定自己做过错事和犯过错误,而且也认定自己是个有罪的人。那些错误很可能已经抹杀了他个人的优秀品质,于是他一直懊悔不已。

这种因愧疚而自我怨恨的情绪,一般会产生两种情况:因愧疚产生痛苦,故而逃避;或是因自责获得了他人的谅解和同情,于是自责成为自己犯错的救世法宝。这两种情况下,当事人自身的愧疚和自我怨恨其实收到了相反的效果。如果一个人认定错误应该被"谴责",那么他不仅会这样要求自己,更重要的是他也会这样要求别人,并会因其他人做了错事而对其耿耿于怀。当自己犯了错,他会认定不只是犯错那么简单,这会成为他道德上的污点,认为这绝对不能被允许。一旦产生这种心理,他会找各种理由为自己开脱,拒绝承认错误,或是从一开始就否认自己做过错事。结果,他连认错和改正的机会都全部抛弃。

这样的自责和罪恶感,非但不会消除错误行为造成的后果,而且可能会带来更多的错误虚伪和逃避个人责任的行为。

不仅如此,当一个人将全部的注意力都用来谴责和惩罚自己的时候,恰恰将最重要的一点遗忘了,那就是及时补救、总结经验、吸取教训。错误唯一能带给人们的正面意义就是从中总结的经验。为做错事而沮丧和悲伤的时候,不如从失败和过错中找出经验和教训,挽回损失,防微杜渐。

罪恶感会彻底摧毁我们,容易引发诸如焦虑、沮丧、自卑和愤怒等多种情绪,当这些情绪一并向我们袭来时,人一般都难以承受,不仅如此,罪恶感还可能促使人们消极地逃避现实和推卸责任。所以,有些罪恶感应该及时抛开,让我们勇敢地面对生活、面对未来。

我们为何会产生忧虑

忧虑是一种很复杂的情绪,是痛苦、愤怒、焦虑、悲哀、羞愧、冷漠等情绪复合的结果。它是一种广泛的负面情绪,又是一种特殊的正常情绪;忧虑超过了正常界限就会变为抑郁症,成为病态心理。由于每个人的心理素质不同,因此,忧虑有时间长短、程度强弱之分。

忧虑的核心表现就是郁郁寡欢,这样的人常常会莫名其妙地焦虑不安、苦闷伤感。如果再遇上环境刺激,就犹如"火上浇油",进一步激发并加重忧愁和烦恼。大家所熟悉的《红楼梦》中的林黛玉，就属于这类带有忧虑情绪的人。林黛玉有着能让"落花满地鸟惊飞"的美貌，比传统美女的沉鱼落雁更富有情韵。而这样一个融古往今来之秀美，集仙界凡间之灵慧的标致人物，最后却因郁郁寡欢败给薛宝钗，丢了自己的大好姻缘，含恨魂归离恨天。一般来讲，性格内向、心胸狭窄、任性固执、多愁善感、孤僻离群的人多带有忧虑倾向。

除此之外，忧虑的表现还可以是这样：有的人总觉得"生不逢时"，有一种"怀才不遇"的感觉，于是抱怨生活对自己不公平，觉得一切都不顺心、不满意；有的人将个人的利害关系、荣辱得失看得太重，为了一些微不足道的事整日患得患失、忧心忡忡，以致造成心理疲劳，影响正常的工作、学习和生活；有的人甚至"庸人自扰"，整日忐忑不安，自寻烦恼。

有一位经营服装批发的商人，由于经营不慎，赔了几笔生意，为此他整天心情郁闷，每天晚上都睡不好觉。妻子见他愁眉不展的样子十分担心，就建议他去找心理医生看看，于是他前往医院去看心理医生。医生见他双眼布满血丝，便问他："怎么了，是不是受失眠所困扰？"商人说："可不是嘛！"心理医生开导他说："这没有什么大不了的，你回去后如果睡不着就数数绵羊吧！"商人道谢后离去了。

过了一个星期，他又来找心理医生。他双眼又红又肿，精神更加不好了，心理医生非常吃惊地说："你是照我的话去做的吗？"商人委屈地回答说："当然是呀！还数到三万多头呢！"

心理医生又问："数了这么多，难道还没有一点睡意？"商人答："本来是困极了，但一想到三万多头绵羊有多少毛呀，不剪岂不可惜？"心理医生于是说："那剪完不就可以睡了？"商人叹了口气说："但头疼的问题来了，这三万头羊毛所制成的毛衣，现在要去哪儿找买主呀？一想到这儿，我更睡不着了！"

无论做人还是做事，我们都要想得长远一些。但有些事想得太远，就会造成太多的压力，烦恼也会随之而来，就像案例中的失眠忧虑的那个人一样。因此，我们要学会静心，不牵挂那些不该牵挂的事情，这样才能保持轻松快乐的心情。

科学家对人的忧虑进行了科学的量化、统计、分析，结果证明忧虑是毫无必要的。统计发现，40%的忧虑是关于未来的事情，30%的忧虑是关于过去的事情，22%的忧虑来自微不足道的事，4%的忧虑来自我们改变不了的事实，剩下4%的忧虑来自那些我们正在做着的事情。

忧虑通常会使人心神不宁，进而精神失控。忧虑会使一个人老得更快，不仅会摧毁他的容貌，甚至会对其健康产生严重威胁。过度忧虑不可取。凡事退一步想，不要耿耿于怀。

当你忧心忡忡的时候，当你唉声叹气的时候，不妨把你的忧虑写下来，然后在科学家的分析中为自己的忧虑归类：它是属于40%的未来，30%的过去，22%的小事情，4%的无法改变的事实，还是剩下的那一个4%？

想要摆脱忧虑情绪，就要适时地安慰和劝导自己。无论是逃避问题还是对问题过分执着，实际上只可能有两种情况。一种是问题并不像我们所想的那么糟，没有到无可挽回的地步。只要采取积极正确的态度，问题就会得到解决。这样，我们也就没有什么可忧虑的了。另一种情况是问题的确超出了我们的能力所能解决的范围，这时我们就需要乐观一些，学会承受无可避免的事实，尽可能地让自己的情绪不致于失控。

是什么原因造成了悲观情绪

一个人为什么会有悲观的情绪？其产生原因是多方面的，但主要是来自自我。正如英国作家萨克雷所说："生活就是一面镜子，你笑，它也笑；你哭，它也哭。"有悲观情绪的人总喜欢想到事情最坏的一面，仿佛天马上就要塌下来了一样。这种人看不到美丽的云彩，只会一味地担心天是否要下雨；看不到拳击手被击倒后爬起来的顽强，而只为他的伤痕累累而心悸。对于悲观者而言，一个很小的打击也足以使他绝望，令他一败涂地。

玲玲是一个年轻的女孩，但她并不像同龄人那样开朗，悲观情绪总是萦绕着她。她时常觉得生活没有目标，最近这种情绪越来越强烈，好像做什么都没心情，很孤独，周围的环境又让她觉得很无趣。她也想改变，但又觉得自己能力不够，越来越自卑，不爱说话，于是也就显得有些孤僻。她也是个爱思考的人，曾用很长一段时间来思考活着的意义，但她发现自己找不到答案，她觉得很迷惘，眼看就要大学毕业了，她不知道以后的路该怎么走。

在心理咨询室里，她对心理医生说："我很不幸，可以说是在同学和邻居的指指点点下长大的。我从小心里就充满了自卑，很封闭、很悲观，导致了我从来交不到朋友，别人看我外表冷漠也不敢和我交流。现在长大了，外表使我有不少追求者，也不那么自卑了，我也爱上了一个男孩，现在是我的男朋友，可是我总是很悲观，认为我们早晚会分开。他开始还能忍受，可现在经常因为这个和我吵架，我也知道自己不对，可就是不能改变。"

玲玲的烦恼正是一种常见的心理障碍——悲观。悲观是一种有害的心理状态，是瘟疫，是一种毁灭。人类的一切疾病都有医治的可能，但倘若一个人的内心不再有任何希望，充满着抑郁的影子，那么再高明的医生也回天乏术。

美国著名心理学家赛利格曼认为，悲观的人对失败的看法与乐观的人有所不同，悲观者在看待失败上有三个特点：

第一，从时间长度上，悲观的人把失败解释成永久性的；而乐观的人则认为一次失败是暂时的，下次就会好了。

第二，从空间维度上，悲观的人把失败解释成普遍的，如果某个阶段目标失败了，就会认为自己会在所有目标中都失败；而乐观的人则不会将失败普遍化，认为某个目标没实现只是说明自己在这个方面需要进一步努力，下次就会成功。

第三，从失败原因上，悲观的人倾向于将失败解释为个人原因，认为自己要对失败完全负责；而乐观的人则认为失败虽然有个人原因，但也不完全是，有时一些无法抗拒的力量和机遇也影响着成败。

赛利格曼的理论向我们提示，只要改变对失败的看法，就会使悲观者有信心去重新面对现实，树立学习、生活的目标。

悲观是一种严重的负面情绪，对人身心的危害极大。要摆脱悲观情绪，需要个人积极地进行心理调适，具体有以下几种方法：

别盯住消极面

你可能对别人的"抢白"和不公正的待遇牢记于心，或你总是对自己说："我真倒霉，总被人家误会、欺负。"那么，你当然没有一刻的轻松愉快。

如果你把注意力盯在与别人友善和好的事物上，并常常告诉自己，误解、敌视毕竟是次要的，并把愉快、向上的事串联起来，由一件想到另一件，你就可以逐步排遣自怨自艾或怨天尤人的情绪。

寻找积极因素

即使处境危险，也要寻找积极因素，这样，你就不会放弃取得微小胜利的努力。你越乐观，克服困难的勇气就越大。

做自己的"造命人"

偶有不如意时，切勿对自己说："我时时都是倒霉的。"而对自己说："似乎很多时候我做事都不大如意，到底原因何在？"当你立志改变灰色的人生观，树立光明的人生观时，你便不会再由"命运"操纵了，因为你自己已成了一个"造命人"。

要有幽默感

以幽默的态度来接受现实中的失败。有幽默感的人，才能排除随之而来的倒霉念头轻松地克服厄运。

不论因何事产生的悲观情绪都能通过上述方法渐渐消除，只要我们对自己抱有坚定自信的信念。有的时候，打倒我们的不是苛刻的外部坏境，而是我们的内心，当内心充满阳光时，悲观情绪就不会来打扰我们。

我们因什么而困惑

每个人都渴望成功,渴望实现自我价值,但这条路并不是一帆风顺的,即使目标清晰明确,迷茫也会经常造访,此时就如同处在茫茫迷雾中,周围的一切事物,可能都会引起情绪上的波动。如果是正面积极的刺激,可能会对我们的成功有所帮助,但是由于太渴望成功,一点点挫折与打击都会被我们放大,甚至周围人一句略带怀疑的话,都会让我们困惑而沮丧,情绪低迷导致行动停滞。

面对这种情况,我们应该如何应对?心理学家针对性地提出了以下几个问题帮助迷茫的人们寻找到方向。

首先,试着问自己究竟是谁。这是一个深刻的哲学问题,看似简单,实则蕴涵着深厚的含义。"人啊,认识你自己",这句话出现在希腊著名神庙门柱上,绝不是偶然,因为能够认识自己的人实在太少。

认识自己,深刻地剖析自己的内心,是一个极其痛苦的过程。每个人都不完美,都有各种各样的缺陷。有的为人所知,但是有的甚至连自己都不知道。很多人并不了解认识自己的重要性,但却隐隐觉得,很多时候言行举止皆身不由己,是被一种无形的力量推动着生活、工作,每天忙忙碌碌,东奔西走,并无暇内省。但是,一旦遭遇价值观的冲突,情绪很容易就达到一个高点,甚至会冲过我们能承受的警戒线以上。在没有任何逃避或缓冲的赤裸裸的狭路相逢时,人们就不得不面对自己的真相,这是一种相当被动的局面,如果我们没有足够的抵抗力,非常容易走上情绪极端。但是,如果我们在各种问题到来之前,就对自己有一个清醒的认识,并对自己的情绪有一个全面的定位,那也就相当于提高了自己的警戒线,也就不存在任何危险情况了。

其次,问问自己在哪里。这个问题是对自己的空间定位,既有生存空间的坐标,也包括生命空间的坐标。生存空间的坐标很简单,即人们所处的空间位置,可以用一连串复杂的地理名称来表示,如某大洲某国家某省某市某门牌号,也可以用经度和纬度来做一个精确的注解。

生命空间是由心理活动构成的,其坐标的范围远远超出生存空间,是一个由人的思维建立起来的无限延展的广阔世界。比如,虽然有的人身处狭小的角落,但思想却飞跃五洲大洋。他们通过书籍、电视、网络认识外面的世界,拓展了思维的广度;他们通过回忆过去和畅想未来,增加了思维的深度。

对人而言,生命空间远比生存空间重要,生命空间是人们给自己的定位,认清自己当下处于何种地位,这至关重要。如果找不到自己的定位,或者根本否定了自己的定位,那么,困惑和迷茫的情绪必然会迎上心头。

再次,询问自己将要去哪里。自己要去哪里,这实际上就是人们的目标,这个问题在心理学上又叫"自我实现"。"自我实现"的标准很复杂,从没有两个人的目标是相同的。这里说的"自我实现"是指每个人在内心给自己设定的,并不一定与外界的荣誉、奖项挂钩。耀眼的荣誉和他人的艳羡不能给情绪营造一种稳定状态,并可能还会扰乱原本的秩序。这或许能解释,为什么有的人在获得世人眼中的"成功"后却会情绪崩溃,甚至选择极端的自杀方式结束生命,也许是因为他们原本的稳定的情绪状态被破坏了,再也找不到曾经清晰而又明确的目标,或者可能他们从来没有给自己设定过真正适合自己的目标。

迷茫的时候,不妨问问自己是谁,在哪里,将要去哪里,弄清楚这三个问题后,身边的很多事就不会再让我们的情绪泛起波澜,因为自己本身就是一潭又深又广的湖水,散发着沉静的魅力,迷茫自不会登门造访。

为什么内心无法宁静

很多时候,我们的内心都为外物所遮蔽、掩饰,浮躁的情绪占领了我们的整颗心,因此在人生中留下许多遗憾:在学业上,由于我们还不会倾听内心的声音,所以盲目地选择了他人为我们选定的、他们认为最有潜力和前景的专业;在事业上,我们不去倾听内心的声音,在一哄而起的热潮中,我们去选择那些最为众人看好的热门职业;在爱情上,我们常因外界的影响扭曲了内心

第十章 解析情绪，打开人生命运密码

的声音，因经济、地位等非爱情因素而错误地选择了爱情对象……我们的情绪过多地接受了外界环境的影响，但是，我们唯一忽视的，便是去听一听自己内心的声音。

快节奏的生活、工作的压力容易使人心态失衡，如果患得患失，不能以平和的心态去面对无穷无尽的诱惑，就会感到心力交瘁或迷惘躁动，产生许多负面的情绪。

一位老师问他的学生："你心目中的美好人生是什么？"学生列出"清单"一张：健康、才能、美丽、爱情、名誉、财富……谁料老师说："你忽略了最重要的一项——心灵的宁静，没有它，上述种种都会给你带来极大的痛苦！"

宁静的心灵即是情绪不易受外界影响，拥有一颗宁静心灵的人不追逐权势显赫，不奢望金银成堆，不祈求声名鹊起，不羡慕美宅华第。因为所有的追逐、奢望、祈求和羡慕，都是一厢情愿，只能加重生命的负担，加速心灵的浮躁，而与豁达康乐无缘。

老街上有一位老铁匠。由于早已没人需要打制铁器，现在他改卖铁锅、斧头和拴小狗的链子。

他的经营方式非常古老和传统。人坐在门内，货物摆在门外，不吆喝，不还价，晚上也不收摊。你无论什么时候从这儿经过，都会看到他在竹椅上躺着，手里是一个半导体，身旁是一把紫砂壶。

他的生意也没有不好不坏。每天的收入正好够他喝茶和吃饭。他老了，已不再需要多余的东西，因此他非常满足。

一天，一个文物商从老街经过，偶然看到老铁匠身旁的那把紫砂壶。因为那把壶古朴雅致，紫黑如墨，有清代制壶名家戴振公的风格，他走过去，顺手端起那把壶。

壶嘴内有一记印章，果然是戴振公的。商人惊喜不已。因为戴振公在世界上有捏泥成金的美名，据说他的作品现在仅存3件，一件在美国纽约州立博物馆；一件在中国台湾"故宫博物院"；还有一件在国外某位华侨手里，是1993年在伦敦拍卖市场上以16万美元的高价买下的。

商人端着那把壶，想以10万元的价格买下它。当他说出这个数字时，老铁匠先是一惊，后又拒绝了，因为这把壶是他爷爷留下的，他们祖孙三代打铁时都喝这把壶里的水，他们的汗也都来自这把壶。

壶虽没卖，但商人走后，老铁匠有生以来第一次失眠了。这把壶他用了近60年，并且一直以为是把普普通通的壶，现在竟有人要以10万元的价格买下它，他想不明白。

过去，他躺在椅子上喝水，都是闭着眼睛把壶放在小桌上，现在他常常坐起来看那把水壶，这让他非常不舒服。特别让他不能容忍的是，当人们知道他有一把价值连城的茶壶后，蜂拥而至，有的问还有没有其他的宝贝，有的开始向他借钱，更有甚者，晚上敲他的门。他的生活被彻底打乱了，他不知该怎样处置这把壶。

当那位商人带着20万元现金，第二次登门的时候，老铁匠再也坐不住了。他招来左右店铺的人和前后邻居，拿起一把斧头，当众把那把紫砂壶砸了个粉碎。

现在，老铁匠还在卖铁锅、斧头和拴小狗的链子，据说他已经102岁了。

宁静可以沉淀出生活中许多纷杂的浮躁，过滤出浅薄粗俗等人性中的杂质，可以避免许多鲁莽、无聊、荒谬的事情发生。宁静是一种气质、一种修养、一种境界、一种有内涵的悠远。安之若素、沉默从容，往往比气急败坏、声嘶力竭更显涵养和理智。

快节奏的生活，无节制的环境污染和破坏等，都让人难以平静。环境的搅拌机随时都可能把人们心中的平静搅个粉碎，让人遭受浮躁、烦恼之苦。然而，生命的本身是宁静的，只要内心不为外物所惑，不为负面情绪所扰，就能做到像陶渊明那样身在闹市而无车马之喧，正所谓"心远地自偏"。

不受负面情绪困扰，拥有一颗平静之心，追求平静者便能心胸开阔，不被外物诱惑，坦荡自然。

焦虑随时随处可以产生

在如今这个快节奏的社会里，升学就业、职位升降、事业发展、恋爱婚姻、名誉地位，种种事情使人们承受着巨大的心理压力，由此产生焦虑情绪，心神不宁，焦躁不安，严重影响人们的工作和生活。发生焦虑的原因有时候匪夷所思、出人意料。

守规焦虑

遵纪守法、照章办事，理所当然，又有什么好焦虑的呢？但是在某些"老实人吃亏"的场合，守规焦虑就在所难免。

我们不妨先看两个例子：一是"人行道焦虑"——过马路走人行道，应该是无忧无虑的吧？但当很多人都不走人行道，一窝蜂跨栏杆而过时，你甘心多绕些路去走人行道吗？当奔驰的车辆对人行道上的行人并不礼让，朝你直冲过来时，你敢走人行道吗？二是"排队焦虑"——当你老老实实地排着长队，等着购物、购票、分房子、评职称时，有人却在前面夹塞、在后门另排小队，也许你等上大半天甚至大半辈子都在候补之列，等轮到你的时候什么都没有了，你心里面紧张不紧张？

付账焦虑

当几个熟人一起坐车、聚餐时，大家抢着购票、付账是司空见惯的事。但是，这种争先恐后只是表面现象而已，有些场合是出于真情实意，心甘情愿地要为他人付账；有些场合则多少有点虚情假意，只是不得不做做样子。虽说AA制现在在青年中已流行开来，但一般人还是不习惯这种"分得太清"的方式。觉得既然是"熟人"，就不能太"生分"，为了表示热情主动、不分彼此，就该抢先付账，否则显得不够交情，甚至有爱占别人便宜之嫌。但如果"抢付"成功，内心又不免有点担忧：这份人情，别人会及时还吗？因此，抢付时不免"进亦忧，退亦忧"，心里面紧张一番。

催账焦虑

如果请你想象一下催账人、讨债人的形象，在你的脑海中绝不会浮现出一个和蔼可亲的面目，而极有可能联想到《白毛女》一类的电影中地主逼租的镜头。其实，向人讨账并非"黄世仁"、"南霸天"的专利，你自己在日常生活中恐怕也难免遇到需要向人催账的情况，但是"催账焦虑"也许最终使你没能开口。

点钱焦虑

有些人一碰到钱，就显得马虎大意，从别人手中接钱时（如领工资、取买东西找回的余款），尤其是从熟人、好友手中接钱时往往看都不看，一把塞在口袋里。待回家查点对不上数，便只好自认倒霉或者闹出不小的矛盾。其实，在这种"马虎"的背后，有一种"点钱焦虑"在作怪：不点心里不放心，点又显得太多心。当面一五一十地核点，似乎太不信任对方，两人都不免有点难堪，朋友之间说不定还会因此影响交情；不当面点清，一旦有差错，事后再查就说不清、道不明了。点和不点都不好，自然免不了一番焦虑。

诚信焦虑

中国民间流传的告诫人们如何为人处世的人生格言非常多，但其中又有不少相互矛盾的说法。例如，一方面提倡"以诚待人"、"以心换心"，另一方面又鼓吹"防人之心不可无"、"逢人只说三分话，未可全抛一片心"。如果人们同时接受了这两种截然相反的格言，在实际生活中就难免产生"诚信焦虑"——不信任别人，不以诚相待，就会感到一种道德压力。反之，又担心被人利用。

形形色色的焦虑充斥人们的生活，不胜枚举。它们像病菌一样侵蚀人们的灵魂和肌体，妨碍人们的正常生活，影响人们的身心健康。所以，走向美好的生活，应该从拒绝焦虑的情绪开始。

自卑情绪生成的因素

自卑，顾名思义，就是自己瞧不起自己，它是一种消极的情绪。自卑属于性格的一种缺陷，表现为对自己的能力和品质评价过低。自卑的原因包罗万象，比如家庭出身、社会地位、财富、名誉、相貌等。

自卑是一种可怕的消极情绪。其实，自卑心理人人都有，只是程度不同罢了。经常遭受失败和挫折，是产生自卑心理的根本原因。一个人经常遭到失败和挫折，其自信心就会日益减弱，自卑感就会日益严重。自卑的产生会抹杀掉一个人的自信心，本来有足够的能力去完成学业或工作任务，却因怀疑自己而失败。由于自卑的情绪影响到了生活和工作，给人的心理、生活带来的很大的不良影响。

十几年前，他从一个北方小城考进了北京的大学。上学的第一天，与他邻桌的女同学第一句话就问他："你从哪里来？"而这个问题正是他最忌讳的，因为在他的逻辑里，出生于小城，就意味着小家子气，没见过世面，肯定被那些来自大城市的同学瞧不起。就因为这个女同学的问话，使他一个学期都不敢和同班的女同学说话，以致一个学期结束的时候，很多同班的女同学都不认识他！

很长一段时间，自卑的阴影都占据着他的心灵。最明显的体现就是每次照相，他都要戴上一个大墨镜，以掩饰自己的内心。

20年前，她也在北京的一所大学里上学。大部分日子，她也都在疑心、自卑中度过。她疑心同学们会在暗地里嘲笑她，嫌她肥胖的样子太难看。她不敢穿裙子，不敢上体育课。大学时期结束的时候，她差点儿毕不了业，不是因为功课太差，而是因为她不敢参加体育长跑测试！老师说：只要你跑了，不管多慢，都算你及格。可她就是不跑。她想跟老师解释，她不是在抗拒，而是因为恐慌，恐惧自己肥胖的身体跑起步来一定非常的愚笨，一定会遭到同学们的嘲笑。可是，她连向老师解释的勇气也没有，茫然不知所措，只能傻乎乎地跟着老师走。老师回家做饭去了，她也跟着。最后老师烦了，勉强算她及格。

在最近播出的一个电视晚会上，她对他说："要是那时候我们是同学，可能是永远不会说话的两个人。你会认为，人家是北京城里的姑娘，怎么会瞧得起我呢？而我则会想，人家长得那么帅，怎么会瞧得上我呢？"他，现在是中央电视台著名节目主持人，经常对着全国几亿电视观众侃侃而谈，他主持节目给人印象最深的特点就是从容自信。他的名字叫白岩松。她，现在也是中央电视台著名节目主持人，而且是第一个完全依靠才气而走上中央电视台主持人岗位的。她的名字叫张越。

自卑的情绪谁都会有，并不可怕，可怕的是被自卑所操纵，迷失了自我。一个人如果太看重别人的评价，因为自己的一点缺陷就自卑，势必会影响他的正常生活。严重自卑的人，并不一定是其本身具有某些缺陷或短处，而是不能接纳自己，自惭形秽，妄自菲薄，常把自己放在一个低人一等，别人看不起自己的位置上，并由此陷入不能自拔的痛苦境地，心灵笼罩着永不消散的愁云。其实，每个人身上都有闪光点，不管这个闪光点是多么微不足道，但它毕竟是个优点，是别人没有的优点。

有一次，一名士兵奉命将一封信送往自己景仰的统帅——拿破仑的手中，由于过于兴奋，拼命地策马前行，胯下的坐骑一到目的地就累死了。拿破仑读了信后，立即复信，命人牵过自己的战马，吩咐那名士兵骑马回营。"不，尊敬的将军，"那名士兵看到统帅那匹心爱的骏马，恳切地说，"我只是一个普通的士兵，没有资格骑这匹高贵的马。"拿破仑不假思索地答道："世上没有一样东西是法兰西战士不配享有的！"士兵一下子想明白了，立即上马，绝尘而去。

正如那个士兵一样，很多人都把自己想得太卑微，这使得他们往往无法实现自己的目标。在优秀人士身上，我们看不到自卑的影子。每个人都有自己独特的价值，有什么理由自卑呢？

那么怎么样才是自卑呢？自卑主要表现在3个方面：

胆怯封闭

一些人由于深感自己不如别人，在与人交往或者从事某项事业中必败无疑，于是把自己封闭起来。但是他们越是封闭自己，越是对自己没有自信，从而造成不良循环。

自尊过强

即人们常说的过分的自卑以过分的自尊表现出来,尤其当屈从的方式不能减轻其自卑之苦时,就采用好斗的方式。有自卑感的人,他们比任何人更在意被别人发现其内心的真实想法,因此当他认为别人可能会发现时,便采用这种好斗的方式阻止别人的了解。

跟随大溜

丧失信心之人,常对自己的决定缺乏自信,便随大溜以求与他人保持一致。自卑者在做某件事之前就想:别人是不是有这样的看法?我这样做会让人笑话吗?会不会被认为是出风头?在做了事之后,又想:不知会不会得罪人?如果刚才不那样做就会更好,等等。

总之,自卑情绪能给人们带来精神上的折磨,一个自卑感非常强烈的人,他的生活也会非常痛苦。想要走出自卑,就要树立自信,这样我们才会得到真正的快乐,那么是选择自卑的痛苦,还是生活的快乐,结果不言而喻。

抑郁对情绪的影响

抑郁是比忧虑更深一层次的情绪状态,被人们称为"心灵流感"。作为现代社会的一种普遍情绪,抑郁并没有引起人们足够的重视,然而较长时间的抑郁会让人悲观失望、心智丧失、精力衰竭、行动缓慢。

对于抑郁的人,所有的怜悯都不能穿透他把自己和世人隔开的那面墙壁。在这封闭的墙内,不仅拒绝别人哪怕是极微小的帮助,而且还用各种方式来惩罚自己。在抑郁这座牢狱里,其中的人同时扮演了双重角色:受难的囚犯和残酷的罪人。正是这种特殊的心理屏障——"隔离",把抑郁感和通常的不愉快感区别开来。

心境低落是抑郁情绪的主要表现。抑郁情绪属于心理学的范畴,却不单纯表现为心理问题,还可能诱发一些躯体上的相关症状,比如口干、便秘、恶心、憋气、出汗、性欲减退等,女性患者可能会出现闭经等症状。

抑郁情绪症的具体症状有以下表现:

1. 常常不由自主地感到空虚,为一些小事感到苦闷、愁眉不展;
2. 觉得生活没有价值和意义,对周围的一切都失去兴趣,整天无精打采;
3. 非常懒散,不修边幅,随遇而安,不思进取;
4. 长时间的失眠,尤其以早醒为特征,醒后难以再次入睡;
5. 经常惴惴不安,莫名其妙地感到心慌;
6. 思维反应变得迟钝,遇事难以决断,行动也变得迟缓;
7. 敏感而多疑,总是怀疑自己有大病,虽然不断进行各种检查,但仍难消除其疑虑;
8. 经常感到头痛,记忆力下降,总是感觉自己什么也记不住,脾气古怪,常常因为他人一句不经意的话而生气,感觉周围的人都在和他作对;
9. 总是感到自卑,对自己所做的错事耿耿于怀,经常内疚自责,对未来没有自信;
10. 食欲不振,或者暴饮暴食,经常出现恶心、腹胀、腹泻或胃痛等状况,但是检查时又没有明显的症状;
11. 经常感到疲劳,精力不足,做事力不从心;
12. 变得冷酷无情,不愿意和他人交往,酷爱生活在一个人的空间,甚至自己的父母都难以与其进行交流,害怕他人会伤害自己;
13. 对性生活失去兴趣,甚至会厌恶,觉得很恶心;
14. 常常有自杀的念头,认为自杀是一种解脱。

抑郁者的人生态度通常很消极。正由于抑郁使人丧失了自尊与自信,总是自我责备、自我贬低,无论是环境还是自我,都不能积极对待;对环境压力总是被动地接受而不能积极地控制,更谈不上改造;对自我也总感到难以主宰而随波逐流。于是在人生征程上没有理想与期待,只有失望与沮丧。总感到茫然无助,陷入深重的失落感而难以自拔,对一切都难以适应,只能退缩回避。

作为美国第十六任总统,林肯也经历过抑郁情绪的困扰:"现在我成了世上最可怜的人。如果我个人的感受能平均分配到世界上每个家庭中,那么,这个世上将不再会有一张笑脸。我不知道自己能否好起来,我现在这样真是很无奈。对我来说,或者死去,或者好起来,别无他路。"

我们周围常常有这类人,当生活环境发生重大变化而呈现出巨大反差时,当人生之旅中出现一些变故、遇到一些挫折时,或者仅仅由于环境不如意,便精神不振、心神不定,百无聊赖而焦躁不安,不思茶饭更无心工作,甚至对生活失去信心,整个人跌入消极颓丧中。抑郁是禁锢人心灵的枷锁,困扰着人们,使人不能在现实的世界中调整自我,只能渐渐退缩到自我的小天地里。

为了使我们的生活永远充满阳光,为了使我们有一个健康向上的心理,人们曾费尽心思地寻找克服抑郁的药方。通过研究,克服抑郁的有效办法有:从事可振奋情绪的活动,观看让人振奋的运动比赛,看喜剧电影,阅读让人精神振奋的书。不过值得注意的是:有些活动本身就会让人沮丧,比如,研究发现,长时间看电视通常会使人陷入心情低潮状态。

科学家发现,有氧舞蹈是摆脱轻微抑郁或其他负面情绪的最佳方式之一。不过这也要看对象,效果最好的是平常不太运动的人。至于每天运动的人,效果最好的时期大概是他们刚开始养成运动习惯的时期。

善待自己或享受生活也是常见的抗抑郁药方,具体的方法包括泡热水澡、吃美食、听音乐等。送礼物给自己是女性常用的方式,大量采购或只是逛逛街也是一种抗抑郁方式。经研究发现,女性利用吃东西治疗悲伤的比率是男性的3倍,男性诉诸酒精的比率则是女性的5倍。

另一个提升心情的良方是助人。抑郁的人萎靡不振的主要原因是不断想到自己某些不愉快的事,设身处地同情别人的痛苦自可达到转移注意力的目的。经研究发现,担任义工是很好的方法。然而,这也是最少被采用的方法。

抑郁就好像透过一张网看外面的世界,无论是考虑你自己,还是考虑世界或未来,任何事物看来都处于被网线牵绊的状态。我们要摆脱抑郁情绪的困扰,让健康的心态永远伴随着我们,才能不受心灵流感的侵袭。

善于运用情绪的自动发生系统

我们的情绪一般都是自发的,也就是情绪反应受潜意识支配。我们每个人的身体里都有一套自动的评估体系,它如同敏锐的雷达,对我们周围的世界进行着随时随地的监控,关注着与我们自身利益休戚相关的事件。

每个人都有自己的潜意识,也就是下意识、本能的反应。情绪产生的一个重要的途径就是潜意识,潜意识和意识共同支配着人类的各种情绪。但人的思维和潜意识是相互分离的,二者之间存在着交锋,现实情况往往是,潜意识的力量通常被我们忽视。通过潜意识的作用,人类自身产生不由自主的生理反应,由此导致情绪的瞬间改变。在自动评估系统下,潜意识造成的情绪通常是突如其来的,从形成到外在表现,时间相当短。另外,在某一段时间之内,人们往往无法接受不符合当下情绪的任何信息,进入情绪的不反应期,这个时候也容易造成情绪的恶化。

作为一个现代人,要从以下两个方面提升你的情绪调控能力:

要懂得把握关键的6秒时间差

情绪产生于不经意间,从开始被刺激到爆发,知觉的评估完成速度非常快,在意识还没有觉察之前便已经结束。因此,事情过去之后很多人会疑惑当时的自己正在做什么,为什么会选择那种情绪。

情绪的自动评估反应机制发生的时间大约为6秒。只有在这6秒钟过去之后,大脑的边缘系统才能将情绪传递给脑皮质,使情绪与思考得以链接。而在这6秒钟期间,无论威力多么巨大的强迫性思维也赶不上情绪的瞬间爆发性。

如果我们在这6秒钟之内不妄加行动,防止自己在情绪控制下产生的冲动,把握这6秒的时间差,就可以让情绪和思考进行沟通,从而不至于做出情绪化的决定导致以后的后悔。

要冷静躲避自己的情绪不反应期

人都有情绪周期,有很多时候,情绪周期中会出现意外的低落时刻,在心理学上,称为"情绪的不反应期",又称情绪过滤理智期。这段时间内人们无法接受不符合当下情绪、无法持续原有情绪、不能将情绪合理化的信息，容易陷入不适当的情绪。当情绪压过理智时，人们会以自己的直接体验来感受所发生的事情，并且想办法去证实它以保持自身的情绪，从而强化自己的情绪反应。这既忽略了周围不符合当下情绪的新信息，又限制了我们处理事情的能力，导致一味地陷在情绪化的反应中无法自拔。

生活中正是由于很多人不了解自己的情绪周期，才容易反复陷入情绪化的反应之中。想要有效调控自己的情绪，就必须警惕自己的"情绪的不反应期"，通过多种方式去了解自己容易在什么情况下、发生什么事情时可能进入情绪的不反应期，将有助于我们解决问题。

情绪的自动评估在日常生活中，对个人情绪的调节起着微妙的作用。把握情绪关键期的6秒时间差可以暂时防止情绪失控，冷静躲避情绪的不反应期可以避免情绪持续恶化。通过这两种方式，我们可以试着控制自己的情绪向良性方向发展，使情绪的自动评估更为合理化。

给你的情绪留一个思考空间

既然情绪有爆发的可能，我们就要在此之前先让自己冷静而理智地分析，而后再选择表达何种情绪，这就是思考性评估机制。思考性评估为思维预留了空间，有助于防止对发生的事情做出错误的判断，这种习惯是个人素养的一种体现，也为情绪判断提供了缓冲的时间。

运用思考性评估进行情绪调控的时候，需要记住"该不该"、"值不值"、"有没有用"、"如何超越"等几个关键点。如，当有人顶撞你的时候，不妨运用以上几个关键点对自己的情绪进行分析。先试着想，对方顶撞自己，自己是否应该产生情绪；如果自己没有做错什么，按理说可能会生气。而后问问自己为当前这件事生气是否值得。如果产生的情绪发泄出来对于问题的解决于事无补，就应该考虑是否换一种情绪。对于应该产生的，值得发泄的情绪，也需要评估它是否有用。如果情绪发泄之后，心情在短时间内可能会舒畅，但却引发双方更大的情绪，这样既不利于矛盾的解决，又给自己造成了更大的麻烦。遇到这类情况便需要思虑再三，再选择巧妙的处理方式来平复双方的情绪。情绪的反应得当有利于促进双方问题的解决，以及双方关系的友好发展。

如，在公司上下级交流的过程之中，作为领导，当听到员工带来的坏消息时，可能会产生愤怒、焦虑等情绪，从而形成情绪的本能反应是指责员工办事不力。但如果在这种情绪爆发之前运用思考性评估对情绪进行分析，通过以上几个关键点的思考来对当前事情进行深入体验，或许会意识到员工本身并非有意犯错。可能员工的出发点也是为公司考虑，但却事与愿违，员工对事情的结果也充满愧疚和不安。通过这样思考，领导与员工的交谈或许就能以一种积极的态度来处理和解决了。如果再加上领导鼓励和安慰的话语，或许员工还会心存感激。

当遇到问题的时候，即使情绪爆炸快要到达极点，也需要先平静下来，拿出纸和笔进行一番理智的分析。这样，原本将要产生的不健康的负面情绪就有可能平复，代之而来的是健康的负面情绪或是积极的正面情绪，同时，真正科学合理的思考性评估反应模式首先需要建立科学合理的认知。心理学曾对情绪的产生存在着两种认知的误区：一种认为情绪的产生是受环境刺激的影响，另一种认知则认为情绪是生理因素导致的。在20世纪70年代初，美国心理学家沙赫特和辛格所做的心理实验打破了这两种认知：

心理学家告诉所有参加实验的人，这个实验是要考察一种无毒副作用的新型维生素化合物对视力的影响效果。然后将参加者分为实验组和控制组。给控制组的参加者注射的是生理盐水，给实验组注射的是肾上腺素，肾上腺素容易使人产生心悸、颤抖、灼热、血压升高、呼吸加快等典型的生理唤醒特征。

心理学家又将实验组的参加者分为三个小组，对告知的一组说，他们所注射的药物会导致心悸、颤抖、兴奋等反应；对未被告知的一组说，药物是温和无刺激的；最后对误告知的一组说，药物会导致全身麻木、发痒和头痛。

最后，人为安排两个场景："欣喜"情境与"愤怒"情境。所有实验组的参加者进入之后，实验证明，三个小组的实验参加者有一半进入"欣喜"情境，另一半进入"愤怒"情境。未被告知和误告知的一组倾向于追随别人的情绪变得欣喜或愤怒，告知组能够正确解释自身的生理状态，可以安静等待、毫不理会外在情绪。控制组没有经受生理唤醒，也很安静。

由此可知，生理因素和环境因素都对情绪有影响，但均不能单独决定情绪的发生，事实上，两者共同起着作用。建立一个对人物和事件的合理认知是进行情绪管理的根本途径，也是形成快速、敏捷、科学的思考性评估反应的基础。我们需要在平日里多加训练，为自己的思维留出更多时间，让自己有机会有意识地防止对事情做出错误的判断。

回忆也能存储情绪经历

有时候，人们会感觉许多过去的问题总是时不时地困扰着自己。其实，这是源于对过往的负面情绪体味过多所形成的困扰。任由记忆中的负面情绪在脑海中回旋，这对当前的心境有害无益。

要防止负面记忆对情绪产生影响，有效地利用情绪和记忆之间积极影响的一面，具体有以下几个方法：

首先，在情绪平稳时，回忆以前的情绪状态。

人在特定的情绪下更容易引起相似的情绪状态。如，当你又一次没有通过考试时，就很容易联想起上一次的相同情绪体验，也就是上一次因考试失败而产生的负面情绪，那么负面情绪就会加重；而当自己被领导表扬时，就会联想到上一次被领导表扬时自己高兴的情绪，则情绪就会更加高涨。同样，面临同一处场景，心情不同的时候，观看的感受也不尽相同。当这些场景与人们的心境相契合的时候，便容易产生深刻印象，当人们对它没有感觉的时候，记忆也显得相对模糊。

处于强烈情绪反应中的人很难对回忆做出客观的评价。由于记忆与情绪之间的可选择性，比较明智的做法是，选择心情平静的时候回忆过去的情绪。心平气和，分析才能变得理性，才能通过分析帮助自己把握现实、畅想未来。

其次，用崭新的角度看问题——培养积极的心境与情绪状态。

"心境一致记忆"的观点认为个体经历了同一种特殊的心境后，在以后接触事物时总是会倾向用与之前相同的心境去解释这种现象，通过先前的情绪记忆联想，这些事物将被纳入已有的情感模式中。"心境一致记忆"的偏好使得一个人对于同一件事情，不同的心态导致不同的情绪状况，在以后引发的回忆也大不相同。如果试着转变心境，换一个崭新的角度看待问题，形成的情绪状态便会是全新的。

再次，用"控制情境刺激"唤起积极的情绪体验。

所谓"控制情境刺激"，就是指为了减少环境中容易唤起某种情绪记忆的刺激而对当下的情境进行控制的方法。心理学研究证明：依赖于个体的自尊状况除了有"心境一致记忆"之外，还有"心境不一致记忆"，悲观抑郁的人在消极的情境中更容易引起消极的回忆，形成恶性循环；而乐观自信的人在积极的环境中更容易产生积极向上的情绪，即使在消极的环境中，他们也会利用自身的情绪调节产生积极的认知。

因此，对于容易有消极情绪的人来说，选择避开让自己产生不良情绪的环境，寻找一个恰当的新环境，从而唤起自己的新的独特的情绪体验，同时通过有意识地转移话题来分散个人对不良情绪的注意力，是调控情绪的重要方法。

总的来说，情绪与记忆之间有着密切的联系，回顾过去的经历是情绪产生的途径之一。记忆可以带我们回到过去的经历，体味过去的情绪。经历过的事情会和当时的情境及产生的情绪一起留在人的脑海中，当人们再次回忆时，似乎回到了与当时情境一致的感觉，所有的情绪和体验都可能被唤醒。

不可否认，对经历的体验虽然有些时候能够通过回忆获得当时的感觉，但有些时候也许会产生不同的感觉，比如一个人对某件事情当时感到愤恨，事后回忆起来有可能为此懊悔和自责。然而，情绪整体感觉的大方向不会变化，喜悦的心情不会变成悲伤。正如忧伤不可能转化为兴奋，愉悦的记忆带给我们的是积极乐观的情绪。这就是人为什么喜欢回忆小时候的事情，因为童年在人的整个记忆中是最快乐、最无忧无虑的时光。但当人们回忆起在社会上遭遇的各种不平等待遇时，恐怕不会那么轻松。

勾勒一个美丽的情绪幻境

积极的想象对于消除负面情绪、减轻心理压力有着不可估量的作用，无数心理学实验都证明了精神想象的力量。如果人们通过想象恰当地唤醒真正的情感，并付诸行动，可以改变原来不愉快的心情和不良的行为习惯。如，在与朋友将要出去旅游的时候，想象大家在一起的愉快场景；在考试将要来临的时候，想象自己答题时的自信与速度；想象未来的美好生活而后积极努力地为之奋斗，等等。

身体亚健康者通过想象勾勒自己一些健康生活场景，有利于消除他们对医生忠告的抵触心理，积极地采纳医生建议；患者可以通过运用主观意念进行积极的想象和思维，创造积极乐观的情绪以取代各种不良的情绪，提高身体内部的免疫力，从而以一种积极的心境抑制疾病的发生或恶化，战胜病魔，获得健康的身心。

运用"精神想象"的方式来调控情绪、治疗疾病，在国际国内的心理疗法中并不罕见，其中"想象意念法"、"想象放松法"两种方式比较流行。

想象意念法

想象意念法的实施步骤分为五步：放松、入静、聚气、充盈、排浊，具体做法如下：

步骤	具体方法
放松	闭上眼睛，用舌尖抵住上颚，从头到脚、循序渐进地松弛全身的各部分关节和肌肉，使全身都处于放松的状态
入静	将注意力由外向内回收，使之不受外界的干扰和影响，做到大脑放松的真正入静
聚气	想象世界上拥有激活万物的"生命之气"，用意念的力量将这种"生命之气"聚合到自己的头顶上方
充盈	通过意念，想象这股气息通过头部的百会穴摄入自己的生命体内，并充盈着身体的每个角落，温暖身心
排浊	充满能量、光明和活力的生命之气贯入身体的每个角落之后，体内的污浊之气便难以容身，通过想象和意念，我们将这股浊气通过脚下的涌泉穴排泄出去

想象放松法

想象放松法与想象意念法有一些不同，后者是通过全身心意念的力量为调控情绪服务，前者则是通过想象一些轻松愉悦的场景来调节情绪，且通常结合一些暗示、联想等方式使自己感到舒适和惬意。

在进行"想象放松法"之前，不妨准备一些现成的"想象图片库"，将自己认为能够引起自身愉悦情感的美好图片保存到一个相册里，比如自己曾经旅游过的优美的风景图片，与亲人朋友在一起开心时刻的留念，等等。这样，翻开图片，你就能够回想起当初的点滴快乐，自己的情绪也会在不知不觉中好转。

想象放松法还有一个方式：冥想。通过想象自己身处某一个场景，达到自我放松的目的。例如在炎热的夏日想象自己在幽静阴凉的小树林，你会感受到全身比没有想象之前凉爽许多；在压力颇大的工作环境中想象自己在迷人的海滩散步，倾听着海风，或是想象自己在山中小屋休憩，这样放松有助于减轻自己的工作压力。

需要注意的是，进行"想象放松法"要使自己尽量放松下来，并尽可能地想象一个具体生动的场景，动用五官去全面感受，方能达到最好的效果。

想象意念法和想象放松法都是为自我情感的重塑和情绪的调控而服务的，是"精神想象法"的重要组成部分。想象是引发情绪反应的途径之一，通过想象使自己受到鼓励，既能够获得自信，又可以安定情绪。因此，在现实生活中，不妨想象一些场景使自己情绪得到缓解，以减少负面情绪的影响，为自身的好情绪增加一些美好想象的色彩。

学会向别人倾诉真实的你

日常生活中,当碰到困难或者烦恼的时候,人们大多会选择寻找倾诉对象,倾诉自己的各种遭遇。当正确有效的倾诉之后,一般都会有一种一吐为快、如释重负的感觉。这就是所谓的"情绪社会分享"现象。

如果遭遇心理问题,合理宣泄很重要,适度的倾诉是保证情感健康和良好人际关系的有效方式。不过,凡事应有个度,整天逢人就倒自己的苦水,却完全不考虑对方的感受,就会成为朋友、同事眼中要躲着走的"麻烦"。在心理学上有个叫"倾诉综合症"的名词,就是专门指这种有倾诉饥渴的人。

为什么有些人会爱上倾诉呢?有个"病患获益"的理论,说的是当生病或是遭遇困难时,人们会获得来自亲朋好友的照顾与安慰。比如孩子生病时,平时无论多忙碌的父母也会多些时间陪在孩子身边,有些孩子领悟了这点后,为了让父母多陪自己,就会不停地"生病"。

同样,在倾诉这件事上也是如此。当倾诉者发现能换来家人朋友的同情关心时,就会迷恋上这种感觉,然后不停地倾诉。当然,这种人往往缺乏满足感。另外,国外专家发现伤心也可能上瘾。当亲人、爱人和朋友去世之后,人们总会感到伤心,有时甚至长期无法走出悲痛。神经学家指出,这其中的原因并不全是因为人类重情谊,还因为人脑会对这种伤心和悲痛"上瘾"。

想要警惕"倾诉综合症",就必须要正确区分"正常倾诉"和"倾诉饥渴"之间的关系。那么,什么是正常倾诉和倾诉饥渴?所谓的正常倾诉就是为了解决问题或是获取解决问题的办法而采取的行动;倾诉饥渴则是为了倾诉而倾诉,只是想发泄自己情绪的行动。其实,两者之间最主要的区别就是遇到困难和痛苦的时候,是立刻找人倾诉,还是选择先自己努力消化,如果自己不能解决时再找人倾诉。

正常倾诉的人,获得了解决问题的办法,终于不再苦闷和烦恼,因而会非常放松;倾诉饥渴的人则是在不断地发泄中得到满足。其实要想充分发挥倾诉的功能,仅知道这些还远远不够,必须要掌握倾诉的技巧。总的来说,倾诉技巧的核心原则是在合适的时机找到正确的对象,用正确的方法进行倾诉。

首先,找准倾诉时机。可能有很多人会问,倾诉还需要时机吗?当烦恼、痛苦,或心情不好、情绪低落时,就找人倾诉。其实,在什么时候找人倾诉是很讲究的。合适的倾诉时机能够让你既能达到一吐为快的目的,还不至于惹人厌烦。

什么时候才是最合适的时机呢?第一,要弄清楚是否有必要倾诉。只有确实需要向别人倾诉的时候才可以倾诉。第二,要弄清楚倾诉的目的。倾诉是为了宣泄还是想从中得到一些意见和建议。第三,要弄清楚自己是否有充足的心理准备。只有做好了直面自我灵魂的准备,才可以进行倾诉。

其次,找对倾诉对象。做好了充分的准备,确实需要倾诉了。那么接下来就是找什么人倾诉的问题了。一般来说,倾诉对象应该具有以下四点:一是,能够提供意见和建议;二是,能够分享自己的体验;三是,对自己的遭遇比较关心和了解;四是,能够安抚自己。

大家平时习惯于找自己的亲朋好友倾诉,但是找什么样的亲朋好友也是非常讲究的。一定不能找喜欢搬弄是非的人倾诉,也不能找一些对你不了解,对你的遭遇无动于衷的人倾诉。最好找关心体贴你的人,或诚实可靠的人来倾诉。当然了,最好是去找心理咨询师,因为他们不仅能够保守你的秘密,还能通过对你的分析,进行合理有效的疏导和安抚。

再次,找对倾诉场合。有些人愿意向别人倾诉情绪,但是却没有选好场合。例如朋友一般在较为轻松的茶馆、咖啡馆里面对面倾诉,切忌在嘈杂的环境中,这样会加重你的负面情绪。恋人一般在私密性比较好的场所倾诉,彼此可以没有拘束,也没有第三者的影响。上下级之间的倾诉最好远离办公室这种场所,因为很容易带入工作情绪。

所以,选对倾诉场合也大有讲究,这一点要多注意。

最后,找好倾诉方法。找亲朋好友进行倾诉的时候一定要注意以下几点:第一,要实事求是、客观地描述自己的情况,不要有所隐瞒和夸大;第二,语言要得体,言辞要适当。不要太过情绪化和极端化,否则很有可能使倾诉走向反面,不仅达不到倾诉的目的,反而会产生负面效果。如果是找心理咨询师,一般不会产生这样的问题,专业人士会针对你的各种情况进行疏导的。

要想一吐为快必须要得法，不能一味地不顾别人的感受，更不能任意宣泄自己的情绪，而患上"倾诉综合症"。在正常倾诉的基础上，选择恰当的倾诉时机，寻找合适的倾诉对象，使用正确的倾诉方法，让自己的情绪彻底释放。

用表情带动你的积极情绪

心理学家经过测定，认为人的脸部表情和情绪之间是有关联的。情绪活动可以引起人的面部表情的变化，面部表情的改变信号很快传输给大脑，大脑又可以帮助人们确定这种情绪体验。不仅情绪影响面部表情的变化，表情也能直接导致情绪的改变。

艾克曼教授在西苏门答腊岛上的米南卡包进行的实验也证明了这一点。他要求被试验者按照某些指令做出不同的表情，调查得悉很多人都因此出现生理变化，而且大多数人都能感受到这种情绪。比如微笑，当人们做出微笑的表情时，大脑会产生喜悦的情绪变化。

保持一种自然的面部表情可以反映内心真实的情绪，刻意做出的表情会导致人的自律神经系统发生改变，表情通过脸部肌肉的改变传递到大脑的感情中枢，大脑接受到表情信息后会分泌化学物质，而产生同表情一致的情绪感受，这些情绪感受传回大脑，又会加强脸部表情，形成循环。通过刻意做出的表情刺激大脑神经的表情中枢，来制造某种情绪，这种情绪虽然与自然情绪的产生动机不同，体验方式也不尽相同，但确实是一种有效情绪产生方式。

但是有些人觉得用表情带动情绪很难，当情绪发生的一瞬间，仿佛所有表情都很自然地与情绪配合，如果强制性地变化自己的表情，整个人会有一种被扭曲的感觉。这是因为你还没有试着让自己轻松，先让自己的表情恢复到无表情，然后再慢慢做出能激发积极情绪的表情，就可以达到你想要的效果。以下几个动作可以让你产生积极情绪：

首先，保持微笑，嘴角上扬。

很多公司会要求员工保持微笑，这是招徕顾客的一种方式。员工不一定开心，但是他的微笑却能够让见到的人都变得心情愉快。同时，他们嘴角上扬，通过别人对自己微笑的反应，可以想到很多快乐的事情。一个人可以长得不够漂亮，但是至少可以拥有自信的微笑。如果一个人总是皱着眉头，心中自然充满悲苦困扰之感，也给周围的人带来压力和不安。学会保持微笑，这是对自己情绪的最简单的支持和鼓励。

其次，试着大声地打哈欠。

不知你有没有发现，当你打哈欠的时候，整个人的身心都能放松下来。这正是打哈欠的奇妙功效，随着嘴的慢慢张大，污浊的空气被你排除，其实负面情绪也悄悄被排除了一部分。在你打完哈欠后，表情也显得较为自然，人也变得神清气爽。

如果在打哈欠的同时，伴随有伸懒腰的动作，效果将更好。试着做一做，你能感受到它的神奇效果。

实际上人都有情绪的高低起伏，始终坚持快乐的情绪并不是一件容易的事情，以上方法只是希望我们在生活中不要陷入低落的情绪中而走不出来，运用这些方法的宗旨是为了积极调动身体里的快乐细胞，使之处于活跃之中，只有打开心灵的窗户，才能真正拥有快乐的情绪，从而为自己的行动奠定良好的基础。

对人对己，情绪归因有不同

掌握正确的情绪分析法并加以运用，是进行情绪分析、评估的前提和基础。在分析他人的情绪时，应当充分运用合理的情境归因法；在分析自己的情绪时，则可以运用合理的个人归因法。在具体分析的过程中，很可能需要将两者结合起来，这样可以防止错误的情绪分析。以下是情境归因法和个人归因法的具体内容：

运用合理的情境归因法分析他人的情绪

在对他人的情绪进行分析时，一般人都会表现出一种普遍的偏见，高估人格特质的影响，而忽视了情境的作用。即使做出情境归因，也通常会把情绪和行为的原因归结为外界环境中的某种东西，比如，个人性格本身不好、环境不好、素质差劲、机会少、任务艰巨，等等。这类情境归因虽然有一定的道理，但却不甚合理。

我们应该站在别人的立场上，对这个人为什么产生这种情绪做合理的情境归因，这就需要表现出对别人的宽容大度和理解，这也将有助于良好人际关系的形成和巩固。丈夫回家晚了，作为妻子不应该一味地责怪他不顾家，而应该想到是否由于他工作太繁忙而回家晚。如果以体谅的心态来对待彼此的相处，则双方都会心存感激。

中国古代有个情境归因法的经典例子，那就是关于鲍叔牙和管仲的故事。

鲍叔牙和管仲是好朋友，在做生意的时候，管仲出的资金少，而最后拿的分红多，鲍叔牙解释这是由于管仲家比较困难，更需要钱；管仲在战场上逃离，鲍叔牙解释这是因为他家有八十岁老母需要照顾，不得不忍辱回家尽孝道。后来，管仲在鲍叔牙的举荐下成为了一代名相，两个人的友谊也成为千古流传的友情佳话。这正是由于鲍叔牙运用了合理的情境归因法，从管仲的角度去考虑，才既没有误失人才，又巩固了友谊。

运用合理的个人归因法分析自身的情绪

辩证法指出，内因是事物发展变化的根本原因，外因只有通过内因才能起作用。这就是说，外界的所有因素对自身的影响必须经由自身才能反应，因此，自身才是情绪问题的根源所在。当出现情绪问题的时候，仅仅将原因归于他人或是外界环境是不正确的。无论遇到什么情况，都应该首先做到从自己身上寻找原因，抱怨和推脱没有任何意义。

不过，从自身寻找原因中有一种情况是对个人的否定。有人在对自己的情绪进行分析的时候，会将行为和情绪的原因看作是和自己的性格、态度、意图、能力和努力程度相关的问题，从而导致对自我的否定，正是这些有偏见的个人归因导致对自我分析之后陷入更为严重的情绪问题。比如有人觉得自己太笨了太没出息了等，这些都是不合理的个人归因。遇到这种情况，我们应当运用灵活的原则去对待，在进行情绪分析的时候，多从内在的稳定因素归因，比如努力程度是否足够，少从不稳定因素归因，比如个人的能力等，克服个人归因偏差，这样才能够提高自己的信心。

内因和外因总是相互关联、相辅相成的两个因素，缺一不可。在情绪分析过程中，我们不但需要客观、实事求是，也需要将情境的外因和个人的内因结合起来综合运用。通过合理的归因法可以使问题者减少抱怨，培养他们的责任感和积极进取的精神状态，从而能够更有效地解决问题，达到情绪的良性循环。

情绪分析的"内观疗法"

如果对问题进行深入分析，人们自身多多少少都存在着问题，但是人们却总是习惯于把过错归结到别人身上，而很少去把探究问题根源的目光放到自己身上。如果认真关注周围的人，我们会惊讶地发现，越是有成就的人往往越谦虚，而没有成就的人往往将原因归于外在条件。他们总会认为未获得成功是因为条件不成熟、环境不够适宜、没有更多的支持，等等，而不去反省自身的原因。

要注意反观自身，真正伟大的人物都对自身的缺点和不足看得比较透彻。

那么，如何进行充分的自我分析？我们可以运用日本的吉本伊信创始的"内观疗法"，内观又称内省，是观察自我、纠正自我的一种方式，可以通过对自我的分析来改善自己的人格特征，纠正人际交往中的不良态度和行为，促进自身的发展和人际和谐。

"内观疗法"依具体的方法不同，主要分为集体内观和分散内观两大类。

集体内观

集体内观是可以多人同时进行的一种方式。在一间安静的屋子里，四周围上屏风，个人选择自己最舒服的姿势，进行系统的回顾和反省，除了吃饭、睡觉和洗澡之外，不可以随意走动、谈笑、看书。

分散内观

分散内观的方法与集体内观的方法相似，只不过是以最近的事为主，比集体内观反省的时间短,并且在日常生活中便可以进行,具体为每周一到两次,也可以每日一次,每次一到两个小时,比较容易实施。

内观之后,便可以对自己的评估做到全面、科学、客观,这个时候再找朋友和比较熟悉的同事分析自己内观后的自我评估值是否客观,以便及时快速地提高自身的能力素质。

人无完人,每个人都有自己的缺点和不足。当问题产生的时候,我们需要用理性的态度来看待事情,从自我做起,加以改进。有的人总是对自己的优点和优势沾沾自喜,对自己的缺点和不足视而不见,甚至刻意忽视别人身上的优点和长处,这种心理态度很不健康,面对问题,要学会首先从自己身上寻找原因。

张清和李文是相恋了多年的情侣,然而就在两人要结婚之际,张清犹豫了,她感觉李文变得越来越不相信自己,还总爱吃醋,每次出差都要追问自己所有的细节和过程,很介意她跟其他男同事的交流,为此,两人经常吵架。

张清认为两个人在一起最重要的是信任和宽容,对于男朋友李文的所作所为,她感到很失望。然而有一次,在她与一个很熟悉的朋友倾诉想要放弃这段恋情的时候,朋友的一句话点醒了她。"也许是你自身的原因导致了他对你的猜疑呢?"这时,张清才意识到,不能只站在自己的角度想问题。在与朋友的交流中,她逐渐反观自身,终于意识到自己有些行为的确让李文心存怀疑。比如,她不喜欢清楚地告诉别人自己要到哪里去,和谁在一起,这样,关心自己的李文自然会担心;有时候她喜欢谈论公司的男同事,而从不提及自己身边的女性朋友,这让李文很没有安全感。想到这些,她也感到很抱歉。与朋友交流后,她努力地改变两人交流和相处的方式,果然,她发现李文变得越来越宽容,两人仿佛又找到了初恋时的感觉。

不久,两人迈进了婚姻殿堂。

张清正是通过内观反省的方式对自己的问题进行了总结思考,加以改进,才使事情向好的方面发展的,假如她在看到男友猜忌之后一味地以为这是对方的过错,而对此耿耿于怀,两个人势必会闹到分手的地步。由此看来,自我反省是非常有必要的。

在问题面前,学会主动从自身寻找原因,这极其难得,也十分必要。古代哲人曾以"吾日三省吾身"来对自己的言行进行内观,以警示后人要从自身原因出发来看待问题。如果不知道反省自己,而只是去埋怨别人,这只能成为通向成功的阻力。内观反省是一面镜子,可以找出自身的问题。苛求别人不如反省自身,通过对自身的情绪评估和调控,达到人际关系的和谐相处,这才是关键。

将换位思考运用在情绪分析中

所谓同理心,就是站在对方立场上去进行的一种思考方式。通常我们有类似的经历:在面对同一件事情时,我们自身会体现出一种立场,当你设身处地地站在别人的立场上去思考的时候,便能够深切地感受到对方的情绪状态,于是在沉浸于情境的感悟中能够做到对他人的理解、关心和支持。心理认同是同理心的重要内容,这就是同理心所揭示的一个道理。

常常有人会说:"你怎么那么说话呀,真是饱汉不知饿汉饥。"事实上,吃饱的人从自己的立场出发看待问题并没有错,他是真的不知道饥饿的痛苦滋味,但他没有从饥饿的人的角度思考问题,才引起了对方的怨气。

在现实生活中,面对诸多矛盾和问题,很多人会对他人产生愤怒情绪。他们认为将责任推卸给别人是解决问题最简便的一种方式。殊不知,面对自身所遇到的情绪问题,采用如此的态度和行为,恰恰使当事人陷入不良的情绪循环。当他们认为别人不欣赏自己、愚弄了自己的时候,便会产生避免使自己成为受害者的心理,而愈加对别人产生愤恨。在迁怒于别人的过程中,他更会为自己可能遭受的报复感到恐慌,从而更加固执地认为对方很鄙视他们,如此往复循环,恶性的心理情绪最终导致个人的心理疲惫与情绪失控。

在心理学中,这种现象又被称为"反射—惯性",当事人的行为起初是一种条件反射,这让自己对过错感到心安理得，于是他们继续这种行为，不断强化对他人误解的惯性。假如对方真的与之相对抗，便有可能使两者都陷入情绪的恶化中，谁都下不了这个台阶。

情绪问题几乎都产生于人际交往的过程中，这就关系到心理认同这条基本的人际关系法则。要想走出"反射—惯性"这一怪圈，培养并加强同理心势在必行。

行动对人的影响与个人的切身体验密不可分，有人在心理认同方面做得不到位，于是与别人的相处总表现得冷冰冰；有人热心为别人着想，同理心法则运用得好，则会拥有温暖的友谊和良好的人际关系。因此，学会替别人着想，多站在别人的立场上去考虑，而不要以恶意去揣度别人，这有助于我们工作、生活的各个方面取得良好的效果。

商场为了留住一线品牌，提高自己的利润，通常会在季末的时候，给营业额排名前十位的供货代理商予以返利。不过返利的比例每年都有所不同，但始终在14%的上限和8%的下限间浮动，且以商场副总以上的领导签字的最终返利协议为准。

这一年，商场的财务处人员高飞根据负责服装部的张总上半年签的协议，按照11.8%的返利与女装部的第一名结账。然而，结账之后，张总却将高飞叫到办公室，训斥其给的返利比例过高。高飞没有当场反驳，他知道，空口无凭。

出了办公室，高飞赶紧与对方联系，说明情况，并寻求协议的底根，对方火速派人将张总上半年亲笔签的协议找出，张总看到后，有些不好意思。事后，他夸奖了高飞的细心与办事稳妥。代理商由于此事获利丰厚，也十分感激高飞在其中的斡旋。

假如高飞在领导震怒之后，只是猜测领导这样做是否是在给自己穿小鞋，或是回想自己是否得罪过领导，或者充满怨气地想这是领导失职却把气撒在自己的身上，而不去解决问题，自然就对领导产生怨言，久而久之，工作也不再积极努力了。但高飞没有这么做，他积极地去解决问题，因为他运用了同理心法则来应对与领导的交流，毕竟商场的利润是大家所关心的，领导因为返利比例高而生气也是为了商场的获利着想，商场利润提高了，员工的福利自然也是水涨船高。如此去想，高飞岂有不积极解决问题之由？

同理心法则是心理学中的一条重要法则，作为情绪调控的一种能力和技巧，它体现了人际交往和为人处世的生活智慧和人生哲理。倘若我们在人际交往中加以运用，将心比心地去认识问题、分析问题和解决问题，必然可以收获到良好的人际关系和豁达的心态，促进现代社会的和谐发展。

运用辩证法策略改善情绪

事物本身有好坏之分，然而我们对待事物的情绪往往取决于注意力的所在点，当你关注好的一面时，会感到欢欣鼓舞；面对坏的一面时当然会沮丧失望。世界潜能开发大师安东尼·罗宾认为，人们对事实的认知会受注意力的影响，应当控制好自己的注意力，否则很容易被它戏弄。注意力是看待事物的焦点所在，也是情绪生成的先决条件，要想有效调控情绪，便需要控制注意力，辩证地看待事物的各个方面。

我们所经历的各种情绪和各种事情都可以从多个方面来分析，评析过程中，尤其要注意运用辩证法的策略，这样可以使情绪评析人对情绪的形成、发展及结果洞悉得更加全面、客观、理性，从而加快解决情绪事件，并促进形成良好的心态。倘若观察不全面，则会容易使情绪陷入极端和偏激，不利于情绪调控。

几十年前，一个身有残疾的美国人，家中遭遇了小偷，损失了一些财物，一位朋友写信来安慰他，他回信说："谢谢你的来信，但其实我现在心中很平静，因为：第一，窃贼只偷去我的东西，并没有伤害我的生命；第二，窃贼只偷走部分财物，所幸并非我所有财产；第三，还好是别人来偷我的，而不是我做贼去行窃。"

就是这样的乐观态度，使这位残障人士遇到任何事情，都能用积极的态度来应对，进而在日后缔造出了不凡的事业。他就是美国第三十二任总统——罗斯福。

家中失窃原本是件令人恼怒的事情，但在罗斯福看来，东西既然已经丢了，生气也找不回来。与其让愤怒指挥自己接下来的情绪，不如放宽心态从不幸中发现美好。即使被大多数人视为不幸之事的被盗，也阻挡不了他继续追寻快乐的脚步。由此可以看出，情绪好坏与否，关键在于我们在看待一件事情时用什么样的思维方式和心态。如果辩证地去看待被盗这件事，它也可以有正面和负面两种影响。

宇宙间的每个事物都是独一无二的，都有自己特殊的规律和特性，杨树不能被叫作松树，苹果不能称为梨子，甚至"世界上没有完全相同的两片叶子"，从这一方面来看，"非此即彼"是成立的。然而，世界万事万物处于普遍联系之中，每个具体事物都同若干个具体事物相联系着。"亦此亦彼"的可能性存在于多种现象，鱼和两栖动物之间的界线是不固定的，脊椎动物和无脊椎动物之间的界线也渐渐模糊，鸟和爬行动物之间的界线正日益消失……没有完全相异的两种事物，而且，事物之间还存在相互转化的规律，正如老子所说："祸兮福之所倚，福兮祸之所伏。"辩证法不鼓励找到逻辑上的绝对真理，而是要求在处事上去遵循客观世界的发展规律，做到"非此即彼"和"亦此亦彼"的统一辩证思维。

在情绪评析和调控的过程中，辩证法思维所揭示的事物具有两面性的特征证明了中庸之道——"允执其中"的必要性和可能性，情绪的评析应注意保持各方面在动态中的均衡，情绪的调控需要我们及时地转移注意力，在身处顺境的时候提醒自己冷静理智，要有危机意识；在身处逆境的时候，要积极乐观，看到光明所在，由此可以实现自己情绪的平静顺畅。

同样是别人的一句话，当你对说话人感到厌恶时，你会认为这是一句不安好心的坏话；当你对说话人有好感时，你会认为这是他对你的肺腑之言。"情人眼里出西施"，与此也大致类似，究其原因是我们的注意力集中点不同。评价一个人时，我们不应当仅仅发现他的缺点，还应当看到对方的优点，尤其是当我们的情绪指向极端的时候，更应当辩证地看待。比如当你与身边的人发生口角时，就应当回想他的优点和过去与他相处的愉快经历，就会感到情绪有所平复。

在情绪评价的时候，将注意力放在积极和消极两个方面，并多关注积极的方面，用"非此即彼"与"亦此亦彼"相结合的辩证法思维来思考，这将有助于我们达到"允执其中"的状态，保持自我心理上的平衡。

消除因偏见产生的情绪问题

心理学家曾做过一个实验，主题为"我们大脑中的先验假设能够对我们的日常推理造成多大的影响"。实验中，他召集一些人，将他们带到一间办公室并告诉他们在此等待参加一项学术研究计划。过一段时间叫他们出来，询问是否记得办公室里有哪些东西。许多人表示并没有注意，但当让他们进行选择的时候，无一例外都选择了"书"。其实办公室里根本没有书，他们并没有将注意力集中在办公室的物品上，只是想当然地以为既然是办公室就肯定有书——这就是生活经验积累的心理定式。

当被研究者没有刻意留意时，认为学术研究机构的办公室当然会有书——这是依据经验和固定常识的必然推理。依靠之前生活积累的先验假设经验进行推理，往往会形成心理定式。所谓心理定式指的是一个人在一定的时间内所形成的一种具有一定倾向性的心理趋势。即一个人在其先验假设或过去已有经验的影响下，心理上通常会处于一种准备的状态，从而使其认识问题、解决问题带有一定的倾向性与专注性。这其实是一种个人经验所形成的偏见。

偏见的存在对于问题的产生和解决都有很大的负面影响，并且很多偏见会将我们的情绪引向不好的方面。

通常的偏见分为以下几类：

第十章 解析情绪，打开人生命运密码

类型	定义
证实偏见	按自己的思路去寻找那些能证明他们的理论或判断的信息，而非去反驳自我判断
后见偏见	觉得过去的事情的结果正如他们原来所期望的一样
聚集性幻觉	感觉到实际上不存在的规律
近因效应	先后提供的两种信息，近期信息往往占优势
定锚偏见	最初的信息引导而形成的最初的信念，在人们作判断或评析问题的时候占据极大比重，无法融合新信息
过度自信偏见	以个人意愿为主，无视客观规律，盲目行动，拒绝改变

其中，用自身的经验贴标签、下评判，是造成各类偏见产生的主要原因。标签一旦形成，就会像习惯一样，比较顽固，而且很多人还没有意识到自己有贴标签这种行为。

现实生活中，由于偏见、心理定式的思维、自以为是，产生了许多误解和矛盾。

张明与女朋友相恋了很多年，打算在今年结婚。然而就在结婚前夕，双方家长的意见出现了小小的分歧。

由于张明家庭条件一般，他跟岳父商量是否可以一切从简。岳父坚持按照当地的风俗，结婚要有三金（金项链、金戒指、金耳环），还要给一万元彩礼钱，不同意一切从简的提议。

后来经过东凑西借，张明终于把东西买齐了，不过心里也很恼怒，认为妻子的家人太不体谅自己。婚礼当天，岳父送给夫妻两人一个红包。想到自己父母的忙碌和操劳，对岳父不满的张明认为这是假惺惺，因奔波婚礼而累积的忙碌与疲惫化为怒气在这一瞬间爆发，他于是将红包扔在地上，不愿接受。后来在大家的安抚下，他才将红包捡起来。

待到婚礼结束，张明送完客人后打开红包，顿时羞愧难当：岳父给他的是一个10万元的存折。原来，岳父不是想从男方家捞钱，只是想让女儿按照当地的风俗嫁得风光些，让张明珍惜并善待自己的女儿。

偏见常常是由于运用心理定式判断和分析对象产生的，当人们对自己所推断的唯一可能性过分信任时，便会忽视存在的多种可能性，从而对事物或事件造成不公平的评价。

故事中的张明不但没有理解岳父的良苦用心，反而判定岳父给红包是"假惺惺"，很小的情绪酿成大矛盾，这种结果被美国著名心理学家桑戴克称之为"晕轮效应"（也称"光环效应"），这种效应犹如大风前的月晕逐步扩散，渐渐形成一个更大的光环。在认知方面，表现在人们的认识与判断只是从局部或表象出发，按照自己的理解去得出整体印象，形成认知偏差。

偏见一旦产生，很难消除，但我们可以进行有效的情绪评析与情绪调控。在日常生活与交际中，首先，应当学会细心观察，全面看待问题；其次，需要进行心理换位思考，理智看待问题；再次，应当正确认识自己，正视自己的问题；最后，加强自身的学习，弥补个人经验知识的局限导致的认知偏差。

尽管偏见很难完全消除，但通过以上几点的学习，至少可以减少它的发生。凡事不要受已有的框架与既有的判断的限制，应当培养发散思维，学会变通，从多个角度看待问题。只有以事实说话，偏见才会无所遁形。

培养你的加法思维

加法思维是人们形成正向思维的有利指导，推动人们从积极乐观的角度看待问题、看到自身

所拥有的东西,当面临诸多不幸、压力、烦恼等不良情绪的困扰时,能够让我们感受到生活中的阳光。

加法思维是极为重要的思维方式之一,著名医学博士春山茂雄曾写过一本畅销书——《脑内革命》,其中主要论点是鼓励人们在职场中进行加法思维的训练。比如当你在公司加班时,要想这是公司离不开你的表现;被老板教训了,要想这是在考验自己的忍耐力和精神修养的时机……运用加法思维可以保持开阔的心境和愉快的情绪,有助于促进问题的顺利解决。

英国作家萨克雷曾说:"生活好比一面镜子,你对它笑,它就笑;你对它哭,它就哭。"当我们将注意力集中到自己所经历的不幸、压力和烦恼上时,面对诸多失去的东西,心中必然感觉一片灰暗;但当我们将注意力转移到自己所拥有的东西上时,心情便会好转,可能收获许多意料之外的惊喜和感动。我们的心情指数和生活状况由我们自身看待问题的方式来决定,换言之,我们的生活由我们自己决定,而不是由客观环境决定。

科学研究发现,当人们在运用加法思维的过程中,脑中会分泌出脑内吗啡,这是一种有利于身心的人体荷尔蒙,可以使人心情舒畅,保证最佳的精神状态;而在运用减法思维时,脑内则会分泌出有害的毒性荷尔蒙,破坏我们的身心健康。现代社会中患抑郁症的人越来越多,抑郁症甚至被世界卫生组织预言为人类"21世纪第三大疾病"。这在很大程度上是由于在减法思维的控制下心态不稳定所导致的。

有很多人,一生都在运用减法思维,当他20岁时,他认为自己失去了童年;当他30岁时,他认为自己失去了浪漫;当他40岁时,他认为自己失去了青春;当他50岁时,他认为自己失去了幻想;当他60岁时,他认为自己失去了健康。却偏偏不去把握当下,把握今天!

岁月的流逝必然带走许多属于我们的美好的东西,但同时也会给我们带来许多独特的体验和收获。试想,如果运用加法思维,去把握当下的美好,必然会有不同的心态:20岁的自己正拥有着令人羡慕的火热青春;30岁的自己正当壮年,应当为自己的才干和经验而自豪;40岁拥有成熟的人格魅力;50岁因人生的丰富多彩而在精神上富足;60岁的自己可以享受退休后的天伦之乐。这样,通过认识当下的加法思维,我们可以每一天都觉得很美好。同样是一生,运用减法思维,越减越少,导致生活充满危机与压力;而运用加法思维,越加越多,可以使自己保持满足与欢乐。

我们周边的环境从本质上说是中性的,是我们给它们加上了或积极或消极的价值,问题的关键是你选择哪一种。加法思维正是从平凡的生活经历中获取积极的体验与幸福生活的关键。得到亦失去,失去亦得到,在分析问题、解决问题时选择加法思维方式,多看自己所得到的,少看自己所错失的,才能赢取良好的心态。

生活中的每一种不同的情绪,作为一种宝贵的人生体验,都丰富了我们的人生经历,可以引发我们思考,促进成长。因此,当我们要对自己的情绪经历进行评估时,不妨运用加法思维。同时应当认识到,加法思维虽与减法思维方式截然不同,然而加法思维包含着减法思维:用加法思维来构建积极乐观的态度,可以享受生活中的种种乐趣,强化正态效应;用减法思维去面对生活中的种种不如意,有助于淡化消极因素,减少消极、悲观、埋怨的情绪。当然,加法思维并不是一朝一夕可以简单完成的,它需要我们有意识地坚持锻炼,只有这样才可能在生活中培养出良好的心态,从而有利于良好情绪的形成。

行动前的利益权衡

如果我们在行动之前多进行利益权衡,便不至于在事后产生一系列失落、懊悔、痛苦、冲动、烦恼等情绪化的异常反应。行动需要进行计划和合理评估,不进行计划和评估的行动是不成熟的,这是引发情绪的根源所在。因此,我们应当对所要进行的行动进行事先的冷静思考和详细计划,使行动的结果实现利益最大化,这样也可以减少负面情绪的产生。

如何使行动之前的情绪更趋合理化?现代心理学中有很多研究,其中,"情绪代数学"比较流行,"情绪代数学"由心理学家乔舒瓦·弗理德曼提出,他认为在行动之前或者做出选择之前,应当及时地运用因果思维法,来权衡这个行动或选择存在的收益与代价,以及可能带来的各种情绪。通过综合考虑与权衡之后所做出的最终决定,对行动后的情绪影响效果很明显。

当你想向上司提出你希望升职或加薪的请求时,便可以运用情绪代数学的方法来进行分析权衡。比如：

王女士在公司里工作很努力，业绩也算突出。为了进一步提升自己的事业，她要求公司老板给她一个机会，提升自己为部门经理，但又不知现在提这个要求是否合适。正好她有一个好朋友是一名心理咨询师，王女士便向她进行咨询。

朋友建议王女士先填写一张"情绪代数学"表，详细如下：
（1）列举自己所面临的选择。
（2）从自己的切身利益和多种可能性来一一列举选择之后的收益和代价。
（3）考虑收益和代价分别会给自己带来什么情绪，进一步发现自己内心深处的感受。
（4）将所可能导致的情绪进行评分。
（5）分别总结收益和代价的分值，并进行比较。
（6）结合比较结果，最终做出正确选择和行动。

王女士经认真思考，认为升职成功虽然既可以证明老板对自己的认可，又可以增加自己的收入，并且还能显示出自己社会地位的提高，但老板也可能会以种种理由拒绝升职要求，倘若提出升职请求后被拒绝，此后可能给老板留下只关心钱的不好印象，相处起来会很尴尬。综合提出升职请求后积极的情绪和不好的强度后，王女士发现糟糕的情绪强度指数要大于积极的情绪。

朋友分析过王女士所列条件之后语重心长地说："提出升职要求并不是不可能，但你也看到你所列举的分析判断了。另外，你现在需要合理地评估自己的能力，还要考虑一下现在提出时机合不合适？如果你对这些做好判断之后仍认为可能的话，你可以尝试申请一下。"

王女士通过定量化的行为分析后，认为自己现在提出升职要求并不合适，于是放弃了这种想法。

通过对自己情绪提前量化，王女士更为明确地预测到自己的行动所导致的结果。从而放弃了主动提出升职的请求而继续努力工作。如果生活中我们对自己的行为举动多一些明确化的量化，就会像王女士一样做出理性的决定，而不至于陷入行动后的被动。

由此可见，情绪代数学可以帮助我们理清思路，更方便直接地预测出做出选择之后的可能结果，并可以分析其中的因果关系，从而避免陷入无意识的行动之中，被动接受行动的后果而导致情绪的自由化发展。

第三节
梦想的启蒙之师——情绪的作用

认识情绪的巨大作用

生活中我们要与各种各样的人打交道，也要用不同的情绪来"对付"不同的人。与其说经常和我们打交道的是人，不如说是我们自己的情绪。

现实生活中，总有一些人明明知道自己犯了错误却不愿承认。这时，你如果情绪失控，对对方进行强烈的要求和不留情面的指责，只会令对方的态度更为强硬。相反，如果你能控制好情绪，在时机成熟的条件下，有意为对方找个借口、搭个台阶，使其按要求行事，就不至于太尴尬。

所以，我们有必要对情绪的作用有更进一步的了解，认识情绪的作用，对我们的整个人生都有很大的影响。

很多人都知道情绪，但是对情绪的变化原因却不甚了解。情绪变化指的是辨别自己和他人各种情绪，并有意表达这些情绪的能力。通过表达你所有的情绪变化，你能够获得有关自己和他人有价值的信息。

同情和移情要求你认同他人的情绪。如果你对某些特定的情绪感到不适，就往往会在内心回避或否认它们。如此一来，你就无法获得有关导致这些情绪产生的特定事件、情形或人的重要信息。此外，你就会不认同或刻意回避那些会引起你内心不适的他人的情绪。

如果你无法"看到"某些情绪，你就很难做到富有同情心，或者会缺少移情能力。

情绪也是有强度的。情绪强度指的是"调高"或"调低"某种情绪的能力，以及你在特定场合的情绪匹配程度。想想在播放某首歌曲时调节音量的重要性吧。正如伟大的作曲家使用声音强度来传达不同的音乐意义一样，你的情绪强度有助于他人了解你的内心世界。

也许你曾经与这样的人共过事，就是他突然"打开"或"关闭"情绪，或在没有任何征兆的情况下就从轻度恼怒转变成极度愤怒。如此快速的情绪转变令周围的人感到十分不安。缺乏情绪强度调节能力的领导者可能令人难以预测，因此也难以获得他人的信任。

如果你的声音总是很低，但某个人调节情绪强度的能力很强，你可能会将对方的适度情绪表达误解为极端的表达。这就会造成信息传递失准。你在准确理解他人的情绪表达方面的敏感度，以及你在某种场合的情绪强度匹配度，表明了你的情绪的稳定度，并使你在别人面前获得了自信。

你之所以会受到情绪强度的限制，可能是因为你没有在特定的场合"登记"你的内心情绪状态，或羞于表达自己的情绪。我们有时候恰当地表达了自己的情绪，而在其他场合却不适当地限制或延迟了自己的情绪表达。记录你在特定场合所具有的情绪反应。注意自己何时阻止情绪表达和在没有任何征兆时就爆发出某种情绪。

当你认识到他人或自己的某种情绪状态时，有意识地选择自己的行动反应。通过实践来培养监测自己的情绪状态，并在各种场合表达匹配情绪的能力。从值得信赖的人那里获得他们对你的情绪强度的反馈。

除了了解情绪强度之外，我们还需要认识情绪的流动性。

情绪流动性指的是在特定场合下不受阻碍地、以适当的速度切换情绪状态的能力。以钢琴演奏为例，流畅的演奏者能够自如地根据乐谱，以较快或悠闲的速度演奏，这类演奏者不会受困于特定的音符或段落。

在某种情绪场合，具有情绪流动性的人能够超越特定时刻的情绪。相反，缺乏情绪流动性的人往往会受困于某种情绪，或者无法快速地对特定的场合做出适当的情绪反应。这种情形更容易出现在负面或未确定的情绪状态。特定的情绪状态可能令人亲近，且感到舒心。

培养情绪流动性具有多种含义。如果你拓展了自己的决策空间，就能游刃有余地处理特定的形势，甚至改变形势的发展。缺乏流动性容易削弱体验周围环境中其他事物的能力。例如，如果领导者受到某个失败项目的困扰，就有可能无法产生激励下属寻找新机会所需的激情。如果领导者受困于某种情绪，即使这种情绪是正面的，比如希望或乐观主义，其他人也有可能感到沮丧。如果某种场合需要领导者做出抑郁的情绪反应，过于正面的情绪反应就会显得极不协调。

情绪融合力指的是理解情绪与思想、身体状态以及创造性表达之间的关系的能力。演奏一段乐曲需要将所涉及的乐器加以结合。如果缺少一段弦乐或铜管乐，听众就无法完全理解该乐曲的艺术价值。同样，领导者如果没有抓住机会看清自己的情绪如何影响到自己的思想、触感和创造力，则无法充分发挥自己的才能。

实际上，当脑外伤伤害到一个人的情绪中心时，他甚至连做出最简单的决策的能力都没有。

同样，你对特定情形的思考会影响到你的情绪状态。你能够根据思想来制造情绪。只要想想你一天中经历的情绪变化，就能够发现你关注的情绪有可能出现。

你的语言也反映了"情绪与身体和身体触觉密切联系"这一观点，如"我内心相当紧张"、"她让人头疼"、"我感到压力越来越重"、"我觉得非常轻松"。这些常见的表达将焦虑、挫折、恐惧、无忧无虑与身体触觉联系起来。许多人在通过身体触觉体验到情绪之后，才能在智力层面意识到这些情绪。同样，你的情绪状态影响到你的身体状态，也影响到你遭遇身体外伤和疾病时的康复能力。

当然，如果我们深入地去观察自己包括他人的情绪时，我们就会发现，情绪的作用远远还不止这些，情绪是很微妙的情感体现，而它所发挥的作用也是可大可小，无法计算的，如何将这些有利作用最大化地为自己所用，也是我们需要学习的人生课题。

情绪影响了你的行为

情绪是动机的前提,如果没有情绪就不可能产生动机。试想一下,如果你对某件事情根本没有注意,没有喜欢、讨厌、高兴、失望等情绪的产生,你就不会产生动机,更不会产生带有动机的行为了。

> 有的时候,我很清楚自己所做的事只能让我变得更加痛苦。比如我会被窗外的某些噪音分散心神,但不知为何,那反而给了我更多时间去体会那一刻的恶劣心情,我很惊讶自己居然会变成这样。
>
> 有一天,我躺在床上心情恶劣地翻动身体,晃动的一刹那让我想起了几分钟之前在被窝里的感觉——那种舒适和温暖,可以裹着温馨的被子和枕着柔软的枕头安睡的感觉。我意识到在那一刻,这个世界是美好的,但是这种感觉怎么会消失了呢?于是,我反复地对自己说,想这些事情完全没有用处。但是我立刻又对自己说,那么,为什么我总是想着这些事呢?然后我又开始了新一轮的思考,自己究竟出了什么问题。

这是安琪在描述自己抑郁情绪时说的话。她明白自己对于悲伤事件的反应正是令她更痛苦的原因。她努力地想要改善状况——拼命地思索自己的思想出了什么问题——这样只会加剧她的悲伤情绪。

悲伤是人类自然的心理状态,是人与生俱来的一部分。我们既不回避也没有必要去摆脱它。真正的问题的根源在于悲伤出现之后所发生的事。问题不在于悲伤本身,而在于之后我们对它的反应。

情绪是行动的信号,当情绪对我们说,某件事情不太对劲的时候,我们心里肯定会感到很不舒服。情绪的作用本来就应当如此。它是让我们采取行动的信号,督促我们做些什么来纠正情境的偏差。

如果这种信号没有让你感到不舒服,不能促使你采取行动的话,你还会在一辆快速驶来的卡车前面跳开吗?你还会看到有孩子被欺负时出手相助吗?你还会在看到厌恶的事物时掉头走开吗?只有当大脑的记录表明危机已经解除的时候,这种信号才会消退。

当情绪的信号表明问题就"在那里"——可能是一头怒气冲冲的斗牛或者大举压境的龙卷风云——我们会立刻采取行动避免或者逃离这个场景。

大脑会调动一套自动化反应的程序来帮助我们处理危机,摆脱或者避免危险的侵袭。我们把这种最初的反应模式——也就是内心感到不安,想要逃避或者消除某样事物的反应——叫作厌恶。厌恶会迫使我们采取一些适当的措施来处理危机情境,进而把警报信号关掉。从这个层面上来说,它可以为我们所用,有时甚至可以救我们的性命。

但是,当情绪性反应指向"自我"——包括我们的想法、情绪以及自我意识的层面时,同样的反应就可能会造成完全相反的结果,甚至危及到我们的生命。没有人能够摆脱自身经验的追赶。也没有人能够通过威胁恐吓的方式把那些烦恼、郁闷和威胁性的想法和感受赶跑。

当我们对消极的想法和情绪采取厌恶的反应机制时,负责生理躲避、屈从或者防御性攻击的大脑环路(大脑的"逃避"系统)便被激活了。而这个环路一旦开启,身体就会像准备逃跑或者战斗时那样紧张起来。当我们的全副精力都用于如何摆脱悲伤或者厌恶情绪时,我们的所有反应都是退缩的。头脑被迫关注着这类摆脱情绪的无效工作,将自己彻底封闭了起来。于是,我们的生活经验也变得越来越窄。不知怎么的,就像被挤进了一个小盒子。我们的选择面也会变得越来越窄。你会渐渐感到和外界接触的可能性正在不断地被削减掉。

消极情绪是可怕的,它就像眼罩一样,蒙蔽了我们的双眼,让我们看不到正确的方向,从而走上错误的道路。

别让压力毁了你，别让情绪左右你

情绪可以改变命运

不要忽视自己的情绪，因为每一种情绪背后都蕴藏着一种强大的力量。情绪可以改变命运，这绝不是危言耸听。好情绪可以激发一个人的斗志，坏情绪则会打压一个人的进取心，选择哪种情绪，就预示着我们将成为怎样的人。

真正极富天资、得天独厚的人是极为少见的，许多的成功人士都是很普通的人，他们的成就往往要归功于他们良好的情绪。

罗丹出生在一个贫苦的家庭，他酷爱画画，但他目不识丁的父亲却一心想让他成为一个能干活养家的男人，并不指望他成为什么画家。当他得知罗丹背着他偷偷学画后，竟高举着皮鞭逼着罗丹把他画的画和姨妈送的画笔扔进火炉里。

进了校园的罗丹因为把时间都用在了画画上，他的学习成绩很不好，于是，老师只好禁止他画画。一次，罗丹画了一幅罗马帝国的地图，被教师用戒尺狠狠揍了一顿，小手被打得通红，以至于一个星期不能拿笔。

后来，罗丹在大姐的帮助下，他终于进了一所免费美术学校学画。其中的一名教师勒考克是巴黎最杰出的教师，他厌恶美术学院死板僵化的教学方式，但是，他的这种行为却引起很多绘画大家的不满，也让罗丹以后的艺术道路受到了影响。当然，这是后话。

由于没有钱买颜料，罗丹不得不放弃自己钟爱的绘画。勒考克觉得罗丹是一个很有前途的学生，觉得他因为买不起颜料而终止学习非常可惜，于是就动员罗丹到雕塑室进行训练。灰心丧气的罗丹跟随老师进了雕刻室。面对雕刻室满地湿漉漉的黏泥、橡皮的胶泥、赤褐色的陶土和一块块的大理石，以及好些梯子、支架和刀具，罗丹一下子被这个新鲜的世界吸引住了。

有了梦想的罗丹暗自告诫自己：这次不管怎么样，也不能半途而废。他每天从巴黎的这一头赶到另一头，对这座城市的街道、广场、花园、大桥和古代建筑，还有著名的塞纳河两岸的大道，他都满怀深情，了如指掌。他随身携带的小本子上画了成千上万幅写生。他没有休息日，星期六晚上泡在家里根据记忆画想要雕塑的人物草图，星期天则整天待在家里用黏土进行创作。

一晃3年过去了，罗丹请求勒考克推荐他考美术学院。在得到老师的同意并得到另一位雕塑家的推荐后，罗丹信心十足地去参加美术学院的考试。考试要求每天用两个小时总共在6天内完成整个人像，罗丹觉得这是做不到的事情，但还是抓紧时间干了起来。两天过去了，他才在纸上画好了草图，而多数考生已塑完了一半，但他们的作品都显得光滑而没有生气。在最后一天，罗丹的作品虽然没有完全塑成，但他感到已是所有考生中最好的。

但是，罗丹的报考表上写着"落选"。第二年、第三年，罗丹的报考表上依然写着"落选"这两个字。

罗丹泪眼模糊。当他跟跟跄跄地走出考场时，一位学画的朋友告诉他："你是个天才的雕塑家，但因为你是勒考克的得意门生，所以他们永远也不会录取你，否则就等于他们赞成勒考克的艺术主张了。"

尽管罗丹此时几乎痛不欲生，但是他及时调整自己的不良情绪，继续投入到了自己工作中。直到一年后，勒考克把自己视若生命的工作室交给了罗丹。

罗丹终于用他的智慧和刀具，在世界雕塑史上留下光辉一页的同时，也使自己成为一尊不朽的雕像！

可以想象，如果面对父亲的责骂、经济的拮据、生活的艰苦以及美术学院的排斥，罗丹退缩了、消沉了，甚至是放弃了，那么世界上会永远失去一位伟大的雕塑家。

歌德曾说过："只有两条路可以通往远大的目标，得以完成伟大的事业：力量与坚忍。"力量只属于少数得天独厚的人，但是苦修的坚忍，却艰涩而持久，能为最微小的我们所用。正因为我们有了良好的情绪控制力才得以坚持自我，永不放弃，才能与糟糕的际遇不懈而顽强地斗争。因为它那沉默的力量，是随时间而日益增长的不可抗拒的强大力量。最终，我们会取得胜利。

重新认识自己的情绪，找到情绪中对我们有利的一面，发掘出它所暗藏的能量，然后运用这份强大的能量来改变我们的命运。

难以抗拒的感染力

情绪的感染力无处不在，有些时候你会做一个主动的感染源，有些时候你又会在不经意间成了某种情绪的被动感染者。也许在被感染的当时你并未察觉，等到你的情绪已经发生变化时，才觉察到情绪已经在不知不觉间发生了不可思议的转变。

人际关系的一个基本定理就是情绪的相互感染，这是影响力的一个重要体现。人们在交往中，彼此传输和捕捉相互的情绪信息，并汇聚成心灵世界的潜流，通过这股潜流的涌动来感染、影响对方的情绪。对这种情绪控制的能力越高，社交中的影响力就会越大。

人们在交往时，情绪传递的方向总是从表达能力较强的一方指向相对较被动的一方。有些人特别容易受到情绪的感染，也就极易动容。

善于顺应他人情绪或使他人情绪顺应你的步调，必然能够提升你的影响力，并建立良好的人际关系。成功的领导者或者富有感染力的演讲家都具有这一特征，能用这种方式调动千万人的激情和眼泪。

激情如火的演唱会上，活力四射的歌手们把台下观众的情绪调动得同样兴奋，他们的歌声和舞姿扣人心弦，最重要的是他们的情绪让观众们不由自主地随之跃动；而观众在看一些缠绵悱恻、凄惨无比的电视剧时，又会被剧中人物演绎的悲情所打动，随着剧中人喜而喜，剧中人悲而悲，这些都是情绪感染的力量。

在每一次与人交往的过程中，我们都在不断地传递着情感信息，影响着周围的人，同时也在不断接受他人的情感信息。在多数的情况下，这种交流与感染比较间接与隐秘，不为大多数人所察觉，但这种感染作用确实存在。人们都喜欢与热情大方开朗的人接近，从他们身上可以感受到勃勃向上的生命力量，难道他们从不曾忧郁、悲伤与痛苦吗？当然不是，他们所掌握的不过是懂得如何将情绪适时地投射到他人身上。

情绪的交流往往会细微到几乎无法察觉，却又无时不在地左右你的思想和行为。早晨某人的一句话可能使你整个上午都处于一种不安、心神不宁的情绪中，也许你认为早已把那事儿给忘了，但它却影响了你一整天的工作效率。

把热情倾注在你的工作或学习中，会使一切面目一新，许多研究与事实表明热情是影响人生成就的一大原因。同样，热情也是影响人际关系的重要因素。研究表明，热情的人在与人交往中往往更为积极主动，更勇于承担责任，更易于给予他人以关怀和帮助，因而更受人欢迎。

成功地运用鼓励、安慰、赞美的人，必定拥有一份成功的人际关系。除此之外，人的非言语表现也能调节情绪的协调程度，一个面带迷人微笑、充满自信和热情的人，随时随地都受人欢迎。

情绪决定生活质量

情绪是人类天性的重要组成部分，没有情绪，我们都会成为植物人。然而，情绪却是人类历史上最容易被忽视、研究最少的题目之一。在20世纪90年代以前，你几乎无法在书店里找到一本关于情绪的书。此后，科学家才开始对这个题目感兴趣。1995年，随着美国人丹尼尔·格尔曼《情感智商》一书的出版，人们开始广泛关注情绪。情绪之所以重要，在于它能够决定我们的生活质量，这一点可以从以下几个方面得到印证。

情绪影响你的幸福感

幸福的感觉通常是受情绪影响的，这是因为人的一切行为的改变都必须从自己的感受开始改变。请看：

外界刺激→想法→感觉（情绪）→行为→结果（幸福或不幸）

上面这个推论是什么意思呢？让我们举例说明一下，假设一个人失恋（外界刺激）后，他认为这是不好的事情，他觉得自己被抛弃了，从此将生活在黑暗之中，再也没有希望了（想法）。他感觉到沮丧（情绪），他把自己关在房间里，趴在床上哭，不和任何人讲话（行为）。久而久之，他变得内向、孤僻,不敢和异性接触(不幸)。不同的情绪状态会产生不同的行为,你自信时的行为会与自卑时的行为不同,在心情平静时的行为会和冲动时的行为不同,在沮丧时的行为会和兴奋时的行为不同,在大多数情况下,不同的行为会导致不同的结果。

我们都曾有过万事如意的时光,有时清晨起来就觉得神清气爽、精神饱满,对一切都充满热情,平日里棘手的工作也觉得得心应手,你微笑地面对周围的人,热情地投入生活,总之,你觉得一切都是那么美好。但是我们也有过完全相反的经历,有时会莫名其妙地感到情绪低落,被巨大的忧虑所包围,你无精打采,面对一大堆待办的事,却怎么也提不起精神,什么也不想做。平时做起来易如反掌的事,此时却感到举步维艰,有时竟然会突然叫不出一位熟悉的朋友的名字,或者突然忘了一个字怎么写,觉得整个生活都是灰色的。有时,自己自信、坚强、果断、快乐、兴奋、有激情;有时,自己却忧虑、沮丧、恐惧、悲伤。

之所以会出现这些差别,原因就在于我们处于不同的情绪状态。所有生活幸福的人,并不是因为他们比较幸运,而是由于他们都能够很好地控制自己的情绪,使情绪时常处于最佳状态。因此,从现在起,你要了解这两种情绪,并学会调整它们。

积极情绪有利于你的健康

现代科学研究证明:情绪可以通过大脑而影响心理活动和全身的生理活动,从而影响我们的健康。积极的情绪能提高大脑皮层的张力,通过神经生理机制,保持人体内外环境的平衡与协调,消极情绪则严重干扰心理活动的稳定,致使我们的体液分泌紊乱,免疫功能也随之下降。

积极情绪是身心活动和谐的象征,是心理健康的重要标志。一项心理学研究发现,对自我前途和未来持冷淡态度是身体健康不良的预兆。有一位外国流行病学专家断言,长期持有这种绝望意识的人,其死亡率高于心脏病、癌症和其他病因造成的平均死亡率。这说明,乐观态度对于健康大有裨益。

积极情绪能使人的大脑处于最佳活动状态,能充分发挥有机体的潜能,提高活动效率,使人精力充沛,食欲旺盛,睡眠安稳,充满生机与活力,从而增强对疾病的抵抗能力。英国著名科学家法拉第,年轻时由于工作紧张,造成神经失调,身体虚弱。后来他不得不去看医生,而医生却没开药,只说了一句话:"一个小丑进城,胜过一打医生。"法拉第仔细琢磨,悟出真谛。从此他经常抽空去看戏剧、马戏和滑稽戏,不久健康状况大有好转。

因此,要想保证身体健康,我们必须要学会控制不良情绪。

负面情绪容易导致疾病的发生

负面情绪是引起身心疾病的重要原因。它一旦产生,一方面会引起整个心理活动失去平衡;另一方面则导致生理方面的一系列变化,如脸色苍白、心跳加速等。早在两千多年前,我国古人就有"怒伤肝"、"思伤脾"、"忧伤肺"、"恐伤肾"等说法。古往今来,因情绪过激而致死的故事也不少,英国著名生理学家亨特,天生脾气急躁,他生前常说:"我的命迟早要葬送在一个惹我真正动怒的坏蛋手上。"结果,在一次会议上,"坏蛋"出现了,他盛怒之下,心脏病猝发,当场身亡。

人在负面情绪的笼罩下,意识会变得狭窄,判断力、理解力会降低,甚至会失去理智和自制力,造成正常行为瓦解,人际关系失调,目标混乱,免疫力下降,从而导致疾病的发生。

美国的自我管理专家杰克迪希·帕瑞克总结出了一些负面情绪可能引发的疾病,请看下表:

负面情绪	可能引发的疾病
愤怒、怨恨	皮疹、脓肿、过敏、心脏病、关节炎
困惑、沮丧、气恼	感冒、肺炎、呼吸道不畅、眼鼻喉不适、哮喘
焦虑、烦躁	高血压、偏头痛、溃疡、听力障碍、近视、心脏病
愤世嫉俗、悲观、厌恶、恐惧、愧疚	低血压、贫血、肾病、癌症

情绪影响着一个人的幸福感,也影响着一个人的健康。遇到不顺心的事,可以用积极的情绪自救,积极乐观地看待事情。一个会控制自己情绪的人即使面对困境,也依然会获得幸福,摆脱各种疾

病的困扰，从而保证身心健康。

情绪对认知和行为的影响

人们经常爱拿这样一个实验展现情绪的力量：水平差不多的两班同学在即将参加一个大型竞赛时，老师对其中一个班的同学大加赞赏，认为其一定能在竞赛中取得好成绩，这个班的同学在得到鼓励和认可之后就非常高兴；而老师则对另一班的同学表现出比较担忧的样子，老师的否定让班里的同学垂头丧气。最后的竞赛结果也可想而知：得到鼓励和赞赏的班级取得了非常好的成绩，而被否定的班级成绩则是一塌糊涂。

情绪具有一种神奇的力量，这种力量可以影响甚至左右一个人的认知行为。比如在你情绪好、心情愉快的时候，你的办事效率就会高，做事情就比较顺利；但是在你情绪低沉、心情抑郁的时候，你会觉得思路阻塞，任何事情都开展迟缓。

情绪就像是我们精神的感知棒，它时时影响甚至左右人的认知行为。我们每做一件事、每说一句话，都受到一定的心理状态和心理活动的影响和制约，尽管有时候我们觉察不到。具体来说，情绪在以下3个方面影响并左右着人的认知行为：

心理动机方面

情绪与心理动机存在各种联系。有研究表明，良好的情绪能增强人的心理动机，因为此时的个人，不仅行为效率提高，而且相信自己可以把事情圆满完成，这种状态能激励人的行为。反之，情绪受到压抑，行为效率受到阻碍，心理动机也因此减弱。因而，为了促进良好心理动机的实现，保持较佳的情绪也显得非常重要。

智力活动方面

情绪直接影响着个人的记忆和思维活动。心理学家丹尼尔·戈尔曼指出，情绪影响智力水平和思维活动的发挥，这是每个老师都知道的。学生在焦虑、愤怒、沮丧的情况下，根本无法学习。事实上，任何人在这种情况下都难以有效地从事正常的工作和学习。

人际交流方面

情绪是人际交流的重要手段。人们通过自己的面部表情、身体动作以及语言声调等表达自己的看法或者观点，如高兴时笑，痛苦时哭，发怒时横眉立目、握紧拳头等等。在所有情绪表达中，微笑是最有利于人际交流的一种情绪表达，它能拉近沟通者之间的距离，增加亲和力，促进沟通的顺利开展。

情绪对人们的心理动机、智力活动以及人际交流产生这么重要的影响，那么面对情绪变化，我们应该培养自我的心理调节能力，这种心理调节能力是一种理性的自我完善，在实际行为上主要体现为强烈的意志力和忍耐力。它使人以平和的心态来面对人生的起起落落，保持与他人交往时的淡定从容，也能促使自己的身心配合默契，做什么事情都得心应手。

当然，在生活中的每个人都具有不同的能力，或富有自信、勇气、冷静、理性，或富有决心、创造力、幽默感等，实际上，这些能力都是个人内心的一种感觉。当人们没有这些良好感觉的时候，即使具备知识、技能等资源，也不能很好地运用它们，或者根本不去运用它们。

因此，在面对情绪影响甚至左右个人认知行为时，学会控制和左右自己的情绪是个人成功的要诀。那些情绪健康的人，往往神采飞扬、激情澎湃，他们肯冒险、爱创新，善于把握生命中出现的每个机遇，从而让人生处于一种最佳的竞技状态。反之，情绪低迷的人，竞技状态比较差，也更容易遭到失败。

世上有许多事情的确是难以预料的，情绪的波动在所难免。但是，不管我们面对怎样的境遇，都要调节好自己的情绪，既不要自暴自弃，也不可盛气凌人，以宽容豁达之心来面对这个世界，不要让情绪成为成功路上的绊脚石。

好情绪造就好人生

牛顿说："愉快的生活是由愉快的思想造成的，愉快的思想又是由乐观的个性产生的。"的确，生活是你自己的，选择快乐还是痛苦都由你决定。要想赢得人生，就不能总把目光停留在那些消极的东西上，那只会使你沮丧、自卑，徒增烦恼。

苏珊娜是由心态积极而且又善于解决问题的母亲抚养成人的。母亲给人鼓舞的教育对苏珊娜的成长起了莫大的作用。

苏珊娜刚刚4岁的时候，父亲就因心脏病去世了。当时，她的母亲只有27岁，带着两个孩子，经济拮据。突如其来的厄运给她的打击几乎是致命的，使她一度陷于绝望。但她终于重新振作起来，鼓足勇气活下去。

在苏珊娜的父亲去世后的好几年里，她们家非常困窘，怎样勉强填饱肚子是母亲最担心的事。可是，母亲没有为家境贫穷而烦恼，而是想办法去挣钱，在家里为一个当律师而雇不起全日秘书的邻居做打字工作。苏珊娜也常常想办法做一些事情来贴补家用，她8岁的时候，就教邻居一些还没上学的孩子识字。那些孩子的父母亲很感激，便供给她食宿费用。

苏珊娜最敬佩的，就是母亲那种乐观的态度。

她记得，如果遇到五件难题，母亲就会说："没遇到六件难题，这不是走运吗？"当时买不起汽车，母亲就说："咱们住得离公共汽车站这么近，难道还不满意吗？"过节的时候没钱给她买新衣服，母亲就用家里的旧衣服拼拼凑凑地做一件，然后就表扬自己的手艺好。她高高兴兴地处理这些问题。苏珊娜在学校上学的时候，有一次没被选上班干部。母亲说："好呀，现在有时间来筹划搞一次比较成功的竞选运动了，下次选举你一定能够当选。"

多年耳闻目睹母亲这样乐观积极地处理问题，苏珊娜也具有了积极的生活态度。凡是遇到困难的时候，她就以学来的乐观情绪去对待，战胜困难。母亲微笑的脸和充满鼓励的话，总是给她鼓劲，增加她的勇气。每当她情绪消沉，抱怨不满或者在学校里碰到难办的事情，对母亲的回忆就会帮她坚持下去，然后得到一个很好的结果。不管是对待工作的问题、与他人交往的问题，还是对待她自己的问题，都是这样。

研究发现，乐观或是悲观的生活态度关系到一个人的生活质量和身体健康。研究对象先是在20世纪60年代做了性格测试。30年之后，他们又参与了一次后续健康状况评估。研究人员发现，30年后，研究对象中乐观主义者不但身心健康状况要好于悲观主义者，而且乐观主义者的平均寿命要比后者长。

人处在逆境中，要学会保持心理平衡，切记不要被坏情绪控制。要认识到，事情已经发生，任何忧愁哀伤都不能改变事实，没有任何实际意义。我们应该学着从多种角度来看待问题，逆境未必就一定是坏事，重要的是自己仍然有希望。

生活中，有许多人在遇到不愉快的事时，或心情不佳时，常常默不作声，不肯把自己的不快乐告诉别人，即便是最亲近的人。这种方式很不好。情绪就像洪水，只有疏导才能真正解决问题，想要压抑或阻止都是糟糕的做法，其结果往往是于他人无益，于己更有害。主动向亲近的人倾诉自己的心里话，常是宣泄情绪的好办法，情绪好转了，许多事也就解决了。

消极情绪就像是污染源，它会把你的人生弄得乌烟瘴气，既然我们认识到了消极情绪的危害，就应当有意识地避开消极情绪，当它出现时，可以有意多想一些高兴的事，自觉地用乐观情绪来代替悲观情绪。乐观情绪调动起来就会使大脑皮层处于兴奋状态，可以逐渐淡化消极情绪。

乐观是无形的，但它是有力量的，而且乐观的力量又是超乎想象的。乐观的人就是这样变通地看待生活和问题，他们总能在困难和不幸中发现美好的事物。他们相信自己，相信自己能主宰一切，正如哈佛教授亨利·霍夫曼所说："你是否快乐或痛苦，不完全取决于你得到什么，更多地在于你用心去感受到了什么。"

好心情对健康的积极效用

让自己保持愉快的心情是保持人体内分泌平衡的最佳方法。健康的情绪，比如平和镇定、乐天知命、勇敢坚定以及愉悦，都会刺激脑下垂体分泌激素以达到最佳激素平衡。这种平衡所产生的效力可能比世界上的任何药物都更加理想。

在1934年抗菌剂发明以前，曾经有位男人出现了肾脏感染。当时这还是一种很严重的病症。他脾气暴躁，时常有不满情绪。他的病情越来越严重，而那些不良情绪刺激了他体内肾上腺皮质激素的分泌。

不久，这位患者遇到了一位巫医。这位巫医让他的情绪变得愉悦起来，让他对生活充满了热情、希望和信心。后来，内分泌平衡在这个男人体内形成了最佳保护，体内的自我免疫系统是那个时代唯一的治疗手段。于是，他逐渐痊愈了。

其实，身体本身就能够治疗一些疾病。保持正面的情绪，给身体以正面的刺激，可有益于健康。不论通过何种形式，只要情绪得以改善，就会有同样良好的效果，比如，进行一次浪漫的恋爱。

有一个身患绝症的人，死神已经向他招手了，他几乎可以听见黄泉路上的潺潺流水声了。但他不想死，真的不想死。

忽然，有一天，他在医院门口看见了讣告。过去，他从未留意过医院门口的讣告。而这一次，讣告磁石般地将他吸引了。于是，他每天都到医院门口看讣告，看谁又被贴出来了。一个又一个名字。有些是他很熟悉的：熟悉他们的音容笑貌，熟悉他们的家庭子女。于是，他开始一笔一画地抄写讣告。日积月累，他抄写了厚厚的一个本子。有这么多人，在前面走了，自己对死亡，还有什么可惧怕的呢！讣告上那些沉痛的词语感染着他，燃烧着他。燃烧过后，他的内心反倒平静下来了。如果有一天，自己的名字真的被加上了黑框，真的被写到讣告上了，应该是一件很平常的事情。

闲下来的时候，他开始整理那些讣告。他将每一条讣告整理成文辞精美的散文。他歌颂死者，超度死亡，心里没有一丝倦怠和杂念。

他有一个朴实的想法，写够九十九个人，然后就停笔，将第一百个位置留给自己。虽然，他不知道，有谁会把他当作第一百个逝者来写。他的心情很好，因为有九十九个人在另一个世界等着自己，还有什么可留恋的呢？

第一百个死亡的人，他希望是自己。

可是，上帝一直没有露面。

后来，有一天，他打算给自己写的那些文章编号，排查一下自己的写作数量。让他吃惊的是，他写的文章，已经超过一百篇了。也就是说，他已经与死亡擦肩而过！

第一百个逝者，不是自己！

他喜出望外，泪流满面！

医生不相信这个奇迹。医生说：如果真是这样的话，我直接给每个绝症患者开具《死亡通知书》好了，让患者与死神零距离接触！

后来，他依然心情很好，每天跑到医院门口，抄写讣告，然后，回家整理成文章。

用正面情绪赶走了死亡，让自己健康地活着，可见保持良好的情绪对我们的身心健康异常重要。生活中，我们难免会遇到困难或险境，从而产生烦恼、痛苦、忧伤、愤怒等各种各样的消极情绪。我们要采取适当的方法宣泄不良情绪，重拾一份平和、快乐的心情，保持健康的活力。

有这样一个笑话，说人生有四大悲：久旱逢甘霖，一滴；他乡遇故知，债主；洞房花烛夜，情敌；金榜题名时，重名。本来是四件让人生大喜的事情瞬间变成大悲的事情，仅仅就是因为多加了两个字，其实也是因为最根本的两个字发挥了作用——心情。心情好了，看到任何事物都感到愉快，心情不好，即使是快乐的事情，他也能品出悲苦的味道来。所以，在我们本就很忙碌的生活中，不妨开心一下，保持轻松愉快的好心情，才能开心健康地活着。

心情的颜色影响世界的颜色

生活的现实对于我们每个人来说都是一样的。但一经个人"心态"的反射以后，情绪就会折射出不同的色彩。正如太阳本一色，但是却由频率不同的七种颜色组成，当你的心态是红色，反射出的情绪就是红色；当你的心态是蓝色，反射出的情绪也就是蓝色。我们的心里承载着不同颜色的事实、环境和世界。心态改变，情绪也会随之改变，从而使得情绪的不同反应产生不同心理表现。心里装着哀愁，情绪就会低迷，眼里看到的就全是黑暗，只有抛弃已经发生的令人不痛快的事情或经历，才会迎来好心情。

有一天，詹姆斯忘记关上餐厅的后门，结果导致早上三个武装歹徒闯入室内抢劫，他们要挟詹姆斯打开保险箱。由于过度紧张，詹姆斯弄错了一个号码，造成抢匪的惊慌，开枪射击詹姆斯。幸运的是，詹姆斯很快被邻居发现了，送到医院紧急抢救，经过18个小时的外科手术以及长时间的悉心照顾，詹姆斯终于出院了，但还有块子弹碎片留在他身上……

事件发生6个月之后，詹姆斯的朋友问起抢匪闯入时他的心路历程。詹姆斯答道："当他们击中我之后，我躺在地板上，还记得我有两个选择：生或者死。我选择活下去。"

"你不害怕吗？"朋友问。詹姆斯继续说："医护人员真了不起，他们一直告诉我没事，要我放心。但是在他们将我推入紧急手术间的路上，我看到医生和护士脸上忧虑的神情，我真的被吓到了，他们的脸上好像写着：他已经是个死人了！我知道我需要采取行动。"

"当时你做了什么？"

詹姆斯说："当时有个护士用吼叫的音量问我一个问题，她问我是否会对什么东西过敏。我回答：有。

"这时，医生跟护士都停下来等待我的回答。我深深地吸了一口气喊道：子弹！等他们笑完之后，我告诉他们：我现在选择活下去，请把我当作一个活生生的人来开刀，而不是一个活死人。"

詹姆斯能活下来当然要归功于医生的精湛医术，但同时也归功于他令人惊异的情绪状态。我们从他身上学到，每天你都能选择享受你的生命，或是憎恨它。这是唯一一项真正属于你的权利。没有人能够控制或夺去的东西，就是你的态度。如果你能时时保持好的心情，你强大的情绪力量会让很多困难的事情变得容易许多。

心情的颜色会影响我们看世界的颜色，也就是影响外界刺激下的情绪。如果一个人，对生活抱一种达观的态度，就不会因不如意的事情，激发负面情绪。大部分终日苦恼的人，实际上并不是遭受了多大的不幸，而是自己的情绪调控存在着某种缺陷，对生活的认识存在偏差。事实上，生活中有很多坚强的人，即使遭受不幸，也快乐依旧。充满着欢乐与战斗精神的人们，永远带着欢乐生活，无论生活是雷霆还是阳光。

坏情绪会阻碍你成功

约翰·米尔顿曾经说过这样一句话：一个人如果能够控制自己的激情、欲望和恐惧，那他就胜过国王。

愤怒、憎恨、恐惧、悲哀是最常见的不良情绪的体现。情绪波动的因素很多，可能因为自己目前的状况，可能因为周围的环境，内心的期望与理想在现实中达不到，心里的要求不能在现实中得到满足，理想和现实的差距是你脾气不好的根源。当面对别人无端指责而自己却无能为力时，当工作、生活、学习压力太大而无法排解时，当事业、恋爱不顺时，当亲人无端受害时，当自己的利益受到严重侵犯时，当受到某种打击和刺激时，当受到伤害无处诉说时，当和人吵架时，当被人冤枉时，有时可能因为别人的一句不顺耳的话或一句无意的玩笑，我们会极端生气、伤心、激动，这些都可能引发我们的坏情绪。

情绪变坏不仅仅会影响我们的生活、工作，严重时可能脾气更坏，每个人的性格和脾气不同，表现的形式不同，性格比较温和的人会选择沉默，脾气比较暴躁的人会发疯更会打人、骂人，有些人甚至会有歇斯底里的疯狂状况，到了丧失理智的程度。一旦情绪失控，就意味着行为失控，一切失控。所以，我们应该尽量避免坏情绪影响我们，生活中有些事情不是我们所能控制的，但我们却可以调节我们的情绪，避免事情向坏的方向发展。

镇上一个失业了好几个月的年轻人到一个海上油田钻井队去求职,那个岗位他很想得到。领班要求他在限定的时间内登上几十米高的钻井架,把一个包装好的盒子送到最顶层的主管手里。他拿着盒子快步登上高高的狭窄的舷梯,气喘吁吁,满头是汗地上到顶层,把盒子交给主管。主管只在上面签下自己的名字,就让他送回去。他又跑下舷梯,把盒子交给领班,领班也同样在上面签下自己的名字,让他再送给主管。

当他第三次把盒子递给主管的时候,主管看着他,傲慢地说:"把盒子打开。"他撕开外面的包装纸,打开盒子,里面是两个玻璃罐,一罐咖啡,一罐开水。他十分生气地抬起头,双眼喷着怒火,射向主管。

主管又对他说:"把咖啡冲上。"年轻人再也忍不住了,"啪"的一下把盒子扔在地上:"我不干了!"说完他看看摔在地上的盒子,感到心里痛快了许多,刚才的闷气全释放了出来。这时,主管站起身来,直视着他说:"刚才让你做的这些,叫作承受极限训练,因为我们在海上作业,随时会遇到危险,就要求队员身上一定要有极强的承受力。可惜,前面三次你都通过了,只差最后一点点,你没有喝到自己冲的咖啡。现在,你可以走了。"

一位哲人说:"气便是别人吐了出来而你却接到口里的那种东西,你吞下便会反胃,你不看它时,它便会消散。"生气时如果不注意控制,不仅会伤害身心,还可能导致其他后果,比如机会的丧失。约翰·肯尼迪曾这样说:"一个连自己都控制不了的人,我们的民众会放心把我们的国家交给他吗?"

情绪就像人的影子一样每天与我们相随,我们在日常的工作、学习和生活中时时刻刻都体验到它给我们的心理和生理上带来的变化。对于情绪,我们可以有很多具体的词语来描绘,愉快的与不愉快的,高兴的与不高兴的,满意的与不满意的,温和的与强烈的,短暂的与持久的,等等。人的情绪,是一种巨大的、神奇的能量。它既可以是激发人的无穷动力,又可以把人推向万劫不复的深渊。

有人说,生活就是一面镜子,你笑她就笑,你哭她就哭。千万不要让坏情绪影响了你的人生,阻碍了你的成功。

1%的坏心情导致100%的失败

生活中,我们经常见到有人因情绪失控而乱发脾气,也经常看到有人因为发了脾气而把事情搞得一团糟,其中的原因不是这个人的工作能力不高,更不是这个人缺乏与人沟通的能力,而是因为这个人1%的坏心情,导致了最后100%的失败。

或许你不信这个结论,也或许你认为这么说有点夸张。其实不然,一个人的心情和一个人手头所做的事情有着很紧密的联系,心情好,手头的事情也相对完成得好,或许说是完成的质量较高,相反,心绪不稳,总是左顾右盼,胡思乱想,根本就不把心思放在工作上,这样的心态又怎么能把事情做好呢?

美国石油大王洛克菲勒就是一个能正确对待自己坏心情的阳光人士,而他的对手恰恰是因为不能控制这1%的坏心情,导致了最后的失败。

在法庭询问上,对手律师的态度明显怀有恶意,甚至有羞辱之意,可以想象,当时洛克菲勒的心情有多么糟糕,如果这个时候他也发怒,必将掉入对方设计的陷阱之中,不过洛克菲勒很聪明,他明白这个时候控制自己的情绪有多么重要,自己一定不能和对方的律师一样鲁莽,更不能让自己这种气愤的心情有所流露。

"洛克菲勒先生,我要你把某日我写给你的那封信拿出来。"对方律师很粗暴地对他说。洛克菲勒知道,这封信里面有很多关于美孚石油公司的内幕,而这个律师根本就没有资格来问这件事情,不过洛克菲勒先生并没有进行任何的反驳,只是静静地坐在自己的座位上,没有任何表示。

"洛克菲勒先生,这封信是你接收的吗?"法官开始发问。

"我想是的,法官先生。"

"那么你对那封信回复了吗?"

"我想没有。"

这时法官又拿出许多其他的信件来,当场宣读:

"洛克菲勒先生,你能确定这些信都是你接收的吗?"

"我想是的,法官。"

"那你说你有没有回复那些信件呢?"

"我想我没有,法官。"

"你为何不回复那些信,你认识我,不是吗?"对方律师开始插嘴。

"是的,当然,我想我从前是认识你的。"

至此,看到洛克菲勒丝毫不动怒,像什么事都没发生过一样。对方律师心情已经坏到极点,甚至有点开始暴跳如雷了,而洛克菲勒还是坐在那里丝毫不动,似乎眼前的事情根本就没有发生过,全庭寂静无声,除了对方律师的咆哮声。

最后对方律师因为情绪失控,在法庭上把真相说漏了嘴,最终结果可想而知,洛克菲勒不仅赢得了官司,还在人们眼中留下了一个很优雅的形象。

这位律师因为自己的暴怒情绪,而将自己弄得方寸大乱,很多言行都被情绪控制,而不是头脑控制,这时的他就像一个吊线木偶,情绪受对手也就是洛克菲勒影响着,坏心情一点点扩大,最后输了这场官司。

生活中有太多这样的例子,由于自己不懂得控制坏情绪,最后酿成难以挽回的错误。情绪的力量可见一斑。

当然一个人也不能像一根木头一样,没有情绪,没有思想,不可能永远都不发怒,不可能永远都能心情很好地走进每天的生活。可是当你真正发怒的时候,你试想这样会发生什么样的后果?这样到底会不会损害你的利益,会不会动摇你在别人心目中的地位?如果你能真正意识到这一点,真正明白发怒只能把事情搞砸,而绝对不能把事情完美解决的话,你肯定就会好好地约束自己的情感,好好地控制自己的情绪,这样也就能和石油大王洛克菲勒一样,轻而易举地打败对方。

第四节
提升认知更能拥有好情绪

理清负面情绪的罪魁祸首

正所谓一千个人心中有一千个哈姆雷特,每个人在面对不同的事物时,就会产生不同的情绪和处理方式,这除了与每个人的学识、经历、习惯不同以外,还与每个人的信念有着密切的联系。一些不合理的信念容易使人产生情绪困扰。一旦这些不合理的信念持续时间过长,就容易引发情绪障碍。

小张是李局长的下属,有一次在街上闲逛时与李局长擦肩而过,李局长只是从他身边走了过去,并没有和他打招呼。于是小张诚惶诚恐,他想是不是李局长因为上次开会时的不同意见而怀恨在心,以后会不会故意跟他作对让他难堪。于是小张陷入焦虑的情绪中不能自拔。

同样的事情隔天又发生在了小王的身上,小王也是李局长的下属,与李局长在街上偶遇,李局长也是没有和他打招呼,小王想李局长估计是在思考其他的事情没有看到自己,或者没有看到自己才没有打招呼。小王的心情没有因为这件事受到任何影响,依旧开心地去做自己的事情。

上述案例中的事情颇为常见,对此,心理学上有这样一种解释:人们对事物的看法很多情况下与人的情绪及行为反应有着极为密切的关系,也就是说,一个人情绪的产生主要是由他的信念主导的。

在这一基础上,美国心理学家艾里斯提出的"情绪ABC理论"将这一作用联系作了进一步的阐述:人们处理问题的方式与情绪应对方式由其持有的信念所决定。

标准 \ 信念	合理	不合理信念
产生基础	客观事实	臆测成分
对自身影响	使自己愉快生活	使自己产生情绪困扰
关于实现目标	更快实现目标	难以达到目标并因此苦恼
面对他人麻烦	不介入他人麻烦	介入他人麻烦
面对情绪冲突	阻止或很快消除	受情绪困扰时间较长

人们的信念各不相同,根据信念对人们行为的影响,可以分为合理的信念和不合理的信念。合理的信念能够引起人们对事物适当、适度的情绪和行为反应;不合理的信念则会导致不适当的情绪和行为反应。当人们坚持某些不合理的信念,长期处于不良的情绪状态之中时,最终将导致情绪障碍的产生。那么,如何区分信念合理不合理呢?心理学家提出以上5条标准来区分这两者。

根据这些标准,心理学家又归纳了以下十种常见的易导致各种负面情绪的不合理信念,以下列出来供参考:

第一种称为绝对化信念,表现为总是以自己为中心对事物发生或不发生怀有确定的信念。

第二种称为灾难化信念,表现为主观认为某件不好的事情会发生,并带来一系列糟糕甚至悲惨的后果,从而担心、恐惧、羞愧、自责。

第三种叫归己化,主要表现为把外界许多消极事件的原因归结为自己,而实际上跟自己并没有直接必然的联系。

第四种叫先知错误,表现为总是担心不好的事情要发生,然后把这种担心当作事实,扰乱自己的情绪。

第五种叫情绪推理,表现为"情绪决定一切",总是把主观情绪当作自己判断事物的证据。

第六种称为消极推测,即前边提到的案例中小张的心理,总是主观臆想他人的心理,得出消极的结论,并对此深信不疑。

第七种称为贬低性信念,即习惯于对自己、他人或某个复杂的整体事物给予简单、负面的评价。

第八种是夸大与缩小,表现为对事物的判断总是不合时宜地夸大或缩小。

第九种称为过分概括化信息,即著名的白纸黑点理论,对于白纸上的黑点,总是只看到黑点,并且因此否定整张白纸,对自己对他人都如此。

第十种是极端化理念,以绝对的是非对错来看待一件事,没有中间地带,又叫完美主义,用全有全无的方式思考问题。

前面已经提到不良情绪产生的根源在于不合理的信念,针对以上的各种不合理信念,艾里斯提出了"合理情绪疗法",通过发现并改变不合理信念来帮助人们远离不良情绪。

首先,检视自己的行为,找出使自己陷入异常情绪的诱发事件。比如人际关系紧张、陷入经济困难,等等。

其次,回忆自己对该事件所持的观点,告诉自己正是由于这些不合理的信念才产生了不良情绪,要消除不良情绪,必须改变不合理的信念。

再次,寻找不合理信念对应的合理信念。然后两者对比,找到自身信念的不合理之处,用合理信念代替不合理信念。

最后，不断用行为方式强化合理信念。行为方式会促进合理信念的建立，并最终帮助自身树立起合理的思维方式，从根本上远离不良情绪。

认识到自身的不合理信念是实施上述四步过程中的关键一步。认识之后还要准确地理解它们。平常可以把上述十种不合理信念与自身情况结合起来，以便达到更好的治疗效果。

不断强化你的健康信念

每个人都曾有过矛盾的时候，左右权衡，思前想后，反复对比仍然犹豫不决。其实，这种时候是我们心里不同的信念在斗争。面对同一个问题，通常会有完全不同的信念产生。它们有时力量悬殊便会迅速结束战斗，有时却势均力敌，彼此互不相让，耗费了人们大量的精力。针对这种情况有没有什么好办法呢？这就涉及"健康信念"的概念，下面，让我们系统地认识健康信念。

通常来说，健康信念有三个特点，即与现实相符、合乎道理逻辑、可以产生正面积极的情绪和结果。相对应地，不健康信念的特点就是与现实不符、不合道理逻辑，而且通常导致负面、消极的情绪和结果。

有这样一则故事：

阿楠快要和自己的未婚夫蒋然结婚了，但是她却感觉不到快乐，有很多次蒋然想要了解阿楠为什么总是闷闷不乐，都被阿楠拒在自己的心门之外。

原来阿楠曾经结过一次婚，但是那次婚姻带给阿楠的都是一些非常痛苦的回忆。自己的前夫酗酒，有的时候还借着酒力打骂阿楠，酒醒后又什么都不承认，阿楠十分痛苦，每天都活在恐惧之中。后来，前夫背着阿楠和另外一个女人秘密来往，竟然瞒了阿楠有半年之久，当阿楠知道真相的那一刻，心都碎了。她本想通过自己的努力来唤醒沉迷酒瘾的丈夫，不想丈夫却有了外遇。后来两个人离了婚，阿楠却久久不能从悲观情绪中走出，直到现在的未婚夫蒋然的出现，阿楠才获得生活中的一点阳光。

可是现在的她惧怕再次走入婚姻，虽然她确信自己很爱蒋然，但是过去的记忆对她来说是个阴影。

后来阿楠找到了一名心理医生，心理医生告诉她无论怎样逃避和拒绝，终究不能改变已经发生的事实。

阿楠心里清楚，自己应当从心底接受过去发生的事情。她也知道未婚夫是怎样的人，不能将他和前夫相提并论。最后，心理医生帮助阿楠从以前那种不健康的信念中走了出来。

阿楠的经历告诉我们，拥有健康信念并不困难，但当健康信念的力量弱小时，人们通常很难感知到它。

当不健康信念强大而对应的健康信念弱小时，即使它们同时被认可，不健康信念也很容易在博弈中瞬时取胜。为了强化健康信念，有时需要有意识地辨析与总结健康的与不健康的信念。有意识地将健康信念与不健康信念进行对比，这样就会发现健康信念闪烁的智慧和人性之光。

国外心理学家研究发现，通常情况下，人们很难改变自己的不健康信念，虽然他们承认这些信念有害且并不合理，健康的信念才真实而有益。造成这一问题的关键在于，缺乏行之有效的方法使人们放弃不健康信念。

那么，如何让自己的健康信念足够强大呢？

举例来说，如果A同学总是会在考试到来的时候感到过度紧张与焦虑，这时就需要分析A同学对考试这一事件所持的信念。紧张与焦虑的产生多半是因为存在不健康的信念，诸如"每当考试来临，我总是觉得自己没有准备好，我会得一个很差的成绩，大家会耻笑我"，而这往往就是负面情绪产生的根源。针对不健康的信念，A同学可以在复习的时候不断告诉自己："考试是检验学习成果的最佳机会，紧张是不可避免的，适度的紧张还可以帮助我超常发挥。而且即使考试失败了也没有关系，一次考试说明不了什么。我会再接再厉。"将这些话写下来，找时间大声地读出来，然后把它们贴在能够经常看到的地方。考试前慢慢回想一遍，可以有效缓解紧张和焦虑的情绪，这一过程需要不断反复、巩固，才能完全拥有健康的信念。

在此，再介绍几个行之有效的办法来不断加强健康信念：

理性情绪想象

顾名思义，这一点需要想象来完成。通过理性情绪想象，对自己的行动进行彩排，方法如下：

第一步，想象将要面对的情境，最好形成一个清晰而生动的画面，并把可能会引起你难堪或困扰的情景进行特写放大。例如，考试前的焦虑紧张，你在演讲时的语无伦次，等等。一边想象一边回顾对应的健康信念，并用健康信念取代不健康信念，直到之前焦虑紧张的情绪消除。

第二步，至少保持以上具体的健康信念5分钟，同时在这个过程中，开始想象正面情境。如果回到了不健康信念，就再重复第一步。必须强有力地重复这一健康信念直到发生情绪上的改变。

第三步，再保持这种信念5分钟，想象自己形成一种与健康信念相匹配的行为。例如，从容自信地走进考场，顺利地答卷；落落大方地走上演讲台，面带微笑，声音洪亮。在整个过程中不仅收获了健康信念，也收获了健康信念带来的自信与骄傲。

为他人传授健康信念

大家都有这样的经验，在安慰别人的同时，自己的心胸也变得开阔，情绪也变得积极。向他人传授健康信念的同时也能够强化自身的健康信念。传授者需要将自己的健康信念进行整理，同时准备充分的证据，还需要将健康信念和不健康信念进行对比，在这一过程中，传授者便会在关注、讲述以及与他人辩论的过程中，不知不觉地强化自身的健康信念。

理性资料法

理性资料法是通过理性分析，让健康信念在与不健康信念进行辩论过程中强化。步骤如下：

首先，选择自身不健康信念及相应的健康信念。

其次，收集对这一不健康信念持反对意见的观点，并记录下来。

再次，收集对这一健康信念持支持意见的观点，也记录下来。

最后，对比两个观点清单，进行分析比较，最终在心底真正接纳认同健康信念。

拥有健康信念的人，他会有正确的情绪反馈，然后通过自己的行动，在信念力量的支持下，用行动验证成功。他会抓紧生命里的每一分钟，踏踏实实地将想法付诸行动，最后摘下成功的甜美果实。只有梦想与信念是不够的，还要拥有掌控情绪的能力，然后以情绪力量带动行动，早一刻行动，才可能早一刻成功。

告别"灾难化信念"

生活并不是时时都会阳光灿烂，每个人都可能遇到阴霾，面对困境，什么样的心理状态才算健康呢？

"灾难化信念"是指一种消极的心理与世界观，其表达方式是"这件事如果发生了，将是一件非常可怕的事"。

"灾难化信念"的思维方式由以下两个部分组成：部分"灾难化"成分和完整"灾难化"成分。可以举例来分析，例如"这件事发生了是非常可怕的"这是"灾难化"信念，它其实是两句话："这件事发生了是令人沮丧的"和"因此，它是非常可怕的"。分解之后的第一句话是部分"灾难化"成分，而第二句则是完整的"灾难化"成分。

从句子的表达中我们就可以看出"部分灾难化"并不是极端的，只是表达了一种沮丧的、糟糕的感觉，由此并不能逻辑地推导出"因此，它是非常可怕的"的结论。而这恰恰就是灾难化信念的不合理之处，它从根本上违背了逻辑原则，基于一个并不极端的前提得出一个极端的结论。

灾难化信念造成了我们思维运转的一种不正常模式，每当这种模式发生之后，我们就会难以避免地陷入各种负面情绪中，然后周而复始地遭受这些负面情绪的折磨。

卡瑞尔是一位杰出的空气调节器工程师。他取得了很多成就，也曾有过失败的教训。一次，他在工作中发生重大失误，可能给公司造成巨大的损失。这一发现如同晴天霹雳，令卡瑞尔痛苦万分，巨大的挫败感让他彻夜难眠。

痛苦之后，卡瑞尔振作起来，他提醒自己，痛苦和后悔毫无意义，必须要有所行动。他强迫自己平静下来，最终找到排除忧虑、解决问题的方法。正是这个方法让卡瑞尔终身受益：

首先，静下心来，客观地分析整个事件，假设事件可能导致的最糟糕的结果，并找到自己所能接受的更为糟糕的结果。

其次，充分了解事件最坏的结果后，就要做好思想准备，勇敢地把它承担下来。对卡瑞尔来讲，这次失败虽然可能让自己失去这份工作。但谁没有不完美的一面呢？工作丢了也可以再找的，当卡瑞尔这样想的时候，他的心理迅速发生了变化，负担与压抑没有了，取而代之的是轻松与快乐。

最后，说服自己，平静下来，将全部的精力用到工作上，尽最大努力挽回失败。卡瑞尔不断地实验以减少可能的损失，后来公司不仅没有受到任何损失，反而因此次事件赢利1.5万美元。

故事中的卡瑞尔所采用的这一方法就是后来帮助了无数人的"卡瑞尔公式"。虽然卡瑞尔也曾经陷入"灾难化信念"，痛苦、忧虑、夜不能寐，但是最终他走了出来，并成功化解了这一危机。那么，对一般人而言，应该如何克服"灾难化信念"呢？

摆脱"灾难化信念"的根本方法在于建立"反灾难化信念"。与"灾难化信念"不同，"反灾难化信念"是站在客观的角度来看待事件与问题，用积极的心态面对事件产生的后果，像卡瑞尔那样冷静地分析之后，采取积极的行动，最大限度地挽回可能产生的损失，从而避免陷入消极、沮丧等负面情绪之中。

通过分析"反灾难化信念"可以看出，它同样包括两部分，"部分灾难化"成分和非极端的"对灾难化否定评价"成分。由此可以看出"反灾难化信念"构成是合理的，它所包含的非极端的对灾难化进行否定评价的部分，与"部分灾难化"成分在逻辑上是一致的。

其表达方式是这样："发生这样的事情是糟糕的，但它不是不可接受的。"

用"反灾难化信念"替代"灾难化信念"，可以帮助人们更加客观、更加冷静地面对困境，实践起来可能会遇到各种困难，以下的几种思维方法或许会有帮助：

当我们真的按照以下方法来做的时候，就会发现它的奇特功效。告别"灾难化"信念没有我们想象的那么难，只要我们开始行动，正面的情绪反应过程还是会慢慢养成的，请相信自己！

方法	举例
用"即使"代替"万一"	"即使这家公司不录取我，我还可以再找工作，而且很可能比这家公司更好。"
把事物放在长远的时间观念当中	"多年以后哪怕半年以后，这件事看起来就不再那么糟糕了。"
好坏参半的思维方法	"如果我真的丢了这份工作，我可以休息一段时间，然后再找一份更好的工作。"
运用"卡瑞尔公式"	第一，最坏的情况是什么。第二，说服自己，做好心理准备接受结果。第三，冷静下来，尽全力改善可能出现的结果。
将事物放在对比的观念当中	"跟那些很糟糕的事情比起来，这又算什么呢？"
向他人学习如何面对糟糕的事	"他比我不幸多了，但依然乐观向上努力奋斗，我要向他学习。"
活在当下	"事情已经发生了，将会是什么结果谁也不知道，我唯一能做的就是把握好现在拥有的，尽全力改变我能改变的，接受我改变不了的。成功与失败都是人生的必修课。"

从"森田疗法"中学会接受一切

接纳性信念是日本心理学家森田正马提出的一种心理疗法，又叫"森田疗法"，在20世纪后

第十章 解析情绪，打开人生命运密码

期的日本国内及北美非常流行。它强调，只有在真正完全地肯定并接受现实的基础上，人们才有可能对自身及周围的环境进行客观评估，并正确地回应现实。

森田正马对精神病患者进行了大量的研究，其中有一位患者由于总是沉溺于自己设想的失败后的状态之中，所以心理极为消极，同时自我评价很低，自卑感强烈。正是这个事例的发现，森田正马提出了"唯事实为真实"的心理疗法。

森田疗法的关键在于放弃虚幻想象的影响，只把事实作为思维判断与行动的依据。举例来说，一名运动员得了铜牌，虽然也是巨大的成功，但他很可能会懊恼，因为金牌才象征着胜利。在这名运动员看来，他的脑海中所想的并不是这枚已经到手的铜牌，而是那枚没有得到的金牌。这就产生了问题，因为如果只想着自己没有得到的东西，怀着"如果下次还是只得铜牌怎么办"的心态去训练和比赛，那么即使下次得到了银牌，他仍然会沉浸在"为什么没有得金牌"的沮丧中，继而产生这种想法："看来我不是这块料，再怎么努力也不会成功。"这些由自我否定、不愿接受现实引起的虚像会加剧他的怯懦与自卑情绪。

反过来看这个问题，如果这位运动员能换一种思路，不是否定铜牌，而是接受它、肯定它、欣赏它，告诉自己"这次是第三，下次就是第二，再下次就是第一"。如果能这样看待问题，就是一种健康、积极的心态，它可以导致人们产生继续努力下去的积极行为。

铜牌获得者的目标必然都是金牌。"我只为金牌而战"与"我得到了铜牌，距离金牌又近了一步"，虽然只是思维方式的不同，但表现出两种截然不同的信念——排斥性信念与接纳性信念。

排斥性信念是指试图改变现实或拒绝接受现实，将自己的意志强加于现实之中，坚持去追求自我欲望的满足。例如，一位小女孩想要一个新款的芭比娃娃，但父母却因其他原因给她买了另外一款，小女孩因此愤怒。为了威胁父母，她将买来的芭比娃娃扔在地上，自己坐在床边，屏住呼吸和父母生气，想要父母满足她的要求。结果，她的脸变成了紫色。不理睬父母，始终拒绝去关注那个墙角里崭新的芭比娃娃。这种信念便是排斥性信念。

相反，接纳性信念是一种积极的、灵活的认知方式。它建立在对客观事实的肯定与接受的基础上，无论人们内心意愿如何，第一步都必须承认事实，完全地接受现实。

例如，羽毛球运动员在刚开始训练时都是通过发球器来练习接球。机器会依照设定的速度和频率自动射出一个个羽毛球，受训者的球技和训练情绪无法影响到发球器，发球器也不会按照受训者的需求改变发球的方向和速度。这时，教练通常会让受训者站在指定位置接球，不会要求必须做到某种程度的接球动作，更不会要求自己去接到发球机的每一个球。教练如此训练的目的在于告诉受训者，唯有在学会接受并适应对方特点及面对自身状况的基础上，才有可能寻求技能的提升。

接纳性信念对每个人都有重要的现实意义。但它不是天生的，只有通过后天练习才可以获得，以下介绍几种练习的方法。

方法	具体介绍
放松面部半微笑	当人们半微笑时，面部肌肉自然处于放松状态，心情也会随之变得安详与平静。经常保持半微笑状态，有助于人们控制情绪并养成良好的接受现实的心态。 这种练习可以随时随地进行——可以在清晨锻炼的时候、听音乐的时候、烦躁的时候、干家务的时候甚至躺在床上的时候进行。
关注自我呼吸	关注自我呼吸以达到静思练习的目的，关注自我呼吸的过程有助于帮助人们平静下来，接受与容忍现实，同时也能减压放松身心。 呼吸练习的方式很多，包括计算呼吸次数、测量呼吸频率、深呼吸练习、听音乐节奏呼吸练习，等等。
专注练习	专注练习，顾名思义，强调关注自己和周围环境，静心感受其中细节和细微的变化，这一练习可以有效帮助人们接受现实，寻找突破并最终渡过难关。

培养接纳性信念就是鼓励人们在面临困难的时候勇敢接受现实，将负面情绪拒之门外，并且以乐观的积极情绪奋勇向前，最终通向成功。生活中，我们可以多多练习这种方法。

不断提高自我对挫折的认知

人生如江海行船，碰到风浪、暗礁在所难免。但是，如何在困境中调整心态，培养积极正面的情绪，最终迎难而上并取得成功呢？我们必须提高自我对挫折的认知。

当人们具备面对挫折时的承受能力时，也会在负面诱发事件面前产生诸如忧虑、悲伤等负面情绪，但这些负面情绪的强度和持续时间都是在健康的范围内。人们很快就可以调整自己的心理，冷静地看待眼下的挫折困境及目前可利用的资源，通过采取有效的行为来快速摆脱困境。这种能力心理学家称之为"逆境情商"。

逆境情商高的人通常有着较强的意志力与抗挫力，表现为手术后康复快，在单位中升职升迁的速度也较快，等等。

在遇到某些挫折时，人们只要坚持按照下面的方法说服自己，就能慢慢提高自己的逆境情商。

关于工作

"这份工作很辛苦而且回报不高，但它锻造了我坚强的个性，这会让我受益无穷。"

"人生是由喜欢的事情和不喜欢的事情构成的，而有些事情是非做不可的，对于非做不可的事情，试着去喜欢，可能会让我们更顺利地完成它。"

关于人际

"得到上级的认可固然重要，但是没有得到也没有关系，证明我还有值得改进的地方。"

"得到所有人的喜欢不仅不可能，而且即使做到了也不会是件幸运的事，那会意味着属于自己的时间很少。"

关于困境

"困境是暂时的，但是困境历练出的品格却是长久的，这样看来，逆境和挫折都是人成长过程中的挑战和机遇。"

"失败是成功之母，这一次的失败很可能意味着下一次乃至再下一次的成功。"

"我很想通过考试，但人生没有事事顺心的。"

总之，提高自身逆境情商，就能极大地提高我们的情绪不受外界干扰的能力，也就是古人所说的"不以物喜，不以己悲"的境界。只有拥有这种境界的人才能秉持着自身强大的信念，获得最后的成功。

完美主义是一种情绪问题

在工作学习和生活中，很多人总是希望在各个方面都做到最好，这是一种追求完美的心态，它会让我们认真对待自己所做的事情，也是一种积极的状态。但是如果事事追求完美，这种心态就足以让情绪失衡，也违背了"完美"的初衷，会造成适得其反的效果。

我们的生活中不乏完美主义者，他们追求完美，已经到了不能容忍自己身上出现失败或者挫折的地步。他们对事物、对自己有着强烈的绝对化要求，这些要求僵化而武断，他们通常这样要求自己：

"我必须要通过这次考试，必须通过。"

"我一定要出人头地，一定要让别人对我另眼相看。"

"这次谈判只能成功，不能失败。"

"这是我最后的机会了，无论如何我都要达到这个目标。"

但是在这种心理的不断强化下，情绪却起了反作用，将我们带到了一条相反的路上。

先看一个著名的案例：

华伦达是20世纪美国著名的高空走钢索表演者，但死于一次重大的表演事故。他的妻子事后表示那并不是没有征兆:"我知道这次一定要出事。因为那次表演有一个重要人物在场。"

原来华伦达在上场前不断告诉自己这次表演很重要,非常重要,只能成功,不能失败。大家都知道,高空走钢索是一种非常危险的项目,它要求表演者不仅要有过硬的技术,更要有过硬的心理力量作为支撑。之前华伦达表演的时候他只想着走钢索这件事本身,而最后一次这种"必须成功,绝不能失败"的心态使华伦达产生了巨大的心理压力,才导致情绪失控,在表演中失败身亡。这就是后来心理学界著名的"华伦达心态"。

"华伦达心态"就是完美主义者的极端表现,它包含了对自己的绝对化要求,这其实包含两部分内容——"部分的希望"及"要求"。例如我们前面举例的"我必须通过这次考试"其实是由部分希望的"我希望通过这次考试"(灵活的部分)和要求部分"所以我必须通过"(僵化的部分)联合构成的。

"部分希望"表达了人们的需求,人们希望得到的东西,仅此而已,从它本身并不能直接地得出"一定"或者"必须"这样的"要求"成分。绝对化要求的不合理之处就在于,它违背了基本的逻辑推理原则,总是习惯性地从灵活的"希望"的部分中推出一个僵化的"必须"的结论。

正是这种违背逻辑的推理让人们的思维变得歪曲,以至于不能正确评估事件本身及其产生的影响。一旦希望部分没有完成时,就会产生诸如嫉妒、抑郁、内疚等一系列的负面情绪,更进一步导致对事态毫无益处的行为,如逃避、报复甚至强迫作为等。

对此,我们只需要改变绝对化要求中僵化的要求部分,用"合宜的热切希望"来代替"要求"的信念。合宜的希望不同于强求,它是有弹性的,并不武断和绝对。仔细分析一下,也有两部分构成,是灵活的"部分希望"及同样灵活的"对要求的否定"成分。"部分希望"是灵活的,"对要求的否定"成分也是灵活的。

"合宜的热切希望"改变了绝对化要求中的绝对的要求部分,取而代之两个灵活的部分,是十分合理的。

举例来看,"我很希望完成这个目标,得到家人、朋友的认同,但我不是一定必须完成这个目标。"在这里,"我希望完成这个目标,但我不是一定必须完成"是由"我希望完成这个目标"(灵活的"部分希望")和"但我不是一定必须完成"(灵活的"对要求否定")构成的。

这里,将"绝对化的要求"替换成"合宜的热切希望",会让自己紧绷的神经放松下来,用一种更享受的心态去做我们喜欢的事情。真正实践"合宜的热切希望",主要的困难在于,要敢于与众不同,敢于冲破自己设定的限制与习俗的束缚。找到内心深处那些对自己、对他人设定的"一定"、"必须"、"应该"及"不应该"的限制,并把它们记录下来。而后参照"合宜的热切希望"的陈述方式修改,说服自己接受修改后的信念,并在脑海中不断加强。在日常生活工作中,有意识地运用这一新的信念指导自己的思想。这样,积极的信念系统与健康的生活方式便能与我们同在。

要克服完美主义,具体有以下几种方法:

正确评估自己的潜能

既不要估得太高,更不必过于自卑。有一分热发一分光。你如果事事要求完美,这种心理本身就会成为你情绪的障碍。不要在自己的短处上去与人竞争,而是要在自己的长处上培养起自尊、自豪和工作的兴趣。

重新认识"失败"和"瑕疵"

一次乃至多次的失败并不能说明一个人价值的大小。仔细想一下,如果从不经历失败,我们能真正认识生活的真谛吗?我们也许一无所知,沾沾自喜于愚蠢的无知中。因为成功仅仅只能坚定期望的信念,而失败的情绪体验则给了我们独一无二的宝贵经验。

人只有经受住失败的考验才能达到成功的巅峰,更不必要为了一件事未做到尽善尽美而自怨自艾。没有"瑕疵"的事物是不存在的,盲目地追求一个虚幻的境界只能是劳而无功。我们不妨问一问:"我们真的能做到尽善尽美吗?"既然不行,我们就应该尽快放弃这种想法。

为自己确定一个短期的目标

寻找一件自己完全有能力做好的事,然后去把它做好。这样你的心情就会轻松自然,感到自己更有创造力,办事也会较有信心,工作就会更有成效。实际上,你不追求出类拔萃,而只是希望表现良好时，你会出乎意料地取得最佳的成绩。

目标切合实际的好处不仅于此，它还为你提供了一个新的起点，能使你循序渐进地摘取事业上的桂冠。每完成一个短期的目标都能让自己产生快乐的情绪，进而让自己向更高的目标前进。同时你的生活也会因此而丰富起来，变得富有色彩，充满人情味，并不像你原来所想的那样暗淡。

不论改变何种自身信念，我们最终的目的是要摆脱因过度追求完美而产生的负面情绪，因为只有正面情绪才能促进我们前进，从根本上断除不切实际的想法。

情绪不可恶意发泄

日常工作中，每个人都有情绪低落的时候。在上班之前遇到一件非常不愉快的事情，让你本来好好的心情一下子跌到了谷底；辛苦努力做出来的报表被老板指出很多的错误，心情不免沮丧；接待的一个客户态度非常恶劣，即使你微笑服务，他还是对你吹毛求疵，等等。诸如此类的事情，我们可能经常遇到。

有的人在遇到这种事情的时候会不分场合地任意发泄，闹得大家都不开心。这样不仅影响了自己的形象，甚至让周围的人都不敢再跟你接近，使自己成了大家眼中的"林妹妹"。

静轩是一家外资企业的行政助理。人长得很漂亮，因为在公司里面是年龄最小的，所以大家都尽量帮助她。然而，这样不但没有得到她的感激，反而使她变得越来越娇气。

一次，公司要筹划一个庆祝活动，邀请公司总部的重要领导参加。领导把组织筹划的任务交给了静轩，希望她能把公司的活动办得体面又热闹。静轩也不负众望，节目流程安排得很合理。但是，就在节目快要结束的时候，发生了一件意想不到的事情。

公司的销售部门经理是个心直口快的人，向她提出了一些活动方面的不尽如人意之处。由于平时静轩就不太喜欢这个经理，听了经理的话，心里又气愤又反感，认为经理是故意针对她的，于是就和经理大吵了起来。经理也觉得委屈，自己明明是好意，竟然招来了一顿臭骂。俩人的吵闹惊动了参加活动的总部领导，于是，活动不得不中断。结局可想而知。静轩和经理吵闹让领导很下不来台，受到了公司领导的严厉批评。两人因为影响公司形象，受到了扣除三个月工资的处罚。

其实，生活中的小摩擦不可避免。只要相互谅解一下，更好地沟通，不愉快便可以避免。静轩的错误还在于，她没有分清场合，因为自己心里的不快，随意发泄情绪，进而影响到了公司的正式活动。这样做非常不得体，最终她也尝到了苦果。

闹情绪可以理解，但是要看在什么场合。如果是恋人之间，偶尔闹闹情绪反而会增加彼此的了解，使感情更加深厚。但是如果是在职场，闹情绪是绝对不被认可的。英国诗人、思想家约翰·米尔顿说："一个人如果能够控制自己的激情、欲望和恐惧，他就胜过国王。"如果你无法控制你的负面情绪，那么不仅不利于你的事业发展，更不利于你在公司的人际关系。试想一下，谁会愿意跟一个不分场合闹情绪的人在一起工作呢？现代社会讲求的就是团队合作。没有人有责任或者有义务来忍耐你、迁就你。不克制自己的情绪随便乱发脾气，只会让周围的人对你疏远，无法相互配合。

那么，我们该如何控制自己的情绪呢？

首先，避免急躁情绪，培养自己的忍性。

工作中遇到矛盾摩擦，不应该只考虑自己受到的委屈，而应该找一个合理的解决办法。不分场合地闹情绪只会耽误事情，并且弄得自己很疲惫。所以，不妨冷静下来，考虑一下事情的轻重缓急。最好不要把事件的不良影响扩大化。最好能够冷处理。相信事后属于你的权利会回到你身边，而你的印象分也会大大增加。

其次，不要把生活中的不愉快带到工作中。

有的人分不清工作和生活的界限。容易把生活中的小矛盾、小摩擦带到工作中来。或者容易把上一个项目的负面情绪带到下个工作中。这都是没有好好控制自己情绪的表现。情绪需要合理宣泄，就事论事，不要混为一谈。针对客户的投诉，除了冷静处理之外，还要合理地安抚一下自己的心情，不要把不愉快带到接下来的项目中，否则会影响到下一个项目的进程。当你感到自己情绪消沉或者沮丧的时候，可以用转移注意力的方法改变它，比如出去散散步，听听音乐，做做运动；也可以向知心的朋友哭诉一下。你也可以写日记，或打个心理咨询热线，让自己的负面情绪宣泄出来。

最后，锻炼自己应对突发事件的能力。

工作中的负面情绪一般都是发生在出现问题之时。所以，要适当锻炼自己应对突发事件的能力，做到冷静处理，从容应对。

如果你是一个追求事业进步的人，如果你想拥有一番成就，那么，从现在开始，不要随便闹情绪。需要注意的是，管理好自己的情绪，才有可能管理好自己的人生。

情绪总有结束的时候

每件事物都有其开始、延续和消亡的过程，这些都是被包括在自然界要实现的目标之内的。同样，情绪也是如此。世界上没有不可解决的事情，就在于你怎么去看它了，情绪由事情引起，而往往当事情过后，你会惊异自己当时怎么会有那样的反应与处事方式。我们应该用一颗豁达的心看待生活，冷静而理智地处理事情，控制自己的情绪。

大学毕业后，李明应聘到一家公司做助理。刚开始时，他很难受，特别是老张、小李等人时常唤他去打杂时，他就会发无名火，觉得很没尊严。他觉得大家在把他当奴才使唤。不过，事后他冷静一想，又觉得他们并没有错，他的工作就是这些。刚进来时，王经理也这么事先对他说过，但一旦涉及具体事情，他的情绪就有点失控。有时咬牙切齿地干完某事，又要笑容可掬地向有关人员汇报说："已经做好了！"如此违心的两面派角色，他自己都感到恶心。有几次，他还与同事争吵起来。从此以后，他的日子更不好过了，同事们都不理他，李明在公司感到空前的孤独。

有一天，女秘书小吴不在，王经理便点名叫李明到他办公室去整理一下办公桌并为他煮一杯咖啡。他硬着头皮去了。王经理一眼就看出了李明的不满，便一针见血地指出："你觉得委屈是不是？你有才华，这点我信，但你必须从这个做起。"

他叫李明先坐下来，聊聊近况。可李明身旁没有椅子，他不知道自己该坐在哪里了，总不能与王经理并排在长条双人沙发上坐下吧！

这时，王经理意有所指地说："心怀不满的人，永远找不到一把舒适的椅子。"难得见到经理如此亲切和慈祥的面孔，李明放松了很多。

手脚忙乱地弄好一杯咖啡后，李明开始整理王经理的桌子。其中有一盆黄沙，细细的，柔柔的，泛着一种阳光般的色泽。李明觉得奇怪，不知道那盆黄沙是用来做什么的。

王经理似乎看出他的心思。伸手抓了一把沙，握拳，黄沙从指缝间滑落，很美！王经理神秘地一笑："小伙子，你以为只有你心情不好，有脾气，其实，我跟你一样，但我已学会控制情绪……"

原来，那一盆沙子是用来"消气"的。那是王经理的一位研究心理学的朋友送的。一旦他想发火时，可以抓抓沙子，它会舒缓一个人紧张激动的情绪。朋友的这盆礼物，已伴他从青年走向中年，也教他从一个鲁莽青年，成长为一名稳重、老练、理性的管理者。王经理说："只有先学会管理自己的情绪，才会管理好其他。"

与其情绪用事，伤了自己，不如像王经理一样，给情绪找个合适的出口，让负面情绪慢慢消失。生活在大千世界中的人，在性格、爱好、职业、习惯等诸方面存在着很大的差异，对事物、问题的认识与理解也不尽相同。因此，我们不能要求他人与自己一样，不能以自己的标准和经验来衡量他人的所作所为，要承认他人与自己的差别，并能容忍这种差别。不要企图去改变别人，这样做是徒劳的。当你生气的时候，你要提醒自己不要做出会伤害别人而使自己后悔的事。要知道，一个人之所以受到恶劣情绪的影响，造成那么大的伤害，不是因为所发生的事，而是由于他对事情的看法以及处理事情的态度。

当艾森豪威尔初任军官的时候，有两个士兵时常吵嘴打架。他觉得这样下去会影响部队团结，但又不便强迫劝和。

有一天，艾森豪威尔又看到他们打架，便把他们叫进办公室，对他们下达命令："你们把这玻璃窗擦好，一个擦外面，一个擦里面。"两个士兵虽然不甘心去做，但也只好服从命令。

仇人见面分外眼红，两人怒目而视，脸上的表情十分古怪可笑。慢慢地，彼此看到对方丑陋的面孔，觉得自己也必定是一副令人憎恶的面孔。于是，彼此冲动的情绪也就平息下来，想起刚才因小事而打架，实在太不值得，最后两人终于隔着玻璃窗笑了起来，一时敌意全消，彼此握手言和，成为好友。

这两个士兵能真实地面对自己的情绪，因而也能让那怒气在友好中终结。在你将发脾气的时候，如果你能够暂时抑制心中的怒火，冷静地想一想：别人做那些令自己愤怒的事，是不是因为自己先做了引起他们敌意的事。如果你能这样及时反省，那么，你就不至于乱发脾气了。

人们常说："凡事不能不认真，凡事不能太认真。"一件事情是否该认真，这要视场合而定。钻研学问要讲究认真，面对大是大非的问题更要讲究认真。自己的脾气也不能随便发，如果真的要发，也要找对场合和时间。你如果能理智地后退一步，往往就能化险为夷。

情绪是人对事物的一种表面的、直接的、感性的情感反应，更是情感的最表面部分、最浮躁部分，带着情绪做事，事情的结果一般不会很理想。情绪化是建立平常心的大敌。只有控制住自己的情绪，做自己情绪的主人，才能树立良好的心态。

解铃还须系铃人，理清情绪

人很容易受到外界因素的影响，尤其是负面情绪的影响。有的人常常因他人的错误而变得心烦意乱，无法正常工作。有的人会因为他人的悲观情绪而变得抑郁。这都是不能控制好自身情绪的表现。事实上，自己才是情绪的主人，控制好自己的情绪，才能做到不被他人的情绪感染。

梅兰是一家投资公司的出纳。业务熟练，为人谦和。最近却遇到了烦心事。因而账目做得有些疏漏，同事杨敏最近也经常找她麻烦，不是这样做得不对，就是那样妨碍她的工作。她时常冷言冷语，甚至在办公室发脾气。在这样的工作氛围中，梅兰深受其害，不仅工作做得不好，同事的关系也处理得不妥当。梅兰认为，工作上的失误已经让自己颇为烦恼，平时与自己关系不错的杨敏不但不给予安慰，反而给自己增加压力。杨敏也发现最近梅兰有点反常。自己平时也挺关心她的，她却总是愁眉苦脸地对待自己；想要跟她说点工作上的事情，她却总是打不起精神来，害得自己的工作也没法顺利进行。

或许，你也有过类似梅兰和杨敏的遭遇。人难免会犯些错误，人与人之间的摩擦也可以理解。但如果因为他人的行为而让自己的情绪受到影响，这非常不明智。人生活在社会中，总会产生许多负面情绪。但是，没有人可以主宰你的情绪和思想。所谓"解铃还须系铃人"，自己的情绪要自己控制。我们每个人都要有调节自身情绪的能力，以避免陷入不必要的情绪困扰。

培养控制自己情绪的能力不是一件简单的事情，但是，可以运用一些简单的方法，加上坚持不懈的努力，便可以消除许多负面情绪。

首先，要正确认识自己。

正确认识自己，要深刻了解自己的性格。认真地分析自己产生悲伤情绪的根源。人的情绪与性格有关。如果你是一个认真严谨的人，不妨试着在某些小事情上豁达一点。没有必要计较的事情，就不要太过于在意。如果你是一个多愁善感的人，那么，在遇到小麻烦的时候，可以先放到一边，不要反复地去想这件事情，以免受不良情绪的干扰。

其次，遇到不顺心的事情，先给自己三秒钟的冷静时间。

人在遇到不顺心的事情的时候，比较容易冲动。当受到他人的不良情绪影响时，不妨先给自己三秒钟的时间，深呼吸，冷静下来。花时间想想，自己为当前这件事闹情绪是否值得。恰恰是这三秒钟，往往可以缓和因外界影响而造成的不良情绪。

最后，运用心理暗示，给自己积极的情绪。

心理暗示非常重要，并有着良好的效果。当再次遇到情绪低落的时候，不妨给自己来点积极的心理暗示。不断为自己树立目标，有建设性的自我激励能使自己从情绪低谷中摆脱出来，让自己鼓起热情，振奋精神，树立信心。一旦察觉到自己可能会受不良情绪影响，这时就要从内心给自己克服的勇气和前进的动力。不让负面情绪影响到自己的正常生活。自己是情绪的主人，驾驭情绪才能成功。

自身的情绪障碍是自身的思维、信念所引起的，所以，自己才是自身情绪的制造者。但与此同时，自己也是自身情绪的主宰者，每个人都天生具有调节自身情绪的能力，应学会适时地发泄自身的负面情绪，不让坏情绪掌控自己。只有懂得驾驭、协调和管理自己的情绪，才能让情绪为自己服务，坏情绪也就不会成为生活中隐形的绊脚石。

改变情绪就可能等来机遇

紧张忙碌的生活中，我们会看到许多自己想改变又无法改变的事实，例如许多人都为早晨路上堵车而心生烦躁，然后一天都被负面情绪影响着，工作时也无法安心。像堵车这类既定事实还有很多，人们明明知道这些超出自己的能力范围，却还是忍不住让负面情绪影响自己。说到底，还是根本观念没有转变。

一名初入歌坛的歌手，他满怀信心地把自制的录音带寄给某位知名制作人。然后，他就日夜守候在电话机旁等候回音。

第一天，他因为满怀期望，所以情绪极好，逢人就大谈抱负。第十七天，他因为情况不明，所以情绪起伏，胡乱骂人。第三十七天，他因为前程未卜，所以情绪低落，闷不吭声。第五十七天，他因为期望落空，所以情绪坏透了，拿起电话就骂人。没想到电话正是那位知名制作人打来的。他为此而毁了期望，自断了前程。

年轻人渴望成功的心情没有错，但是成功不可能一蹴而就，需要机遇更需要等待，这就是一个不可改变的事实。在面对这种事实时，如果我们像那位年轻人一样不能控制好情绪，那么连机会也会被断送掉。所以，不要小看负面情绪的危害，更不要小看控制情绪的重要性。

一位很有名气的心理学教师，一天给学生上课时拿出一只十分精美的咖啡杯，当学生们正在赞美这只杯子的独特造型时，教师故意装出失手的样子，咖啡杯掉在水泥地上成了碎片，这时学生中不断发出惋惜声。教师指着咖啡杯的碎片说："你们一定对这只杯子感到惋惜，可是这种惋惜也无法使咖啡杯再恢复原形。如果今后在你们生活中发生了无可挽回的事时，请记住这只破碎的咖啡杯。"

这是一堂很成功的素质教育课，学生们通过摔碎的咖啡杯懂得了，人在无法改变失败和不幸的厄运时，要学会接受它，适应它。

被称为世界剧坛女王的拉莎·贝纳尔，就是这位心理学教师的得意学生。一次她在横渡大西洋途中，突遇风暴，不幸在甲板上滚落，足部受了重伤。当她被推进手术室，面临锯腿的厄运时，她突然念起自己所演过的一段台词。记者们以为她是为了缓和一下自己的紧张情绪，可她说："不是的！是为了给医生和护士们打气。你瞧，他们不是太紧张了吗？"

拉莎手术成功后，她不能再演戏了，但她还能讲演。她的精彩讲演赢得了戏迷的再次拥护。

拉莎·贝纳尔在面对无法抗拒的灾难时，能跳出焦虑、悲伤的情绪圈子又跨上一个新的里程，这就是她的情绪"转换器"在起作用。

任何人遇上灾难时，情绪都会受到影响。面对无力改变的不幸，我们要学会操纵好情绪转换器，学会安慰自我，忘掉它，一切都会过去。在面对生活的沙漠时，有人会自暴自弃，任负面情绪徜徉在心间，最后被渴死，有人却会积极调整自己的情绪，坚持自己的信念，最后走出沙漠，走出困境。

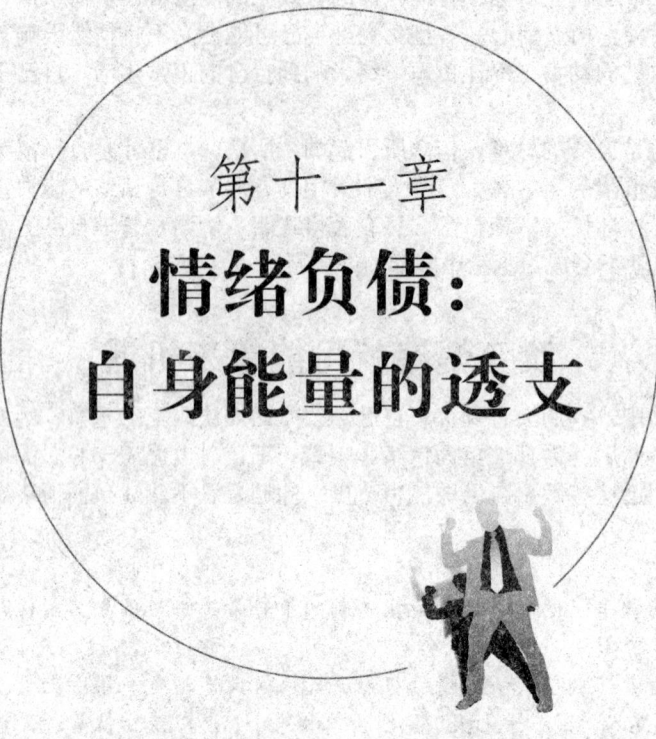

第十一章
情绪负债：自身能量的透支

第一节
情绪负债来自自身

情绪债务从童年开始产生

现代社会对情绪发泄的限制，使人们从小被迫背上情绪的债务。尤其是童年时候的情绪负债，它可能是人类潜意识中最长久的阴影，会持续影响一个人的一生。

虽然刚出生的小孩不会说话，无法表达情绪，哭和笑的情绪是最自然不过的，大家也对小孩抱有最大的宽容之心，不会因为他淘气而去打骂他，但等到孩子可以听懂大人说话时，家长便会以不许哭之类的话吓唬孩子，在这个时候，孩子就已经背负着情绪债务了。

他们根据大人的表达意识到自己的哭闹是不对的，是很丢脸或被认为是有目的的。等到再大一些之后，孩子便会意识到大人对自己情绪的教育，开始知道自己需要隐藏起部分情绪。如，一个小孩摔倒了，即使很疼，但如果只有他自己在场，便不会哭。他已经知道哭是要哭给别人看的，没有人看就没必要哭。等到大人看到之后询问时，他才会哇哇大哭。假如一直没有人看，他会一直压抑着自己的情绪，在小小的行为过程中便学会扭曲自己的感受，情绪负债由此开始累加。

从小时候家长对孩子哭闹的教育，到长大后学校里老师对孩子的教育，以及家长的监管，一个孩子在"教育过程"中的情绪负债呈现逐渐上涨趋势。例如，一个孩子考试后回家，妈妈会问他考了多少分，假如没有考到满分，家长就会责怪他不好好学习，从而他便会认为在应试教育的过程中只有考了满分才对，但由于自己会出现各种失误，情绪会变得越来越紧张，以致于每次考试都害怕，压力过大就会形成"考前综合症"，甚至还会想到作弊。如果在教育过程中家长不是这么重视考试的结果，他恐怕不会想到用作弊去赢得高分。

其实，应付考试只是情绪负债导致的后果中最直接的一个。如果在教育中父母、师长、领导仍然一味刻意地追求好结果而忽视人性的本来弱点，就会导致孩子为了逃避责罚，慢慢学会撒谎

第十一章　情绪负债：自身能量的透支

和伪装自己。长大之后为了面子，更会不择手段，这才最可怕。这样的情绪负债会严重地扭曲一个人的人格。好的老师、好的家长应当让孩子的情绪得到正常渠道的发泄，要在言行之间教会孩子去真诚处事。

另外，在教育过程中，情绪的负债容易导致我们的思维被严重禁锢。如果家长给孩子的教育标准是正确的，那么孩子的情绪在正确标准的范围内可以自由自在地发展自我。但是，倘若这个标准本身就有问题，违背人类发展的自然天性，甚至扭曲人性，则会导致被教育者的情绪负债。

现代教育中提倡素质教育，提倡新课改，其实，这都是在扭转以往教育导致的情绪负债问题。以前的教育一味进行满堂灌，吃大锅饭，其实每个孩子都是独一无二的个体，但老师却用整齐划一的方式去进行填鸭式的教学，扼杀孩子的创造性思维，这一类不符合孩子天性的教学方式就禁锢了他们的思维。在长期的伪装和压抑下，孩子从小就失去了充分表达自己的能力和权利，这对个人身心来说是一种情绪压力。我们都知道把所有的话都讲出来会很痛快，但都害怕直接说出来会造成局势的紧张，影响到周围的人、事、物与自己的关系，于是，不得不伪装自己。其实，这正是造成情绪负债的根源所在。

情绪负债多半由自己造成

对于人的来源一说，中西方各有说辞。在西方，人们认为世界上有上帝，人类是上帝的孩子；在中国，人们认为人类是女娲创造出的孩子；达尔文从科学的角度解释道：人类是动物进化而来的。尽管对于人类的起源有各种各样的说法，但今天的我们，其实是先天影响和后天作用共同形成的社会中的人。其中，后天的影响是人们情绪产生、表达的重要因素。

人的心理结构大致都是相同的，都有喜怒哀乐的情绪。但是人生经历的不同，导致每个人心理形成因素不同。这就是为什么有人说"相由心生"，人们在儿童时期都没有多大差异，除了先天的相貌之外，作为孩童都爱玩、自由自在、无拘无束，不过，随着年龄的增长，人们之间的差异开始逐渐显现。

当一个人情绪压力过大的时候，内心就会疲惫，外在相貌就比较憔悴，显得未老先衰；当一个人生活稳定，情绪平和的时候，他就会表现得非常乐观，做起事来就会有条不紊、沉着冷静。

20岁的年轻人永远装不出60岁老人的儒雅和智慧，60岁的老人也不会有20岁的年轻人的活力和激情，这是必然的。然而，林肯总统评价一个人的时候说，一个人30岁之后就应该对自己的相貌负责。这其实是对个人修养提出的要求，尽管先天外在条件无法改变，但我们可以通过对后天素质的培养来展现自己的个人魅力。这就要求我们对个人情绪加以主观调控，而不能随意地发泄。

情绪是自然本能的感情反应，应当自由自在地去表达，想哭就哭，想笑就笑。只是，人生于社会、长于社会，发泄情绪的前提是要考虑到自己情绪发泄的时候别人的感受，恰当地去表达。

现实中的人要受到社会的种种限制，无法做到真正的无拘无束。孔子所说的"不逾矩"，就是指一个人在行为处事中不能违反规矩。为什么人比其他动物高明，却要在现实中如此羁绊自己的情绪呢？为什么需要上学、受教育、压抑自己的情绪呢？

仔细分析一下，完全的自由实质上是不存在的，有限度的自由是对自由的最大保证。教育中的条条框框可以避免情绪的发泄失控，没有这种限制反而让人体会不到自由的美好。当在情绪的生成和表达过程中人们逐渐解除这些限制时，情绪负债就会慢慢解脱，这其实是一个螺旋式上升的发展过程。人们在情绪的负债过程中，一方面逐渐受到压抑和限制，这可以防止情绪的不合理发泄，另一方面，在逐渐摆脱这种压抑和限制的过程中可以使情绪获得更大的发泄空间。这正是人们走向自由的痛苦却又必需的过程。

在生活中，每个人都需要担负起自己的责任，履行属于自己的义务。对于情绪的负债亦是如此，我们必须对自己的情绪负债负责，而不能去逃避情绪或是随意发泄情绪。这是生活在社会中的人应有的底线。

三种因素造成情绪负债

人们从小就背负着很多情绪上的债务，童年时期父母的影响，青年时期老师同学的影响，这些都有可能成为人们的情绪来源。生活是喜怒哀乐的总和，只有找到了负面情绪的来源，才能及时将其摆脱，塑造适合个人发展的正面情绪。由此，本节将从性格方面来分析情绪负债的来源。

情绪负债的产生主要源于人的三种性格：一是依赖型性格，二是矛盾型性格，三是竞争型性格。

首先来谈谈依赖型性格。依赖型性格主要是指缺乏独立性，喜欢顺从别人的意志，没有主见的一种表现。这种性格的产生，往往是由于小时候父母对孩子的过分宠爱，凡事代劳造成的。家长对孩子的爱护、保护过分严重，以致孩子享受着种种依赖的感觉，而独立能力没有发展起来，自己和生活没有广泛地进行接触接轨，生活空间狭窄，兴趣单调，意兴懒散。他们总是等待，不会自己安排生活。有这种性格特点的人心目中总有个权威，有个家长，等待他们安排一切，因为从小就是这样。

有个高中生，他的爸爸是个军人，家庭教育也比较严格。从小到大，无论他做得多好，多么优秀，他爸爸从来不当面表扬他，只是说让他不要太骄傲自大。但在外人面前，谈起自己的儿子时爸爸却很高兴。记得有一次，儿子又考了全校第一，当他高高兴兴地回家把这个好消息告诉爸爸时，却没想到爸爸眼睛一瞪，说："看你，取得一点成绩就高兴成那样。"当时，他只觉得很委屈，跑到一边偷偷哭了很久，甚至还有些恨他爸爸。再长大一些，他已经知道爸爸的用意，只是他的性格已经养成。他已经形成了一种对爸爸的依赖，大事面前总是不果断，总想着会有两全其美的办法，认为这样可以少挨点骂。关于别人对自己的看法，他也特别在意。

从以上这个例子可以看出，孩子如果从小受到很严格的家庭教育，那么，他会一贯保持严谨、谦虚、谨慎的态度，为了保持判断事物的正确性，他就必须要反复考量，所以很容易产生情绪上的问题。一旦不这么做，自己就生怕会受到责备。长大以后，做事情可能就会为了得到两全其美的效果而优柔寡断，犹豫不决，严重一点甚至会产生焦虑情绪。

其次，是关于矛盾型性格。人本身是矛盾的，这句话没有错，但是如果人时时刻刻都处于一种显而易见的矛盾中，那么很容易背上情绪负债。

矛盾型性格的根源常常在于自我，他们总是以一种怀疑的态度看待周围的一切，总是在对与错、好与坏之间徘徊不定，情绪也随之不稳定地起伏。他们有的时候也明白事情的缘由到底如何，但却总是怀疑自己的判断，害怕做出错误的抉择，常常犹豫不定。这同样是一种性格缺陷，使他们不得不背上情绪负债。

这种矛盾型性格同样是源于小时候大人管教上出现偏差，不愿意肯定自己的孩子，而是以批评和怀疑的态度对待孩子，在这种成长环境下长大的小孩，会对自己缺乏信心，对自己的判断缺乏自信，产生许多负面的情绪。但是，矛盾型性格也是能逐步改善的。

最后，是关于竞争型性格。现在是一个竞争的社会，提倡要有竞争意识，竞争本身并不是什么坏事。但竞争也会给我们的情绪带来很多负面的影响，譬如，某些竞争，特别是互相攀比，其实本身是毫无意义的，但是却会让我们产生情绪负债。一旦看到比我们能力强的人，心里就立刻不平衡了。还有些人更为严重，互相攀比票子、车子、房子，甚至攀比父母的工作，似乎没有这些东西，或者在这些方面比不过别人，自己就会低人一等，比不上别人会产生自卑情绪或嫉妒情绪，超过别人又会产生自满情绪或盲目情绪。为了这些没有任何意义的攀比，许多人的情绪已经极度扭曲，负债已经非常严重。有很多人甚至从小就开始在家庭和财富上与人攀比。这种竞争不再是良性竞争，如果这种情绪负债从小就养成，实在是危害巨大。

不管是依赖型性格，还是矛盾型性格，抑或是竞争型性格，三者都有各自的优点和不足。要及时了解和熟悉自己属于哪种类型，是什么性格。而后，及时发扬自己的优点，改正自己的缺点，有针对性地摆脱掉情绪负债，才能获得情绪自由。

我们如何摆脱情绪负债

人们从小背负的许多情绪债务可能会影响他们的一生,情绪债务就像一把枷锁,无时无刻不在遏制我们的情绪。我们必须要学会摆脱情绪负债。情绪是个人的情感要素,需要依靠自己来摆脱情绪负债。自身需要做以下几个方面的改变:

第一,适当地控制自己的情绪。

适当,即既不能过分抑制自己的情绪,又不能让自己的情绪任意释放。一方面,过分抑制自己的情绪而不释放,会造成情绪严重积压,到一定程度就会不可阻止地爆发出来。不爆发则已,一爆发就会完全失去控制,不可收拾。另一方面,也不能随意由着自己的情绪,任其自由释放。从来不顾别人的感受,任由自己情绪释放的人到哪儿都将不受欢迎。这样容易导致交际障碍,从而产生很大的精神压力,甚至可能使人产生自闭症。因而,恰如其分地控制自己的情绪,既不要过分抑制,也不要任其释放,这样才能不会有过多的心理负担,情绪才能有所缓解。

第二,学会改变自己的想法。

其实,有时情绪低落只是因为受某种想法的影响。学会从相反的角度看问题,改变自己的想法,那么,情绪或许会由消极变为积极。例如,许多人去市场购物,基本上都是先问遍价格,再选择性价比较高的商家。当发现一个商家的同种商品比之前买的性价比高出很多,自己又会情不自禁地买下来。然后再好奇地问其他商家所卖的同种商品的价格,也许会发现还有性价比更高的商家。这时,你的心情也许会立刻变得非常懊恼,后悔自己急于购买。假如从另一角度来思考,也许自己所买的商品差价并不是很大,抑或质量要比价格便宜的同种商品好很多,并且早点买还可以节省很多时间。这样想想,或许自己的情绪就会好起来。想法改变,心情或许就能变好,情绪也会得到改观。

第三,遇到情绪问题多与人沟通。很多人在背负情绪负债后,不愿意与他人沟通,其实和自己的朋友多聊一聊关于情绪的话题,有助于我们加深对情绪的理解,也有助于排解不良情绪。

例如很多人都有工作压力大,容易发脾气的情况,不如就约十三两个好友,把自己的压力和情绪大大方方地讲出来,你会发现,讲完之后感觉轻松多了,而且朋友们之间还能分享很多关于缓解压力的方法,遇到下一次相同的事情时,压力很快没有了,情绪也就不会积累了。

相反,那些不懂得与人沟通情绪问题的人,他们会越活越累,直到情绪负债把他们压得喘不过气来,其实,有情绪问题是正常的,没有人会嘲笑你。

想彻底摆脱情绪负债,就要学会做好以上三点。适当控制自己的情绪,避免在人际交往过程中出现很大的情绪波动,甚至形成心理性疾病。学会改变自己的想法,让自己在看问题、处理事情的时候产生积极的情绪,不钻牛角尖,不进入情绪低落的死胡同。经常与他人沟通自己的情绪问题。

选择性遗忘和记忆,是情绪的反映

遗忘是一种选择性行为。这种选择涉及我们头脑中的印象,以及每个经验印象的细节,当生活中遇到一些不愉快的事情时,每个人都有将之遗忘的冲动。其实在我们的潜意识里,对于不好的事情,我们都希望把它封存起来,这就是选择性遗忘的表现,这其实是人本身的一种防卫机制。

当然,这种遗忘不见得就不好,在面对一些令人不愉快的事情时,选择遗忘,就是选择快乐。从很大程度上讲,选择性遗忘,是情绪的反映。因为,当不快乐的事情影响到我们的情绪时,我们就会启动大脑发出屏蔽指令,将那些不开心的回忆抹掉。

山姆是一个沉默寡言的人,他除了工作之外,每天都待在家里看报或者看球赛。有一个周末,他和太太接受一个朋友的邀请,去参加宴会。山姆非常不情愿,但在太太的强迫下,他只好勉强从命。于是他开始做准备。当他打开衣箱要拿外套的时候,忽然想起还没刮脸,于是他随手关上衣箱,开始刮脸。可是他刮完脸回来拿衣服时,发现衣箱已经锁上了,他找了许久,始终找不到钥匙。当时正值周末,也请不到锁匠,"万般无奈",夫妇只好退回了请柬。第二天,山姆请来的锁匠打开衣箱时，发现钥匙就在里面。原来山姆在去刮脸前把钥匙放进了衣箱里，又粗心大意地锁上了。山姆一直向妻子保证这样做是不自觉的，可他的妻子还是对他有所怀疑。

记忆被唤起的现象在我们的现实生活中也会发生，比如，你怎么也想不起一件事情，于是你暂时把它搁在一边不去费那个劲了。如果有一次你到某个地方，参加了什么活动，碰见了某人，只要这些场合中有某些东西与先前"忘记了"的事件有一定联系，你可能就会想起来。这些有联系的东西相当于记忆的线索，忘了的事件就是隐蔽的秘密，你就像是侦探一样，抓住这些线索，顺藤摸瓜，揭开秘密。其实，能够回忆出来就表明我们还没有彻底忘记。

弗洛伊德认为，此类患者在遇到外在的恼人事件或内在的心理冲突时，他们会无法接受，便借助一种特殊的精神力量，将它们驱赶到潜意识的领域，而无法为意识心灵所唤起。这种症状发生后，就对患者形成一种保护作用，使他们免于因回忆起那些无法接受的精神内涵而产生悲痛。

根据测试，跳蚤跳的高度一般可达它身长的400倍以上。因此，有一位心理学家曾经用跳蚤做过这样一个实验：他把一只跳蚤放进玻璃杯里，发现跳蚤立即轻易地跳了出来。又重复了几遍，结果还是一样。

接下来，实验者再次把这只跳蚤放进杯子里，不过这次放进后立即在杯子上加了一个玻璃盖。"砰"的一声，跳蚤跳起来后重重地撞在玻璃盖上。跳蚤十分困惑，但它并没有停下来，因为跳蚤的生活方式就是"跳"。一次次跳起，一次次被撞，跳蚤开始变得聪明起来了，它开始根据盖子的高度来调整自己所跳的高度。后来，这只跳蚤再也没有撞到这个盖子，而是在盖子下面自由地跳动。

一天后，实验者把盖子轻轻拿掉，跳蚤不知道盖子已经被拿掉了，它还在原来的那个高度继续跳。

三天以后，这只跳蚤还继续保持玻璃盖的高度，不停地跳着。

一周以后，这只可怜的跳蚤仍旧在玻璃杯里跳着——其实它已经无法跳出这个玻璃杯了。

心理学家的这个实验是在对跳蚤的跳跃高度进行限制的过程中，将跳蚤对自己所跳高度的短时记忆逐渐变成长时记忆，从而使得跳蚤被自己的创伤性记忆所束缚，丧失了跳出玻璃杯的能力。

其实，跳蚤如此，人又何尝不是呢？俗话说：一朝被蛇咬，十年怕井绳。情绪的记忆真是个有趣的东西，它可以成就天才，同样可以创造懦夫。选择做怎样的人，就看你是否敢于挣脱创伤性的记忆情绪，勇敢跳出你心中的高度，为自己的人生勇敢一搏。

第二节
性格约束情绪——情绪负债的来源

依赖性格让情绪他人化

在生活中，我们一定有这样的体会：当我们还是小孩子的时候，通常会耍点小脾气，闹点小情绪。这个时候，家长就会严厉喝斥，我们就很会自然地认为，这种情绪是不被允许的，然后我们就会委屈地把自己的情绪压制住，因为，我们都想做一个好孩子。殊不知，小孩子的情绪是很敏感的，如果不及时发泄出来，很容易造成性格上的缺陷，他们会把情绪建立在讨好大人的基础上，久而久之，就会形成情绪他人化的习惯，渐渐迷失了自己。

"你乖乖听话才是好孩子，知道吗？"

"宝宝，听话，不听话爸爸妈妈就不喜欢你了。"

"今天妈妈给你报了个辅导班，以后要好好听讲。"

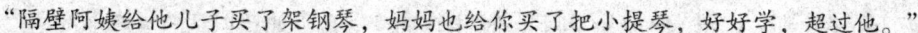

"隔壁阿姨给他儿子买了架钢琴,妈妈也给你买了把小提琴,好好学,超过他。"
"听说画画很能培养人的艺术修养,明天给你请个美术老师。"

在长期的家庭教育中,没有哪位父母不"望子成龙、盼女成凤",也没有哪位父母不想给孩子创造最好的条件。父母对孩子百般的爱我们不可否认,但是当父母一心想把孩子培育成大树的时候,却忘记了孩子是一棵什么样的树,他需要什么样的土壤。很多父母不注意了解孩子的个性,根据他的个性进行培养,而是常常将自己的"既定方针"强加于孩子,强迫他完成自己的"施政纲领"。

似乎只有"乖",才是父母评判好孩子的唯一标准,总是教育小孩从小要听话,不要淘气,但忽略了一点,那就是听话的孩子不一定就是好孩子,淘气的孩子也不等于是坏孩子。这些听话的儿童,常见的特点是有问题提不出来,不敢与长辈辩论;这些听话的孩子,逐渐变得毫无个性和独立性,遇事没有自己的主见,不敢反抗邪恶势力。

有识之士针对这一问题,已经提出"淘气的男孩是好的,淘气的女孩是巧的,听话的孩子有问题"的观点,主张让孩子自由发展,一定程度上释放孩子的天性。

在这样的成长环境中,很多孩子会形成依赖的性格,他们把自己的愿望放弃,附和自己的父母,这样他们很听话,父母也会觉得他们很乖,但是这样的培养方式常常埋下一个种子,就是让自己的孩子最终失去个性,也失去追求自我愿望的能力。

换一种方式给孩子讲道理,顺着他的情绪往好的一面引导,继而影响他自己的思维,而不是一味地压制孩子的天性,让他成为一个完全听你话的孩子,这样的孩子往往不确定自己真实的情绪,很容易被他人的情绪所影响,造成情绪他人化。一旦他们长大脱离父母的保护圈,他就很难有自己独立生活的能力,因为过分依赖,已经让他们失去了对自我的支配。

多给孩子一些释放情绪的机会,积极的情绪,家长要多给予鼓励,消极的情绪,就要好好引导,让孩子从小就学着做自己情绪的主人,这才是家长给孩子的最大财富。

勉强自己,易让情绪负重

时常有人说:"讨厌死自己的性格了!""自己怎么这么笨!""我长得太矮了!"类似的声音不绝于耳。一个人追求完美没有错,可怕的是追而不得后的自卑与堕落。

完美主义的人往往不愿意接受自己或他人的缺点和不足,非常挑剔。有的人没有什么好朋友,和谁也和不来,为什么?那是因为他谁也看不上,甚至会因为别人的一些小毛病而忽略了别人的优点;有的人不允许自己在公共场合讲话时紧张,更不能容忍自己紧张时不自然的表情,一到发言时就拼命克制自己的紧张,结果越发紧张,形成恶性循环。

世界上根本就不存在任何一个完美的事物。追求事物的完美是每一个人的特性。然而,完美的事物是不存在的。一味地追求完美只能让你错过更多精彩的画面,还会在追寻完美的过程中迷失自己的路。其实真正的完美就是一种进步,一种反省、认知错误的进步。

要知道这世界上没什么会达到完美的境地,所以,你也不必设定荒谬的完美标准来为难自己。你只要尽最大努力挖掘自己的潜力,打造自己的魅力,就已经是很大的成功了。

奥利弗·万德尔·劳尔姆斯认为罗斯福"智力一般,但极具人格魅力"。罗斯福之所以能当上美国总统,带领美国挺过经济萧条时期,在第二次世界大战中成为真正的赢家,与他积极乐观的性格有着极大的关系。

罗斯福小时候是个怯懦的孩子。当他在课堂上被叫起来背诵时,总是一副大难临头的样子,呼吸急促,嘴唇颤抖,声音含糊不清,听到老师让他坐下,简直如获大赦。通常,像他这种先天禀赋较差的孩子大多是敏感多疑、落落寡合的,但罗斯福不甘做一个生活的失败者,他没有因为同学的嘲笑而失去勇气,当他在公众面前双唇发抖时,他总是暗中激励自己,咬紧牙关,尽力克服这一毛病。

罗斯福无疑是一个了解自己、敢于面对现实的人,他坦然承认自己的种种缺陷,承认自己不勇敢、不好看，也不比别人聪明，但他并不因此而消沉、自卑，凡是他意识到的缺点他都尽力克服，用行动证明先天的缺陷并不能阻碍他走向成功。他深知作为一个总统，在公众心目中的形象有多么重要，他学会了在说话时改变口形来修饰自己的龅牙。

可以主宰情绪的人，不但能坦然面对自己的缺陷，而且还将自己有限的天赋发挥到极致，这就是罗斯福给我们的启示。人生确实有许多的不完美，但我们可以选择走出不完美的心境，而不是在"不完美"里哀叹，也不是一味地追求所谓的完美。

"最完美的商品只存在于广告中，最完美的人只存在于悼词中。"完美永远是可望而不可即的。当我们不再注意自己是否完美时，或许有一天我们会惊喜地发现往日渴求的完美，今天已经具备。

人生是没有完美可言的，完美只是在理想中存在。生活中处处都有遗憾，这才是真实的人生。因为追求不到那所谓的完美而苦恼，可能会留给我们更多的遗憾。

有一位种苹果的果农，他的高原苹果色泽红润，味美可口，远近驰名，因此供不应求。有一年，一场突如其来的冰雹把即将采摘的苹果砸开了许多伤口，这无疑是一场毁灭性的灾难。眼看着苹果无法销出，不仅如此，如不按期交货还要按合同一一赔款。然而，乐观的果农却打出了这样的一则广告："亲爱的顾客，你们注意到了吗？在我们的脸上有一道道的伤疤，这是上帝馈赠给我们高原苹果的吻痕——高原常有冰雹，高原苹果才有美丽的吻痕。味美香甜是我们独特的风味，那么请记住我们的正宗商标——伤疤！"让苹果说话，这则妙不可言的广告再一次使果农的苹果供不应求，赢得了另一种成功。

世间的万事万物都存在一些瑕疵，不可能绝对地完美。做人也一样，每个人都不可能完美，那么如果你想成为一个高情商的人，那么就要学会怎样去反省，怎么让自身的缺点少之又少。就像故事中的农民一样，他知道缺点并不可怕，可怕的是面对缺点放弃了。

有些人以为自己追求完美的心理是积极向上的表现，其实他们是在追求不完美中的完美，而这种完美，根本不存在。也就是说他们的这种追求如海市蜃楼，只是一个幻影而已。"金无足赤，人无完人。"人生确实有许多不完美之处，每个人都会有这样那样的缺憾，真正完美的人是不存在的。

追求完美本身就不是一件完美的事情。事事追求完美是一件痛苦的事。因为，这个世界本来就不是完美的，过去不是，现在不是，未来也不会是，世界本来就是以"缺陷"的样式呈现给我们的。如果一味地追求完美而不如愿，我们的情绪就很可能因为挫败感而低落，情绪一旦负重，我们的生活也将会被打乱，这一连串的反应，会让我们疲于应对，最终陷入一片混乱之中。

别让坏情绪影响你的判断

当情绪到来时，我们没有察觉，并任由它渐渐地进入我们的思维而不自知，这就给我们造成了潜在的危险。

在我们受到情绪干扰的时候，我们的身体也会随之发生变化。情绪是条件反射的结果。当你被某件东西或声音吸引的时候，你的情绪就会跟着作出相应的反应。比如，你听到了惊呼，你的情绪也会跟着紧张起来，进而产生恐惧或者好奇；你看到可怕的东西，你的情绪会在第一时间通知你危险，让你有了警惕情绪，进而选择逃避或者挑战。每一种情绪都会带动一种行为，每一种行为都可能产生天上地下的差距。这种差距主导因素就是情绪。

情绪是可选择的，选择积极的还是消极的，在于我们自身。如果是消极的，那么，情绪负债就已经牢牢地跟在我们后面了。

一个周日，芭比和几个朋友去郊外爬山。那天他们玩得很尽兴。不知不觉太阳都快落山了，他们还在山顶。如果原路返回，还需要两三个小时的时间。这时候，有人说他知道另外一条捷径，不到一个小时就可以下山，但是要跨过一条水沟。

望着越来越低的太阳，他们只好选择走那条捷径。

那水沟大概有几米深，沟里是潺潺的溪水，在4月的黄昏里发出响亮而空洞的声音，那种声音让人想到不慎失足掉下去的情景……前进还是后退？他们在沟前犹豫了很久。天色一点一点暗了下来。

这时候，一个年轻女孩站了出来。她拿了一根树枝在沟之间比画了一下，然后放在地上，说："沟就是那么宽的距离，大家跳跳试试看。"多数人很轻易就在平地上跳过了那个和水沟差不多宽的距离。但是面对溪水急流的小沟，大家的情绪依旧很紧张，你推我我推你的，谁也不敢往前站。这时，女孩说话了："伙伴们，放松一些，我们刚才不是都试过了吗，很容易就可以跳过去的。"

女孩的鼓励并没有起到作用，大家还是原地不动，一脸的恐惧。女孩笑着看了看伙伴们，然后很轻松地跳过了水沟。大家见女孩跳了过去，这才意识到原来真的很容易，于是他们相互鼓励着，一个个也都跳过去了，包括胆小的芭比。

那个傍晚，他们很快就下了山。而且，在这条小路上，他们还发现了一大片粉红嫩白的桃花。在这样一个落英时节，那绚烂的色彩真是一道令人惊喜的风景。

下山没多久，雨就下起来了，又大又急。大家都笑着说："那水沟并没有我们想象中的可怕吧？可怕的只是我们心中的恐惧。是恐惧情绪作怪影响了我们的判断，等我们放松下来，一抬腿，不就过来了吗？如果我们当时选择熟悉的那条路回来，说不定都成了落汤鸡了。"

不要放大你的恐惧情绪，那样，只会让你止步不前。生活中难免会遇到各种艰难险阻，但有些困难只是表面的，你无法跨越是因为被表面的难度所迷惑，因而把一些困难在想象中夸大了。也许一切正如这深不可测的小水沟一样，轻易跨过之后，你会发现一切都很简单。

生活中，类似这样的事情有很多，因为害怕而止步不前，因为苦恼而唉声叹气，却很少有人去想害怕和烦恼的背后是什么。其实，这都是我们的情绪在作祟，它错误地引导了我们，却又让我们无法承受最后的结果，这就是情绪负债的一种常见体现，如果我们尊重了真实的情绪，而不是被我们潜意识所扭曲的情绪，那么我们就不会陷入负债的情绪中，持续被其伤害。

第三节
不当的处理会给情绪施压

过度赞美的不利影响

赞美孩子是激励孩子上进的一种方式，但如果使用不得当，就会给孩子带来不利影响。如下：

1. 如果孩子得到了父母太多的表扬，就会形成不愿意努力而就想得到夸奖的心理。因此，遇到困难容易退却，缺乏信心，可能就很容易选择放弃。大量的溢美之词并不能帮助孩子树立长期的自信心，反而会让孩子在父母的表扬声中自我陶醉。

2. 过多过分的夸奖，会带给孩子不必要的困扰。夸奖具有启发性和鼓励作用，但夸奖过多，会带给孩子压力，形成焦虑。所以夸奖要适可而止，应多用欣赏、交谈、聆听等方式代替过多的表扬。

3. 过分的表扬会使孩子成为爱虚荣、骄傲自满、自以为是的人。孩子一旦自满起来，以后就很难纠正了。一些潜质很好的孩子长大以后之所以没能有所成就，正是源于孩子的骄傲自满、狂妄自大。所以，父母在表扬孩子时一定要实事求是，不要夸大其词，要在表扬孩子的同时给孩子指出不足之处。因此，父母对孩子最好是"严在面上，爱在心里"。

4. 过多的表扬还会让孩子错误地认为自己的言行能够讨父母的欢心。久而久之，孩子不管做什么事情，都不是因为自己想做或喜欢做，而是因为这样做能够得到爸爸妈妈的表扬。这样一来，孩子就特别在意别人对自己的看法，时间长了，就失去了基本的辨别是非的能力和自我意识。

不少父母认为，表扬可以增强孩子的自信心，激励他们取得成就。但是，父母如果因为孩子完成一些力所能及的事情或取得一点成绩就大加赞赏，会令孩子产生消极情绪，从而不思进取。

一天，作为舅舅的小赵去姐姐家看外甥女思研。看到舅舅来了，思研兴高采烈地凑到舅舅面前给他讲自己在幼儿园帮助小朋友摆椅子得到老师表扬的事。

小赵饶有兴趣地听着她眉飞色舞地描述当时的情景。当外甥女结束了她的描述后，小赵高兴地给了思研大大的赞赏："我们的思研真不错，都知道帮助同学了。嗯，好样的。"

没想到吃饭的时候，思研又凑到了舅舅的身边说："小舅，我再给你讲一遍老师表扬我的事情吧。"为了不打击到外甥女的积极性，小赵耐着性子听完了思研又一遍的描述，并在她期待的目光中给予了再次的赞赏："嗯，不错不错，思研是个好孩子。"

事情到这里还没完，这时姐姐的同事来家里串门，思研又窜了过去说："阿姨阿姨，我给你讲讲今天老师表扬我的事情吧……"

小赵百思不得其解，外甥女为什么会这样呢？究其原因，思研的成长伴随着父母无限的期待。爸爸妈妈希望自己的女儿能够出类拔萃、能够超越同龄人，于是对思研进行这样的灌输："女儿，在学校里一定要好好表现。""思研，一定要做到最好，不能辜负爸爸妈妈的期望哦。"久而久之，孩子就形成了对结果的执着："只要得到赞赏就可以了。"

对孩子进行赞美好吗？当然好，但是，过分地夸奖或炫耀孩子的长处，时间久了，易使孩子产生比谁都强的心理，不允许或不能接受别人超过自己的事实。

德国著名学者卡尔·威特认为，在教育孩子时，表扬不可过多过高，不能让孩子情绪过热，过多的赞美会让孩子产生错觉，要么认为自己比任何人都要出色，要么就逐渐形成压力，为了夸奖而去做。卡尔·威特给父母们的忠告是：我们不能让孩子在受责备的环境中成长，但是也不能让他们整天泡在赞美里。

所以，对孩子的赞美要适可而止，大人在夸奖孩子时一定要实事求是，不要夸大其词，并在表扬孩子时应给他指出不足之处，或者应用欣赏、交谈、聆听等方式代替过多的夸奖。

安慰也讲究方式方法

每个家长都希望孩子能拥有更多的成功，从中体验竞争和胜利带来的快乐。但是，任何成功都来之不易，需要不断进取和努力，更需要面对挫折和困难。

孩子在学习过程中遭遇失败是难免的，而面对孩子的失败，往往最难受的就是父母，他们对孩子的失败比自己的失败更加痛苦，有些家长往往采取掩盖和安慰的方法让孩子逃避失败。但是，有很多家长在安慰孩子的时候，通常会忽略掉孩子即时的情绪，造成孩子的情绪受到压制，得不到及时化解和疏导。

还有些家长喜欢对孩子使用空洞的说教。比如"失败是成功之母"、"不吃苦中苦，怎做人上人"等。然而，这些精神层面的指导对于不注重情感剖析的孩子来说，往往难以理解，也就难以给予孩子真实的体验和帮助。正确的做法是和孩子一起分析失败的原因，帮助孩子认识到哪些导致失败的原因是自己可以改变的，哪些是改变不了的。很多时候，给孩子带来最大打击的往往不是失败本身，而是他对失败的理解。作为家长，帮助孩子正确面对失败很重要。

明明刚上小学，上学期刚开学时，他们班开展了"一帮一"活动，明明的任务是帮助一位考分总在60分上下的男生。班里只有10个人被分配了任务，刚接到这个任务的时候，明明又得意又紧张。他对这个任务很上心，每天一放学，他就留在班里帮那个同学解答难题，回家后还不忘打电话提醒那个同学复习。

可是这个学期快结束了，那个同学的各科成绩还是在60分左右。因为这个，老师在班会上当着全班同学的面批评了明明，说他没能帮助同学共同进步。在随后改选班干部时，当了一年多小队长的明明落选了。

这件事对明明的打击很大，他哭着对妈妈说不想在这个学校读书了，想转到别的学校去。妈妈对他说："妈妈知道这件事情你受了委屈。"听了这话，刚刚忍住不哭的他眼泪又流了出来。妈妈接着问："告诉妈妈，你尽最大努力了吗？"明明使劲点了点头。"这就可以了，你要知道，世界上很多事并不是你尽力了就一定能成功的，但只要你尽最大努力就可以了。"

这以后，明明深深记住了"凡事尽最大努力就好"这句话。

孩子希望事事成功的愿望是好的，但是现实生活中没有常胜将军，在人生的道路上失败是在所难免的。这是因为客观事物是纷繁复杂而又不断发展变化的，其关键问题就是尽量少些失败，多些成功，以及如何勇敢地面对失败。若孩子没有经受过失败的痛苦，就往往不能以正确的态度对待失败。因此，父母应尽早训练孩子正确对待失败。

说不出心里话，情绪受挤压

现实中，有很多孩子喜欢把想法憋在心里，他们不愿意表达出来，他们害怕说出自己的看法后父母会不喜欢自己，或者不爱自己。这种情绪引申到与他人的交往中也是这样，他们总是沉默，只是为了害怕和逃避可能的冲突。

小胜今年上小学三年级。一天吃早饭的时候，他兴奋地对母亲说："妈妈，我昨晚做了一个非常奇怪的梦，梦见……"母亲摆摆手说："别说啦，赶紧吃饭！一会儿上学就迟到了！"小胜埋头吃完饭，背起书包就上学去了。晚饭时，小胜又想起昨晚的梦，对母亲说："我昨晚做了一个梦，可有趣了！"

可还没有说完，母亲就又打断他说："先吃饭，吃完赶快写作业！"吃完饭，小胜说："我今天作业不多，一会儿再去做。先给你讲讲我的梦吧！"母亲不耐烦地说："一个梦有什么好讲的。赶紧写作业，写完作业以后还得预习课文呢。"说完就走了，留下小胜一个人失落地站着。

渐渐地，母亲发现儿子变了。以前，每次放学回来，他总是跟自己说个没完，现在却什么都不说。许多事情，都是班主任给她打来电话，自己才会知道。而自己的话，孩子也是一个耳朵进，一个耳朵出。

儿子这是怎么啦？她很迷惑，也很伤心。

孩子在父母面前，常常会忽略自己的意见，他们认为自己的意见不算什么，因为自己的父母总有看法，自己的想法从来不能实现，他们在父母面前很自卑。

父母如果想了解自己的孩子，一定要学会主动询问孩子的想法，让他们感觉到你的诚恳，你真的在乎他们的意见，他们才肯透露自己的心声。

平时烧菜，可以问孩子喜欢什么菜，而不让他总是说随便；去超市买东西的时候，可以征求孩子的意见，甚至允许孩子挑几件自己需要的东西；外婆过生日送什么礼物，只要合理，就可以给孩子的意见给予支持；要不要上辅导课程，上什么辅导课程，要上哪个学校，要学什么专业，是考研还是工作，选择什么样的职业，父母都应该给孩子足够的表达机会，这样他们才能真正发展自己的自我，成为一个健全的人。

孩子童年时期保留下来的记忆似乎都是一些无足轻重的和不重要的东西，但是，这些琐碎的记忆似乎存在一个移置过程。这些记忆印象可以通过精神分析的方式来发现，但是有一种抵抗的存在促使他们不能直接地表现出来，这就是自我情绪压制的表现，当这种压制情绪的意识一旦形成，情绪负债也就跟着产生了。

主动询问你的孩子吧，不要压制孩子的情绪，让孩子从小就背上情绪负债。给孩子足够的机会，让你的孩子学会表达自己的情绪，能够实现自己的想法，如果他可以轻松做到这些，那么他以后一定会越来越出色。

别给自己的内心增加包袱

在生活中，有太多的人喜欢抓住自己的错误不放：没能抓住发展的机遇，就一直怨恨自己的不具慧眼；因为粗心而算错了数据，就一直抱怨自己不用心；做错了事情伤害到了别人，会为没有及时的道歉而自责很久……

卓根·朱达是哥本哈根大学的学生。有一年暑假，他去当导游，因为他总是高高兴兴地做许多额外的服务，因此几个芝加哥来的游客就邀请他去美国观光。旅行路线包括在前往芝加哥的途中，到华盛顿特区做一天的游览。

卓根抵达华盛顿以后就住进"威乐饭店"，他在那里的账单已经预付过了。他这时真是乐不可支，外套口袋里放着飞往芝加哥的机票，裤袋里则装着护照和钱。可是他意想不到的情况发生了。

当他准备就寝时，才发现由于自己的粗心大意，放在口袋里的皮夹不翼而飞。他立刻跑到柜台那里去问经理。

"我们会尽量想办法。"经理说。

第二天早上，仍然找不到，卓根的零用钱连两块钱都不到。因为一时的粗心马虎，让自己孤零零一个人待在异国他乡，该怎么办呢？他越想越是生气，越想越是懊恼，于是想到了很多办法来惩罚自己。

这样折腾了一夜之后，他突然对自己说："不行，我不能再这样一直沉浸在悔恨当中了。我要好好看看华盛顿。说不定以后没有机会再来，但是现在仍有宝贵的一天待在这个国家里。好在今天晚上还有机票到芝加哥去，一定有时间解决护照和钱的问题。"

"我跟以前的我还是同一个人，那时我很快乐，现在也应该快乐呀。我不能因为自己犯了一点错误就在这儿白白浪费时间，现在正是享受的好时候。"

于是他立刻动身，徒步参观了白宫和国会山，并且参观了几座大博物馆，还上到华盛顿纪念馆的顶端。虽然他去不了原先想去的阿灵顿和许多别的地方，但他所参观过的地方，他都看得更仔细。

等他回到丹麦以后，这趟美国之旅最使他怀念的却是在华盛顿漫步的那一天——如果他一直抓住过去的错误不放，那么这宝贵的一天就会白白溜走。

人生一世，草木一秋，谁都想让此生了无遗憾，谁都想让自己所做的每一件事都永远正确，从而达到自己预期的目的，可这只能是一种美好的愿望。人不可能不做错事，不可能不走弯路。做了错事，走了弯路之后，有责怪自己的情绪是很正常的，这是一种自我反省，是自我解剖与改正的前奏曲，正因为有了这种"积极的责怪"，我们才会在以后的人生之路上走得更好、更稳。但是，如果你抓住后悔不放，或羞愧万分，一蹶不振，或自惭形秽，自暴自弃，那么你的这种做法就是愚人之举了。

放下过去的错误，向前看，才能有更多的收获。我们一生当中会犯很多错误，如果每一次都抓住错误不放，那么我们的人生恐怕只能在懊悔中度过。很多事情，既然过去没有办法挽回，就不要让悔恨的情绪一直跟随着自己。要知道，与其在痛苦中挣扎浪费时间，还不如重新找到一个目标，再一次奋发努力。

第四节
解除情绪负债，实现自我拯救

选择好情绪，还清情绪债务

情绪负债是我们今天不良情绪产生的原因。什么是情绪负债，就是童年情绪受到极度压抑。当然让情绪极端自由也是不对的，所以我们要管理情绪，既不能过分压抑情绪，亦不能放任之。

欧玛尔是英国历史上著名的剑术高手，他有一个实力相当的对手，两个人彼此挑战了30年，互不相让，一直难分胜负。

有一次，两个人决斗的时候，欧玛尔的对手不小心从马上摔了下来，欧玛尔看见机会来了，

第十一章 情绪负债：自身能量的透支

立刻拿着剑从马上跳到对手身边，这时只要一剑刺去，欧玛尔就能赢得这场比赛了。欧玛尔的对手想到自己以这种倒霉的方式输给对方，感到非常愤怒，情急之下便朝欧玛尔的脸上吐了一口口水，这不但是为了表达自己的怒气，也是为了要羞辱欧玛尔。没想到欧玛尔在脸上被吐了口水之后，反而停下来，并对他的对手说："你起来，我们明天再继续这场决斗。"欧玛尔的对手面对这个突如其来的举动，感到相当诧异，一时间显得有点不知所措。

接着，欧玛尔向这位决斗了30年的对手说："这30年来，我一直训练自己，让自己不带一丝一毫的怒气作战，因此，我才能在决斗中保持冷静，并且立于不败之地。刚才在你吐我口水的那一瞬间，我知道自己生气了，要是在这个时候杀死你，我一点都不会有获得胜利的感觉。所以，我们的决斗明天再开始。"

可是，这场决斗却再也没有开始，因为，欧玛尔的人格以及他在受辱时克制自己情绪的能力深深地打动了他的对手。对手从此变成了欧玛尔的学生，他也想学会如何不带着怒气作战。

心理学上将情绪定义为人们对客观事物是否符合自己的需要所产生的态度和体验。其实，通俗地说，就是我们面对生活时心理反应的外在表现。

人人都有七情六欲，面对生活时，不可能心如止水，难免会有情绪的波动。就像故事中的欧玛尔一样，对手的口水吐到他脸上时，他必然会感到屈辱，可是最值得称道的是，他控制住了自己，从而使敌人变成学生，变成朋友。

事情就是这样，一旦你被坏情绪所左右，自己会感到不快乐，还会伤害到与其他人之间的友好关系。当你学会做情绪的主人时，你就会从生活中得到意想不到的收获。

20世纪初，一位犹太少年沉浸在帕格尼尼的音乐中，他梦想有一天会成为像帕格尼尼那样的小提琴演奏家，并为这一目标奋斗着。他一有空闲就练琴，练得心醉神痴，却进步甚微，连父母都觉得这可怜的孩子拉得实在太蹩脚了，完全没有音乐天赋，但又怕讲出真话会伤害他的自尊心。有一天，少年去请教一位老琴师，老琴师说："孩子，你先拉一支曲子给我听听。"少年拉了帕格尼尼24首练习曲中的第三支，简直破绽百出，令人不忍卒听。一曲终了，老琴师问少年："你为什么特别喜欢拉小提琴？"少年说："我想成功，我想成为像帕格尼尼那样伟大的小提琴演奏家。"老琴师又问道："你快乐吗？"少年回答："我非常快乐。"老琴师把少年带到自家的花园里，对他说："孩子，你非常快乐，这说明你已经成功了，又何必非要成为帕格尼尼那样伟大的小提琴演奏家不可？在我看来，快乐本身就是成功。"

少年听了琴师的话，被触动了。他终于领悟到，快乐是世间成本最低、风险也最小的成功，却给人生以真实的滋润。倘若舍此而别求，就很有可能陷入失望和怅惘的沼泽。成功没有追到，快乐也没有了。从此少年心头的那团狂热之火冷静下来，他仍然经常拉小提琴，但不再受困于帕格尼尼的梦想。这位少年是谁？阿尔伯特·爱因斯坦，他一生喜欢小提琴，尽管拉得十分蹩脚，却自得其乐。

也许你已经发现了关于情绪的秘密，你会发现有快乐，总有悲伤的情绪与之对立；有乐观，也会有其负面情绪——悲观。情绪分为积极情绪和消极情绪，而这一正一反，就使你面临了选择。你可以采取乐观态度，积极地生活，快乐地享受人生；你也可以用悲观的眼睛看世界，在悲伤中看时光如流水般逝去，看生命走向尽头。

快乐是人生最基本的情绪之一。它是盼望目的达到，紧张解除后继之而来的情绪体验。

人生就是一个过程，死亡则是每个人最后相同的归宿。既然结果已经相同，过程就显得尤为重要。在人生短暂的旅途中，你可以选择以什么心态去生活，选择快乐这一积极情绪，你的人生就会充满阳光，即使事业没有太大的建树，与功名利禄也无缘，但是可以收获健康的身体与幸福的生活，这样的人生不是最值得期待的吗？这样的人生不也是一种成功吗？

别让压力毁了你，别让情绪左右你

理性思维引导情绪

情绪的力量是巨大的，正面的力量可以帮助我们对抗千难万险，走向成功，而负面的力量也很可怕，它会控制我们的思维，影响我们的正常反应，把我们拉进万劫不复的深渊。

1802年，英国和法国各派出一支船队驶向澳大利亚这块最新发现的"新大陆"，都想第一个把国旗插到这块土地上。英国方面由弗林斯达船长带队，法国方面则由阿梅兰船长领军，两位船长都是长期叱咤海上、经验异常丰富的航海家。双方都知道对方也派出了船队，因此都不甘示弱，拼抢非常激烈。

当时法国方面的船只技术较为先进。阿梅兰船长率领的三桅快船第一个到达了今天澳大利亚的维多利亚港，并将它命名为"拿破仑领地"。正在他们准备插旗扎寨之时，突然发现了当地特有的一种珍奇蝴蝶，于是兴高采烈的法国人全体出动，一起去抓这种蝴蝶。

巧合的是，就在法国人深入大陆腹地猛追蝴蝶的同时，英国人也来到了这里。当他们看到停泊在岸边的法国船队时，船员们都以为法国人已经占领了此地区，心情无比沮丧。但弗林斯达船长还是命令部属登岸，准备有风度地向法国人祝贺。谁知到了岸上一看，既看不到法国人的影踪，也看不到有任何占领标志。于是，英国人立即紧急行动起来，把大英帝国的各种标志插得遍地都是。

当法国人带着漂亮的蝴蝶标本回来时，却吃惊地发现，他们的"拿破仑领地"已经不复存在了，英国人正严阵以待，俨然以胜利者的姿态向他们介绍"维多利亚"的领地归属。

澳大利亚就这样在一天之内完成了由法属殖民地向英联邦体系的过渡，留给浪漫的法国人的只能是一些可怜的蝴蝶标本和无尽的沮丧。

为了一只蝴蝶而失去了整片大陆，这是谁的错？如果法国人能够控制当时的情绪，而不是被惊喜冲昏头脑，他们也不会做出不理智的事情来。

感性思维容易滋生感性情绪，感性思维是不稳定的，它很容易受到外界因素的干扰，思维受到干扰，情绪也会随之改变。而理性思维则不同，它是有自控力的，当面临突发状况时，理性思维可以在最短的时间内权衡利弊，找到有利的解决方法，棘手的事情得以解决，情绪自然就会好起来。

所以，我们一定要学会理性看问题，千万不要让情绪跟着思维跑偏了方向。情绪发作的速度是极快的，当外界因素对情绪造成了影响的时候，情绪会做出敏感的反应，而且会加重外界因素影响的程度。如果我们的理智不及时把情绪拉住，我们失去的将不仅仅是一片大陆，还有可能是我们的生命。

摆脱情绪负债，做你想做的

如果情绪是迫切的，而且是良性情绪，就千万不要压制它，一旦这样的情绪受到压制，我们的心灵就会跟着受到伤害。因为你的渴望情绪没有得到及时回应，很容易会产生变异，思维就会认为这种情绪是不被认可的，从而加以排斥，一方面你渴望，另一方面又极力调动思维进行压制，这样伤害的只能是自己。

面对丰厚的收入，安定的生活，为了战胜自己的懦弱，他选择了放弃；面对遥远的路途，身无分文的困顿，为了实现自己的诺言，他接受了挑战。从阳光明媚的加州到东海岸的恐怖角，4000多英里的行程，他一个人走过。他就是麦克·英泰尔。

《不带钱去旅行》的作者犹太人麦克·英泰尔，在37岁那一年，放弃了收入丰厚的记者工作，做出一个令人吃惊的疯狂决定，他要以搭便车的方式，走遍美国。他将身上的3美元捐给一个流浪汉之后，带上衣服，就只身从阳光明媚的加州出发了。

然而，这个决定是他在精神快崩溃时所做的仓促决定，而这趟旅程的目的地，则是美国东岸北卡罗来州的恐怖角。

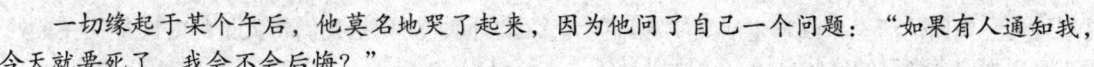

一切缘起于某个午后,他莫名地哭了起来,因为他问了自己一个问题:"如果有人通知我,今天就要死了,我会不会后悔?"

停顿了一会儿,英泰尔肯定地说:"会!"

面对一直以来平顺的日子,他发现,他的生活中从来没有燃起过丁点儿火花,甚至连一场小赌注都玩不起。

继续回想这30多年的时光,他又发现,因为他没有自信,即使有机会做自己想做的事,也总是因为"害怕"两个字而一再退缩。

他检讨自己,很诚实地为自己的恐惧开出了一张清单:打小时候他就怕保姆、怕邮差、怕鸟、怕猫、怕蛇、怕蝙蝠、怕黑暗、怕大海、怕城市、怕荒野、怕热闹又怕孤独、怕失败又怕成功、怕精神崩溃……他无所不怕,却似乎"英勇"地当了记者。

他不断地回想、反省,懊恼地对自己说:"什么都怕,活着能干什么?什么都听别人的,活着有什么意义?"

当他强烈质疑着自己的存在价值时,他下定决心:"我一定要突破这一切!"

于是他决定要独自去北卡罗来州的恐怖角。

一个对自己都没有信心的人,要独自来到传说中的恐怖角,确实需要很大的信心和勇气。当英泰尔告诉家人自己的这个决定时,家人大吃一惊,亲友们甚至语带恐吓与嘲讽地说:"你确定自己行吗?这一路你恐怕会遇到各种麻烦,你一定很快就会退缩。"

"不会的!"英泰尔对亲友们说,也向自己保证。

他真的成功了,终于抵达了目的地。

一路上,他没有接受过任何金钱的馈赠,在雷雨交加中睡在潮湿的睡袋里;也有几个像杀手或抢匪的家伙使他心惊胆战;在游民之家靠打工换取住宿;在几个陌生人的家中住过;碰到过患有精神疾病的好心人。凭着信心和一份坚强的毅力,从来没有独立完成过一件事的英泰尔,克服了无数困难,他终于来到恐怖角,他一个人完成了4000多英里的路程。

一毛钱也没有花的英泰尔,在成功抵达目的地时,立即对那些等待着他的人们说:"我不是要证明金钱无用,这项挑战最重要的意义是,我终于克服了心里的恐惧!"

抵达了目的地,英泰尔深有感触地望着恐怖角的路标说:"其实恐怖角就有如我内心的恐惧,是没有什么值得害怕的。现在我才明白这个道理,才发觉过去的我对自己是多么的没信心。"

在我们成长的路上总是荆棘与鲜花共存,我们在为理想奋斗的时候难免会遇到一点阻碍、一点挫折,但我们不能因此就放弃奋斗。无论是在怎样的困境中,永远都不要轻易地放弃。

世界上没有永远的成功者,也没有永远的失败者。有人畏缩,得到的也会失去;有人自信,失去的也会得到。只要不断尝试、不断磨砺,我们就一定能战胜恐惧。只要拥有自信,别人能做到的我们也能做到,自信是我们追求一切动力的源泉。畏惧是人生路上一道深深的壕沟,跨过去你才能拥有出路和希望。

成长就是在不断的尝试中向前迈进,不断地鼓励自己向生命的高处攀登。"没有什么好怕的!"所以,当我们有机会做自己想做的事情时,千万不要退缩,并用这句话增强自己的信心。不然等我们积极的情绪冷却下来的时候,我们的热情也会跟着熄灭,那么,我们想要尝试或者挑战的决心,也就随之瓦解了。不要无视情绪的巨大作用,如果它是带有积极力量的,那么,请你带上你的勇气跟着它上路吧,相信你终将攀上成功的顶峰。

正确地对待你的情绪,很多时候当你的情绪得到适当的执行后,你整个人都是无比轻松的。

不要为让他人满意而压制情绪

世界上,人的眼光各有不同,做人不必花大量的心思让每个人都满意,因为这个要求基本上是不可能达到的。如果一味地追求别人的满意,不仅自己累心,还会在生活和工作失去了自己!

生活中我们常常因为别人的不满意而烦恼不已,我们费尽了心思去让更多的人对自己满意,我们小心翼翼地生活,唯恐别人不满意,但即便是这样还会有人不满意,所以我们为此又开始伤神,很多时候，我们忙活工作或者生活其实花不了太多的时间，而只是我们将大量的时间都花在了处理如何达到别人满意的这些事情上，所以身体累，心也累。

一个农夫和他的儿子，赶着一头驴到邻村的市场去卖。没走多远就看见一群姑娘在路边谈笑。一个姑娘大声说："嘿，快瞧，你们见过这种傻瓜吗？有驴子不骑，宁愿自己走路。"农夫听到这话，立刻让儿子骑上驴，自己高兴地在后面跟着走。

不久，他们遇见一群老人正在激烈地争执："喏，你们看见了吗，如今的老人真是可怜。看那个懒惰的孩子自己骑着驴，却让年老的父亲在地上走。"农夫听见这话，连忙叫儿子下来，自己骑上去。

没过多久又遇上一群妇女和孩子，几个妇女七嘴八舌地喊着："嘿，你这个狠心的老家伙！怎么能自己骑着驴，让可怜的孩子跟着走呢？"农夫立刻叫儿子上来，和他一同骑在驴的背上。

快到市场时，一个城里人大叫道："哟，瞧这驴多惨啊，竟然驮着两个人，它是你们自己的驴吗？"另一个人插嘴说："哦，谁能想到你们这么骑驴，依我看，不如你们两个驮着它走吧。"农夫和儿子急忙跳下来，他们用绳子捆上驴的腿，找了一根棍子把驴抬了起来。

他们卖力地想把驴抬过闹市入口的小桥时，又引起了桥头上一群人的哄笑。驴子受了惊吓，挣脱了捆绑撒腿就跑，不想却失足落入河中。农夫父子只好既恼怒又羞愧地空手而归了。

笑话中农夫的行为十分可笑，不过，这种任由别人支配自己情绪的事并非只在笑话里出现。现实生活中，很多人在处理类似事情时就像笑话里的农夫，人家叫他怎么做，他就怎么做，谁抗议，就听谁的。结果只会让大家都有意见，且都有不满情绪。

谁都希望自己在这个社会上如鱼得水，但我们不可能让每一个人满意，不可能让每一个人都对我们展露笑容。通常的情况是，你以为自己照顾到了每一个人的情绪，可还是有人对你不满，甚至根本不领情。每个人的利益是不一致的，每个人的立场、主观感受是不同的，所以我们想面面俱到，不得罪任何人，又想讨好每一个人，那是绝对不可能的！

我们做人做事都是如此，不能压制自己的天性，强行控制自己的情绪，去让每个人满意，凡事只要尽心，按照事情本来的面目去做就好，简简单单地过好自己的生活就行，否则就会像故事中的农夫一样，费尽周折，结果还搞得谁都不满意。

情绪是自己的，好与坏只有自己来评断，情绪不好要想办法化解，情绪好的话就完好保留。

第十二章
情绪爆发：失控的内心世界

第一节
梦想遭遇灭顶之灾——恐惧爆发

恐惧的消极影响

恐惧是一种对人影响最大的情绪，几乎渗透到人们生活的每个角落，每个人都有惧怕的事情或者情景，而且不少事物或情景是人们普遍惧怕的，如雷电、火灾、地震、生病、高考、失恋等。现实生活中，我们可以看到有的人的恐惧心理异于正常人。这种无缘无故的与事物或情景极不相称、极不合理的异常心理状态，就是恐惧心理。它是一种不健康的心理，严重的即是恐惧症。

因为恐惧是一种企图摆脱困难而苦于无力的情绪，所以一旦寻得摆脱的途径，就会迸发出巨大的力量。

恐惧是大脑的一种非正常状态，它是由于人本身经历的扭曲或伤害引起的。它产生的原因已经为大部分人所遗忘。我们不希望承认自己恐惧，这种恐惧感被我们深埋在心底，犹如一个毒瘤。

一个美国电气工人，在一个周围布满高压电器设备的工作台上工作。他虽然采取了各种必要的安全措施来预防触电，但心里始终有一种恐惧，害怕遭到高压电击而送命。有一天，他在工作台上碰到了一根电线，立即倒地而死，身上表现出触电致死者的所有症状：身体皱缩起来，皮肤变成了紫红色与紫蓝色。但是，验尸的时候却发现了一个惊人的事实：当那个不幸的工人触及电线的时候，电线中并没有电流通过，电闸也没有合上——他是被自己害怕触电的自我暗示吓死的。

很多时候，恐惧其实并不能伤害我们。在忐忑不安的心绪的支配下，一种自然而然的焦虑就会在我们的心中积聚起来，转化为恐惧和惊慌失措。在这种情况下，我们就不能充分地享受生活了。因为恐惧，我们不敢去努力争取我们真心想得到的东西。由于害怕失败，我们会拒绝承担责任。

由于害怕与他人不一致，我们就可能放弃自身的个性。

另一方面，恐惧会让我们的情绪紧张，这种紧张情绪会让我们排斥现实生活中的困难，然后完全沉浸在我们自己的想象的世界里，在这个想象的世界里，他是掌控一切的王者。然而，一旦我们回归到现实生活中，我们就会发现自己可掌控的太少。这种巨大的落差感使得我们痛苦万分。为了逃避这种痛苦，我们只好继续沉溺在想象的世界里，完成自己在现实生活中未完成的梦想。因此，我们尽量减少了各种活动，生活条件也削减到无处可退的地步。我们可能独处一室，几乎不出房门一步，或干脆藏身到朋友或亲戚家的地窖里，剩下的唯一可去的地方就是我们内心最深处，但由于我们的内心是恐惧的真正源头，所以一味地逃避最后也成了我们的祸根。

我们恐惧现实，在我们看来，现实中的一切都是汹涌的、吞噬性的力量，整个世界好像就是一个荒诞的噩梦，一种发了疯的景致。在这个荒诞的世界里，我们找不到任何可以给予我们安慰和信心的东西。而且，我们越是透过自己扭曲的感知力看世界，就越是感到恐怖和绝望。

随着其恐惧范围的扩散和恐惧强度的增加，越来越多的现实遭到日益严重的扭曲，以致我们最后什么事都做不了，因为一切都染上了恐怖的味道：天花板随时都会坍塌砸到自己，桌子上的水果刀随时都可能飞过来刺伤自己……总之，我们开始频繁地出现幻听、幻觉，开始觉得自己的身体就像外星人一样异样，这让我们感到恐惧，并时刻提高警惕，一刻也安静不下来。结果，我们的身体被弄得疲惫不堪，各种问题堆积在了一起。

随着内心恐惧感的加深，我们越发不相信自己应对世界的能力，越发逃避与外界的接触，逐渐退回到与世隔绝的状态。这个时候，我们已然沦为了恐惧的奴隶，逐渐丧失了对抗的能力。

怀疑自己的能力

悲观和失望等消极的情绪常常会让人们失去正常的判断力。所以，一个人在沮丧难过的时候，一定不要马上着手做重要事情，特别是可能会对我们的生活产生深远影响的人生大事，因为沮丧会使你的决策陷入歧路。一个人在看不到希望时，仍能够保持乐观，仍能善用自己的理智，这是十分不容易的。

当一个人在事业上经历挫折的时候，身边的人会劝你放弃，此时，如果听从了他们的话，那么我们注定会失败，如果能够再坚持一下，摆脱悲观的情绪，也许我们就能成功。

许多年轻人，他们在工作遭遇困难的时候选择了放弃，换成了自己完全不熟悉的领域，可是这样面对的困难更大，如果还是没有信心，任由悲观失望的情绪控制，那么就注定了一事无成。

悲观的时候，智慧才是最有用的，它能够帮助你做出正确的抉择：当有人引诱你放弃自己的道路时，你能坚定自己的目标而不受外界的影响；当自己的心开始动摇的时候，能够宽慰自己，让自己冷静下来。

一直以来，当医生是杰克最大的梦想，为此他考上了医学院。刚开始学习的时候，他满心欢喜，完全沉浸在了幸福的氛围里。可是，好景不长，基础知识学完了，他们进入了解剖学和化学的课程。每天都要面对着不同的尸体，杰克感觉到恶心。在以后的日子里，他每天走进实验室都心惊胆战，唯恐见到什么让人呕吐的东西。

恐惧的心情一直折磨着杰克。他开始怀疑自己的选择是错误的，自己并不适合医生这个行业。思考之后，他决定退学，选择一个更适合自己的职业。他把自己的决定告诉教授，教授说："再等等吧，你现在的决定并不能代表你的心声。等到你的决定忠于了你的心的时候，你再来找我。"

日子一天一天过去，开始的时候，杰克每天都在煎熬，时间长了，他习惯了实验室里消毒水的气味，熟悉了各种尸体的结构，也就不再对实验室感觉到畏惧了。4年后，杰克以优异的成绩毕业，他接受了一家大医院的聘请，成了那里最年轻的医生。

有一次，杰克回去看教授，他笑着对杰克说："还记得吗？你当年想放弃。""是的，教授，您阻止了我。"教授说："那时候你太悲观，还不能了解自己的心，所以我让你冷静下来。杰克，你记着，人在悲观失望的时候，千万别马上做决定，要给自己一点时间想一想，之后得到的答案也许就跟原来不同了。"

一个人在失意时，头脑一片混乱，甚至会因此产生绝望的情绪，这是一个人最危险的时候，最容易做出糊涂的判断、糟糕的计划。一个人悲观失望时，就没有了精辟的见解，也无法对事物认识全面，也就失去了准确的判断力。所以忧郁悲观的时候，一定不能做出重要决断，等到头脑清醒、心情平复的时候，我们才可以设计更好的计划。

艾琳诺·罗斯福有句名言："恐惧是世界上最摧折人心的一种情绪。"

高达百丈的两道悬崖夹着一条峡谷。悬崖十分陡峭，由几道光秃秃的铁索连接，充当过河的桥。

有4个人一起来到桥头，一个是瞎子，一个是聋子，另外两个是不瞎不聋的健全人，他们都要过河。他们一个一个地抓住铁索，凌空行进。结果，盲人、聋子过了桥，一个耳聪目明的人也过了桥，另一个则跌到了湍急的水流中，丢了性命。

瞎子说："我眼睛看不见，不知山高桥险，自然可以心平气和地攀索过桥。"

聋子说："我的耳朵听不见，不管水流如何咆哮怒吼，在我这里都是一片寂静，自然也可以坦然无惧地攀索过桥。"

安全过桥的健全人说："我过我的桥，险峰与我何干？急流与我何干？只管一步步落稳脚跟，不断向前就是了。"

很多时候，实现理想，追求成功的过程，就像是在水流湍急、山高峰险的悬崖峭壁间过铁索桥。失败的原因和智商、力量等因素并不相关，而往往是被周围的环境所震慑，不敢放胆一搏。

我们应该向那些已经顺利过桥的人学习。一个人只要不自我设限，记住"险峰与我何干"，不畏惧眼前或周围的困难、险境，就能为自己开创一片无限广阔的天地。

害怕失败的后果

生活中，很多人常常会感到恐惧、不安，虽然有时候连他们都说不清楚他们在恐惧什么。其实，每个人的内心都潜藏着恐惧，可能恐惧的来源不一样，但是恐惧的情绪确实大同小异的。

一个小朋友说："在学校里，如果老师交代的任务有明确的标准指示，我就很喜欢去做，并且可以做得很好；而一旦老师没有把要做的事交代清楚，那么我就会觉得无所适从。我很怕做错事令别人不认可我的能力而抛弃我，所以我认为当没有明确对错的标准时，不做就不会错，这是最好的办法。"

在这个小朋友看来，生命充满了不可知的变量，但只要能够有足够的准备和负责任的态度，就可以安全度过所有的危难。因此，像这样的人似乎永远在预测着将来的危难，凡事都能让他们联想到各种负面的可能性。他们总是在头脑中想象出各种各样糟糕的状况，并为此感到深深的担忧和恐惧，这种担忧和恐惧又会转换成焦虑不安的情绪。

一位空军飞行员说："第二次大战期间，我担任F6战斗机的驾驶。头一次任务是轰炸、扫射东京湾。从航空母舰起飞后，一直保持高空飞行，然后再以俯冲的姿态滑落至目的地300英尺上空执行任务。然而，正当我以雷霆万钧的姿态俯冲时，飞机左翼被敌军击中，顿时翻转过来，并急速下坠。我发现海洋竟然在我的头顶。你知道是什么东西救我一命的吗？"

飞行员说到这里停顿了一下，继续说道："我接受训练的期间，教官一再叮咛说，在紧急状况中要沉着应付，切勿轻举妄动。飞机下坠时，我只记得这么一句话，因此，我什么机器都没有乱动，只是静静地想，静静地等候把飞机拉起来的最佳时机和位置。最后，我果然幸运地脱险了。假如我当时顺着本能的求生反应，未待最佳时机就胡乱操作了，必定会使飞机更快下坠而葬身大海。"

他一再强调："一直到现在，我还记得教官那句话：不要轻举妄动而自乱脚步；要冷静地判断，抓住最佳的反应时机。"

成功人士总是在明了情况后，才付诸行动。可以想象，如果方向错了，行动越快，显然会陷得越深。只有遇事沉着冷静，才能有效地处理问题。

沉不住气的人遇到紧急情况时最容易失败，因为急躁的情绪已经占据了他们的心灵，他们没有时间考虑自己的处境和地位，更不会坐下来认真思索有效的对策。在发展进步的过程中，面对强大的震惊，不要惊慌失措，要镇定自若，冷静地去面对，这是一个人的气度和能耐。这种气度和能耐来自于理智的头脑，这种气度和能耐使人在大的变动中沉着应对，处变不惊。

但生活中通常有很多人在做每件事前都显得犹豫不决，这其实就是一种恐惧情绪。

之所以有这种恐惧情绪，是因为他们想得太多、做得太少，并因此退避三舍，不愿面对。他们充满矛盾的原因是，一方面他们对自己所期待的东西充满了向往，而另一方面他们又给自己设下种种心理障碍，让自己不敢行动。当看到其他人发出行动获得成功时，他们会感到深深的失落和焦躁，甚至会产生自我怨恨的情绪。对这种情绪我们应该冷静面对，理智地去处理。如果我们在面对恐惧时能够沉着冷静，我们就能得到更接近客观的评价，就能迅速找到有效解决问题的方法。

恐惧是成功的敌人

恐惧是一种带有强迫性质的不以人自身的意志和愿望为转移的情绪。

恐惧能摧残一个人的意志和生命。它能影响人的胃、伤害人的修养、减少人的生理与精神的活力，进而破坏人的身体健康；它能打破人的希望、消退人的志气，而使人的心力"衰弱"至不能创造或从事任何事业。

许多人简直对一切都怀着恐惧之心：他们怕风，怕受寒；经营商业时怕赔钱；他们怕别人的评论，怕失败；他们怕贫穷，怕雷电，怕暴风……他们的生命，充满了怕，怕，怕！

恐惧能摧残人的创造精神，足以杀灭个性而使人的精神机能趋于衰弱。大事业不是在恐惧的心情下可以做成的。一旦心怀恐惧、不祥的预感，则做什么事都不可能有效率。恐惧代表着、指示着人的无能与胆怯。这个恶魔，从古到今，都是人类最可怕的敌人，是人类文明事业的破坏者。

有一些人对一些本来并不感到可怕的事情却产生一种紧张恐惧的情绪体验。例如，有的人因偶然一次在化学实验中试管发生爆炸，就再也不敢进实验室；有的学生因某次上体育课摔伤过，以后只要上体育课就恐惧；也有的人对人际交往恐惧。

李乐的母亲带他去看心理医生。看病的原因是，李乐总是听到某些突然的声响，就会有心颤、摇头的反应，而且听到有人讲一些恐怖的事情时还会发抖，以致晚上睡觉老是做恶梦，然后就惊醒。

母亲向心理医生反应，他从15岁开始有突然摇头的症状，只是偶尔那样，17岁加重，开始害怕。之前母亲带他看过一些医生，有些医生说他得了抽动症，有些医生说他是心理疾病。到了后来，他自己也认为自己是得了抽动症，恐惧更加严重了。

心理医生听了病人的症状，说："他得的并不是抽动症，之所以有这种反应，是因为他的恐惧心理在作祟，当他一遇到或者听到令他恐惧的事情时，他的情绪就会很紧张，情绪紧张的同时，会让他的神经绷紧，一些条件反射性的动作也就跟着出来了。"

恐惧是人生命情感中难解的症结之一。

当一个人预料将会有某种不良后果产生或受到威胁时，就会产生这种不愉快的情绪，并为此紧张不安、忧虑、烦恼、担心，甚至会陷入极度恐惧。现实生活中，每个人都可能经历某种困难或危险的处境，从而体验不同程度的焦虑。

恐惧作为一种生命情感的痛苦体验，是一种心理折磨。人们往往并不为已经到来的或正在经历的事感到惧怕，而是对结果的预感产生恐慌，人们生怕无助、排斥、孤独、伤害、死亡的突然降临；同时，人们也生怕丢官、失职、失恋、失亲、声誉的瞬息失落。

勇敢的思想和坚定的信心是治疗恐惧的良药，它能够中和恐惧思想，如同化学家通过在酸溶液里加一点碱，就可以破坏酸的腐蚀性一样。当人们心神不安时，当忧虑正消耗着他们的活力和精力时，他们是不可能获得最佳效率的，是不可能事半功倍地将事情办好的。

所有的恐惧在某种程度上都与自己的软弱感和力不从心有关，因为此时他的思想意识和他体内的巨大力量是分离的。他开始变得心力交瘁，一旦他重新找到了让自己感到满意和大彻大悟的那种平和感，那么，他将体味到生活的美好。感受到这种力量和享受到这种无穷力量的福祉之后，他绝对不会满足于心灵的不安和四处游荡，绝对不会满足于萎靡不振的模样。

美国著名作家、诺贝尔文学奖获得者福克纳说："世界上最懦弱的事情就是害怕，应该忘了恐惧感，而把全部身心放在属于人类情感的真理上。"爱因斯坦说："人只有献身社会，才能找出那实际上是短暂而有风险的生命的意义。"

不要恐惧生活的种种，每一种历练中都有相应的机遇，勇敢地面对，积极地争取，我们的成功之路就会越走越平坦。

认识婚前恐惧情绪

有很多即将步入婚姻殿堂的人，很容易患上婚前恐惧情绪病。在婚前，他们总是坐立不安、情绪低落、焦躁，常常会莫名地发脾气。更甚者，还会怀疑自己的爱情，害怕面对婚后的生活。

婚前恐惧情绪在现代社会是一种常见的情绪病。现在的年轻人多是独生子女，一直以来都是习惯接受别人的关怀，自己并不擅长照顾别人和承担一些责任。当他们想到建立一个家庭需要夫妻共同承担责任和义务，还要处理好与另一方家人的关系，面临新环境和新关系，听到周围的人讲一些婚姻生活负面的东西时，就会产生一种焦虑和紧张的情绪。

这种社会氛围使尚未走入婚姻殿堂的人们感到一种无形的压力。对婚后生活的过多考虑在面临婚姻时的表现形式就是对结婚的恐惧和逃避，很多人因此推迟结婚，甚至宁愿独身，也不愿意"受罪"。

其实，有了这种情绪的人千万不要紧张。谨慎对待婚姻的想法是对的，但因为谨慎而放弃婚姻是不可取的。结婚并且能幸福生活一生的人有很多，如果你不去尝试，怎么能体会到婚姻带来的快乐呢？婚姻是一双鞋，合不合适只有自己知道。如果你拒绝穿鞋，也许避免了因为鞋子不合脚而磨出血泡，但也可能因赤足行走而踩到钉子上，到那个时候，你或许会意识到，婚姻其实也是对爱情的一种保护。

恋爱是件浪漫的事情，到谈婚论嫁时，好像连空气中都可闻到大红的喜气。可是当万事俱备，只差婚礼这临门一脚时，有些人却迟疑了。就像在电影《逃跑新娘》中，朱丽亚走上红地毯时都骑着马，好像随时都有可能临阵脱逃。其实出逃不是她的本意，不要怀疑你们的爱情出了问题，也许她已经感染了结婚恐惧症。

曾有恐婚症患者自己说，她现在真的很担忧，将来要变成一家人，男方的家庭能不能接受自己？两个人都有自己的个性与事业，生活在一起不会冲突吗？她说："我们相识在别人的生日舞会上，几乎是一见钟情。我们年龄都不小了，相处了一年后觉得彼此非常合适，分开的每一分钟都很想念对方。前几天他笑嘻嘻地抱来一束玫瑰花向我求婚，我特别激动，发展到结婚似乎是唯一的出路。所以他求婚是意料之中的，我答应也很痛快。可在领结婚证的时候我犹豫了，结婚也被迫暂时搁浅。除了彼此的爱，其他方面我们彼此并不熟悉，我只见过他的家人两次面，而且从来没有好好聊过，我不知道我能不能走入他的家庭，想到这儿我就很害怕……"

有婚前恐惧情绪病的女人普遍是理想主义者，她们所期待的是一种完美的生活。对于婚姻她们大多根本没有想过是怎么回事，对"嫁"这种仪式的向往远远超过对嫁的结果——婚姻的向往。也就是说她们所谓的想结婚，只是想得到"嫁"这样一种仪式，而不是嫁过之后的婚姻生活。一旦提到婚姻生活，她们往往会呈现出恐慌的情绪。一般情况下女性担心的是婚后最初的家庭生活，其中包括和公公、婆婆、小姑及其他家庭成员关系的处理和协调；因为不会做家务，而担心别人挑剔自己。

染上婚前恐惧情绪病的人，会对未来的婚姻生活有一种恐惧感，通常"症状"是烦躁、脾气比较急、爱发火，有的人会沉默寡言，不愿多说话，进而影响到工作和生活。

输给自己的假想敌

到了一个阴森森、黑漆漆的地方，我们会感到毛骨悚然，心跳加速，好像危险的事就要发生，于是步步惊魂，随时提高警惕，严阵以待，但是到了最后，往往什么事也没发生，自始至终，都是我们自己在吓自己。所有紧张、恐惧的情绪其实全都来自于自己的想象。

小光刚到深圳打工时，在一家酒吧做服务生。

自从第一天上班，老板便特别提醒小光："我们这一带有一个人，经常来白吃白喝，心情不好的时候，还会把人打得遍体鳞伤，因此，如果你听到别人说他来了，你什么也别想，想尽办法赶快跑就对了。因为这个人实在太蛮横了，连警察都不放在眼里，上一个酒保被他打伤，到现在还躺在医院里。"

某一天深夜，酒吧外面忽然一阵大乱，有人告诉小光说那个经常闹事的人来了。

当时，小光正在上厕所，等到他走出来时，酒吧里的客人、员工早就跑得干干净净，连个影子也见不到了。

这时，只听见"砰"的一声，前门被人踢开了，一个凶神恶煞般的男人大步走进门。他的脸上有一道刀疤，手臂上的刺青一直延伸到后背。

他二话不说，气势汹汹地在吧台前坐了下来，对小光吼道："给我来一杯威士忌。"

小光心想，既然已经来不及逃跑了，不如就试着赔笑脸，尽量讨这个人的欢心，以保全自己吧！于是，他用颤抖的双手，战战兢兢地递给那个男人一杯威士忌。

男人看了小光一眼，一口气把整杯酒饮干，然后重重地把酒杯放下。

看到这一幕，小光的心脏简直快要跳出来了，若不是酒吧里还放着音乐，他的心跳声一定会被人听见。小光勉强鼓起勇气，小声地问道："您……您要不要再来一杯？"

"我没那时间！"男人对着他吼道，"你难道不知道那个喜欢闹事的人就要来了吗？"

不久之后，那个男人就走了，小光这才重重地舒了一口气。小光这才发现，其实那个人并不可怕，只是人们无形之中把恐惧扩大了。

很多时候，人们就像案例中的小光一样，到事情结束后才发现恐惧是自己制造的。

对于我们来说，世界是一个宏大的舞台，其中就有很多镁光灯照不到的地方，而我们有的时候就被迫在这些带给我们不安的黑暗中去跳舞，想象着各种危险，有的时候甚至逃避着这一切。

其实这个社会中不仅只有你一个人面临这些焦虑和恐惧，很多人都曾在某个时刻被突如其来的未知恐惧所打垮。

与陌生人的交往就是这么一种典型状况，我们把陌生人想象成很可怕的样子，然后害怕与他们交往。

一份来自美国的研究资料称，约有40%的美国人在社交场合感到紧张，那些神采奕奕的政界人士和明星，也有手心出汗、词不达意的时候，还有一些人表面上侃侃而谈、镇定自若，实际上手心早已一把汗。

事实上，我们每个人都需要面对自己的焦虑、紧张情绪，如果你承认并接纳这种紧张情绪，你很快就能抛开它。而那些让紧张情绪影响工作和生活的人，则被心理专家定性为患有社交焦虑症或社交恐惧症的人，他们的糟糕表现，往往是因为不能承认自己的焦虑和紧张情绪所致。

对某些事物或情景适当的恐惧，可使人们更加小心谨慎，有意识地避开有害、有危险的事物或情景，从而更好地保护自己，避免遭受挫折、失败和意外事故。过度的恐惧则是最消极的一种情绪，并且总是和紧张、焦虑、苦恼相伴，而使人的精神经常处于高度的紧张状态。严重影响一个人的学习、工作、事业和前途。因此它必然损害健康，引起各种心理性疾病，长期的极端恐惧甚至可使人身心衰竭。

第十二章　情绪爆发：失控的内心世界

为了自己的健康和进步，有恐惧心理的人必须下定决心，鼓足勇气，努力战胜自己不健康的恐惧心理。

现在，请闭上眼睛，什么都不要想，彻底放松，除去一切的紧张，然后让憎恨、愤怒、焦虑、嫉妒、艳羡、悲痛、烦忧、失望等精神中的一切不利因素离你而去，你会感到轻松无比。

不能正确认识已经历或未经历的事

恐惧是大脑的一种非正常状态，它是由个人经历的扭曲或受到伤害引起的。它产生的原因已经为大部分人所遗忘。因为我们不希望承认自己恐惧，这种恐惧感被我们埋在心底，犹如一个毒瘤。

有的学者说："愚笨和不安定产生恐惧，知识和保障却拒绝恐惧。"有的学者进一步指出："知识完全的时候，所有恐惧，将统统消失。"古罗马箴言说："恐惧所以能统治亿万众生，只是因为人们看见大地寰宇，有无数他们不懂其原因的现象。"宋朝理学家程颢、程颐认为："人多恐惧之心，乃是烛理不明。"显然，恐惧产生于惧怕，但惧怕的形成源于无知，源于对已经历或未经历的事的不认识。

无论作为个人还是作为社会，恐惧都是我们今天面对的最大的挑战之一。恐惧使我们无法充分地展示自我，同时又阻碍着我们爱自己和爱他人。没来由的、荒谬可笑的恐惧会把我们囚禁在无形的监牢里。随着先进的通讯技术把世界各地发生的事件送进每个家庭，我们能了解到其他地区的文明，于是，我们对不可知物的恐惧与无知的阴影就会逐渐消失。

夏天的傍晚，有个人独自坐在自家后院，与后院相毗邻的是一片宁静的森林。这人的目的，就是要在大自然的怀抱中放松身心，享受一下黄昏时分的宁静。随着天色渐渐暗下来，他注意到，树林里的风越刮越大了。于是他开始担心，这样的好天气是否还能保持下去。接着，他又听到树林深处传来一些陌生的声音。他甚至猜想，可能有吃人的动物正向他走来。

不一会儿，这个人满脑子都是这种消极的想法，结果变得越来越紧张。这个人越是让怀疑和恐惧的念头进入他的头脑，他就离享受宁静夏夜的目标越远。

这个人的体验很好地验证了布赖恩·亚当斯的生活法则："恐惧是无知的影子，若抱有怀疑和恐惧的心理，势必导致失败。"

在忐忑不安的情绪支配下，焦虑会在我们的心中积聚起来，转化为恐惧和惊慌失措，情绪就是这么层层递进的。在这种情况下，我们就不能充分享受生活了。面对可能蒙受的耻辱，我们就会退缩和自暴自弃，不去做创造性的贡献。由于害怕遭到拒绝，我们就不敢去努力争取我们真心想得到的东西。由于害怕失败，我们会拒绝承担责任。由于害怕与他人不一致，我们会放弃自身的个性。因而，消除恐惧心理，是十分必要的。

我们也许听说过这句老话："你不知道的东西不会伤害你。"其实完全不是这么回事。无知并不是福气，相反，它往往会引起消极负面的情绪。

内心怯懦容易导致失败

有句名言说，失败的人不一定懦弱，而懦弱的人却常常失败。这是因为，懦弱的人害怕有压力的状态，因而他们害怕竞争。在对手或困难面前，他们往往不善于坚持，而选择回避或屈服。

懦弱通常是恐惧的同伴。懦弱带来恐惧，恐惧加强懦弱。它们都束缚了人的心灵和手脚。恐惧的字眼和言语，却常常将我们所恐惧的东西招到身边。

"如果你是懦夫，那你就是自己最大的敌人；如果你是勇士，那你就是自己最好的朋友。"美国最伟大的推销员弗兰克如是说。对于内心胆怯而做事又犹豫不决的人来说，一切都是不可能的，正如采珠的人如果被鲨鱼吓住，怎能得到名贵的珍珠呢？

那些总是担惊受怕的人，得不到真正自由的人生，因为他总是会被各种各样的恐惧、忧虑包围着，看不到前面的路，更看不到前方的风景。

在波士顿的一个小镇上有一个名叫杰克的青年,他一直向往着大海。一个偶然的机会,他来到了海边,那里正笼罩着浓雾,天气寒冷。他想:这就是我向往已久的大海吗?他的希望和失望落差很大,他想:我再也不喜欢海了。幸亏我没有当一名水手,如果是一名水手,那真是太危险了。

在海岸上,他遇见一个水手,他们交谈起来。

"海并不是经常这样寒冷又有浓雾的,有时,海是明亮而美丽的。但在任何时候,我都爱海。"水手说。

"当一个水手不是很危险吗?"杰克问。

"当一个人热爱他的工作时,他不会想到什么危险。我们家里的每一个人都爱海。"水手说。

"你的父亲现在何处呢?"杰克问。

"他死在海里。"

"你的祖父呢?"

"死在大西洋里。"

"你的哥哥呢?"

"当他在印度的一条河里游泳时,被一条鳄鱼吞食了。"

"既然如此,"杰克说,"如果我是你,我就永远也不到海里去。"

水手问道:"你愿意告诉我你父亲死在哪儿吗?"

"死在床上。"

"你的祖父呢?"

"也死在床上。"

"这样说来,如果我是你,"水手说,"我就永远也不到床上去。"

如果在海边你就开始惧怕海中的波浪,那么你注定无法体验到海的魅力。

学者马尔登曾说过:"人们的不安和多变的心理,是现代生活多发的现象。"他认为,恐惧是人生命情感中难解的症结之一。面对自然界和人类社会,生命的进程从来都不是一帆风顺、平安无事的,总会遭受各种各样、意想不到的挫折、失败和痛苦。当一个人预料将会有某种不良后果产生或受到威胁时,就会产生这种不愉快情绪,并为此紧张不安、忧虑、烦恼、担心、恐惧,程度从轻微的忧虑一直到惊慌失措。

恐惧,就是常常预感着某种不祥之事的来临。这种不祥的预感会笼罩着一个人的生命,像云雾笼罩着爆发之前的火山一样。

世界上没有永远的成功者,也没有永远的失败者。有人畏缩,得到的也会失去;有人勇敢,失去的也会重新得到。只要不断尝试、不断磨砺,我们就一定能战胜恐惧,获得积极正面的情绪。只要告别恐惧,勇敢地朝前走,别人能做到的我们也能做到。畏惧是人生路上一道深深的壕沟,跨过去你就拥有了出路和希望。

不要被恐惧束缚手脚

我们的恐惧情绪,有一部分是来自于怕犯错误。我们总是小心翼翼地往前迈进,生怕迈错一步,给自己带来悔恨和失败。其实,错误是这个世界的一部分,与错误共生是人类不得不接受的命运。

错误并不是坏事,从错误中汲取经验教训,再一步步走向成功的例子也比比皆是。因此,当出现错误时,我们应该像有创造力的思考者一样了解错误的潜在价值,然后把这个错误当作垫脚石,从而产生新的创意。

事实上,人类的发明史、发现史到处充满了错误假设和失败观念。哥伦布以为他发现了一条到印度的捷径;开普勒偶然间得到行星间引力的概念,他这个正确假设正是从错误中得到的;爱迪生还知道上万种不能制造电灯泡的方法呢。

错误还有一个好用途,它能告诉我们什么时候该转变方向。比如你现在可能不会想到你的膝盖,因为你的膝盖是好的;假如你折断一条腿,你就会立刻注意到你以前能做且认为理所当然的事，现在都没法做了。假如我们每次都对，那么我们就不需要改变方向，只要继续进行目前的方向，直到结束。

不要用别人走过的路来作为自己的依据，要知道，自己若不去验证，你永远都不知道那是不是一个错误的依据。

其实，你也可以用反躬自问的方式来驱赶错误带给你的恐惧。例如，我从错误中可以学到什么？你可以审视你认为犯下的错误然后把从中得到的教训详列出来。千万别放弃犯错的权力，否则你便会失去学习新事物的机会以及在人生道路上前进的能力。你要牢记，追求完美心理的背后隐藏着恐惧。当然，追求完美有利于无须冒着失败和受人批评的危险。不过，你同时会失去进步、冒险和充分享受人生的机会。说来奇怪，敢于面对恐惧和保留犯错误权利的人，往往生活得更快乐、更有成就。

马尔登曾经说过："人们不安和多变的心理，是现代生活常见的现象。"他认为，恐惧是一个人生命情感中难解的症结之一。面对自然界和人类社会，生命的进程从来都不是一帆风顺、平安无事的，总会遭到各种各样、意想不到的挫折、失败和痛苦。当一个人预料将会有某种不良后果产生或受到威胁时，就会产生这种不愉快的情绪，并为此紧张不安、忧虑、烦恼、担心、恐惧，程度从轻微的忧虑一直到惊慌失措。

最坏的一种恐惧，就是常常预感着某种不祥之事的来临。这种不祥的预感，会笼罩着一个人的生命，像云雾笼罩着爆发之前的火山一样，束缚住我们的手脚，让我们失去挣扎的力量，而被死死地困在里面。

不轻易给自己下判决书

也许你遇到过这样的情况，当领导分配给你一项超出你能力的工作时，就会感到害怕，害怕不能如期完成，害怕不能达到领导的要求，害怕耽误自己的业绩。有了这些恐惧之后，你就会觉得困难重重，无论如何也不可能漂亮地完成老板分配的工作。此时，你所遇到的困难已经远远超过做事情本身，恐惧给你的工作和情绪产生了不良的影响。

这种恐惧人人都有，许多年轻人也不例外。有些人对一切都怀着恐惧之心：他们怕风，怕受寒；他们吃东西时怕中毒，经商时怕赔钱；他们怕人言，怕舆论；他们怕困苦时刻的到来，怕贫穷，怕失败，怕收获不佳，怕雷电，怕暴风……他们的生命中，充满了恐惧。

恐惧能摧残人的创造精神，能使人的精神机能趋于衰弱。一旦心怀恐惧的心理、不祥的预感，则做什么事都会出现困难，也不可能有效率。恐惧代表着、指示着人的无能与胆怯。这个恶魔，从古至今都是人类最可怕的敌人，是人类文明事业的破坏者。

当整个心态和思想随着恐惧的心情而起伏不定时，干任何事情都不可能收到功效。在实际生活中，真正的困难其实并没有我们想象中的那么大。如果我们能以一颗积极的心对待，那些使得我们未老先衰、愁眉苦脸的事情，那些使得我们步履沉重、面无喜色的事情，就能克服了。

恐惧是人类最大的敌人。不安、忧虑、嫉妒、愤怒、胆怯等，都是恐惧的一种表现。恐惧剥夺了人的幸福与能力，使人变为懦夫；恐惧使人失败，使人流于卑贱。因此，克服恐惧，已成为每个人都要面对的重大问题。

恐惧纯粹是一种心理想象，是一个幻想中的怪物，一旦我们认识到这一点，我们的恐惧感就会消失。如果我们的见识广博到足以明了没有任何臆想的东西能伤害到我们，那我们就不会再感到恐惧了。

勇敢的思想和坚定的信心是治疗恐惧的良药，它能够中和恐惧思想，如同化学家通过在酸溶液里加一点碱，就可以破坏酸的腐蚀性一样。当人们恐惧不安时，当忧虑正消耗着我们的活力和精力时，人们是不可能获得最佳效率的，也不可能事半功倍地将事情办好。

恐惧虽然阻碍着人们力量的发挥，给人们做事情带来一定的困难，但它并非是不可战胜的。只要人们能够积极地行动起来，在行动中有意识地纠正自己的恐惧心理，就会减少人们做事情的畏难情绪，那它就不会再成为人们的威胁了。

那么，怎样排除恐惧呢？

首先，你要进行自我激励，不断地在内心里对自己说："没什么可恐惧的，我一定可以把事情做好。"自我激励就是鼓舞自己做出抉择并且行动起来。自我激励能够提供内在动力，例如，本能、热情、情绪、习惯、态度或想法等，能够使人行动起来。

其次，行动起来，用事实克服恐惧。很多事情没有做的时候，常常会感到恐惧。恐惧给我们带来了很大的困难，但是一旦做起来，就不会恐惧了。特别是事情做成功了，就可以克服恐惧，树立起信心。

最后，把事情的最坏结果想象出来，如果最坏的结果你能够承受，那么就没有必要恐惧了。

我们要认识到自己现在对生活的恐惧是早期没有树立信心造成的，这种恐惧不克服就会使自己做事情时产生更多的畏难情绪，严重影响到今后的发展，在恐惧所控制的地方，不可能达成任何有价值的成就。所以，一个做事有"手腕"的人要想成功，就要改变自己，克服恐惧，肯定自己，将畏难情绪紧锁起来。

勇敢去做让你害怕的事

每个人的内心都或多或少存在着害怕或者恐惧，害怕和恐惧会阻碍个人在生活和事业上取得的成功。

害怕具有强大的破坏力，它深藏在你的潜意识当中影响你、束缚你，让你消极地去看待世界。害怕的本质其实是一种内心的恐惧，由于担心被拒绝、被伤害，你的行为就被阻止。而恐惧和自我肯定处于对立的位置，就像跷跷板一样。害怕程度越高，自我肯定程度就愈低。采取行动去提升自我肯定程度，或许就会降低让你裹足不前的恐惧。采取行动去降低你的恐惧，或许就会更加自信，从而获得成功。

要摒除害怕的情绪，就要不断鼓励自己要勇敢行动。举例来说，假如你害怕拜访陌生人，克服害怕的方式就是不断面对它直到这种害怕消失为止。这就叫作"系统化地解除敏感"，是建立信心与勇气最好、最有效的方法。就如同美国散文作家、思想家、诗人拉尔夫·瓦尔多·爱默生所说："只要你勇敢去做让你害怕的事情，害怕终将灭亡。"

一位推销员因为经常被客户拒之门外，慢慢患上了"敲门恐惧症"。但是推销是他的工作，他不得不勇敢地去敲门，可是每次看到大门，他的手就颤抖。

迫不得已，他去请教一位推销大师，推销大师在弄清楚他恐惧的原因后，就问他："现在假如你正想拜访某位客户，你已经来到客户家门前了，我先向你提几个问题。"

"好的。"推销员答道。

"请问你现在站在何处？"

"客户家门前。"

"那么你想做什么？"

"进入客户家里，和客户交流。"

"如果你进入客户家里了，出现的最坏情况会是什么呢？"

"被客户拒绝，然后赶出来。"

"赶出来之后呢，你又会站在哪里？"

"又站在了客户的门外。"

在一问一答中，推销员惊喜地发现，原来敲门并不是他想象的那么可怕。在那之后，每当他来到客户门口，他就不再害怕了。他告诉自己，就当作自己的尝试了，如果不成功的话，还可以累积经验。反正最坏的结果就是回到原点，也没什么损失。

最终，这位推销员战胜了"敲门恐惧症"，而且由于其突出的推销成绩，他被评为全行业的"优秀推销员"。

不仅在销售领域，在生活中的任何场合、对于任何事情，害怕的唯一原因就是像案例中的推

第十二章　情绪爆发：失控的内心世界

销员最初的心理一样：担心被拒绝。由于对被拒绝的恐惧，心里就会产生很大的压力，会极不愿意去做某件事，这时别停止不前，勇敢地敲开面前的那扇门。

勇气往往能给人带来意外的机会，无论是处在逆境或者顺境，勇气都能给你带去力量和指引。在面对各种挑战时，也许失败并不是因为自己智力低下，不是因为缺乏全局观念，也不是因为思维逻辑的问题，而仅仅是因为把困难看得太清楚、分析得太透彻、考虑得太详尽，才会被困难吓倒，举步维艰，因而缺乏勇往直前的力量。

一个人缺乏勇气，就容易陷入不安、胆怯、忧虑、嫉妒、愤怒情绪的旋涡中，结果事事不顺。其实，恐惧无非是自己吓唬自己。世界上并没有什么真正让人恐惧的事情，恐惧只是人们心中的一种无形障碍罢了。摆脱害怕的心态，勇气是最好的解药。

勇气可以给人很多前进和成功的动力，也能帮助人冷静和自省。《勇气的力量》一书的作者认为，"勇气需要培植和坚守，真正的勇气是能够让心灵始终与正义通行"。也唯有如此，我们才能保持生命的力量，勇敢迈向未来。

第二节
痛苦袭击心灵——悲伤爆发

悲伤情绪是心灵的牢房

如果你遇到了挫折、失败，心情低落到了极点，情绪坏到了不能再坏的地步，那么请先让自己冷静下来，铺开一张纸，把自己的不快乐都列在这张清单上。当然，你还要找出一张纸，上面写上你可能得到幸福的事情，不要放过任何一个快乐的源泉，比如你长得漂亮，你的身体很健康，你的家人对你很好，等等。紧接着，你就可以对比了。这时候你会突然发现，让你快乐的理由远远大于悲伤和难过，既然如此，你就不该再将自己放置在悲伤、痛苦的阴影当中了。

赵女士的老伴半年前因病去世，她一直无法从悲伤中摆脱出来，心里非常难受，常想起这么多年来，夫妻互相陪伴，恩恩爱爱，如今只留下自己一个人形影孤单。她整日以泪洗面，半年多时间心情一直好不起来，看见什么都觉得没意思，子女们专门来陪她，她也觉得心烦，不愿出门，整日唉声叹气，有时甚至想死。

亲人去世后，亲属一定非常痛苦，情绪行为也一定与平常不同，常常会陷入沉重的悲伤中，感觉整个世界都暗淡了。这种悲伤情绪是可以理解的，但是一味地沉溺在悲伤之中，却是很不理智的行为。而且，悲伤很容易引发心衰。其实，对心脏危害最大的莫过于悲伤。悲痛的表现方式多种多样：既有高度紧张，又有无法释怀的抑郁和忧伤，甚至还包括愤怒与敌意。那些沉溺于悲痛的人常常不按时吃药、懒得运动，更有甚者用烟草、酒精甚至毒品来麻痹自己。在悲伤的气氛中，人体的交感神经系统分泌出大量的压力激素，使心跳加速、动脉收缩，进而导致出现心痛、气短和休克等症状。医学研究人员已明确地将悲伤列为心脏病发作的诱因之一。

为了自己的健康和家人的幸福，我们千万不能被悲伤情绪囚禁，成为它的囚徒。有人说："没有永久的幸福，也没有永久的不幸。"尽管在生活中，我们每个人都会遇到各种各样的挫折和不幸，而且有的人不仅仅要承受一种磨难，有的人受打击的时间可以长达几年、十几年，但是让人极度讨厌的厄运也有它的"致命弱点"，那就是它不会持久存在。

人们在遭受了生活的打击之后，总是习惯抱怨自己的命运不好，身边没有能够帮忙的朋友，家世也不好，没有可依靠的父母等。其实抱怨并不能解决问题，当问题发生的时候，我们一定要相信——厄运不久就会远走，幸福的一天迟早会到来。

生活本身已经制造那么多问题了，如果我们又进一步在脑子里提炼出那么多不快乐，这的确是在增加心理的负荷。每天都要面对那么多无法预测的事情，还要承受自己制造的不快乐，这难

别让压力毁了你，别让情绪左右你

道不是一种愚蠢的行为吗？

我们不要再强调那些制造自己不快乐的人的态度，我们来看看怎么才能停止制造不幸的过程：我们因为思考不快乐的事情，所以才变得不快乐的。那么，只要我们停止思考这些问题，停止用悲观的眼睛看待世界，就会开心得多。

其实一个人在任何时候都面临着选择快乐和不快乐两个方面，也许我们不能在任何环境下都选择快乐，但是我们必须要知道，我们在任何时候都可以快乐。

悲伤，只会让生命更脆弱

人的一生难免会碰到不幸，命运屡屡抛出磨难来考验我们，卓越的人排除万难接受考验，并一次一次地战胜磨难，失败的人则在磨难面前低下了头，任由自己跌入悲伤情绪的牢狱。

每个人都有属于自己的梦想，当我们学会写字之后，面对的第一篇作文，通常就是《我的梦想》、《我长大了做什么》之类的命题。每个人都是怀着欣喜的心情小心翼翼地来勾画自己心目中的梦想，在我们幼小的心里，梦想是神圣而不可冒犯的。

长大后，我们知道想实现自己的梦想，就要有胆识、有胆量，要勇敢地面对挑战，做一个生活的攀登者，只有这样才能攀上人生的顶峰，欣赏到无限的风景。但是，实现梦想需要的不仅仅是勇气，还需要我们付出更多的艰辛，历经更多的磨难。这里面有白眼、冷遇、嘲讽、失败，这些，对于弱者来说是不能承受的，他们会选择低头走开，但对于强者而言，这也是另一种幸运和动力。

女孩是个悲伤的孩子，因为小儿麻痹症，不要说像其他孩子那样欢快地跳跃奔跑，就连正常的走路都做不到。寸步难行的她非常悲观和忧郁，当医生教她做一点运动，说这可能对她恢复健康有益时，她就像没有听到一般。

随着年龄的增长，她的忧郁和自卑感越来越重，甚至，她拒绝所有人的靠近。但也有个例外，邻居家那个只有一只胳膊的老人却成为她的好伙伴。老人是在一场战争中失去一只胳膊的，但老人面对自己的不幸却非常乐观。老人喜欢讲故事，而她也常喜欢听老人讲故事。

这一天，她被老人用轮椅推着去附近的一所幼儿园，操场上孩子们动听的歌声吸引了他们。当一首歌唱完，老人说道："我们为他们鼓掌吧！"她吃惊地看着老人，问道："我的胳膊动不了，你只有一只胳膊，怎么鼓掌啊？"老人对她笑了笑，解开衬衣扣子，露出胸膛，然后，老人举起了手，用手掌拍起了胸膛……

那是一个初春，风中还有几分寒意，但她却突然感觉自己的身体里涌动起一股暖流。老人对她笑了笑，说："只要努力，一个巴掌一样可以拍响。你也要相信你自己，有一天你一定能站起来！"

那天晚上，女孩让父亲写了一张字条贴到了墙上，上面是这样的一行字："一个巴掌也能拍响。"从那之后，她开始配合医生做运动。无论多么艰难和痛苦，她都咬牙坚持着。渐渐地，她对自己的要求越来越高，她坚信自己还能取得更大的进步。她甚至在父母不在时，自己扔开支架，试着走路。蜕变的痛苦是牵扯到筋骨的。她坚持着，她相信老人说的话，坚信自己能够像其他孩子一样行走，奔跑。

11岁时，她终于扔掉支架，她又向另一个更高的目标努力着，她开始锻炼打篮球和参加田径运动。

1960年罗马奥运会女子100米决赛，当她以11秒18的速度第一个撞线后，掌声雷动，人们都站起来为她喝彩，齐声欢呼着这个美国黑人的名字——威尔玛·鲁道夫。

那一届奥运会上，威尔玛·鲁道夫成为当时世界上跑得最快的女人，她共摘取了3枚金牌，也是第一个黑人奥运女子100米冠军。

没有任何人可以不经历磨难而轻松地赢取成功的。生活中，我们能够听到这样的话，"你能行"、"做得最好"、"尽你全力"、"不退缩"、"总有办法"、"问题不在于假设，而在于它究竟怎样"、"没做并不意味着不能做"、"现在就行动"。这些都是攀登者热爱的语言。他们是真正的行动者，他们总是要求行动，追求行动的结果，他们的语言恰恰反映了他们追求的方向。

第十二章 情绪爆发：失控的内心世界

生活中，当我们遭到命运的冷遇时，不必沮丧，不必愤恨，唯有尽全力赢得成功，才是最好的答复与反击。不因幸运而故步自封，不因厄运而一蹶不振。真正的强者，善于从顺境中找到阴影，从逆境中找到光亮，时时校准自己前进的目标，人生的冷遇也可能成为你幸运的起点。

我们要记住，再悲伤的事情也会有过去的时候，再低迷的情绪也会有消失的时候，因为，我们有一颗渴望勇敢，渴望成功的心，只要我们的信念在，生命就没有理由不坚强。

别让你的世界黯淡下来

情绪有明媚的一面，也会有阴暗的一面，面向明媚，我们可以体会生活的灿烂，面向阴暗，我们看到的只是无尽的黑暗，在每个人的一生中，难免会发生各种各样的事情，或大喜或大悲，无论如何，这些事情就像我们生命中的坐标一样，它们或深或浅或明媚或黯淡的色调，构成了我们的人生画卷。

在人生的漫漫岁月里，人生常常存在着起伏不定。所以，人们常常抱怨磨难，抱怨那些让我们的生活变得艰苦的事情，抱怨那些让我们的内心承受煎熬的经历。可是，人们在抱怨的时候并没有想到，这些磨难就像烈火，我们只有在经过锤炼之后，才会变得更加坚韧、更加刚强。

德国有一位名叫班纳德的人，在风风雨雨的50年间，他遭受了200多次磨难的洗礼，成为世界上最倒霉的人，但这些也使他成为世界上最坚强的人。

他出生后14个月，摔伤了后背；之后又从楼梯上掉下来，摔断了一只脚；再后来爬树时又摔伤了四肢；一次骑车时，忽然不知从何处刮来一阵大风，把他吹得个人仰车翻，膝盖又受了重伤；13岁时掉进了下水道，差点窒息；一次，一辆汽车失控，把他的头撞了一个大洞，血如泉涌；又有一次，一辆垃圾车，倒垃圾时将他埋在了下面；还有一次，他在理发屋中坐着，突然一辆飞驰的汽车驶了进来……

他一生遭遇无数灾祸，在最为糟糕的一年中，竟遇到了17次意外。

令人惊奇的是，老人至今仍旧健康地活着，心中充满着自信。他历经了200多次磨难的洗礼，还怕什么呢？

人生不可能一帆风顺，一旦困境出现，首先被摧毁的就是失去意志力和行动能力的温室花朵。经常接受磨炼的人才能创造出崭新的天地，这就是所谓的"置之死地而后生"。

人们最出色的成绩往往是在挫折中做出的。我们要有一个辩证的人生观，经常保持充足的信心和乐观的态度。挫折和磨难使我们变得聪明和成熟，正是不断从失败中汲取经验，我们才能获得最终的成功。我们要悦纳自己和他人，要能容忍不利的因素，学会自我宽慰，情绪乐观、满怀信心地去争取成功。

如果能在磨难中坚持下去，磨难实在是人生不可多得的一笔财富。有人说，不要做在树林中安睡的鸟儿，要做在雷鸣般的瀑布边也能安睡的鸟儿，就是这个道理。磨难并不可怕，只要我们学会去适应，那么磨难带来的逆境，反而会让我们拥有进取的精神和百折不挠的毅力。

我们在埋怨自己生活多磨难的同时，不妨想想这位老人的人生经历，或许还有更多多灾多难的人们，与他们相比，我们的困难和挫折算什么呢？只要我们内心足够自信与强大，生命就能屹立不倒。

习惯抱怨生活太苦、运气太差的人，是不是也能说一句这样的豪言壮语："我已经经历了那么多的磨难，眼下的这一点痛又算得了什么？！"

只要相信自己，就没有什么外在因素可以伤害或摧毁你，给自己多一些阳光情绪，别被挫折和痛苦击败，你的世界就一定是缤纷多彩的。

把悲伤融化

我们喝糖水，太甜了会再加点水，药太苦了，会吃颗糖化解苦味。其实，情绪也是一样，不

别让压力毁了你，别让情绪左右你

好的情绪是可以稀释融化的。

在一座寺庙里，住着一位老和尚和一位小和尚，师徒俩整日打坐诵经，日子过得很安静。可是小和尚总觉得自己过得很不快乐，整天为了一些鸡毛蒜皮的小事唉声叹气。后来，他对师父说："师父啊！我总是烦恼，一点小事都可以让我感到悲伤，请您指点我吧！"

老和尚说："你先去集市买一袋盐。"

小和尚买回来后，老和尚吩咐道："你抓一把盐放入一杯水中，待盐溶化后，喝上一口。"小和尚喝完后，老和尚问："味道如何？"

小和尚皱着眉头答道："又咸又苦。"

然后，老和尚又带着小和尚来到湖边，吩咐道："你把剩下的盐撒进湖里，再尝尝湖水。"

小和尚撒完盐，弯腰捧起湖水尝了尝，老和尚问道："什么味道？"

"纯净甜美。"小和尚答道。

"尝到咸味了吗？"老和尚又问。

"没有。"小和尚答道。

老和尚点了点头，微笑着对小和尚说道："生命中的痛苦就像盐的咸味，我们所能感受和体验的程度，取决于我们将它放在多大的容器里。"小和尚若有所悟。

老和尚所说的容器，其实就是我们的心量，它的"容量"决定了痛苦的浓淡，心量越大痛苦越轻，心量越小痛苦越重。心量小的人，容不得，忍不得，受不得，装不下大格局。有成就的人，往往也是心量宽广的人，看那些"心包太虚，量周沙界"的古圣大德，都为人类留下了丰富而宝贵的物质财富和精神财富。

其实，我们每个人一生中总会遇到许多盐粒似的痛苦，它们在苍白的心空下泛着清冷的白光，如果你的容器有限，就和不快乐的小和尚一样，只能尝到又咸又苦的盐水。

心量是一个可开合的容器，当我们只顾自己的悲伤情绪，目无其他的时候，它就会愈缩愈小；当我们能从自己的痛苦中走出来，站在别人的立场上考虑时，它又会慢慢舒展开来。若是把自己囚禁在自己不良情绪的牢房中，我们永远都不会再有快乐的日子了。

心量是大还是小，在于自己愿不愿意敞开。一念之差，心的格局便不一样，它可以大如宇宙，也可以小如微尘。我们的心，要和海一样，任何大江小溪都要容纳；要和云一样，任何天涯海角都愿遨游；要和山一样，任何飞禽走兽，都不排拒；要和路一样，任何脚印车轨，都能承担。这样，我们才不会被痛苦的情绪缠住，难以逃脱。

把心打开吧，让清新的风吹进心里，把悲伤稀释、融化，我们就可以拥有一个既快乐又轻松的人生。

走出悲伤情绪，重获幸福

伤痛的背面藏着一份幸福，这听起来像是一句谎言，就像是在说"丢了钱就意味着挣了钱"一样。钱为什么会丢呢？因为你能挣，不然，你连丢的运气都没有。伤痛也是如此，你感知到了伤痛，说明你还有幸福感，没有幸福的对比，你又如何知道伤痛呢？你渴望幸福，是因为伤痛给了你渴望的动力。这么一想，你是不是真要感谢那些生活中的不如意了呢？

很久以前，在意大利的庞贝古城里，有一个叫利亚的卖花女孩。她自小双目失明，但并不自怨自艾，也没有垂头丧气地把自己关在家里，而是像常人一样靠劳动自食其力。

不久，一场毁灭性的灾难降临到了庞贝城。没有任何预兆的维苏威火山突然爆发，数亿吨的火山灰和灼热的岩浆顷刻间把庞贝城给吞没了。

整座城市被笼罩在浓烟和尘埃中，漆黑如无星的午夜。惊慌失措的居民跌来碰去寻找出路，却无法找到。许多人来不及逃脱，被活活埋葬；有些人设法躲入地窖，但因熔岩和火山灰层的覆盖而窒息，最终也未能幸免，城中两万多居民大部分逃到了别处，但仍有两千多人遇难。由于盲

第十二章 情绪爆发：失控的内心世界

女利亚这些年走街串巷地卖花，她的不幸这时反而成了她的大幸。她靠着自己灵敏的触觉和听觉找到了生路，而且还救了许多人。

在这样大的灾难面前，她不幸的残疾，成为她的财富。

人生在世，遇到挫折是在所难免的，生活中谁都难免会遭遇到挫折，只要我们建立信心，不陷进悲伤的情绪中，向着前方继续努力，生活中，肯定会有"柳暗花明又一村"的新景象。

人们都知道悲伤情绪对健康是很不利的，可是有时却无法摆脱这些不利因素的影响。以下几种方法，可以帮助你摆脱这种情绪。

运动

运动能使你忘却悲伤，恢复信心。运动促使人全身肌肉紧张，使血液中的内分泌激素改变，减少大脑皮层疲劳，减轻大脑和心脏在代谢方面的过度负担，提高植物性神经系统的能力。

变换角度想问题

情绪不好实质上都是由于思维方法不对所致。比如，在街道不远处遇见一个朋友，他没有跟你说话或打招呼，你就以为是他不再理你了；但你可以反过来想："他可能没看见我。""他可能正埋头想自己的事情。"具体办法是，每天自己注意自己情绪的变化，可以把一些问题记下来，把自己不好的情绪起因尽量写在第一部分，在第二部分写上完全相反的意见，并努力在内心默想第二部分是正确的，第一部分引起悲伤的原因绝大部分可能是由于自己主观臆断造成的。

扩大社会交往

有人说，"朋友是最好的药。"一点不假。研究表明，一个人得到别人的帮助后一般也愿意帮助别人，互相帮助是一种高尚的品德，也是最使人快乐的事。长期和好朋友们在一起，使人愉快甚至可以使人长寿。

我们为什么很容易悲伤，又很难走出悲伤情绪。这是因为在生活中，我们往往看到的只是事物的一个侧面，这个侧面让人痛苦，但痛苦却可以转化。蚌因身体内嵌入一粒砂，伤口的刺激使它不断分泌物质来疗伤，到了伤口复合，旧伤处就出现一颗晶莹的珍珠。哪粒珍珠不是由痛苦孕育而成？任何不幸、失败与损失，都有可能成为我们有利的因素。

因此，我们要记住，当悲伤情绪袭击你的时候，一定不要任由自己往里陷，这样，只会加重悲伤情绪的压力，令它很难缓解过来，我们要做的是，多看看事物的另外一面，或许另一面会有一个出口等你呢。

沉浸在失去的痛苦中不能自拔

许多人都有过丢失某种重要或心爱之物的经历，如，不小心丢失了刚发的工资，最喜爱的自行车被盗了，相处了好几年的恋人分手而去，等等。这些大多会在我们的心理上投下阴影，情绪一直处于低落中，有时甚至因此而备受折磨。究其原因，就是我们没有调整好心态面对失去，没有从情绪上承认失去，只沉湎于已不存在的过去，而没有想到去创造新的未来。人们安慰丢东西的人时常会说："旧的不去，新的不来。"其实事实正是如此，与其为失去的自行车懊悔，不如考虑怎样才能再买一辆新的；与其为恋人的离开而痛不欲生，不如振作起来，重新开始，去赢得新的爱情。

日本有个70岁的老先生，拿了一幅祖传的画到电视台上节目，要求"开运鉴定团"的专家鉴定。他说，他的父亲说这是价值连城的宝物，他总是战战兢兢地保护着，由于自己不懂艺术，想请专家鉴定画的价值。

结果揭晓，专家认为它是赝品，连一万日元都不值。主持人问老先生："您一定很难过吧？"来自乡下的老先生脸上的线条却在短时间内变得无比柔软，他憨厚地微笑道："啊！这样也好，不会有人来偷，我可以安心地把它挂在客厅里了。"

老先生的自我解嘲令人感慨：失去竟然可以比拥有轻松。其实，失去并不可怕，可怕的是我们内心的希望和快乐也因此而失去。面对生活，我们完全可以剔除棱角，不要沉浸在悲伤的痛苦中。

失去的时候许多人通常会难过不已，往往越是这样越是关上了通向未来的门，打开的只是那扇能够看到过去的窗户，所以，我们看到的不是未来的美好，而是过去的伤痛。

人生在世，有得有失，有盈有亏。有人说得好，你得到了名人的声誉或高高在上的权力，同时就失去了做普通人的自由；你得到了巨额财产，同时就失去了淡泊清贫的欢愉；你得到了事业成功的满足，同时也失去了奋斗的目标。我们每个人如果认真地思考一下自己的得与失，就会发现，在得到的过程中也确实失去了某些东西。整个人生就是一个不断地得而复失的过程。在这个过程中，你会失去许多，但是，你同样也会收获很多。

有一位住在深山里的农民，一天，从外地来的商贩那里意外地获得了一粒粒不起眼的种子。据商贩讲，这不是一般的种子，而是一种叫做"苹果"的水果的种子，只要将其种在土壤里，两年以后，就能长成一棵棵苹果树，结出数不清的果实，拿到集市上，可以卖好多钱。

欣喜之余，农民急忙将苹果种子小心收好，但脑海里随即涌现出一个问题：既然苹果这么值钱、这么好，会不会被别人偷走呢？于是，他特意选择了一块荒僻的山野来种植这种颇为珍的果树。

经过近两年的辛苦耕作，浇水施肥，小小的种子终于长成了一棵棵茁壮的果树，并且结出了累累硕果。

这位农民看在眼里，喜在心中。嗯！因为缺乏种子的缘故，果树的数量还比较少，但结出的果实也肯定可以让自己过上好一点儿的生活。

可是，这位农民并未能如愿。那一片红灿灿的果实，竟然被山里的飞鸟和野兽们吃了个精光，只剩下满地的果核。想到这两年的辛苦劳作和热切期望，他不禁伤心欲绝，大哭起来。他的财富梦就这样破灭了。在随后的岁月里，他的生活仍然艰苦，只能苦苦支撑下去，一天一天地熬日子。

几年后，当他偶然来到那片种了果树的山野，却发现他面前出现了一大片茂盛的苹果林，树上结满了累累硕果。

原来，这一大片苹果林都是他自己种的。几年前，当那些飞鸟和野兽在吃完苹果后，就将果子留在了旁边，经过几年的时光，果核里的种子慢慢发芽生长，终于长成了一片更加茂盛的苹果林。

农民失去少量苹果，几年后却意外换来一大片苹果林。有时候，失去是另一种获得。生活中，一扇门如果关上了，必定有另一扇窗为你打开。你失去了一种东西，必然会在其他地方收获另一种东西。关键是要有乐观的心态，正确对待你的失去。

每个人都曾失去过，有的人总是向别人反复表明他失去的东西有多么好、有多么珍贵。有些人却有不同的表现，比如，他们在失去了原有的工作之后，不是一味地伤感，而是主动寻找新的工作。他们相信，失去并不意味着失败，失去后还可以重新拥有。

在失去不可避免的时候，你需要做的不是空怀惆怅，让自己陷入悲伤的情绪中，而是多思考一下，从失去中获取所得，从悲伤、痛苦的消极情绪中走出来。

总为逝去的昨天流泪

曾为英国首相的劳合·乔治有一个习惯——随手关上身后的门。一天，有一个朋友来拜访他，两个人在院子里一边散步，一边交谈，他们每经过一扇门，乔治总是随手把门关上。

朋友很是纳闷，不解地问乔治："有必要把这些门都关上吗？"乔治微笑着回答："哦，当然有这个必要。我这一生都在关我身后的门，这是必须做的事。当你关门时，也就是把过去的一切留在了后面，不管是美好的成就，还是让人懊恼的失误，然后，你才可能重新开始。"

把过去的一切关在身后，也就是卸下情绪上的包袱，放弃曾经拥有的一切，这样才会更好地开始新的生活，然而这个问题却往往被我们所忽略。大多数人总是习惯于让过去的事情，挤占在脑海里不忍抛弃，结果情绪负载过重，浪费了精力，影响了事业的发展。所以，你应该试着学会经常把身后的门关上,把过去的一切留在身后。

关上身后的门,只是关掉过去各种情绪的门,并不是把你过去的经验和教训也关在身后,这些都是你人生的宝贵财富。你应把它们潜移默化地融化到自己的血液里,让其变成一种本能,成为一种习惯,这样更有利于你奔向成功。

每个人来到这个世界上,都希望自己将美好梦想尽可能多地变为绚丽现实。于是,在人生路上行进时,我们犹如天真的孩童,总是在瞪大好奇的眼睛期待珍宝的出现,并在行走中欣喜地将它拾起。人生经历的行囊,在不断地捡拾中变得越来越重,直到我们举步维艰。是断然放弃还是继续珍藏?这是我们每个人都不可避免遇到的难题,是每个想前行的人都要遇到的麻烦。

其实,关上这一扇门,也是一种伤感的美丽……

当情绪低落到极点,悲伤到极点,为何不去把行囊中的悲伤扔掉?也许曾经收入行囊时,它们对于我们来说是值得珍视的,给我们带来了无穷的欢快。但随着岁月的流转,随着光阴的飞逝,当它们的存在只会触痛我们的伤痕,它们的出现只能给我们留下黑夜辗转难眠时无声的泪水,为什么还要保存着它们?扔掉它们,打开尘封已久的行囊,把它们倾倒出来。也许,这会使我们痛苦,但是,扔掉之后,你会发现,心会如此灵动,情绪会如此积极。

内心世界没有阳光

"我之所以高兴,是因为我心中的明灯没有熄灭。道路虽然艰难,但我却不停地去求索我生命中细小的快乐。如果门太矮,我会弯下腰;如果我可以挪开前进路上的绊脚石,我就会去动手挪开;如果道路太泥泞,我可以换条路走。我在每天的生活中都可以找到高兴事儿。信仰使我能够以一种快乐的心态面对事物。"歌德夫人如是说。

许多人内心世界没有阳光,以致陷入悲伤情绪,不能自拔。一样的事情,可以选择不同的态度来对待。内心充满阳光,并做出积极努力,就一定会看到前方的风景。

心中有乐者,人生字典里就没有"悲观"二字。

有两个见解不同的人在争论三个问题。

第一个问题——希望是什么?悲观者说:是地平线,就算看得到,也永远走不到。乐观者说:是启明星,能告诉我们曙光就在前边。

第二个问题——风是什么?悲观者说:是浪的帮凶,能把你埋葬在大海深处。乐观者说:是帆的伙伴,能把你送到胜利的彼岸。

第三个问题——生命是不是花?悲观者说:是又怎样,开败了也就没了!乐观者说:不,它能留下甘甜的果实。

突然,天上传来了上帝的声音,也问了三个问题:

第一个:一直向前走,会怎样?悲观者说:会碰到坑坑洼洼。乐观者说:会看到柳暗花明。

第二个:春雨好不好?悲观者说:不好!野草会因此长得更疯!乐观者说:好,百花会因此开得更艳!

第三个:如果给你一片荒山,你会怎样?悲观者说:修一座坟茔!乐观者反驳:不!种满山绿树!

于是上帝给了他们两样礼物:给了乐观者成功,给了悲观者失败。

上述是一个两种见解的典型范例。悲观者和乐观者在面对同一个问题时,会有不同的看法。同样是人,会有截然不同的人生态度,不同的人生态度会看到截然不同的人生风景,不同的世界观会导致截然不同的人生结局。

心里装着哀愁,眼里看到的就全是黑暗。抛弃已经发生的令人不愉快的事情或经历,才会迎来新心情下的新乐趣。

在曲折的人生旅途上,如果我们需要承受所有的挫折和颠簸,就要学会化解与消释所有的困难与不幸,这样我们才能够活得更加长久,我们的人生之旅才会更加顺畅、更加开阔。

找一件自己喜欢的事情，全身心投入地去做，本身就是一种快乐的享受。这种快乐，要比花费钱财到游乐场寻找乐趣要划算得多。快乐本来不需要刻意为之，为快乐而快乐，抓住生活中的每一个小惊喜，尽情发挥，你会发现，这种"碰巧为之"的乐趣是任何娱乐形式都无法比拟的。

感觉挫折像暴雨一样袭来

如果一个人在46岁的时候，因意外事故被烧得不成人形，4年后又在一次坠机事故后腰部以下全部瘫痪，他会怎么办？你能想象他后来变成百万富翁、受人爱戴的公共演说家、扬扬得意的新郎及成功的企业家吗？你能想象他去泛舟、玩跳伞，在政坛角逐一席之地吗？

米契尔全做到了，甚至有过之而无不及。在经历了两次可怕的意外事故后，他的脸因植皮而变成一块"彩色板"，手指没有了，双腿细小，无法行动，只能瘫痪在轮椅上。

意外事故把他身上65%以上的皮肤都烧坏了，为此他动了16次手术。手术后，他无法拿起叉子，无法拨电话，也无法一个人上厕所，但以前曾是海军陆战队员的米契尔从不认为自己被打败了。他说："我完全可以掌握自己的人生之船，我可以选择把目前的状况看成倒退或是一个起点。"6个月之后，他又能开飞机了。

米契尔为自己在科罗拉多州买了一幢维多利亚式的房子，另外也买了一架飞机及一家酒吧。后来他和两个朋友合资开了一家公司，专门生产以木材为燃料的炉子，这家公司后来变成佛蒙特州排行第二的私人公司。坠机意外发生4年后，米契尔所开的飞机在起飞时摔回跑道，把他胸部的12块脊椎骨压得粉碎，腰部以下永远瘫痪。"我不解的是为何这些事老是发生在我身上，我到底做了什么错事？要遭到这样的报应？"

米契尔仍不屈不挠，日夜努力使自己能达到最高限度的独立，他被选为科罗拉多州孤峰顶镇的镇长。后来竞选国会议员时，他用一句"不只是另一张小白脸"的口号，将自己难看的脸转化成一项有利的资产。尽管面貌骇人、行动不便，米契尔却坠入爱河，且完成了终身大事，也拿到了公共行政硕士学位，并持续着他的飞行活动、环保运动及公共演说。

米契尔说："我瘫痪之前可以做10000件事，现在我只能做9000件，我可以把注意力放在我无法再做好的1000件事上，或是把目光放在我还能做的9000件事上。如果你不把挫折拿来当成放弃努力的借口，那么，或许你可以用一个新的角度来看待一些一直让你裹足不前的经历。你可以退一步，想开一点，然后你就有机会说：或许那也没什么大不了的。"

挫折是弱者的绊脚石，却是强者成功的起点。弱者因挫折产生消极悲观的情绪，强者却从中激发积极乐观的情绪。要想成功，就必须做生命的强者，做情绪的主人。

莎士比亚说："与其责难机遇，不如责难自己。"这就是人生的基本课程。我们只要仔细回顾一下生活中坏运变为好运的大量实例，就会发现挫折和厄运仅仅是强者成功的起点罢了。

我们的一生犹如处在变幻不定的大海上，前一秒可能还是风平浪静，下一刻也就可能惊涛骇浪。挫折就如同惊涛骇浪，只是暂时的风景，大海最后还会归于平静。所以在这大海上航行时，尽量做到情绪稳定，只有这样你才能战胜挫折，到达成功的彼岸。

人生的光荣，不在于永不失败，而在于越战越勇。有智能的人往往能从失败的经验中获得成功，所以失败常常是人生的一种宝贵财富。

挫折让我们更能体会到成功的喜悦，没有挫折的人生是不完整的。

忘不了苦难和不快

有人这样问："爱情没有了，回忆起来甜蜜多一点，还是痛苦多一点？"我们常常会遇到这样的问题，很多人觉得失去当然是痛苦大于甜蜜，想起分手时的那些伤害，心中就会隐隐作痛。而有一个人却说："分手了，我记得最多的还是甜蜜，因为我忘记了那个人和那些痛苦，留在记忆里的是有一份很美的爱情。"

的确，很多时候，我们有痛苦悲伤的情绪，主要还是因为我们无法忘记。我们总是无法忘记那些伤痛和失意，那些记忆犹如明镜一般被我们悬挂起来，每天都在看，每时都在想，这样我们又怎能快乐呢？所以，在失意的时候，人应当学会忘记，忘记那些不快，才能够真正快乐，才能开始新的生活。

生于尘世，每个人都不可避免地要经历凄风苦雨，面对艰难困苦，乐观面对就是天堂，悲观失望就是地狱。而忘记就是一剂良药，弥合你的伤口，使你怀着新的希望上路。

人的一生，就像一趟旅行，沿途中有数不尽的坎坷泥泞，但也有看不完的春花秋月。如果我们的一颗心总是被灰暗的风尘所覆盖，干涸了心泉、暗淡了目光、失去了生机、丧失了斗志，我们的人生岂能美好？如果我们能保持一种健康向上的心态，即使我们身处逆境、四面楚歌，也一定会有"山重水复疑无路，柳暗花明又一村"的那一天。

悲观失望者的呻吟与哀叹虽然能得到短暂的同情与怜悯，但最终的结果必然是别人的鄙夷与厌烦；而乐观上进的人，经过长期的忍耐与奋斗，最终赢得的将不仅仅是鲜花与掌声，还有饱含敬意的目光。

很多人在失意的时候学会了用负面情绪武装自己，甚至陷入悲伤的深渊，难以自拔。忘不掉别人给予的伤痛，莫过于拿别人的错误来惩罚自己。就如失恋，不是因为你自己不够优秀，也不是因为你自己倒霉，而是你在错误的时间遇到了不适合的人，分开很正常，因为你需要腾出时间和位置留给那个适合的人。但是自从你沉沦悲伤的那一刻起，你的记忆里装满的都是曾经的伤痛，又怎能给新的那个人留出空间呢？所以，一个塞满了回忆的大脑，永远无法让新鲜的东西容进来。

在生活中，有很多的无奈要我们去面对，有很多的道路需要我们去选择。忘记一些原本不应该属于自己的，把握和珍惜真正属于自己的，去追寻前方更加美好的；忘记一些烦琐，为情绪减负，忘记那些怅惘，为了轻快地歌唱；忘记一段凄美，为了轻柔地梦想。忘记，是一种伤感，但更是一种美丽。

悲苦地面对生活

如果我们心情豁达、乐观，我们就能够看到生活中光明的一面，即使在漆黑的夜晚，我们也知道星星仍在闪烁。一个心理健康的人，思想高洁，行为正派，能自觉而坚决地摒弃病态的想法。我们既可以坚持错误、执迷不悟，也可以痛改前非，改过自新，这都取决于我们自己。这个世界是大家创造的，因此，它属于我们每个人，而真正拥有这个世界的人，是那些热爱生活、乐观向上的人。

乐观开朗的人的特点是把眼光盯在未来的希望上，把烦恼抛在脑后。培养乐观、豁达的性格，将会让你终生受益。

具有乐观、豁达性格的人，无论在什么时候，他们都感到光明、美丽和快乐的生活就在身边，他们眼睛里流露出来的光彩使整个世界都流光溢彩。在这种光彩之下，寒冷会变成温暖，痛苦会变成舒适。这种性格使智慧更加熠熠生辉，使美丽更加迷人灿烂。那种生性忧郁、悲观的人，永远看不到生活中的七彩阳光，春日的鲜花在他们的眼里也顿时失去了娇艳，黎明的鸟鸣变成了令人烦躁的噪音，无限美好的蓝天、五彩纷呈的大地都像灰色的布幔。在他们眼里，创造仅仅是令人厌倦的、没有生命和没有灵魂的苍茫空白。

乐观像一股永不枯竭的清泉，乐观像一首没有歌词的永无止境的欢歌。它使人的灵魂得以宁静，使人的精力得以恢复，使美德更加芬芳。人的精神、灵魂、美德都从这种愉悦的心情中得到滋润，尽管烦恼和不安总在时时吞噬着这种美好的心情，各种挫折和磨难会一点一滴地消耗它，但这如清泉甘露般的美丽心情永远不会枯竭。

要远离悲伤的情绪，保持乐观的心态，微笑着面对生活，还必须注意以下几条原则：

要朝好的方向想

有时，人们变得焦躁不安是由于碰到自己所无法控制的局面。此时，你应承认现实，然后设法创造条件，使之向着有利的方向转化。此外，还可以把思路转到别的事上，诸如回忆一段令人愉快的往事。

别让压力毁了你，别让情绪左右你

不要过于挑剔

大凡乐观的人往往是"憨厚"的人，而愁容满面的人，又总是心胸狭窄的人。他们看不惯社会上的一切，希望人世间的一切都符合自己的理想模式，这才感到顺心。挑剔的人常给自己戴上是非分明的桂冠，其实是在消极地干涉他人的人格。怨恨、挑剔、干涉是心理软弱、"老化"的表现。

偶尔也要屈服

当你遇到重创时，往往变得浮躁、悲观。但是，浮躁、悲观是无济于事的。你不如冷静地承认发生的一切，放弃生活中已成为你负担的东西，放弃不能取得的希望，并重新设计新的生活。大丈夫能屈能伸，只要不是原则问题，不必过分固执。

要意识到自己是幸福的

有些悲观的人，在烦恼袭来时，总觉得自己是天底下最不幸的人，谁都比自己强。其实，事情并不完全是这样，也许你在某方面是不幸的，但在其他方面依然是很幸运的。请记住这样一句话："我在遇到没有双足的人之前，一直为自己没有鞋而感到不幸。"生活就是这样捉弄人，但又会给人以继续下去的希望，想到这些，你也许会感到轻松和愉快。

哀莫大于心死，我们在生活中一定要远离这句话。我们要时刻怀着一颗乐观、充满希望的心。无论你心态怎样，生活总是在继续，它不会仅仅因为你的伤心和难过而改变。与其悲伤不已，不如学会享受生活，乐观地笑对生活。

第三节
不可抑制的气愤脱缰——愤怒爆发

爆发的愤怒是一座火山

愤怒是一座活火山，它爆发的时候，会将一切美好化为灰烬。

生活中，常有这样那样的事令我们心生愤怒，而在我们火冒三丈的时候，伤害的不仅是别人，更是我们自己。世间万物，危害健康最甚者，莫过于怒气，"气"乃一生之主宰，与人体健康关系甚密。若"心不爽，气不顺"，必将破坏机体平衡，导致各部分器官功能紊乱，从而诱发各种疾病和灾难。所以《内经》就明确指出："百病生于气矣。"

生气和发怒是身心健康的最大障碍。

控制自己的情绪，并冷静地应对一切，这是控制人性中不良因素的体现。为小事动怒、为小事发狂是我们很多人都会犯的毛病。遇事不能冷静思考，而是一味地发怒，并不能将问题很好地解决。

当你遇到不愉快的事情时，请先冷静下来。你必须承认生活是不公正的，任何人都不是完美的，任何事情都不会完全按照计划进行。

人经常不能控制自己的怒气，为了生活中大大小小的事情勃然大怒或者愤愤不平，愤怒是由对客观现实某些方面不满而生成，比如，遭到失败、遇到不平、个人自由受限制、言论遭人反对、无端受人侮辱、隐私被人揭穿、上当受骗等多种情形下人都会产生愤怒情绪。表面上看起来这是由于自己的利益受到侵害或者被人攻击和排斥而激发的自尊行为。其实，用愤怒的情绪困扰心灵，乃是一种自我伤害。

对身体健康的伤害只是其中一个方面，愤怒对于心灵的摧残尤为严重。由心灵而生的愤怒情绪，又回过头来伤害心灵本身，让心灵变得躁动不安，失去原有的宁静和无法提升自己的精力和

第十二章 情绪爆发：失控的内心世界

时间，这是灵魂的一种自戕。

皮索恩是一个品德高尚、受人尊敬的军事领袖。一次，一个士兵侦察回来，当皮索恩问到和他一起去的另一个士兵去哪儿了时，这个士兵支吾了半天，也没能说清楚另一个士兵的下落。皮索恩对此感到愤怒极了，当即决定处死这个士兵。

就在这个士兵被带到绞刑架前即将动刑时，那个失踪的士兵回来了。这本来是一件令人喜悦的事情，但这位受人尊敬的领袖却不这样认为，他认为这是不能容忍的事情，令他颜面扫地，羞愧让他更加暴怒，最终结果十分让人痛心，他竟处死了3个人。

在这位军事领袖的身上，令人遗憾和痛心地表现出了愤怒摧毁理智的现象。而理智正是灵魂的高贵所在，如果人们任由心灵自我伤害而不进行干预，这种无动于衷该有多么的悲哀。

正如思想家蒲柏所说："愤怒是由于别人的过错而惩罚自己。"文学家托尔斯泰也说："愤怒对别人有害，但愤怒时受害最深者乃是本人。"

我们愤怒于别人的言行，让愤怒占据了大部分的心灵空间，心灵负载着重担，再无法关照自身，更不能得到任何形式的提升，反而在愤怒情绪的支配下更加容易丧失理智，甚至于越来越远离人的高贵，接近于动物的蒙昧和愚蠢。

结果，导致我们愤怒的人与事依然故我，他们继续做着错的事，享受着愉悦的心情；

结果，因为愤怒，我们无法专注于眼前的工作，没能很好地履行自己的职责；

结果，我们只顾着愤怒，而无暇体验生命中原本存在的其他美和善。

折磨我们的是自己的愤怒情绪，而非别人的一些令人愤怒的行为。控制自己的愤怒情绪，从而避免让心灵受到伤害，是完全在我们的力量范围之内的。

做人做事过于情绪化表明这个人心智还不够成熟。当你怒火中烧的时候，一定要克制自己的情绪。当你被愤怒控制，处于激动之中，会做出许多让你懊悔的事情。所以，为了避免被暴力、嫉妒、愤怒等不良情绪控制，我们要学会用感恩、知足、惭愧、反省、乐观等观念来控制情绪。

平和心灵助你平息愤怒情绪

生活中，我们通常会遇到一些令我们感到不能容忍的事情，比如遇到恶意的指控，无端的陷害，好心好意被人误解，等等。如果因为这些而大动肝火只会让事情越来越不可收拾。所以，只有能调控自己脾气的人才是真正的主人。然而，稍一放纵，你的脾气有就可能战胜了你。

在60年代早期的美国，有一位很有才华、曾经做过大学校长的人，竞选美国中西部某州的议会议员。此人资历很高，又精明能干、博学多识，看起来很有希望赢得选举的胜利。

但是，在选举的中期，有一个很小的谣言散布开来：三四年前，在该州首府举行的一次教育大会中，他跟一位年轻女教师"有那么一点暧昧的行为"。这实在是一个弥天大谎，这位候选人对此感到非常愤怒，并尽力想要为自己辩解。由于按捺不住对这一恶毒谣言的怒火，在以后的每一次集会中，他都要站起来极力澄清事实，证明自己的清白。

其实，大部分的选民根本没有听到过这件事，但是，现在人们却愈来愈相信有那么一回事，真是愈抹愈黑。公众们振振有词地反问："如果你真是无辜的，为什么要百般为自己狡辩呢？"如此火上浇油，这位候选人的情绪变得更坏，也更加气急败坏、声嘶力竭地在各种场合下为自己洗刷，谴责谣言的传播。然而，这却更使人们对谣言信以为真。最悲哀的是，连他的太太也开始转而相信谣言，夫妻之间的亲密关系被破坏殆尽。最后他失败了，从此一蹶不振。

曾经在战场所向披靡的拿破仑说过："我就是胜不了我的脾气。"可见，人往往很难战胜自己的脾气，在怒火中烧，一触即发的时刻，是否会想到"脾气来了，福气就没了"的道理。

由此我们看到脾气暴躁的人，容易迁怒周遭所有的人、事、物，这是自古而然的，所以孔子才会称赞颜回："不迁怒，不贰过！"

约翰·米尔顿说过这样一句话:"一个人如果能够控制自己的激情、欲望和恐惧,那他就胜过国王。"是的,如果我们能控制住自己的情绪,事情或许就会有另外一种结果。

莱蒙是一个牛奶供应商。一天,店里的职员因为家里有事,需要请假,莱蒙只得自己负责外送牛奶。

忙碌了一天,莱蒙关上店门刚要离开,突然接到一个电话,是附近公寓的客人打来的,说要一箱巧克力味的牛奶,问还能不能送。莱蒙心想反正也没什么事,就答应了。

这是一栋老式公寓,没有电梯。莱蒙扛着一箱牛奶爬了6层楼,气喘吁吁地按响了客人家的门铃。开门的是一位老妇人。老妇人看着莱蒙问道:"你来这里做什么呢?"莱蒙看了看手表,笑容可掬地回答:"送牛奶,你在20分钟前订了一箱巧克力味的牛奶。""哦,年轻人,你肯定是弄错了,我没有订过牛奶。"老妇人很肯定地回答。

莱蒙有些迷糊了,但他确信自己并没有记错,于是向老妇人说了一下具体地址,老妇人肯定了地址是没错,但是就是坚持着自己没订牛奶。莱蒙没有办法,又觉得没有必要和老人家有什么争辩。于是道了歉离开。

刚下楼,莱蒙的电话又响了,还是刚才的那个电话,还是要巧克力味的牛奶。这次,莱蒙很仔细地再三确定了客人的地址,他说道:"请问您是布里特太太吗?""是的,我是。""那好,我现在马上给您送过去。"莱蒙挂了电话又一层一层地爬到了6楼,此时,他的衣服都已经被汗水湿透了。

莱蒙很有礼貌地按响了同一个门铃。老妇人笑着打开了门,说道:"年轻人,我就是布里特太太,谢谢你肯再跑一趟。"

莱蒙并没有追究那个"再"字,而是很真诚地说道:"应该的,是我的原因,如果我再确认一下,可能您就记起来了,不好意思,让您又打了一遍电话,还等了这么久。"

布里特太太感动极了,她说:"我之前订过其他家的牛奶,他们都是来了一次就不愿再来了,因为楼层太高,实在是不方便。我刚才是为了考验一下你,请不要介意。"

莱蒙听了,立刻谅解了老人,他说:"请您放心,我一定随叫随到,如果您一时间喝不了这么多,我可以分几次给您送。"

就是因为莱蒙的这一句话,整个老年公寓的牛奶都由莱蒙专供了,赢利十分可观。

能够控制自我情绪是人与动物的最大区别之一。脾气的好坏,全在自己。只要懂得克制,脾气这匹烈马就会被紧紧牵住,无法脱缰招惹是非。但克制只是治标不治本的方法,真正的良药在于拥有一个平和的心灵,只有平和才是脾气最好的转换器。

学会调节自我情绪,不要等一切都无法挽回的时候,再懊悔自己当时的所作所为。

愤怒,是安宁生活的阴影

有一个重要的谈判正在等着你,可交通比平时还要拥挤,车子几乎走不动,你连等了6个红绿灯,终于,你要开过去了,突然一辆卡车闯到你的前面,你狂按喇叭,那个司机回敬你一丝嘲笑,然后加大油门,飞驰而去。

在超市排队结账时,一个女顾客推着装得满满的购物车插队在你前面,你跟她理论。她却对你不理不睬,紧接着,她强壮的男朋友出现了。

你为了一个至关重要的项目辛苦几个月,而你懒散的同事却得到了提升,你的同事不仅没有对你表示感谢,还在背后嘲笑你。

遇到这些情况,相信你一定会大为光火,如果是这样,就说明愤怒的情绪已经影响到了你的生活。

如果我们的心中存在不满,就总想找地方发泄出去,而最为直接的发泄方式就是发脾气。很多人认为,发脾气是最好的发泄方式,如果事情一直憋在心里,很容易憋出病来。可是宣泄出去了,心里就得到了放松,情绪上也会趋向平稳了。可是这样的说法是错误的。因为我们每个人都是相

第十二章 情绪爆发：失控的内心世界

互影响的，一个人的怒火在发脾气中得到了释放，那么必定会有其他人受了这种不良情绪的影响，身心都受到了委屈。如果每个人都选择用发脾气的方式来宣泄自己，那么这个世界恐怕再无和平和安宁了。

一公司老板因急于赶时间去公司，结果闯了两个红灯，被警察扣了驾驶执照。他感到十分沮丧和愤怒。他抱怨说："今天活该倒霉！"

到了办公室，他把秘书叫进来问道："我给你的那5封信打好了没有？"她回答说："没有。我……"

老板立刻火冒三丈，指责秘书说："不要找任何借口！我要你赶快打好这些信。如果你办不到，我就交给别人，虽然你在这儿干了3年，但并不表示你将终生受雇！"

秘书用力关上老板的门出来，抱怨说："真是糟透了！3年来，我一直尽力做好这份工作，经常加班加点，现在就因为我无法同时做好两件事，就恐吓要辞退我，真是过分！"

秘书回家后仍然在发怒。她进了屋，看到8岁的孩子正躺着看电视，短裤上破了一个大洞。愤怒之下，她嚷道："我告诉你多少次了，放学回家不要乱跑，你就是不听。现在你给我回房间去，晚饭也别吃了。以后3个星期内不准你看电视！"

8岁的儿子一边走出客厅一边说："真是莫名其妙！妈妈也不给我机会解释到底发生了什么事，就冲我发火。"就在这时，他的猫走到面前。小孩狠狠地踢了猫一脚，骂道："给我滚出去！你这只该死的臭猫！"

从这个故事中我们看出：本来是一个人的愤怒，可是经过了多番的传递，最后竟然将怒气转嫁到了猫的身上。这只猫没有办法像人类一样发泄自己的不满，否则这样的情绪传递估计就没有尽头了。所以，在面对自己的不良情绪时，要尽可能地想办法控制，而不是直接发泄出去。

当然，这里说的"控制"，不是让你有什么事情都不说，有什么委屈都不去反抗，而是将大事化小，小事化无。试想，我们每天都会面对很多人，经历很多事情，如果别人不小心踩了自己一下，就觉得受到了莫大的委屈，之后就要发脾气，那不是太不值得了吗？

既然我们每个人都能影响别人和受别人影响，那么我们何不放下心中的怒火，给别人一片安宁呢？这样，我们从别人那里得到的，也将是一种安宁。

冲动，是幸福的刽子手

在种种消极情绪中，冲动无疑是破坏力最强的情绪之一，它是低情商的表现，每个人在生活中都会遇到不合自己心意的事，这时候如果不保持冷静，不克制自己的冲动行为，就会为此付出代价。一个聪明的人，不该让坏情绪控制自己，而是应该自己去控制坏情绪，成为情绪的主宰者。

生活中的许多人，往往控制不住自己的情绪，任性妄为，结果引火烧身，给自己和朋友带来不必要的麻烦。所以，你要学会控制自己的冲动。学会审时度势，千万不能放纵自己。每个人都有冲动的时候，尽管冲动是一种很难控制的情绪。

培根说："冲动就像地雷，碰到任何东西都一同毁灭。"如果你不注意培养自己冷静平和的性情，一旦碰到不如意的事就暴跳如雷，情绪失控，就会让自己陷入自我戕害的囹圄之中。

南南的爸爸妈妈大吵了一架，起因是妈妈放在自己外套里的300元钱不见了，妈妈认定是爸爸拿的，但爸爸却不承认。下班后，爸爸直接去保姆家接南南，保姆一边帮南南穿衣服，一边说："昨天我给南南洗衣服，从她口袋里找出300元钱，都被我洗湿了，晾在……"没等保姆把话说完，爸爸立刻就把南南拽了过去，狠狠打了她两个耳光。

"你竟敢偷钱！害得我和你妈妈大吵了一架，这样坏的孩子不要算了！"他丢下南南掉头就走了。

南南根本不知道发生了什么事，只觉得脸很痛就哭了起来。保姆对南南妈妈说："你家先生也太急躁了，不等我把话说完就打孩子，这么小的孩子怎么可能偷钱啊！钱对她来说就是张花纸。

一定是她拿着玩时顺手放到口袋里的。"南南被妈妈抱回家后,总是不停地哭闹,妈妈只好带她去医院做检查。

检查结果让夫妻俩完全呆住了:孩子的左耳完全失去听力,右耳只有一点听力,将来得戴助听器生活。由于失去听力,孩子的平衡感会很差,同时她的语言表达也将受到严重影响。

南南的爸爸简直痛不欲生,他一时冲动打出的两个耳光竟然毁了女儿的一生,他永远也无法原谅自己,并将终生背负着对女儿的亏欠。

愚蠢的行为大多是在手脚转动得比大脑还快的时候产生的。每个父亲都是爱自己的孩子的,南南的爸爸也一定为女儿设想过前途,想过女儿美好的未来,但冲动却使他亲手毁了这一切。

在遇到与自己的主观意向发生冲突的事情时,若能冷静地想一想,不仓促行事,也就不会有冲动,更不会在事后懊悔了。

大多数成功者都是对情绪能够收放自如的人。这时,情绪已经不仅仅是一种感情的表达,更是一种重要的生存智慧。如果不注意控制自己的情绪,随心所欲,就可能带来毁灭性的灾难。情绪控制得好,则可以帮你化险为夷。

所以,作为情绪的主人,我们应该培养自我心理调节能力,这是一种理性的自我完善。这种心理调节能力,在实际行为上显示出强烈的意志力和自制力。它使一个人以平和的心态来面对人生中的起起落落,保持与他人交往时的淡定从容。

不要被怒火冲昏头脑

每个人都免不了动怒,对别人动怒必然会引起人际关系的矛盾冲突。而能不能消除愤怒情绪与你的情绪控制能力有关。

其实,并非人人都会不时地表露自己的愤怒情绪,愤怒这一习惯行为可能连你自己也不喜欢,更不用说他人感觉如何了。因此,你大可不必对它留恋不舍,它并不能帮助你解决任何问题。任何一个精神愉快、有所作为的人都不会让它跟随自己。

愤怒既是自主行为,又是一种习惯。它是你经历挫折的一种后天性反应,你以自己所不欣赏的方式消极地对待违背你主观意志的现实。事实上,极端愤怒是精神错乱——每当你不能控制自己的行为、失去理智时,你便有些精神错乱了。

愤怒是大脑思考后产生的一种结果,而不是无缘无故的。当你遇到不合意愿的事情时,你通常会认为事情不应该这样或那样,于是你感到沮丧、灰心,然后,你便会做出自己所熟悉的愤怒的反应,因为你认为这样会解决问题。

世界杯足球赛决赛中,法国球星齐达内,在加时赛的最后10分钟用头冲撞对方球员,用一张红牌为自己的足球生涯画上了句号,并导致整个球队把冠军拱手让给意大利。据说当时他是由于受到对手挑衅才情绪失控,一失足成千古恨。

愤怒就像是在喝酒,一旦你喝了第一杯,就会一杯接着一杯地喝下去,越喝越醉;愤怒就像酒瘾一样,让易怒的人控制不住,一旦陷入愤怒的情绪里就无法自拔。

如果你仍然决定保留心中愤怒的火种,你也可以不损害别人感情的方式来发泄愤怒。但是,请问问自己,是否可以在沮丧时以新的思维支配自己,且以一种更为健康的情感来取代使自己产生惰性的愤怒呢?虽然世界绝不会像你所期望的那样完美,你很可能会继续厌烦、生气或失望,但不管怎样,愤怒是完全可以清除的。

因此,你应当提高自己控制愤怒情绪的能力,时时提醒自己,有意识地控制自己情绪的波动。千万别动不动就指责别人,喜怒无常。改掉这些坏毛病,努力使自己成为一个容易接受别人和被人接受的性格随和的人。只有这样的人才能成大事。

在愤怒的情况下,人很难控制自己的情绪。你制造的旋涡最终会将他人淹没。

愤怒容易让人失去理智,他们把一点小事看得像天一样大,过于认真让他们夸张了自身受到的伤害。他们以为愤怒可以让自己在别人眼中更具有权力,其实不是这样的。他不仅不会被认为拥有权力,反而会被认为缺乏理智,难成大气候。怒气会让你失去别人对你的敬意,他们会认为你缺乏自制力而更加轻视你。

抑制自己的愤怒并不能从根本上解决问题。你的能量会在这个过程中消耗殆尽,你的心理也会严重受挫。要想解决这一问题,最好的办法就是时刻保持冷静和宽容。面对别人的愤怒不要多想,可能他的愤怒并不是针对你,让自己的心情轻松一些。

缺乏忍耐,容易冲动

冲动是一种突发的,很难控制的情绪。但尽管如此,你也一定要牢牢控制住它。否则一点细小的疏忽,可能贻害无穷。

有一个富人脾气很暴躁,常常得罪人,而事后又懊恼不已,所以一直想将这暴躁的坏脾气改掉。后来,他决定好好修行,改变自己,于是花了许多钱,盖了一座庙,并且特地找人在庙门口写上"百忍寺"三个大字。

这个人为了显示自己修行的诚心,每天都站在庙门口,一一向前来参拜的香客说明自己改过向善的心意。香客们听了他的说明,都十分钦佩他的用心良苦,也纷纷称赞他改变自己的决心。

这一天,他一如往常站在庙门口,向香客解释他建造百忍寺的意义时,其中一位年纪大的香客因为不认识字,向这个修行者询问牌匾上到底写了些什么。修行者回答香客,牌匾上写的三个字是"百忍寺"。香客没听清楚,于是又问了一次。这次,修行者有些不耐烦地又回答了一遍。等到香客问第三次时,修行者已经按捺不住,很生气地回答:"你是聋子啊?跟你说上面写的是.百忍寺.,你难道听不懂吗?"

香客听了,笑着说:"你才不过说了三遍就忍受不了了,还建什么.百忍寺.呢?"
修行者无语。

修行者修的是心性平和,首要的就是要会忍,如果连忍都做不到,又如何称得上是修行者。因此,只有在生活中懂得控制自己的情绪,懂得平和地对待他人,才能做到百忍而不怒。

人们常说,"冲动是魔鬼"。日常生活中,许多人都会在情绪冲动时做出令自己后悔不已的事情来。因此,学会有效管理和调控自己的情绪,是一个人走向成熟的标志,也是职场上迈向成功的重要基础。

业绩优秀的员工和业绩一般的员工,在"情绪控制能力"方面有明显差异,心理特征甚至对能否胜任某一岗位起到了决定性作用。近两年,美国心理学界也在进行相关的"情绪管理"研究。研究表明,能够控制情绪是大多数工作的一项基本要求,尤其在管理、服务行业更是如此。同样,在中国这样一个自古讲究"君子之交"的社会中,学会自我调节,是保持良好人际关系,获取成功的一个重要条件。

《黄帝内经》中说,人有七情六欲,喜伤心,怒伤肝,忧伤肺,思伤脾,恐伤肾。可见,情绪反应是人们正常行为的一方面,但用情过度会伤害身体。很少有人生来就能控制情绪,但日常生活中,人们应该学着去适应。

人不可能永远处在好情绪之中,生活中既然有挫折、有烦恼,就会有消极的情绪。一个心理成熟的人,不是没有消极情绪的人,而是善于调节和控制自己情绪的人。

冲动的情绪其实是最无力的情绪,也是最具破坏性的情绪。许多人都会在情绪冲动时做出使自己后悔不已的事情来,因此,应该采取一些积极有效的措施来控制自己冲动的情绪。

1.调动理智控制自己的情绪,使自己冷静下来。在遇到较强的情绪刺激时应强迫自己冷静下来,迅速分析一下事情的前因后果,再采取表达情绪或消除冲动的"缓兵之计",尽量使自己不陷入冲动鲁莽、简单轻率的被动局面。比如,当你被别人无聊地讽刺、嘲笑时,如果你顿显暴怒,反唇相讥,则很可能引起双方争执不下,怒火越烧越旺,自然于事无补。但如果此时你能提醒自己冷静一下,采取理智的对策,如以沉默为武器以示抗议,或只用寥寥数语正面表达自己受到的伤害,指责对方无聊，对方反而会感到尴尬。

2. 用暗示、转移注意法。使自己生气的事，一般都是触动了自己的尊严或切身利益，很难一下子冷静下来，所以当你察觉到自己的情绪非常激动，眼看控制不住时，可以及时采取暗示、转移注意力等方法自我放松，鼓励自己克制冲动。言语暗示如"不要做冲动的牺牲品"、"过一会儿再来应付这件事，没什么大不了的"等，或转而去做一些简单的事情，或去一个安静平和的环境，这些都很有效。人的情绪往往只需要几秒钟、几分钟就可以平息下来。但如果不良情绪不能及时转移，就会更加强烈。比如，忧愁者越是朝忧愁方面想，就越感到自己有许多值得忧虑的理由；发怒者越是想着发怒的事情，就越感到自己发怒完全应该。根据现代生理学的研究，人在遇到不满、恼怒、伤心的事情时，会将不愉快的信息传入大脑，逐渐形成神经系统的暂时性联系，形成一个优势中心，而且越想越巩固，日益加重；如果马上转移，想高兴的事，向大脑传送愉快的信息，争取建立愉快的兴奋中心，就会有效地抵御、避免不良情绪。

3. 在冷静下来后，思考有没有更好的解决方法。在遇到冲突、矛盾和不顺心的事时，不能一味地逃避，还必须学会处理矛盾的方法。

只要你领悟了人类情绪变化的奥秘，对于自己千变万化的个性，你不再听之任之。你已经知道，只有积极主动地控制情绪，才能掌握自己的命运。

你控制自己的情绪，你掌握自己的命运，你就能成为世界上最伟大的成功人士！

及时停住你的愤怒冲动

人在紧张状况下，很难控制自己的情绪，一时心中生起千堆火，哪里还考虑事情的后果呢？这个时候的行为往往具有自伤和伤人的性质。而冲动情绪常常发生在与别人争吵或者受到批评的时候，是一瞬间爆发出来的怒气。冲动害人不浅，它给我们带来的负面影响远超过我们的想象。

王先生是国内某知名企业的一位高级主管。在决策时，由于自己一时疏忽，造成了该企业的利润直接下降了7个百分点。故障出现后，企业内部人心惶惶，唯恐老板把怒气发泄到自己的身上。王先生更是提心吊胆，做好了接受处罚的准备。

终于，秘书汇报说，老板让他过去一趟。"嗨，算了，该来的总会来，没必要紧张。"王某安慰着自己，但还是怀着忐忑的心情来到了老板的办公室。一进门，老板不但没有大发雷霆，反而让他坐下喝茶。王先生心里越发纳闷了。不知老板葫芦里卖的什么药。

"听到这个消息时，我整个人都要疯掉了。你知道你犯的错误有多严重吗！"老板开口说道。

"对不起，是我的失职。我请求惩处。"王先生立马起身赔罪。

"我本来是要重重处罚你。但是，做每件事情都要合情合理，不能冲动。于是，我考虑了一下，你曾经为咱们企业做出了很大的贡献。"老板拿出自己的笔记本，上面写满了王某的成绩。"每当我控制不住自己的冲动情绪，想要对某人发火时，我就强迫自己坐下来，拿出纸和笔，写出某人的好处。每当我完成这个清单时，自己的怒气也就消了，就能理智地看待问题了。"

听完老板的一席话，王先生豁然开朗。有这样的老板，自己以后必须要多多学习，努力工作。

冲动的情绪容易蔓延，如果这时的情绪不能在源头得到控制，那么你就会陷入愤怒的情绪无法自拔。所以，当你发现自己的情绪将要爆发起来，就要及时采取措施，抑制冲动情绪。否则，愤怒在你的胸口不断膨胀，最终你承受不了这巨大的压力，将会做出让自己后悔的事情。上例中的老板，虽然由于员工的错误让自己的企业受到了巨大的损失，但是他没有大发雷霆，严厉地斥责那位主管，而是先冷静分析该主管的成绩，然后做出判断。因此，只要采取正确的手段，冲动的情绪是可以遏制的。

首先，当某件事情让你感到无法控制自己的愤怒时，你可以立即转移注意力。迅速离开原来的场景。这不是一种逃避的方法，而是通常所说的"眼不见，心不烦"。你可以先把这件事情放下，做其他的事情。当你的怒气消了之后，再回过头来考虑这件事情。比如，你在做一份报表，但是你的下属交给你的数据一塌糊涂。这个时候，你可以先让下属核对一下，再交给你。或者，你先看另外一份资料。不仅能够及时避免冲动，也能给员工留下成熟稳重的好印象。

其次，当你感觉快要控制不住自己的冲动时，不妨坐下来。研究表明，人坐着的时候，血液循环和新陈代谢的速度都不如站着。这样，愤怒所需要的能量就无法源源不断地供应，从而切断了冲动的根源。这样，你的生理反应就会降到最低。这就是为什么坐着比站着更容易缓解情绪的原因。

第三，在你控制不住的时候，果断闭上嘴巴。愤怒是一种软弱的表现，真正强大的人是不会轻易动怒的。保持沉默是心灵真正强大的表现。愤怒只会让你既伤身又伤心。当你冲动的情绪实在难以控制了，不妨先给自己一分钟的深呼吸时间。管住你的嘴巴，不要让它到处惹祸。动不动就发脾气的人是不会受人欢迎的。

最后，在你的周围挂上醒目的"制怒"标志。这是心里暗示法的灵活运用。在你快要控制不住自己的冲动时，只要抬起头，看看这样的标语，相信你的怒气就消了一半。再加上周围同事的提醒，你的怒火就彻底扑灭了。所以，不妨写点座右铭或者让周围的人帮助你，改掉易怒的脾气，从根源上制止自己的冲动情绪。

当然，克制住自己的冲动情绪并不是一蹴而就的，需要你时时刻刻提醒自己。同样，克制住了冲动，还要想想自己冲动的原因，争取在遇到类似的事情时，能做到控制自己的情绪。

控制愤怒情绪

常言道：忍一忍，风平浪静；退一步，海阔天空。不必为一些小事而斤斤计较。人们不提倡无原则的让步，但有些事也没必要"火上浇油"，那只会使事情更糟，只会破坏你跟别人的感情。

有一家电脑公司，赶了一批货交给一家新开发的客户，交货之后，却迟迟不见客户将货款汇来。等了两个星期后，老板亲自到客户的公司拜访。老板在该公司等了很长一段时间之后，得到一张可立即兑现的现金支票。

老板拿着现金支票赶到银行，但是柜台小姐告诉他，这个账户内的存款不足，他的支票根本无法兑现。老板明白是那个客户故意耍诈，想刁难他，原本他想立刻冲回客户的公司和他大吵一架。但是，这个老板一向秉持着"和气生财"的经营原则，所以他压下自己的怒气，向银行的柜台小姐询问这张支票之所以无法兑现，到底差了多少钱。由于老板的态度很诚恳，柜台小姐也很热心地帮他查询。查询的结果是，户头内只剩下98000元，跟他的支票金额只差2000元。

正如老板所料，这个客户是存心和他过不去。老板灵机一动，从身上拿出2000元，请柜台小姐帮他存到客户的账号里，补足支票的面额10万元后，再将支票轧进去。这样，他就顺利地领到货款了。

其实，这位老板完全可以理直气壮、怒气冲冲地跑到客户的公司去抱怨，但是他没有这么做。因为他知道，要是他这么做，不但浪费自己的时间，而且会因此永远失去这个客户。所以，他把时间花在解决问题上，而不用来制造新的问题，用理智而不是情绪去处理问题。

想要很好地控制自己的情绪，可以从以下几个方面入手：

深呼吸

从生理上看，愤怒需要消耗大量的能量，你的头脑此时处于一种极度兴奋的状态，心跳加快，血液流动加速，这一切都要求有大量的氧气补充。深呼吸后，氧气的补充会使你的躯体处于一种平衡的状态，情绪会得到一定程度的抑制。虽然你仍然处于兴奋状态，但你已有了一定的自控能力，数次深呼吸可使你逐渐平静下来。

理智分析

你将要发怒时，心里快速想一下：对方的目的何在？他也许是无意中说错了话，也许是存心想激怒别人。无论哪种情况，你都不能发怒。如果是前者，发怒会使你失去一位好朋友；如果是后者，发怒正是对方所希望的，他就是要故意毁坏你的形象，你偏不能让他得逞！这样稍加分析，你就会很快控制住自己。

寻找共同点

虽然对方在这个问题上与你意见不同,但在别的方面你们是有共同点的。你们可搁置争议,先就共同点进行合作。

回想美好时光

想一想你们过去亲密合作时的愉快时光,也可回忆自己的得意之事,使自己心情放松下来。如果你仅仅是因为一个信仰上的差异而想动怒,你不妨把思绪带到一个令人快意的天地里:美丽的海滩、柔和的阳光、广阔的大海……你会觉得,人生是如此美好,大自然是如此包罗万象,人也应该有它那样博大的胸怀,不能执着于蝇头小利……想到这些,你就容易克制自己的怒气了。

在怒火中放纵,无异于燃烧自己有限的生命。人生苦短,值得我们用心去品尝的东西实在太多,耗费时间和精力去生气,可以算是真正的愚行。其实,人生多一点豁达,多一点宽容,多一点感悟,多一点理性,愤怒的情绪便会像一杯清净的水,倒在地上就化为虚无。

愤怒有信号,多加观察

有人这样说:如果你愤怒,就说明你遇到了麻烦,或者出现了问题;但也有人说:只要愤怒是事出有因的,就不会有什么问题。其实,愤怒情绪有迹象可循。不管愤怒的爆发是否意味着爆发者出现问题,只要留意愤怒爆发前的信号,并能对将要愤怒的反应和感觉保持高度敏感,就可能及早平息即将爆发的愤怒情绪。

因此,要随时留意愤怒的迹象,在愤怒的时候,人们的手往往会不知不觉地攥成拳头,不停地走来走去,或嘴里不停念叨、诅咒,或紧咬牙关,所以,我们应在平常多留心观察自己是否会流露出这些小动作。

吉姆的妻子希望丈夫可以变得更加善于表达自己的情感,以使他们的婚姻关系更加亲密。吉姆听从了妻子的建议,不久之后,他逐渐变得善于表达自己,他甚至把多年来压在心底的各种情绪都向妻子表达出来。

妻子对吉姆的做法感到非常不满,甚至愤怒。为此,二人前去咨询心理医生。妻子说:"吉姆现在整天说我让他多么生气,我烦透了。""不是你希望他更善于表达自己吗?"医生反问说。吉姆的妻子解释说自己只是想听一些正面的情绪,而不是整天听丈夫说他自己有多生气,生气是他的问题,可以不要说出来。

医生说,其实,吉姆现在很难控制自己的情绪,特别是没有在愤怒初期就控制好它而导致大怒,他仍然不善于表达自己的情绪。医生建议他们努力去发现对方愤怒的信号,共同解决问题。在医生和妻子的帮助下,吉姆再也不会轻易地生气了。

像吉姆一样,留心捕捉愤怒的信号,才更有利于控制自己的情绪。俗话说:"当断不断,必受其乱。"同样的道理,愤怒时应立即采取措施。当我们发现自己发怒的信号时,可以通过数数,从1数到10,先让自己平静下来。但是,90%的人在快要发怒时往往没有立即采取措施,以致愤怒很快就会升级到暴怒。不能任愤怒等情绪自然而然地发展,越早控制住自己的愤怒越好。

乔治和女朋友为一个周末共同制订了一些计划,但女朋友在未告知他的情况下擅自更改了计划,乔治为此感到闷闷不乐。他向一位心理专家咨询解决方法。专家听了他的诉说,说如果把生气的程度分为10个等级,问乔治当他听说女朋友改变主意时有多不高兴。乔治说大约4级。

专家把1到3级称为不高兴,把4到6级称为愤怒。那么,乔治的4级就是愤怒了。乔治当时也没有把那种生气的感觉告诉女朋友。他经常把怒火藏在心里。"接下来发生了什么?"专家问。

"后来我们一起出去吃饭,等了半天,餐厅的饭菜还没有上来,这时我越来越生气。"乔治说那时自己的生气程度已经达到6级或者7级,离暴怒只有一步之遥。"后来你怎么做?"专家又问。乔治说他当时只想让自己平静下来,但并未采取任何措施,随后就和女朋友去看棒球比赛了。

后来，他们就在车里吵了起来。乔治当时非常生气，愤怒地一拳打在汽车的通风口上，把它打碎了。乔治说那时他生气的程度肯定有9级或10级。

上述案例中，乔治没有注意到自己愤怒的信号，没有把自己生气的情绪告诉给他的女友，进而发生的一连串事情让他越来越生气，以致到最后完全爆发，情绪由愤怒变为暴怒。

在生气程度的10个等级中，"不悦"和暴怒分别处在等级序列的两端。通常情况下，你不必为自己的"不悦"而操心。感到不悦一般不是什么问题，但前提是这种感觉不会往前发展。那么，怎样才能抑制它的不断发展呢？不妨这样去做：不要把情况想得过分严重，用正确的眼光对待问题。不要把一些问题个人化。或许别人根本没有意识到给你带来的不快，你应该意识到这并不是针对你本人。不要只想着指责别人，应该换位思考，从别人的角度看问题。不要总想着报复。把某事归咎于某人后，下一步往往就是报复对方。

遇到不开心的事，要去想想怎样做才能不让这种不悦的感觉升级为愤怒。千万不要让负面情绪进一步发展，这样只会让你变得愈加愤怒。要告诉自己：不要因为这些小事情让自己的心情变得糟糕，让自己怒不可遏。随时随地留意愤怒，关注愤怒，化解愤怒，才能保持快乐和幸福。

认为事情到了无法容忍的地步

许多人一遇到不合自己心意的事就觉得难以容忍，甚至动不动就开始发怒。但是只要你想成为一个理智的人，就必须做到控制住自己所有的情绪与行为，不能为一点小事就大发脾气。

美国研究应激反应的专家理查德·卡尔森说："我们的恼怒有80%是自己造成的。"这位加利福尼亚人在讨论会上教人们如何不生气。卡尔森把防止激动的方法归结为这样的话："请冷静下来！要承认生活是不公正的。任何人都不是完美的，任何事情都不会按计划进行。"也就是说，遇到不好的事情时，先冷静下来。只有内心平静了，才会发现事情没有你想象的那么糟。

从前有一个农夫，因为一件小事和邻居争吵起来，争论得面红耳赤，谁也不肯让谁。最后，那人只好气呼呼地去找牧师，因为牧师是当地最有智慧、最公道的人，他肯定能断定谁是谁非。

"牧师，您来帮我们评评理吧！我那邻居简直不可理喻！他竟然……"农夫怒气冲冲，一见到牧师就开始了他的抱怨和指责。但当他正要大肆讲述邻居的过错时，被牧师打断了。

牧师说："对不起，正巧我现在有事，麻烦你先回去，明天再说吧。"

第二天一大早，农夫又愤愤不平地来了，不过，显然没有昨天那么生气了。

"今天您一定要帮我评个是非对错，那个人简直是……"他又开始数落起邻居的恶劣。

牧师不快不慢地说："你的怒气还没有消退，等你心平气和后再说吧！正好我昨天的事情还没有办完。"

接下来的几天，农夫没有再来找牧师。有一天牧师在前往布道的路上遇到了他，他正在农地里忙碌着，心情显然平静了许多。

牧师问道："现在你还需要我来评理吗？"说完，微笑地看着对方。

农夫羞愧地笑了笑，说："我已经心平气和了！现在想来那也不是什么大事，不值得生那么大的气，只是给您添麻烦了。"

牧师仍然心平气和地说："这就对了，我不急于和你说这件事情就是想给你思考的时间让你消消气啊！记住不要在生气时说话或行动。"

很多时候怒气会自然消退，稍稍耐心等待一下，事情就会悄悄过去。

人是感情的动物，表达情绪是无可厚非的，但是，如果不加控制地任意表达愤怒情绪，我们就变成了情绪的傀儡。

古罗马诗人奥维德说："忍耐和坚持虽然痛苦，但却能渐渐为你带来好处。"的确，忍耐一下，三思而后行，冲动便消失得无影无踪。

学会控制愤怒情绪，是情绪掌控高手的一大秘籍。尽量做到不生气、少生气，性格开朗，心胸开阔，宽宏大量，宽厚待人，谦虚处世。这样不仅有益于身心健康，也利于提高自己的道德修养和思想水平，于人于己都有益而无害。

落入别人挖设的陷阱

人的情绪中有两大暴君，其中之一就是愤怒，它常常与单枪匹马的理性抗衡，然而人的激情远胜于人的理性。不去生气的人是聪明的，一个人必须学会自我调控，否则就会落入别人挖设的陷阱。

1809年1月，拿破仑从西班牙战事中抽出身来匆忙赶回巴黎。他的间谍告诉他外交大臣塔里兰密谋造反。一抵达巴黎，他就立刻召集所有大臣开会。他坐立不安，含沙射影地点明塔里兰的密谋，但塔里兰却没有丝毫反应，这时候，拿破仑无法控制自己的情绪，忽然逼近塔里兰说："有些大臣希望我死掉！"但塔里兰依然不动声色，只是满脸疑惑地看着他，拿破仑终于忍无可忍了。

他对着塔里兰粗鲁地喊道："我赏赐你无数的财富，给你最高的荣誉，而你竟然如此伤害我，你这个忘恩负义的东西，你什么都不是，只不过是穿着袜子的一条狗。"说完他转身离去了。其他大臣面面相觑，他们从来没有见过拿破仑如此暴怒。

塔里兰依然一副泰然自若的样子，他慢慢地站起来，转过身对其他大臣说："真遗憾，各位绅士，如此伟大的人物竟然这样没礼貌。"

皇帝的暴怒和塔里兰的镇静自若像瘟疫一样在人们中间传播开来，拿破仑的威望迅速降低了。伟大的皇帝在盛怒下失去冷静，人们开始感觉到他已经走下坡路了，如同塔里兰事后预言："这是结束的开端。"

塔里兰激起了拿破仑的怒气，让他的情绪失控，这正是他的目的。人人都知道了拿破仑是一个容易发怒的人，他已经失去了作为一个领导的权威，这种负面效果影响了人民对他的支持。面对大臣企图密谋造反这样的事，焦躁和不安只能起到相反的作用，这说明他已经失去了主宰大局的绝对权力。

其实，在这种情况下，拿破仑如果采用不同的做法，那结果便会大相径庭。他首先应该思考：他们为什么会反对自己？他也可以私下探听，从手下的士兵身上了解自己的缺陷，更可以试着争取他们回心转意支持他，或者甚至干脆杀掉他们，将他们下狱或处死，杀一儆百。所有这些策略中，最不明智的就是激烈攻击和孩子气的愤怒。

愤怒起不到威吓效果，也不会鼓励忠诚，只会引发疑虑和不安，地位也因此摇摇欲坠，暴露出自己的弱点，这种狂风暴雨式的爆发，往往是崩溃的先声。谋略和战斗力也会在愤怒的情绪中消散，所以永远保持客观与冷静的态度至关重要。

愤怒容易让人失去理智，他们把一点小事看得像天一样大，过于认真让他们夸大了自身受到的伤害。他们以为愤怒可以让自己在别人眼中更具有权力，其实不是这样的。他们不仅不会被认为拥有权力，反而会被认为缺乏理智，难成大气候。怒气会让你失去别人对你的敬意，会认为你缺乏自制力而更加轻视你。

如果愤怒的情绪已经产生，要做的不是控制和压抑，而是转变一个角度去思考，想想发怒的严重后果，这样你就能让自己冷静下来了。

总为无谓的小事抓狂

在生活中，经常动怒生气的人气量狭隘，不讨人喜欢，而"泰山崩于前而色不变"的人则备受人们喜爱。事实上，多数让我们产生急躁情绪进而发怒的事情只是一些不足挂齿的小事。

古时有一个妇人，特别喜欢为一些琐碎的小事生气。她知道这样不好，便去求一位智者帮助自己。

智者听了她的讲述，一言不发地把她领到一个房间中，落锁而去。

妇人气得跳脚大骂。骂了许久，智者也不理会。妇人又开始哀求，智者仍置若罔闻。妇人终于沉默了。智者来到门外，问她："你还生气吗？"

妇人说："我只为我自己生气，我怎么会到这地方来受这份罪。"

"连自己都不原谅的人怎么能心如止水？"智者拂袖而去。过了一会儿，智者又问她："还生气吗？"

"不生气了。"妇人说。

"为什么？"

"气也没有办法呀。"

"你的气并未消逝，还压在心里，爆发后将会更加剧烈。"智者又离开了。

智者第三次来到门前，妇人告诉他："我不生气了，因为不值得气。"

"还知道值不值得，可见心中还有衡量，还是有气根。"智者笑道。

当智者的身影迎着夕阳立在门外时，妇人问智者："先生，什么是气？"

智者将手中的茶水倾洒于地。妇人视之良久，顿悟，叩谢而去。

何苦要气？气便是别人吐出而你却接到口里的那种东西，你吞下便会反胃，你不看它时，它便会消散。气是用别人的过错来惩罚自己的蠢行。

但生活中，人们往往容易为一点小事而使情绪失控，继而发怒，也正因为这样，往往会因小失大。

心智成熟的人必定能控制住自己的愤怒情绪与行为。当你在镜子前仔细地审思自己时，会发现自己既是你的最好朋友，也是你的最大敌人。

当你生气时，你要问自己：一年后生气的理由是否还那么重要？这会使你对许多事情得出正确的看法。

愤怒不能随心所欲

梁实秋说过："血气沸腾之际，理智不太清醒，言行容易逾分，于人于己都不宜。"富兰克林也曾说过："以愤怒开始，以羞愧告终。"《圣经》里也说："可以激动，但不可犯罪。可以愤怒，但不可含愤终日。"这就告诉我们要把握愤怒的度，愤怒要有底线，不可无顾忌地发怒，否则于人于己都不利。

我们都知道，愤怒往往是由于自己受到比较大的伤害，或者原本希望用理性的方式表达愿望，但在失望之后，才不得已采取了愤怒的方式。当然，社会允许你在一定范围内发泄情绪，也就是说愤怒是有底线的，因为极端的愤怒不是伤人就是伤己，有时还会造成两败俱伤的局面，它还会干扰人际关系，影响个人的思维判断，造成不可控制的后果。因而，正确理解愤怒的限度，才有可能把愤怒的苗头消灭在萌芽状态，特别是在愤怒发生时，正确地引导从而消解愤怒，解决矛盾，这才是最重要的。

伊凡四世是沙皇俄国的第一任沙皇，因为其残酷的执政手段，他被后人称为"恐怖的伊凡"，他同样也将这种恐怖的手段施之于平民。

在他用军队征服了诺夫格罗德市之后，诺夫格罗德的居民因留恋自己独立开放的文明，他们仍习惯性地与立陶宛人、瑞典人进行贸易。尤其是在城市被侵占之后，这里的居民反抗、逃亡和袭击禁卫军的事件屡屡发生。伊凡知道这个小城市的居民袭击自己的军队之后，异常愤怒。他将其视为挑衅，并不停地咒骂，而且发布讨伐的命令。

他亲率禁卫军和1500名特种常备军弓箭手，于1570年1月2日来到诺夫格罗德城下。他命令士兵们在城市周围筑起栅栏，防止有人逃跑。教堂上锁，任何人不准入内避难。

之后在伊凡所在的广场，每天，大约有1000位市民，包括贵族、商人或普通百姓，被带到伊凡面前，不听取其任何的辩护，不管这些人有罪没罪，只要是诺夫格罗德城的人他就对其用刑。

鞭打、裂肢、割舌头等各种残酷的刑法他都用尽。很多居民还被扔入冰冷的水里，浮出水面的人，伊凡就命令士兵用长矛将其活活地刺死。这场恐怖的屠杀共持续了5个星期，诺夫格罗德城大概有两万多人被屠杀，这场残酷的屠杀在历史上是非常罕见的，也是令人发指和痛斥的。

伊凡的残暴不仁，是因为他手中有可怕的权力，这是一个比较极端的例子，但是也能说明不受控制、没有底线的愤怒，就像愈烧愈烈的火焰一样，直到把身边的一切都烧毁。我们手中没有至高无上的权力，所以我们的愤怒不会大面积燃烧。但是，没有底线的愤怒还是会对我们身边的人造成伤害。

在愤怒的时候，人们往往容易冲动，大脑失去了理智的控制，造成不堪想象的后果。人们也常常用极端的方式来发泄自己的愤怒，以父母批评孩子为例，因为孩子的成绩不好或者表现不佳，父母有时对孩子大打出手，结果孩子不仅身体觉得疼痛，心理上也会受到伤害，他们可能会仇视父母，而且心理上还可能会埋藏下阴影，对其未来的发展非常不利。

因而，在"愤怒"的时候，要善于将愤怒的"冲动"变成"理性"的思考。当遇到不平的事情之后，可以愤怒，但是不能表现得太过激烈。激愤的时候要懂得控制自己的情绪，避免出现丑态，更不能恶语伤人，甚至出现暴力等过激行为。由于情绪失控而做出伤害别人的事情，日后要想弥补就很困难了。

愤怒还可以用理智予以控制，对一些不开心的小事，与其憋在心里，让自己生闷气，不如把它抛在脑后，以保持心境的平静。确立了这种意识，就可以逐步实现控制愤怒情绪的目标，并且能够提高自己的忍耐力和毅力。

第四节
见不得别人比自己好——嫉妒爆发

心胸狭隘让你"情非得已"

有的人因为别人比自己的业绩突出，于是耿耿于怀，甚至设计圈套陷害别人；有的人因为别人穿的衣服比自己漂亮，就眼红心热，不惜违心去讽刺别人；还有的人甚至因为别人受到老板的一句表扬，而心生不满，在背后肆意传播这个人的谣言……这些现象在我们的生活中还是比较常见的。这些都是由于心胸狭隘而产生的嫉妒情绪，然后做出可能连自己都想不到的恶劣行径。

有一位名叫卡莱尔的书店经理，无意中发现了店员写的一封对他极尽辱骂讽刺的信，说他是个能力很差的经理，希望副经理能马上接替他的职务。卡莱尔读了这封信以后，就带着信跑到老板的办公室。他对老板说："我虽然是一个没有才能的经理，但我居然能用到这样的一位副经理，连我雇佣的店员们都认为他胜过我了，我对此感到非常自豪。"卡莱尔一点也没有嫉妒，没有感到自己的虚荣心受到损害，只是为自己雇佣了那样能干的副经理而感到自豪。后来，他的老板不但没有撤换他，反而更重用他了。

案例中，如果书店经理对被别人认为能力胜过自己的副经理心怀嫉妒，结果，可能就大不一样了。狭隘是心灵的地狱，心灵狭隘的人总是拿别人的优点来折磨自己。在他们40岁的脸上就写满50岁的沧桑。

心灵狭隘不但会破坏友谊、损害团结，还会给他人带来各种负面情绪，既贻害自己的心灵，又殃及自己的身体健康。心胸狭隘是一种不健康的嫉妒情绪。在嫉妒情绪的影响下，人的身心健康就会受到损害，狭隘的人内心经常充满了失望、懊恼、悲愤、痛苦和抑郁，有的人甚至陷入绝望之中，难以自拔。因此，要健康，要成就事业，必须学会宽容大度。南宋长寿诗人陆游曰："长

生岂有巧？要令方寸虚。""宰相肚里能撑船"，做事要有雅量，做人又何尝不是如此？保健也好，养生也好，关键就是"养气"、"扩量"，即修炼一种"海纳百川"之"宰相度量"。

那么，怎样才能克服气量狭隘的毛病呢？

拓宽心胸

要想改掉自己心胸狭隘的毛病，首先要加强个人的品德修养，破私立公，遇到有关个人得失荣辱之事时，经常想到国家、集体和他人，经常想到自己的目标和事业，这样就会感到用不着计较这些闲言碎语，也没有什么想不开的事情了。

充实知识

人的气量与人的知识修养有着密切的关系。一个人知识多了，立足点就会提高，眼界也会相应开阔一些，此时，就会对一些"身外之物"拿得起、放得下、丢得开，就会"大肚能容，容天下能容之物"。当然，满腹经纶、气量狭隘的人也很多，但这并不意味着知识有害于修养，而只能说明我们应当言行一致。培根说："读书使人明智。"经常读一些心理卫生学方面的书籍，对于开阔自己的胸怀有很大益处。

缩小"自我"

你一定要不断提醒自己，在生活中不要期望过高，要降低你的期望。如果你不降低期望，以使期望和现实达到平衡，那么你就会产生很多抱怨，让事情变得更糟。

许多人的人生之路越走越窄，这和自己狭隘的心态具有直接的联系。狭隘，生命不能承受之重。狭隘，只会让我们步入情绪的深谷。心胸开阔，天地自然宽广。告别狭隘心理，以宽广的心量去接纳生活中的一切不如意，这样我们会看到更多亮丽的风景。

极度自卑导致妒火中烧

嫉妒，从某种意义上来说，是一种自卑。一个自信的人，绝不会嫉妒别人比自己优秀，相反，自卑的人往往容易产生嫉妒，因为他总在否定自己，怀疑自己不如别人。

从本质上说，嫉妒是看到与自己有相同目标和志向的人取得成就而产生一种不恰当的不适应感，是一种承认自己被别人挫败后的反应。由于羡慕较高水平的生活，想得到较高的社会地位，或者想获得较贵重的东西，自己没得到别人却得到了，因此内心觉得不平衡。

莎士比亚著名剧作《奥赛罗》中的主人公，正是由于内心有着很强的自卑情结致使其听信谗言，误杀爱妻，最后悔不当初，自寻短见。

自卑和嫉妒好比一对孪生兄弟，因为觉得比不上他人，所以产生自卑，可又不愿意承认别人比自己好，嫉妒心理由此就产生了。然而，嫉妒并不等同于自卑，它比自卑更为恐怖，它可以使一个人迷失心智。它像一条蛆虫，既蛀蚀自己，也毁坏他人，危害远远超过自卑。

当然，人们之所以嫉妒，无非是想让自己变得更好而已。既然如此，当看到自己与别人的差距时，就应该奋勇向前，而不是看着别人眼红而妒火中烧。"箭欲长而不在于折他人之箭"，要想超过强于自己的人，不能靠毁灭、扼杀他人，而应该努力提高自身的价值与素养才最重要。

嫉妒心是破坏乐观情绪的罪魁祸首，也是将自己和别人的关系带入深渊的魔鬼。因为嫉妒心重的人常自寻烦恼。嫉妒心是幸运和幸福的敌人。对于别人取得的成绩，平静地看待，真诚地祝福，这才是拥有幸福人生的秘诀。

嫉妒情绪，让你陷入职场危机

在所有的情绪中，嫉妒是最普遍和最令人不安的一种。纵观古今，横看中外，无论是现实生活中，还是文学艺术作品的描绘，由于嫉妒而造成惨重恶果的比比皆是，不能不令人触目惊心。

由于强烈的嫉妒为占有欲和支配欲所驱使，从某种意义上说，嫉妒是万恶之源。嫉妒给人的负担太沉重了，并可使人产生一种祸害他人的罪恶心理。

嫉妒心理是在自己不如别人优越，感到失落时产生的一种消极的情感。产生嫉妒心理的原因至少有两个方面：一是不能接受别人比自己强的现实；二是权力欲、支配欲、占有欲强。

嫉妒还是一种突出自我的表现。无论什么事，首先考虑到的是自身的得失，因而引起一系列的不良后果。所以当嫉妒心理萌发时，或是有一定表现时，要能够积极主动地调整自己的意识和行动，从而控制自己的动机和感情。这就需要冷静地分析自己的想法和行为，同时客观地评价一下自己，找出差距和问题。当认清自己后，再重新认识别人，自然也就能够有所觉悟了。

在社会这个大家庭里，没有太多上天的恩赐，每一分收获的果实都要凭自己的智慧和汗水去换取，所以，当我们得不到时，也千万不要怀有嫉妒情绪。

李建是家里的独生子，毕业后与林枫进入同一家公司工作。因为林枫已经毕业两年多了，在工作经验和工资待遇上都高于李建，再加上工作能力比较出色，每个月的业务提成也都不错。林枫出生于偏远的农村家庭，所以李建原先有些瞧不起林枫，现在看人家的待遇比自己好了许多，就产生了一种嫉妒情绪，渐渐地，这种嫉妒情绪也加深了他的多疑倾向。

有一天，李建声称丢了钱，怀疑是同办公室的林枫所为，于是正式报了案。公安机关为了查清事实，对同一办公室的所有人都进行了调查，结果发现李建所指的时间内同办公室的人不具备作案可能，于是问李建有无其他可能。

不久，李建发现原来钱夹在自己的一个本子里，这才忆起是自己忘记了把钱放在本子里。钱找到了，但却给林枫和其他同事的心灵上造成了伤害。这一点李建也很清楚，因此，找到钱之后，李建的精神压力更严重了，多疑和嫉妒心理也变得越来越严重。后来，导致他无法与任何同事和睦相处而离开了这家公司。

古希腊斯葛多派的哲学家认为："嫉妒是对别人幸运的一种烦恼。"

从这句话中，我们就能看出来，嫉妒是有明显的对抗性的，这种对抗表现为攻击性，攻击的目的就是要颠覆被攻击的那个人的形象或者是幸运。由于嫉妒让自己心理道德的天平失衡了，嫉妒者便看不到别人的优点和长处，眼里处处都是别人的毛病，甚至会颠倒黑白，弄虚作假。

我们不管是在学校，还是在工作单位，都要在充满竞争的环境中客观地对待自己，不要把比自己优秀的同学或同事当成与自己有竞争关系的对手，而要当成自己前进的动力。记住，你一旦有了嫉妒，也就承认自己不如别人。你要超越别人，首先你得超越自身。坚信别人的优秀并不妨碍自己的前进，相反，它可能给你前所未有的动力。事实上，每一个真正埋头沉入自己事业的人都是没有工夫去嫉妒别人的。巴鲁克说："不要妒忌，最好的办法是假定别人能做的事情，自己也能做，甚至做得更好。"

可见，嫉妒是一种不健康的情绪状态，在嫉妒心理的影响下，人的身心健康会受到损害。特别是那些心理素质较差的人，一旦受到嫉妒心理的冲击，内心便充满了失望、懊恼、悲愤、痛苦和抑郁，有的甚至陷入绝望之中，难以自拔。

现代医学研究证明，有嫉妒心理的人，往往处于焦虑不安、怨恨烦恼之中。这种消极不愉快的情绪，会使人的神经机能严重失调，从而影响到心血管的机能，进而导致心律不齐、高血压、冠心病、胃病及十二指肠溃疡、神经官能症等身心疾病的发生。

工作和社交中的嫉妒情绪往往发生在双方及多方，因此要注意自己的性格修养，尊重与乐于帮助他人，尤其是自己的对手。这样不但可以克服自己的嫉妒心理，而且可使自己免受或少受嫉妒的伤害，同时还可以取得事业上的成功，又可感受到生活的愉悦。

虚荣心如何引发嫉妒

虚荣心是最易滋生嫉妒情绪的温床。关于虚荣心，《辞海》有云：表面上的荣耀、虚假的荣誉。心理学认为，虚荣心是自尊心的过分表现，是为了取得荣誉和引起普遍注意而表现出来的一种不正常的社会情感。人人都有自尊心，当自尊心受到损害或威胁，或过分自尊时，就可能产生虚荣心。

虚荣心会慢慢地膨胀，好像一只被吹起来的气球，越吹越大，对别人的羡慕渐渐变成了嫉妒。生命的虚荣心是无限的，俗话说做了皇帝还想成仙。满足了一个愿望，随之又产生了两三个愿望。

满足了这个细小的愿望,很快又新生了那些庞大的愿望。由此可见,虚荣心具有一种强烈的渴求的力量,并且在与他人的比较中渴求越来越明显。求而得之,则满足快乐;求而不得,便寻求新的途径来排解嫉妒,例如较为极端的报复等等。

虚荣心最大的后遗症之一是促使一个人失去免于恐惧、免于生活匮乏的自由;因为害怕被羞辱,所以时时地活在恐惧中,经常没有安全感,不满足;而虚荣心强的人,与其说是为了脱颖而出、鹤立鸡群,不如说是自以为出类拔萃,所以不惜玩弄欺骗、诡诈的手段,使虚荣心得到最大的满足。

从近处看,虚荣仿佛是一种聪明;从长远看,虚荣实际是一种愚蠢。虚荣者常有小狡黠,却缺乏大智慧。虚荣的人不一定不够机敏,却一定缺远见。虚荣的女人是金钱的俘虏,虚荣的男人是权力的俘虏。太强的虚荣心,使男人变得虚伪,使女人变得堕落。

几十年前,林语堂先生在《吾国吾民》中认为,统治中国人的三女神是"面子、命运和恩典"。"讲面子"是中国社会普遍存在的一种民族心理,面子观念的驱动,反映了中国人尊重与自尊的情感和需要,丢面子就意味着否定自己的才能,这是万万不能接受的,于是有些人为了不丢面子,通过"打肿脸充胖子"的方式来显示自我。

那么,如何及时对自己的虚荣心进行积极的调适呢?

在生活中要掌握好攀比的尺度

比较是人们常有的社会心理,但要掌握好攀比的方向、范围与程度。从方向上讲,要多立足于社会价值而不是个人价值的比较,如,比一比个人在学校和单位的地位、作用与贡献,而不是只看到个人工资收入、待遇的高低;从范围上讲,要立足于健康的而不是病态的比较,要比成绩、比干劲、比投入,而不是贪图虚名、嫉妒他人、表现自己。

重视榜样的力量

从名人传记、名人名言中,从现实生活中,寻找榜样,努力完善人格,做一个"实事求是、不自以为是"的人。

做自己,不要受制于别人的评价

只有自信和自强的人,才不会被虚荣心所驱使,才能成为一个高尚的人。不要在意别人的议论,别人说你个子矮,你没必要非要穿增高鞋掩饰自己;别人说你穿着寒酸,你也不必非要用名牌把自己包装起来。要相信自己总有优点,不必为别人的议论扰乱自己的心情,掉进虚荣的陷阱里。

爱默生告诉人们"生活不是攀比,幸福源自珍惜"这一朴素而深刻的道理。嫉妒是一种潜藏于内心的阴暗心理,是人们普遍存在着的人性弱点,有时嫉妒心理还会带来自身的毁灭。在日常工作中,虚荣心越强,嫉妒心便越重,在这种不健康的情绪状态的影响下,人的身心健康会受到损害。因此,少一分虚荣心,少一点嫉妒,生活会变得更加美好。

缺失正确的竞争心理

嫉妒是由于别人胜过自己而引起情绪的负性体验,是心胸狭窄的共同心理。哲学家黑格尔说过:"嫉妒乃平庸的情调对于卓越才能的反感。"

如果一个人缺乏正确的竞争心理,只关心别人的成绩,同时内心产生严重的怨恨,嫉妒他人,时间一久,心中的压抑聚集,就会形成问题心理,对健康也会造成极大的伤害。

因为嫉妒,造成了很多无法挽回的惨剧。有这样一件真实的故事:

对信阳山某高级中学三年级1班409寝室的女生而言,2003年1月21日那个凌晨,无疑是一场噩梦。一声惨叫打破了黑夜的宁静。一名女生被人泼硫酸毁容。实际上当晚是因为同班同学马某嫉妒同学晶晶比较聪明,学习成绩又比她好,马上又有一轮考试,为了耽搁晶晶的时间,影响她的学习,于是她选择了泼硫酸的方式,但没想到却泼错了人,造成了受害者的严重残疾和晶晶的轻微受伤。

可见,嫉妒心如果过重,它比一切毒瘤都可怕,产生的后果也不堪设想。

嫉妒不是天生的,而是后天获得的。嫉妒有三个心理活动阶段:嫉羡——嫉优——嫉恨。这三个阶段都有嫉妒的成分，而且是从少到多。嫉羡中羡慕为主，嫉妒为辅；嫉优中嫉妒的成分增多，已经到了怕别人会威胁自己利益的地步了；嫉恨则把嫉妒之火熊熊燃烧到了难以扑灭的地步。这把嫉恨之火，没有燃向别人，而是炙烤着自己的心，使自己没有片刻宁静，于是便想方设法诋毁别人，这就使他形神两亏了。嫉妒实质上是用别人的成绩进行自我折磨，别人并不因此有何逊色，自己却因此痛苦不堪。

当我们还是孩子时，就会对父母表现出的对其他兄弟姐妹的偏心而心生不快，我们会因他们比自己多吃了一口蛋糕或新穿了一件衣服而生气甚至哭闹，我们和兄弟姐妹就是一种最初级的竞争关系，当我们处于劣势时，嫉妒情绪也就产生了。虽然嫉妒是人普遍存在的，也可以说是天生的缺点，但我们绝不可因此而忽视它的危害性，特别是当嫉妒已经发展到严重的地步时，内心产生的怨恨越积越多，时间久了会形成心理问题。

一些人之所以嫉妒别人，并不是因为受到不公平的待遇，而是自己不求上进，又怕别人超过自己，似乎别人成功了就意味着自己失败了，最好大家都变成矮子才能显出自己的高大。于是，"事修而谤兴，德高而毁来"、"怠者不能修，而忌者畏人修"、"我不学好，你也别学好，我当穷光蛋，你也得喝凉水"。这是一种十分有害的腐蚀剂，这些人的骨子里充满了"怠"与"忌"，无论对己、对社会、对国家的发展都是十分有害的。正如荀子所说："士有妒友，则贤交不亲；君有妒臣，则贤人不至。"一个被嫉妒心支配的人，一定是胸无大志、目光短浅、不求上进的人；一个嫉妒成风的单位，一定是正气不旺、邪气盛行、人心涣散的单位。

我们必须学会自我调适，把嫉妒变成竞争的动力，其中重要的一点是把注意力调节到自身的优势和对方的劣势上。当你嫉妒别人时，总是因为他在某些方面的优势深深地刺激了你，而你自己在这方面又恰恰处于劣势。这一差异正是嫉妒的刺激源。与此同时，你却忽略了自己在其他方面的优势。如果你能有意识地调节自己的注意中心，便会使原先失衡的心理获得一种新的平衡，这种平衡无疑会稳定你的情绪和情感。所谓魔道由心而生，天堂和地狱只在一念之间，定期梳理和反省自己的心灵，才能确保不被心魔所控制，而避免无穷的祸害，不至于害人害己。

看不到自身独一无二的优点

生活中，人往往容易看到别人的长处而忽视自己的优点。实际上，我们每个人都有自己的闪光点，只要我们勇于正视自己，善于欣赏自己，都能够找到自己的优点，从而消除嫉妒情绪。

李扬是中国著名的配音演员。

他在初中毕业后参了军，在部队当一名工程兵，他的工作内容是挖土、扫坑道、运灰浆、建房屋。可是李扬明白，自己身上潜在的宝藏还没有开发出来：那就是自己一直钟爱的影视艺术和文学艺术。

在一般人看来，这两种工作简直是风马牛不相及。但李扬却坚信自己在这方面有潜力，应该努力把它们发掘出来。于是他抓紧时间学习，认真读书看报，博览众多的名著剧本，并且尝试着自己搞些创作。

退伍后李扬成了一名普通工人，但是他仍然坚持不懈地追求自己的目标，没有多久，大学恢复招生考试，李扬考上了北京工业大学机械系，成为了一名大学生。从此，他用来发掘自己身上宝藏的机会和工具一下子多了起来。

经几个朋友的介绍，李扬在短短的五年中参加了数部外国影片的译制录音工作，这个业余爱好者凭借着生动的、富有想象力的声音风格，参加了《西游记》中的美猴王的配音工作。1986年初，他迎来了自己事业中的辉煌时刻，风靡世界的动画片《米老鼠和唐老鸭》招聘汉语配音演员，风格独特的李扬一下子被相中，为可爱滑稽的唐老鸭配音，从此一举成名。

如果说成名前的李扬是一只平凡的丑小鸭，那么这只丑小鸭正是在自己的努力之下变成了漂亮的白天鹅。假如李扬被嫉妒情绪迷昏了心智，蒙蔽了双眼，看不到自己身上的优点，就不会有今天的成功，他会一直被自己的负面情绪所支配，只能看到别人身上的优点，而看不到自己的优点，也就不会将自己的优点发扬光大。

我们在生活中，很容易只向外看，不向里看，这种观察角度的偏差就会将我们送到嫉妒情绪的边缘，再加上我们对自己缺乏自信，自然会心生嫉妒。

产生嫉妒情绪，一个主要的内在原因就是对自我过于苛刻。人们总感到自己这也不好，那也不如意，却又没有比别人更好的办法来改进。如果放下对自己严苛的审视目光，改为通过各种途径来充实自己，做一个从"没什么"到"有什么"的转变，你会从自己身上发现更多值得称道的东西，也就不会总在别人身上纠结。生活中，每个人都需要别人真诚的赞美，期待别人来发现并欣赏他的闪光之处。但我们更需要经常自己赞扬自己一下，从中受到启发，发现自己的与众不同。

化解嫉妒心理

嫉妒别人是缺乏自信的表现。嫉妒会导致情绪上的低落，约翰·德赖登称之为"灵魂的黄疸"。真正自信自爱的人，并不会嫉妒，更不会允许嫉妒让自己心烦意乱。

嫉妒产生于一种畸形的竞争心态。一旦认为他人在某方面比自己强，便会心烦意乱，甚至时刻想着如何打击、诋毁他人。

伏尔泰说："凡缺乏才能和意志的人，最易产生嫉妒。"因为自己技不如人，就只能用嫉妒的心理去排解心中的不平。一旦任由嫉妒心理自由发展，就会疏远那些各方面比自己强的人，结果不仅孤立了自己，而且也会阻碍自己前进。

每个人都难免产生嫉妒，但是杰出的人往往能用理性去克制嫉妒，并以此来刺激自己奋发努力，而不是阻挠对方；但那些任嫉妒之火燃烧而迷乱理智的人，往往会被内心这种疯狂的激情消耗精力，使他人和自己两败俱伤。

有两家邻居表面上相处得很好，其中一家男主人表面上对另一家新购置的房产欢欣鼓舞，对其儿子考上大学击掌庆贺。但是，一回到自己家里，就变得恶狠狠起来：凭什么他这么有钱，凭什么他的儿子就能上大学，而我什么都没有呢？他在心里诅咒，每天都盼望他的邻居倒霉，或盼望邻居家着火；或盼望邻居得什么不治之症；或盼望下雨天雷能劈进邻居家，劈死一两个人；或盼望邻居的儿子出意外……

然而每当他看到邻居时，邻居总是活得好好的，并且微笑着和他打招呼。这时他的心里就更加不痛快，恨不得往邻居的院里扔包炸药。就这样，他每天折磨自己，身体日渐消瘦，胸中就像堵了一块石头，吃不下也睡不着。

终于有一天他决定给他的邻居制造点晦气，这天晚上他在花圈店里买了一个花圈，偷偷地给邻居家送去。当他走到邻居家门口时，听到里面有人在哭，此时邻居正好从屋里走出来，看到他送来一个花圈，忙说："这么快就过来了，谢谢！谢谢！"原来邻居的父亲刚刚去世。这人顿觉无趣，"嗯"了两声，便走了出来。

这让这个男人觉得很生气，不但没有达到目的，反而误打误撞，让别人捞了"好处"。

终于，他又等来了一个机会。上帝说：现在我可以满足你任何一个愿望，但前提就是你的邻居会得到双份的报酬。那个人高兴不已。但他转念一想：如果我得到一份田产，邻居就会得到两份田产了；如果我要一箱金子，那邻居就会得到两箱金子了；更不能忍受的就是如果我要一个绝色美女，那么我的邻居就同时会得到两个绝色美女……他想来想去总不知道提出什么要求才好，他实在不甘心让邻居白占便宜。最后，他一咬牙："哎，你挖我一只眼珠吧。"

故事中的人因为嫉妒而变得丧心病狂，最终在残害别人的同时也把自己伤害了。当然这只是一个故事，但生活中类似害人害己的事却在时时上演，嫉妒就像心灵的毒火一样，无可救药地、疯狂地毁灭这原本健康快乐的人生。

化解嫉妒心理，我们需要从以下几点入手：

客观评价自己和他人

要正确地认识自我，评价他人。"金无足赤，人无完人"，一个人限于主客观条件，不可能万事皆通，处处比别人优秀，时时走在别人前面。要接纳自己，认识自己的优点与长处，也要正确地评价、理解和欣赏别人的优点。当嫉妒心理给自己的精神带来一些烦恼与不安时，不妨冷静地分析一下嫉妒的不良作用，同时正确地评价一下自己，从而找出一定的差距，做到"自知之明"。只有正确地认识自己，才能正确地认识别人，嫉妒的锋芒就会在正确的认识中逐渐被钝化。

学会正确的比较方法

一般说来，嫉妒心理较多地产生于原来水平大致相同、彼此又有许多联系的人之间。特别是看到那些自认为原先不如自己的人都取得了成就，于是嫉妒心油然而生。因此，要想消除嫉妒心理，就必须学会运用正确的比较方法，辩证地看待自己和别人。要善于发现和学习对方的长处，纠正和克服自己的短处，这样，嫉妒心也就不那么强烈了。

充实自己的生活，寻找新的自我价值，使原先不能满足的欲望得到补偿

当别人超过自己而处于优越地位时，你应当扬长避短，寻找和开拓有利于充分发挥自身潜能的新领域，以便"失之东隅，收之桑榆"。这会在一定程度上补偿先前没满足的欲望，缩小与被嫉妒对象的差距，从而达到减弱甚至消除嫉妒心理的目的。例如，某人虽无真才实学，却善于钻营，官运亨通，成为你的上司。对此，你大可不必猝发妒情，而应发挥自己的专长，在业务上刻苦钻研，精益求精，同样可以令别人刮目相看。

升华嫉妒，化嫉妒为动力

不管是在学校，还是在工作单位，每个人都要在充满竞争的环境中客观地对待自己。不要嫉妒比自己优秀的同学或同事，而要以他们为榜样，成为自己前进的动力。学会赞美别人，把别人的成就看作是对社会的贡献，而不是对自己权利的剥夺或地位的威胁，将别人的成功当成一道美丽的风景来欣赏，这样，你在各方面将会达到一个更高的境界。

总之，如同钢铁被铁锈腐蚀一样，人很容易被嫉妒折磨得遍体鳞伤，我们要时刻提防它对我们心灵的腐蚀，远离嫉妒情绪，从而让自己获得内心的自由与超脱。

第十三章
情绪调节：管理好情绪，才能管理好人生

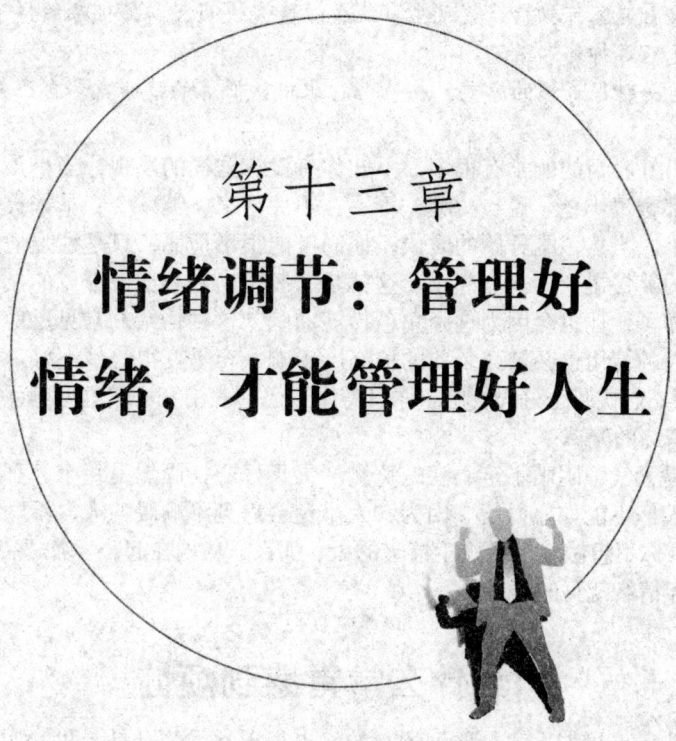

第一节
千万别让坏情绪绑架你——情绪调节

"装"出来的好心情

我们都知道"开心是一天，不开心也是一天"的道理，但"天天好心情"还真不是件容易事。喜怒哀乐乃人之常情，任何人都无法避免，但是长时间情绪低落会侵蚀你的身体，甚至影响你的健康；而好的心情则可以大大提高你的生活质量，也有助于你的身心健康。所以，一个人要想健康长寿，首先要摆脱坏情绪的纠缠，去发现体味生活中的美好，保持自己的好心情。

"心情不好吗？""不好。"

那我们不妨试试"装"出好心情。在我们感到情绪低落时，"装"出好心情是放松身心、从消极转向积极的最有效的方法——我们通过"装"的扮演过程获得真实的好心情。最终，原本只是"装"出来的好心情会变成真实的感受从而让我们在不如意的时候能够快乐；遇到困境时能够有自信和意志力。

有句谚语："一个小丑进城，胜过一打医生。"它的意思是说，小丑带给了大家欢笑。而好心情对身心健康的重要性胜过了医生对你的帮助。比方说，当你感到自己很压抑、没有任何动力和积极性的时候，不妨"装"着笑出来，你可以微微一笑、对着镜子做些鬼脸，还可以开怀大笑、吹吹口哨。无论怎样，你就是要"装"出自己心情很好的样子。这样，你会发现，不久之后心情真的好起来了。而且，这种方法还能帮助你减轻疲劳、舒缓紧张和忧虑。

李先生是一个事业有成的企业家。按理说他的人生很成功，应该没有什么让他忧虑的事情。但事实并非如此，他经常觉得心里恐慌，然后会陷入低落的情绪中。

有一天，他又感到意气消沉。之前一旦出现这种情绪低落状况时，他通常采取的办法是避不

见人，直到这种心情消散为止。但这天他要和上司举行一个重要会议，躲着不见人肯定行不通的了，那怎么办呢？他决定装出一副快乐的表情，让大家以为他根本就没有焦虑的事情。

于是，他在会议上笑容可掬，谈笑风生，装成心情愉快而又和蔼可亲的样子。令他惊奇的是，不久他发现自己果真不再抑郁不振了。

李先生认为这是一种很奇妙的感觉，在他无意识中，低落的情绪竟然自己就跑了。

其实，"装"出好心情的例子有很多。不知你有没有这样的发现，当小孩子哭得眼泪汪汪的时候，大人们通常都会逗小孩子说："噢，不哭，不哭，来，笑一个，乖乖笑一个吧。"结果很多小孩子就真的笑了。当然，刚开始的时候，他们可能很不情愿，只是勉强地笑了笑，但很快他们会随着这个勉强的笑慢慢变得开心起来。这就是"装"出好心情最常见的例子。当然，如果一个人装出很生气的样子，他也会因为这个角色扮演而陷入这种情绪的常见反应，心跳、呼吸变得急促。然后，这个人的情绪也会被"装"的愤怒所影响，容易变得心情不好。所以，当你心情不好、意志消沉的时候，赶快装个好心情吧。你只需用自己的表情和心情这些唾手可得的装扮道具，就能瞬间走出灰暗情绪的笼罩。

人的心情就像是天气，阴晴不定、变幻莫测。天天好心情固然是每个人都渴求的，但是瞬息万变的世界往往让人们不能如愿以偿。因为，人难免会遇到不顺眼的人、不顺心的事，坏心情也就随时会光临。如果你不想做一个受控于情绪的人，那么，从现在起，学着"装"出一份好心情，之后，你会发现，坏情绪就真的不见了。

你为什么常常感到烦恼

人活在世不可能事事尽如人意，遇到烦心的事也很正常。关键是看我们如何化解突如其来的坏情绪。

吉姆没有任何睡眠的问题。事实上，他觉得要保持清醒很不容易。今天在公司停车场，他又一次呆坐在车里面，感觉被一整天的压力钉牢在座位上，他浑身感到异常的沉重，唯一有力气做的只是松开自己的安全带。然后他继续坐着，一动不动，没法推开车门出去工作。

如果他想想一天的工作安排也许能够站起来——以前这种想法总是能让他走出去，让生活像球一样滚动起来。但是，今天却不行。每一次谈话，每一个会议，每一通需要回复的电话都让他感觉像在生生地吞咽着一个又一个的铁球，而随着每一次的吞咽，他的思绪便从日程安排转向了那些每天早晨都会反复问的问题：

"为什么我感觉这么糟糕？我已经得到了大多数男人想要的一切——相爱的妻子，健康的孩子们，稳定的工作，漂亮的房子……我到底怎么了？为什么我的思想老是集中不起来？而且，为什么总是这个样子？妻子和孩子们已经被我的自责感折磨得痛苦不堪。他们已经无法再忍受我了。如果我能够弄明白这一切，事情也许会变得不同。如果我能知道为什么自己感觉如此虚弱，也许就能够解决那些问题并且像其他人一样好好地生活。这一切是多么愚蠢啊。"

一位心理学家为了研究人的"烦恼"的来源，做了一个有趣的实验：

他让参加实验的志愿者们在周日的晚上把自己对未来一周的忧虑与烦恼写在一张纸上，并署上自己的名字，然后将纸条投入"烦恼箱"。

一周之后，心理学家打开了这个箱子，将所有的"烦恼"还给其所属的主人，并让志愿者们逐一核对自己的烦恼是否真的发生了。结果发现，其中90%的"烦恼"并未真正发生。随后，心理学家让他们把过去一周真正发生过的烦恼记录下来，又投入"烦恼箱"。

三周之后，心理学家再次把箱子打开，让志愿者重新核对自己写下的烦恼，这次，绝大多数人都表示，自己已经不再为三周之前的"烦恼"而烦恼了。

在这个实验中，我们都会发现：烦恼这东西原来是预想的很多，出现的却很少；自认为沉重到无法负担，转瞬也便如骤雨急停。人生的烦恼太多是自己寻来的，而且大多数人习惯把琐碎的小事放大。

"月有阴晴圆缺，人有悲欢离合"，自然的威力，人生的得失，都没有必要太过计较，太较真了就容易受其影响。人到世间上来，不是为苦恼而来的，所以不能天天板着面孔，伤心，烦恼，失意，这样的人生毫无乐趣可言，所以，我们应该为自己的人生创造一个乐观、积极、进取、欢笑、喜悦的个性，快乐地在人间做人，远离忧愁、悲伤、苦恼，如此地活在人间才有禅意，才有价值。

茶几上摆放着十几个水杯，这些杯子材质不同、造型各异、品位悬殊。心理学家对实验者说："你们如果口渴的话，就自己拿个杯子倒杯水喝吧！"

正值暑天，大家聊了一会儿就觉得口干舌燥，便纷纷起身去选杯子倒水。等到每个人面前都有了一杯水之后，心理学家突然问："你们有没有发现你们选杯子时有个共同点？"

众人互相对视了几眼，都摇了摇头。

"你们看看茶几上被挑剩下的杯子，大多是劣质的塑料杯或纸杯。在可以选择的情况下，每个人都想拥有更好的东西，你们的心思就这样有意或无意地表露出来了。这样的心思并没有什么对错之分，但是你们当中大多数人在选择杯子去倒水的时候都忘记了，自己需要的是水，而不是水杯。水杯的优劣对水质的好坏影响并不大。"

在生活中，类似的例子不在少数。我们往往很容易被一些鸡毛蒜皮的琐事牵绊，反而忘记了自己的初衷，难免自生烦恼。这正是"野花不种年年开，烦恼无根日日生"。

作家吴淡如女士曾经在她的文章中提到过这样一组数据：

我们的烦恼中，有40%属于杞人忧天，那些事根本不会发生；30%是无论怎么烦恼也没有用的既定事实；另外12%是事实上并不存在的幻象；还有10%是日常生活中微不足道的小事。也就是说，我们的脑袋有92%的烦恼都是自寻烦恼，活该你烦恼。只有8%的烦恼勉强有些正面意义。

吴淡如问她的读者："看了这些数据，你要不要删除你92%的烦恼？"

是啊，看了这些数据，我们是否应该主动删除自己那92%的烦恼呢？

魔鬼不在心外，魔鬼就在自己的心中。古代的思想家王阳明也说："擒山中之贼易，捉心中之贼难。"由此，星云大师告诫我们，自己的敌人就在自己心里，贪嗔痴疑慢、消极懈怠、忧愁烦恼，无一不是阻碍我们精进的心魔，能将其降伏者，也只有我们自己。

紧张情绪，人体的"定时炸弹"

紧张情绪会影响我们正常的思考，会导致我们发挥失常。

紧张的结果是心灵的超负荷运转，最后终将导致不幸的发生。现代人越来越容易感染负面的情绪，有时一个很小的打击也足以使我们绝望，导致一败涂地。

何雨是家里的独生子。由于种种原因，父亲个人的理想成了泡影，便将全部的期望都寄托在何雨的身上。他在父亲的灌输下形成的强烈的"出人头地"意识与其一般的智能和责任心形成了巨大的反差。

高考前，黑板上每天变化的高考日期倒计时和随时变化着的同学们的考试成绩一览表，加上父亲那企盼的目光，给何雨造成了巨大的心理压力。他出现食欲下降、恶心、心慌、心悸，惶惶不可终日的连锁反应。

当高考如约而至的时候，何雨突然心中一阵慌乱，大脑中一片空白。他压抑着紧张情绪，越压抑，心理越紧张，结果，他落榜了。面对这沉重的打击，他长时间不能从失望、痛苦、无助的情绪中解脱出来。

当他第二次面对高考时，他变得更加紧张恐惧。由于紧张感达到了极点，他甚至想放弃第二次高考。最后他勉强考取了一所高等专科学校。

但事情远远没有终结。在他几年的大学学习中和走向社会后,只要面对考试,紧张不安的情绪便会出现。

紧张是一种因某种强大压力所引起的,高度调动人体内部潜力以对付压力而出现的一种生理和心理上的应急变化。一般来说,在关键时刻,情绪的适度紧张不但不是坏事,而且还是必需的。

适度的紧张是有益的,但过度的紧张将会对人体产生抑制作用。过度紧张会使人动作失调,会使人行为紊乱,会降低效率。因为人们在过度的紧张情绪下,会使脑神经的兴奋和抑制过程失调,出现暂时性的不平衡。这时,人就会体验到一种难以自制的心慌、不安、激动和烦躁的情绪,从而出现一系列的行为紊乱、动作失调现象。

偶尔出现过度的紧张如能及时调整,不会对人体造成大的危害,但持续的情绪紧张状态对人体特别有害。有人把持续的情绪紧张称之为体内的"定时炸弹"。

我的情绪我做主

你曾经有过这样的经历吗?考试前焦虑不安、坐卧不宁?受到批评后眼前一片空白,不愿上班?和同学朋友争吵后,气得上街乱逛,买一堆不合时宜的东西泄愤?像这类"犯规"的举止,偶尔一次还不要紧,如果经常这样,可就要小心了!因为在不知不觉中,你已经成了"感觉"的奴隶,陷于情绪的泥淖而无法自拔,所以一旦心情不好,就"不得不"坐立不安、"不得不"旷工、"不得不"乱花钱、"不得不"酗酒滋事。这样做不仅扰乱了自己的生活秩序,也干扰了别人的工作、生活,丧失了别人对你的信任。

著名专栏作家哈理斯和朋友在报摊上买报纸,朋友礼貌地对报贩说了声"谢谢",但报贩却冷口冷脸,没发一言。

"这家伙态度很差,是不是?"他们继续前行时,哈理斯问道。他有些替朋友抱不平。

"他每天晚上都是这样的。"朋友笑着说到,没有一点不悦之色。

"那么你为什么还是对他那么客气?"哈理斯有些不解。

朋友笑得更厉害了,他答道:"为什么我要让他的情绪决定我的行为?难道我还要浪费掉我的好心情,去和他斗气吗?"

不要被他人的不良情绪所影响。但是现实生活中,我们常常会犯这样的错误。一个成熟的人握住自己快乐的钥匙,他不期待别人使他快乐,反而能将快乐与幸福带给别人。每个人心中都有把"快乐的钥匙",但我们却常在不知不觉中把它交给别人掌管。

1939年,德国军队占领了波兰首都华沙。此时,华沙青年卡亚和他的女友迪娜正在筹办婚礼,在光天化日之下卡亚被纳粹推上卡车运走,关进了集中营。卡亚陷入了极度的恐惧和悲伤之中。

一同被关押的一位犹太老人对他说:"孩子,你只有活下去,才能与你的未婚妻团聚。记住,要活下去。"卡亚冷静下来,他下定决心,无论日子多么艰难,一定要保持积极的精神和情绪。所有被关在集中营的犹太人,他们每天的食物只有一块面包和一碗汤。

许多人在饥饿和严酷刑罚的双重折磨下精神失常,有的甚至被折磨致死。卡亚努力控制和调适着自己的情绪,把恐惧、愤怒、悲观、屈辱等抛之脑后。在这人间炼狱中,卡亚奇迹般地活了下来。他不断地鼓舞自己,靠着坚韧的意志力,维持着衰弱的生命。

1945年,盟军攻克了集中营,解救了这些饱经苦难、劫后余生的人。若干年后,卡亚把他在集中营的经历写成一本书。他在前言中写道:"如果没有那位老者的忠告,如果放任恐惧、悲伤、绝望的情绪在我的心间弥漫,很难想象,我还能活着出来。"

是卡亚自己救了自己,是他用积极乐观的情绪救了自己,他战胜了不良情绪,他主宰了情商,他不是情绪的奴隶。

情绪,如果能妥善运用,是可以使人生变得更好的。只是,要实现"应用"的可能,必须先使他臣服,受你驾驭。情绪是生命的一部分,就像我们的手与脚、过去的经验、积累的知识能力等,是为我们服务,使人生更美满的。可惜的是,今天社会上有很多人都陷入了迷茫苦恼中不能自拔,成为自己情绪的奴隶。而这种情况是可以扭转的,有很多技巧可以帮助每一个人做自己情绪的主人。

用乐观情绪肯定自己

相信自己是最棒的,不要对自己太苛求。"人无完人"是我们都明白的道理,然而总有很多人习惯把过多的注意力放在自己不好的一面,而忽略自己积极的一面。勇敢地面对自己,接受自己是一个普通人的事实,懂得不完美是人性的一部分。用愉悦的心情来接纳自己,并肯定自己。每个人的优点都是不同的,我们都有骄傲的理由,在生活中适当地自我嘉奖,多看看自己的优点,让乐观情绪陪伴着我们一路向前。

想要跳出悲观的圈子,就要学会肯定自己。只有肯定了自己的价值,你才会培养自己积极的情绪,努力寻找生命中美好的一面。

《我希望能看见》一书的作者彼纪儿·戴尔是一个几乎瞎了50年之久的女人,她写道:"我只有一只眼睛,而眼睛上还满是疤痕,只能透过眼睛左边的一个小洞去看。看书的时候必须把书本拿得很贴近脸,而且不得不把我那一只眼睛尽量往左边斜过去。"

可是她拒绝接受别人的怜悯,不愿意别人认为她"异于常人"。小时候,她想和其他的小孩子一起玩跳房子,可是她看不见地上所画的线,所以在其他的孩子都回家以后,她就趴在地上,把眼睛贴在线上瞄过去瞄过来。她把她的朋友所玩的那块地方的每一点都牢记在心,不久就成为玩游戏的好手了。她在家里看书,把印着大字的书靠近她的脸,近到眼睫毛都碰到书本上。她得到两个学位:先在明尼苏达州立大学得到学士学位,又在哥伦比亚大学得到硕士学位。

她开始教书的时候,是在明尼苏达州双谷的一个小村子里,然后渐渐升到南德可塔州奥格塔那学院的新闻学和文学教授。她在那里教了13年,也在很多妇女俱乐部发表演说,还在电台主持谈书和作者的节目。她写道:"在我的脑海深处,常常怀着一种害怕完全失明的恐惧,为了克服这种恐惧,我对生活采取了一种很快活而近乎戏谑的态度。"

然而在她52岁的时候,一个奇迹发生了。她在著名的梅育诊所施行了一次手术,使她的视力提高了40倍。一个全新的令人兴奋的可爱的世界展现在她的眼前。

她发现,即使是在厨房水槽前洗碟子,也让她觉得非常开心。她写道:"我开始玩洗碗盆里的肥皂沫,我把手伸进去,抓起一大把肥皂泡沫,我把它们迎着光举起来。在每一个肥皂泡沫里,我都能看到一道小小彩虹闪出来的明亮色彩。"

当我们去审视和询问自己的心灵,能否会像彼纪儿·戴尔那样在肥皂泡沫中看到彩虹?生活中的阴云和不测不知会使多少人活在自怨自艾的边缘,许多人早已习惯了用抱怨和悲伤去迎接生命的各种遭遇,由于自身内心世界的阴晦,使得原本明朗的生活变得泥泞而毫无希望。想想那些像彼纪儿·戴尔这样的人吧!也许我们可以在她们身上学到点什么。用心去感受你眼中的可爱世界吧,阳光下洗碗盆的肥皂沫都是五彩缤纷的。

积极乐观的情绪是迈向成功不可或缺的要素,也是最重要的前提条件。人一旦将积极的情绪运用到人生中的任何事情上,就会有意想不到的改变。培养乐观情绪,坦然地面对一切,生活才会更轻松。

好情绪,给你打开希望之门

你一定听过这样一句话:"上帝给你关上了一扇门,会给你打开另一扇窗。"这个世界的事情总是充满了奇妙,你不知道自己的将来会遭遇什么,我们能做的就是,不管遇到什么,都要保持好情绪,好情绪可以让你发现生命中的另一份美好。或许,你向厄运露出一个微笑,它就会友好地让路,这也说不定。

海伦·凯勒刚出生时,是个正常的婴孩,能看、能听,也会牙牙学语。可是,一场疾病使她变成又瞎又聋的哑巴——那时她才19个月大。生理的剧变,令小海伦性情大变。稍不顺心,她便会乱敲乱打,野蛮地用双手抓食物塞入口里;若有人试图去纠正她,她就会在地上打滚乱嚷乱叫,简直是个十恶不赦的"小暴君"。父母在绝望之余,只好将她送至波士顿的一所盲人学校,特别聘请一位老师——安妮·沙莉文女士照顾她。

她在沙莉文女士的帮助下初次领悟到语言的喜悦时,那种令人感动的情景,实在难以用笔描述。海伦曾写道:"在我初次领悟到语言存在的那天晚上。我躺在床上,兴奋不已,那是我第一次希望天亮——我想再没其他人,可以感觉到我当时的喜悦吧。"仍然是失明的海伦,凭着触觉——指尖去代替眼和耳——学会了与外界沟通。她10岁多一点时,名字便已传遍全美,成为残疾人士的模范。1893年5月8日,是海伦最开心的一天,这也是电话发明者贝尔博士值得纪念的一天。贝尔博士这位成功人士在这一天成立了他那著名的国际聋人教育基金会,而为会址奠基的正是13岁的小海伦。

若说小海伦没有自卑感,那是不可能的。幸运的是她自小就在心底里树起了颠扑不灭的信心,完成了对自卑的超越。小海伦成名后,并未因此而自满,她继续孜孜不倦地接受教育。1900年,20岁的她学习了指语法、凸字及发声,通过这些手段获得超过常人的知识,进入了哈佛大学拉德克利夫学院学习。她说出的第一句话是:"我已经不是哑巴了!"她发觉自己的努力没有白费,兴奋异常,不断地重复说:"我已经不是哑巴了!"4年后,她作为世界上第一个受到大学教育的盲聋哑人以优异的成绩毕业。

海伦不仅学会了说话,还学会了用打字机著书和写稿。她虽然是位盲人,但读过的书却比视力正常的人还多。而且,她著了七本书,比"正常人"更会鉴赏音乐。海伦的触觉极为敏锐,只需用手指头轻轻地放在对方的唇上,就能知道对方在说什么;把手放在钢琴、小提琴的木质部分,就能"鉴赏"音乐。她能以收音机和音箱的振动来辨明声音,又能够利用手指轻轻地碰触对方的喉咙来"听歌"。如果你和海伦·凯勒握过手,5年后你们再见面握手时,她也能凭着握手来认出你,知道你是美丽的、强壮的、体弱的、滑稽的、爽朗的,或者是满腹牢骚的人。

可以想象,如果海伦·凯勒不能在安妮·沙莉文女士的帮助下,从童年的绝望情绪中走出来,建立起自信的情绪,就绝对不可能有后来的成就,只能成为一个普通的,甚至是终日怨天尤人的残疾人。

面对人生的不如意时,不要一味地抱怨命运的不公平,因为抱怨不能解决任何问题,还只会白白地浪费你的精力,与其这样,我们为什么不用积极的情绪点燃我们心中的勇气,向困难宣战呢,只要我们有这份勇气,我们就一定可以成为生活的强者。

微笑,是一件无价之宝

许多人的成功很大程度上是因为它的个性、魅力和亲和力,而个性中,最吸引人的就是那亲和的笑容。在适当的时候、恰当的场合,他们的一个简单的微笑就可以创造无穷的价值。

俗话说得好:"一笑解千愁。"有一副对联也说,"眼前一笑皆知己,举座全无碍目人"。

的确,没有人能轻易拒绝一个笑脸。笑是人类的本能,要人类将笑容从脸上抹去是件很困难的事情。由于人类具有这样的本能,因此微笑就成了两个人之间最短的距离,具有神奇的魔力。真诚的微笑是交友的无价之宝,是社交的最高艺术,是人们交际的一盏永不熄灭的绿灯。

1930年是美国经济萧条最厉害的一年,全美国的饭店倒闭了80%。希尔顿饭店也一家接着一家地亏损不堪,一度欠债达50万美元。希尔顿并不灰心,他召集每一家饭店的员工特别交代和呼吁:"目前正值饭店亏空靠借债度日时期,我决定强渡难关,一旦美国经济恐慌时期过去,我们

第十三章 情绪调节：管理好情绪，才能管理好人生

希尔顿饭店很快就能出现云开日出的局面。因此，我请各位注意，万万不可把心里的愁云摆在脸上。无论饭店本身遭遇的困难如何，希尔顿饭店服务员脸上的微笑永远是属于饭店的。"事实上，在那纷纷倒闭后只剩下20%的饭店中，只有希尔顿饭店服务员的微笑是美好的。经济萧条刚过，希尔顿饭店系统果然领先进入了新的繁荣期。

希尔顿紧接着充实了一批现代化设备。此时，他又走到每一家饭店召集全体员工开会："现在我们饭店已新添了第一流设备，你们觉得还必须配备一些什么第一流的东西使客人更喜欢它呢？"员工们回答以后，希尔顿笑着摇头说："请你们想一想，如果饭店只有第一流的服务设备而没有第一流服务人员的微笑，那些客人会认为我们供应了他们全部最喜欢的东西吗？如果缺少服务员美好的微笑，就好比花园里失去了春天的太阳与春风。假若我是顾客，我宁愿住进虽然只有残旧地毯，却处处见得到微笑的饭店。我不愿去只有一流设备而见不到微笑的地方……"

如今，希尔顿的资产已从5100万美元发展到数10亿美元。希尔顿饭店已经吞并了号称"饭店之王"的纽约华尔道夫的乌斯托利亚饭店，买下了号称为"饭店皇后"的纽约普拉萨饭店，名声显赫于全球饭店业。当希尔顿坐专机来到某一国境内的希尔顿饭店视察时，服务人员会立即想到一件事，那就是他们的这位老板随时可能来到自己面前，再问那句名言："你今天对客人微笑了没有？"

的确，微笑就是有这么大的魅力，它会使你的事业飞黄腾达。如果你能时刻保持微笑，说不定，它就会给你带来极大的财富和成功，就像希尔顿一样。保持积极的情绪，让微笑时时挂在你的脸上。因为，微笑，它不需要花费什么，却能给你创造许多奇迹。它丰富了那些接受它的人，而又不使给予的人变得贫瘠。它产生于一刹那间，却给人留下永久的记忆。当我们面带微笑去做事，回头看看效果，你自己都会大吃一惊。微笑永远不会使人失望，它只会使你更受欢迎。微笑能建立人与人之间的好感，它是疲倦者的休息室，沮丧者的兴奋剂，悲哀者的阳光。所以，假如你要获得别人的欢迎，请给人以真心的微笑。

微笑，可以缓和紧张的气氛，调节庄严的氛围。在严肃的报告会上，在长时间的比较枯燥的课堂上，主讲人适当地开个小玩笑可以打破紧张沉闷的气氛，重新调动听者的注意力。

微笑，可以融化客人的拘谨。当客人来访，主人以笑脸相迎，会使客人感到自由、轻松、愉快。

有句谚语说得好："微笑是两个人之间最短的距离。"人际交往中离不开微笑，一个没有微笑的世界简直就是人间地狱。

有一句很实在、很通俗的话："人人都是平等的，没有人愿意看一副苦瓜脸，反而，谁都愿意看到笑脸。"当然并不是说要把微笑当成手段，但是，有谁会讨厌或拒绝一个真心对你微笑的人呢？

请不要忽略微笑的价值，它不但可以为你创造出巨大的财富，还可以把你的人生装点得更加美丽。微笑，是我们最美的情绪。

积极情绪帮你走出困境

有人说，从绝望中寻找希望，人生终将辉煌。要想冲破困境，首先要点燃你的积极情绪。积极情绪是对有机体起振奋作用，对人体的生命活动起极好作用的一种情绪。它能为人们的神经系统增添新的力量，能充分发挥有机体的潜能，提高脑力和体力劳动的效率和耐久力。积极情绪往往由责任感、事业心、期望、奋斗目标、荣誉感等刺激而产生。因此，保持积极情绪的方法，就是应尽快使自己具有责任感、荣誉感、事业心，有近期和长远的奋斗目标，并坚持不懈地为实现既定目标去拼搏和奋斗。研究表明，积极情绪可使血液中肾上腺素增加，而这种激素是动员有机体力量的原动机，从而使奋斗者更有力量去达到自己的目的，所以说积极情绪是保持心理健康的重要条件与标志。

人的一生中，难免会遇到各种各样的问题，总会遇到一些不称心的人，不如意的事，此时，你会怎么办呢？此时，如果选择消极对待，那么，生活给予你的也只有绝望和不幸，如果你能向不如意的生活报以积极乐观的情绪，那么效果往往是出人意料的。

有一位姓王的女性病人，26岁，一直以来病情控制得很理想，各项检查指标都接近正常，她心情也很好，不仅积极配合治疗，而且还现身说法帮我们做其他病人的工作，使整个病房都充满了欢乐的气氛。有一天不知什么缘故，她突然拒绝治疗，连饭都不吃，情绪也一落千丈，还暗暗哭泣，把病房的医护人员和其他病人都搞糊涂了。她的病情随机出现了反复，透析效果不仅差，而且又发了腹膜炎。经了解得知她的小女儿患了急性扁桃体炎，在市儿童医院住院治疗。扁桃体炎和肾炎之间看似"必然"的联系，使她认为孩子又要像她一样患上肾病了，所以出现了上述状况。后来经过医护人员反复讲解扁桃体炎只要治疗及时，平时注意预防感冒、咽炎，就不会出现"小病不治，大病迁延"的情况，她才抛弃了思想包袱，恢复了以往的乐观，透析中的腹膜炎并发症也很快治好了。

积极情绪是身心活动和谐的象征，是心理健康的重要标志。而不良的情绪，有害的心理因素，是引起身心疾病的重要原因。

现代科学也进一步证明，情绪可以通过大脑影响心理活动和全身的生理活动。积极情绪可以使人体内的神经系统、内分泌系统的自动调节机能处于最佳状态，有利于促进身体健康。

春风得意，大概就是说，那些情绪很好的人表情也是美丽的。由于情绪对表情的影响很突出，所以那些长期拥有某种情绪的人，他们的面部表情往往深深地刻上了情绪的标记，我们想到祥林嫂，她的面貌必然是悲苦的。

情绪变化反映个人积极性程度的变化有时候像体温变化反映个人健康情况那样灵敏。一个人积极性高涨的时候，情绪状态必然好，而当他的积极性受到挫伤时，就常常会"闹情绪"，或闷闷不乐，工作懒散；或愤愤不平，牢骚怪话一大堆。一个积极性不高的人，看什么都是懒懒的，什么都不想做；而一个积极性高涨的人会觉得劲头十足，周围的事物充满了新鲜感。例如在情绪障碍中，抑郁是一种对人们造成很大伤害的消极情绪，而患有抑郁症的人的最大特征是缺乏积极性，对任何事物都没有兴趣，心境低落。当人们谈到一个积极性低落的人时，往往说："某人最近有些闹情绪。"可见，人们常常是从一个人的情绪状态来观察其积极性的。

当世界变得一片灰色的时候，人们对于爱情本能的渴求，永不停止，正是这种追随，让我们感觉到了生命中异样的绚烂。这种积极的情绪，是任何外界的力量所无法阻挡的。因为这种追寻，才使生命本身有了延续的希望。因此，不要忽视积极情绪的作用。就像在寒冷的冬天，看到了太阳，心也会跟着温暖起来。

第二节
别被他人的不良情绪左右——情绪传导

你只需要接纳你自己

世界上没有两个完全相同的人，正如世界上没有两片完全相同的树叶。天生我材必有用。每个人都有自己的特点和长处，每个人都有尚未发掘出来的潜力和特质。如果我们能时时刻刻提醒自己，"你是重要的"，我们的好情绪就可以轻松地被调动起来，然后我们就能发现和发挥我们自身的潜能，取得最后的成功。

不要被坏情绪牵着鼻子走，要相信你自己，你所做的事别人不一定做得来。而且，你之所以为你，必定是有一些相当特殊的地方。这些特质是别人无法模仿的。既然别人无法完全模仿你，就不一定做得了你能做的事。那么，他们怎么可能给你更好的意见呢？他们又怎能取代你的位置，替你做些什么呢？

所以，你要相信自己，每个人都是上帝的宠儿，上帝造人时即已赋予每个人与众不同的特质，所以每个人都会以独特的方式与别人互动，进而感动别人。记住！你有权力相信自己很重要。"我很重要。没有人能替代我。"

第十三章 情绪调节：管理好情绪，才能管理好人生

杰拉德斯·图夫特还是一个8岁的小男孩时，老师问他："你长大之后想成为怎样的人？"他回答："我想成为一个无所不知的人，想探索自然界所有的奥秘。"图夫特的父亲是一位工程师，因此也想让他成为一名工程师，但是他没有听从。"因为我的父亲关注的事情是别人已经发现的东西，我很想有自己的发现，做出自己的发明。因为我相信自己是独一无二的，而且我会成功。"正是有着这样的渴求，当其他孩子正在玩耍或者在电视机前荒废时光的时候，小小的图夫特就在灯前彻夜读书了。"我对于一知半解从来不满足，我想知道事物的所有真相。"他很认真地说。

图夫特告诫我们要保持自我，做独一无二的自我。正是这样，他才知道要走什么样的道路。在现实生活中，我们可以成为一名科学家，可以去做医生，但是一定要做独一无二的人，模仿他人只会葬送自己。

世界上没有完全相同的两个人，这就是人类能够取得各种各样成就的原因。所以我们没有必要来强迫一个人去做他不感兴趣的工作。如果你对科学感兴趣，你要尽量找一些好的老师，这点非常重要。即使是这样，你也不一定就会获得诺贝尔奖，这些事情是可遇而不可求的，你不能过于注重结果，也不要期望一定能取得什么样的成就，如果你这样做，只会让你的坏情绪轻而易举地击倒你。重要的是，我们要肯定自己。

农夫家养了3只小白羊和1只小黑羊。3只小白羊因为有雪白的皮毛而骄傲，而对那只小黑羊不屑一顾。

不但小白羊，连农夫也瞧不起小黑羊，常常给它吃最差的草料，时不时还对它抽上几鞭子。小黑羊过着寄人篱下的日子，也觉得自己比不上那3只小白羊，常常伤心地独自流泪。

初春的一天，小白羊和小黑羊一起外出吃草。不料寒流突然袭来，下起了鹅毛大雪，它们躲在灌木丛中相互依偎着……不一会儿，灌木丛和周围全铺满了雪。它们打算回家，但雪太厚了，无法行走，只好挤成一团，等待农夫来救它们。

农夫发现4只羊羔不在羊圈里，便立刻上山去找，但四处一片雪白，哪里有羊羔的影子啊。正在这时，农夫突然发现远处有一个小黑点，便快步跑过去。到那里一看，果然是自己的4只羊羔。

农夫抱起小黑羊，感慨地说："多亏小黑羊，不然，我的羊就可能要冻死在雪地里了！"

这个故事告诉我们，小黑羊是独一无二的，所以农夫发现了它们，它们才不会被冻死在雪地里，其实人也一样，人们的不足与缺陷往往更能彰显出自己的独特。每个人都有自己的优点，不要为一点小小的不足而否定自己，陷入自卑情绪中，自怨自艾。比如有些人，在智商方面可能并没有什么超常的地方，但借助上帝之手，他们总有某个特质是超出常人的。这种时候，只有使这些能让自己成就大事的特质得到充分的发挥，人才有可能成长并且才能走向成功的道路。

从现在开始，喜欢你自己，愉快地接纳你自己。要知道，我们每个人都是一个独特的个体，在这个世界上是独一无二的，每一个人都有属于自己的位置。一个人只有全面地接受自己，才能走出自卑、自责的情绪沼泽，活出精彩的自己。

不要让他人影响你的情绪

秦朝末年，楚汉相争，在垓下，刘邦和项羽展开了决战。

刘邦军队把项羽的军队包围了。为了减弱项羽军队的抵抗力，谋臣张良在彭城山上用箫吹起悲哀的楚国歌曲，并让汉军中的楚国降兵随他一齐唱。

这些歌曲传到楚军营中，使楚军产生了缠绵的思乡之情。思乡之情蔓延开来，大家的斗志大为松懈。

思念家乡，人们就会无心恋战，谁都渴望赶快回到家乡和亲人团聚，从而开始厌倦战争，不愿意在这场几乎败局已定的战争中白白牺牲自己的生命。

谁都知道，战争中，士气是极为重要的。这首歌曲中浓浓的乡情，使楚军的战斗力大减。

结果许多项羽营中的士兵在这首歌曲的影响下，有的逃跑，有的斗志松懈，有的投降。

在这种士气下，楚军在战斗中败给了刘邦的军队，项羽兵败自刎于乌江，而刘邦得了天下。

其实，四面楚歌这个成语许多人都知道，是形容四面受敌，绝望无援的景况。这一计谋是张良献给刘邦来对付项羽的，而且很成功。之所以获得成功，是得益于张良对情绪的把握。我们可以想想看，楚军被困重围本身就情绪低落，这也是他们心理防线最薄弱的时刻，在这样的情境下，士兵们听到来自家乡的歌谣，自然而然地会想到自己的亲人是否安在。当这种强烈的悲痛情绪突破他们的底线时，失败也就在所难免了。实际上，张良是不自觉地利用了人类的"情绪共鸣"这一心理学原理，一举成功。

现代心理学指出，在外界作用的刺激下，一个人的情绪和情感的内部状态和外部表现，能影响和感染别人。

在生活中，一个人的情绪很容易会受到他人的影响，常常会因为一些对自己不利的事情而使情绪产生波动，比如：为什么老板总不给涨工资，为什么丈夫总是不理解自己，朋友为什么会在关键的时刻明哲保身，等等，这些事情会让我们一下子火药味十足。但这样的生气并不利于解决任何问题，反而会让我们的头脑不清醒，甚至做出一些让自己后悔终生的事情来。

世间任何事情都没有绝对，所以只要你心中看得开就行了，何必在乎别人怎么看、怎么说呢？如果我们以别人的看法为指南，存有这种潜意识，生活就会苦多于乐。毕竟无法尽如人意的事情太多了，如果只是为了别人而活，痛苦难过的就只有自己。既然如此，又为什么让他人来左右我们的情绪呢？

勇敢地为自己选择

选择是艰难的，因为只要有选择就意味着要有取舍，而无论做什么选择，都意味着要放弃其中之一，于是你退缩了。但你也许想不到，你很可能会变成一个懒惰的人，没有主见、没有勇气，在遇到问题时，你一定会恐慌而且不知所措，你的思考和行动能力也会逐渐地削弱。

因此，不管是在学习上还是生活上，你全都变得被动起来。所以，每个人都要牢牢地把握住自己的选择权，这样的人生也才更完整。

选择并不是一件简单的事情，不仅要懂得为自己选择，更要学会如何选择。而诀窍就在于不要因他人的言论和判断束缚了自己前进的步伐，任何时候，让心做行动的向导，它会带你去到那个你想去的地方。

伊夫林·格兰妮是世界上一流的打击乐独奏家，她曾说："从一开始我就决定：一定不要让其他人的观点阻挡我成为一名音乐家的热情。"

格兰妮8岁时就开始学习钢琴，日子如流水般滑过，徜徉在音乐世界的她毫无倦怠，她的热情与日俱增。

然而，不幸的事情发生了，她的听力渐渐下降，医生断定这是由于神经损伤造成的，而且这种损伤难以康复，并且还断言到12岁时，她将彻底耳聋。虽然听起来让人震惊，甚至会产生巨大的绝望和悲痛，但她仍然执着地爱着音乐。

她的理想是成为打击乐独奏家，而在当时并没有这么一类音乐家。为了演奏，她学会了用不同的方法"聆听"其他人演奏的音乐。她穿着长袜演奏，这样她就能通过她的身体和想象感觉到每个音符的震动，她几乎用自己所有的感官来感受着整个声音世界。

虽然丧失了听觉，她依然决心成为一名音乐家，于是她向伦敦著名的皇家音乐学院提出了申请。

她的演奏征服了所有的老师，最后，她打破了这个学校从来不收失聪学生的传统，顺利地入了学，并在毕业时荣获了学院的最高荣誉奖。

从那以后，她的目标就致力于成为第一位专职的打击乐独奏家，并且为打击乐独奏谱写和改编了很多乐章。

格兰妮一直坚持她自己的选择，哪怕医生的诊断也不能影响她高涨的情绪，她要做自己喜欢的，所以，她最终成功了，她成了世界上第一位专职的打击乐独奏家，她为自己的选择感到骄傲。

一种好情绪就是一盏灯，选择以怎样的情绪面对生活，这一切由我们自己来选择。

生活中的你尝试过作选择吗？在学习和游戏之间、在交友和树敌之间、在谦逊和逆反之间，你又是否感受到了选择的巨大力量，感受到了自己的价值？当你轻视自己的选择权，它就真的无足轻重；当你重视自己的选择权利时，它又会变得举足轻重。当然，情绪也需要你的选择，积极的还是消极的，权衡过后，人生也将会不同。

他人也是自己的一面镜子

人与人之间的情绪是可以相互影响的。把一个乐观的人和一个悲观的人分在一间房子里，当他们共同生活一段时间后，会出现两种可能：一种是两个人都是乐观的人，一种是都成了悲观的人。

这就是情绪的力量。它强大到可以完全改变一个人。当然，人的情绪繁多，我们处在这样一个人际关系相对复杂的社会，受多种情绪波及影响也是很正常的，关键是看我们如何选择对我们有益的。

在成年人的世界中，流传着这样一个不成文的定律：你周围6个人的价值的平均水平，就是你的价值。这个规则说明的是，身边的朋友对我们而言，就是衡量自身价值的一个重要指标——你周围的朋友优秀，可想而知你也是不错的，你周围的朋友快乐，你自然也不会太消极，你周围的朋友毫无理想和追求，那你可能也在放纵自己，你周围的人忧愁，你就很难划分到快乐一族。

这个纷繁复杂的社会，因形形色色的人们结成各式各样的关系而精彩不断。社会是由人与人构成的，人的个体禀赋不同，所结成的社会关系不同。自从人类有了阶级，各种社会关系就以集体、群体的形象体现出来。然而这些不同会让人常常对自己没有一个很好的了解，其实利用周围的人来认识自己是再好不过了。

谁都不是单独生活在社会中的个体。在生活中，我们难免会形成这样或者那样的关系，比如师生关系、父子关系、朋友关系、同事关系，这些关系的背后，就是在说明我的人生是和怎样的人度过的。亲人父母不能选择，但我们的朋友却都是我们自己选择的。选择朋友的眼光，就是你自己的人生标准，久而久之，你周围的人就是跟你志同道合的人，那么，想认识自己，就看看你周围的人是什么样子。高情商的人可以利用别人的优点来强化自己。在这个过程中，对自我情绪的调节是很重要的。

每个人都是自己的一面镜子，你选择以怎样的形象示人，别人回馈于你的也不外乎如此。可是，生活中很多人并没有认识到这一点，他们紧紧地锁住自己，为的是能够全神贯注地拼搏。可是，他们不知道，当他们集中了精神只守着自己的那一小块田地的时候，他已经失去了由人脉构建起来的更为广阔的沃土。

俗话说得好：物以类聚，人以群分。同类的物品常归纳在一起，而人按照品行、爱好形成群体。现代社会中，每个人都有自己的生活圈子，在这个圈子中都是志同道合的好朋友。无论你是哪一类，都验证了人以群分的不变规律。比如你喜欢逛街，那么一定会有几个和你一样的朋友，你喜欢读书，你一定有一些书友。

我们最常见的现象是，有一些本不相识的人会自然地聚拢在一起，但是有些人却始终游离于他们之外，想加入也难以如愿。其实这些都是因为他们不是一类人，没有共同的话题，他们就很难找到相同点，那么在他们身上就很难找到自己的影子，如果交到坏朋友，更有可能使自己迷失。而这些，都是借由情绪的表达所达到的一个情感共通的效果。

从这些我们可以得出初步的结论，从一个人所交的朋友可以了解一个人的个性。从一个人的对手便可以了解一个人的底牌。如果放开延展这个结论，也许我们可以从一个男人或女人的追求者是什么层次的人，便可以在短时间初步判断出一个人的层次。

个人大部分的成就总是拜他人之赐、借他人之力，保持周围人的高水平，就是保持自己的高水平。

而朋友，就是我们最需要借鉴和依靠的"他人"。有些人不能正确地认识自己，不是因为自己没有能力，而是他们常常走入一个误区，那就是他们常常给自己消极的暗示，我这样行吗？我能完成这项任务吗？但如果你利用周围的人来认识或提升自己，那么你会从中认识不一样的自己，从而走出那个误区，说不定还有意想不到的收获。

人有时对自己缺乏全面的解析，如果我们想要更好地认识自己，就要借助周围的人。

情绪具有感染力

将一个乐观开朗的人和一个整天愁眉苦脸、抑郁难解的人放在一起，不到半个小时，这个乐观的人也会变得郁郁寡欢。道理很简单，情绪具有感染力，悲观者将自己的苦闷、抑郁传递给了他。那就让我们及时调整好自己的情绪，不要让你的负面情绪到处去"惹祸"了。

有这样一幅漫画：

有个小男孩被老师批评了一顿，心情非常不好，在路边遇到一条觅食的小狗，便狠狠踢了它一下，吓得小狗狼狈逃窜；小狗无端受了惊吓，见到一个西装革履的老板走过来，便"汪汪"狂吠；老板无故被狗这么一闹，心情很烦躁，在公司里抓住他的女秘书的一点小小过错就大发雷霆；女秘书回家后，越想越气，把怨气一股脑儿全撒给了丈夫，夫妻俩吵了一架，把以前陈芝麻烂谷子的事都抖了出来；第二天，这位身为教师的丈夫如法炮制，把自己一个不长进的学生狠狠批评了一顿；挨了训的学生，碰巧就是前面提到的那个小男孩。小男孩怀着恶劣的心情放了学，归途又碰见了那条小狗，二话没说又一脚踹去……

看过漫画，大家都忍不住哈哈大笑，漫画用夸张的手法给我们展示了一条不良情绪的传染链。其实，我们每个人都是不良情绪的始作俑者，每个人也都是不良情绪的受害者。其实，只要处于这条传染链中间的某个人控制住自己的情绪，这个恶性循环就不会再传递下去。

良好的情绪会带给周围人无尽的欢乐，如果我们仔细回想一下，一定能够想到许多因他人的良好情绪而感染我们的例子。比如某小区的物业人员总是真诚、友善地和你道一句"你好"、"再见"之类的话语，你可能本来因忙碌而觉得心烦，但一听到他的问候、看到他的笑脸，你的内心也会绽放出一朵花来。许多经常来往的人会互相影响，也是基于这样的道理。但如果是负面情绪的传染，有时会带来毁灭性的灾难。

俄亥俄州大学社会心理生理学家约翰·卡西波指出，人们之间的情绪会互相感染，看到别人表达的情感，会引发自己产生相同的情绪，尽管你并未意识到在模仿对方的表情。这种情绪的鼓动、传递与协调，无时无刻不在进行，人际关系互动的顺利与否，便取决于这种情绪的协调。

情绪的感染通常是很难察觉的。专家做过一个简单的实验，请两个被实验者写出当时的心情，然后请他们相对静坐等候研究人员到来。两分钟后，研究人员来了，请他们再写出自己的心情。这两个实验者是经过特别挑选的，一个极善于表达情感，一个则是喜怒不形于色。实验结果，后者的情绪每次都会受到前者的感染，那么，这种神奇的传递是如何发生的呢？

人们会在无意识中模仿他人的情感表现，诸如表情、手势、语调及其他非语言的形式，从而在心中重塑自己的情绪。这有点像导演所倡导的表演逼真法，要演员回忆产生某种强烈情感时的表情动作，以便重新唤起同样的情感。

研究发现，人容易受到负面情绪的传染，如果带着满肚子闷气，绷着脸回到家，摔摔打打，看什么都不舒服，立刻便将负面情绪传染给了全家。同样，在家里怄了气，也会把负面情绪带到外面。这就像一个圆圈，以最先情绪不佳者为中心，向四周荡漾开去，这就是常被人们忽视的"情绪污染"。用心理学家的话说：情绪这种无形的"病毒"就像瘟疫一样从这个人身上传播到另一个人身上，一传十、十传百，其传播速度有时要比有形的病毒和细菌的传染还要快。被传染者常常一触即发，越来越严重，有时还会在传染者身上潜伏下来，到一定的时期重新爆发。这种负面情绪传染给人造成的身心损害，绝不亚于病毒和细菌引起的疾病危害。

同样，你听同一首歌，在家听的感受与到演唱会现场去听的感受肯定是大相径庭，因为你在现场情绪受到了感染。认识到情绪这种特殊的"传染病"，我们就要重视它，并积极利用正面情绪克制、舒缓负面情绪，这样才能赢得成功的品质。

人是情绪传染中的"导体"，要学会找出情绪在传递和传染过程中的"元凶"。有的"元凶"显而易见，在人际交往中占主导地位，这类人喜欢表达自己，任何情绪都能用语言或动作轻松地传给别人，抑或转嫁给别人。

有些人在情感上比较强势，喜欢通过影响他人的情绪获得一种成就感。这类人喜欢让别人与自己同喜同悲。有些人则在情绪传递中占劣势地位，很容易受他人的情绪感染、影响与控制。这类人或极为敏感，或富有同情心，或善于察言观色，不知不觉就会受到他人情绪传染。女性通常更容易受到他人的情绪传染。

要提高自己对负面情绪的"免疫力"，避免被负面情绪感染。尽量远离消极的人，可以有计划地避开那些有严重消极情绪的人，如，改变自身的行为习惯。无法远离时，就要学会与消极的人相处。如果消极的人是自己的同事，与他相处时就要尽量避开敏感话题，以免使同事产生消极情绪。敏锐觉察同事的情绪，必要时制定对策。

做个有主见的人，培养乐观积极的心态。有主见的人往往不易受他人的情绪传染。要从根本上避免受不良情绪传染，还得培养乐观积极的心态。心态积极的人能有效而准确地处理外界信息。此外，还可以用言语进行积极的自我暗示，可以提高保护自身情绪方面的意识。如不理会流言蜚语，不知所措时暂时逃离，坚信自己有能力应付各类难题，等等。

自己的情绪自己做主，别被他人的情绪左右。提升自身对他人不良情绪的免疫能力，让自己每天都处于积极情绪的包围中。同时，自己也不要做个喜怒无常的人，让自己的心理状态完全被情绪左右，那样伤害的不只是别人，自己也会因此失去更多机会。

"退一步"中的情绪感染

当关系陷入僵局，各方互不相让的时候，通常会想起这句话："忍一时，风平浪静；退一步，海阔天空。"这里的"忍"和"退"其实就是一种让步。让步是一种人生智慧，它不是牺牲利益的单方付出，只是一种表达诚意的姿态。通过让步，不仅可以有效缓解冲突，避免不良情绪的恶性传导，甚至在某些时候，微小的让步也能获得意想不到的大收获。

这并不奇怪，生活中有很多这样的例子。其实，让步是先给予、后索取的策略。如，在谈判中，僵局的打破往往并不是因为有巨大的突破，而只是一方先做出了细小的让步，不仅彰显了诚意，同时获得了对方的好感，使人情绪平稳。这样容易达成合意，签下合约。

这是因为，对绝大多数人来讲，一旦接受了对方的好处，哪怕仅仅是蜻蜓点水般的恩惠，也会产生一种奇怪的心理——并未付出代价就得到了不属于自己的东西，心中会觉得亏欠，过意不去，当对方再提出一些要求时，便难以拒绝。

从这个角度看，让步并没有真的失去什么，仅仅是姿态的转换，就得到了实质的好处，确实是一种技巧，也是一种智慧。表面上看，给予者似乎吃了亏，但却换来他人对自己情感上的亏欠，使他人产生愿意尽快补偿对方的心情。这是很重要的一枚砝码，因为人际天平已经开始朝自己这一端倾斜。此时，让步者距离目标犹如探囊取物，呼之欲出。

但是，让步也需要注意方式方法。事实上，并非任何一种让步都能获得你想要的效果。对此，国外心理学家曾做实验来进行印证：

实验模拟谈判的环境，心理学家就某个问题分成三组同参与者进行谈判，结果令人大为震惊：当心理学家做出较大让步的时候，双方不仅没有达成合意，反而对方连较低的代价也不愿意付出；当心理学家做出与对方同等程度的让步时，双方仅在一个很小的范围内达成合意；当心理专家做出比参与者更小的让步时，对方愿意付出更高的代价去达成协议。

这个结果乍看不可思议，仔细推敲之下会发现这正是很多人都会有的一种心理：在谈判过程中，如果一方突然大幅度做出让步，不会令对方喜出望外，尽快达成合意，反而会让人产生怀疑，以为开始的条件是故意抬高的缺乏诚意的举动，或者是东西不好才主动让步。相反，如果双方开始时僵持不下，经过长久的谈判、磨合，做出很小的让步，反而会让对方产生信任感和安全感，从而促进双方达成协议。

这就是心理学上著名的细小让步定律：想要快速赢得人心，有时只需做出细微的让步，效果却比做出较大的让步更加令人满意。

当然，作为一种高级的处世智慧，并不是所有的微小让步都能达到预期目的，技巧把握不好也会收到适得其反的效果，比如在让步的时机、幅度及心态的把握和表达上都要讲究一定的技巧。

让步的时机选择

所谓让步的时机选择，其实就是应该何时做出让步的问题。让步不同于宽容，让步是一个有舍才有得的过程，它带有一定的目的性。这里的"舍"就是下一步钓鱼的诱饵，因而一定要舍在明处。不仅如此，还应该择机、尽量明确地告诉对方有关自己的需要，这样对方才能及时准确地做出回应。如果此时保持沉默，可能让步换来的只是些并不需要的东西，因为对方不知道你的需求在哪里。还要注意的是，需求的暴露不能太早太直白，同时也不能太晚或太隐晦，分寸的把握往往在毫厘之间。

让步的幅度

如同前面实验中提到的，让步的幅度不能太大，所谓细小让步定律就是用微小的让步换取数倍、几十倍的利益。让步过大或是无原则的妥协，并不会给对方带来明显的信任感，反而会让对方产生疑问，开始怀疑合作的前提、基础，滋生出更多的不信任。从这个角度来讲，让步不能过大，如果一次微小让步不能令对方满意，可以采取细水长流的策略，缓慢地做出多次微小让步，但一定不能做出一味妥协退让的姿态。除此以外，在表达方面应该"放大"这种让步，渲染做出让步决定的艰难程度，让这个让步看起来更具价值。

让步的心态把握

当双方意见产生冲突的时候，许多负面情绪随之来临。无论是拂袖离去、偃旗息鼓，还是各执一词、互不相让都是下策。此时如果能在姿态上稍稍降低，对对方观点表示认同，平静、耐心地听对方说完，再有针对性地介绍自己的观点，会比大家唇枪舌剑地乱吵一通效果更佳，或许对方会在理智思考后改变态度。

有策略也要有原则，需要让步的时候不要犹豫，不该让步的时候要坚持到底，这需要具体问题具体分析。如果对方认为双方合作的基础即最初的条件是合理的、可接受的，那么此时的让步就具有实际意义，而且很可能加速合意的达成。相反，如果对方一直认为双方合作的基础是不负责任、毫无根据的，那么如果让步和妥协，就会使对方更确信这种观点，此时或许唯有坚持能赢回一份信任。

用笑容改善情绪气场

人与人第一次见面的时候，如果真诚地微笑，将会收到很好的效果，彼此留下美好的印象，此时"微笑"代表了"接纳、亲切"的意义。微笑能带给人很多正面的情绪反应，一张笑脸能给双方带来安心的感觉。也就是说，当人们发出一个微笑的表情，等于是发出一个"我喜欢你"、"希望和你成为朋友"的亲切信息。

不要怀疑，微笑被认为是最具效率和感染力的交际语言，是人类特有的，也是最好的情绪传导方式。微笑不仅在人际交往中，而且在工作中也有着举足轻重的意义。

一家公司曾这样要求自己的员工：上班表情不佳，影响到部门其他员工工作情绪的每次扣罚10元。

这个规定看似有些荒诞，但有很大的正面效应。制定这样的制度，是源于总经理经常接到员工对部门经理表情僵硬的举报："某部门经理总是愁眉苦脸，员工情绪受到影响，工作积极性下降"；"部门开会的时候，由于部门经理表情僵硬眉头紧锁，导致几名员工在办公室门外不敢进入，严重影响会议效率"，等等。

为此总经理特意召开会议，传达了"老板不笑，员工烦恼"的新型理念。还做出新的规定要求公司中层领导以上的员工在工作中一定要保持良好的表情，让整个办公环境保持一种愉快的气氛。

开始,这个规定让人哭笑不得,但在有意识地关注这个问题后,问题很快得到了解决。不久,那些部门经理能明显感到微笑给自己带来的愉快心情。不仅如此,员工的情绪也变得饱满,提高了工作积极性。

看似荒诞的公司规定,却能带来如此良好的效果,微笑的作用确实不容忽视。关于笑容的奇妙作用曾有实验人员验证过:面对微笑的图片2分钟,诸如悲伤、痛苦等负面情绪会很快得到缓解和改善;反之,面对痛苦表情2分钟的人,情绪会受到暗示,之前快乐、激动等正面情绪会开始低落。除此以外,实验人员还发现,在所有的表情中,保持目光交流,并保持微笑的人最具有吸引力,如果是异性发出这样的表情,吸引力会更强。

微笑的人通常给人一种自信、乐观、潇洒的印象,容易赢得他人的认同,容易让人对其产生信任感。那么,如何微笑呢?

分清场合和对象

微笑能够传递友好和信心,但毕竟是一种愉快、轻松的情绪,在有些场合并不适用。如,参加追悼会,或是庄严的集会活动,或是大家在讨论严肃、不幸的话题时,就应避免微笑,此时微笑将招人厌恶。此外,面对不同的人,应当使用不同的微笑。

不同的微笑能传达不同的感情,主要区别体现在眼神上。面对长者应该报以尊重、真诚、谦逊的微笑;面对孩童应该报以关切的、慈爱的微笑;面对同辈的人可以轻松一些,根据场合报以不同的微笑。

但是无论面对的是谁,都要从内心发出微笑,这样的微笑才能充满自信,才能打动周围的人,传递出友善的信息。号称酒店帝国的希尔顿家族就将"今天你微笑了吗"作为座右铭,这是创始人希尔顿先生在创业过程中发现的一条黄金定律,不仅能吸引大量的顾客,而且简单易行,更重要的是不需要经济成本。由此看来,微笑真是人类世界创造的一个奇迹。

发自内心,自然而然

微笑是美好善意的窗口,只有发自内心的微笑才能直达对方心中,切记不要皮笑肉不笑,或是为了笑而笑。人们对他人的笑容具有很强的甄别力,其中的真情假意、蕴涵的深意只需一眼就可以敏锐地判断出来。

微笑的时候,请一定用真诚的眼神看着对方。这样的微笑才能把温暖和问候直接送到对方心中,使双方产生情感的互动,在愉快的交流中留下美好的回忆。

微笑的其他细节

微笑不仅向对方表示一种礼节和尊重,而且也是自身修养和仪态的体现,但这并不意味着需要时时刻刻微笑。把握好"微笑"之"微"不仅体现在笑的幅度、持续时间,也体现在频率上。蒙娜丽莎的微笑之所以倾倒世界,就在于她的眼睛、嘴角、整个面部都在酝酿一个美丽的微笑,含蓄、迷人、恰到好处。如果笑得夸张、没有节制,就会适得其反,收到相反的效果,引起对方的反感。当对方视线掠过的时候,可以迎着他的视线微笑并轻轻点头。

所以,想要给他人积极的情绪感染,不用花太多力气与心思就可以实现,一个小小的微笑就能唤起别人的好心情,还可以得到别人回报给我们一个微笑。生活中多一些这种互动,正面情绪也就不难产生。

不要太在乎别人对你的看法

当我们听到别人的赞美时,好心情油然而生;而当我们接受负面评价时,情绪也向负面转移。其实,舆论是世界上最不值钱的商品,每个人都有许多看法,随时准备加诸于他人身上。不管别人怎么评价,都只是他们单方面的说法,有很多是没有经过认真思考的,事实上并不会对我们造成任何影响。我们希望听到别人公正的评价,但不管别人怎么说,都不要太在意。

一大清早,鹤就拿起针线,它要在自己的白裙子上绣一朵花,以显示自己的娇艳美丽,它绣得很专注。可是刚绣了几针,孔雀探过来问它:"你绣的是什么花呀?""我绣的是桃花,这样能显出我的娇媚。"鹤羞涩地一笑。"干吗要绣桃花呢？桃花是易落的花，还是绣朵月月红吧。"鹤听了孔雀姐姐的话觉得有道理，便把绣好的部分拆了改绣月月红。

正绣得入神时，只听锦鸡在耳边说道："鹤姐，月月红花瓣太少了，显得有些单调，我看还是绣朵大牡丹吧，牡丹是富贵花呀，显得雍容华贵！"

鹤觉得锦鸡说得对，便又把绣好的月月红拆了，重新开始绣起牡丹来。绣了一半，画眉飞过来，在头上惊叫道："鹤姐姐，你爱在水塘里栖息，应该绣荷花才是，为什么要去绣牡丹呢？这跟你的习性太不协调了，荷花是多么清淡素雅啊！"鹤听了，觉得画眉说得很对，便把牡丹拆了改绣荷花……

鹤每当快绣好一朵花时，总有不同的建议提出。它绣了拆，拆了绣，直到现在白裙子上还是没有绣上任何花朵。

我们自己是不是也经常这样：做事或处理问题没有自己的主见，或自己虽有考虑，但常屈从于他人的看法而改变自己的想法，一味讨好和迎合别人，最后因为违心而变得心情糟糕。

所以做人千万不能像这只鹤一样，一定要有头脑，要把控好自我情绪，不随人俯仰，不与世沉浮，这才是值得称道的情商品质。而随波逐流，闻风而动的人，恰是活在他人的价值标准和情绪世界里，终归会迷失自己。

胜负取决于自己的内心。有时，周围的人对你说："你能胜过他。"可是你心里很清楚你不如那个人，也没想过要和他决一胜负，也就不会产生嫉妒的情绪。反过来，周围人说："你不如他。"或许你心里会想："我一定能赢他。"也就不会产生悲观的情绪。所以，做事也好，做人也罢，我们都要有自己的主见，不要太在乎别人对自己的看法。

世间任何事情都没有绝对，所以只要你心胸开阔，何必在乎别人怎么看、怎么说呢？如果我们以别人的看法为指南，存有这种潜意识，生活中难过就会多于快乐。毕竟不尽如人意的事情太多了，如果只是为了别人的情绪而活，痛苦难过的就只有自己。

杰克是一位年轻的画家。有一次他在画完一幅画后，拿到展厅去展出。为了能听取更多的意见，他特意在他的画旁放上一支笔。这样一来，每位观赏者，如果认为此画有败笔之处，都可以直接用笔在上面圈点。

当天晚上，杰克兴冲冲地去取画，却发现整个画面都被涂满了记号，没有一处不被指责的。他对这次的尝试深感失望。他把遭遇告诉了一位朋友，朋友告诉他不妨换一种方式试试。于是，他临摹了同样一张画拿去展出。但是这一次，他要求每位观赏者将其最为欣赏的妙笔之处标上记号。

等到他再取回画时，结果发现画面同样被涂遍了记号。一切曾被指责的地方，如今都换上了赞美的标记。他不无感慨地说："现在我终于发现了一个奥秘：无论做什么事情，不可能让所有的人都满意，因为在一些人看来是丑恶的东西，在另一些人眼里或许是美好的。"

不要因众人的意见而情绪低落，进而淹没了你的才能和个性。你只需听从自己内心的声音，做好自己就足够了。自己的鞋子，自己知道穿在脚上的感受。我们无论做什么事，一定要对自己有一个清楚的认识，不要轻易地被别人的见解所左右，这才是认识自己和事物本质的关键所在。

一味听信于人，便会丧失自己，便会做任何事都患得患失，诚惶诚恐。这种人一辈子都不会取得成功。他们每天活在别人的情绪中，太在乎上司的态度，太在乎老板的眼神，太在乎周围人对自己的态度。这样的人生，还有什么意义可言呢？每个人都有自己的生活方式，我们不必为一份没有得到的理解而遗憾叹惜，要懂得坚持自我。以下是坚持自我的一些经验之谈：

对别人的看法要平衡，别人并非是先知先觉，他和你我都是一样的平凡。

只要认准了方向，就要勇往直前，不要顾及是否会引起别人的嫉恨。

选择不喜好闲言碎语的人为友，这将有助于你不再为"别人怎么说、怎么想"而产生恐惧。

在处理问题时，相信"别人"和你并无本质差异。

我们要时刻保持积极正面情绪。做人有两种可能，一种是像巴甫洛夫的狗，只听从外来的信息；另一种就是抛开他人对你的看法，相信自己，坚持自己选择的道路。你做人是选择前者还是后者？

为自己而活，不要盲目取悦他人

要为自己而活而不是为他人而活。当我们看到鼻子上有红红的圆球，脸上浓墨重彩，衣着诡异梦幻的小丑时，我们一定以为他做这样一份工作很快乐。他的工作就是让人发笑。但事实上，绝大多数小丑的扮演者都患有不同程度的抑郁症。单纯为了取悦于人，对小丑来说是一种生命不能承受之重，在可笑的假面背后，往往是一颗充满了负面情绪的心。

盲目取悦他人，往往会伪装自己，把自己的情绪藏在心里。没有谁能够承受长久地掩饰自己的本性，除非他内心是麻木的。所以，哪怕在强调要懂得社交技巧和办事艺术的今天，我们依然告诫人们，不要为了取悦他人而放弃发泄情绪的机会。

在这世上，没有任何一个人可以赢得所有人的满意。随着他人眼光来去、为了取悦他人而随意改变自己，会逐渐黯淡自身的光彩。

桃乐丝身高不足1.55米，体重却达到了62公斤。她唯一一次去美容院，美容师说桃乐丝的脸对她来说是一个难题。然而桃乐丝并不因那种以貌取人的社会陋习而烦忧不已，她依然十分快乐、自信、坦然。其实最初桃乐丝并不像现在这样乐观，那么是什么改变了她呢？

桃乐丝还记得自己第一次参加舞会时的悲伤心情。舞会对一个女孩子来说总是意味着一个美妙而又光彩夺目的场合，正值青春妙龄的桃乐丝对这样的场合自然充满了无限的幻想和期待。那时假钻石耳环非常时髦，桃乐丝在为准备那个盛大的舞会练跳舞的时候总是戴着它，以致她疼痛难忍而不得不在耳朵上贴了膏药。也许是由于这膏药，舞会上没有人和她跳舞，整场舞会下来，桃乐丝在那里整整独坐了一个晚上。当她回到家里，桃乐丝告诉父母，自己玩得非常痛快，跳舞跳得脚都疼了。当父母听到桃乐丝在舞会上非常快乐的时候都很高兴，欢欢喜喜地去睡觉了。桃乐丝走进自己的卧室，撕下了贴在耳朵上的膏药，伤心地哭了一整夜。

有一天，桃乐丝独自坐在公园里，心里担忧如果自己的朋友从这儿走过，看到自己在这儿坐着时，会不会觉得自己有些愚蠢。当她开始读一段散文，读到一个总是忘了现在而幻想未来的女人时，她不禁想到："我不也像她一样吗？"故事中的这个女人把她绝大部分时间花在试图给他人留下美好的印象上了，却很少去过自己的生活。在这一瞬间，桃乐丝突然意识到自己整整数年光阴就像是浪费在一个毫无意义的赛跑上了。她所做的一切没有丝毫的意义，因为没有人注意她，而她在试图取悦他人的同时，却忘却了自己，忘却了自己的欢乐与忧愁，忘却了应当拥有自己的生活，在不知不觉间，她早已失掉了自我。从此以后，桃乐丝完全改变了，她不再痛苦于自己的外表，不再试图去取悦他人的眼球，她决定勇敢地做自己，让由内而发的自信和快乐来衬托出自己的美丽。

桃乐丝的那种"盲目取悦他人"的行为反映了人们的一种普遍心理，这同时也是人们不自信的一种表现。不要过分关心别人的想法。当你过分关心"别人的想法"时，当你太小心翼翼地想取悦他人时，当你对别人是否真正欢迎自己而过分敏感时，你就会有过度的否定反馈、压抑等不良的情绪表现。重要的是，看看自己能够做哪些有意义的事情。我们要相信自己的观点，不必取悦所有的人。

其实，对同一个事物，每个人的看法都有所不同。面对不同的几何图形，有人看出了圆的光滑无棱，有人看出了三角形的直线组成，有人看出了半圆的方圆兼济，有人看出了不对称图形独到的美……

既然大家看到的东西都是不一样的，又何必为谁对谁错而争论不休呢？当有人不喜欢你的时候，也许他只是断章取义地看到了你的一点点行为，如果为此影响自己的情绪，甚至改变自己，岂不是一直让别人误解你？

做一个实实在在的人，就要懂得善待自己的想法和情绪。不因为他人的赞美而情绪高涨，也不因为别人的批评而情绪低落。

第三节
给负面情绪找个出口——情绪释放

丢掉坏情绪，做到浑然忘我

紧张是一种不良情绪，它会让我们时时处在不安中，以致无法做好任何事情。学着放松自己的心情，不要让外界因素影响到你，时时保持一种轻松的状态，我们做任何事情都会得心应手。学着让烦恼情绪过期，快乐的情绪自然会回到你的身边。

球王贝利刚刚入选巴西最著名的球队——桑托斯足球队时，曾经因为过度紧张而一夜未眠。他翻来覆去地想着："那些球星们会笑话我吗？万一发生那样尴尬的情形，我还有脸回来见家人和朋友吗？"一种前所未有的怀疑和恐惧使贝利寝食不安。虽然自己是同龄人中的佼佼者，但烦恼使他情愿沉浸于希望，也不敢真正迈进渴求已久的现实。

最后，贝利终于来到了桑托斯足球队，那种紧张和恐惧的心情，简直没法形容。"正式练球开始了，我已吓得几乎快要瘫痪。"他就是这样走进一支著名球队的。原以为刚进球队只不过练练带球、传球什么的，然后便肯定会当板凳队员。

哪知第一次，教练就让他上场，还让他踢主力中锋。紧张的贝利半天没回过神来，双腿像长在别人身上似的，每次球滚到他身边，他都好像看见别人的拳头向他击来。在这样的情况下，他几乎是被硬逼着上场的。但当他迈开双腿，便不顾一切地在场上奔跑起来时，他渐渐忘了是跟谁在踢球，甚至连自己的存在也忘了，只是习惯性地接球、盘球和传球。在快要结束训练时，他已经忘了桑托斯球队，而以为又是在故乡的球场上练球了。

那些使他深感畏惧的足球明星们，其实并没有一个人轻视他，而且对他相当友善。如果贝利一开始就能够相信自己，专心踢球，而不是无端地猜测和担心，就不必承受那么多的精神压力了。但是最后，他还是战胜了紧张，让紧张情绪迅速过期，重新找回了自己。

当紧张产生的时候，具体情况先分析一下，这些问题是不是你生活中非常重要的问题？它们会产生哪些后果令你惊惧？这些思考有助于你将紧张减少到最低程度，使你的情绪能够平和、冷静下来，应付所面对的难题。同时还应该试着把内心忧虑的事用笔全部记录下来，然后逐条检查，把不是很急切的事抽出来，先思考解决比较急迫的事，接着再慢慢想办法解决其他的问题。这样，不仅可以有条不紊地理清积压的难题，还能缓解紧张情绪。

轻轻松松做人，简简单单生活，按照自身的喜悦安排自己的生活，想想也没什么不好。金钱、功名、出人头地、飞黄腾达，这种人生是大多数人梦寐以求的。但是，如果为了获取这些而让自己陷入烦恼之中，这就是我们的失败了。能不依附权势，不贪求金钱，无怨无争的生活，也是一种很惬意的人生。毕竟，我们用不着挖空心思去追逐名利，用不着留意别人看你的眼神，心灵没有锁链，快乐而自由，这样的生活岂不是更美好？

吵架也能化解坏情绪

人的情绪总是在不注意的时候积压了许多的不满，久而久之，人们的情感就会因这些不满而变质，生死之交，可能因为一点小误会大打出手，彼此深爱的情侣也可能因一些小问题而产生口角。

吵架的本身，并不一定就是因为感情不好或者有任何的过节，你可能因为过于关心对方，甚至是深爱着对方，而将自己的想法投射在他人的行为上，当那个人不遂你愿时，小小的芥蒂，却因此而生了。

吵架多数发生在夫妻身上。关于夫妻之间的争吵，普遍认为这是一件正常的事情——甚至还有人认为"打是亲骂是爱，不打不骂是祸害"。所以，身处婚姻中的男女没有必要将生活中的吵架当作是一件多么了不得的事情,甚至因此认为你们的婚姻进入危机,应以一颗平常心对待彼此之间的分歧和争吵。

而且,从另外一个角度来说,吵架反而是你们夫妻之间沟通的一个很好的手段。因为当一个人一味认同对方,自己内心的需求无法满足,这样自己的不满不自觉地就会产生,憋在心里只会让夫妻双方的感情处于冷战,可是对方却还不明白你在烦恼什么,这个时候,吵架就可以帮助你们沟通彼此的见解了。

和谐的婚姻,并不在于两个人志同道合,完全没有争吵,而在于争吵发生后,彼此如何处理与面对,这是婚姻生活中很重要的一门学问。夫妻之间争吵时应遵循以下三个原则:

一是争吵时先调整心情,再处理事情。夫妻吵架往往不在于是谁的对错,而在于双方的心情好坏。心情好,能把坏事看成好事;心情不好,能把好事看成坏事。一些夫妻往往把对方的优点、长处忽略不计,或看作理所当然,而单单计较对方的缺点、毛病,总是将这些看在眼里,烦在心里,就会挑剔、指责不断、吵架不止。夫妻间如果一方长期被挑剔、否定、指责,一定会发泄不快,导致心情沮丧,夫妻吵架就在所难免,而且会由小吵到大吵,由善意转变成恶意。

二是不要企图改变对方,而要先努力改变自己。夫妻之间在一起共同生活,但是二人的兴趣、爱好、性格以及思维模式和行为习惯很少有完全相同的,所以,各自对待生活的态度、处理事情的思想和方法会有很多不同之处。恩爱夫妻都有着共同的特点就是,都能互相包容和顺应,而不能企图抹杀或改变,更不能企图把自己的兴趣、爱好、思维模式及行为习惯强加给对方。

三是夫妻争吵时不求胜利,只求沟通。夫妻吵架不必争谁输谁赢,只要在吵架中把自己心中的不满"吵"给对方就够了。有时大家说,吵架是一种强烈的沟通形式,因为通过吵架,即使对方没有完全接受你的观点、想法或意见,也已起到了交流感受、想法、意见的作用。尽管吵架是一种被动的沟通,但是,它比夫妻间有气发不出来,而闷在心里好得多。

夫妻吵架不求胜利,只求沟通的另一个方面是"不讲道理"是真道理。因为夫妻吵架,很少由原则问题引起,不必较真。如果凡事都较真,非要争出个谁对谁错的道理来,那么"较真"本身就已经错了。

我们如果能够熟练学会用技巧来沟通,那么对自己和爱人的关系只有好处,没有坏处。

丢掉悲观情绪,做个开心的人

有些人一遇到不如意的事情便垂头丧气、怨天尤人,严重的还会对前途失去信心、心灰意冷。对于这种现象,心理学家为我们作出了解释,乐观主义者总是假设自己是成功的,也就是说,他们在行动之前,就已经有了85%的成功把握。这种自信让他们更容易靠近快乐和成功;而悲观主义者在行动之前,却已经确认自己是不可能有好的结果的。这种悲观的情绪便会将他们与快乐、成功隔离。悲观者唯一的好处就是不会有太大的失望,因为,他们也从来没有给过自己过高的期望;但同时他们也看不到生活中的希望。

学着丢掉悲观的情绪,我们就很容易做个开心的人。其实,很多事情,换个角度,换个心情去看待,结果会完全不同。决定快乐的不是环境,而是心境。如果你选择的是快乐,那么快乐就会围绕在你的身边,如果你的眼里只看见烦恼,那么烦恼就会越来越多,直至最后让你窒息。

李伟是一个生性乐观的人,无论在什么时候,他总是一副很开心的样子。他单身的时候,与几个朋友一起住在一间只有七八平方米的房子里,有人问他:"那么多人挤在一起,转个身都难,有什么可开心的?"李伟说:"这么多朋友在一起,不仅能说说笑笑,而且随时都可以交流思想、沟通感情,这还不是高兴的事吗?"

过了一段时间,由于各自的工作关系,朋友们一个个都搬出去了。最后,屋子里只剩下李伟一个人。每天,他依然很开心。邻居觉得这个年轻人很有意思,每天都笑呵呵的,仿佛从来没有什么忧愁的事情,出于好奇,邻居不仅问他:"之前有那么多朋友你还有开心的理由,可现在呢?"

"还是很开心啊!"

邻居不解:"现在,你孤孤单单的一个人,有什么好开心的?"

李伟说："我还有很多书啊！一本书就是一个老师。和这么多老师在一起，时时刻刻都可以向老师请教，这是多么开心的一件事啊！"

"那你从来就没有遇到过不开心的事情吗？"邻居终于问出了自己的疑惑。

"也有，不过想想开心是一天，不开心也是一天，既然如此，为什么要让那些不开心的事情污染到我的好情绪呢？生命这么宝贵，不是吗？"

就像李伟说的一样"开心是一天，不开心也是一天，既然如此，为什么要让那些不开心的事情污染到我的好情绪呢"？

当然，这个道理大家都懂，但是懂和做完全是两种概念，只有把我们的懂加以利用，使之成为对我们有益的能量，才是我们需要学习的。其实，世上没有非走不可的路，没有非想不可的人，没有非做不可的事，让该来的来，该去的去，这样你我就有一颗快乐的心。的确，快乐无处不在，只不过是因为每个人看问题的角度不同，思考问题的出发点也不同，那么得到的结论也就不尽相同。

悲观和乐观，只是一念之间，然而，通过这一念之间看到的世界，却有着天壤之别。生活中的很多事情，都存在着相互对立统一的两面性，我们应该看到它们的另一面，凡事往好处想，朝着乐观的方向走，希望、幸福和快乐将会变得无穷。

他人给的负面情绪不要留在心里

人们的情绪不仅受到自身行为、信念的影响，同时也受到他人情绪的影响。现代社会随时随地都发生着人与人的交往，处在这样的环境中，我们不可避免地会受到他人情绪的影响。他人健康的积极情绪会带来好的影响，而他人消极的负面情绪也会带来负面的影响。一旦他人的不良情绪影响到我们，能否正确地处理这些情绪将关系到是否能保持我们的身心健康。

对待别人给我们的负面情绪，每个人的解决方法不同，所以不必用别人的方法套用在自己身上。但是得到普遍认识的一点是，压制这种负面情绪是最不可取的方法。

心理学家在大量的实验后也发现，在受到来自他人的不良情绪影响时，一味地隐藏与压抑并不利于身心健康，长期的情绪压抑会导致沮丧和疲惫，甚至会诱发习惯性头痛。

但是情绪的表达并非在任何时候都有正面作用。如果情绪表达时过于激动，或者情绪发泄之后不能很快从其中走出来，那么情绪的发泄只会造成自身的损害。例如在双方意见不同时针锋相对，互不相让，则容易产生更多的情绪问题。

对于来自外界的情绪不速之客，没有统一、绝对的应对之法，唯有了解并掌握通常的应对技巧，才能最大程度地避免负面情绪的困扰。

换位思考，对事不对人

当冲突发生的时候，首先应该做的就是冷静下来，理智地分析问题，把人做的事和做事的人区分开来，如果做事的人引起了我们的负面情绪，那么我们需要说服自己换位思考，试着站在对方的立场上思考问题，这是寻求解决之道的捷径。同时用尽量平静的语气告诉他："我的不满是针对你做的事，而并非针对你个人。"

情绪释放要及时

如同之前提到的，释放情绪的方式并不适合每一个人，但这并不能否认情绪释放是个不错的方法。就好比艾克哈特·托尔曾描述过的两只鸭子，在动物的世界里并不缺少冲突，但它们处理冲突的方式有时也值得人类借鉴：两只鸭子在发生冲突之后，马上会各自分开并释放累积的多余能量。然后它们就像冲突发生之前一样继续安详地在水面上漂流。

快速摆脱不良情绪是一种重要的情商，能够帮助人们将情绪释放或转移，同时减少压力，对身体状况亦会有正面的影响。

情绪表达要适度

如果只是一味地换位思考，替他人着想或者压抑自己的情绪并不能解决问题，而且对我们的身心毫无益处，正确的做法是择机适度地表达出我们的不满、愤怒和谴责，在给自己不良情绪找到出口的同时也能让对方明白我们的立场。

重点在于"择机"和"适度",这些并不是一朝一夕能够领悟的,这里有个表达方面的小技巧,比如要表达"你很自私"的意思时可以这样说"你在做这件事情的时候并没有考虑到我,我觉得被遗忘了"。

压制而不压抑负面情绪

压制和压抑一字之差,却有根本的不同,虽然同样是控制情绪发泄,但从结果上讲,压制负面情绪能够让我们保持良好的人际关系,而压抑则会给我们的身心带来不好的影响。从意识上讲,压制是暂时地控制情绪发泄,是一种自动自发的控制,而压抑是长期的、习惯性地压制情绪,比如敢怒不敢言。

在负面情绪中,愤怒算是最为激烈的一种,有人说它应该被发泄,因为有益于身体健康;也有人说它应该被压制,因为有益于他人。心理学家卡罗尔·塔弗瑞斯更倾向于压制,他曾说,如果你是一个有责任感的人,那么你就应该压制愤怒,因为这是正确的做法。

当不可避免地被他人的负面情绪传染时,我们要对自己的情绪负责,积极主动地采取健康的、有益的措施化解他人的负面情绪对自己带来的影响。

为情绪找一个出口

情绪的宣泄是平衡心理、保持和增进心理健康的重要方法。不良情绪来临时,我们不应一味控制与压抑,而应该用一种恰当的方式,给汹涌的情绪找一个适当的出口,让它从我们的身上流走。

在我们的生活中,可能会产生各种各样的情绪,情绪上的矛盾如果长期郁积心中,就会引起身心疾病。因而,我们要及时排解不良情绪。很多时候,只要把困扰我们的问题说出来,心情就会感到舒畅。我国古代,有许多人在他们遭到不幸时,常常赋诗抒发感情,这实际上也是使情绪得到正常宣泄的一种方式。

有人经过研究认为,在愤怒的情绪状态下,伴有血压升高的状况,这是正常的生理反应。如果怒气能适当地宣泄,紧张情绪就可以获得松弛,升高的血压也会降下来;如果怒气受到压抑,长期得不到发泄,那么紧张情绪得不到平定,血压也降不下来,持续过久,就有可能导致高血压。由此可见,情绪需要及时地宣泄。

尽管自控是控制情绪的最佳方式,但在实际生活中,始终以积极、乐观的心态去面对不顺心的外部刺激,是非常难做到的。所以,人们在控制情绪时常常综合应用忍耐和自控的方法,而且,为了顾忌全局,暂时忍耐的方法用得更多。所以,尽管在面对不愉快时会努力做到自控,但往往并非能做到真正的洒脱,还需要检验个人的忍耐力。然而,每个人的忍耐力都是有极限的,当情绪上的烦躁、内心的痛苦达到一定程度,最终会非理性地爆发出来。所以,在实际生活中,不能一味地压抑情绪,要懂得适当地宣泄,为自己的负面情绪找一个"出口",将内心的痛苦有意识地释放出来,而要避免不可控地爆发。

有天晚上,汉斯教授正准备睡觉,突然电话铃响了,汉斯教授接起了电话,他一听才知道电话是一个陌生妇女打来的,对方的第一句话就是:"我恨透他了!""他是谁?"汉斯教授感到莫名其妙。"他是我的丈夫!"汉斯教授想,哦,打错电话了,就礼貌地告诉她:"对不起,您打错了。"可是,这个妇女好像没听见,如竹桶倒豆子一般说个不停:"我一天到晚照顾两个小孩,他还以为我在家里享福!有时候我想出去散散心,他也不让,可他自己天天晚上出去,说是有应酬,谁知道他干吗去了!"

尽管汉斯教授一再打断她的话,说不认识她,但她还是坚持把话说完了。最后,她喘了一口气,对汉斯教授说:"对不起,我知道您不认识我,但是这些话在我心里憋了太长时间了,再不说出来我就要崩溃了。谢谢您能听我说这么多话。"原来汉斯教授充当了一个听筒。但是他转念一想,如果能挽救一个濒临精神崩溃的人,也算是做了一件好事。

这位陌生的妇女之所以选择了汉斯教授作为自己情绪的出口,就是因为彼此不认识,这名妇女能轻松地将自己的情绪倾倒出来,而不会引起恶性循环。

所以，我们要找到合适的发泄情绪的管道，当有怒气的时候，不要把怒气压在心里，对于情绪的宣泄，可采用如下几种方法：

直接对刺激源发怒

如果发怒有利于澄清问题，具有积极性、有益性和合理性，就要当怒则怒。这不但可以释放自己的情绪，而且是一个人坚持原则、提倡正义的集中体现。

借助他物发泄

把心中的悲痛、忧伤、郁闷、遗憾借助他物痛快淋漓地发泄出来，这不但能够充分地释放情绪，而且可以避免误解和冲突。

学会倾诉

当遇到不愉快的事时，不要自己生闷气，把不良心境压抑在内心，而应当学会倾诉。

高歌释放压力

音乐对治疗心理疾病具有特殊的作用，而音乐疗法主要是通过听不同的乐曲把人们从不同的不良情绪中解脱出来。除了听以外，自己唱也能起同样的作用。尤其高声歌唱，是排除紧张、舒缓情绪的有效手段。

以静制动

当人的心情不好，产生不良情绪体验时，内心都十分激动、烦躁，坐立不安，此时，可默默地侍花弄草，观赏鸟语花香，或挥毫书画，垂钓河边。这种看似与排除不良情绪无关的行为恰是一种以静制动的独特的宣泄方式，它是以清静雅致的态度平息心头怒气，从而排除沉重的压抑。

哭泣

哭泣可以释放人心中的压力，往往当一个人哭过之后，发现心情会舒畅很多。

当然，宣泄也应采取适当的方式，一些诸如借助他人出气、将工作中的不顺心带回家中、让自己的不得意牵连朋友等做法都不可取，于己于人都不利。与其把满腔怒火闷在心中，伤了自己，不如找个合适的出口，让自己更快乐一些。

不要刻意压制情绪

马太定律指的是好的越好，坏的越坏，多的越多，少的越少的一种现象。最初，它被人们用来解释一种社会现象，例如，社会总是对已经成名的人给予越来越多的荣誉，而那些还没有出名的人，即使他们已经做出了不少贡献，也往往无人问津。

其实，这一定律同样适用于人的情绪。也就是说，那些快乐的人，会越来越快乐；相对应地，那些压抑的人，总是感到越来越压抑。我们经常会看到这样一些人，他们总是抱怨自己人生的不如意，并由此产生了一系列的压抑情绪的心理问题。

心理学研究表明，情绪需要的是疏导而不是压抑，要勇敢地表达自己的情绪，而非拼命地压制。当你大胆地表达出你的真实情感时，目标将有可能实现，反则将事与愿违。

白雪是一个很美丽的女子，老公是她的初恋，因为爱，她一直都在迁就他。从大学恋爱到结婚，一直如此。而他，则有着别人不能反抗、永远是他对你错的嚣张气焰。他不喜欢她工作，她就得放弃工作在家带孩子。他不喜欢她的朋友，她就乖乖地一个朋友都不见，渐渐失去了一切朋友。每当他心情不好时，她都对他百般迁就与迎合，希望老公在自己的关爱与包容下，情绪会有所改善。可是，日子一天天过去，他的脾气非但没有改善，反而愈演愈烈。在她稍稍不听话的时候，得到的就是一顿狂风暴雨式的武力伺候。

她纵然有一千个想法，也从来不敢表达。她努力地迎合公公婆婆，得到的却永远是白眼多于黑眼的冷漠。她不敢对老公说让公公婆婆搬走另住，只好继续默默承受着除了丈夫之外的公公婆婆的冷暴力。

她从此很少说话，保持着令人崩溃的沉默，把一切放在心里。但却不曾料到，在这样的环境中，小时候非常活泼可爱的女儿居然也学会了迎合她的情绪。看到白雪哭的时候，她会安慰妈妈，唱歌给妈妈听，说老师夸奖她之类的话，其实白雪知道老师并没有表扬她。孩子在学校非常的自闭，没有朋友，常常一个人呆呆地不说话。这让白雪非常揪心。

9年的婚姻，9年的迎合，她从一个活泼快乐的公主变成了一个深度抑郁的女人，还影响到了孩子的成长。虽然跟双方的性格有关，但更是她一味迎合、纵容的结果。

白雪一味将自己的情绪压抑下来，其实对她的婚姻一点好处都没有。我们常说不敢表达自己真实想法的人是怯弱的，一个人如果连自己的所思所想都不敢让别人知道，别人又怎敢相信他。所以不要压抑自己的真实想法与情绪，当自己想表达某种情绪时，就要勇敢地表达出来。

那么该如何排解自己的压抑情绪，让想法顺利地表达出来呢？我们通常可以采取以下几种方法：

鼓励自己，给自己勇气

缺乏信心是我们不敢表露真实情绪的一个原因，由于在乎对方的看法或情感，于是我们开始压抑自认为不利于双方关系的情绪。

这个时候，我们需要给自己勇气，告诉自己即使对方不认可也没有关系，心里也会觉得坦然，情绪也就很自然地表露出来了。

情绪表达要平缓

情绪即使再激烈，也可以选择一种相对轻缓的方式来表达。否则很容易遭到对方的情绪反抗，沟通也就不能再继续进行了。

我们要试着对别人说"我现在很生气……"，而不是用各种激烈的指责或行动来表达生气，情绪是可以"说出来"的。

学会拒绝别人

在某些时候，如果你想拒绝别人，也要大胆地表达出来。但是拒绝是讲究技巧的，太直率的拒绝可能会影响双方的关系。在拒绝对方的时候，你要考虑到对方的心理感受，可以肯定而委婉地告诉他你没法答应，并表达你的歉意。

学会赞美与肯定

赞美是一种有效的人际交往技巧，能在很短时间内拉近人与人之间的距离，消除戒备心理。每个人都渴望听到赞美和肯定的话，真诚的欣赏与赞扬，会使你的人际关系更加和谐，也便于你顺利表达自己的想法。

大自然水库的水位超过警戒线时，水库就必须做调节性泄洪，否则会危害到水库的安全。倘若此时不但没有泄洪，反而又不断进水时，水库就会崩溃。人的情绪也是一样，当需要表达的时候，请先勇敢地迈出沟通的第一步。

情感垃圾不要堆积在心中

在人们的长久相处中，一些情感垃圾会不断滋生。一些人选择了压制，他们试图阻止情感垃圾的蔓延，不愿承认烦恼的存在，结果导致负荷前行，最终情绪崩溃；还有一些人选择了坦然面对，将变化了的思想、情感释放出来、转移出去，慢慢移除了情感中的病菌，从而轻装上阵。

其实，存在情感垃圾是一种生活常态，但不应该成为心灵的常态。若一个人被情感垃圾所束缚，他便只能从压抑中体会烦恼与纷扰，也很难体验到游刃有余、自由洒脱的心境。所以，为了避免被情感垃圾所困扰，我们就应该适当地丢掉一些感情的垃圾，为自己的心灵松绑。

他是个爱家的男人。对她也百般呵护、万般宠爱，好得让她这个做妻子的自惭形秽。

他们之间第一次出现感情异常是因为一把钥匙。他原有4把钥匙，楼下大门、家里的两扇门以及办公室这4把。不知何时起，他口袋里多了一把钥匙。她曾试探过他，但他支支吾吾闪烁不定，这令她怀疑这把钥匙的用途，她开始有意无意地打电话追踪，偶尔还出现在他办公室，名为接他下班实为突击检查。

伴随着他反常的行为举止，她的心一次一次地动摇，她有时候甚至动不动就发脾气，可是他对她依然温柔体贴。直到有一天，她发现了钥匙的用途，原来是开银行保险箱的，于是她终于忍不住悄悄拿走钥匙进了银行。

当钥匙一寸一寸地伸进那小孔，她慌张又迫切地想知道答案。打开保险箱，首先映入眼帘的是一个珠宝盒，盒盖里有他俩的合照以及热恋时期的情书。在珠宝盒下面是一些有价证券，另外还有一些不动产，不动产都写着一个名字。

她哭了，因为这个名字不是别人，正是她自己。所有的疑虑都烟消云散，他是爱她的，而且如此忠诚。

故事中的妻子原本幸福快乐地生活着，却因为对丈夫产生疑虑，他们的情感出现垃圾，结果影响了正常的生活。但是当情感垃圾清除了之后，她的心境又回归平和，心灵也得到解脱。

对于亲情、爱情、友情，现实生活中的每个人都有可能会产生情感垃圾，当一个人的心里积攒了太多情感垃圾之后，他的心中就会背负太多东西，导致积重难返，也很不利于个人的成长。只有将垃圾情绪扔掉，他才能充满激情地专心做事。

那么如何清理心中的情感垃圾，为心灵松绑呢？

直面问题、解决问题

每个人的生活中都有大大小小数也数不清的问题，比如考试不及格、工作不顺利、失恋，等等，当发生这些问题时，如果处理不好，心里就容易产生情感垃圾，影响自己的心情。所以，这时就要直面产生问题的原因，解决问题，不要让情感垃圾积聚。

主动表达自己的善意

情感垃圾往往由于彼此的不信任，这个时候谁对谁错都已经不重要了，重要的是要向对方表达自己的善意，打开对方的心扉，从而利于情感垃圾的清除，也利于自己心灵的解脱。

多多积累美好的情感

人的情感空间是有限的，如果你留了过多的空间，那么情感垃圾很容易就堆积进来，如果你心中存放很多美好的情感，那么情感垃圾也无从插入。

例如，当我们又一次和恋人吵架时，不妨多想想对方当初给自己的美好回忆，让负面情绪不再侵入。

人行走于世，心灵难免在红尘俗世中遭尘埃污浊，一旦心惹尘埃，人生之路就会坎坷不平，此时，不妨扫一扫你的心底，扔掉那些已经成为垃圾的情感，还自己一颗纯净的初心，还自己一个平坦宽广的人生大道。

情绪发泄掌握一个分寸

关于情绪发泄，一个男人曾经这样说过：只要给女人发泄的机会，女人就会像开足马力的机器，让你无处可退，最终崩溃。相对于男人而言，女人更喜欢通过倾诉的方式释放和发泄自己的情绪，但是有些女人往往不能掌握情绪发泄的度，结果导致自己像个失控的魔鬼，影响到自己的生活。

其实，当人产生负面情绪时，发泄是一个很好的途径，能最快地甩掉情绪的包袱，但是我们现在很多人面临的问题是把握不住这个发泄的度。一旦发泄过度，就会对我们的人际关系产生影响，没有人喜欢和不分场合、不分时机、不分轻重随意发泄情绪的人做朋友。我们需要将情绪发泄得恰到好处，才能保证生活的平和。

赵佳是北京某技术公司的总经理，由于她经常出差，甚至有时候要加班，她发现自己大多数的时间都放在工作上，时间一长，她便对自己的工作状态感到烦躁。

当意识到自己的工作状态不佳时，她就想借助运动或者唱歌发泄一下。她喜欢打网球，每每工作烦躁的时候，她就叫上几个同伴一起打网球，或者去KTV发泄一下。她认为打网球和唱歌都是发泄的好办法，特别是将心中的郁结通过打网球打出去或者唱歌唱出来的那一瞬间，仿佛一切都放下了。等发泄完了，她又重拾好心情，继续工作。

赵佳借助网球或者唱歌的方式来发泄自己的负面情绪，其实就是一种恰到好处的发泄方式，这种方式不仅调整了自己的情绪，而且也获得了乐趣。

负面情绪必须释放出来，如果不发泄出来的话，心灵的堤坝就会崩溃。而释放与发泄情绪所要做的就是用语言或者是动作把情绪表达出来，从而让处于战争中的躯体和大脑达成共识。当我们处于负面情绪状态时，正确的疏导才能让情绪发泄得恰到好处。

首先，我们应该体察自己的情绪变化。了解自己的情绪波动是控制情绪的第一步，就像医生医治病人一样，必须先了解病人的病症，然后才能对症下药。如果你连自己的情绪变化都不了解，又谈何控制和治理。唯一不同的是情绪必须自己感知，然后自己控制。

但是适当的情绪释放与发泄并不容易掌握，大多数人常会犯这样的错误：本来是在诉说自己的情绪问题，最后却误转了矛头，本来倾听的那个人成箭靶子，你已忘记了你的初衷。

其次，分析自己的情绪。寻找自己情绪变动的原因并有针对性地找到解决方案。情绪发泄与释放首先要对自己的情绪负责，必须认识到无论有什么样的情绪，都不应责怪和转嫁给他人。分析情绪的过程也是梳理个人情绪变化的过程，当分析情绪时，个人处于一种冷静、理性的状态，便于找到情绪源，从而利于缓解不良情绪。

再次，情绪归类。分析完情绪之后，就要将我们的情绪归类，到底属于有益的负面情绪，还是有害的负面情绪，程度的深浅又是如何，自己以往有没有相同的情绪体验，当你把这一次的情绪贴好标签后，所有情况就会一目了然。

最后，调控情绪。心理学认为："人的情绪不是由某一诱发性事件本身所引起的，而是经历了这一事件的人对这一事件的解释和评价所引起的。"这是心理学著名的一条理论。当找到诱发情绪的原因之后，接下来就是调节情绪了。当一个人情绪低落的时候，要学会找一种适合自己的调节方法，如转移注意力、运动发泄，等等，以促使自己的情绪始终处于平衡之中，使自己的心境始终处于快乐之中。

情绪发泄要恰到好处，就是要注意情绪发泄的度。发泄不满情绪，并不是单纯为了宣泄不满情绪，更不是"泼妇骂街"，不要因为过分的情绪发泄而摧毁了自己好不容易建立起来的光辉形象。在发泄情绪时千万注意要就事论事，不要进行人身攻击，否则事情的性质就改变了，也很难善后。

经营生活，其实就是经营心情。我们学会了不随意发泄情绪，也就能够成功地管理心情了，从而掌握好了自己的人生。

把负面情绪写在纸上

释放负面情绪的方式很多，"把负面情绪写在纸上"是非常流行的一种排解负面情绪的方法。这种方法简单且随意，在动笔将负面情绪写在纸上的过程中，自己的情绪已经得到表达和排解，内心也会有一种欣慰和解脱之感。

其实，生活中的每个人都需要倾诉内心的喜怒哀乐，把负面情绪写出来是缓解压抑情绪的重要方法。它的做法非常简单：将那些自己无法解决的困难或烦恼逐条写在纸上，将无形的压力化作"有形"。这样，原本紧张的情绪便可得到舒缓，思路会变得清晰，自己也能更冷静地解决问题。

瞿先生在一家公司供职约十余年，近些天因为升职的事情，心里非常郁闷。身边和自己同时进公司的同事乃至比自己晚进公司的同事都得到升迁，唯独自己升迁的机会非常渺茫。

面对这种情况，瞿先生在很长的一段时间里情绪都非常低落。他说："我非常恼火，而且这种感觉还一直在扩张，以至于我觉得非离开这家公司不可。但在写辞职信之前，我随手拿了一支红水笔，将我对公司领导层的意见都写在纸上，写着写着，我的心境就开朗起来，好像负面情绪悄悄离开了一样。写完之后，我就把这些纸张收起来，并和老朋友说了这件事。"

朋友建议瞿先生用另一种颜色的笔，将每一位领导的才能和优点写出来，然后又让他把自己想晋升的职位、需要具备的素质甚至未来的规划等都一一写在纸上。两种颜色的纸张一对比，瞿先生的愤怒便马上消减。他又充满了激情，明白了自己怎样努力才能实现目标。

自此，瞿先生就找到了一种发泄情绪的好办法。他总是随身带着纸笔，每当自己有什么想法的时候，就习惯性地先将想法写在纸上。"这是一种很好又很安全的控制情绪的方法，每当我写完之后，就感到一身清爽，时间长了，我控制和调节情绪的能力也越来越强。"他这样说道。

当情绪需要发泄时，不妨像瞿先生那样，养成将情绪写在纸上的习惯。作家罗兰在《罗兰小语》中写道："情绪的波动对有些人可以发挥积极的作用。那是由于他们会在适当的时候发泄，也在适当的时候控制，不使它泛滥而淹没了别人，也不任它淤塞而使自己崩溃。"情绪宣泄的方法有很多种。如：倾诉、哭泣、高喊等。适度的宣泄可以把不快的情绪释放出来，使波动情绪趋于平和。当你心中有烦恼和忧虑时，可以向老师、同学、父母兄妹诉说，也可用写日记的方式进行倾诉。

生活中，我们不可避免地会遇到烦恼和不顺心的事，关键在于，遇到这些事后我们选择如何对待。将情绪埋在心里，长久压抑不是一种可行的方法，要学会笔头倾诉。这种方法可以在不影响他人的情况下，在笔端自由地进行自我倾诉。动笔将你在情绪上遇到的问题写下来，情绪在不知不觉中即可得到排解，还有助于理清思路。

第四节
让积极成为你性格的一部分——情绪选择

好情绪让你更健康

情绪乐观的人会看到希望，希望是相信自己具有达到目标的意志力与方法。乐观者则能激活希望，有了希望，就有人生。要始终保持自己的稳定情绪，乐观是健康的需要，也是你生活乃至生命的需要。

"笑一笑，十年少"。许多研究证实：长寿老人的最大特点之一是具有乐观情绪。美国一份长期对300名受试者所做的研究显示：笑会改善生理健康，笑和具有良好幽默感者，活得健康。调查表明，战争结束后，胜利者的伤口愈合比失败者要快。因为快乐、笑不仅是容易克服压力，更能促进呼吸和血液循环，分泌有益于身体的激素，并会抑制压力产生的有害激素。

心情愉快、心态平和更能促进人做弹性与复杂的思考，有助开拓思路与自由联想，有助于提高智能。所以人们把乐观情绪称之为心理健康的灵丹妙药。正如马克思所说："一种美好的心情比十服良药更能解除生理的疲惫和痛楚。"

你是否有过这样的经历：当情绪高涨，处于兴奋、愉悦状态的时候，就会感觉自己所向无敌，做起事情来也得心应手，特别顺畅。而当你感觉沮丧、灰心失望的时候，即便很简单的事情，也会变成挡住去路的高墙，让你感到无能为力。

乐观与悲观可以说是人们给自己解释成功与失败的两种不同方法。乐观者把失败看做是可以改变的事情，这样，他们就能转败为胜，获得成功；悲观者则认为失败是由其内部永恒的特性所决定的，他们对此无能为力。这两种迥然不同的看法对人们的生活质量有着直接的、深刻的影响。

法国作家雨果曾说过："思想可以使天堂变成地狱，也可以使地狱变成天堂。"

我们要认识到危机即是转机，遇到困难，产生压力，一方面可能是自己的能力不足，因此整个问题的处理过程，就成为增强自己能力、发展成长重要的机会；另外也可能是环境或他人的因素，则可以理性沟通解决，如果无法解决，也可宽恕一切，尽量以正向乐观的态度去面对每一件事。如同有人研究所谓乐观系数，也就是说一个人常保持正向乐观的态度，处理问题时，他就会比一般人多出20%的机会得到满意的结果。因此，正向乐观的态度不仅会平息由压力而带来的紊乱情绪，也较能使问题导向正面的结果。

大家都知道，人的健康与心理健康有密切关系。我们的心中如果常带有负面消极的心理，是会影响身体的健康。因此，为了健康我们要努力把内心的阴暗面排除，用积极乐观的情绪面对生活，这对我们的健康更有好处。

任何时候都要看到希望

人最宝贵的东西是生命，生命对于每个人只有一次，而且，每个人的生命都是父母生命的延续，因此，任何人都没有任何理由来轻视自己的生命。

在生活中，很多人常常会一时冲动，冲动是在理性不完整的状况下的心理状态和随之而来的一系列行为，也属于意志脆弱的一种表现。

有好多年轻人因为父母或者他人的一句话或一些不如意的事情就产生了自杀的念头。有的是在工作与事业上受到挫折而心灰意冷，便没有勇气活下去。但也有一些人往往自杀未遂，而在身心上留下了终生的遗憾。

李大钊说："求乐的人生观，才是自然的人生观、真实的人生观。"

人生在世，我们根本就无法做到事事顺心，总会碰到这样或那样的困难。只有那些在逆境中不心灰意冷，积极乐观的人，才能战胜困难，享受胜利的喜悦，否则，便会被困难压倒。因此，当我们遇到事情后，一定要运用选择的权力。摒弃消极悲观的想法，选择积极乐观的想法，学会快乐。这样，你的生活才会充满阳光，你才会活得轻松、惬意。

杂志撰稿人鲁斯最初知道自己身患重病是在 5 年前，当时，他去买人寿保险，做心电图发现冠状动脉有阻塞症状之后遭到保险公司的拒绝。保险公司的医生说，他只能再活一年半，而且必须辞掉杂志社的工作，也不能参加任何体育活动。那时，他才 37 岁。

鲁斯不愿放弃自己那种生龙活虎的生活方式，下决心找出另外的办法活下去，他想通过锻炼保持心脏的健康。同时，他又为自己定了一个大胆的治疗方案。他服用大量的维生素 C，再对自己实行一种"幽默疗法"——连着看大量的喜剧片，读著名作家写的滑稽作品。他后来说："我很高兴地发现，捧腹大笑 10 分钟就能起到麻醉作用，使我至少能够不觉得疼痛地睡上两个小时。"

5 年过去了，他还活着。

鲁斯现在认为，紧张和压力之类的消极力量会使身体虚弱，而快乐、信心、欢笑、希望等积极乐观的力量会使身体强壮。"倘若我们战胜沮丧的乐观情绪的力量不能在身体里引起生物化学上的积极变化，我是绝不相信的。"鲁斯说，"我们能够想办法让自己活下去。每当犯病去医院的时候，院长和治心脏病的专家都在等着我。我说：没事，各位别紧张。我希望你们了解，我是到你们医院来过的最顽强的病人。"

鲁斯从经验当中得出一个信念：乐观的心情比药物还有用。他说，这一点应当引起医疗专家的重视。"如果乐观情绪本身能够起到医疗作用的话，就不应该忽略，而要当成所有疗法的一个组成部分。"

情绪也是一种力量，它是一种源于人的内心的力量，我们绝不能忽视乐观情绪的力量，它不仅仅是帮助你建立一个好的心态，在坚强的意志的帮助下，它甚至可以挽救一个人的生命。

变被动为主动

学会主动，你就等于抓住了先机。

在波涛汹涌的大海中，有一艘船在波峰浪谷中颠簸。一位年轻的水手爬向高处去调整风帆的方向，他向上爬时犯了一个错误——低头向下看了一眼。

浪高风急顿时使他恐惧，腿开始发抖，身体失去了平衡。这时，一位老水手在下面喊："向上看，孩子，向上看！"这个年轻的水手按他说的去做，重新获得了平衡，终于将风帆调好。船驶向了预定的航线，躲过了一场灭顶的灾难。

不要被动地接受外界给你造成的压力，要学会主动反击，这样，你就会发现很多事情都是有转机的。换一下位置，寻找对自己最有利的一面，从多个角度去分析事物、看待事物。换个角度，其实，很多时候，是在多给自己一分信心，多为自己创造一些机会。

在任小萍的职业生涯中，每一步都是组织上安排的，自己并没有什么自主权。但在每一个岗位上，她都有自己的选择，那就是要比别人做得更好。

大学毕业那年，任小萍被分到英国大使馆做接线员。在很多人眼里，接线员是一个很没出息的工作，然而任小萍在这个普通的工作岗位上做出了不平凡的业绩。她把使馆所有人的名字、电话、工作范围甚至连他们家属的名字都背得滚瓜烂熟。当有些打电话的人不知道该找谁时，她就会多问几句，尽量帮他（她）准确地找到要找的人。慢慢地，使馆人员有事外出时并不告诉他们的翻译，只是给她打电话，告诉她谁会来电话，请转告什么，等等。不久，有很多公事、私事也开始委托她通知，她成了全面负责的留言点、大秘书。

我们无法选择最开始的路，但我们可以选择轻松行走的方式。

主动是一种很重要的姿态，表明我们积极对待问题的态度；主动也是一种高度合作的模式，往往是别人喜欢的合作伙伴；主动是很好的学习模式，往往可以在不断的进取中塑造新能力；主动也是对自己的一种挑战，因为主动承揽而使得自己有更明确的责任去整合资源、实现承诺。因此，主动者往往是领导者或者魅力者的基本条件之一。

但是主动也不是完全没有问题，主动者有时候可能侵犯到别人看作是自己地盘的事情，主动者可能被一些人看作好事者，主动者也有可能给自己揽下不全是搞得定的事情。但是，主动是一种技能，它需要在操练中才知道把握好的火候与分寸，只有我们在经常的主动中反思、总结与调整，最终我们就能变得更加优秀。

幽默，情绪中的"开心果"

生活中需要幽默，幽默是高情商的表现，它更是管理自我情绪所具备的心态。发现幽默，它是情绪的开心果；应用幽默，它可缓解矛盾，调节心情，促使心理处于相对平衡的状态。著名的喜剧大师卓别林曾说："通过幽默，我们在貌似正常的现象中看不出不正常的现象，在貌似重要的事物中看不出不重要的事物。"

生活中的你，是整天一副严肃的表情，还是常能于妙趣横生中化干戈为玉帛呢？幽默并不仅仅是一种单纯说笑，它还是一种智慧的迸发、善良的表达，是交往的润滑剂，更是一种胸怀和境界。幽默不仅能增加你和别人之间的友谊，更能使一些误解得到消除。幽默就像阳光一样，可以使这个世界变得温暖明媚。

幽默的人生是乐趣无穷的人生。学会和善于运用幽默，会令我们的工作、生活更为丰富和快乐。幽默的方式方法有多种，从其性质来看，有滑稽的、荒谬的，有协调的，有出人意料的，有戏谑、诙谐、反讽、挖苦等。需要强调的是，运用幽默谈吐时，要考虑场合和对象。一般情况下，在日常社交场合中，可多用幽默；在学术性或政治性交往活动中则要慎用幽默，应注意不适当的幽默会削弱听众对主题的注意；对待敌人、恶人则要用讽刺性幽默，以便在用幽默讥讽、鞭挞对方的同时，给周围的同事、朋友以快感。

一位年轻的画家拜访德国著名的画家阿道夫·门采尔，向他诉苦说："我真不明白，为什么我画一幅画只用一会儿工夫，可卖出去却要整整一年。""请倒过来试试吧，亲爱的。"门采尔认真地说，"要是你花一年的工夫去画它，那么只用一天，准能卖掉它。"那个画家笑了。

门采尔对画家所说的话不仅让那个画家不那么郁闷，而且幽默中蕴涵深刻哲理，让人们在笑声中增长智慧。

幽默在日常生活中是很重要的，它充当着调味剂，让我们的生活更加有滋有味。它能使那种严肃、紧张的气氛顿时变得轻松、活泼，它能让人感受到说话人的温厚和善意，使其观点变得很容易让人接受。

然而,真正的幽默是充满智慧的。在日常生活中,常有人由于不慎而使我们身处窘境,或是向我们提一些非分的请求,或是问一些我们不好回答或暂时不知道答案的问题。此时,我们如果直接表明"不满意"、"不可能"、"无可奉告"、"不知道",往往会给彼此带来不快。如果我们想从窘境中脱身而出,不妨借用幽默的力量。

有一次,萧伯纳为庆贺自己的新剧本演出,特发电报邀请丘吉尔看戏:"今特为阁下预留戏票数张,敬请光临指教。并欢迎你带友人来——如果你还有朋友。"丘吉尔看到后立即复电:"本人因故不能参加首场公演,拟参加第二场公演——如果你的剧本能公演两场。"丘吉尔善用幽默的特点由此可见一斑。

不仅在生活中如此,即便是在政治上,丘吉尔也能够将这种智慧应用自如。丘吉尔有一个习惯,洗澡后喜欢裸着身体在浴室里来回踱步,以事休息。

二战期间,一次,丘吉尔来到白宫,要求美国给予军事援助。当他正在白宫的浴室里光着身子踱步时,有人敲浴室的门。"进来吧,进来吧。"他大声喊道。

门一打开,出现在门口的是罗斯福。他看到丘吉尔一丝不挂,便转身想退出去。"进来吧,总统先生。"丘吉尔伸出双臂,大声呼喊,"大不列颠的首相是没有什么东西需要对美国总统隐瞒的。"看到此景的罗斯福会心一笑,也被丘吉尔的机智幽默所折服。

就是通过这样直白坦率而又幽默的方式,丘吉尔最终赢得了美国总统的信任,让美国和英国结成了同盟,从而帮助自己的国家走出了困境。丘吉尔的幽默是一种智慧的力量。

然而,幽默并非每个人天生就有,而是需要自己用心培养。幽默不是油腔滑调,也非嘲笑或讽刺。正如有位名人所言:浮躁难以幽默,装腔作势难以幽默,钻牛角尖难以幽默,捉襟见肘难以幽默,迟钝笨拙难以幽默,只有从容、平等待人、超脱、游刃有余、聪明透彻才能幽默。

培养你的积极情绪

命运不会吝啬给我们苦楚,可是如果我们保持乐观的心态,那么即便是有再多的苦楚,我们也能将其掩埋在微笑之下。

钟爱东,百庙鱼塘的主人,被评为省"巾帼科技兴农带头人"。

从一名普通的下岗女工到身价千万的养殖大王,不惑之年的钟爱东仍然勤劳淳朴。事业几经起落,她说,横下一条心,没有过不去的坎儿。

1997年1月1日,是钟爱东不能忘却的日子,这一天,本以为捧上"铁饭碗"的她下岗了。在这家工厂工作了近20年,还成了厂里的"一把手",钟爱东说,她把全部的心血、最好的青春年华都给了工厂,甚至没有时间照顾年幼的孩子,"当时觉得,心里有什么东西被人硬掰了下来。"钟爱东说,那天,她哭了。

下岗后,她接到的第一个电话,是花都区妇联打来的,她说,就是这个电话,在最艰难的时候教会了她"用笑容去迎接困难"。钟爱东在当厂长的时候就经常与周围的农民接触,知道养殖水产有赚头,看准这一点,她拿出了仅有的2000元"箱底钱",又东奔西走借了些款,一咬牙承包了200亩低洼田,资金不够,就赚一分投入一分,滚动式周转。几年下来,天天"泡"鱼塘、搞技术,200亩低洼田变成了水产养殖地。钟爱东说,那时鱼塘就是她全部的生活了。她每天早上都要花一个小时绕池塘走上一圈。

钟爱东没想到,生活中的第二次打击来得这么快。1997年5月8日,是钟爱东伤心的日子。那一天,一场大洪水淹没了她刚刚兴旺的鱼塘。站在堤坝上,看着不断上涨的洪水一点点吞没了鱼塘,钟爱东绝望地回了家。"在哪里跌倒就从哪里爬起来。"这是当时丈夫说的唯一的一句话,倔犟的她这次没有流泪。她开始带着工人挖塘、养苗,引进新技术、新鱼种,被洪水淹没的鱼塘一点点"回来"了。

钟爱东成了远近闻名的"鱼王",鱼塘越做越大,还办起了企业。多年的艰难经营,"养鱼为生"

别让压力毁了你，别让情绪左右你

的钟爱东对技术情有独钟：一个没有创新、没有新产品的企业，就像脱水的鱼。

钟爱东有个温暖的四口之家，她说，在最困难的时候，家人的支持成了她的精神支柱。"当初好多次想到放弃，是他们帮我挺过了难关。"屡经磨难，钟爱东说最重要的是要学会如何看待失败，"下岗、失败都不用怕，路是自己走出来的，认定目标走下去，一定会成功。"

生命，有起有落，有悲有喜，起伏不定，但是太阳却依然光亮，月亮仍然美丽，星星依旧闪烁……一切的一切仍旧是那么和谐，而生命，依然会有着更绚烂的色彩亟待我们去开发。明天，总是美好的，只要我们有心，在艰难中咬紧牙关，就能够在痛苦中盼来新的晨曦。

苦难不可避免，低落的情绪是每个人都会经历的，但我们可以选择一种更健康、更快乐、更放松的生活方式，重新寻得内在的平静和快乐。

热情帮你战胜一切

美国哲学家、散文家及诗人拉尔夫·沃尔德·爱默生说过："没有热情，任何伟大的业绩都不可能成功。"对成功不利的所有因素，如迷惑、失望、恐惧、消极、颓废、猜忌、犹豫等都是由缺少激情而引起的，这些因素的存在使我们未老先衰、止步不前；而由热情带来的希望、果断、积极、主动、兴奋等，则可以使我们获得与困难搏斗的勇气和向目标迈进的力量。

有人把以下问题列入人生失败的主要原因之中：

习惯处于消极的精神状态；

缺乏控制激情的能力；

不能坚定地达到目的并保护它；

没有超凡脱俗的"野心"；

缺乏善始善终的决心。

热情是我们事业成功和生活幸福的源泉。

热情给我们以智慧，比尔·盖茨说："每天早晨醒来，一想到所从事的工作和所开发的技术将会给人类生活带来巨大的影响和变化，我就会无比兴奋和激动。"

热情给我们以灵感，牛顿从司空见惯的苹果落地现象发现了万有引力定律。

热情给我们以力量，贝多芬在耳朵失聪的情况下奏响美妙的乐章。

热情能使我们更加努力，更加快乐地去工作，享受工作的乐趣！

每个人内心深处都有像火一样的热情，却很少有人能将自己的热情释放出来，大部分人都习惯于将自己的热情埋藏在内心深处。

如果不能使自己的全部身心都投入工作中去，那么你无论做什么工作，都只能沦为平庸之辈，做事马马虎虎，只有在平平淡淡中了却此生。如果是这样，你的人生结局将和千百万的平庸之辈一样。

第二次世界大战期间，与法西斯主义势不两立的美国女记者多萝西·汤普森将她的报纸专栏作为打击希特勒政权的武器。她的专栏文章由报业辛迪加向150家报纸发稿，那些富有洞察力又注入了丰富感情的政治评论，使得同行们充满理性的专栏文章黯然失色。1940年，她的读者高达700万人。

满怀激情的工作成就了汤普森。在职场上，这种激情创造成功的范例还有许多许多。我们的生命，一半是给工作的，如果我们缺乏对工作的激情，工作就会变成无休无止的苦役，这是一件非常可怕的事情。正如加缪描写的古希腊神话中的西西弗斯的境遇：他不停地把一块巨石推上山顶，而石头由于自身的重量又滚下山去，再也没有比进行这种无效无望的劳动更严厉的惩罚了。然而，倘若我们真的处在这样的命运之中，尽管可以找到怨天尤人的理由，但是，有一点必须明白的是，我们自己应对困境负主要的责任。我们往往把工作当成赚钱的手段，很少把它与实现快乐的途径联系在一起，因而对待工作的态度也常常以金钱的多少为衡量标准。

第十三章 情绪调节：管理好情绪，才能管理好人生

露西大学毕业后到一家创办不久的文化公司从事展销业务，本来展览经济是一个新的增长点，在这一行里有许多美好前景可以开拓，但初创阶段的公司业务并不是很好，露西的工资要比一同毕业的同学少一半。收入上的差距使她心里不平衡了，她开始私下寻找跳槽的机会。结果，不仅跳槽不成，她在公司第二年的竞聘上岗中也落聘了。

这山望着那山高，露西的致命伤在于她丧失了上进的动力和兴趣，从而阻碍了自己的发展。其实工作的成就感绝不只是靠金钱得到的，把收入看淡一点，从工作中发现兴趣，远比盲目地另找一份工作要实际。

对自己的工作充满热情的人，无论工作有多少困难，或需要多少的努力，始终会用不急不躁的态度去进行，而且一定能够出色地完成任务。爱默生说过："有史以来，没有任何一件伟大的事业不是因为热情而成功的。"

同样一份工作，同样由你来干，有热情和没有热情，结果是截然不同的。前者使你变得有活力，把工作干得有声有色，创造出许多不凡的业绩，使老板对你刮目相看；而后者使你变得懒散，对工作冷漠处之，当然就不会有什么成绩，你的潜在能力也自然得不到施展。

你不关心工作，老板也不会关心你；你自己垂头丧气，老板自然对你丧失信心。一旦成为企业里可有可无的人，也就等于取消了自己继续从事这份工作的资格。

而那些对工作充满热情的人，不但可以提升自己的工作业绩，而且还可以为自己带来许多意想不到的成果。

李师傅过去是一名出租车司机，现在他却在为一家银行的行长做司机，无论是从待遇还是发展机会都发生了巨大的飞跃，而这一切都源于他的热情。

有一天，李师傅在陆家嘴的浦东大道上接到一位年过半百的男子，要去浦西的一个饭店赴宴。车子刚进隧道，客人突然要求掉头。李师傅说："隧道里不能掉头，只有到浦西再说了。"客人说："我出门时换了条裤子，没带钱。如果到浦西再掉头，赴宴就来不及了。"李师傅笑了："没关系，我可以免费送你去。"

车子经过外滩时，客人问李师傅："这是什么地方，这么漂亮？""外滩呀。"交谈中，李师傅明白了：客人是刚刚来上海不到一个星期的美籍华人。

车到饭店，客人刚要下车，李师傅拦住他，递过3张大众乘车证，说："你身边没钱，等会儿回去的时候可以打上面的电话，让大众出租车来接你。这3张乘车证可以付30元车费，即使不够用，大众司机也会送你回去的。"

客人收下3张乘车证，道过谢之后就走了。

两天后的下午，李师傅的手机响了。一位自称行长秘书的人打电话给他："老板通过出租车的发票找到你的手机，他问你是否愿意来银行做他的司机？"

这天晚上，李师傅一家人开了"全体会议"：与单位签订了4年的合同，才干了一年多，单位会同意吗？违约金付得起吗？

第二天，李师傅找到经理。经理二话没说："董事长说过，只要是好职工，去好的地方，我们就欢送，不算违约。"

成功是热情投入的产物，有些人热爱工作几乎达到了废寝忘食的地步，因为工作给其以成就感，工作令其兴奋、令其感到生命的充实。也正是因为这样，他们才能在工作中不断扩展自我、获取新知，达到成功的新境界。

向责难你的人说"谢谢"

受到别人的责难，心里难免不舒服，也很容易产生不好的情绪，但是，在这之前，给自己30秒钟的时间来回顾一下，看看他人的责难是不是真的那么可气，如果不是，那就请你安静下来，好好平复一下自己的心情。

人不能总停留在原地,而是要努力向前。感谢折磨你的人,你将得到更迅捷的发展速度。

对于生活中的各种折磨,我们应时时心存感激。只有这样,我们才会有一种幸福的感觉,纷繁芜杂的世界才会变得鲜活、温馨和动人。一朵美丽的花,如果你不能以一种美好的心情去欣赏它,它在你的心中和眼里也永远娇艳妩媚不起来,有如你的心情一般灰暗和没有生机。

"二战"期间,丹尼尔先生为了躲避战争逃到了瑞典,身无分文的他很需要找份工作。由于他能说并能写好几国的语言文字,所以他希望在一家进出口公司里找一份秘书工作。可是,绝大多数的公司都回信拒绝了他,甚至一家公司在写给丹尼尔的信上说:"你对我公司的了解完全错误。你既错又笨,我根本不需要任何替我写信的秘书。即使我需要,也不会请你,因为你连瑞典文也写不好,信里全是错字。"

当丹尼尔看到这封信的时候,气得要发疯了,于是,他也写了一封措辞激烈的信回敬该公司。但是在把那封信寄出去之前他又仔细考虑了一番,心想:"瑞典文并不是我家乡的语言,也许我确实犯了很多我并不知道的错误。如果是那样的话,我想要得到一份工作,就必须再努力地学习。此人可能帮了我一个大忙,虽然他本意并非如此。他用这种难听的话来表达他的意见,并不表示我就不亏欠他,我应该写信感谢他一番。"

于是,丹尼尔另外写了一封信说:"你这样不嫌麻烦地写信给我实在是太好了,尤其是你并不需要一个替你写信的秘书。对于我把贵公司的业务弄错的事我觉得非常抱歉,我之所以写信给你,是因为我向别人打听,而别人把你介绍给我,说你是这一行的领导人物。我并不知道我的信上有很多语法上的错误,我觉得很惭愧,也很难过。我现在打算更努力地去学习瑞典文,以改正我的错误,谢谢你帮助我走上改进之路。"几天后,丹尼尔就收到了那个人的信,请丹尼尔去看他,丹尼尔因此得到了一份工作,丹尼尔由此发现"温和的回答能带来好运"。

故事中的丹尼尔正是因为控制住了自己不好的情绪,对事情做了一下分析,在明白原委之后,他为自己找到了正确的解决方式,不但化解了自己的不良情绪,也为自己争取到了一个难能可贵的机会。

真诚地向责难你的人说"谢谢",不但是一个人宽大胸怀的表现,也是一个人成熟理智的体现。温和的回答能够给一个人带来好运,当我们面对一件令人生气的事情时,愤怒应对只会让事情变得更糟,如果采用温和的态度来对待,说不定坏事也可以变成好事。

第五节
心理问题影响情绪——做自己的情绪咨询师

有心理问题不等于精神病

心理咨询在我国是一门起步较晚的新兴学科,人们对它有一种神秘感。来访者通常都是左顾右盼,鼓足了勇气才走进诊室,在医生的反复保证下,才肯倾吐愁苦;或是绕了很大一个圈子,才把真实的情况暴露出来。因为在许多人眼里,来咨询的人很可能有什么不正常或有精神病,要不就是有见不得人的隐私或道德品质方面有问题。此外在中国人的传统观念中,表露出情感上的痛苦是软弱无能的表现,对男性来说尤其如此。

一提到心理咨询,不少人就会将它和治疗精神病画上等号,认为走进心理咨询室的人是去治疗精神病的。这种认识是十分荒谬的。

心理咨询强调发展性咨询,强调个人心理素质的提升,强调自我潜能的开发,强调每个人都做最好的自己,同时也包括轻度心理问题的解决。它的工作对象是在学习、工作、人际等方面有些适应不良的个体,这些个体经过心理咨询或个人努力,能够解决问题,顺利成长。这与患了精神疾病是不能等同对待的。什么是精神病?精神病是指严重的心理异常,是精神病性的精神障碍,患者通常严重缺乏自知力，不能应付日常生活需求或不能保持与现实的恰当接触。

以上种种原因，使得很多人宁愿饱受精神上的痛苦折磨，也不愿或不敢前来就诊。其实，心理问题与精神病是两个不同的概念。每个人在成长的不同阶段及生活工作的不同方面，都有可能会遇到这样那样的问题，导致消极情绪的产生。对这些问题如能采取适当的方法予以解决，患者就能健康地发展；若不能及时加以正确处理，则会产生持续的不良影响，甚至导致心理障碍。这样看来，心理问题是日常生活中经常会遇到的，就这些问题求助于心理咨询并不意味着有什么不正常或见不得人的隐私，相反，这表明了患者具有较高的生活目标，希望通过心理咨询更好地自我完善，而不是回避和否认问题，混混沌沌虚度一生。

因此，心理咨询与治疗精神病是两个不同的概念。精神病与一般心理问题、心理障碍有很大区别，正如生了病同疲劳或身体不适之间的差别一样。身体不适不意味着就是生病，心理出现问题也不等于就是精神病。身体不适，我们要休息、锻炼和注意保健，心理不适也同样要注意休息、锻炼和保健。而心理咨询人员就如同运动教练和身体保健师，是人的心灵运动和保健的指导者。

心理调治的常见误区

以前我们往往认为，一个人之所以会产生挫折感是由于客观事物本身所致，事件 A 导致后果 C。因此，当青少年遇到挫折出现心理失常行为时，人们往往会认为，挫折事件本身是直接原因。比如某某自杀了，为什么自杀？因为考试不及格。但实际上考试不及格的人多着呢，为什么就他自杀呢？

在诊治心理病的过程中，很多心理病之所以治不好，是因为患者自身陷入了某些误区。

最常见的误区就是，病人一味地去寻求特效疗法，什么特效药、高级仪器、外国疗法，凡是媒体上宣传过的，都要匆匆忙忙试一试，而每种疗法又都是浅尝辄止，忽视了调动患者本人的内在潜力和能动性。而调动患者本人的内在潜力和能动性，恰恰是心理治疗的核心，也是治疗取得疗效的根本原因，如果忽视了核心和根本，治疗当然不会取得成功。

第二种常见误区，是病人在心理治疗过程中，颠倒了医生和病人间的主次关系。心理疾病的诊疗与一般疾病的一个显著区别就在于，患者是治疗的主体，医生是辅体。如果把心理病的治疗比作一次心灵手术的话，那么最合适、最理想的手术者并非心理医生，而是心理病患者本人，心理医生只是手术的助手和顾问，绝不能越俎代庖。

第三种常见误区，是病人对于治疗的难度和所需时间估计不足。据研究，任何心理疾病的产生，都有病态性格作基础，性格基础不动摇，心理疾病的症状也将难以根除。而性格是在 5 岁以前形成的，5 岁以后，就基本定型，一旦定型，终生难以改变。我国的谚语里，也有"江山易改、本性难移"的说法，可见，心理疾病的诊治原本就是艰难而漫长的。对此缺乏认识和没有足够的准备，陷入急于求成的误区，治疗就容易失败。

如果我们能够从情绪入手，学会外部的诱引劝说就是一条重要途径，通过诱导、劝说来改变一个人的不良情绪，进而影响他改变对事件的认知评价。

有这样一个高考失利的例子：一个年轻人，连续 3 年高考失利。这时有位老师说："你真的不是读书的料啊！"

老师的这句话，使年轻人受到了打击，他的情绪一下子低落下来，他彻底否定了自己，放弃学业回家了。而他的班主任得知此事后，立刻去找了他，向这位年轻人循循善诱，令他重新树立了信心，最后终于在高考中胜出。

可见，不同的心理调节会导致截然不同的结果，它对学习、事业乃至人生发展有着多么重要的关系。在当今社会的社交关系中，我们很容易产生冲突和矛盾，加上社会生活方式的急剧变化、社会价值观越来越多元化，良好的心理调节无论在这一时期还是在人一生的发展中，都凸显其现实价值和长远意义。

心理咨询的形式

现代人的心理疾病有千百种，所以现代人的心理咨询的形式也有很多，经常采用的主要形式如下：

电话咨询

电话咨询是通过电话给咨询对象以帮助的一种形式。咨询对象喜欢电话咨询，有各种不同的原因。有的是因为路远，觉得到心理咨询专家那里走一趟很不容易；有的是因为与心理咨询专家面对面地交谈感到难堪；有的是为了更好地保密。如一位刚刚结婚不久的女子，怀疑自己的丈夫有外遇，就通过电话咨询解决了迷惑。

电话咨询对于防止自杀等恶性事件的发生是有显著作用的。但是，有时候，使用电话咨询就有困难。例如，有的咨询对象想在夜里12点以后咨询，咨询对象感到这个时间对他合适，咨询专家就不方便。另一方面，咨询对象与咨询专家谁也看不见谁，只凭听觉来控制咨询过程，咨询的效率就会受到影响。

书信咨询

书信咨询是通过写信的方式来进行的一种咨询。这种咨询在有些时候、有些情况下还是比较有用的。例如，有一位刚参加工作不久的中学教师，一旦有老师或学校领导来听课就很紧张，板书、讲话、演示实验都经常出错，自己十分苦恼。通过书信咨询，问题逐渐减轻。由于业务素质和心理素质都比较好，由乡镇中学调到县城重点中学任教。

直接咨询与间接咨询

直接咨询是指由心理医生对具有心理疑难需要帮助、存有心理困扰需要排解或患有轻微心理疾病需要治疗的咨询者直接进行的咨询。直接咨询的特点是通过心理医生与咨询者的直接交往和相互作用，使咨询者的疑难问题得到解决，心理困扰或轻微心理疾患逐渐得到排解或减轻。间接咨询是指由心理医生对来访的咨询者亲属及其他人员所反映的当事人的心理问题进行的咨询。间接咨询的特点是在咨询者与心理医生之间增加了一道中转媒介，咨询者的心理问题靠中转人向心理医生介绍，心理医生对咨询者的处理意见也要由中转人付诸实施。因此，在间接咨询中，如何正确处理好心理医生与中转人的关系，使心理医生的意见易为中转人所接受并合理实施，是关系到咨询效果的一个至关重要的问题。

个别咨询与团体咨询

个别咨询是心理咨询最常用的形式。所谓个别咨询，是指咨询者与心理医生一对一的咨询活动。这种咨询活动既可以采用面谈的方式，也可以通过电话、信函等其他途径进行。个别咨询具有保密、易于交流、触及问题深刻、便于个案积累和因人制宜等优点，但这种咨询形式也有费时和社会影响较小等不足。

团体咨询是较个别咨询相对而言的。当具有同类问题的咨询者被医生分成若干小组或较大的团体，进行共同商讨、指导或矫治时，这种咨询形式便称为团体咨询。

团体咨询较之个别咨询，在节省咨询的人力和时间、扩大社会影响、集中解决一些共同的和较迫切的心理问题方面极具优越性。团体心理咨询对于帮助那些有害羞、孤独等人际交往障碍的学生，更有其特殊功效。因为将此类咨询者编为小组，进行多向交流和模仿，可形成浓厚的团体感染气氛和支持效应，从而有助于咨询者问题的解决或障碍的排除。当然，团体心理咨询也有其固有的局限，主要是个人的深层心理问题不便暴露，个体的心理问题差异也难于照顾。因此，在团体咨询中应注意适当的个别指导，将团体咨询与个别咨询有机地结合起来，是心理咨询中应当注意的一个问题。

门诊咨询

这是用得最多的一种咨询。这种咨询，有时候在咨询门诊部进行，有时候在咨询专家的家里进行。因为咨询专家可以利用最直接的信息，消除来访者的顾虑，打破心理屏障，及时、准确地调整咨询过程，使咨询深入发展。有的大学生由于心理障碍严重，甚至想退学，在心理专家的帮助下逐渐克服了自己的心理障碍，顺利地完成了学业，而且考上了研究生。

在门诊部咨询也是有缺点的，主要是时间有限，在要求咨询的人很多时，咨询就不充分。

行为疗法

行为疗法是在行为主义心理学的理论基础上发展出来的一个心理治疗派别，是当代心理疗法中影响较大的派别之一。与心理分析等其他疗法不同，它不是由一位研究者有系统地创立的一个体系，而是由许多人依据一种共同的心理学理论分别开发出的若干种治疗方法集合而成的。

行为疗法又称行为治疗，是基于现代行为科学的一种非常通用的新型心理治疗方法，是根据学习心理学的理论和心理学实验方法确立的原则，对患者反复训练，达到矫正适应不良行为的一类心理治疗。

行为疗法的代表人物沃尔普将其定义为：使用通过实验而确立的有关学习的原理和方法，克服不适应的行为习惯的过程。

行为治疗专家认为适应不良性行为是通过学习或条件反射形成的不良习惯，因此可按相反的过程进行治疗。

所谓适应不良性行为是不健康的、异常的行为，有各种不同的形成原因，有些是神经系统病理变化或生化代谢紊乱而引起的症状，有些则是由于错误的学习所形成。行为疗法是运用心理学派根据实验得出的学习原理，是一种治疗心理疾患和障碍的技术，行为疗法把治疗的着眼点放在可观察的外在行为或可以具体描述的心理状态上。

治疗是中心环节，从行为治疗的观点看，治疗无非是消除、改变一个不适应行为，或者塑造一个新行为，或者二者同时进行。要完成这项任务，实际要做三件事：确定目标行为，选择方法技术以及实施治疗计划。

1. 目标行为可能是一个新行为，也可能是一个旧行为改造过后的形式，或者是一个行为的消失状态。

对目标行为要做精确定义，要使之具有可操作性，便于观察和测量。譬如目标行为是戒烟，就要明确什么动作算抽烟，如"把点燃的香烟叼在嘴里"，在多长时间内有几次抽烟行为为达到目标的指标（例如一周内有两次），等等。

2. 选择治疗的方法和技术要根据目标行为的性质和特点、备选技术的特点以及实施条件综合考虑。一般说来，在确定了目标行为后，不难有针对性地选择适合的技术。但环境中影响治疗进行的因素在行为治疗中往往有举足轻重的作用。因此在选择方法时要细致考虑来访者环境中有哪些条件有助于这一治疗方案的实施，有哪些条件会妨碍这一方案的实施。尤其是来访者周围的重要人物，如家人、教师、亲友，其中有谁可以帮助管理刺激的控制或强化物，有谁可能妨碍这一计划的实施。

3. 开始实施治疗后，治疗者和其他有关的人按治疗方案的要求给予指示、示范、控制刺激和强化。治疗者这时像一部机器的操作者，他必须按要求监督、调控和控制这部机器的运转。这中间包括随时或定时评估来访者是否正发生满意的改变，如果出现异常，要查明是哪一环节出了毛病，并做出相应的调整，进行新的尝试。

与其他流派的治疗方法相比，行为疗法对治疗过程关心得较少，心理医生更关心设立特定的治疗目标。而特定的治疗目标又是心理医生通过对患者的行为的观察，对其行为进行功能分析后，帮助患者制订的。因此治疗目标一经确定，新的以条件作用为前提的学习过程就可以开始进行了。

认知疗法

认知疗法于 20 世纪 60～70 年代在美国产生，是根据人的认知过程，影响其情绪和行为的理论假设，通过认知和行为技术来改变患者的不良认知，从而矫正适应不良行为的心理治疗方法。

认知疗法是新近发展起来的一种心理治疗方法，它的主要着眼点，放在患者非功能性的认知问题上，意图通过改变患者对己、对人或对事的看法与态度来改变并改善所呈现的心理问题。认知疗法不同于传统的行为疗法，因为它不仅重视适应不良性行为的矫正，而且更重视改变病人的认知方式和认知、情感、行为三者的和谐。同时，认知疗法也不同于传统的内省疗法或精神分析疗法，因为它重视目前病人的认知对其身心的影响，即重视意识中的事件而不是无意识的事件。

内省疗法则重视既往经历特别是童年经历对目前问题的影响，重视无意识而忽略意识中的事件。

认知疗法是以合理的认知方式和观念取代不合理的认知方式和观念的过程，这是个看似简单，实则复杂的过程。首先治疗者会帮助患者反省目前生活中造成他情绪困扰的是哪些不合理认知，并帮助他辨别什么是合理认知，什么是不合理认知。然后帮助患者明确目前的情绪问题是由现在持有的不合理认知导致的，自己应对自己的情绪和行为负责。通过一些必要、合适的认知调节技术（如与不合理认知进行辩论等），治疗者会帮助患者认清不合理认知的不合理性或荒谬性，进而使他逐步放弃这些信念。这是认知调节过程中最重要的一步。最后帮助患者学习合理的认知方式和观念，并使之内化，以避免成为不合理认知的牺牲品。

认知疗法一般分为4个治疗过程：

1. 建立求助的动机：病人和心理医生对其问题达成认知解释上意见的统一，对不良表现给予解释并且估计矫正所能达到的预期结果。比如，可让病人自我监测思维、情感和行为，治疗医师给予指导、说明和认知示范等。

2. 适应不良性认知的矫正：此过程中，要使病人发展新的认知和行为来替代适应不良的认知和行为。比如，治疗医师指导病人广泛应用新的认知和行为。

3. 在处理日常生活问题的过程中培养观念的竞争：用新的认知对抗原有的认知。于此过程中，要让病人练习将新的认知模式用到社会情境之中，取代原有的认知模式。比如，可使病人先用想象方式来练习处理问题或模拟一定的情境或在一定条件下让病人以实际经历进行训练。

4. 改变有关自我的认知：此过程中，作为新认知和训练的结果，要求病人重新评价自我效能以及自我在处理认识和情境中的作用。比如，在练习过程中，让病人自我监察行为和认知。

全面地认识自己。自我认知在人的心理健康中起着很重要的作用，它制约着人格的形成、发展，在人格的实现中有着强大的动力功能。因为全面、深刻的自我认知是促进我们心理健康的有效途径。

情绪疗法

理性情绪疗法（RET）酝酿于20世纪50年代，60年代后渐趋成形，70年代以后这一疗法已被应用于多种多样的情绪障碍的治疗。到了80年代，理性——情绪疗法已成了一个国际闻名的心理治疗体系。

从整体上看，理性情绪治疗有以下一些特点：

人本主义倾向

艾利斯明确宣称，"RET不刻意装作是纯客观的、科学的或以技术为核心的，它对人类的困难及其基本解决途径采取明确的人本主义——存在主义的立场倾向"。这种倾向首先表现在理性——情绪治疗对人的本性的观点上，同许多人本主义者一样，艾利斯也认为人有其固有本性，虽然人的先天生物倾向中既有好的东西也有消极的东西，但人要活着，活得快乐，这是一个不争的事实，这是人的本性。理性——情绪疗法断定，人从其本性出发，就有追求一种充实的、自我实现的生活的倾向。在目标和价值问题上，RET认为，人仅仅因为他活着、存在着，就完全可以做他自己，而用不着非要做出什么业绩来证明自己的价值。作为一种人本——存在的治疗，RET的目标就是帮助人克服其非理性的、自损的行为，帮助他获得其生命的最大价值，帮助他追求长期的幸福而不是眼前的短暂快乐。在治疗力量上，RET信赖、重视个人自己的意志、理性选择的作用，强调人能够"自己救自己"，而不必仰赖魔法、上帝或超人的力量。

教育的倾向

有很浓厚的教育色彩。也可以说它是一种教育的治疗模式。

首先，在咨询和治疗的原则方面，RET不回避它力图用一套它认为合理、健全的心理生活方式去教育来访者这一事实。RET的基本目标就是要帮助人们更富理性地思考问题，更适宜地去体验和感受，更有效地行动。其次，RET的治疗过程有很强的教导味道。在咨询中，RET的治疗者经常用讲解、说服乃至论辩的方法教导来访者与自己的不合理信念质疑问难，并大量使用阅读RET书籍、讲座、录音录像、讨论会、示范等教育技术，教会来访者运用RET的思考方式，以理性的信念和思考方式取代非理性的思考方式。最后，理性——情绪疗法还专门发展出了一套适用于儿童和学校咨询的体系,称作"理性——情绪教育",是一套用于青少年心理教育和辅导的体系,旨在帮助孩子提高心理机能水平,解决学习中的各种问题。

强调理性、认知的作用

理性——情绪疗法承认并且强调心理机能的整体性,认为人的感知、思维、体验和行动是互相联系的整体。在治疗途径上也广泛采纳情绪和行动方面的方法。但它更突出地重视理性、认知的作用。这是 RET,也是所有人认知疗法的一个最本质的特点。理性——情绪疗法的一个基本假定是:人的情绪来自人对所遭遇的事情的信念、评价、解释或哲学观点,而非来自事情本身。情绪和行动受制于认知,认知是人心理活动的"牛鼻子"。把认知这个"牛鼻子",拉正了,情绪和行为的困扰就会在很大程度上得到改善。所以在 RET 的治疗中,总是把认知矫正摆在最突出的位置,给予最优先的考虑。

理性情绪疗法的步骤大致如下:

首先,向患者指出其思维方式、信念是不合理的,帮他们搞清楚为什么会这样,讲清楚不合理的信念与他们的情绪困扰之间的关系;而直接或间接地向患者介绍 ABC 理论的基本原理,则不失为一种较好的办法。

其次,向患者指出,他们的情绪困扰之所以延续至今,不是由于早年生活的影响,而是由于现在他们自身所存在的不合理的信念所导致的。对于这一点,他们自己应当负责任。

再次,是通过与不合理信念辩论的方法为主的治疗技术,帮助患者认清其信念之不合理,进而放弃这些不合理的信念,帮助患者产生某种认知层次的改变。这是治疗中最重要的一环。

最后,不仅要帮助患者认清并放弃某些特定的不合理的信念,而且要从改变他们常见的不合理信念入手,帮助他们学会以合理的思维方式代替不合理的思维方式。

这 4 个步骤一旦完成,不合理的信念及由此而引起的情绪困扰将会被消除,患者将会以较为合理的思维方式代替不合理的思维方式。

个人中心疗法

20 世纪 80 年代初,有人曾对 800 名临床和咨询心理学家作了一次调查,结果发现,被认为对当代心理治疗最有影响的心理学家中,卡尔·罗杰斯名列第一。的确,罗杰斯及其开创的"以人为中心疗法"在当代心理咨询和发展历史上享有特别的声誉。

我们把以人为中心疗法的基本思想归纳一下:

1. 个体天生就有一种实现趋向。在个体的自我开始形成以后,这一实现趋向主要表现为要求自我实现。

2. 机体估价过程总是与实现趋向一致。信任机体估价过程,依赖它的指导,就能发展出一种健康的自我概念,就会最大限度地减少对真实经验的歪曲和否认,从而促进自我实现。

3. 由于在发展过程中个体或多或少地摄入,内化了外在的价值观,自我中的这一部分越来越多地支配着个体对经验的加工和评价。

4. 当经验中存在着与这部分自我不一致的成分时,个体会预感到自我受到威胁,继而产生焦虑。而自我发展较好、无效、有害的自我概念较少的个体能够较为开放地对待任何经验,因而不太可能感到威胁和焦虑。

5. 预感到经验和自我不一致的个体,会运用防御过程(歪曲、否认、选择性知觉)来对经验进行加工,使之在意识水平上达到与自我一致。如果防御成功,个体也不会出现明显的适应障碍。

6. 如果某个经验特别重大,或者由于别的原因,个体无法通过防御机制使之与自我概念协调,而受到威胁的这个自我概念又在自我中具有重要地位,就会出现心理适应障碍。即个体面对内在矛盾束手无策、无能为力,自我不再能发挥其机能。

所以,心理适应问题的根本在于个体自我中那些无效的、与其本性相异化的自我概念。罗杰斯在数十年的实际工作中,在同那些有各种烦恼的人的直接接触中,总结出以下几点:

1. 在与别人相处的过程中,不能长时间装假。如:当自己生病时,不能装成正常人。

2. 在自己不完善、接受别人的真实感情时,你才能有所改变,和别人相处也会更有效些。

3. 对别人理解越深，你和被理解人的关系越会有所改变。

4. 用他的态度创造一种安全的关系和自由的氛围，能减少和别人之间的隔阂，才能互相公开自己的内心世界。

5. 能接受别人的感情、态度，包括愤怒的感情和仇视的态度，才能助人成长，因为这才是他真实的、要害的部分。

6. 他不急于叫别人照他的意愿去做。即不去塑造别人，越是如此，就越发现自己和别人都在成长中变化。

7. 应当相信自己的经验。别人评价好的对自己不一定有用，只有自己最了解自己。

8. 经验是最高权威。无论是《圣经》或预言，无论是弗洛伊德学说或其他理论，无论是上帝启示或人的指教，都不能胜过自己的直接经验。

9. 应认识到事实才是真正的朋友。

10. 人们都有一个基本的、指向成熟的、建设性的、自我实现和社会化的潜在趋势。

11. 生命是一个流动、变化的过程，其中没有固定不变的东西，应当允许别人发展自己内在的自由，对他的生活经验做出自己有意义的解释。

根据以上的特点罗杰斯指出中心疗法的特别之处在于它不去操纵和支配患者，很少提问题，避免代替患者做出决定，从来不给什么回答，在任何时候都让患者确定讨论的问题，不提出需要矫正的问题，也不要求患者执行推荐的活动。这种治疗采用的技术，从最常用的开始，依次为：

1. 对患者从一般举止、特殊行为和以往谈话中表达出来的感情和态度进行解释和认识。

2. 提出交谈的话题，让患者发表意见，展开来谈。

3. 确认患者谈话的中心意思。

4. 提出一些非常具体的问题，答案只限于"是"或"不是"，或提供具体情况。

5. 解释、讨论或提供与问题或治疗有关的情况。

6. 用患者对治疗的反应来说明和解释交谈的情况。

为了避免操纵患者，罗杰斯在交谈时往往只是简单地点点头或嘴里"嗯"、"啊"应答着，似乎是在说："好，请继续说下去，我正在听着。"因而他曾被称为"嗯啊治疗先生"。有人经过言语操作性条件试验，证实这是一种很好的办法，它能强化患者的言语表达，激发患者的情感，使患者进一步暴露自己，并随之产生批判性的自我知觉。

一般来说，个人中心疗法主要适用于有一定文化水平的，容易主动沟通和交往的患者，及其所表现的以心理偏差为主要原因的心理、行为或心身问题；此种疗法不适用于精神病患者、躯体疾病患者、沉默和有抵抗情绪的患者，以及诊断和评价不明的患者。

第十四章
兵来将挡，努力抛弃一切坏情绪

第一节
丢掉抱怨，"不公平"是世界的一部分

消除抱怨，让心情更好

幸福是一种感觉，虽然有外在的因素，但更多地取决于自己的内心。

一位少妇，回家向母亲倾诉，说婚姻很是糟糕，丈夫既没有很多的钱，也没有好的职业，生活总是周而复始，单调无味。母亲笑着问："你们在一起的时间多吗？"女儿说："太多了。"母亲说："当年，你父亲上战场，我每日期盼的，是他能早日从战场上凯旋，与他整日厮守，可惜——他在一次战斗中牺牲了，再也没有能够回来，我真羡慕你们能够朝夕相处。"母亲沧桑的老泪一滴滴掉下来，渐渐地，女儿仿佛明白了什么。

不要等失去了，才想到他的珍贵，我们总是会犯这样的错误，对自己拥有的不好好珍惜。

一群男青年，在餐桌上谈起自己的老婆，说总是管束得太严，几乎失去了自由，说到兴起，很有大丈夫的凛然正气，狂饮如牛，扬言回家要和老婆怎么怎么斗争。

邻桌的一位老叟默默地听了，起身向他敬酒。然后老叟叹了一口气，说道："我爱人当年对我也是管得太死，我愤然离婚，以至于她后来抑郁而终，如果有机会，我多希望能当面向她道歉，请求她时时刻刻地看管着我，小伙子，好好珍惜缘分呀！"男青年们望着神色黯然的老叟，沉默不语，若有所悟。

一位干部，因为人员分流，从领导岗位上退了下来，一时间萎靡不振，判若两人。妻子劝慰他:"仕途难道是人生的最大追求吗？你至少还有学历还有专业技术呀，你还可以重新开始你的新的事业呀，你一直是个善待生活的人，我并不会因为你做不做领导而对你另眼相待，在我的眼里，你还是我的丈夫，还是孩子的父亲。我告诉你亲爱的，我现在甚至比以前更加爱你。"丈夫望着妻子，久久不语，眼里闪烁着晶莹的光泽。

一位盲人，在剧院欣赏一场音乐会，交响乐时而凝重低缓，时而明快热烈，时而浓云蔽日，时而云开雾散，盲人惊喜地拉着身边的人说："我看见了，看见了山川，看见了花草，看见了光明的世界和七彩的人生……"

一个听力失聪的孩子，在画展上看到一幅幅作品，他仔细地看着，目不转睛，神情专注，忽然转身，微笑着大声地对旁边的父母说："我听到了，听到了小鸟在歌唱，听到了瀑布的轰鸣，还有风儿呼啸的声音……"

一位病人，医生郑重地告诉他，手术很成功，化验结果出来了，从他腹腔内摘除的肿瘤只是一般的良性肿瘤，经过一段时间的疗养便可康复出院，并不危及生命。病人顿时满面春风，双目有神，紧紧地握着医生的手，激动地说："谢谢，谢谢，是你们给了我第二次生命……"

幸福在哪里？带着这样的问题，芸芸众生，茫茫人海，我们在努力寻找答案。其实，幸福是一个多元化的命题，我们在追求着幸福，幸福也时刻地伴随着我们。只不过，很多时候，我们身处幸福的山中，在远近高低的角度看到的总是别人的幸福风景，总是处于无休止的抱怨中，往往没有悉心感受自己所拥有的幸福天地。

日常生活中，常有父母抱怨孩子们不听话，孩子们抱怨父母不理解她们，男朋友抱怨女朋友不够温柔，女孩子抱怨男孩子不够体贴；工作中，也常出现领导埋怨下级工作不得力，而下级埋怨上级不够理解，不能发挥自己的才能。总之，对生活永远是一种抱怨，而不是一种感激。他们只是在意自己没有得到的好处，却不曾想别人付出了多少。

如果一个人不能够经受世界的考验，感受这个世界的美好，心胸只能容得下私利，那他就得不到幸福。父母的养育，师长的教诲，配偶的关爱，他人的服务，大自然的慷慨赐予……你从出生那天起，便沉浸在恩惠的海洋里。只有你真正明白了这些，你才会感恩大自然的福佑，感恩父母的养育之恩，感恩社会的安定团结，感恩食之香甜、衣之温暖……就连自己的敌人，也不忘对其感恩，因为真正促使自己成功、使自己变得机智勇敢、豁达大度的，不是顺境，而是那些常常置自己于死地的打击、挫折和对立面。

放下抱怨，学会感恩，你就能亲吻幸福！

别为失败找借口

生活、工作和学习中，你是否常常看到这样一些借口？

如果上班迟到了，会有"路上堵车"、"手表慢了"的借口；考试不及格，又会有"出题太偏"、"复习不到位"、"题量太大"的借口；工作完不成，则有"工作太繁重"的借口；只要细心去找，借口总是有的，而且以各种各样的形式存在着。

许多人的失败，也是因为这些借口。当我们碰到困难和问题时，只要去找，也总是能找到的。不可否认，许多借口也是很有道理的，但是恰恰就是因为这些合理的借口，人们心理上的内疚感才会减轻，汲取的教训也就不会那么深刻，争取成功的愿望就变得不那么强烈，人也就会疏于努力，成功当然与我们擦肩而过了。

仔细想想，很多时候我们的失败不就是与找借口有关吗？不愿意承担责任，处处为自己开脱，或是大肆抱怨、责怪，认为一切都是别人的问题，自己才是受害者……

第十四章 兵来将挡，努力抛弃一切坏情绪

有一名年轻女子，她常常抱怨自己的母亲如何影响她的一生。原来在这个女孩还很小的时候，父亲因病去世，守寡的母亲只得外出工作，以维持生活并教育年幼的女儿。由于这位母亲能干又肯努力，因此，后来成为极有成就的实业家。她细心照护女儿，让女儿受最好的教育，但结果却并不尽如人意。她的女儿把母亲的成功视为自己最大的障碍！

这名可怜的女孩子宣称：自己的童年完全被毁掉了，因为她随时处在一种"与母亲竞争"的生活状况里。她的母亲迷惑不解地说道："我实在不了解这孩子。这么多年来，我一直努力工作，为的就是想给她一个比我更好的环境，创造更好的条件。但实际上，她认为我只是给她增添了一种压力。"

由"不足感"而造成的心理不平衡所引致的抱怨，多数是一个人对所面临的问题欠缺积极应对的心理状态，或愤怒被压抑后的失衡心理状态引发的情绪行为。没有安全感、质疑自己的重要性、不确定自我价值的人，产生抱怨情绪的可能性会相对高一些。他们可能会昭告自己的成就，希望看到听者眼中投射出赞赏的目光；他们也会抱怨自己遭逢的困难，以博取同情或是把它当作借口，以逃避自己向往却没有完成的目标。

这样找借口的人往往把所有问题都归结在别人身上："为什么我没有成功？那是因为工作不好，环境不好，体制不好。""为什么我生活得不好？那是因为家庭不好，朋友不好，同事不好。""为什么我会迟到？那是因为交通拥挤，睡眠不好，闹钟出了问题。"……可以想到，一旦有了"借口"，似乎就可以掩饰所有的过失和错误，就可以逃避一切惩罚。但是，这样不断地找无谓的借口，你永远也不可能改进自己。相反，你不断地找借口，糟糕的结果也就不断地发生，你的生命也就会不断地出现恶性循环。

要知道常常找借口的人是很难获得成功的。你尽可以悲伤、沮丧、失望、满腹牢骚，尽可以每天为自己的失意找到一千一万个借口，但结果是你自己毫无幸福的感受可言。你需要找到方法走向成功，而不要总把失败归于别人或外在的条件。因为成功的人永远在寻找方法，失败的人永远在寻找借口。"

"没有任何借口"，让你没有退路，没有选择，让你的心灵时刻承载着巨大的压力去拼搏、去奋斗，置之死地而后生。只有这时，你内在的潜能才会最大限度地发挥出来，成功也会在不远的地方向你招手！

成功的人是不会随便寻找任何借口的，他们会坚毅地完成每一项简单或复杂的任务。一个成功的人就是要确立目标，然后不顾一切地去追求目标，并且充分发挥集体的智慧力量，最终达到目标，取得成功。

别让抱怨成为习惯

琐碎的日常生活中，每天都会有很多事情发生，如果你一直沉溺在已经发生的事情中，不停地抱怨，不断地自责下去，你的心境就会越来越沮丧。只懂得抱怨的人，注定会活在迷离混沌的状态中，看不见前面亮着一片明朗的人生天空。

有时候，人生就是这样的，你坦然面对，却突然发现原来的事情都不那么重要了。所以要学会控制自己的情绪，跟家人和朋友一起，享受坦然的生活，追逐自然的幸福。

美国小说家邓肯有这样一位朋友：家庭条件很好，但是就有一个不好的习惯——爱抱怨。

在邓肯的印象里，他这位朋友好像从来就没有顺心的事，什么时候与他在一起，只会听到他在不停地抱怨。高兴的事他抛在了脑后，不顺心的事他总挂在嘴上。每次见到邓肯就抱怨自己的不如意，结果他把自己搞得很烦躁，同时也把邓肯搞得很不安，邓肯甚至不愿再见到他。

你周围有没有这样的朋友？他每天都会有许多不开心的事，他总在不停地抱怨。其实，他所抱怨的事也并不是什么大不了的事，而是一些日常生活中的小事情。

我们经常会碰到一些人，罗列一堆困难、一堆问题，列完之后把自己给吓住了，然后再往下，

做不成了，开始替自己辩解，结果是开始抱怨，抱怨制度、抱怨资源……任何事都是别人的错，任何不利于自己的东西都是他抱怨的对象。

抱怨在什么时候都是不太好的习惯，任何人也都不愿意成为一个喜欢抱怨的人，这是在他们按常态去应对某些问题多次并且无效后，对解决问题的对象失去信心但又不甘心的状态下所表达出来的情绪行为。

而当这种情绪、抱怨的行为日复一日地被重复，就会形成惯性。一旦惯性形成，他们对问题的看法就会向消极方向想，解决问题的动力就会变成阻力。

抱怨的人最初的动机是希望事情被改变，并不是想推卸自己的责任。但当事情被忽略、被冷冻、被打压之后，就会异变成抱怨。从心理学上讲，说"抱怨的人不希望事情完全改变，他们只是为了卸掉自己的责任罢了"，这样的讲法并不客观，他们只是没能抓住解决问题的关键点以使现状能够得到改善。

抱怨是一种习惯性的情绪行为，不要说抱怨是个性。因为一旦被认同是"个性"就是"我"与生而来的东西，所以"我"不会去改变的。这也是抱怨会这么容易像"病毒"一样流行的原因。

我们与其抱怨生活的不如意，倒不如切切实实地为自己多寻找一些快乐。其实，快乐是心病的一剂良药，离苦得乐，是人生最本质的需要。快乐很简单，它与一个人的财富、地位、名气无关，它不需要大量的金钱去支撑，也不需要以名气为后盾，更不需要乌纱帽来提携。相反，快乐只与一个人的内在有关，物质财富的获得可能让人获得快乐，可是处理不当则会成为人生的负累，生活从此远离快乐，永无宁日。别让生活的不如意吞噬掉原本的快乐，坦然一些，才是好的。

删除抱怨，拥抱快乐

生活中有很多人喜欢抱怨，他们抱怨家人、朋友、上司、同事，仿佛只要与他有接触的事或人他都无一例外地抱怨，他们因为这些抱怨每天都在灰暗的心情下度过。其实这些抱怨不仅带给他们自身伤害，还会伤害他人。在抱怨中，每个人都不再轻松，所以，我们要把不满的情绪、抱怨的语言在心中化解，我们要明白生活不仅有苦难和残缺，还有幸福和美好。

抱怨似乎是一种很普遍的情况，它也很容易传染，而且别人感染上此病后他自己却浑然不知。人似乎天生就有一种抑强扶弱、劫富济贫的心态，对那些超越我们、管理我们的人天生有一种抵触情绪。很多人会不自觉地认为，富人之所以富有，是源于对穷人的剥削。直到今天，这种财富的原罪始终没有从人们的头脑中消除。

有两个有着特殊背景的人都有着亚洲血统，后来都被来自欧洲的外交官家庭所收养。两个人都上过世界各地有名的学校。但他们两个人之间存在着不小的差别：其中一位是40岁出头的成功商人，他实际上已经可以退休享受人生了；而另一个是学校教师，收入低，并且一直觉得自己很失败。

有一天，他们一起去吃晚饭。晚餐在烛光映照中开场了，他们开始谈论在异国他乡的趣闻轶事。随着话题的一步步展开，那位做教师的开始越来越多地讲述自己的不幸：他是一个如何可怜的亚细亚孤儿，又如何被欧洲来的父母领养到遥远的瑞士，他觉得自己是如何的孤独。

开始的时候，大家都表现出同情。随着他的怨气越来越重，那位商人变得越来越不耐烦，终于忍不住制止了他的叙述："够了！你一直在讲自己有多不幸。你有没有想过如果你的养父母当初在成百上千个孤儿中挑了别人又会怎样？"他直视着商人说："你不知道，我不开心的根源在于……"然后接着描述他所遭遇的不公正待遇。

最终，商人说："我不敢相信你还会这么想！我记得自己25岁的时候无法忍受周围的世界，我恨周围的每一件事、每一个人，好像所有的人都在和我作对似的。我很伤心无奈，也很沮丧。我那时的想法和你现在的想法一样，我们都有足够的理由报怨。"他越说越激动，"我劝你不要再这样对待自己了！想一想你有多幸运，你不必像真正的孤儿那样度过悲惨的一生，实际上你接受了非常好的教育。你负有帮助别人脱离贫困旋涡的责任，而不是找一堆自怨自艾的借口把自己围起来。在摆脱了顾影自怜，同时意识到自己究竟有多幸运之后，我才获得了现在的成功！"

如果你还有时间进行抱怨，那么你就有时间把工作做得更好；如果你已觉得抱怨无济于事，你就应该去寻找克服困难、改变环境的办法；如果你认为抱怨是一种坏习惯，你就应该化抱怨为抱负，变怨气为志气。

世界是美丽的，世界也是有缺陷的；人生是美丽的，人生也是有缺陷的；工作是美丽的，工作也是有缺陷的。因为美丽，才值得我们活一回；因为有缺陷，才需要我们弥补，需要我们有所作为。

保持一颗平常心，不被生活中的琐事侵扰。有些朋友的抱怨常常来自生活中的琐碎之事，凡事过于较真儿，斤斤计较，常常搞得自己疲惫不堪。对于这些琐碎之事，我们还是置之不理为佳。一位哲人说得好：如果你被疯狗咬了，难道非要把侵犯你的疯狗也反咬一口吗？所以，遇事要有一种平和的心态，这样才能生活得更加理智，从而减少不必要的抱怨和牢骚。

远离抱怨，路会越走越宽

亨利·福特说，别光会挑毛病，要能寻找改进之道。抱怨只能使自己悲观失望，丝毫无助于问题的解决。人悲伤时想哭，而哭会使你更加悲伤。要想走出这个怪圈，你必须首先止怒，放弃抱怨，用解决问题的态度思考问题。

14世纪，皇帝莫卧儿在一次战败后，自己蜷缩在一个废弃的马房的食槽里，垂头丧气。这时，他看到一只蚂蚁扛着一个玉米粒，在一堵垂直的墙上艰难地爬行。玉米粒比蚂蚁的身体大许多，蚂蚁爬了69次，每次都掉下来。当尝试第七十次时，蚂蚁终于扛着玉米粒爬上墙头。莫卧儿大叫一声跳起来！蚂蚁失败了这么多次，都没有抱怨，反而还一次又一次地挑战。那我还有什么理由抱怨上帝不公呢？莫卧儿终于重整旗鼓，打败了敌人。

所以，不要抱怨，用实干来证明自己是一个聪明人吧。

100多年前，美国费城的6个高中生向他们仰慕已久的一位博学多才的牧师请求："先生，您肯教我们读书吗？我们想上大学，可是我们没钱。我们中学快毕业了，有一定的学识，您肯教教我们吗？"

这位牧师答应教这6个贫家子弟，同时他又暗自思忖："一定还会有许多年轻人没钱上大学，他们想学习但付不起学费。我应该为这样的年轻人办一所大学。"

于是，他开始为筹建大学募捐。当时建一所大学大概要花150万美元。

牧师四处奔走，在各地演讲了5年，恳求大家为出身贫穷但有志于学习的年轻人捐钱。出乎他意料的是，5年的辛苦筹募到的钱还不足1000美元。

牧师深感悲伤，情绪低落。当他走向教堂准备下礼拜的演说词时，低头沉思的他发现教室周围的草枯黄得东倒西歪。他便问园丁："为什么这里的草长得不如别的地方的草呢？"

园丁抬起头来望着牧师回答说："噢，我猜想你眼中觉得这地方的草长得不好，主要是因为你把这些草和别的草相比较的缘故。看来，我们常常是看到别人美丽的草地，希望别人的草地就是我们自己的，却很少去整治自家的草地。"

园丁的一席话使牧师恍然大悟。他跑进教堂开始撰写演讲稿，他在演讲稿中指出：我们大家往往是让时间在等待观望中白白流逝，却没有努力工作使事情朝着我们希望的方向发展。

抱怨只会让机会白白流失，实干才能成功。下面的故事能够让我们更清楚地了解到，机会来自于实干而不是抱怨。

1832年，有一个年轻人失业了。他却下决心要当政治家、州议员，糟糕的是，他竞选失败了。在一年里遭受两次打击，这对他来说无疑是痛苦的。他又着手办自己的企业，可一年不到，这家企业就倒闭了。在以后的17年里，他不得不为偿还债务而到处奔波、历尽磨难。

此间，他再一次决定竞选州议员，这次他终于成功了。他认为自己的生活可能有了转机，可就在离结婚还差几个月的时候，他的未婚妻不幸去世。他心力交瘁，卧床不起，患上了严重的神经衰弱症。

1838年，他觉得身体稍稍好转时，又决定竞选州议会长，可他失败了；1843年，他又参加竞选美国国会议员，但这次仍然没有成功……

试想一下，如果是你处在这种情况下会不会放弃努力呢？他一次次地尝试，一次次地失败。企业倒闭，未婚妻去世，竞选败北，要是你碰到这一切，你会不会放弃你的梦想？他没有放弃，也始终没有说过：要是失败会怎样？1846年，他又一次参加竞选国会议员，终于当选了。

在以后的日子里，他仍在失败中奋起，一次又一次地努力。最后，1860年，他当选为美国总统，他就是亚伯拉罕·林肯。

林肯一直没有放弃自己的追求，一直在做自己生活的主宰，他用实干的精神迎来了成功。他以自己的经历告诉我们：成功不是运气和才能的问题，关键在于适当的准备和不屈不挠的决心。面对困难，不要抱怨、不要逃避，而应该勇敢地去面对，用更多的努力和汗水来换取甘甜的美酒。

命运厚爱那些不抱怨的人

日常生活中，经常见到一些人对自己身边的任何事情都不满——工作不如意、钱赚得没有别人多、别人比自己幸运等，仿佛抱怨已经成了生活中必不可少的一种行为。但事实上，一旦形成了这种抱怨的思维定式，喜欢抱怨的人对问题的看法就会偏向消极方向，解决问题的动力就会变异成实施解决方法的阻力。

露西小姐是一家报社的记者，十多年过去了，也一直没有发展的机会，职位和薪水也不是很理想。有一段时间，她甚至想辞职。但是，又害怕辞职后找不到合适的工作，就得面临失业的问题，犹豫一番后，最终还是安慰自己：算了吧！就这样混下去吧，到了别的公司也一样。

有一天，她和一个朋友一起吃饭，她又在餐桌上抱怨自己的工作环境。这位朋友一脸严肃地说："造成现在这种情况，你思考过原因吗？你尝试过了解你的工作，让自己从内心深处对这份工作真正感兴趣，并喜爱它吗？你是否真正在工作中，把它当成一项伟大的事业而努力过呢？你如果仅仅是因为对现在的工作职位、薪水感到不满而辞去工作，就不会有更好的选择，稍微忍耐一下，转变你的态度，试着从现在的工作中找到价值和乐趣，你会有意外的发现和收获。假如你这样努力尝试过之后，依然没有变化，再辞职也不迟。"

这位朋友的话让露西深有感触，她试着让自己重新开始，以积极的态度处理自己的工作。结果，感觉和效果完全不同，不满的情绪也渐渐消失了，在工作中有了一种留恋的感觉。因此，她的才华得到了极大的展示，她也很快受到上司的提拔和重用。

其实，无休止地抱怨对自身是一种伤害。露西小姐因为抱怨而无法把全部精力投入到工作中，10多年过去了，仍然没有什么发展机会。致使她发生这种情况的不是外部环境，而是她没有把自己的心放到一个端正的位置上，当她听取朋友意见，改变态度，积极应对工作后，很快就受到了上司的重用。这说明，职位和薪水的高低不是影响一个人发展的必然因素，而好的工作态度才是关键。

毫无怨言地工作，使人能够激发出内心的力量，这样便会在工作中拥有双倍，甚至更多的智慧和激情，让人积极主动且卓有成效地完成工作。反之，当抱怨成为一种习惯，人会很容易发现生活中负面的东西，加以放大，甚至身边人一个眼神、一句话都可以让他浮想联翩，进而感慨自己生存的艰难，倾诉得越发声情并茂，也就越发使情绪"黑云压城城欲摧"，越来越焦虑。

毫无怨言的人能够全心全意地工作，别人抱怨困难多的时候，他们在解决问题；别人抱怨工作环境差的时候，他们在研究如何提高工作效率；别人抱怨薪水低的时候，他们在加班加点地解决问题。

老王的工作很重要，他工作速度的快慢直接影响工作进程，如果处理不好，就会影响包装质量。老王工作兢兢业业，虽然厂里对挑料工并没有技术要求，但是他总是严格要求自己，他的工作速度不仅快而且干净利落，任何问题都逃不过他的眼睛。有时，机器发生故障，剪出的料切头多又不齐，他总是一边沉着冷静地指挥操作台，一边又眼疾手快地挑料，既不影响上道工序的进行，又为下道工序打好了基础。老王对待工作始终是任劳任怨，一个班8小时，他从来不肯休息，组长替他时，他总是三个字："我不累。"

一次，机器检修两小时，班长召集大家临时开会，这时却不见了老王的身影。厂房里空无一人，只听见静静的厂房里冷床处传来"咚、咚"扔东西的声音，大家走近一看，只见老王穿着雨鞋正钻在又热又脏的机床下面收拾切头和废钢，汗水和油污挂满了他的脸，他却根本没有察觉。老王默默无闻、任劳任怨，在平凡的岗位上奉献着。

对于一个优秀的人来说，工作从来是哪里需要到哪里，对又脏又差的环境也毫无怨言，工作需要永远是他们出发的号角。他们的工作也往往会受到大家的尊重。

如果你想在工作中做出成绩，如果你想受到上司的提拔重用，如果你想得到大家的尊重，那么，停止抱怨，立即工作，哪里需要哪里去。潜心工作一段时间后，你就会感觉，原来工作是一件如此有意义的事。

人与人之间的差别，在任何地方、任何时间、任何国家、任何社会、任何时代都存在。造成这种差别的原因，并非外在条件的不同，而是自我经营的不同。我们对于生活情形、工作状况，都必须坦然接受，严格要求自己，少埋怨环境，最终自己对成功的愿望才能得以实现。

第二节
清除焦虑情绪，生活可以更轻松

产生焦虑情绪的原因

如一个人乘坐的汽车突然发生车祸，虽然自己没有受伤，感到侥幸、宽慰，但事后一想到这件事，心里就发抖，这就是人们常说的"后怕"，也就是焦虑。一个人面临会见重要人物、登台表演、等待可能来的空袭警报时都可能产生焦虑。

在这个时候，他们常常有一种说不出的紧张与恐惧，或难以忍受的不适感，主观感觉多为：心悸、心慌、忧虑、担心、愣神、沮丧、灰心、自卑。但自己又无法加以克服，整日忧心忡忡，似乎感到灾难临头，甚至还会担心自己可能会因失去控制而精神错乱。患者在情绪上整天愁眉不展、神色抑郁、面孔紧绷，似乎有无限的忧伤与哀愁。记忆力衰退，兴趣索然，注意力涣散。在行为方面，常常坐立不安，走来走去，抓耳挠腮，不能安静下来。

心理学研究表明，导致焦虑的原因既有心理的因素，又有生理因素的参与，同时，人的认知功能和社会环境也起着重要作用。

研究发现，焦虑者及其亲属一般多具有焦虑性格，即易焦虑、激怒，胆小怕事，谨小慎微，情绪不稳，不安全感强，自信心不足等。由于这种性格的原因，这种人即使遇到细小的事件也往往不能适应，面对轻微的挫折或身体不适就出现过度的紧张，以致逐渐产生焦虑。

人们为什么面临如此众多的焦虑，从自然界、社会、人的心理、认识活动以及人体特征来分析，这些因素可以概括为：

在工作、生活健康方面均追求完美化

生活稍不如意就十分遗憾，心烦意乱，长吁短叹，老担心出问题，惶惶不可终日。须知，世间只有相对完美，绝无绝对完美；世界及个体就是在不断纠正不足，追求真善美中前进。应该"知足常乐"、"随遇而安"，绝不做追名逐利的奴隶，为自己设置太多精神枷锁，让自己太累，把生命之弦拉得太紧。

没有迎接人生苦难的思想准备，总希望一帆风顺

正如宇宙的自然规律一样，人生自始至终，都充满了矛盾，绝无世外桃源。人降临到人间，就会面临各种各样的磨难。没有迎接苦难思想准备的人，一遇到困难就会惊慌失措、怨天尤人，大有活不下去之感。其实，"吃得苦中苦，方为人上人"，要学会解决矛盾并善于适应困境。

意外的天灾人祸

破产、毁灭或死亡会引起紧张、焦虑、失落感或绝望，甚至认为一切都完了，等等。假如碰到意外不幸，建议你正视现实，不低头、不信邪，昂起头，挣扎着前进，灾难是会有尽头的，忍耐下去，一定会走出暂时的困境。有时会"山重水复疑无路，柳暗花明又一村"，出现"绝处逢生"的局面。有时乍看起来是件祸事，过后说不定又是一件好事。人生就是这样包含着"祸兮福所倚，福兮祸所伏"，好与坏，幸福与不幸的辩证关系。

神经质人格

这类人的心理素质差，对任何刺激均敏感，一触即发，对刺激做出不相应的过强反应。承受挫折的能力低，自我防御本能过强，甚至无病呻吟，杞人忧天。他们眼中的世界，无处不是陷阱，无处不充满危险。他们整日提心吊胆，脸红筋胀，疑神疑鬼，如此心态，怎能不焦虑。

焦虑紧张时，不要迁怒他人。没有什么事可以比迁怒他人更损害自己的。因为，这只会导致更严重的情绪紧张。紧张时更应该注意多休息。不管白天的精神压力如何，夜晚的时候，无论如何也要让自己保持心境平和，因为紧张会导致失眠，精神会因此而更加紧张。

消除迷惘，让情绪放松

如同惧怕失态一样，人们惧怕着迷惘。因此人们需要一个黑白分明的世界，为了解除迷惘所带来的焦虑。

这种对迷惘、对矛盾的惧怕是与他早期的生活环境分不开的，环境迫使一个人有决断能力，有主动精神，思维严谨，头脑清晰。这样的头脑很难同时接受那些模棱两可的、矛盾中的事物。它需要鲜明的界线：好或是坏、对或是错、道德或是非道德、疯狂或是理智、友人或是敌人。这使他难以在生活中采取一种变通坦诚的态度。对他来说，不存在什么过渡区。例如，根据他对正义的传统观念，一个人不是清白无辜，便是罪责难逃，不可能会有什么情况夹在这二者之间。任何行为都应该是泾渭分明。

无法忍受迷惘与矛盾，人的情绪会受到直接影响。逐渐地，人变得刻板、僵硬，这形成一种世风，要么统治别人，要么被人统治；要么强大欺人，要么软弱可欺。这使他无法愉快、充分地表现自己，——时而以一种方式，时而以另一种方式。因为一旦闯入"禁区"，比如说，表现了依赖性，他马上会感到不适和焦虑。

有一个人的眼睛受伤了，然后他就产生了种种对未来可怕后果的想象，为此他遭受了两天两夜的折磨。他几乎彻夜难眠，想象着自己正躺在医院里，医生们开始做手术，而他的眼球可能要被摘除；他还想象着，自己的另一只眼睛也慢慢地受到了感染，自己成了一个盲人；成了盲人的自己，整天生活在黑暗中，进出需要别人的搀扶，成了一个活着的废物……他的整个思想完全陷入对可怕未来的臆想之中，他几乎要发疯了！在事故发生的几天后，朋友在街上看到他，他神采奕奕。朋友询问了他眼睛的情况，他说："哦，现在已经好了。只是一小粒煤渣掉了进去，引起了感染。"

学会去承受发生在你生活中的每一件事，这是达到心境平和的唯一方法。你真的没必要去焦虑，因为你有能力做好任何事。

从清晨到晚上，当人们试着做如何度过这一天的决定时，接连输进的资料会在我们脑海里引发起一场思想上的纷争。从我们睁开眼睛的那一刻开始，到疲倦地回到被窝里为止，有各种不同的事情需要我们作决定。

除掉外界因素，在我们内心深处，还和一些更令他们不安的不确定感在挣扎着，这些不确定感包括他们的健康、年龄、生活的保障及我们存在的意义。通常,我们不会把这种感受向别人倾吐。这只是一种日复一日向我们身体里每一个细胞侵袭的程序,使我们宝贵的精力被浪费在不能促进人类福祉或维护人们生命的思维里。

无论有多困难,大多数的人仍试图替自己内心的混乱找出解决之道来,原因是人的心灵无法永远忍受抵触。迷惘之所以令人困惑,是因为人不能一眼就看清构成它的各个不协调的部分。"我并不感到迷惘,"一个学生说,"这就是我!"从表面上看来,这句话并没说错,就像一桶牛奶一般。牛奶就是牛奶,难道不是吗?

人可能在未来的人生中都处在迷惘中,不管人们对掌握自己的人生感觉有无把握,人们的命运有一部分并不由自己控制。

心理上的焦虑并不能帮助我们解决什么问题,相反,它会使问题变得更困难。在焦虑的时候,我们的思考能力也降低了,一个个几乎都成了瞎子、聋子,使我们看不清事情的真相,而失去很多机会。这种焦虑,使得我们在考虑问题的时候,往往向坏的方向想,而不向着或很少向着好的方向考虑。有这种焦虑心态的人,不可能做成任何有价值的事情。由于无名焦虑的烦恼,由于对未来莫名的恐惧,由于对事态发展不能有一个正确的把握,他们做任何事情都不会有一个正确的方向。方向都错了,还会有正确的结果吗?

警惕社交焦虑症

在如今快节奏的现代生活中,社会交往日益增多,社会交往的成败往往直接影响着人们的升学就业、职位升降、事业发展、恋爱婚姻、名誉地位,因而使人承受着巨大的心理压力。由此产生焦虑情绪,造成心神不安、焦躁不安、严重影响其工作和生活。

患有社交焦虑症的人,对任何社交或公开场合都会感到恐惧或忧虑。患者对于在陌生人面前或可能被别人仔细观察的社交或表演场合,有一种显著且持久的恐惧,害怕自己的行为或紧张的表现会引起羞辱或难堪。有些患者对参加聚会、打电话、购物或询问权威人士都感到困难。

对于一般人来讲,参加聚会或活动等都会有轻微的紧张感,但这种紧张并不会影响实际交际。真正的社交症会导致无法承受的恐惧,严重的病例里,病患甚至会长时间把自己关在家里,孤立自己。这种病的患者害怕被人观察,害怕与人交往,更害怕在别人面前出洋相,因此总是处于焦虑状态。

我们大多数人在见到陌生人的时候多少会觉得紧张,这本是正常的反应,它可以提高我们的警惕性,有助于更快更好地了解对方。这种正常的紧张往往是短暂的,随着交往的加深,大多数人会逐渐放松,继而享受交往带来的乐趣。

然而,对于社交焦虑症患者来说,这种紧张不安和恐惧是一直存在的,而且不能通过任何方式得到缓解。每次与人交往时,这种紧张状态都会出现。紧张、恐惧远远超过了正常的程度,并表现为生理上的不适:干呕甚至呕吐。

一个不容忽视的方面是社交焦虑症的恶性循环。你和自己的知情人可能会说:"既然知道患有社交焦虑症,避免参加社交活动不就行了?"

其实,你心里清楚没那么简单。我们可以给你解析一下你的恶性循环:害怕被人评价——缺乏社交技能——缺少社交强化——缺少社交经历——回避特定的场合——害怕被人评价。

由此可见,单纯回避可导致一系列的问题,如害怕被人评价,社交技能缺乏,而这种缺乏会导致回避行为的增加,进一步加重了社交焦虑症的症状。所以,单纯通过回避减轻病情只会导致病情越来越恶化。

对于社交焦虑症患者来说,只有积极地治疗才是对付社交焦虑症的最佳办法。一方面加强社交技能的学习和强化,另一方面可通过适当的药物治疗来帮助克服社交时由紧张、恐惧引起的身体不适,逐渐形成一个良性循环。对治疗,既不要急于求成,也不能自暴自弃。

形形色色的焦虑情绪不胜枚举,它们像病菌一样侵蚀着人们的精神和机体,不仅妨碍一个人畅通无阻地进入人际交往,还会直接影响人们的身心健康。其实,分析一下产生焦虑情绪的原因,无非是来自自卑心理;自我评价过低忽视了自己的优势和独特性。

让我们对焦虑情绪进行进一步剖析就会发现如下的特点。例如，有人做事急于求成，一旦不能立竿见影地取得成功，就气急败坏地从精神上"打败"了自己，这是焦虑陷阱之一。认为自己的表现不够出色，被别人"比了下去"丢了面子，于是就自责、自惭形秽，产生羞耻感，这是焦虑陷阱之二。缺乏多元化的观念，以为做不好的事情都是自己的责任，自己太笨。却不知一个问题的解决，其实需要多方面的条件，有时是"有心栽花花不发"，反而"无心插柳柳成荫"，但人们却常不能接受这样的现实，认为努力与回报不平衡，便埋怨社会不公平，这是焦虑陷阱之三。实际上绝大多数人和事物都是不好不坏、有好有坏、时好时坏，多侧面的特征各有其特色，我们不能用同一标准去衡量。绝对化的评价方式，常常会导致自己总是否定自己，这是焦虑陷阱之四。

安抚焦虑情绪，首先，对于引起焦虑的原因要有一定的认识，事实上是毫无缘由地焦虑。有一句话非常有意义："愿上天给我一颗平静的心，让我平静地接受不可改变的事情；给我一颗勇敢的心，让我有勇气改变可以改变的事情；给我一颗智慧的心，让我分辨两者！"能认清我们能改变和要接受的东西，就可以减少焦虑情绪。

另外，出现焦虑情绪的时候，可以适当地做一些放松训练，如深呼吸、逐步肌肉放松法等。正确的深呼吸方式要点是：保持一种缓慢均匀的呼吸频率，如缓慢吸气，稍稍屏气，将空气深吸入肺部，然后缓缓地把气呼出来。在深呼吸时应该可以感受到自己胸腔和腹部的均匀起伏。逐步肌肉放松法主要采用渐进性肌肉放松，通过全身主要肌肉收缩——放松地反复交替训练，通常由面部开始，逐步放松，直至全身肌肉放松，最后达到心身放松的目的，并能够对身体各个器官的功能起到调整作用。

其实，人类是地球上最高级的社会性动物，人群本身就是极其多样性和多元化的，每个人有自己的"自我意象"，每个人的个性、能力、社会作用等，都是他人不可替代的。所以要排除来自社会的心理压力所造成的焦虑，就必须改变自己的想法、观念和生活。

把焦虑情绪打包寄出去

焦虑是人生的毒药，是滋生无数罪孽和不幸的温床。在这个不确定的社会里，我们可能已经极度失望，挣扎在痛苦中寻求一些幸福的希望，那么为何还要纵容焦虑来扰乱我们的心灵？告别焦虑，你才能开创新生活。

形形色色的焦虑充斥人们的生活，它们像细菌一样侵蚀人们的灵魂和肌体，妨碍人们的正常生活，影响人们的身心健康。所以，走向生活，应该从拒绝焦虑开始。

古时候，残忍的将军要折磨他们的俘虏时，常常把俘虏的手脚绑起来，放在一个不停往下滴水的袋子下面，水滴着……滴着……夜以继日，最后，这些不停滴落在头上的水，变成好像是用槌子敲击的声音，使俘虏精神失常。这种折磨人的方法，以前西班牙宗教法庭和希特勒手下的德国集中营都曾经使用过。

焦虑就像不停往下滴的水，而那不停地往下滴的焦虑，通常会使人心神丧失，使人生变得灰暗。

有一位老人刘宋玲得了一种怪病——她一听到"饿"字，马上就"饿得前胸贴后背"，即使两小时前她刚吃过饭。她一天吃十多顿饭，但依然感觉饥肠辘辘。

刘宋玲退休后不久，就陷入饥饿感中。"感到饿就吃，才吃一点马上就不饿了，过一会儿，又感到饿。"

刘宋玲说，随着时间的推移，饥饿感的频率和强度不断加强。"吃完饭不到两个小时，又饿得心慌，一听到别人说饿，马上就觉得自己腹中空空，即使在晚上，也要爬起来吃上三四顿饭。"刘宋玲痛苦极了。

刘宋玲四处求医，有医生认为她患了胃溃疡，但检查结果是一切正常。日子一天天过去，刘宋玲的饥饿感越来越强烈，已经达到了只要别人一说"饿"字，她就会焦虑得"头发都竖立起来"的状态。她去心理医生那里看病时，还随身携带了大量的食品，只要一饿，马上就吃，这一天她吃了13顿饭。

经过心理专家诊断，刘宋玲患的是非常严重的焦虑障碍，主要是对"饿"很敏感，产生了焦虑心理，这也与她一饿就吃，一吃就饱，每次食量只有一点点有关。

确诊后，心理卫生中心的专家用特殊治疗方案对她进行治疗。一周后，刘宋玲的饥饿感不再那么强烈；两周后，饥饿感得到初步缓解；到了第三周，刘宋玲和"饥寒交迫"的日子彻底拜拜了。

专家指出，这种病是心理原因所致，因此，保持一个良好的心态非常重要。

其实，你没有理由焦虑，因为痛苦和沮丧对你而言并不是一种甜蜜的享受。所以今天就下决心与焦虑决裂吧。彻底消除生活中的焦虑，会使你获得一种全新的自由感受。

战胜焦虑的方法之一是客观冷静地分析评估你所处的境遇，确定和估计一下可能发生的最糟糕的结果是什么。通过分析，会发现最坏的结果并没有糟糕到山崩地裂、地球爆炸的程度，而如果坏事一旦真的发生，你也可以承受它。有意思的是，我们预先担忧的事通常不会发生。就算不幸真的发生了，也往往没有预计中的可怕，损失也并不那么惨重。

其实，大灾大祸在你身上发生的几率微乎其微，人们总是习惯花很多时间和精力去担忧也许永远也不会发生的事，其实这真是杞人忧天，完全没有必要的。如果你能冷静接受你所遭遇的每一件事，你就没有必要去焦虑。

焦虑是摧毁一切的恶魔，走出焦虑，势在必行。学会去承受发生在你生活中的每一件事，是克服焦虑的最佳方法，要相信自己能够做到，因为你完全能够应付任何事情。

别透支明天的烦恼

"过去与未来并不是．存在．的东西，而是．存在过．和．可能存在．的东西。唯一．存在．的是现在。"古希腊学者库里希坡斯曾如是说。过去的生活已经过去，要学会接受。明天还未到来，与其让明天的烦恼折磨我们，为此焦虑不安，不如用心地活出当下每一天的精彩。

当生命走向尽头的时候，你问自己一个问题：你对这一生觉得了无遗憾吗？你认为想做的事你都做了吗？你有没有发自内心地笑过、真正快乐过？

想想看，你这一生是怎么度过的：年轻的时候，你拼了命想挤进一流的大学；随后，你希望赶快毕业找一份好工作；接着，你迫不及待地结婚、生小孩；然后，你又整天盼望小孩快点长大，好减轻你的负担；后来，小孩长大了，你又恨不得赶快退休；最后，你真的退休了，不过，你也老得几乎连路都走不动了……这一辈子都在为明天的事情而焦虑着，身心得不到放松和自由，但是，在这种情绪的反复折磨下，未来的生活真的有所改善吗？

答案是没有，因为我们没有把时间放在解决问题上，而是不停地追赶生活，就像一列远行的火车，开车的是我们的焦虑情绪，而不是我们真实的心。

有个小和尚，每天早上负责清扫寺院里的落叶。

清晨起床扫落叶实在是一件苦差事，尤其在秋冬之际，每一次起风时，树叶总随风飞舞。每天早上都需要花费许多时间才能清扫完树叶，这让小和尚头痛不已，他一直想要找个好办法让自己轻松些。

后来有个和尚跟他说："你在明天打扫之前先用力摇树，把落叶统统摇下来，后天就可以不用扫落叶了。"小和尚觉得这是个好办法，于是隔天他起了个大早，使劲猛摇树，这样他就可以把今天跟明天的落叶一次扫干净了。一整天小和尚都非常开心。

第二天，小和尚到院子里一看，不禁呆住了，院子里如往日一样满地落叶。老和尚走了过来，对小和尚说："傻孩子，无论你今天怎么用力摇树，明天的落叶还是会飘下来。"小和尚终于明白了，世上有很多事是无法提前的，唯有认真地活在当下，才是最真实的人生态度。

生活中，人们往往也有类似小和尚的想法，企图将人生的烦恼提前解决，以便将来过得更好、更自在。实际上，人生中很多事情只能循序渐进。过早地为将来担忧，反而会让自己眼下活得束手缚脚。因而，智者常劝世人"活在当下"。

别让压力毁了你，别让情绪左右你

所谓"当下"，指的就是现在正在做的事、待的地方、周围一起工作和生活的人。"活在当下"，就是要你把关注的焦点集中在这些人、事、物上面，全心全意认真去接纳、品尝、投入和体验这一切。

实际上，大多数人都无法专注于"现在"，他们总是若有所思，心不在焉，想着明天、明年，甚至想着下半辈子的事。假若你时时刻刻都将精力耗费在未知的未来，却对眼前的一切视若无睹，你永远也不会得到快乐。刻意去找快乐，往往找不到，让自己活在"现在"，全神贯注于周围的事物，快乐便会不请自来。或许人生的意义，不过是嗅嗅身旁每一朵绚丽的花，享受一路走来的点点滴滴的快乐而已。毕竟，昨日已成历史，明日尚不可知，只有"现在"才是上天赐予我们最好的礼物。

许多人喜欢预支明天的烦恼，想要早一步解决掉它们。其实，明天的烦恼，今天是无法解决的，焦虑也无济于事，每一天都有每一天的人生功课要交，先努力做好今天的功课再说。"怀着忧愁上床就等于背着包袱睡觉。"哈里伯顿曾这样说。不为无法确知的烦恼忧愁，卸掉烦恼的包袱，用平常的心对待每一天，用感恩的心对待当下的生活，才能理解生活和快乐的真正含义。

学会让自己放轻松

200年前，欧洲有一首民谣："我们背井离乡，为的是那小小的财富。"而现在，西方流行的观念是"过普通人的生活"。的确，拼命地工作挣钱，却没有时间和精力来享受安闲、舒适的生活，是一件悲哀的事情。

在竞争越来越激烈、生活节奏越来越快、压力越来越大的现代社会中，要想生活得轻松自在一些，应该放松生命的弦，减轻自己的压力，清除自身的焦虑情绪，让金钱、地位、成就等追求让位于"普通人的生活"。

弗兰克是位生意人，赚了几百万美元，而且也存了相当多的钱。他在事业上虽然十分成功，但却一直未学会如何放松自己。他是位神经紧张、焦虑的生意人，并且把他职业上的紧张气氛从办公室带回了家里。

弗兰克下班回到家里在餐桌前坐下来，但心情十分烦躁不安，他心不在焉地敲敲桌面，差点被椅子绊倒。

这时候弗兰克的妻子走了进来，在餐桌前坐下。他打声招呼，便用手敲桌面，直到一名仆人把晚餐端上来为止。他很快地把东西吞下，他的两只手就像两把铲子，不断把眼前的晚餐一一铲进嘴中。

吃完晚餐后，弗兰克立刻起身走进起居室。起居室装饰得十分美丽，有一张长而漂亮的沙发，华丽的真皮椅子，地板上铺着高级地毯，墙上挂着名画。他把自己投进一张椅子中，几乎在同一时刻拿起一份报纸。他匆忙地翻了几页，急急瞄了一眼大字标题，然后，把报纸丢到地上，拿起一根雪茄，引燃后吸了两口，便把它放到烟灰缸里。

弗兰克不知道自己该怎么办。他突然跳了起来，走到电视机前，打开电视机。等到影像出现时，又很不耐烦地把它关掉。他大步走到客厅的衣架前，抓起他的帽子和外衣，走到屋外散步去了。

弗兰克这样子已有好几百次了，他没有经济上的困扰，他的家是室内装潢师的梦想，他拥有两部汽车，事事都有仆人服侍他——但他就是无法放松心情。不仅如此，他甚至忘掉了自己是谁。他为了争取成功与地位，已经付出他的全部时间，然而可悲的是，在赚钱的过程中，他却迷失了自己。

从故事中可以看出，弗兰克先生所有的症结就在于他的焦虑情绪，他繁乱的生活是因为他没有掌握放松自己的秘诀。

富兰克林·费尔德说过："成功与失败的分水岭可以用这么五个字来表达——我没有时间。"当你面对着沉重的工作任务感到精神与心情特别紧张和压抑的时候，不妨抽一点时间出去散心、休息，直至感到心情轻松后，再回到工作上来，这时你会发现自己的工作效率特别高。

只要你能在这个繁忙的世界中做到松弛神经，过得轻松愉快，你就是一个幸运者——你将会幸福无比。学会放松，就会让你拥有一个无悔的人生。

删除多余的情绪性焦虑

年轻人大多都有过这样的经历，在学校的时候总是担心自己毕业后找不到工作，每天焦虑重重；找到工作后又害怕自己在激烈的竞争中被淘汰，天天提心吊胆；有的人还害怕自己没有能力迎接突如其来的挫折，等等。

适当的焦虑可以促使人奋发向上，激发向上的原动力。但是，过度焦虑并不可取，它只会让人成天忧心忡忡，久而久之成为习惯，会影响你的心情，影响你获取成功。

凡事能够退一步想，不要那么耿耿于怀，焦虑就会减轻。只有删除多余的焦虑，我们的生活才能更加舒畅。比如说今天上班迟到了，也可以这样安慰自己：说不定上班的人今天都起早了，一路过去都畅通无阻。万一塞车了，老板可能也会没到。

凯瑟女士的脾气很坏，很急躁，总是生活在紧张的情绪之中：每个礼拜，她要从在圣马特奥的家乘公共汽车到旧金山去买东西。可是在买东西的时候，她也特别担心——也许自己的丈夫又把电熨斗放在熨衣板上了；也许房子烧起来了；也许她的女佣人跑了，丢下了孩子们；也许孩子们骑着他们的自行车出去，被汽车撞了。她买东西的时候，常会因担心而冷汗直冒，然后冲出商店，搭上公共汽车回家，看看是不是一切都很好。后来，她的丈夫也因受不了她的急躁脾气而与她离了婚，但她仍然每天感到很紧张。

凯瑟的第二任丈夫杰克是个律师——一个很平静、事事能够加以冷静分析的人，很少为什么事情而焦虑。

杰克充分利用概率法则来引导凯瑟消除紧张、焦虑。每次凯瑟神情紧张或焦虑的时候，他就会对她说："不要慌，让我们好好地想一想……你真正担心的到底是什么呢？让我们看一看事情发生的概率，看看这种事情是不是有可能会发生。"

有一次，他们去一个农场度假，途中经过一条土路，碰到了一场很可怕的暴风雨。汽车一直往下滑，没办法控制，凯瑟紧张地想，他们一定会滑到路边的沟里去，可是杰克一直不停地对凯瑟说："我现在开得很慢，不会出什么事的。即使汽车滑进了沟里，根据概率，我们也不会受伤。"他的镇定使凯瑟慢慢平静下来。

不要无谓地焦虑，要适时地安慰和劝导自己。像杰克那样根据概率分析事情发生的可能性。如果根据概率推算出事情不可能发生，这样通常能消除你90%的焦虑。

焦虑会使你的心情紧张，总是担心和惦记某些事情并不能有助于你解决问题。坐飞机时即便你心里想一千遍会不会遇到飞鸟撞机事件，或者飞机坠毁等意外，在到达目的地前，你也只能老老实实待在机舱里。

焦虑就像不停往下滴的水，而那不停地往下滴的焦虑，通常会使人心神不宁，进而精神失控。焦虑也像一把摇椅，你在上面一直不停摇晃，却无法前进一步。

生活中情绪性的焦虑是多余的。生活中不如意之事很多，要善于把握自我，控制好自己的情绪，找出让自己高兴的方式和途径，远离焦虑，迎接阳光灿烂的每一天。

说出自身的焦虑

焦虑，是人在面临不利环境和条件时所产生的一种情绪抑制。它是一种沉重的精神压力，使人精神沮丧，身心疲惫。有的时候是我们把问题想得过于糟糕，本来一件很简单的事，我们却要思虑很久，设想各种结果，随着自己各种各样的怀疑、猜忌、担心，焦虑的情绪就难以避免了。其实人生真的没有那么多的事用来焦虑，只是我们放大了去看而已。

焦虑是一种过度忧愁和伤感的情绪体验。每个人都会有焦虑的时候，但如果是毫无原因的焦虑，或虽有原因，却不能自控，每天心事重重、愁眉苦脸，就属于心理性焦虑了。

焦虑会使人的容颜快速衰老，甚至对其健康产生很大威胁。所以说，过度焦虑不可取。凡事退一步想，不要耿耿于怀，焦虑就会减少。

总之焦虑是有百害而无一利的，那么我们需要做的就是大声地说出自己的焦虑，让焦虑的阴霾远离我们。

把心事说出来，这是波士顿医院所安排的课程中最主要的治疗方法。下面是我们在那个课程里所得到的一些概念，其实我们在家里就可以做到。

准备一本"供给灵感"的剪贴簿

你可以在剪贴簿上贴上自己喜欢的能够给人带来鼓舞的诗篇，或是名人名言。今后，如果你感到精神颓丧，也许在这个本子里就可以找到治疗方法。在波士顿医院的很多病人都把这种剪贴簿保存好多年，他们说这等于是替你在精神上"打了一针"。

要对你的邻居感兴趣

对那些和你在同一条街上共同生活的人保持兴趣，这样就没有孤独感了，你对邻居感兴趣，那么你会很快与他们成为朋友，随之而来的就是邻居的热情与关爱，最后，焦虑会不自觉地远离你。

上床之前，先安排好明天工作的程序

很多家庭主妇都为忙不完的家事感到疲劳。她们好像永远做不完自己的工作，老是被时间赶来赶去。为了要治好这种焦虑，波士顿医院的医生们建议各个家庭主妇，在头一天就把第二天的工作安排好，结果呢？她们能完成很多的工作，却不会感到疲劳。同时还因为自己取得的成绩而感到非常骄傲，甚至还有时间休息和打扮。

避免紧张和疲劳的唯一途径就是放松

再没有比紧张和疲劳更容易使你苍老的事了。也不会有别的事物对你的外表更有害了。如果你要消除焦虑，就必须放松。

当一些问题的确是超出了我们的能力所能解决的范围时，我们就需要乐观一些，就像杨柳承受风雨一样，我们也要承受无可避免的事实。哲学家威廉·詹姆士说："要乐于承认事情就是这样的情况。能够接受发生的事实，就是能克服随之而来的任何不幸的第一步。"

每个人都希望自己的生活过得一帆风顺，轻轻松松，简简单单，然而生活中却充满多种焦虑。例如，追求的失落，奋斗的挫折，情感的伤害，等等，都让我们的心灵背上了沉重的负荷。面对这样的焦虑，我们要适当地说出来，要想获得平和的心，最重要的方法就是注意为自己的心灵留出适当的空白，使自己的内心保持一定的余裕。

事实上，刻意地使心灵空白的确能有效地为人们带来心安的感受。在这个过程中你可以将头脑中焦虑、不安、沉重、憎恶等不良情绪"清空"，取而代之的是愉悦、安定、轻松、满足的心境。

总之，我们不要把焦虑隐藏在心中，要大声地说出来。许多人感到焦虑与不安时，总是深藏在心里，不肯坦白说出来。其实，这种办法是很愚蠢的。内心有焦虑烦恼，应该尽量坦白讲出来，这不但可以给自己从心理上找一条出路，而且有助于恢复理智，把不必要的焦虑除去，同时找出消除焦虑、抵抗恐惧的方法。

生活中不如意之事很多，只要你善于把握自我，控制好自己的情绪，说出焦虑，远离焦虑，自然就可以迎接阳光灿烂的每一天。

戒掉烦恼的习惯

我们许多人一生都背负着两个包袱，一个包袱装的是"昨天的烦恼"，一个包袱装的是"明天的焦虑"。人只要活着就永远有昨天和明天。所以，人只要活着就永远背着这两个包袱。不管多沉多累，依然故我。

其实，你完全可以选择戒掉这种烦恼的习惯，完全可以去掉这两个包袱，把它们扔进大海里，扔进垃圾堆里，因为并没有人要求你要背负着这两个包袱。

《圣经》有言："不要为明天忧虑，明天自有明天的忧虑，一生的难处一天就够了。"

还有这样一句名言："会伤人的东西有3个，苦恼、争吵、空的钱包。其中苦恼摆在三者之前。"

忧能伤人，从生理学的观点来看，似乎理所当然。尔士·梅耶医生说："烦恼会影响血液循环，以及整个神经系统。很少有人因为工作过度而累死，可是真有人是烦死的。"

心理学家们认为，在我们的烦恼中，有40%都是杞人忧天，那些事根本不会发生。另外30%

则是既成的事实,烦恼也没有用。另有20%我们担心的事,事实上并不存在。此外,还有10%是我们担心的日常生活中的一些小事。也就是说,我们有92%的烦恼都是自寻烦恼。

苏珊第一次去见她的心理医生,一开口就说:"医生,我想你是帮不了我的,我实在是个很糟糕的人,老是把工作搞得一塌糊涂,肯定会被辞掉。就在昨天,老板跟我说我要调职了,他说是升职。要是我的工作表现真的好,干吗要把我调职呢?"

可是,慢慢地,在那些泄气话背后,苏珊说出了她的真实情况。原来她在两年前拿了个MBA(工商管理硕士)学位,有一份薪水优厚的工作。这哪能算是一事无成呢?

针对苏珊的情况,心理医生要她以后把想到的话记下来,尤其是在晚上失眠时想到的话。在他们第二次见面时,苏珊列下了这样的话:"我其实并不怎么出色,我之所以能够成为佼佼者全是侥幸。""明天定会大祸临头,我从没主持过会议。""今天早上老板满脸怒容,我做错了什么呢?"

她承认说:"单在一天里,我列下了26个消极思想,难怪我经常觉得疲倦,意志消沉。"

苏珊听到自己把焦虑和烦恼的事念出来,才发觉自己为了一些假想的灾祸浪费了太多的精力。

现实生活中,有很多自寻烦恼的人,对他们来说,烦恼似乎成了一种习惯。有的人对名利过于苛求,得不到便烦躁不安;有的人性情多疑,老是无端地觉得别人在背后说他的坏话;有的人嫉妒心重,看到别人超过自己,心里就难过;有的人把别人的问题揽到自己身上自怨自艾,这无异于引火烧身。

烦恼情绪的真正病源,应当从本人的内心去寻找。大凡终日烦恼的人,实际上并不是遭到了多大的不幸,而是在自己的内心素质和对生活的认识上存在着片面性。聪明的人即使处在恶劣的环境中,也往往能够寻找到快乐。因此,当受到忧烦情绪袭扰的时候,就应当自问为什么会忧烦,从主观方面寻找原因。学会从心理上去适应你周围的环境。

所以,要在烦恼扰乱你生活以前,先改掉烦恼的习惯。

不要去烦恼那些你无法改变的事情。你的精神气力可以用在更积极、更有建设性的事情上面。如果你不喜欢自己目前的生活,别坐在那儿烦恼,起来做点事吧,设法去改善它。多做点事,少一点烦恼,因为烦恼就像摇椅一样,无论怎么摇,最后还是留在原地。

第三节
提防忧郁情绪,和抑郁症擦肩而过

多愁善感是抑郁症的诱因

"多愁善感"是我们常常听到的一个词,通常情况下,我们对这个词是喜爱的,因为它有浅浅的美的意境。

但是,我们却很少把这个词和抑郁情绪联系到一起。其实,从某种程度上讲,多愁善感是抑郁的前期表现。

为什么呢?因为每个人在生活的道路上,都不是一帆风顺的。举个最简单的例子,我们去看一个很悲伤的电影,你流下了眼泪,这时你悲伤、同情的情绪就是忧郁。但是这是暂时的。我们说的忧郁,大概有一半的不是疾病,可以经过自我调控来解决问题。

现在我们要谈的是忧郁症,这是一个疾病,忧郁症有几个概念。第一,心情很苦闷、很低沉,伴随着很多症状,都是跟着忧郁的苦闷来的,自己觉得前途渺茫,脑子非常迟钝,行动不便,觉得很疲乏,原本高兴的事情现在怎么也高兴不起来了,还有睡眠常常出现问题,特别容易早醒。大家知道睡眠对于一个正常的人来说,经过一夜良好的睡眠,第二天心情愉快。而他早晨起来想到的可能是我今天一天会多么难过,我怎么才能熬过去,种种问题都会出现。

多愁善感作为一种心理疾病，已经日益影响着人们的感情生活和职业生涯。甚至可以说，多愁善感已经成为很多人在生存竞争中失败的主要原因。

多愁善感最早作为疾病被发现，是在公元2世纪的时候，希腊医生、解剖学家加连发现一些病人常常会陷入一种极端消沉的状态，他们感叹生命短暂、人世无常、人生孤独，就连窗前飘落的树叶也会让他们泪水涟涟。这类病人往往先于其他病人死去。于是加连医生把这种现象写进他的著作中，并把它归类于精神疾病。

曾经一度，多愁善感作为敏感、脆弱、富于幻想的人群的重要特质，成为艺术气质的代名词。在欧洲文艺复兴时代，几乎所有的文学家和艺术家都以多愁善感的敏感神经为荣，自嘲为"忧郁的疯子"。他们是值得同情的一群人，因为即便他们创造了无数的文明遗产，自己却始终处在痛苦的精神折磨中。

生活在当今社会，因为受到一些外界因素的影响，多愁善感是很正常的，随着时间的推移和自我调适，这种情绪很快就能消失。但如果这种情绪长时间挥之不去，并已出现认知偏差，对外界的一切体验就会是悲伤的，消极的，这就应当引起足够重视，因为在抑郁状态严重时容易酿成自杀、自伤等悲剧。调查显示，抑郁症患者50%以上有自杀想法，其中有20%最终以自杀结束生命。

当今社会逐步进入了物质时代，多愁善感的性格愈加与社会的发展格格不入。作为从事一般职业的人，多愁善感的人很难晋升到金字塔的顶部；即使作为艺术家，在日趋工业化的市场运作中，阴晴不定的情绪也会成为他们为世人接纳的绊脚石。所以，我们要学着让自己开朗一些，多看看美好的事物，多欣赏明朗的色彩，会有助于我们改善多愁善感的性格。

更年期女性的情绪危害

更年期的情绪是最难以控制的，它不仅强烈，而且变化也快。

不少女性一到四十就开始变得烦躁、焦虑、不安、情绪不稳、易怒、不自信，认为人生已过大半，已经没多大意义了，找不到生活的方向。女性在月经期断绝前后一段时间内由于卵巢功能衰退，雌激素分泌减少而引起一系列生理和心理的改变，产生以自主神经功能紊乱为主的临床表现。其常见症状为阵发性烦热、出汗、胸闷、易激动、情绪不稳等生理上的一些变化，雌性激素分泌开始减少，人会自然出现衰老。

首先应正确认知这是一种生物进化的自然规律，从出生到成长再到衰老，任何人都不可违背这种规律。刚出生的婴儿好比初升的太阳，人到四十正接近夕阳，其实夕阳也是无限好的。要知道人生该做的都已做了，人生已经有收获了，更多的应该去享受这种硕果。此时可以培养新的兴趣，比如书法、音乐、舞蹈等，重新找到生活的支撑点，做你想做而没做的事，当你寻找到生活的又一个目标时，你的生活会变得更有意义。当你重新找回自信时，你会发现你依然那么美丽。

更年期抑郁症主要是指发生在女性更年期的一种抑郁状态。它的特点是患者出现烦躁、情绪低落、容易激动、怀疑自己会得大病，从而忧心忡忡；此外，许多患者可伴随如心慌、憋气、胃肠功能紊乱、阵发性潮热等躯体不适的症状。

此病的起因可能与性激素变化有关，也与中年时期社会压力增大、需要操心的事情增多有关，与家庭环境也有一定的关系。有学者研究发现，此时患者的子女已长大，开始离家独立，几十年来形成的模式被改变；同时，丈夫对其照顾明显减少等，均可引起情绪的变化。

更年期抑郁症是一种发生在更年期的常见精神障碍。更年期抑郁症患者常常发生生理和心理方面的改变。生理功能方面的变化多以消化系统、心血管系统和自主神经系统的临床症状为主要表现：食欲减退、上腹部不适、口干、便秘、腹泻、心悸、血压改变、脉搏增快或减慢、胸闷、四肢麻木、发冷、发热、性欲减退、月经变化以及睡眠障碍、眩晕、乏力等。生理方面变化常在精神症状之前出现，往往随着病情发展而加重，经过治疗后躯体症状消失得也比精神症状早。

更年期抑郁症一般起病缓慢，逐渐发展，病程较长，开始多表现为神经衰弱症状，如失眠、乏力、头昏、头疼、烦躁不安等各种躯体不适感。病人常是情绪低落、郁郁寡欢、焦虑不安、过分担心发生意外，以悲观消极的心情回忆往事，对比现在，忧虑将来。认为自己过去年轻有为，工作很有成就，而现在年过半百，好似"日落西山，已近黄昏"，情绪沮丧、反应迟钝，自感精力不足、做事力不从心、对平常喜欢的事提不起兴趣,特别是易疲劳,休息后也不能缓解,是一个"只会吃饭,不会干事的废人"。

她们还常感觉大祸临头,并有捶胸顿足、纠缠他人的现象。反复回忆既往不愉快的经历,当回忆过去在某些方面曾有过一些微不足道的缺点时,常追悔莫及,认为自己给国家、家庭带来了无可挽回的损失,现在应受到惩罚,死有余辜。更有甚者,回忆以往的一些生活琐事,如与某人发生过口角未曾道歉,这些都已"铸成大错",无法弥补,在此基础上,患者认为自己不仅无用,而且有罪,周围的人也都在议论他,甚至有人要谋害她,即精神病性症状的关系妄想、被害妄想、自罪妄想。

很多病人还具有疑病妄想和虚无妄想,即对自己躯体方面过分关心,对一些细微的不适感觉都很敏感,认为自己的内脏已经腐烂,骨骼断裂,血液枯竭,罹患绝症,无药可治,为此恐惧焦虑。还有患者认为自己只剩下有形无实的躯壳,觉得周围的一切事物都变得不真实,虚无缥缈,无法捉摸。

总之,处于更年期的年龄阶段,对什么都不感兴趣,情绪低落、沮丧,整日紧张焦虑或怀疑自己患了不治之症,有时候常有这样那样的痛苦,可是又查不出具体疾病,提示可能患了更年期抑郁症。在这种情况下应到专科医院就诊,及早进行有效治疗。

抑郁,是心灵的枷锁

对于大多数人来说,抑郁是生活中的灾难或者对逆境的一种反应。当我们感到被周围所抛弃,当我们丧失了重要的东西,被羞辱、被打击的时候,抑郁便悄然而至。

珍妮记得在上中学时,有一次学校组织冬令营活动,那个寒冷的冬夜,她和杰瑞进行了彻夜长谈。珍妮是个内向的女孩,她真正意义上的朋友只有杰瑞一个,所以,她们的关系非常好。那一晚,她们聊了很多,谈亲情、谈爱情,谈学校的琐碎生活。

一周后,珍妮举家搬迁,远离了故乡。她总是忘不了临别前杰瑞和她相拥痛哭的情景。她觉得自己这辈子再也找不到这样的朋友了。到了新环境的珍妮生活的并不快乐,她无法融入新的学校生活,陌生的环境,陌生的学校,让原本就内向的她更加忧郁沉默。

这样低落的情绪时常出来烦扰她,让她根本无法正常地和人交朋友,她常常会陷入回忆中,企图从往事中找出一点快乐,然而,她越是这样,内心的郁结就越深,以致她常常悲伤落泪。

其实,像珍妮这样的例子有很多,我们总是留恋美好的事物、温馨的回忆,因为从这些情景当中,我们很容易就能够给自己找到安慰,但是我们通常会忽略一点,在我们寻找安慰的时候,我们悲观的情绪也在跟着衍生,进而困扰着我们的生活。

想要打破这种阴郁的生活,我们要做的就是打开心灵的锁,不要把自己的情感封存在里面,时间久了,它就会发霉,长出苦涩的果子。

我们可以尝试着采取"交心"的措施,通过结交新朋友来缓解抑郁情绪。交心是指两个已有联系的人通过真诚的交往,逐步进展到交换情绪的过程。这意味着,两个人可以分享私密的梦境、恐惧、思想及历史;可以不必隐藏或修饰,将自己最真的一面、最真实的感觉自由表现出来,不管它是正面或是负面。

长期抑郁的患者所欠缺的,恰恰就是"交心"。

我们也会与他人联系,有时这个联系还非常稳固,但总达不到交心的境界。我们总是保留、修饰或试图掩藏真正的感情,因为觉得交心很危险。每次快到交心的境界时,就会急匆匆地踩下刹车。

与人交心的经验可以带来强烈的满足感,你在生活中一定体会过这种美妙。当回想起偶尔和他人自由自在、无拘无束地分享彼此真实感觉的经验时,都会觉得那次邂逅非常宝贵且意义别具。

交心能满足人内心的深层渴望。"联系"与"交心",对能否真诚表达情感至关重要。只要打开心扉使两个条件同时发生,那一直纠缠你的不满与挫折感将顿时烟消云散,你会觉得生气勃勃、精力十足。想获得内心的满足感,并使其长久且有意义,那么,交心就是这种美好感觉的来源和舞台。

抑郁不单纯是孤独感,它还是一种隔离,这种隔离改变了你对周围环境的正常感觉。

对于抑郁的人,所有这些怜悯都不能穿透那堵把自己和世人隔开的墙壁。在这封闭的墙内,不仅拒绝别人哪怕是极微小的帮助,而且还用各种方式来惩罚自己。在抑郁这座牢狱里,拥有抑郁的人同时充当了双重角色:受难的囚犯和残酷的罪人。

正是由于抑郁使人丧失了自尊与自信,他们总是自我责备、自我贬低。无论对环境还是对自我,都不能积极地对待。对环境压力总是被动地接受而不能积极地控制,更谈不上改造;对自我也总感到难以主宰而随波逐流,于是在人生征程上没有理想与期待,只有失望与沮丧。总感到茫然无助,陷入深重的失落感而难以自拔,对一切都难以适应,只能退缩回避。

勇于走出自己,生活中多结交一些朋友,我们空虚的心灵就会变得活跃起来。只有敞开自己的心灵,用心去接纳别人,与别人分享自己的快乐与忧伤,才能彻底摆脱抑郁的阴影。

忧郁情绪会给你制造假象

忧郁就好像透过一层黑色玻璃看一切事物。无论是考虑你自己,还是考虑世界或未来,任何事物看来都处于同样的阴郁而黯淡的光线之下。一旦戴上这副黑色的滤光镜,你就再也不能在其他的光线下观察任何事物。消极的思想与忧郁相伴,情绪低落导致消极的思想和回忆,反之,消极的思想和回忆又导致情绪低落,如此反复下去,形成一个持久而日益严重的忧郁恶性循环。

吉姆从未被诊断为抑郁症,他甚至没有和医生谈起过自己那些消极的想法或者是经常感到低落的心情。他是成功人士,生活中的一切很如意,他有什么资格对别人抱怨呢?他只是一味地坐在车里,直到有什么事情令他打开车门走出去。他试图去想想自己的花园以及那些含苞待放的美丽郁金香,但是这些念头只会令他想起自己已经很久没有做清理工作,光是要把院子弄整洁一点儿的活就让他头痛不已。

他想起孩子和妻子,想到晚餐时可以和他们聊聊天,但不知道为什么这个念头只会让他更想早点上床睡觉。

昨晚睡觉前,他本来计划今天早点起床来完成昨天剩下的工作,可是他又起晚了。也许今晚他应该待在办公室,哪怕熬夜也要把所有的事情一次做完。

这样不安的情绪总会围绕着吉姆,吉姆不知道自己的这些不良情绪是从哪里冒出来的,明明他觉得自己是幸福的、成功的,可是,他不快乐。

吉姆的这种症状就是典型的抑郁症,无缘无故的情绪低落,时常感到生命的空虚,体验不到幸福感。这种特殊的心理屏障会改变我们对周围环境的正常感觉。

关琳是机关的女职员。今年27岁的她长相甜美,工资待遇也很优厚,父母疼爱她,她在家里就像一位小公主,这么大了,还时常在父母面前撒娇。

但是关琳的性格很偏执,每隔一段时间,就会莫名其妙地发脾气,情绪也很低落,有时在单位一个星期都不和同事说一句话。父母了解,自然也不会怪她,可是外面的人不了解,他们以为关琳有些神经质,常常是避而远之。

关琳很苦恼,她不知道自己为什么会这样,她没有什么可以倾诉的朋友,郁闷的时候想找个人聊天都很难。她又不想跟父母说,她觉得自己长这么大了,不应该再为父母添麻烦。一年前经人介绍和同事结婚了,但两人感情基础不好,常为一些小事吵架。

因此,两年来她有一种难以言状的苦闷与忧郁感,但又说不出什么原因,总是感到前途渺茫,一切都不顺心,老是想哭,但又哭不出来,即使是遇有喜事,关琳也毫无喜悦的心情。过去很喜欢去看电影、听音乐,但后来就感到索然无味,工作上亦无法振作起来。

她深知自己如此长期忧郁愁苦会伤害身体,但又苦于无法解脱,并逐渐导致睡眠不好、多噩梦及胃口不好。有时她感到很悲观,甚至想一死了之,但对人生又有留恋,觉得死了不值得,因

第十四章　兵来将挡，努力抛弃一切坏情绪

而下不了决心。

忧郁的人往往选择逃避问题或对问题过分执着，将其看得过于严重，这实际上是给自己增加不必要的精神压力。由于问题难以解决而干脆采取回避的态度，但事实上问题依然存在，自己只是在表面上逃避，内心深处还是放不下，难题成为心头的沉重包袱。

美国克莱斯勒公司的总经理凯勒说："要是我碰到很棘手的情况，只要想得出办法能解决的，我就去做。要是干不成的，我就干脆把它忘了。我从来不为未来担心，因为，没有人能够知道未来会发生什么事情。影响未来的因素太多了，也没有人能说清这些影响都从何而来，所以，何必为它们担心呢？"

不要偷走自己的快乐

你为什么不快乐？你问过自己不快乐的原因吗？还是你一直就没有想过要挣脱消极情绪的锁链，为自己寻找快乐的天空。

一位哲人曾说："如果我们感到可怜，很可能会一直感到可怜。"对于日常生活中使我们不快乐的那些众多琐事与环境，我们可以由思考使我们感到快乐，这就是大部分时间想着光明的目标与未来。而对小烦恼、小挫折，我们也很可能习惯性地反映出暴躁、不满、懊悔与不安，这样的反应我们已经"练习"了很久，所以成了一种习惯。

这种不快乐反应的产生，大部分是由于我们把它解释为"对自尊的打击"等这类原因。司机没有必要冲着我们按喇叭；我们讲话时某位人士没注意听甚至插嘴打断我们；认为某人愿意帮助我们而事实却不然，甚至个人对于事情的解释，结果也会伤了我们的自尊；我们要搭的公共汽车竟然迟开；我们计划要郊游，结果下起雨来；我们急着赶飞机，结果交通阻塞……这样我们的反应是生气、懊悔、自怜。

有一位心理医生，他每天要看许多病人，并且要很有耐心地倾听病人述说心中的忧郁和焦虑。他每天所接触的人都显得愁眉苦脸，所以，他被那些不快乐的情绪感染得也很不快乐，日子一久，他觉得心中的压力非常大。为了平衡自己的情绪、缓解压力，他时常去看喜剧，目的就是为了让自己开怀大笑一番。

有一天，他正低头在一位病人的病历卡上记录诊断结果，却听到一个很熟悉的声音说："医生，我很不快乐，生活中没有让我开心的事情，活着实在是没有什么意义，我真想死。"

心理医生抬头一看，却看到一张熟悉的面孔，他居然是让自己捧腹大笑的喜剧演员。这样的巧遇，让他不禁哑然失笑。他低头想了一下说："这样吧！你我交换一下，我当一天喜剧演员，你当一天心理医生，怎么样？"喜剧演员原本以为这位心理医生在开玩笑，但是看他一脸认真的表情，又不像是开玩笑，于是思考片刻，接受了这个建议。

喜剧演员扮演了一天"代理医师"，除了药方由在幕后的心理医生开列之外，他有模有样地询问病人的病情，并且努力开导病人要寻找一个正确的人生方向。心理医生在喜剧演员的教导之下，也在剧院表演了一幕喜剧。他忘却了自己的医师身份，在舞台上装疯卖傻，惹得观众捧腹大笑。他站在舞台之上，看到台下有这么多的笑脸，他的心情也好极了。之后，两人又恢复各自的身份。

有一天，喜剧演员又挂号来看心理医师。"医师，我找到了平衡点，现在我知道了，其实我的工作非常有意义，我的每一个喜剧动作所引起的每一个笑容都是我的成就。我不想死了，因为我的存在可以帮助那么多不快乐的人，让他们获得心理上的平衡。"喜剧演员容光焕发地说。心理医生微笑着点了点头说："是啊！我也要谢谢你让我有机会知道，我也有能力制造许多的笑脸。"从此以后，当病人坐在候诊室等候看病时，都能听到由诊疗室中传出来的幽默话语和病人的大笑声。

抑郁不单纯是孤独感，它还是一种自我隔离。我们周围常常有这类人，当生活环境发生重大变化而呈现出巨大反差时，当人生之旅中出现一些变故、遇到一些挫折时，或者仅仅是环境不如意时，便精神不振、心神不定，百无聊赖而焦躁不安，不思茶饭，更无心工作，甚至不想生活，整个人跌入消极颓丧中。

生活中，抑郁的人不在少数，他们为了生活烦忧，为了工作发愁，为了一切不如意的事情伤身，他们明明知道这样做对自己没有任何帮助，却依旧在坏情绪中深陷。

难道是别人偷走了你的快乐？难道所有不快乐的情绪都是他人造成的？不是，是我们自己，是我们自己固执地把自己关在抑郁的牢笼里，不想出来。所以，我们的世界变小了，快乐变少了，人变得更加消沉，情绪变得更加低落。既然我们明白，为什么不指正自己呢？我就是偷走自己快乐的小偷，如果我们肯改变自己，修正不良情绪，快乐就会重新回到我们身边。

控制思维，调动你的快乐情绪

哈佛大学教授威廉斯说："情感似乎指引着行动，但事实上，行动与情感是可以互相指引、互相合作的。快乐并非来自外力，而是来自于内心，因此，当你不快乐的时候，你可以挺起胸膛，强迫自己快乐起来。"

一位著名的电视节目主持人，邀请了一位老人做他的节目特邀嘉宾。这位老人的确不同凡响。他讲话的内容完全是毫无准备的，当然绝对没有预演过。

他的话把他映衬得魅力四射，不管他什么时候说什么话，听起来总是特别贴切，毫不做作，观众听着他幽默而略带诙谐的话语都笑弯了腰。主持人也显然对这位幸福快乐的老人印象极佳，像观众一样享受着老人带来的快乐。

最后，主持人禁不住问这位老人："您这么快乐，一定有什么特别的秘诀吧！"

"没有，"老人回答道，"我没有什么了不起的秘诀。我快乐的原因非常简单，每天当我起床的时候我有两个选择——快乐和不快乐，不管快乐与否，时间仍然会不停地流逝，我当然会选择快乐。如果要秘诀的话，这就是我快乐的秘诀。"

老人的解释听起来似乎过于简单，但是他的话却包含着深刻的道理。记得林肯曾经说过："人们的快乐不过就和他们的决定一样罢了。"你可以不快乐，如果你想要不快乐。你可以告诉自己所有的都不顺心，没有什么是令人满意的，这样，你肯定不快乐。但是，如果你要快乐，尽管告诉自己："一切都进展顺利，生活过得很好，我选择快乐。"那么可以确定的是你的选择会变成现实。

"即使到了我生命的最后一天，我也要像太阳一样，总是面对着事物光明的一面。"诗人胡德说。

快乐是对自己的一种热爱，快乐是幸福的必需品，快乐是一种积极的心态，快乐是一种心灵的满足。你选择快乐，快乐就会选择你。

快乐可使人健康长寿，"笑一笑，十年少"，良好的情绪则是心理健康的保证。情绪即情感，指人的喜、怒、哀、乐等，常伴随个人的立场、观点及生活经历而转移。愉快的情绪会带来欢乐、高兴、喜悦，能使人心情舒畅、驱散疲劳，使人对未来充满信心，能承受生活中的种种压力。

其实，快乐原本就是很简单的事情，就像小孩子一样，小孩子为什么很容易就能获取快乐，这是因为他简单。简单地哭，简单地笑，简单地释放自我。而我们承认欠缺的就是这种简单，我们总会问："我要怎样才能得到快乐？""我要怎样才能获得幸福？"快乐和幸福本就在你的手上，没有人可以拿得走，只不过，我们对自己缺乏一份信任，认为快乐和幸福不是那么简单就可以握在手中的。

抑郁是可以化解的

有抑郁情绪的人说，他是在毫无知觉的情况下，中了抑郁情绪的毒。这并不奇怪，因为很多时候，我们都不知道自己什么时候不知不觉变得抑郁起来。我们所能察觉的是，心情不太好，还有点提不起劲儿……问题或许从这个时候起就已经显山露水了，然后我们才会恍然：原来抑郁是

第十四章　兵来将挡，努力抛弃一切坏情绪

从情绪低落开始的。

一位年轻人总觉得自己不够快乐，心情总是莫名的低落，做什么都没有兴致。他决定去拜访一位智者，请他指点迷津。

见到智者之后，年轻人问："为什么我总是觉得自己不幸福呢？生活中，没有任何事情能让我打起精神来。我如何才能变成一个让自己愉快幸福，也能够给别人带来幸福愉快的人呢？"

智者笑着望着他说："孩子，你有这样的愿望，已经很难得了。很多比你年长的人，从他们问的问题本身就可以看出，不管给他们多少解释，都不可能让他们明白真正的道理，就只好让他们依然那样。"

少年满怀虔诚地听着，却并不了解智者的意思，于是问道："可是，我并不幸福啊！我每天看到太阳升起来，就会觉得生命又短了；看到夕阳，又觉得一天又没了。看到花开，担心花谢，看到新生的婴儿，会想到逝去的老人。"

智者听了，拍了拍年轻人的肩，说："我送给你三句话。第一句话是，把自己当成别人。你能说说这句话的含义吗？"

年轻人回答说："是不是说，在我感到忧伤的时候，就把自己当成是别人，这样痛苦就会自然减轻；当我欣喜若狂之时，把自己当成别人，那些狂喜也会变得平淡中和一些？"

智者微微点头，接着说："第二句话，把别人当成自己。"

年轻人沉思一会儿，说："这样就可以真正同情别人的不幸，理解别人的需求，而且在别人需要的时候给以恰当的帮助？"

智者继续说道："第三句话，把别人当成别人。"

年轻人说："这句话的意思是不是说，要充分地尊重每个人的独立性，任何情形下都不可侵犯他人的核心领地？"

智者哈哈大笑："很好，很好，孺子可教也。"

年轻人这时豁然开朗起来，原来，自己的不幸福完全是自己的低落情绪造成的啊！

情绪是可以转化和化解的。当不好的情绪袭击到我们时，我要做的是将它移出去。就像那位年轻人领悟到的那样。后来年轻人变成了中年人，又变成了老人。再后来在他离开这个世界很久以后，人们都还时时提到他的名字。人们都说他也是一位智者，因为他是一个愉快的人，而且也给每一个见到过他的人带来了愉快。

抑郁不是天生的，它也不是人类的弱点，也不是意志品格或运气的标尺，但是这个像流感一样不时发作的疾病，为什么如此频繁地光顾这个时代？

我们之所以抑郁，是因为我们缺乏寻找快乐的能力。社会转型期人们对精神和物质追求的严重失衡，是导致诸多精神问题的根源。人是精神实体的人，如果长期忽视自己的真实感受，问题就会出来。抑郁症其实不可怕，"抑郁"是人类正常情绪的一种，如果有强大的爱的力量支撑，完全可以走出来。这个爱包含着对自己的尊重和对外在世界的关爱。

社会上普遍存在一种观念误区：认为不遗余力地拼命工作才是值得尊敬和有价值的，但很多人成功了，也感到自己枯竭了。为什么？道家说得很有道理，张而不弛，某方面的资源就会被耗尽。真正成熟的人懂得调适自己，劳逸结合适度，会宣泄、会娱乐，不迫使自己追求超乎能力的目标。

其实，快乐和幸福有时候十分简单，比如常常笑。这样简单的表情不容易让人忘记。并且它常常能让人保持一种愉快的心情。当愉快的心情敲击你的心门时，如果不能打开这扇紧闭的心门，你便不能与快乐同在。

人类所有的内在品格，都不能带来幸福，除了令人快乐的精神。愉快、喜悦和幸福并无先后关系，只要人的本性愉快、喜悦，幸福自然就存在其中了。品格会补偿任何缺憾，就像月亮把影子投在山上，月亮的圆满会漠视崎岖的山川，以其自身的美好而深感幸福。所以，不要被抑郁情绪左右了你，你需要做的是为自己找到一份简单的快乐。

了解抑郁症状，找对方法消除抑郁

抑郁的三大主要症状是情绪低落、思维迟缓和运动抑制。

情绪低落就是高兴不起来、总是忧愁伤感，甚至悲观绝望。

思维迟缓就是自觉脑子不好使，记不住事，思考问题困难。人觉得脑子空空的、变笨了。运动抑制就是不爱活动，浑身发懒，走路缓慢，言语少等。严重的可能不吃不动，生活不能自理。

抑郁的表现多种多样，具备以上典型症状的人并不多见。很多人只具备其中的一点或两点，严重程度也因人而异。心情压抑、焦虑、兴趣丧失、精力不足、悲观失望、自我评价过低等，都是抑郁的常见症状，有时很难与一般的短时间的心情不好区分开来。如果上述的不适早晨起来严重，下午或晚上有部分缓解，那么，你抑郁的可能性就比较大了。

严重的抑郁会导致自杀。

自杀是抑郁症最危险的情况。社会自杀人群中可能有一半以上是抑郁症患者。有些不明原因的自杀者可能生前已患有严重的抑郁症，只不过没被及时发现罢了。由于自杀是在疾病发展到一定的严重程度时才发生的，所以及早发现疾病，及早治疗，对抑郁症患者非常重要。现代人受社会、生活各方面压力的困扰，生活步调快，得失之间也变得鲜明无比，情绪的震荡常让一些上班族们晃得七荤八素，加上人际间竞争的复杂化，若稍有心理调适不当或外在支持无法配合，极易落入情绪忧郁的恶性循环中，引发失眠抑郁症等心理问题。

失眠抑郁症对人的身体影响丝毫不亚于精神折磨，因此很多病友都在急切地寻找治疗失眠抑郁症见效最快最好的方法。

患有抑郁症的人，不同的人会表现出不同的抑郁状态，如果症状轻微的话，可以尝试自救。以下将介绍14项规则，认真遵守，抑郁的症状便会很快消失：

1. 遵守生活秩序，从稳定规律的生活中领会生活情趣。按时就餐，均衡饮食，避免吸烟、饮酒及滥用药物，有规律地安排户外运动，与人约会准时到达，保证8小时睡眠。
2. 注意自己的外在形象，保持居室整齐的环境。
3. 即使心事重重，沉重低落，也试图积极地工作，让自己阳光起来。
4. 不必强压怒气，对人对事宽容大度，少生闷气。
5. 不断学习，主动吸收新知识，尽可能接受和适应新的环境。
6. 树立挑战意识，学会主动解决矛盾，并相信自己会成功。
7. 遇事不慌，即使你心情烦闷，仍要特别注意自己的言行，让自己合乎生活情理。
8. 对别人抛弃冷漠和疏远的态度，积极地调动自己的热情。
9. 通过运动、按摩松弛身心。开阔视野，拓宽自己的兴趣范围。
10. 俗话说："人比人，气死人。"不要将自己的生活与他人进行比较，尤其是各方面都强于你的人，做最好的自己就行了。
11. 用心记录美好的事情，锁定温馨、快乐的时刻。
12. 失败没有什么好掩饰的，那只能说明你暂时尚未成功。
13. 尝试以前没有做过的事，开辟新的生活空间。
14. 与精力旺盛又充满希望的人交往。

此外，我们还可以根据各自不同的情绪反应，对自己施行一些辅助治疗，例如：

心理治疗

以药物治疗为主，心理治疗为辅的综合疗法，是目前临床医学界在考虑怎样治疗失眠抑郁症时的首选方法。在用药物治疗的同时，配合心理治疗主要是用来改变不适当的认知或思考习惯或行为习惯，是一种辅助的治疗方法。

移情治疗

享受阳光和运动的美好，能够让抑郁症患者的心情得到显著的放松。同时培养对新鲜事物的兴趣和爱好，让自己的生活每天都充实、积极，这是患者在寻求怎样治疗失眠抑郁症疗法时，不用花钱自己动手就能办到的方法。

食疗方法

"催眠"食谱：球状莴苣有镇静、安眠的功效，生食、煮汤或热炒，安神催眠的效果都不错。香蕉的成分里有诱导睡眠的褪黑激素，以及天然安眠药色胺酸。

"抗抑郁"食谱：酸枣仁、百合、龙眼、莲子，都有解郁、安神的功效，首乌和桑葚有滋补肝肾之效，可治抑郁症、失眠、健忘烦躁等症。

抑郁症的内心变化是，全盘否定自己。否定过去：经常想起一些不愉快的往事，总觉得自己对不起别人。否定现在：自我评价低，觉得自己的工作效率低，又浑身是病，是家里人的包袱。否定将来：认为前景灰暗，度日如年，对未来充满了绝望、自责、自罪的情绪，以为自己是个多余的人，只有死了才能解脱。

生活中，因为抑郁而导致的悲剧时有发生，因此，我们要提高对抑郁情绪的重视，采取积极措施进行预防，以免自身受到危害。

做自己最好的朋友

抑郁是人们常见的情绪困扰，是一种感到无力应付外界压力而产生的消极情绪，常常伴有厌恶、痛苦、羞愧、自卑等情绪。它不分性别年龄，是大部分人都有的经验。对大多数人来说，抑郁只是偶尔出现，历时很短，很快就会消失。但对有些人来说，则会经常地、迅速地陷入抑郁的状态而不能自拔。当忧郁一直持续下去，愈来愈严重以致无法过正常的生活时，即变成抑郁症。

抑郁是人性的一部分。在情绪不好的时候，在需要向别人倾诉的时候，千万不要一个人默默地独自承受。

青春本该是无忧无虑的，青春期的孩子都有着最纯真的笑容和最年轻无畏的心。但是，14岁的凯瑞却不这么认为，她在心里埋怨着这"烦恼的花季"。自从进入中学之后，凯瑞就从来没有开心过，每天都有做不完的作业和练习题。除了老师布置的作业，父母还专门给她请了钢琴老师教她弹琴。凯瑞也曾向父母抗议，但是父母根本没有理会她。

看着伙伴们在外面自由自在地玩耍，凯瑞却只能一遍又一遍地弹着练习曲，她的情绪越来越低落，常常一整天一言不发，不与同学交谈。因为很少见到她笑，同学们送给她"冷美人"的称呼。凯瑞开始喜欢孤独，常常莫名其妙地流眼泪……

凯瑞在各种压力下，陷入了抑郁的旋涡。

有些抑郁症患者倾向于退居人群之外，他们对周遭的事物失去兴趣，因而无法体验各种快乐。对他们而言，每件事物都显得晦暗，时间也变得特别难熬。通常，他们脾气暴躁，而且，常试着用睡眠来驱走抑郁或烦闷，或者随处坐卧、无所事事。大部分人所患的抑郁症并不严重，他们仍和正常人一样从事各种活动，只是能力较差，动作较慢。

除出现抑郁外，身体上也会出现的变化，常见的症状有：

1. 在吃、睡以及其他方面失去兴趣或出现困难。
2. 对外在事物漠不关心。
3. 消化不良、便秘及头痛。
4. 与现实脱节。
5. 无故而发的罪恶感及无用感。
6. 幻想。
7. 退缩。

抑郁是一种很常见的情绪障碍，长期抑郁会使人的身心受到损害，使人无法正常地工作、学习和生活，但不需要过分担心。经过适当调适后，大多数人都可以恢复正常、快乐的生活。

面对压力时，坚强的人可以平稳地度过，而一些心理脆弱的人往往容易诱发抑郁情绪，甚至患上抑郁症。

日常生活中，也许你会因为没有做好一件事情而焦躁不安，甚至深深自责。其实你大可不必如此,你可以换一种方式来完成它。你可以将大事分割成小事,并规定自己一次只做一件事,这样完成一件事情就会变得容易很多。

当自己处于困境,或表现不好时,你可以对自己说:"我已经尽力了,结果虽然和自己想象的有距离,但是肯努力就是一种进步,慢慢来,千里之行,始于足下。"这样,渐渐地你就会摆脱抑郁情绪的困扰。

同时,足够的信心对克服抑郁症也十分关键。生活中,很多已经克服了抑郁症的患者依然惴惴不安,总是担心抑郁症复发。自己心情稍有波动,就会误以为是抑郁又找上了自己。不要以为抑郁症总会复发,那样会给自己的心理造成一种消极暗示。

抑郁者常常会选择与孤独相伴,这样只会让自己在孤独中感到更加空虚、茫然。所以,你应该主动和人接触,不要总把自己封闭起来。你可以找自己信得过的朋友聊聊天,或多参加有益的活动等。

作为一种心理疾病,抑郁患者常常诋毁自己,使自己陷入一种自责、悔恨、恍惚、迷失之中。如果任凭自己这样发展下去,结果将会更加糟糕。这时最需要做的是接受自己,做自己最好的朋友,能从内心接受自己是抑郁者的最大突破。

没有人不幸到会遇上所有的坏事情,也没人幸运到会遇上一切的好事情,那为什么人的心境会有天壤之别呢?其实问题,恰恰在人的内心。当体验到了生活中美好的东西时,你的生活自然就充满激情了。

别让抑郁遮盖了五彩斑斓的生活

在我们的生活中,总会遇到诸如成绩下降、生病难受、父母离异、家庭窘迫等情况,这时很多人都会产生悲观、失望、忧郁、焦虑等情绪。

人生难免遭受挫折,总会遇到各种不如意。面对生命中的这些难题,我们应该积极应对,走出阴霾,不要让抑郁遮盖了青春的五彩斑斓。

小静是个多愁善感的女孩,常会为了一些平常的小事掉眼泪,一本煽情的小说、一部感人的电影,或是家里的小宠物生病了,都会使她非常难过。爸爸妈妈见到她这样,告诉她:"你要是经常伤心,会很容易生病的。"听了父母这样的话,小静的眼泪更加不由自主地流了下来。

如今,小静上初三了,马上就要中考了,她变得更加容易忧伤了。因为她比较喜欢文学,而对数理化各科均不感兴趣,一到数理化考试,小静就很头痛,而考试结果更是让脆弱的小静难以接受。

同时,爸爸最近的表现也令小静感到很烦恼,她觉得爸爸不再像以前那么爱她了。以前,小静总是喜欢钻进爸爸的怀里撒娇,可现在她这样做的时候,爸爸就会说:"小静,你已经长大了,不能总在爸爸的怀里撒娇。"小静便认为爸爸不再爱自己了。她每天都觉得不开心,心情就像阴沉沉的天空,随时就会下起雨来。

虽然心中有很多苦恼,但是小静从来不对别人讲,只是把它们深深地埋在心底。她觉得没有人能够体会到她的忧伤,而且还常常为此而偷偷地掉眼泪。由于心情很差,休息也不好,小静的身体越来越差,有一天上课的时候,她竟然晕倒在课堂上。老师和同学将她送进了医院,医生给小静做出了诊断:青春期抑郁症。

青春期原本应该是五彩斑斓的,但是抑郁却让青春期蒙上了一层阴影。其实不止是青春期,人生的各个阶段都不时会有抑郁的情绪来打扰,抑郁起源于对生活的不顺心,对此,我们应进行积极的心理调适,走出阴霾。以下八种方法,大家不妨一试:

第一,沉着冷静,不慌不怒。从客观、主观、目标、环境、条件等方面,找出受挫的原因,采取有效的补救措施。

第二,移花接木,灵活机动。原先的预期目标受挫,可以改用别的途径达到目标,或者改换新的目标,获得新的胜利,即"失之东隅,收之桑榆"。

第三,自我宽慰,乐观自信。能容忍挫折,心胸坦荡,积极乐观,发愤图强,满怀信心去争取成功。

第四,鼓足勇气,再接再厉。要勇往直前,加倍努力,要认识到正是生命中的种种不顺利才使我们变得聪明和成熟。

第五,情绪转移,寻求升华。可以通过自己喜爱的集邮、写作、书法、美术、音乐、舞蹈、体育锻炼等方式,使情绪得以调适、情感得以升华。

第六,学会宣泄,摆脱压力。找一两个亲近、理解你的人,把心里的话全部倾吐出来,摆脱压抑状态,放松身心。

第七,学会幽默,自我解嘲。幽默和自嘲是宣泄积郁、平衡心态、制造快乐的良方。我们不妨采用阿Q的精神胜利法或幽默的方法来调整心态。

第八,必要时求助于心理咨询。当你无法独自走出心理阴霾时,不妨求助于心理咨询机构。

人生在世,不可能事事得意、事事顺心。面对挫折能够虚怀若谷、大智若愚,保持一种恬淡平和的心境,这是人生的智慧。正如马克思所言:"一种美好的心情,比十服良药更能解除生理上的疲惫和痛楚。"

正视无法控制的事情

没有人能告诉你生活中将会发生什么,人没有预知未来的神奇力量。我们都希望高兴的事情能多一些,希望是美好的,有时现实却很残酷,情绪也随着低落,为此,有些人郁郁寡欢,养成抑郁的习惯,结果让自己的生活充满阴霾。其实,这样的做法很愚蠢。我们既然不能控制事情的走向,为什么不改变面对事实、尤其是坏事的情绪呢?

有些人仅仅因为打翻了一杯牛奶或轮胎漏气就神情沮丧,情绪失去控制。这不值得,甚至有些愚蠢。

许多时候打败我们的,不是别人,而是我们自己。勇敢地去面对生活,始终保持一种乐观的心态,我们就会成为不可战胜的英雄。

也许我们现在所生活的环境,不利于我们的事业、兴趣的发展。这时,我们感到抑郁,埋怨世界、抱怨环境是没有用的,只能从思想上去适应它。普希金说,假如生活欺骗了你,不要忧郁,也不要愤慨。我们的心憧憬着未来,现今总是令人悲哀,一切都是暂时的,转瞬即逝,而那逝去的将变为美好的。在漫长而蜿蜒的生命旅途上,如果很多挫折和颠簸是我们必须要走的一段路,就要学会在满身泥泞中还要面带笑容,在电闪雷鸣中也要高声歌唱,用乐观的心看待生活,认定一个目标,并坚定不移地走下去,这样我们才能够体验最真实的生活,我们才有踏上平坦和开阔道路的机会。

张军是一个工作很努力的人,在公司5年了,业绩一直不错,也深受领导的厚爱。但是两个月前,自己的领导被调往了纽约总部,他面临的这位新领导是公司老总的儿子,能力不高,但是却特别傲慢。张军非常不适应这位"太子爷"的行事作风。因此张军这两个月的情绪很低沉,工作的热情也慢慢消失殆尽。

这时,一位和他关系还不错的前辈告诉他:每个人都会遇到诸如此类的事情,自己无法改变,那就不要为了它难过,振作起精神来,以饱满的情绪去做你真正该做的事情。

后来,张军也想明白了,老前辈说得有道理,于是他重新开始努力工作,后来他原来的领导因为缺人手,就把他调到了纽约总部。

许多事情就像例子中讲的那样,属于我们无法改变的范畴,如果为了它们而产生负面情绪,真的非常不值得。不如放开心胸,远离抑郁,说不定会有转机发生。

人生在世,总难免会遇到不开心的事情,但千万不要为你无法控制的事情而抑郁,你完全具备选择对某件事情采何种态度的能力。如果你不控制情绪,情绪就会控制你。所以别把牛奶洒了当作生死大事来对待,也别为一只瘪了的轮胎苦恼万分,既然事情已经摆在了面前,就不能闭上眼睛,应该勇敢地正视它,然后再勇敢地解决它。如果面包放错了位置,如果你失去了一次升职的机会，坦然地接受它们，否则，它们会毁了你取胜的信心。

在困境中依然保持着泰然、豁达心境的人，无疑是一个在厄运面前不会绝望的人，这人注定永远不会被生活所击垮。

当自己已经尽力，可因为个人无法控制的所谓"天命"而使事情变糟时，恐慌、着急、抑郁、悔恨都无济于事，不如坦然面对——清除抑郁情绪，保持轻松心态。

好心态创造好人生

积极和消极这两种截然相反的心态会带给人们巨大的反差。如果以消极的态度来对待一件事，这就决定了你不能出色地完成任务。只有以积极的态度来对待，你才能出色地、超乎寻常地完成这件事。当然，持有消极心态的人并非完全不能转变成一个具有积极心态的人。

一个人年轻与否，除了他的生理年龄和外表，更重要的是他的心理年龄，即是否拥有年轻的心态。如果你只是有一个年轻的外表，而失去一颗年轻的心，那你的"年轻"也不会保持多久。保持年轻的心态并不意味着要放弃做一个成年人，回归孩童的幼稚，而是要求我们对待现实要更积极一些、热情一些。

积极的心态能使你集中所有的精神力量去成就一番事业。当你以积极的心态全力以赴时，无论结果如何，你都是赢家。任何事物都有两面性，至于我们所知所欲的境地，其实都是基于自己将意愿刻印在潜意识中的结果。如果对此一味悲哀，或无所适从，不但无法改变目前的状况，而且也很难实现人生理想。所以说，即使身处绝境，也应保持积极的思考态度，积极的思考能使你集中所有的精力去成就事业。

有一位妈妈，她有一位读高中而且网球打得很好的女儿。有一年，学校举行网球联赛，女儿信心十足地报了名，满怀着夺冠的希望。

比赛前，当女儿查看赛程表时，发现第一场和自己比赛的竟是曾经打败她的高手，她为此垂头丧气。"这次可能连预赛出线的机会也没有了。"

妈妈对她说："你想不想把那人打败呢？"

"当然想呀，不过她上次把我打得很惨，我们的实力相差太远了。"

"我有一个方法，如果你照着我的话做，你便能赢这场比赛。"

"真的吗？请妈妈快点告诉我吧！"

"你现在闭上眼睛，回想以前你打网球时最精彩的一幕，好好地感受胜利的滋味。"

女儿照着妈妈的话去做，脸上的绝望不见了，换来的是一片容光焕发。对面临的比赛态度的改变，让她充满了信心和活力。

不久，比赛开始了。女儿信心百倍地踏上球场，施展浑身解数，把对方打得落花流水，顺利地赢得第一场比赛。

想想积极的事，有助于心态的改变。凡事不从好的方面去想，往往可能还没有去做某件事，就失去了信心，其结果很可能朝着不利的方向发展。做什么事，都要有积极的心态，都要从好的方面去想。当你想象自己会成功时，你就会增强信心，并努力地去实践。从好的方面想，才有好的结果。

积极的人生态度是一个人获得成功与快乐的一项重要原则，我们可将此原则运用到自己所做的任何事情上，这样我们会幸福到永远。

事实上，如果我们有一个积极的心态，并引导它为我们的目标服务，那么，积极心态就能为我们带来成功；生理和心理的健康；独立的经济；出于爱心而且能表达自我的工作；内心的平静；驱除恐惧的信心；长久的友谊；长寿而且各方面都能取得平衡的生活；免于自我限定；了解自己和他人的智慧。

而如果我们所抱持的是消极的人生态度，我们将会尝到生命中的贫穷和凄惨；生理和心理疾病；使你变得平庸的自我限定；恐惧和所有具有破坏性的结果；敌人多，朋友少的处境；人类所

第十四章　兵来将挡，努力抛弃一切坏情绪

知的各种烦恼；成为所有负面影响的牺牲品；屈服在他人意志之下；对人类没有贡献的颓废生活。

通过比较，到底应该树立什么样的人生态度，应该是显而易见的了。

第四节
善待孤独情绪，走出心牢，感受温情

孤独是怎么形成的

极度的孤独或长期的孤独，会使自己与别人隔绝，这是失败的个性特征。

这类孤独个性的形成，是由于与生活隔绝、与真实生活远离而造成的。一个人如果远离真实的生活，就会将自己与生活的基本接触完全隔开。那些孤独的人时常生活在恶性循环之中，因为他感到自己的独立，所以与别人的接触并不能使他获得快乐。久而久之，就很容易形成孤僻。

有一部叫《中锋在黎明前死去》的电影，说的是一个著名足球中锋，他曾经带领自己的球队夺得多个桂冠。后来，他被一位百万富翁看中并以高价聘用，不过不是让他去踢球，而是让他和一位物理学家和舞蹈家一起，在富翁的豪华别墅里，作为"展品"存在，以满足富翁的虚荣心和占有欲。中锋离开了球场，虽然有优厚的待遇和高级的享受，可整天无所事事，让他生活在一种难以忍受的孤独之中，他终于在忧郁中死去。

人是社会的产物，离开了社会生活与人际交往，人的性格会扭曲变形，这是十分可怕的。所以罗姆说："人之最根本的需要是克服分离，挣脱其孤独的牢狱。"

孤独的人有种与其他人疏离、隔绝的感觉。当你有了这种感觉，就意味着你得多多跟人接触了，特别是在心灵上要与人契合，否则即便有再多的朋友，仍可能会产生孤独心理。

一位心理学家认为，真正的孤独，往往产生于那些与外界没有任何情感和思想交流的人。事实上，不管你身处何地，只要你对周围的一切缺乏了解，与身外的世界无法沟通，你就不得不饮下孤独酿成的苦酒。

也许因为人类早在原始社会就过惯了群居生活，所以现代社会才有了"孤独"这样一种世纪病。人害怕自己跟他人不一样，害怕被别人排斥，害怕在不幸的时候孤立无援，害怕自己的思想得不到旁人的理解……总之内心有一种恐慌。似乎人类的心灵越来越脆弱了。

要想从根本上克服内心的脆弱，莫过于给自己确立一些目标，培养某种爱好。一个懂得自己活着是为了什么的人，是不会感到寂寞的；同样，一个活着而有所爱、有所追求的人，也是不怕寂寞的。

摆脱孤独，方法很简单

孤独是每个人都会有的心理体验。

有人用喝酒排遣孤独，有人把时间排得满满的，让孤独的感觉无处插足。但用这样的方式驱走的是寂寞而不是孤独。孤独是一种思想上、情感上无以沟通、无倚无靠、无人理解与认同的感觉，这种感觉会让我们心情抑郁，情绪低沉；但同时，对孤独的体验和玩味也会使我们富有个性、善于思索，走向心理成熟。

要走出孤独织就的渔网，首先要战胜自卑，因为总觉得跟别人不一样，所以就不敢跟别人接触，这是自卑心理造成的一种孤独状态。这就跟作茧自缚一样，要冲出这层包围着自己的黑暗，必须先咬破自卑心理组成的茧。

其实，大可不必为了自己跟别人不一样而忧心忡忡，人与人是既一样又不一样的。只要你自信一点，钻出自织的"茧"，你就会发现跟别人交往并不是一件难事。要学会与外界交流，独立并不意味着与世隔绝。

当你感觉到孤独的时候,翻一翻你的通讯录,也许你可以给某位久未见面的朋友写封信;或者给哪位朋友打一个电话,约他去看一场周末上映的电影;或者是请几位朋友来吃一顿饭,你亲自下厨,炒上几个香喷喷的菜,都别有一番情趣。

要对孤独认同和接纳。孤独是每个人心理成长过程中不时光顾的朋友,从未感受到孤独的人是不健全的。人感受到孤独时一般心情都是低调的。此时,如能静下心来,细细梳理自己的情感,审视自己的内心世界,在走出孤独的同时,也会伴随着人生的思索和升华。

要学会为别人着想,为别人做一些事情。全心照顾孩子的母亲不会感受到孤独,热恋中的情人即使天各一方也不会孤独,因为他们的心思都不在自身。只要花一些时间和精力关心、关注别人,就会在互动的人际关系中体验到一种自我价值感而不是孤独。温暖别人的火,也会温暖自己。

另外,适度地离开熙熙攘攘的尘嚣世界,接近大自然,享受大自然带给我们的乐趣,也是排遣孤独的良好方式。

一对年轻的美国夫妇在繁华的纽约市中心居住。时间一长,觉得生活就像部运转的机器,总是在忙忙碌碌地转着,太千篇一律了,即使是那些花样繁多的休闲娱乐项目,也像是麦当劳、肯德基等那些快餐一样,只能满足一时的胃口,过后很少会有余香留下的。于是他们决定去乡下放松放松。他们开车南行,到了一处幽静的丘陵地带,看见小山旁边有个木屋,木屋前坐了一个居民。那个年轻的丈夫就问乡下人:"你住在这样人烟稀少的地方,不觉得孤单吗?"

那乡下人说:"你说孤单?不!绝不孤单!我凝望那边的青山时,青山给我一股力量。我凝望山谷,每一片叶子都包藏着生命的秘密。我望着蓝色的天,看见云彩变幻成永恒的城堡。我听到溪水潺潺,好像向我的心灵诉说。我的狗把头靠在我的膝上,从它的眼中我看到忠诚和信任。这时我看见孩子们回家了,衣服很脏,头发蓬乱,可是嘴唇上却挂着微笑,叫我.爸爸.。我觉得有两只手放在我肩上,那是我太太的手,碰到悲愁和困难的时候,这两只手总是支持着我。所以我知道上帝总是仁慈的。你说孤单?不!绝不孤单!"

这绝对是最佳的回答。能怀着感恩的心态品味一切,并和周遭的事物融为一体,喜悦和幸福的感觉便会在内心滋长。

当然,你还可以选择更多的方式去驱除内心的苦闷和阴影。一些有过痛苦经历的人都说,当他们遭到厄运的袭击,而又不能够对人倾诉时,他们会不由自主地走到江边去,让清爽的江风吹着,心情就会渐渐地开朗。有一个感情丰富的女孩子说,她常常跑到最热闹的街道上去,她觉得只要置身于川流不息的人流,就会忘掉自己的孤独。

最后,你可以通过确立人生目标的方式来起到驱赶孤独感的作用。

做一个懂得生活,且会享受生活的人,让我们的生活充实起来,多为自己找一些感兴趣的事情来做,外面的世界那么美好,我们没有理由把自己困在孤独这张渔网中,暗自消沉。

拿掉冷漠的面具

冷漠的人是可悲的,因为他在对世人冷漠的同时,也把自己冰冻住了。

在加州奥克兰的密尔斯大学,校长林·怀特博士在一次女青年会的晚餐聚会上发表了一段极为引人注意的演讲,内容提到的便是这种现代人的孤寂感:

"20世纪最流行的疾病是孤独。"他如此说道,"用大卫·里斯曼的话来说,我们都是.寂寞的一群。由于人口愈来愈增加,人性已汇集成一片汪洋大海,根本分不清谁是谁了……居住在这样一个不具一格的世界里,再加上政府和各种企业经营的模式,人们必须经常由一个地方换到另一个地方工作——于是,人们的友谊无法持久,时代就像进入另一个冰河时期一样,使人的内心觉得冰冷不已。"

有人说,孤独是现代人无可逃脱的宿命。这是一种很武断的说法。只要我们有心,只要我们肯拿掉冷漠的面具,打开孤独的心门,给自己多一点的温情,我们就一定可以走出孤独的情绪,让自己变得热情起来。

  李森有生以来，第一次对自己和父亲的关系感到满意。李森这种感觉颇为奇怪，因为他的父亲刚动完心脏手术，但他们却有了数十年来第一次真正的谈话。

  李森的父亲向来强壮而沉默寡言，他的话不多，就算真的说话，也不是为了表达情感。李森记得自己小时候对父亲很尊敬，甚至是恐惧，但是当他需要帮助或遇到麻烦时，找的一定是妈妈。他知道父亲爱他，只是从未听到父亲向他表达过这份爱。

  父亲手术后坚持要李森留下来陪他过夜。整个晚上，父亲一直说个不停，他告诉李森，其实在他心里，他一直都为有李森这样一个儿子感到骄傲。他还向李森道歉，请他原谅那么多年来自己一直没有很好地照顾他，总是把他冷落在一边。父亲说到最后，已经是老泪纵横，他说他很开心李森能够留下来陪他。

  那天夜里，李森感受到了从来没有过的幸福和快乐，他第一次了解到父亲的心里是多么地爱他，李森也破天荒的第一次告诉父亲，自己一直以来也都是爱他的。

  出院之后，父子俩觉得和以前有了不一样的感觉，具体是什么却又说不出来，他们只觉得彼此间的感情深厚了许多。

  我们之所以孤独，是因为我们对自己撒了谎，我们不肯面对自己内心的柔软，总觉得一个强大的人本不应该表现得太过感性，我们宁可自己是冷漠的，也不让自己看上去是柔软的。

  其实，柔软并不是软弱，软弱是一种不自强的表现，而柔软是一种情怀、一种包容，悲悯的情怀，它具有以柔克刚的力量。认识到这一点，我们是不是觉得自己被自己所骗，误入冷漠的圈套了呢。如果你想通了，那么，就请勇敢地摘掉你冷漠的面具，热情地表达出你的真实情感，远离孤独的泥沼。

你有"都市孤独症"吗

  孤独是一种隔离，这种隔离会改变你对周围环境的正常感觉。生活在城市里，我们常常会碰上这样的情况：厚实的电话本，几百张名片，MSN、QQ上好友成群……然而，危难之时或欣喜之际，翻开电话本、名片夹，打开电脑寻找、梳理，却难以找到一个朋友来分担、分享。

  刘先生自己开公司已经快两年了，用他的话说："这两年过的是没日没夜的日子。"白天打理各种业务，晚上还要陪客户吃饭、联络感情拉关系，夜里睡觉也不踏实，满脑子都是公司的事。公司开张快两年了，完全没有自己的业余生活。

  刘先生说："不忙的时候，你发现别人忙，找不到朋友可以说话、谈心，心里不踏实。等到自己忙的时候，发现没有人愿意和你交流、谈心，因为你开公司，在别人眼里是所谓的成功人士，朋友都和你保持一定距离，而你也确实没有时间去和别人沟通。不管怎样，都觉得自己很孤独。"

  孤独，已成为现代都市人生活的一种常态。城市中孤独者的数量越来越多，有的人将之称为"都市孤独症"，从青少年到老人，从事业成功的白领到普通的外来务工人员；在拥挤不堪的都市，无处不在的生存和竞争压力，以及人际关系日渐淡漠中煎熬着的人们，都面临被"城市孤独症"席卷的危险。

  要解决孤独的心理问题，就要对孤独症有基本的了解：

  病因：孤独综合征症状的个体差异性很大。孤僻消极的个性是内因；现代都市的拥挤、社会竞争的加剧、生存压力的加大、信息的泛滥是外因。此外，戴着面具的职业角色，以及单门独户、封闭的现代住宅也是诱发都市孤独症的原因。

  病症：孤独感产生后随之带来的通常是情绪低落、忧郁、焦虑、失眠等不健康状态。心理科医生指出，有孤独倾向的患者来就诊时并不知道自己症结在此。他们的失眠、焦虑等临床症状严重影响了正常的工作和生活，结果就医时发现已患了严重的孤独倾向，也就是说，是孤独倾向直接或间接造成了上述症状。

治疗：解除孤独感大致有两个途径：一为本人的自我管戒；二为心理医生的疏导和药物治疗。一旦发现自己有孤独倾向，应该清醒地告诉自己，把自己禁锢在孤身独处的樊笼里，得到的只有孤独而不是快乐。应该勇敢坚定地打开心灵的门窗，走出个人小天地，积极参与社交活动。

从事心理研究的相关专家指出：人们可以采取三种方式避免孤独感的产生。一是适度紧张的工作可以避免心理上滋生出的某种失落感，充实的生活对改善人的抑郁心理有微妙的作用；二是尽可能地培养起良好的兴趣爱好或参加一些公益活动，引发新的追求；三是适当变换环境，避免滋生惰性，到新的环境、接受具有挑战性的工作能激发人的潜能与活力，随环境的变化而变换自己的心境，使自己始终保持健康向上的心理。

其实，我们都乐意与别人交往，但一旦进行比较重要的而且时间较长的交谈就会出现困难。缺乏基本的社交技能，更没有机会去训练社交技能，所以，难以有持久的朋友。他们对自己的伙伴不太感兴趣，常常不能对他人所说的话加以评论，也较少向对方提供有关自己的信息。相反，这些孤独者更多的是谈论自己并且常介绍新的与对方的兴趣无关的话题，倾向于扮演一个"被动消极的社交角色"，也就是说，在交谈中不愿付出太多努力。他们不知道这种交往方式是怎样赶跑了潜在的朋友。心理学家认为，通过基本社交技能的训练，可以使孤独者走出孤独的恶性循环。

"钱不是问题，就缺朋友。" 2009 年的贺岁片《非诚勿扰》中秦奋的感叹道出了物化社会下人们的"孤独症"困扰。对于生活在都市中的人来说，"朋友"的数量越来越多，质量却越来越差，知己更是一种奢望。就连都市中的孩子们，都已经没有了发小儿。是城市的扩大无形中拉开了人们心与心的距离，还是现代化的生活节奏淡化了我们彼此亲近的努力？

这是一个很沉重的话题，我们都应该好好反思一下自己，我们的孤独感到底来自哪里？

孤独要适可而止

每种情绪都有它的两面性，有好的一面，自然也会有不好的一面。孤独也是如此，你可以享受它。但不能依赖它，并且任由自己往孤独深处走。

其实放眼整个人生，孤独本身无所谓好坏，它只是一个无法轻易回避的人生问题和哲学命题。安东尼·斯托尔说："仓促的世界使我们逐渐感到厌倦，相对地，孤独是多么从容，多么温和。"在他看来，孤独并不是坏事，因为这样可以使他个人的精神世界不被世俗侵犯，他可以用他愿意的节奏和方式去生活。

但对于不能享受孤独的人来说，孤独无异于一个牢笼。

有个女孩出身农民家庭，父母均无文化。她自小勤奋好学，家中对她寄予的希望很大，她也想依靠自身的努力使父母生活得更好一些。因此，她自小就埋头苦读，从小学到高中，再到大学，她的学习都很好。但由于一心读书，她很少交朋友，根本就没有什么知心伙伴。因此，她常感到很孤单、很寂寞。尤其是参加工作后，在机关上班，工资较低，仍旧无法接济父母，她心里经常自责。

另一方面，她很难与人相处，总是一人独来独往，心中也很想与人交往，但又不敢，也不知道怎样去结交朋友。

大多有孤独感的人，并不是自己情愿离群索居、孤身独守的。他们有的是在坎坷难行的人生路上遇到了伤人肺腑的痛苦，因而或嗟叹人生艰难，埋怨命运刻薄，或痛恨世态炎凉，咒骂人心虚伪；有的感到自己怀才不遇，知音难觅，得不到别人的理解，因而也不愿去理解别人，不如独处一隅洁身自好；也有的是自己看不起自己，不相信自己，在人群中徒见别人风流潇洒、知识渊博，因而自惭形秽，悲观自己才貌平庸，才智低下，不敢也不愿意与人交往……境遇各有不同，其结果都大致差不多：把自己置身于孤独的控制之下，陷入无边的伤感之中。

许多孤独的人之所以如此，是因为他们不了解爱和友谊并不是从天而降的礼物。一个人要想得到他人的欢迎，或被人接纳，一定要付出许多努力和代价。要想让别人喜欢我们，的确需要尽点心力。情爱、友谊或快乐的时光，都不是一纸契约所能规定的。让我们面对现实，无论是丈夫离去，或太太过世，活着的人都有权利快乐地活下去。但是，他们必须了解：幸福并不是靠别人来布施，而是要自己去赢取别人对你的需求和喜爱。

因此，我们需要提高对社会交往与开放自我的认识。交往能使人的思维能力和生活机能逐步提高并得到完善，丰富人的情感，维护人的心理健康。一个人的发展高度，决定于自我开放、自我表现的程度。克服孤独感，就要把自己向交往对象开放。既要了解他人，又要让他人了解自己，在社会交往中确认自己的价值，实现人生的目标，成为生活的强者。

物有盛衰，人有生死。顺应自然，走出孤独的阴影，投入地活着，相信自己的能力，实现自我的最大价值，才是人生应取的态度。

别给自己设牢

孤独是种很隐密的情绪，从某种程度上讲，孤独是很私密的情绪。有些人喜欢孤独带给他的宁静，他们会把孤独当成一种保护自己的方式。他们怕外面的世界，紧闭着心灵的大门，不敢走出去。其实，他们也想多接触一些人，多交一些朋友，但是，他们总是不知道怎样去表达自己。

有一位在网络公司工作的朋友谈到友谊时曾说："我真希望为自己找一个知心朋友。我有不少媒体的朋友，但无一是可称得上知己的，我感到十分孤单。偶尔心血来潮，毫无缘由地打电话，结果仅仅是问个好，谈天说地的事从来没有过——根本就没有这样的对象。没有朋友、没有友谊，结果陷在孤单的旋涡中。"

很多时候，我们抱怨孤独，抱怨没有真正的朋友。其实，是我们自己先把自我封闭在一个狭窄的世界里了，假如你不先伸出友谊的手，又怎能奢望别人来握你的手呢？敞开你的心扉，主动结交一些真正的朋友。当你孤独时，当你烦恼时，不妨打个电话给朋友，邀朋友一块儿散散步，或是共进晚餐，或是去看望一下久违的朋友……做完这一切后，或许你会突然发现：有个朋友真好！

孤独就像弹力墙，你越是害怕它，它就会变得越强大。当孤独强大到一定程度时，它将会扭曲你的性格，使你变得孤僻。

5年前，玛丽失去了自己的丈夫，她悲痛欲绝。自那以后，她便陷入了孤独与痛苦之中。"我该做些什么呢？"在她丈夫离开近一个月之后的一天晚上，她对朋友哭诉："我将住到何处？我将怎样度过一个人孤独的日子？"

朋友安慰她说，她的孤独是因为自己身处不幸的遭遇之中，才50多岁便失去了自己生活的伴侣，自然令人悲痛异常。但时间一久，这些伤痛和孤独便会慢慢减缓消失，她也会开始新的生活——从痛苦之中建立起自己新的幸福。

"不！"她绝望地说道，"我不相信自己还会有什么幸福的日子。我已不再年轻，孩子也都长大成人，成家立业。我孑然一身还有什么乐趣可言呢？"抱着这种孤独，玛丽得了严重的自怜症，而且不知道该如何治疗。好几年过去了，她的心情一直都没有好转。

有一次，朋友忍不住对她说："我想，你并不是要特别引起别人的同情或怜悯。无论如何，你可以重新建立自己的新生活，结交新的朋友，培养新的兴趣，千万不要沉溺在旧的回忆里。"她没有把朋友的话听进去，因为她还在为自己的孤独自怨自叹。后来，她觉得孩子们应该为她的幸福负责，因此便搬去与一个结了婚的女儿同住。

但事情的结果并不如意，由于她的孤僻，使她和女儿都面临一种痛苦的经历，甚至恶化到使母女反目成仇。玛丽后来又搬去与儿子同住，但也好不到哪里去。后来，孩子们只好共同买了一间公寓让她独住，但这更加重了她的孤独。

她对朋友哭诉道，所有的家人都弃她而去，没有人要她这个母亲了。

玛丽的确一直都没有再享受到快乐的生活，因为她认为全世界都在孤立她。她实在是既可怜，又可悲，虽然已过半百了，但情绪还是像小孩一样没有成熟。

人类是社会动物，需要群居，需要沟通。一个人如果长时间独处，情绪很容易变得敏感。这种人的心灵是很脆弱的,时常会因为他人一句无意的话导致情绪低落,一旦这种状况发生的频率多了,他们潜意识的自我保护情绪就会打开,内心就会排斥和他人接触,这无形当中就为自己设置了一道墙,别人走不进去,他们自己也害怕出去,久而久之,人也变得孤独了。

孤独情绪也有正向作用

空白是孤独的高潮,也是机遇诞生的沃土。寂寞过后你陡然感到头脑里一片茫然。此时的空白其实并不是空白,而是孤独成熟阶段短暂的憩息。许多伟人往往能在空白的瞬间捕捉那一闪即逝的灵光,做出不同凡响的贡献。一个关键性的决策、一曲悲壮的交响乐、一项绝无仅有的创造也许就在短暂的空白里萌生了。对于文学作品而言,精品就是空白枝头结出的累累硕果。好的作品在酝酿时是孤独的自白,在产生时是孤独的煎熬,在问世后是作者与读者心灵的对话和交流。大多人的孤独只是停留在一片空白上,之后就回到最初要走的坦途,却失却了孤独的最佳境界,成功的契机也就白白错过了。

孤独的确是一笔不可多得的精神财富,是命运给予我们的厚赠。从某种意义上说,选择了事业就选择了孤独;拥有了孤独就拥有了欢乐之泉。享受孤独,就是享受绮丽的人生。

孤独是一种难得的感觉,在感到孤独时轻轻地合上门和窗,隔去外面喧闹的世界,默默地坐在书架前,用粗糙的手掌爱抚地拂去书本上的灰尘,翻着书页嗅觉立刻又触到了久违的纸墨清香。正像作家纪伯伦所说:"孤独,是忧愁的伴侣,也是精神活动的密友。"孤独,是人的一种宿命,更是精神优秀者所必然选择的一种命运。

提到孤独,人们就会想到"离群索居"、"孤影自怜"、"孑然一身"。在世人似乎只有合群才是正常的,才能免除孤单,才能得到幸福。其实,这只是浅层次的孤独,真正的孤独是一种高贵的品格,一种宁静的心境。不是所有的人都喜欢孤独,也不是所有的人都能拥有孤独,更不是所有的人都能读懂孤独、享受孤独。粗俗浅薄的人只会无聊,孤独有别于无聊的寂寞,寂寞者的心灵总是空虚孱弱,充满恐怖,往往会在孤独中无奈落寞,迷失方向甚至沉沦颓废。

每个人都活在群体中,即便如此,每个人又都是独立的。也就是说,关于自己的任何事情,与他人毫无关系。在很大程度上,为了自己的事情,人还是要忍受孤独和寂寞的。能真正品味成功的人,都是可以感受孤独、耐得住孤独的人,伟大的生物学家、优秀的教育学家童第周就是如此。

童第周——中国伟大的科学家,生前曾担任过中国科学院副院长、动物研究所所长。在他的人生道路上就有着孤独的相伴,用他的话说是:要用一颗平和的心去面对孤独,用一颗乐观的心去感受孤独,这时孤独就不会令你感到害怕,相反还会让你感到欣喜。而他也正是用这样的心去面对孤独的,最终他也更好地品味了成功。

童第周出生在浙江省鄞县的一个农村家庭,由于家境贫穷,没钱进学校读书,他只能在家里边做农活,边跟父亲学点文化。看着其他的小伙伴可以背着书包上学,而自己却不能,童第周幼小的心灵有着无法释放的孤独。在这份孤独中,童第周给自己立下一个志向——要考进当时在省内名望极高的宁波效实中学读书。

在那一段与孤独相伴的日子里,他经过自己的努力,终于考入了效实中学,成为一个高三插班生,但是他的成绩却是全班倒数第一。面对这样的成绩,童第周的失落和他内心的孤独是无人可以体会的。就在那一刻,他下定决心,一定要把成绩搞上去。

有了这种信念的童第周,开始发愤图强。他利用晚上的时间,别的同学一睡下,他就会悄悄起来,独自一人在空荡荡的走廊里,借着昏黄的灯光,复习功课。

在孤独中隐忍奋发的童第周,终于在期中考试中考出了令人出乎意料的成绩:他几何得了满分,而其他各科成绩也达到了70分。期末考试更是考出了全校第一的好成绩,他的进步之快在学校引起了极大的轰动。

当校长称赞他进步神速时,童第周说了这样一番话:"在效实中学的两个第一影响了我的一生,而在这两个第一的转变过程中,影响我最深的却是内心的那一份孤独,是孤独让我更好地品味了成功。"

1924年，童第周考入了复旦大学生物系，经过努力，还未毕业的他就已经成为了生物系有名的高才生。

1930年，童第周远赴比利时的首都布鲁塞尔，在欧洲著名的生物学家勃朗歇尔教授的指导下，研究胚胎学。这时他做的研究是卵细胞膜的剥除，而这是一项难度很大的手术，要求人在显微镜下把青蛙的卵细胞剥开，由于其卵小膜薄，很多人都失败了。

孤身一人在异国他乡求学，童第周没有人可以问，也没有人可以与他一起分担，唯一陪伴着他的就是那份坦然面对孤独的平和的心情。每次失败后，他都会详细地记录下试验的经过，从中找出失败的原因，从而总结出怎样才能更好地剥除卵细胞。他告诉自己，能经得起失败、经得起孤独的人，才能更好地走向成功。

就这样，童第周在经历了一次次的失败、感受了一个个孤独的白天黑夜之后，终于完成了这项实验任务，而他也成为当时唯一一个能成功完成剥除手术的人，并因此震动了欧洲生物界。就连勃朗歇尔教授也连声称赞他道："童第周真行！中国人真行！"因为就连教授本人搞这个实验几年了都没有成功。之后童第周更是用这种不怕孤独、不怕失败的精神取得了一个又一个骄人的成绩。

童第周成功了，他的成功中也有孤独的功劳。渴望孤独能尽情享受孤独的人，大多是内心充盈，志存高远，为了自己的心性不受约束，而以独处来构建自己心灵上的"世外桃源"，保持自己灵魂的洒脱，正如在一般人眼中，雄鹰在空中遨游形只影单，是孤独的，但它所拥有的是整个蓝天。孤独，让你的灵魂能达到人生的最高境界。

布雷斯巴斯达曾经说过："所有人类的不幸，都是起始于无法一个人安静地坐在房间里。"许多人抱怨生活的压力太大，感到内心烦躁，不得清闲。于是，追求清静成了许多人的梦想，但却害怕孤独。而其实孤独才是人生中的一种大境界，它是一首诗，一道风景，是那种你在桥上看风景、看风景的人在桥上看你的美丽。

洗尽尘俗，褪去铅华，在这喧嚣的尘世之中，要保持心灵的清静，必须学会享受孤独。孤独像个沉默少言的朋友，在清静淡雅的房间里陪你静坐，虽然不会给你谆谆教导，但却会引领你反思生活的本质及生命的真谛。孤独时你可以回味一下过去的事情，以明得失；也可以计划一下未来，以未雨绸缪。你也可以静下心来读点书，让书籍来滋养一下干枯的心田；也可以和妻子一起去散散步，弥补一下失落的情感；还可以和朋友聊聊天，古也谈谈，今也谈谈，不是神仙，胜似神仙。

当你深深感受到孤独的存在时，不妨轻轻地关上门窗，隔去外界的喧闹，一个人独处，细心品味孤独的滋味。虽然它静寂无声，却可以让你更好地透视生活，在人生的大起大落面前，保持一种洞若观火的清明和睿智。

波澜万丈的生活激荡人心，令人心驰神往，但在人生的河流中，更多的则是平静。你总要学会一个人慢慢地享受人生，总会有那么一个时刻，你是孤独无助的，但不要害怕，因为这本身就是人生给你的最高馈赠。正如罗曼·罗兰所说："世上只有一个真理，便是忠实人生，并且爱它。"那么，当孤独来临时，去体味它，享受它，在欣赏完夏花的绚烂之后，不妨沉下心来，品读秋叶的静美。

孤独是一朵温情的花儿，我们要善待孤独，让那丝缕的馨香抚平我们的躁动，让我们在宁静中体会自我的价值。

第五节
放下后悔情绪，别被过往牵绊住脚步

不要为打翻的牛奶哭泣

在日常生活中，我们总是牵挂得太多，我们总是太在意得失，所以我们的情绪起伏，被人性中负面的情绪所牵制。被负面人性牵着鼻子走的人，不可能活出洒脱的境界。懊恼常常是人们在失去之后的最大反应,殊不知,懊恼已于事无补,根本不能左右事态的发展。所谓烦恼处处有,看开便全无,不要为打翻的牛奶懊恼,是智者生活的写照。

波尔·布朗特威博士曾经给成功学大师卡耐基讲过他学来的宝贵教训,让卡耐基很受启发,卡耐基说:"20年前,我是一个杞人忧天的大学生,常常一旦受挫便闷闷不乐,焦虑得无法入眠。想起做过的事,便后悔为什么不用更好的方法;对说出了口的话后悔说得不够恰当。

"有一天,我们班聚集在科学实验室,波尔·布朗特威博士早已在那边等候。他的桌上放了一杯牛奶。当我们坐下来时,所有人的注意力都集中在那杯牛奶上,心里揣测着那杯牛奶和卫生学有什么关系时,老师突然站了起来,牛奶被打翻了。博士叫我们过来仔细看牛奶杯的碎片:你们要永远记住这个教训,牛奶已经打翻了,就算你再怎么懊恼,也不可能再收回来。也许会想到刚才小心点不就得了?但已经晚了,所以我们只好把牛奶的事忘掉,而对未来从长计议。"

人总是会很容易原谅自己,不过,这只是表面上的饶恕而已,如果不这么自我安慰的话,如何去面对他人?但在深层的思维里,一定会反复地自责:"为什么我会那么笨?当时要是细心一点就好了。"

如果你还不相信,请你再想想自己有没有犯过严重的错误?如果想得出来的话,那你一定有过耿耿于怀,并没真正忘了它。表面上你是原谅了自己,实际上你是将自责收进了潜意识里。

没错,我们是犯了错。但是如果你牢牢地抓住这个错误不放,痛苦的只能是自己。辩证的分析错误,从错误中汲取经验,接下来就应该获得绝对的宽恕,再下来就得把它给忘了,继续前进。

其实,犯错对任何人而言,都不是一件愉快的事情,一个人遭受打击的时候,难免会格外消沉。在那段灰色的日子里,你会觉得自己就像失败的拳击选手,被那重重的一拳击倒在地上,头昏眼花,满耳都是观众的嘲笑声和那失败的感觉。这时候,你会觉得简直不想爬起来了,觉得你已经没有力气爬起来了!可是,你会爬起来的。不管是在裁判数到十之前,还是之后。而且,你还会慢慢恢复体力,平复创伤,你的眼睛会再度张开,看见光明的前途。你会淡忘掉观众的嘲笑和失败的耻辱。你会为自己找一条合适的路——不要再去做挨拳头的选手。

玛丽·科莱利说:"如果我是块泥土,那么我这块泥土,也要预备给勇敢的人来践踏。"如果在表情和言行上时时显露着卑微,每件事情上都不信任自己、不尊重自己,那么这种人也得不到别人的尊重。

造物主给予人巨大的力量,鼓励人去从事伟大的事。这种力量潜伏在我们的脑海里,使每个人都具有雄韬伟略,能够精神不灭、万古流芳。如果一个人不尽到对自己人生的职责,在最有力量、最可能成功的时候不把自己的力量施展出来,那么你就不可能成功。

宽恕自己,别和自己过不去,你才能把犯错与自责的逆风化为成功的推力。

心胸豁达,远离后悔情绪

在漫长的岁月中,我们都会碰到一些令人不快的情况,它们既然是这样,就不可能是别的样子。但我们也可以有所选择,可以把它们当作一种不可避免的情况加以接受,并且适应它;或者用后悔来毁了我们的生活,甚至最后可能会弄得精神崩溃。

人们产生后悔的原因其中一种是:在做出决定之前对可能出现的消极后果有一定的预知,但由于疏忽大意或者盲目乐观,对这种危险的苗头没能采取必要的预防措施,在这种情况下,做决定的人往往非常后悔,因为他已经接近正确的选择,只因一念之差发生了重大遗漏。

《费城日报》的富雷特·法兰杰特先生是一个懂得将古老真理融入现代生活而受益的人。有一次,他在对某一所大学毕业生致词时说:"曾拿锯子锯过木头的人,请举手!"大部分的学生都举起了手。之后他又问:"现在,曾拿锯子锯过木屑的人请举手!"结果没有一个人举手。

"当然,拿锯子锯木屑是不可能的。木屑是锯剩的残渣,而我们的过去不也像木屑一样吗?为无法挽救的事追悔不已,不就像拿着锯子锯木屑一般吗?"富雷特说。他用这种方法来教会学生们如何克服后悔。

很多事情发生了就是发生了，既然无法挽回，那么，我们为什么还要执迷不悟地向往事忏悔呢？清醒地认识到后悔情绪对我们的危害，将有助于我们摆脱它：

1. 后悔情绪能使人丧失前行的激情。受后悔情绪的影响，仿佛使人背了一个沉重的包袱，做任何事情无精打采；

2. 后悔情绪能给人带来郁闷的感受。每当想起不愉快的往事，令人缺乏自信和快乐；

3. 后悔情绪能使人浪费宝贵的光阴。整天受后悔情绪的影响，会在不自觉中放弃当下需要做的重要事情，因而浪费宝贵的时间。

周广仁，曾任中央音乐学院教授，钢琴系主任。她是中国第一位在国际比赛中获奖的钢琴家，一直以弹钢琴为生的周广仁在一次意外中，两根手指断了，这对于她来说无疑是一个致命的打击，面对如此大的挫折，她没有一点儿懊恼情绪，随后，她倾注全部心血投入钢琴普及教育，培育了无数有发展潜力的琴童，被誉为"中国钢琴教育的灵魂"。她在做客中央电视台《艺术人生》中说道："我这个人比较现实、比较乐观，我很少往后看，我总是往前看。"

"我总是往前看"，这就是我们需要学习的一个核心内容，后悔之所以称之为后悔，是因为我们总是回顾，总是往后看，所以，我们迟迟走不出后悔的阴霾。

那么，该如何摆脱后悔情绪呢？可以从如下3个方面着手：

1. 反思自己，避免重复过去的覆辙。在学习和工作中出现错误、失误的时候，不要后悔，要反思自己，是什么原因导致自己在学习和工作中出现错误、失误，并找到避免重复过去错误、失误的方法，以指导自己不断完善学习和工作。

2. 面向未来，着眼于未来的职业发展。在职场上，过去的工作出现错误、失误并不重要，重要的是在未来工作中谨防过去的错误、失误"死灰复燃"，面向未来，并着眼于未来职业发展，会使我们忘却过去工作中的错误、失误，克服后悔情绪的消极影响，从而真正摆脱后悔情绪的困扰。

3. 抓住当下，把握职场宝贵的发展机会。后悔情绪会使一个人滋生"活在过去"，忽视当今需要做好重要事情的心理；抓住当下，把握职场宝贵的发展机会，如求职、就业、晋升和创造业绩等，这是职场人士最重要的事情，不能有丝毫懈怠。只有远离后悔情绪，才能有效抓住当下，把握一个又一个职场发展机会。

错过了就别后悔。后悔不能改变现实，只会消弭未来的美好，给未来的生活增添阴影。最后，让我们牢记下面的话：要是我们得不到我们希望的东西，最好不要让忧虑和悔恨来苦恼我们的生活。且让我们原谅自己，学得豁达一点儿。

走出后悔情绪，给自己一次机会

原谅自己的过失，给自己一次机会。

坦然地面对自己的过失，并非要你不在乎过失的存在，或者干脆破罐子破摔，而是要你正视过失的存在，不逃避、不沮丧，在以后的生活中努力改正，这才是积极的态度，也是唯一正确的态度。当你认识到这一点时，你会惊奇地发现，工作起来有时也是很轻松的。因为它让你明白了最重要的一点：你身为社会中的一员，没有必要扮演唯一聪明或者永远正确的角色，原谅自己的过失更需要一颗宽大的心。

盖茨堡之战，无疑是西方世界最光辉动人的一次战役。乔治·皮凯特将军本人，则是这场战争的灵魂人物。

皮凯特的军队毫无阻碍地向前进。他们穿过了果园和玉米田，越过了草原和峡谷。每逢遭到敌军的时候，纵然死伤无数，但随后的人马立刻填补空缺，毫不退缩。整个丘陵上成了一片火海、屠杀场，有如火山爆发后的炽热场面。没多久，皮凯特的5000名兵将，已折损有4/5之多。那些士兵都奋勇地冲上前去，越过石墙，用利刀戳进敌人的胸膛，用枪托击碎敌人的头骨，然后把南方军的旗帜插在战场上。

军旗只在那儿飘扬了一会儿。即使那只是短暂的一会儿，却是南军战功的辉煌纪录。皮凯特的冲刺——勇猛、光荣，却是结束的开始。

皮凯特将军失败了。他没办法突破北方，而他也明白这一点。他将辞呈送交南方的戴维斯总统，请求改派"一个更年轻有为之士"。假如皮凯特将军要把毕克德的进攻所造成的惨败归咎于任何人的话，他能够找出数十个借口：有些师长失职啦，骑兵到得太晚不能接应步兵啦，这也不对，那也错了……

但是皮凯特将军不愿意责怪别人。当残兵从前线退回南方战线时，皮凯特将军亲自出迎，自我谴责起来，"这是我的过失，"他承认说，"我，因我一个人，败了这场战斗。"历史上很少有将军有如此勇气和情操，自己独负战争失败的责任。

指出自己的不足，原谅自己的过失，在任何情形下，都要比为自己争辩还有效。认为糟糕的状况全是由自己的缺点一手造成的，因而悔恨或者自暴自弃，不亚于为自己套上绳索。因为，花时间处理后果比无谓地自我检讨或是自我怨恨更有作用。

生活中，不如意事十之八九，我们不能委曲求全，我们只要八度幸福即可。可是有时你会发现自己不快乐的原因，不是别人，而是你自己。面对你自己无大碍的小过失，你可曾试着原谅你自己呢？

所以我们要看到，自己原来也有很多的缺点，自己原来也有做错事的时候，自己本身并不是一个完人；而你原来认为不好的人，也有一些你没有的优点。所以，要学会看到自己的弱点，看到别人的优点。考虑问题时要试着从对方的角度出发，以求大同、存小异，这样你才能善待他人，也善待自己。其次，你得承认，自己也得到过别人的宽容，自己也需要别人的宽容。这样一想，我们还有什么不能宽容他人的呢？

宽容别人的同时，自己也就把怨恨或嫉恨从心中排掉了，也才会怀着平和与喜悦的心情看待任何人和任何事，会带着愉快的心情生活。所以，在生活的磨难中逐步学会宽容，能原谅他人的人，心里的苦和恨比较少；或者说，心胸比较宽阔的人，就容易宽容他人。

莎士比亚说："聪明的人永远不会坐在那里为他们的损失而悲伤，却会很高兴地去找出办法来弥补他们的创伤。"由于我们试图抓住一些无法挽回的不幸的事情，我们就会不断地为自己增加负担和烦恼，这样一来，我们的负面情绪就会更加泛滥。因此，在我们作出错误的决定或者事情之后，先来分析一下失误的原因，接下来就是原谅自己，而不是一再地谴责。

放过自己，学会向前看

一说起后悔，许多人都有着各式各样的后悔经验：职场生涯放弃了更有发展的岗位，投靠了状况不佳的公司；股市投资该买的没买、该卖的没卖；谈婚论嫁时错过了最心爱的对象，选择了不该选的伴侣……仔细一想，若斤斤计较，后悔之事天天都在发生。

不知你是否想过，后悔的情绪其实对我们影响甚大。由于后悔，我们会无法感受收获带来的快乐。因为后悔心情在作祟，所以我们容易陷入强烈的自责及失落感。

此外，太过强烈的懊悔情绪，也会让你我在生活中失去前进的动力。在投资上曾做出后悔莫及的决定，或在职场上抉择失误，使自己失去好的发展机会，后悔就如同曾被洪水猛兽侵袭一般，让人记忆深刻，甚至痛苦得不能自拔。

陷入后悔情绪的林月就是一个很好的例子，她说：

一个月前我把一份很体面、待遇也很可观的工作辞掉了。由于那时内心浮躁，觉得自己应该还有更好的发展，而且我的专业是做软件开发的，之所以去之前的公司，完全是因为自己刚毕业，什么经验都没有，工作也不太好找。其实，在这家公司工作了一年，也没觉得有什么不好。

也不知道自己是着了什么魔了，稀里糊涂就把工作给辞了。一周前，我们同学聚会，看到同学们的境遇我就后悔了，开始怀疑自己是不是真的适合做软件，一切都从零开始，很害怕以后待遇不会超过之前，所以一想到这些，就觉得特别后悔，感觉每天都活在痛苦中。

好友得知我辞职的消息，一直埋怨说我傻，说现在找个工作多难啊，你那么好的待遇，真是身在福中不知福。我觉得自己是错了，这种后悔真的很可怕，有时候晚上很清醒，似乎把什么都想明白了，但是到了第二天情绪又会变得很糟糕，真有种崩溃的感觉。我现在什么都做不了，后悔就像一条细细的绳子一样，把我紧紧地绑了起来，我觉得自己都不能呼吸了。

世上没有卖后悔药的，做过的事情，也无法退回原地，林月纵然痛苦万分，也不能改变现实。面对这种境地，我们唯一能做的就是学会调节自我的情绪，让后悔的心情随风而逝，精神抖擞地迎接下一个挑战。

其实，这个世界上有一大半的悲剧是因为人们想不开而造成的，正因为这种一时想不开的情绪，使我们陷入求而不得的烦恼之中，而最终无力自拔。例如在工作时不好好工作，在娱乐时不好好娱乐，在恋爱时不好好恋爱。这使得我们总是在事情的最后后悔感叹自己当初的所作所为，并以"如果"、"假设"的抱怨方式，来纾解自己的想不开，结果却是徒劳的。

人们常说的生命意义，就是能随时随地心安理得、顺其自然的一种状态，也就不会大悲大喜弄得身心俱疲。想要获得这样的生活状态，首先要学会安抚自己的情绪，只有把一切想开看淡，我们才能收获一颗欢喜之心。所以，我们应该珍惜生活中的每一分钟，不要在虚幻中浪费宝贵的时间，让我们的情绪如山涧的潺潺溪流一般，变得温顺而平和，只有我们想开了，把握住眼前的幸福，我们才能够真正地把自己安置在天堂之中。

别让不幸层层累积

美国第六任总统约翰·昆西·亚当斯提醒人们说："不要把新掉的眼泪浪费在昔日的忧伤上。"乔治五世在他白金汉宫的墙上挂着下面这句话："我不要为月亮哭泣，也不要为过去的事后悔。"叔本华也说过："能够顺从，就是你在踏上人生旅途中最重要的一件事。"

一次不幸就已经让你有了一次负面情绪的体验，如果再后悔就会不断累积这种体验。在人的一生中，会时时遇到悔恨，但过多的悔恨如果不能及时清空，就会在日积月累中聚集生命的脆弱点，如同长堤中那些看似渺小的蚁群，由于它们的蚕食，长堤上的薄弱点越来越多，终有一天，长堤将被巨浪冲垮。

有一个小女孩，她从小就特别喜欢跳舞。但是，在她小学二年级时发生的一件事，影响了她的一生。因为她虚荣心比较强，她偷走了同桌的一块漂亮橡皮，后来她遭到全班同学的嘲笑。

小女孩的心里非常受伤，一时冲动就用圆规在自己的手背上刺了个印记。若干年后，小女孩出落得亭亭玉立了，在她满怀欣喜地准备报考自己最爱的舞蹈专业时，才发现这块突兀的印记在她白皙的手背上是多么的显眼。因为印记的关系，小女孩与舞蹈专业擦肩而过，而且在以后的生活中，她也是畏畏缩缩，不敢大大方方地把手拿出来，这也让她变得极不自信。就因为童年这个不幸的记忆，她逐渐变得讨厌自己，还患上了忧郁症。

要学会从过去的不幸中走出来，其中一个最好的方法就是每天播种一个希望，让希望引领你走出过去，迎接每一个崭新的日子。一个人关上过去的窗，打开未来的门，就如同一个人想给自己的衣柜里面再放进去一些新的衣服，但是旧衣服挤满了柜子，想让新衣服放进去，只有拿出那些旧的衣服，才能给新的衣服腾出空间。有人觉得拿出来扔掉太可惜了，但实际上这些旧衣服的利用率极低，只是占空间。这就如同人的大脑一样，如果里面存了过多灰暗、悲伤的事情，那么，未来幸福、美好的事情就无法填进你的大脑里面，人又怎么能快乐起来呢？

一个人要及时走出过去的情绪阴影。因为没有一个人是没有过失的，如果有了过失能够决心去改正，即使不能完全改正，只要继续不断地努力下去，心中也会坦然了。徒有感伤而不从事切实的补救工作,那是最要不得的。我们应当吸取过去的经验教训,但也不能总是在阴影下活着。内疚是对错误的反省,是人性中积极的一面,却又属于情绪的消极一面。我们应该分清这二者之间的关系,反省之后迅速行动起来,把消极变成积极,让积极的更积极。

我们不能抛弃过去,可是也不能做过去的奴隶。在心灵的一个角落里,珍藏起自己走过的路上遭遇的种种喜怒哀愁、酸甜苦辣,再把更广阔的心灵空间留给现在。

学会从失败的深渊里走出来

失败并不可怕,问题是我们能不能善待失败,能不能进行正确的情绪反馈。只要找到上次失败的原因,就会在下一次减少自己后悔的情绪,我们就会离成功越来越近。

乐观情绪的光环并不是只围绕那些成功者运转,只要我们及时放下后悔,也有成功的机会。善待失败,找出失败的原因,进行自我反思,就为下一步的成功奠定了基础。

错误可以说是这个世界的一部分,与错误共生是人类不得不接受的命运。但错误并不总是坏事,从错误中吸取经验教训,再一步步走向成功的例子比比皆是。因此,当出现错误时,我们应该了解错误的潜在价值,然后把这个错误当作垫脚石,从而获取成功。

1958年,弗兰克·康纳利在自家杂货店对面经营了一家比萨饼屋,筹措他的大学学费。19年后,康纳利卖掉3100家连锁店,总值3亿美元,他的连锁店叫作必胜客。

对于其他也想创业的人,康纳利给他们的忠告很奇怪:"你必须学会反省失败。"他的解释是这样的:"我做过的行业不下50种,而这中间大约有15种做得还算不错,那表示我大约有30%的成功率。可是你总是要出击,而且在你失败之后更要出击。你根本不能确定你什么时候会成功,所以你必须先学会反省自己为什么会失败。"

康纳利说必胜客的成功归因于他从错误中学得的经验。在俄克拉荷马的分店失败之后,他知道了选择地点和店面装潢的重要性;在纽约的销售失败之后,他做出了另一种硬度的比萨饼;当地方风味的比萨饼在市场出现后,他又向大众介绍芝加哥风味的比萨饼。

康纳利失败过无数次,可是他善于反省,总结失败的教训。

这就是自省的力量。如果你也能善于自我反省,总结失败的教训,把它们化作成功的垫脚石,那么成功就在前方不远处等着你。反省是一面镜子,它能照出失败的根源,也能照出负面情绪的可怕之处。

泰戈尔在《飞鸟集》中写道:"只管走过去,不要逗留着去采下花朵来保存,因为一路上,花朵会继续开放的。"为采集路边的花朵而花费太多的时间和精力是不值得的,道路还长,前面还有更多的花朵,让我们一路走下去。

抓住过去的错误不放,久久徘徊在苦痛、悔恨中是不明智之举,因为在我们一直谴责自己的时候,会有很多机会从我们的身边溜走。古希腊诗人荷马说:"过去的事已经过去,过去的事无法挽回。"昨日的阳光再美,也移不到今日的画册中。我们应该好好把握现在,珍惜此时此刻的拥有,不要把大好的时光浪费在对过去的错误的悔恨之中。过去所犯的错误就让它永远地过去,再懊悔也已于事无补,倒不如抖落一身的尘埃,继续上路,相信人生将有更美的风景在前方等待着你。

美国作家马克·吐温曾经经商,第一次他从事打字机的生意,因受人欺骗,赔进去19万美元;第二次办出版公司,因为是外行,不懂经营,又赔了10万美元。两次共赔将近30万美元,不仅把自己多年心血换来的稿费赔个精光,而且还欠了一大堆的债务。

马克·吐温的妻子奥莉姬深知丈夫没有经商的才能,却有文学上的天赋,便帮助他鼓起勇气,振作精神,重新走上创作之路。终于,马克·吐温很快摆脱了失败的痛苦,在文学创作上取得了辉煌的成就。

如果马克·吐温一直抓住过去的失败不放,那么他就没有成为著名作家的那一天。成功需要坚持,需要自己一次次从失败带给的情绪深渊中走出来。被情绪打败的人,永远不能品尝到成功的喜悦与甘甜。

失败并不可怕,我们只是被它打倒一次,受了点伤,流了点眼泪而已。但是如果你一直沉浸在失败带来的负面情绪中,就会觉得自己好像失去了双臂双脚,根本就没有力气爬起来。所以说,学会从失败的深渊里爬出来,才是我们接受失败之后应该做的事情,而不是活在失败情绪的阴影里。我们只有爬起来,才能再次出发,迎接未来的人生。

与其抱残守缺,不如断然放弃

爱默生经常以愉快的方式来结束每一天。他告诫人们:"时光一去不返,每天都应尽力做完该做的事。疏忽和荒唐事在所难免,要尽快忘掉它们。明天将是新的一天,应当重新开始,振作精神,不要使过去的错误成为未来的包袱。"

要成为一个快乐的人,重要的一点是学会将过去的错误、罪恶、过失通通忘记,只是往前看。忘记过去的事,努力向着未来的目标前进。

印度"圣雄"甘地在行驶的火车上,不小心把刚买的新鞋弄掉车下一只,周围的人都为他惋惜。不料甘地立即把另一只鞋从窗口扔了出去,众人大吃一惊。甘地解释道:"这一只鞋无论多么昂贵,对我来说也没有用了,如果有谁捡到一双鞋,说不定还能穿呢!"

普通人在遇到这种情况后,肯定会流露出懊悔的情绪,然后责备自己。但是,甘地没有这么做。他没有产生负面情绪的原因在于他自身的观念:与其抱残守缺,不如断然放弃。我们都有过失去某种重要东西的经历,且大都在心里留下了阴影。究其原因,就是我们并没有调整好心态去面对失去,没有从心理上承认失去,总是沉湎于对已经不存在的东西的怀念。事实上,与其为失去的懊恼,不如正视现实,换一个角度想问题:也许你失去的,正是他人应该得到的。

卡耐基先生有一次曾造访希西监狱,他对狱中的囚犯看起来竟然很快乐感到惊讶。典狱长罗兹告诉卡耐基:犯人刚入狱时都积极地服刑,尽可能快乐地生活。有一位花匠囚犯在监狱里一边种着蔬菜、花草,还一边轻哼着歌呢!他哼唱的歌词是:

事实已经注定,事实已沿着一定的路线前进,
痛苦、悲伤并不能改变既定的情势,
也不能删减其中任何一段情节,
当然,眼泪也于事无补,它无法使你创造奇迹。
那么,让我们停止流无用的眼泪吧!
既然谁也无力使时光倒转,不如抬头往前看。

既然既定的事实无法改变,就坦然地面对失去吧!这才是正确的情绪反应。

只要你心无挂碍,把失去的东西看得云淡风轻,该放弃时放弃,何愁没有快乐的春莺在啼鸣,何愁没有快乐的泉溪在歌唱,何愁没有快乐的白云在飘荡,何愁没有快乐的鲜花在绽放!所以,放下就是快乐,不被过去所纠缠,这才是豁达的人生。

别让压力毁了你,别让情绪左右你

第六节
战胜挫折情绪,锻造永不服输的魄力

对梦想锲而不舍

那些被历史铭记的人之所以伟大,是因为他们都有一个共同点,那就是对梦想的锲而不舍,对成功的执着追求。

一个人取得的成就和他为之付出的努力是分不开的,只要我们肯坚守梦想,我们也一定能够成为一个卓越的人。

达尔文的父亲是一位著名的医生,他希望自己的儿子能继承自己的事业,也当一名医生,可是达尔文无心学医,进入医科大学后,他成天去收集动、植物标本,父亲对他无可奈何,又把他送进神学院,希望他将来当一名牧师。然而,达尔文的兴趣也不在牧师上,达尔文有他自己的理想,他9岁的时候就对父亲说:"我想世界上肯定还有许多未被人们发现的奥秘,我将来要周游世界,进行实地考察。"为此,达尔文一直在积极准备。为了有利于自己观察和收集动、植物标本,达尔文抛弃了事务,经过5年的环游旅行,达尔文在动、植物和地质等方面进行了大量的观察和采集,回国后又做了近20年的实验,终于在1859年出版了震动当时学术界的《物种起源》一书,它以全新的进化思想推翻了神创论和物种不变论,把生物学建立在科学的基础上,提出震惊世界的论断:生命只有一个祖先,生物是从简单到复杂,从低级到高级逐渐发展而来的。

达尔文从小就为自己树立了坚定的目标,尽管在通往梦想的路上一再碰到阻碍,但是他没有放弃,终于,通过自己坚持不懈的努力,他实现了自己的梦想,并且取得了伟大的成就。

梦想是自己的,不要因为碰到一些挫折,就垂头丧气,让不好的情绪左右了自己的信念,这样,只会一事无成。

有一个叫布罗迪的英国教师,在整理阁楼上的旧物时,发现了一沓作文本。作文本上是一个幼儿园的31位孩子在50年前写的作文,题目叫《未来我是……》。

布罗迪随手翻了几本,很快便被孩子们千奇百怪的自我设计迷住了。比如,有个叫彼得的小家伙说自己是未来的海军大臣,因为有一次他在海里游泳,喝了三升海水而没被淹死;还有一个说,自己将来必定是法国总统,因为他能背出25个法国城市的名字;最让人称奇的是一个叫戴维的盲童,他认为,将来他肯定是英国内阁大臣,因为英国至今还没有一个盲人进入内阁。总之,31个孩子都在作文中描绘了自己的未来。

布罗迪读着这些作文,突然有一种冲动:何不把这些作文本重新发到他们手中,让他们看看现在的自己是否实现了50年前的梦想。

当地一家报纸得知他的这一想法后,为他刊登了一则启事。没几天,书信便向布罗迪飞来。其中有商人、学者及政府官员,更多的是没有身份的人……他们都很想知道自己儿时的梦想,并希望得到那作文本。布罗迪按地址一一给寄了去。

一年后,布罗迪手里只剩下戴维的作文本没人索要。他想,这人也许死了,毕竟50年了,50年间是什么事都可能发生的。

就在布罗迪准备把这本子送给一家私人收藏馆时,他收到了英国内阁教育大臣布伦克特的一封信。信中说:"那个叫戴维的人就是我,感谢您还为我保存着儿时的梦想。不过我已不需要那本子了,因为从那时起,那个梦想就一直在我脑子里,从未放弃过。50年过去了,我已经实现了那个梦想。今天,我想通过这封信告诉其他30位同学:只要不让年轻时美丽的梦想随岁月飘逝,成功总有一天会出现在你眼前。"

布伦克特的这封信后来被发表在《太阳报》上。他作为英国第一位盲人大臣,用自己的行动证明了一个真理。假如谁能把3岁时想当总统的愿望执着地努力奋斗50年,那么他现在一定已经是总统了。

当年迪士尼为了实现建立"地球最欢乐之地"的美梦,四处向银行融资,可是被拒绝了302次之多,每家银行都认为他的想法怪异。其实并不然,他有远见,尤其是决心实现梦想。

今天,每年都有上百万游客享受到前所未有的"迪士尼欢乐",这全都出于一个人的决心——这就是坚持梦想的人生。

类似的故事还有很多很多。无一例外,它们都告诉我们:要完成既定的梦想就必须坚持,坚持,再坚持。没有锲而不舍坚持到底的精神,就很难收获成功。

培养战胜挫折的意志

人的一生不可能一帆风顺,总会存在着这样或者那样的挫折和困难。很多人在面对挫折与困难时丧失了挑战的勇气,从此甘于平庸;而有些人则凭着自己顽强不屈的性格勇敢地挑战挫折和困难,并最终取得了胜利。

25岁的小袁从某名牌大学毕业后到某外资公司工作,与公司女职员小莉一见钟情。但两周后小莉毅然离去,留给小袁的是一腔的惆怅和烦恼。平素爱说笑的他变得沉默寡言,开始失眠,情绪消沉,一天到晚昏昏沉沉,人变得越来越消瘦,终日兴味索然。他开始怀疑生活的意义,感到自己是这个世界上多余的人。他终日唉声叹气,口口声声"连累了父母,还不如死了好"。

小袁是由于恋爱遭受挫折而产生了消沉心理。消沉是指心灰意冷、沮丧颓唐的消极情绪。通常在以下几种情景中产生:一种是追求的目标脱离实际,看不到现实生活的复杂,由于力不从心而最后失败,消沉心理油然而生;一种是意志薄弱,遇到挫折就灰心失望,觉得命运总跟自己作对,处处不顺心、事事不如意,于是就显得精神萎靡。

1899年7月21日,海明威出生于美国伊利诺伊州芝加哥市郊的橡树园镇,他10岁开始写诗,17岁时发表了他的小说《马尼托的判断》。上高中期间,海明威在学校周刊上发表作品。14岁时,他曾学习过拳击,第一次训练,海明威被打得满脸鲜血,躺倒在地。但第二天,海明威还是裹着纱布来了。20个月之后,海明威在一次训练中被击中头部,伤了左眼,这只眼的视力再也没有恢复。

1918年5月,海明威志愿加入赴欧洲红十字会救护队,在车队当司机,被授予中尉军衔。7月初的一天夜里,他的头部、胸部、上肢、下肢都被炸成重伤,人们把他送进野战医院。他的膝盖被打碎了,身上中的炮弹片和机枪弹头多达230余片。他一共做了13次手术,换上了一块白金做的膝盖骨。有些弹片没有取出来,直到去世还留在体内。他在医院躺了3个多月,接受了意大利政府颁发的十字军勋章和勇敢勋章,这一年他刚满19岁。

日本偷袭珍珠港后,海明威参加了海军,他以自己独特的方式参战,他改装了自己的游艇,配备了电台、机枪和几百磅炸药,他在古巴北部海面搜索德国的潜艇。1944年,他随美军在法国北部诺曼底登陆。他率领法国游击队深入敌占区,获取大量情报,并因此获得一枚铜质勋章。

记住莎士比亚曾经写下的一句话:"当太阳下山时,每个灵魂都会再度诞生。"再度诞生就是你把失败抛到脑后的机会。每一次的逆境、挫折、失败以及不愉快的经历,都隐藏着成功的契机,而不是增加你消沉的机会。

成功者并不一定都具有超常的智能,命运之神也不会给予他特殊的照顾。相反,几乎所有成功的人都经历过坎坷,都是命运多舛,而他们是从不幸的逆境中愤然前行。其关键在于成功的人有着顽强拼搏的性格,而不是甘心被消沉的情绪所左右。这种顽强的精神让他们在困难和挫折面前不会消沉、不会堕落,反而让他们越挫越勇,最后成为"真的猛士",并在历经艰难险阻、风风雨雨后收获了一片属于自己的天地。

学会转移情绪

在生活中，我们不能改变的东西有很多很多，但我们可以转变自己的心境，多往好的一面想，心情也就自然放松许多。在心理诊所的情绪治疗过程中，医生们发现了一个现象：

一些情绪压抑过久的人，往往会采用啃咬手指的办法来减轻紧张情绪或者压力。有一些患者很为此担心，他们在公共场合或者比较严肃庄重的场合忍不住还会咬自己的手指，怎样改变这种现象呢？

后来心理专家们就用了这样一个办法：在患者的手指上缠了很多圈的细线，这样，每当他们情绪紧张想咬手指的时候，就必须要慢慢地解下手指上的绳子，但解完绳子之后，通常患者就不会再想咬手指了。

绳子有这么大的作用吗？其实不是绳子的作用，而是解开绳子的动作产生了巨大的作用。在解开绳子的过程中，紧张的情绪就在这短短的时间里得到了缓解。其实情绪正是这样，它只是需要一个转移的时间，就可以得到完全的解脱。

明智的人会接受感觉不可避免的更迭。所以，当他们感到沮丧、生气或紧张时，他们也用同样的开阔和智慧来对待。他们不但没有因为感觉不好就对抗这些情绪，或感到恐慌，反而自在地接纳了这些情绪，知道这些终会过去。他们不但没有跌跌撞撞地对抗这些情绪，反而优雅地接纳了它们。这种做法让他们可以温和而优雅地离开负面情绪，进入心灵的正面状态。情绪的转向归根到底要取决于产生情绪的行为、态度的转变，只有你这些先转变了，作为它们产物的情绪才会转变。

遗憾的是，我们中的许多人常常过多地把他们的注意力、精力放在那些使他们痛苦不堪的思想上，以致情绪总是郁郁不振，当然，我们之间也有很多情商很高的人，他们虽然也会犯错误，但他们的高明之处就在于不拘泥于已有的事实，而把目光投向如何解决、如何改善现状这些有建设性的目标上，所以他们的情绪相对而言都较稳定、积极。

爱默生说："每一种挫折或不利的突变，都带着同样或较大的有利的种子。"情绪的不稳定性决定了情绪的到来往往会使我们感到十分意外，但是也会很容易转移出去，只要我们找到一个恰当的转移点。

有一名矿工在塌方的矿井下待了8天后被人们救了上来。与他一同被困的5个同伴都没有他的处境艰难，却都没有生存下来。

其实这名生还的矿工并不知道自己在矿井里待了多久。他后来回忆说，当时发现塌方，心中十分慌乱、绝望，但他很快控制住情绪，安慰自己说："不要紧，井上面的人肯定会下来救助我们。"正好那天他很累，就躺在木板上睡觉。醒来后，他在坑道里来回走动，仔细听有没有外面传来的声音。

这样的情形不知过了多长时间，除了水滴声，坑道里静得出奇。他毫无办法，就唱歌给自己听，然后给自己鼓掌喝彩。唱累了，他又躺在木板上睡觉，幻想着他喜欢的女子、爱吃的食物，希望能在梦中看见这些。

再次醒来时，他又竖起耳朵听，渐渐地，一些他盼望中的声音出现了，他喜悦地向发出声音的地方跑去，大喊大叫，希望引起注意。但是，这些声音有点儿怪：只要他想念什么声音，那边很快就能出现同样的声音。原来是回声……

他一直在与自己的内心作斗争。为了控制住自己的情绪，他坚持在坑道里玩射击游戏——将一片木板插在壁上，然后在黑暗中向它扔煤块，如果听到"啪"的一声，就是打中了。他规定自己：只有打中一百次才允许睡觉。

他不知道多长时间没吃饭了，口袋里有个拳头大的糯米团是他的寄托。他每次都是数着米粒吃它，目前已经吃了367粒。他在回忆时说："坑道里有水，口袋里有糯米团，更重要的是，我坚信人们会来救我，我绝不能害怕，绝不能发疯，绝不能自杀，我一定要控制住自己……"他是在梦中听见响动的，然后他就看见洞口射进刺眼的光芒。他紧紧地捂住眼睛，但仍然感觉光是那么强。当他确信自己得救时，一下子就软了……

第十四章 兵来将挡，努力抛弃一切坏情绪

这名矿工走出困境的事迹是让人感动的。同时，它也告诉我们，当我们身处困境时，仅有外界的救助是不够的，重要的还有我们的自救。我们虽无法控制灾难，但我们能控制自己。从某种意义上看，人是通过控制自己，才控制了他的整个世界。

有一位讲师在压力管理的课堂上拿起一杯水，然后问听众："各位认为这杯水有多重？"有的说200克，有的说500克……

讲师说："这杯水的重量并不重要，重要的是你能拿多久？拿一分钟，各位一定觉得没有问题；拿一个小时，可能觉得手酸；拿一天，可能得叫救护车了，其实这杯水的重量是不会变化的，但是你若拿得越久就觉得越重。"

这就像我们承担着压力一样，如果我们一直把压力放在身上，不管时间长短，到最后我们就觉得压力越来越沉重而无法承担。我们必须做的是：放下这杯水休息一下后再拿起这杯水，如此我们才能够拿得更久。

所以，各位应该将承担的压力于一段时间后适时地放下并好好休息一下，然后再重新拿起来，如此可承担久远。

诱导积极情绪，对抗挫折

在日常生活工作中，我们常会看到有的人一遇到挫折不顺，就表现出或沮丧、或消沉、或愤怒、或难过……这些都是心理资源不足的情况。当代积极心理学研究为我们寻找到了一条有效的而且是最重要的心理资源恢复途径——诱导积极情绪。

诱导积极情绪可以扩建认知领域的功能，扩展注意的范围和思维的多面性和深刻性，改善对挫折、失败的认知，提高抵抗压力和逆境能力，以及从消极状态中恢复的能力；还能扩建个体的生理资源；此外，诱导积极情绪能增加人们对陌生人的亲切感和和蔼感，同时也可以增加其对熟悉人的信任感；甚至还能扩建积极品质，诱导和增加乐观主义，宁静，自我恢复能力等一些与心理健康相关的品质的形成。

我们先来说说什么是积极情绪，积极情绪是对有机体起振奋作用，对人体的生命活动起极好作用的一种情绪。它能为人们的神经系统增添新的力量，能充分发挥有机体的潜能，提高脑力和体力劳动的效率和耐久力。积极情绪往往由责任感、事业心、期望、奋斗目标、荣誉感等刺激而产生。因此，保持积极情绪的方法，就是应尽快使自己具有责任感、荣誉感、事业心，有近期和长远的奋斗目标，并坚持不懈地为实现既定目标去拼搏和奋斗。研究表明，积极情绪可使血液中肾上腺素增加，而这种激素是动员有机体力量的原动机，从而使奋斗者更有力量去达到自己的目的，所以说积极情绪是保持心理健康的重要条件与标志。

生活中我们总喜欢与乐观的人相处，因为他们带给人愉快和活力。说到乐观主义，体现在人们身上就是乐观主义者，乐观主义者总是相信自己有足够的行为能力来承受和减弱原有负向价值对于自己的不良影响，并使原有正向价值发挥更大的积极效应，因此，他只关心事物的正向价值，而不关心事物的负向价值，并把最大正向价值作为其行为方案的选择标准，这种人容易看到事物好的一面，不容易看到事物坏的一面。

最后我们要了解什么是积极品质，看看我们自己身上都存在哪些优秀的积极品质，我们在保持这些积极品质的同时又需要发展什么积极品质，让我们的生活和工作更加美好。

改善情绪的7种积极品质是：

1. 时刻记录自己的幸福感。

2. 和谐，是内心的和谐。所谓的内心和谐就是指我们对事物的看法，对事物的认识，对自己眼前的处境、对将来追求的目标，还有现在所能够做的，使各个方面的事情之间能够达到协调。

3. 自尊感。所谓的自尊感，简单讲就是自己喜欢自己。作为一个心理健康的人，很重要的品质就是能够喜欢自己。

4. 个人的成熟，是指在处理自己的问题，人际关系，环境的要求，工作的要求，处理家庭、同事、朋友之间的关系的时候能够非常得体。

5. 人格的完整。
6. 与环境保持良好的接触。
7. 有效地适应环境。

我们在逆境的时候，千万不要逃避，而应勇敢地面对，这样逆境就会变成顺境了。其实，人生的际遇不外乎两种，一种是顺境，一种是逆境，在顺境中顺流而上，抓牢机会，或许每个人都能够做到。但面对逆境，许多人却纷纷败退，在逆流中舟沉人亡。高情商的人往往能穿越逆境有所成就。

哈佛学者认为，逆境，逆境，就是危险中的顺境。事实上，世界上任何危机都孕育着机会，且危机愈重商机愈大。洛克希德－马丁公司前任首席执行官奥古斯丁认为：每一次危机本身既包含导致失败的根源，也孕育着成功的机会。在逆境之中，一个人要善于把自己最弱的部分转化为最强的优势，这样才能为自己开拓人生的新局面。

战胜挫折，激发进取心

巴尔扎克说："挫折和不幸，是天才的晋身之阶，信徒的洗礼之水，能人的无价之宝，弱者的无底深渊。"生活中的失败与挫折既有不可避免的一面，又有正向和负向功能。既可使人走向成熟、取得成就，也可能破坏个人的前途，关键在于你怎样面对挫折。

在开始做事的时候往往给自己留着一条后路，作为遭遇困难时的退路。这样怎么能够成就伟大的事业呢？

破釜沉舟的军队，才能决战制胜。同样，一个人无论做什么事，必须抱着绝无退路，勇往直前的进取心，才会在遇到任何困难和障碍时，都不会产生后退的念头。如果立志不坚，时时准备知难而退，那就绝不会有成功的一日。

人生的成败，决定于意志力的强弱。具有坚强意志力的人，遇到任何艰难障碍都能克服困难，消除障碍。但意志薄弱的人，一遇到挫折，便思退求缩，最终归于失败。实际生活中有许多人，他们很希望上进，但是意志薄弱，没有坚强的决心，不抱着破釜沉舟的信念，一旦遇到挫折，就立即后退，所以终遭失败。

一旦下定决心，不留后路，竭尽全力，向前进取，那么即使遇到千万困难，也不会退缩。一个人有了决心，方能克服种种艰难，去获得胜利，这样才能得到人们的敬仰。所以，有决心的人，必定是个最终的胜利者。有强大的进取心做后盾，我们才能充分发挥才智，从而在事业上做出伟大的成就。

巴拉昂是一位年轻的媒体大亨，以推销装饰肖像画起家，在不到10年的时间里迅速跻身于法国50大富豪之列，1998年因前列腺癌在法国博比尼医院去世。临终前，他留下遗嘱，把他46亿法郎的股份捐献给博比尼医院用于前列腺癌的研究，另有100万作为奖金，奖给揭开穷人之谜的人。

穷人最缺少的是什么？巴拉昂逝世周年纪念日，律师和代理人按巴拉昂生前的交代在公证部门的监视下打开了那只保险箱，揭开了谜底：穷人最缺少的是进取心，那不满足现状的进取心。

进取心，就是不愿在现状里沉睡，而是志向远大，努力向上，胸怀追求成就的动机；进取心，就是不知足，就是不满足于现状的信念；进取心，就是一种极强的自信心。进取者的处世态度是："天生我材必有用"，坚信自己，相信自己能有所作为，能达到自己所设定的目标。

人生难免会遇到挫折，没有经历过失败的人生不是完整的人生。没有河床的冲刷，便没有钻石的璀璨；没有挫折的考验，也便没有不屈的人格。正因为有挫折，才有勇士与懦夫之分。

对待挫折必须真实，不能逃避，也不能退缩。最为重要的是，在挫折面前保持清醒的头脑，客观冷静地对待这一真实的存在。

挫折干扰了自己原有的生活，打破了自己原有的目标，需要重新寻找一个方向，确立一个新的目标，这就是目标法。目标的确立，需要分析思考，这是一个将消极心理转向理智思索的过程。

目标一旦确立，犹如心中点亮了一盏明灯，人就会生出调节和支配自己新行动的信念和意志力，去努力进行达到目标的行动。目标的确立是人内部意识向外部动作转化的中介，是主观见之于客观认识向实践飞跃的起始阶段。目标的确立标志着人已经开始了下一步争取新的成功的历程。目标法既可以抑制和阻止人们不符合目标的心理和行动，又可以激发和推动人们去从事达到目标所必需的行动，从而鼓起人们战胜困难的勇气。

对自己说声"不要紧"

生活中有很多突发的挫折，会给我们的心灵带来巨大的压力，很多人会因为这些压力而变得情绪低沉，感到绝望、恐惧、万念俱灰，甚至会因此而失去活下去的勇气。

但是越是这个时候，越要与自己的负面情绪做抗争，越需要在心底对自己说：坚持一下，没什么要紧的。过了这一刻，一切都会好起来。

一天，一位老教授在爱米莉的班上说："我有句三字箴言要奉送各位，它对你们的学习和生活都会大有帮助，而且可使你们心境平和，这三个字就是．不要紧．。"

爱米莉领会到了这句三字箴言所蕴涵的智慧，于是便在笔记簿上端端正正地写下了"不要紧"三个大字，她决定不让挫败感和失望破坏自己平和的心境。

后来，她的心态经受了考验，她爱上了英俊潇洒的凯文，他对她很重要，爱米莉确信他是自己的白马王子。

可是有一天晚上，凯文却温柔委婉地对爱米莉说，他只把她当作普通朋友。爱米莉以他为中心构想的世界顿时就土崩瓦解了。那天夜里爱米莉在卧室里哭泣时，觉得记事簿上的"不要紧"三个字看来很荒唐。"要紧得很，"她喃喃地说，"我爱他，没有他我就不能活。"

但第二日早上爱米莉醒来再看这三个字，她就开始分析自己的情况：到底有多要紧？凯文很要紧，自己很要紧，我们的快乐也很要紧。但自己会希望和一个不爱自己的人结婚吗？日子一天天过去了，爱米莉发现没有凯文，自己也可以生活得很好。爱米莉觉得自己仍然很快乐，将来肯定会有另一个人进入自己的生活，即使没有，她也仍然要快乐。

几年后，更适合爱米莉的人真的出现了。在兴奋地筹备婚礼的时候，她把"不要紧"这三个字抛到九霄云外。她不再需要这三个字了，她觉得以后将永远快乐，她的生命中不会再有挫折和失望了。

然而，有一天，丈夫和爱米莉却得到了一个坏消息：他们用所有积蓄投资的生意经营不下去了。丈夫把这个坏消息告诉爱米莉之后，她感到一阵凄酸，胃像扭作一团似的难受。爱米莉又想起那句三字箴言："不要紧。"她心里想："真的，这一次可真的要紧！"可是就在这时候，小儿子用力敲打积木的声音转移了爱米莉的注意力。儿子看见妈妈看着他，就停止了敲击，对她笑着，他的笑容真是无价之宝。爱米莉的目光越过他的头望出窗外，在院子外边，爱米莉看到了生机盎然的花园和晴朗的天空。她觉得自己的心情恢复了。于是她对丈夫说："一切都会好起来的，损失的只是金钱，不要紧。"

意志和希望大概是治愈绝望情绪的最好良药，情绪是一个天平，就看你要倒向哪一边。遇到困难时就像爱米莉一样，对自己说一句"不要紧"，相信自己终会熬过去，相信风雨过后，一定会有彩虹。有时候，我们面对的最大的敌人，并不是具体的事情，而是我们的内心，是我们内心的恐惧、焦虑和懦弱。

事实上，很多问题并不像我们想象的那么严重，面对这些狂风暴雨，如果我们能够尝试着对自己说"不要紧"，时刻保持积极的心态，那么这些人生困难最终都将被克服。

别让自己打败自己

有些人遭受了多次的打击，就会丧失奋发向上的激情，就会自我压制拼搏的欲望，同时封杀自己的信心和勇气，于是挫败感就由此产生了，也开始对一切事物感到悲观。

有人曾经用两种鱼做了一个实验。实验者用玻璃板把一个水池隔成两半，把一条鲮鱼和一条鲦鱼分别放在玻璃隔板的两侧。开始时，鲮鱼要吃鲦鱼，飞快地向鲦鱼游去，可第一次撞在玻璃隔板上，游不过去。于是鲮鱼又开始了第二次，第三次……一直到第十几次的攻击，可是结果还是一样，它永远也吃不到鲦鱼。于是，最终鲮鱼放弃了努力，不再向鲦鱼那边游去。而让人吃惊的是，当实验者将玻璃板抽出来之后，鲮鱼也不再尝试去吃鲦鱼！鲮鱼失去了吃掉鲦鱼的信心，放弃了努力。

其实生活中，又有多少人在犯着和鲮鱼一样的错误呢？希腊曾经有这样一个故事：

自古希腊以来，人们一直试图达到4分钟跑完1英里的目标。人们为了达到这个目标，曾让狮子追赶奔跑者，但是也没能4分钟跑完1英里。于是，许许多多的医生、教练员和运动员断言：要人在4分钟内跑完1英里的路程，那是绝不可能的。因为，我们的肺活量不够，风的阻力又太大。

而当所有人都相信这已经成为一个铁的事实时，罗杰·班尼斯特用自己的亲身经历击碎了所有医生、教练员和运动员的断言，他开创了4分钟跑完1英里的记录。而更令人惊叹的是，在此之后的一年中，又有300名运动员在4分钟内跑完了1英里的路程。

由此可见，人的潜能和拼搏的欲望完全可以被一次次的挫折扼杀。回到鲮鱼的故事中，我们看到了最可悲的是，玻璃板隔开的不只是一次弱肉强食的自然法则，而是把心灵的行动欲望和进取精神抹杀了，而这种抹杀的元凶却是自己。生活中的挫折随时会有，随处可见，难道每一次都要把自己困在绝望中？关键还是看你怎样对待挫折。

尼采曾把他的哲学归为一句至理名言：成为你自己。的确，人生的成功与人生的期望密切相关。一个对生活，对自己失去期望的人，永远不会成功。而一个懂得改变，笑对挫折的人，才会最终取得成功。

曾有一次，著名的小提琴家欧利布尔在巴黎举行一场音乐会，他的小提琴上的A弦突然断了，可是欧利布尔就用另外的那三根弦演奏完那支曲子。"这就是生活，"爱默生说，"如果你的A弦突然断了，就在其他三根弦上把曲子演奏完。"

对于许多人来说，挫折并不可畏，可怕的是在心灵上被彻底打败，而又未能体会真正的"教训"，反而一再重蹈覆辙，以致到最后落得一败涂地。人们常说，胜败乃兵家常事，因此要"胜勿骄，败勿馁"，更重要的是要经得起挫折，重整旗鼓，开辟人生新的战场。

有意识地训练坚强的意志

坚强的意志是通过不断锤炼得到的，这里所说的锤炼是指克服不良的意志品质，培养优良的意志品质。当拥有了坚强的意志后，你会发现，自己的"健康城堡"已变得坚不可摧。下面介绍几种集体训练和自我训练的方法：

集体训练方法

由两个或两个以上的人组成训练小组，包括以下几项训练：

1.空中单杠训练。

a.器材与训练要求

离地7米高的一根直径40厘米、长1米的单杠。让小组成员站在离地5米高的木板上，跃起抓前方一臂以外空中的单杠。只要敢于跃出去，不论是否抓住，都是满分。

b.训练目的

这是在心理上进行自我挑战，能否完成并不取决于体能，关键在于能否战胜自我。因为在社会上，对于如何生存，如何战胜困难，更多的时候不是有人强迫你、指导你，而是靠自己的意志去指导自己的行为。因此，这个训练要独立完成。

c. 训练方式

每个成员依次上去，由教练系好安全带，并实事求是地告诉他，绝对安全。教练可以引导，但不可以强迫。可以暗示前方是人生的目标，如何选择靠自己。不规定时间，只要最终敢于迈出去，是否抓住单杠，都按100分计。但要注意高血压、心脏病患者不宜参加。

2. 断桥训练。

a. 器材与训练要求

离地9.4米高的宽30厘米、长1米的木板，小组成员依次上去，跃向对面1米宽的木板，中间距离1.1米。这个训练也不是体能训练，因为在地上做任何人都可以跃过去的，只要能在心态上战胜自己，就可以跃出去，不论是否落在木板上，皆可以得满分。

b. 训练目的

本来是每个人都可以做到的事，但由于离开地面，环境的差异使人的潜意识里产生对自己的怀疑、担心，这个训练就是要在潜意识里强化相信自己的意识，敢于去做，即使失败，也要失败在实践之后，而不应在没实践之前就自己打败自己。因此，这个训练也要独立、自觉完成。

c. 训练方式

每个成员依次上去，由教练系好安全带，并告诉他绝对安全，不会出事。教练可以进行必要的语言引导，但不能施加任何压力。不规定作业时间，只要最终自觉地迈出去，不论是否踏在对面板上，皆为满分。但要注意，高血压、心脏病患者不宜参加。

3. 过"缅甸桥"训练。

a. 器材与训练要求

三条绳索悬在空中组成绳桥，脚踩一根，手抓两根，有保险绳，别人帮助系好保险绳。离地面距离4米，长度10米。

b. 训练目的

这是心态与技巧并重的训练，体能上任何一个人都能完成，心态上可能有的人不相信自己，胆怯；技巧上可能有的人掌握不了，因为三条绳子都是软的。

c. 训练方式

小组成员依次上去，由教练系好安全带，并告之绝对安全。成员凭自觉，不受时间限制，只要走过去即得满分。

除了上面介绍的三个训练项目外，组织野外长途行军、爬山、跑跳以及举办在挫折中奋起的故事会演讲等也是很好的集体训练方法。

自我训练方法

1. 根据自身的特点，写出个人提高体能的训练计划，并逐步付诸行动。
2. 每天早晨坚持体育锻炼。
3. 制订计划克服自身存在的惰性。
4. 每天早晨在镜子前激励自己，肯定已取得的成绩。
5. 进行几次开发市场行动，碰的钉子越多越好。
6. 每当别人说某事难以做到时，一定亲自试一试。
7. 寻找一句格言作为激励自己的座右铭。

想得到他人的认可，自己先要变得强而有力。也许生活有缺陷，但生活却是给人们同样的机会。在坎坷的路途上，坚强勇敢地抓住机会，然后充满信心和勇气去争取，就会战胜自身的缺陷，在生命的困顿中出人头地，成为一个把苦难打倒的坚韧之人。

正视挫折，战胜自我

在现实社会生活中，谁都会遇到挫折，挫折感是在你的某种需要得不到满足时的一种紧张情绪状态。假若挫折感过于强烈，或时间过久，超过个体的承受能力，就会引起情绪紊乱，心理失衡而导致疾病发生。但是，如果我们熬过了这段情绪困顿期，生活的色彩又会重新展现。

别让压力毁了你，别让情绪左右你

在宾夕法尼亚州的匹兹堡有一个女人，她已经35岁了，过着平静、舒适的中产阶层的家庭生活。但是，她突然连遭四重厄运的打击。丈夫在一次事故中丧生，留下两个小孩；没过多久，一个女儿被烤面包的油脂烫伤了脸，医生告诉她孩子脸上的伤疤终生难消；她在一家小商店找了份工作，可没过多久，这家商店就关门倒闭了；丈夫给她留下了一份小额保险，但是她耽误了最后一次保费的续交期，因此保险公司拒绝支付保费。

碰到一连串不幸事件后，这个女人近于绝望。她左思右想，为了走出困境，她决定再进行一次努力，尽力拿到保险补偿。在此之前，她一直与保险公司的下级员工打交道。当她想面见经理时，一位接待员告诉她经理出去了。她站在办公室门口无所适从，就在这时，接待员离开了办公桌，机遇来了。她毫不犹豫地走进里面的办公室，不出意料，她看见经理独自一人坐在那里。经理很有礼貌地问候了她。她受到了鼓励，沉着镇静地讲述了索赔时碰到的难题。经理派人取来她的档案，经过再三思索，决定应当以德为先，给予赔偿，虽然从法律上讲公司没有承担赔偿的义务。工作人员按照经理的决定为她办了赔偿手续。

但是，由此引发的好运并没有到此中止。年轻有为的经理尚未结婚，对这位年轻寡妇一见倾心。他给她打了电话，几星期后，他为这位寡妇推荐了一位医生，医生把她的女儿脸上的伤疤清除干净；经理通过在一家大百货公司工作的朋友给这位寡妇安排了一份工作，这份工作比以前那份工作好多了。不久，经理向她求婚。几个月后，他们结为夫妻，而且婚姻生活相当美满。

这个女人克服了种种挫折，最后迎来了生活的阳光。当然，她并不是没有经历过情绪的困顿期，但是在这个过程中，她没有持续消沉，而是勇敢地走了出来。

受挫后的情绪失衡，不仅影响人的工作、生活，还严重影响身心健康。长久的情绪失衡，不仅会引起各种疾病，甚至能使人丧生。为了避免受挫后消极心理的产生，提供如下几种调节方法：

找个知心的朋友聊聊天，诉诉苦

倾诉法是近年来心理医学比较提倡的一种治疗情绪失衡的方法。受挫后如果把失望焦虑的情绪封锁在心里，会凝聚成一种失控力，它可能摧毁肌体的正常机能，导致体内毒素滋生。适度倾诉，可以将失控力随着语言的倾诉逐步转化出去。

多看看自己的优势

受挫后有时很难找到适当的倾诉对象，这时便需要自己设法平衡心理。优势比较法要求去想那些比自己受挫更大、困难更多、处境更差的人。通过比较，将自己的失控情绪逐步转化为平心静气。另外，还可以寻找自己没有受挫的方面，即找出自己的优势点，强化优势感，从而增强挫折承受力。

重新确立目标

挫折干扰了原有的生活，打破了原有的目标，需要重新寻找一个方向，确立一个新的目标。目标的确立，需要分析思考，这是一个将消极心理转向理智思索的过程。目标一旦确立，犹如心中点亮了一盏明灯，就会生出调节和支配自己新行动的信念和意志力，并采取行动。

先实现小目标，提高信心

在面临挫折之后，人需要一点成功来激发自己的正面情绪。这时候就可以为自己设立一个较小的目标，然后去努力完成，在受到自我和他人肯定之后，上一次挫折的阴影一定会消除大半。所以不要小看一次小的成功带来的价值，它们同样能帮你走出挫折带来的情绪阴影。

经受挫折是在所难免的，重要的不是绝对避免挫折，而是要在面对挫折时采取积极进取的态度。若经历每次挫折之后都能有所"领悟"，把每一次挫折都当作成功的前奏，就能化消极为积极。作为一个现代人，应当具有迎接挫折的心理准备。世界充满了成功的机遇，也充满了失败的风险，要树立持久心，不断提高应对挫折与干扰的能力。

获得"逆境情商"的能量

人生的际遇有两种，一种是顺境，一种是逆境。在顺境中顺流而上，抓牢机会，或许每个人都能够做到。但面对逆境，许多人却纷纷败退，在逆流中舟沉人亡。善于掌控情绪往往能穿越逆境有所成就。

第十四章 兵来将挡，努力抛弃一切坏情绪

我们不妨换个思路：逆境，就是危险中的顺境。事实上，世界上任何危机都孕育着机会，且危机愈重商机愈大。洛克希德—马丁公司前任 CEO 奥古斯丁认为：每一次危机本身既包含着导致失败的根源，也孕育着成功的机会。在逆境之中，一个人要善于把自己最脆弱的部分转化为最强大的优势，这样才能为自己开拓人生的新局面。

美国人沃尔特·迪斯尼，年轻的时候是一位画家，但他很孤独，因为他是一个贫困潦倒无人赏识的画家。几经周折，他终于找到了一份工作，替教堂作画。

当时，他借用了一间废弃的车库作为临时办公室。可事情并没有如他期望的那样，命运没有出现一丝转机。微薄的报酬入不敷出，他一直生活在逆境中，没有生机。

更令他心烦的是，每次熄灯后，一只老鼠就吱吱叫个不停。他想拉开灯赶走那只讨厌的老鼠，但疲倦的身心让他干什么都没劲，所以他只好听之任之了。反正是失眠，他就去听老鼠的叫声，他甚至能听到它在自己床边的跳跃声。他习惯了在孤独的午夜有一只老鼠与自己默默相伴。

后来不只在夜里，白天小老鼠偶尔也会大摇大摆地从他的脚下走过，得意忘形地在不远处做着各种动作。小老鼠使他的工作室有了生机。它成了他的朋友，他则成了它的观众，彼此相依为命。

那是一个与平常一样的漫漫长夜，他突然听到一声"吱吱"，那是老鼠的叫声。这一刻，灵光一现，他拉开了灯，支起画架，画出了一只老鼠的轮廓。

美国最著名的动物卡通形象——米老鼠就这样诞生了。

迪斯尼经历了许多挫折之后，终于把逆境变为顺境，当然帮助他走出逆境的并不是那只老鼠，而是他自己。

逆境是一柄双刃剑，它能将弱者一剑削平，从此倒下，但同时它也能够让强者更强，练就出色而几近完美的人格。在不屈的人面前，苦难会化为一种礼物，一种人格上的成熟与伟岸，一种意志上的顽强和坚韧，一种对人生和生活的深刻的认识。

在历史上，一帆风顺的成功者是很少的，更多的成功者都是在逆境中磨炼自己的逆境情商，积极探索前进的道路。高尔基曾在老板的皮鞭下，在敌人的明枪暗箭中，在饥饿和残废的威胁下坚持读书、写作，终于成为世界文豪；富兰克林在贫困中奋发自学，刻苦钻研，进取不息，成为近代电学的奠基人。可见，情绪掌控高手或是煎熬于生活苦海，或是挣扎于传统偏见，或是奋发于先天落后，或是发奋于失败之中，他们最终得以成功的秘诀在于朝着预定的目标，砥砺于各种难以想象的逆境之中，勇于奋战，知难而上，终于成为淬火之钢、经霜之梅。

史泰龙在未成名以前十分落魄，连房子都租不起，晚上只好睡在金龟车里。当时，他立志要当一名演员，并自信满满地到纽约电影公司应聘，但都因外貌平平及咬字不清而遭拒绝。在被拒绝了 1500 次之后，有天晚上，他意外地看了一场电视直播的拳赛，由拳王阿里对一位名不见经传的拳击手查克·威普勒。这个威普勒在阿里的铁拳下居然支撑了 15 个回合。拳赛一结束，史泰龙立刻找到了创作新剧本的灵感。然后他用了 3 天时间写就了一个剧本《洛奇》：一个叫洛奇的业余选手，由于偶然的机会与世界拳王对抗而一战成名。

在他的努力下，终于有人愿意出钱买他的剧本了。这时，他身上只剩 40 元现金了，非常需要钱。可是当他听到电影公司不同意由他来主演的时候他生气了。他第一次拒绝了别人。

一些精明的制片人很看好这个剧本，但史泰龙坚持自己当主角，这一要求令制片商们犹豫不定。很多机会也因此与他擦肩而过了。然而皇天不负有心人，几经辗转，经历 1855 次拒绝以后，史泰龙终于找到了一个支持者，他如愿以偿。

片子以很低的成本在一个月内就拍完了。谁也没想到，《洛奇》成了好莱坞电影史上一匹最大的黑马：在 1976 年，这部影片票房突破 2.25 亿美元，并夺走了奥斯卡最佳影片与最佳导演奖，史泰龙获得最佳男主角与最佳编剧提名。在颁奖仪式上，著名导演兼制片人弗兰克·科波拉由衷地赞叹道："我真希望这部电影是我拍的。"史泰龙也因此一炮打响，成为超级巨星。

不敢穿过黑夜的人，永远见不到黎明。当你面对失败时，是积蓄力量等待下次的迸发，还是

就此放弃？其实每个人的面前都有一根栏杆，它就如同横在我们生活中的困难，只有不停地去尝试、冲刺，你才有可能战胜它。你能面对1855次拒绝仍不被负面情绪打倒吗？史泰龙能做到，他能做到别人做不到的事，所以他能成功。

　　生活中总避免不了许多困难与不幸，但有些时候，它们并不都是坏事。平静、安逸、舒适的生活，往往使人安于现状，耽于享受；而挫折和磨难，却能使人受到磨炼和考验，变得坚强起来。"自古雄才多磨难，从来纨绔少伟男"，痛苦和磨难，不仅会把我们磨炼得更坚强，而且能扩大我们对生活的认识的广度和深度，使自己在处理情绪问题时更加成熟。逆境永远怕那些有心人。

从自己身上找原因

　　被失败的情绪折磨得痛不欲生的人，通常都有一个共同原因，那就是不能善待挫折，不会自我反思，不去寻找失败的原因。

　　凡事要从自己身上找原因，而不是一味责备别人。真正正视挫折的人凡事都会从自己身上找原因，绝不会一味地去责怪他人，这才是自我提高情绪处理能力的途径。

　　面对一次次挫败，布森并没有把失败的原因推到别人身上，也没有怨天尤人，而是仔细地反省自身，从自己身上找原因，最后终于自立门户，取得了事业上的成功。当一个问题出现后，问题并不在别的地方，很可能就出在我们自己身上。

　　遇到问题，首先要先从自己身上找原因，这是一种做人的责任。

　　我们身边常常有这样一些人，一遇到挫折就喜欢怨天尤人，向别人发泄情绪，总是抱怨领导没有给他加薪，责怪领导太抠门，不配当领导；女友和他提出分手，他逢人便说女友太势利，是因为嫌他穷才离开他的，等等。他们会把这些失败与不幸都归因于别人，而不去找自身的原因，这样的人永远都会活在无休止的抱怨中。

　　世上有许多事情是人们无法控制的，但人们至少可以控制自己的行为。如果不对自己的过去行为负责，就不可能对自己的未来负责。从自身找原因，不仅能真正了解自己，还是进步的开始。犯错没关系，只要肯承认自己的错误并改正，我们就会成为赢家。遇到事情能冷静分析，公正对待，全面了解自己，我们就会少去很多烦恼。

　　学会从自身寻找原因不仅让自己尽快远离负面情绪，而且能让自己更好地学习别人身上的优点，做到完善自我，超越自我，这样才是一个高情商的人应该具备的品质。

第十五章
满怀希望，激发自己的积极情绪

第一节
相信阳光一定会再来——永怀希望

事情没有你想象的那么糟

人的一生不可能永远一帆风顺，大部分时间都是平淡的，还有不少时间是灰暗的。这些灰暗的日子被我们称之为苦难，面对苦难，每个人的承受能力不同，会表现出不同的情绪。有些人可以乐观应对，有些人却陷于其中不能自拔。乐观者，往往能以积极的心态看待问题，这样不仅可以使自己心情愉悦，而且正视问题的同时也可以使问题得到很好的解决；悲观者，总是感慨命运不济，认为自己是世界上最不幸的人，这样不仅不能解决问题，而且会加剧自己的痛苦。

很多刚刚步入社会的年轻人，由于自身的经验、才能都尚在成长之中，情绪容易受外界影响，加上社会上竞争激烈，各个用人单位对人才的要求不尽相同，面试遭淘汰，或者工作不适被辞退，这都是很正常的事情，我们不必为此耿耿于怀。只要我们相信自己，时刻提起精神，终会有"柳暗花明又一村"的新景象等待着我们。因为当生活把苦难带给我们时，其实又给我们推开了一扇窗，所以事情并没有你想象的那么糟。让我们学着用积极的态度去面对苦难，在苦难中学习，在苦难中成长。当越过苦难，这个过程就变成一生弥足珍贵的记忆。

西娅在维伦公司担任高级主管，待遇优厚。但是，突然不幸的事情发生了，为了应对激烈的竞争，公司开始裁员，而西娅也在其中。那一年，她43岁。

"我在学校一直表现不错，"她对好友墨菲说，"但没有哪一项特别突出。后来，我开始从事市场销售。在30岁的时候，我加入了那家大公司，担任高级主管。我以为一切都会很好，但在我43岁的时候，我失业了。那感觉就像有人在我的鼻子上给了我一拳。"她接着说，"简直糟糕透了。"西娅似乎又回到了那段灰暗的日子，语气也沉重了许多。

"有一段时间，我不能接受自己失业的事实。躲在家里，不敢出门，因为每当看到忙碌的人们，我都会觉得自己没用，脾气也越来越坏，孩子们也越来越怕我。情况似乎越来越糟糕。但就在这时，转机出现了。一个月后，一个出版界的朋友询问我，如何向化妆业出售广告。这是我擅长的东西。我重新找到了自己的方向：为很多上市公司提供建议，出谋划策。"两年后，西娅已经拥有了自己的咨询公司。她已经不再是一个打工者，而是成了一个老板，收入自然也比以前多了很多。

"被裁员是一件糟糕的事情，但那绝不是地狱。也许，对你来说，可能还是一个改变命运的机会，比如现在的我。重要的是对它如何看待，我记得那句名言：世界上没有失败，只有暂时的不成功。"西娅真诚地对墨菲说。

相信任何人在面临西娅那样的遭遇时都会苦恼不已，沉浸在低迷的情绪状态中。但是只要迅速地调整心态，转个弯就能找到另一条出路，就能获得成功。像西娅那样，即使被单位解聘淘汰了也不用计较，走过去，前面将有更光明的一片天空在等待着我们。

海伦·凯勒曾经说过："当一扇幸福的门关起来的时候，另一扇幸福的门会因此开启；但是，我们却经常看着这扇关闭的大门太久，而没有注意到那扇已经为我们开启的幸福之门。"这正是上帝在以另一种方式告诉我们，我们未尽其才，"天生我材必有用"，不如天生我材自己用，社会不残酷不足以激发我们的生命力，竞争不激烈不足以显示我们的战斗力。

困难中往往孕育着希望

有人说，从绝望中寻找希望，人生终将辉煌。在人的一生中，积极的情绪是一种有效的心理工具，是能够把握自己命运的必备素质。如果你认为自己能够发挥潜能，那么积极的情绪便会使你产生力量和勇气，从而使你如愿以偿。

千万不要把事情想象的那么糟糕，也许明天早晨它就会出现转机。这是所有成功者给我们留下的忠告。成大事者必须要在情绪低落的时候，激发自己的积极情绪，从而获取成功。

人的一生中，难免会遇到各种各样的困难，总会遇到一些不称心的人、不如意的事，此时，应该以什么样的心态面对这一切呢？如果你有快乐而又自信的好习惯，那么效果往往是出人意料的。

看一看这个故事吧：

美国联合保险公司有一位名叫艾伦的推销员，他很想当公司的明星推销员。因此他不断从励志书籍和杂志中培养积极的心态。有一次，他陷入了困境，这是对他平时进行积极心态训练的一次考验。

那是一个寒冷的冬天，艾伦在威斯康辛州一个城市里的某个街区推销保险单。结果却没有售出一张保险单。他对自己很不满意，但当时他这种不满是积极心态下的不满。他想起过去读过的一些保持积极心境的法则。

第二天，他在出发之前对同事讲述了自己昨天的失败，并且对他们说："你们等着瞧吧，今天我会再次拜访那些顾客，我会售出比你们售出总和还多的保险单。"基于这种心态，艾伦回到那个街区，又访问了前一天同他谈过话的每个人，结果售出了66张新的事故保险单。这确实是了不起的成绩，而这个成绩是他当时所处的困境带来的，因为在这之前，他曾在风雪交加的天气里挨家挨户地走了8个多小时而一无所获，但艾伦能够把这种对大多数人来说都会感到的沮丧，变成第二天激励自己的动力，结果如愿以偿。

这个故事告诉我们的是：人生充满了选择，而生活的态度决定一切。你用什么样的态度对待你的人生，生活就会以什么样的态度来对待你，你消极，生活便会暗淡；你积极向上，生活就会给你许多快乐。

当人们遭到严重的（或一定的）挫折以后所产生的诸如失落、无奈、困惑等情绪，会使自己对未来失去信心，因而处于牢骚满腹的心理状况，于是老气横秋，怨天怨地，长吁短叹。这些本

第十五章 满怀希望，激发自己的积极情绪

是一些力不从心的老年人的"专利"，却使血气方刚，本应开拓事业、享受生活美好时光的年轻人，也沾染了这个毛病，结果失去青春的活力，失去人生的乐趣。

只有正确地对待生活，保持良好的情绪才能克服各种困难，快乐地生活。

当你的意识告诉你"完了，没有希望了"，你的潜意识也就会告诉你，绝处可以逢生，在绝望中也能抓住希望，在黑暗中总有一点光明。不错，黎明前的夜是最黑的，只要我们在漆黑的夜中能看到一线曙光，那么，我们就要相信光明总会到来，事情总会有转机。不要消沉，不要一蹶不振，你只要抱有积极的情绪，相信大雨过后天更蓝，船到桥头自然直。

任何时候都不要放弃希望

著名的英国文学家罗伯特·史蒂文森说过："不论担子有多重，每个人都能支持到夜晚的来临；不论工作多么辛苦，每个人都能做完一天的工作，每个人都能很甜美、很有耐心、很可爱、很纯洁地活到太阳下山，这就是生命的真谛。"确实如此，唯有流着眼泪吞咽面包的人才能理解人生的真谛。因为苦难是孕育智慧的摇篮，它不仅能磨炼人的意志，而且能净化人的灵魂。如果没有那些坎坷和挫折，人绝不会有丰富的内心世界，也不会从中吸取经验。苦难能毁掉弱者，同样也能造就强者。

有些人一遇到挫折就灰心丧气、意志消沉，甚至用死来躲避厄运的打击。这是弱者的表现，可以说生比死更需要勇气。死只需要一时的勇气，生则需要一世的勇气。人的一生中都可能有消沉的时候，居里夫人曾两次想过自杀，奥斯特洛夫斯基也曾用手枪对准过自己的脑袋，但他们最终都以顽强的意志面对生活，并获得了巨大的成功。可见，一时的消沉并不可怕，可怕的是陷入消沉中不能自拔。

做一个生命的强者，就要在任何时候都不放弃希望，耐心等待转机来临的那一天。

从前，两军对峙，城市被围，情况危急。守城的将军派一名士兵去河对岸的另一座城市求援，假如救兵在明天中午赶不回来，这座城市就将沦陷。

整整两个时辰过去了，这名士兵才来到河边的渡口。平时渡口这里会有几只木船摆渡，但由于兵荒马乱，船夫全都避难去了。本来他可以游泳过去，但现在数九寒天，河水太冷，河面太宽，而敌人的追兵随时可能出现。

他的头发都快愁白了，假如过不了河，不仅自己会成为俘虏，整个城市也会落在敌人手里。万般无奈，他只得在河边静静地等待。这是一生中最难熬的一夜，他觉得自己都快要冻死了。他感到四面楚歌、走投无路了。自己不是冻死，就是饿死，要么就是落在敌人手里被杀死。更糟的是，到了夜里，刮起了北风，后来又下起了鹅毛大雪。他冻得瑟缩成一团，甚至连抱怨命运的力气都没有了。此时，他的心里只有一个念头：活下来！

他暗暗祈求：上天啊，求你再让我活一分钟，求你让我再活一分钟！也许他的祈求真的感动了上天，当他气息奄奄的时候，他看到东方渐渐发亮。等天亮时他惊奇地发现，那条阻挡他前进的大河上面，已经结了一层冰壳。他在河面上试着走了几步，发现冰冻得非常结实，他完全可以从上面走过去。

他欣喜若狂，从冰面上轻松地走过了河面。

因为没有放弃希望，所以这名士兵等到了转机，从而给自己等来了重生的机会。可见，事事没有绝路，只要我们不放弃希望，那么即使是再危难的处境，也可能绝处逢生。也只有坚持不放弃的人，才能够走向最终的胜利。

事实上，处在绝望境地的拼搏，最能激发人身体里的潜在力量。每个人都是凤凰，但是只有经过命运烈火的煎熬和痛苦的考验，才能浴火重生，并在重生中得以升华。只有心中充满了胜利的希望，才不会被任何艰难困苦所打倒。

别让精神先于身躯垮下去

当我们面对挫折和困难时,逃避和消沉情绪是解决不了问题的,唯有以积极的心态去迎接,问题才有可能最终被解决。积极乐观的人每天都拥有一个全新的太阳,奋发向上,并能从生活中不断汲取前进的动力。当我们处于困境中时,只要我们保持昂扬的精神,奋力拼搏,终将迎来阳光明媚的春天。

遗憾的是,很多时候我们的精神先于身躯垮下去了。

人在任何时候都不应该放弃信念和希望,信念和希望是生命的维系。只要一息尚存,就要追求,就要奋斗。其实,大自然始终在启迪着人们——在春花秋叶舞蹈般潇洒的飘落里,蕴涵着信念和希望;巨大岩石的裂缝中钻出的小草,昭示着信念和希望;不断被山风修改着形象的悬崖边的苍松展示着信念和希望。在任何时候,无论处在怎样的境遇,都不要放弃希望和信念。如果你的心灵已太久不曾有过渴望的涌动,请你轻轻地将它激活,让它焕发健康的亮色。下面,我们一起看一则关于信念的故事。

一场突然而至的沙尘暴,让一位独自穿行大漠者迷失了方向,更可怕的是连装干粮和水的背包都不见了。翻遍所有的衣袋,他只找到一个泛青的苹果。

"哦,我还有一个苹果。"他惊喜地喊道。

他攥着那个苹果,深一脚浅一脚地在大漠里寻找着出路。整整一个昼夜过去了,他仍未走出空阔的大漠。饥饿、干渴、疲惫,一齐涌上来。望着茫茫无际的沙海,有好几次他都觉得自己快要支撑不住了,可是他看了一眼手里的苹果,抿了抿干裂的嘴唇,陡然又添了些许力量。

顶着炎炎烈日,他又继续艰难地跋涉。三天以后,他终于走出了大漠。那个他始终未曾咬过的青苹果,已干巴得不成样子,他还宝贝似的擎在手中,久久地凝视着。

在人生的旅途中,我们常常会遭遇各种挫折和失败,会身陷某些意想不到的情绪困境之中。这时,不要轻易地说自己什么都没有了,其实只要心灵不熄灭信念的圣火,努力地去寻找,总会找到能渡过难关的那"一个苹果"。攥紧信念的"苹果",就没有穿不过的风雨、涉不过的险途。所以,无论面对怎样的环境,面对多大的困难,都不能放弃自己的信念,放弃对生活的热爱。因为很多时候,打败自己的不是外部环境,而是你自己的情绪。

在不如意的人生中好好活着

有人说,人的一生之中只有三件事,一件是"自己的事",一件是"别人的事",一件是"老天爷的事"。今天处于何种情绪状态,开不开心,难不难过,皆由自己决定;别人有了难题,他人故意刁难,对你的好心施以恶言,别人主导的事与自己无关;天气如何,狂风暴雨,山石崩塌,人力所不能及的事,只能是"谋事在人,成事在天",过于烦恼,也是于事无补。

人屈服于自己的情绪之下,只是因为,人总是忘了自己的事,爱管别人的事,担心老天的事。所以要轻松自在很简单:打理好"自己的事",不去管"别人的事",不操心"老天爷的事"。

大热天,院子里的花被晒枯萎了。"天哪,快浇点水吧!"徒弟喊着,接着去提来了一桶水。"别急!"智者说,"现在太阳晒得很,一冷一热,非死不可,等晚一点再浇。"

傍晚,那盆花已经成了"霉干菜"的样子。"不早浇……"徒弟见状,咕咕哝哝地说,"一定已经干死了,怎么浇也活不了了。"

"浇吧!"智者指示。水浇下去,没多久,已经垂下去的花,居然全站了起来,而且生机盎然。

"天哪!"徒弟喊,"它们可真厉害,憋在那儿,撑着不死。"

智者纠正:"不是撑着不死,是好好活着。"

"这有什么不同呢?"徒弟低着头,十分不解。

"当然不同。"智者拍拍徒弟,"我问你,我今年八十多了,我是撑着不死,还是好好活着?"

徒弟低下头沉思起来。

晚课完了,智者把徒弟叫到面前问:"怎么样?想通了吗?"

"没有。"徒弟还低着头。

智者严肃地说:"一天到晚怕死的人,是撑着不死;每天都向前看的人,是好好活着。得一天寿命,就要好好过一天。"

对于院子里的花来说,"没浇水"虽然很不如意,但那是人们的事,"好好生长"才是它自己的事,这盆拥有积极情绪的花,得一天寿命,便好好过一天,真正理解了生命的意义。

哀莫大于心死,撑着活其实就是已经心死。如果生活在这个世上时都没有领悟何为真生命,还能指望他能死后有全新的生命吗?

生活在我们周围的人,包括我们自己,在遇到不如意的事情时,都会为自己的过错而痛悔,人非圣贤,孰能无过?如果一有过错,就终日沉浸在无尽的自责、哀怨、痛苦之中。

其实生活就是一件艺术品,每个人都有自己认为最美的一笔,每个人也都有自己认为不尽如人意的一笔,关键在于你怎样看待,有烦恼的人生才是最真实的人生,同样,能认真对待你眼前的各种纷扰的人生也是最真实的人生。

记着每天给自己一个希望

每天给自己一个希望,就是给自己一个目标,给自己一点信心。生命是有限的,但希望是无限的,只要我们不忘每天给自己一个希望,我们就一定能够拥有一个丰富多彩的人生。

珍惜每一个属于自己的日子,不在今天后悔昨天,不在今天挥霍明天。走好每一步,过好每一天。每天,都让自己有一个全新的开始,给自己一个崭新的希望,并努力去实现。

因为有希望就会有期待,当我们养成一个习惯,每天期待一件惊喜的事发生,那么我们的期待,就没有一天会落空。也就是说,我们期待得愈多,得到的意外喜悦就愈多。如果一个人心中每天都装满了希望,那么他还有什么理由去叹息,去悲哀,去烦恼?

居里夫人曾经说过:"我的最高原则是:不论遇到什么困难,都绝不屈服。"生活中时常会出现不顺的境遇,记住,在任何时候,都不要放弃希望,即使再困难的境况,也要坚持,让希望常驻心间,最终你会迎来雨过天晴的那一天。

绝不能放弃希望,不但如此,还要每天都给自己一个新的希望。只有希望不断,你才能拥有源源不断的力量,才能追求到更美好的明天。

在这个世界上,有许多事情是我们难以预料的,但我们并不要因此而陷入绝望。我们不能控制际遇,却可以掌握自己;我们无法预知未来,却可以把握现在;我们不知道自己的生命到底有多长,却可以安排当下的生活;我们左右不了变化无常的天气,却可以调整自己的心情。只要活着,就有希望。

美国人派吉的《只为今天》,能够对我们有所启迪:

只为今天,我要很快乐。

只为今天,我要让自己适应一切,而不去试着调整一切来适应我的欲望。

只为今天,我要爱护我的身体。

只为今天,我要加强我的思想。

只为今天,我要用三件事来锻炼我的灵魂:我要为别人做一件好事;我还要做两件我并不想做的事,只是为了锻炼。

只为今天,我要做个讨人欢喜的人,外表要尽量修饰,衣着要尽量得体,说话低声,行动优雅,丝毫不在乎别人的毁誉。

只为今天,我要试着只考虑怎么度过今天,而不把我一生的问题都在一次解决。因为,我虽能连续十二个钟点做一件事,但若要我一辈子都这样做下去的话,那就会吓坏了我。

只为今天,我要订下一个计划,我要写下每个钟点的计划。

只为今天，我心中毫无惧怕，只用微笑面对一切。

第二节
对生命满怀热忱的心——常怀感恩

感谢你所拥有的

生活中，我们很难做到不与人进行比较。如果我们没有一颗感恩之心，那么在各种各样的比较下，我们很容易产生心理和情绪上的偏差。我们又不太可能隐居在乡间，所以我们只能不断调整自己的情绪。

一对青年男女步入了婚姻的殿堂，甜蜜的爱情高潮过去之后，他们开始面对日益艰难的生计。妻子每天都为缺少财富而忧郁不乐，他们需要很多很多的钱，1万，10万，最好有100万。有了钱才能买房子，买家具、家电，才能吃好的、穿好的……可是他们的钱太少了，少得只够维持最基本的日常开支。

她的丈夫却是个很乐观的人，不断寻找机会开导妻子。

有一天，他们去医院看望一个朋友。朋友说，他的病是累出来的，常常为了挣钱不吃饭、不睡觉。回到家里，丈夫就问妻子："如果给你钱，但同时让你跟他一样躺在医院里，你要不要？"妻子想了想，说："不要。"

过了几天，他们去郊外散步。他们经过的路边有一幢漂亮的别墅，从别墅里走出来一对白发苍苍的老者。丈夫又问妻子："假如现在就让你住上这样的别墅，同时变得和他们一样老，你愿意不愿意？"妻子不假思索地回答："我才不愿意呢。"

他们所在的城市破获了一起重大团伙抢劫案。这个团伙的主犯抢劫现钞超过100万，被法院判处死刑。

罪犯押赴刑场的那一天，丈夫对妻子说："假如给你100万，让你马上去死，你干不干？"

妻子生气了："你胡说什么呀？给我一座金山我也不干！"

丈夫笑了："这就对了。你看，我们原来是这么富有：我们拥有生命，拥有青春和健康，这些财富已经超过了100万，我们还有靠劳动创造财富的双手，你还愁什么呢？"妻子把丈夫的话细细地咀嚼、品味了一番，从此变得快乐起来。

像那位丈夫一样，看看自己拥有的，自己原来已经很富有。那些总认为自己一无所有的人，他们心灵的空间挤满了太多的负累，从而无法欣赏自己真正拥有的东西。

我们要接受自己生活中不完美的地方，用"和自己赛跑，不要和别人比较"的生活态度来面对生活。如果我们愿意放下身价，观摩别人表现杰出的地方，从对方的表现看出成功的端倪，收获最多的，其实还是自己。不要与别人比华丽的服装而忽视了自己真正需要提升的东西。

逆境感恩，减轻心中的痛楚

逆境，可以锻炼人的意志，使人变得无比坚强。拼搏时留下的累累创伤，是峥嵘岁月的一种馈赠。那每一道伤口，都是一次演练、一次登高、一个顿悟。有磨难才会有痛苦，才会使人思索。一个人只有经过痛苦地思索，才会顿悟人生的真谛，才会明智练达。而只有明智的人，生命才会不同凡响。

逆境，可以唤醒人们潜在的高尚品质。一个人如果一帆风顺，生活中没有经受任何磨炼，就很容易变得自满自足、无忧无虑，甚至飘飘然起来。这样的人往往经不住任何打击，而且极易在细小的挫折面前乱了阵脚，坠入绝望的深渊。而经过逆境考验的人，往往对社会、对他人更具有爱心，对于人生有更深刻的体会。如果没有苦难的磨炼和困境中的挣扎，我们也许体验不到人间的冷暖真情。

有一次，小和尚在挑水的途中不小心摔倒。水洒了一地，木桶也摔坏了，小和尚的衣服破了，膝盖也划伤了，他只好拎着唯一完好的扁担一拐一拐地回到寺庙里。

老和尚看他这副模样，哈哈大笑起来。

小和尚更加不悦："师父，我这么狼狈，你怎么还笑得出来呢！"

老和尚说："我这是替你高兴啊！"

小和尚把扁担摔在地上说："师父，枉你打坐那么多年，非但没有怜悯之心，还和世人一样落井下石！"

老和尚拾起扁担，笑着说："我并非落井下石，而是替你高兴，过了今天，你能学会修木桶；膝盖摔坏了，休养几天就没事了，而且，你以后挑水再也不会摔倒了，这样不是很好吗？"

接过师父手中的扁担，小和尚顿悟。

像老和尚说的那样，经历过挫败的人，会从中吸取经验教训，使自己不断成长。哲人尼采曾说："那些能将我杀死的事物，会使我变得更有力。"在逆境中挣扎奋斗过，你终会窥见幸福的真谛。许多人的坚强、韧性并非与生俱来，而是在后天的奋斗中逐渐形成的。逆境，更能激励人们走向成功。处于逆境的人们，为了摆脱困难，创出一番事业，做有益于社会的事，必然会在逆境中悟出人生哲理，并为之奋斗，为之拼搏，从而走上成功之路。伟大与渺小，卓绝与平庸，深刻与肤浅，常常在这时候变得泾渭分明。

顺境中感恩我们很容易做到，但能在逆境中感恩的人，才是真正幸福的人。因为逆境中的磨难，仍不能让他们忘记幸福的滋味，从而不会放弃对幸福的坚守。逆境感恩，是对挫折的藐视，对幸福的渴望；逆境感恩，是对生活的彻悟，对幸福的珍惜。

感谢折磨，它们让你更加坚强

在人生的岔道口，若你选择了一条平坦的大道，你可能会有一个舒适而享乐的青春，但你会失去一个很好的历练机会；若你选择了坎坷的小路，你的青春也许会充满痛苦，但人生的真谛也许就此被你领悟。

人生其实没有弯路，每一步都是必须的。所谓失败、挫折并不可怕，正是它们教会我们如何寻找经验与教训。如果一路都是坦途，那只能像渔夫的儿子那样，沦为平庸。

有个渔夫有着一流的捕鱼技术，被人们尊称为"渔王"。依靠捕鱼所得的钱，"渔王"积累了一大笔财富。然而，年老的"渔王"一点也不快活，因为他三个儿子的捕鱼技术都极平庸。

于是他经常向智者倾诉心中的苦恼："我真不明白，我捕鱼的技术这么好，我的儿子们为什么这么差？我从他们懂事起就传授捕鱼技术给他们，从最基本的东西教起，告诉他们怎样织网最容易捕捉到鱼，怎样划船最不会惊动鱼，怎样下网最容易请鱼入瓮。他们长大了，我又教他们怎样识潮汐、辨鱼汛，等等。凡是我多年辛辛苦苦总结出来的经验，我都毫无保留地传授给他们，可他们的捕鱼技术竟然赶不上技术比我差的其他渔民的儿子！"

智者听了他的诉说后，问："你一直手把手地教他们吗？"

"是的，为了让他们学会一流的捕鱼技术，我教得很仔细、很耐心。"

"他们一直跟随着你吗？"

"是的，为了让他们少走弯路，我一直让他们跟着我学。"

智者说："这样说来，你的错误就很明显了。你只是传授给了他们技术，却没有传授给他们教训，对于才能来说，没有教训与没有经验一样，都不能使人成大器。"

正如智者所说，教训有时候比经验更有价值。没有经历过风霜雨雪的花朵，无论如何也结不出丰硕的果实，温室的花朵注定要失败。或许我们习惯羡慕他人的成功，但是别忘了，正所谓"台上十分钟，台下十年功"，在他们光荣的背后一定有汗水与泪水共同浇铸的艰辛。很多事情当我们回过头来再去看的时候，就会发现，历经磨难以后，生命的花朵反而更娇艳动人。

只有历经折磨，才能够历练出成熟与美丽，抹平岁月给予我们的皱纹，让心保持年轻和平静，让我们得到成长。所以，每一个勇于追求幸福的人，每一个有乐观豁达心态的人，都会感谢磨难的到来，唯有以这种态度面对人生，我们的生活才会洋溢着更多的欢乐和幸福，世界在我们眼里才会更加美丽动人。

对于生活中的各种折磨，我们应时时心存感激。只有这样，我们才会常常有一种幸福的感觉，纷繁复杂的世界才会变得鲜活、温馨和动人。一朵美丽的花，如果你不能以一种美好的心情去欣赏它，它在你的心中和眼里永远也不会娇艳妩媚，正如你的心情一般灰暗和没有生机。

只有心存感激，我们才会把折磨放在背后，珍视他人的爱心，才会享受生活的美好，才会发现世界原本有太多的温情。对折磨心存感激，是一种人格的升华，是一种美好的人性。只有对折磨心存感激，我们才会热爱生活，珍惜生命，以平和的心态去努力地工作与学习，使自己成为一个有益于社会的人。对折磨心存感激，我们的生活就会洋溢着更多的欢笑和阳光，世界在我们眼里就会更加美丽动人。

面对人生中各种各样不顺心的事，你要保持感谢的态度，因为唯有折磨才能使你不断地成长。法国启蒙思想家伏尔泰说："人生布满了荆棘，我们晓得的唯一办法是从那些荆棘上面迅速踏过。"人生是不平坦的，但同时也说明生命需要磨炼，"燧石受到的敲打越厉害，发出的光就越灿烂"。正是这种敲打才使燧石发出光来，因此，燧石需要感谢那些敲打。人也一样，感谢折磨你的人，你就是在感恩命运。

别以为父母的付出理所当然

一位诗人说过："我们的孩子是行走在天地间的心肝。"也许你熟悉这句话，但即使你读过一千遍，也未必能读出父母心中的感受。孩子是父母的心肝，一旦他们不在，父母就会立即感到空寂失落。

现在很多年轻人都对父母没有感恩之心，他们与朋友的关系很好，却与父母的关系很恶劣。他们在父母面前不掩饰自己的情绪，甚至随意发泄，把父母当成情绪的垃圾桶。但是，没有任何父母的付出是理所当然的，他们也有自己的喜怒哀乐，也需要你的平等对待。

有一对夫妇是登山运动员，为庆祝他们儿子一周岁的生日，他们决定背着儿子登上7000米的雪山。夫妇俩很快便轻松地登上了5000米的高度。然而，就在他们稍作休息准备向新的高度进发之时，风云突起，一时间狂风大作，雪花飞卷，气温陡降至零下三四十度。由于风势太大，能见度不足一米，向上或向下都意味着危险或死亡。两人无奈，情急之中找到一个山洞，只好进洞暂时躲避风雪。

气温继续下降，妻子怀中的孩子被冻得嘴唇发紫，最主要的是他要吃奶。可是在如此低温的环境下，任何一寸肌肤裸露都会导致体温迅速降低，时间一长就会有生命危险。怎么办？孩子的哭声越来越弱，他很快就会因为缺少食物而死。丈夫制止了妻子几次要喂奶的要求，他不能眼睁睁地看着妻子被冻死。然而，如果不给孩子喂奶，孩子就会很快死去。妻子哀求丈夫："就喂一次。"丈夫把妻子和儿子揽在怀中。喂过一次奶的妻子体温下降了两度，她的体能严重损耗。时间在一分一秒地流逝，孩子需要一次又一次地喂奶，妻子的体温在一次又一次地下降。

三天后，当救援人员赶到时，丈夫已冻昏在妻子的身旁；而他的妻子——那位伟大的母亲已被冻成一尊雕塑，却依然保持着喂奶的姿势屹立不倒。她的儿子，她用生命哺育的孩子正在丈夫的怀里安然地睡眠，他脸色红润，神态安详。为了纪念这位伟大的母亲，丈夫决定将妻子最后的姿势铸成铜像，让她最后的爱永远流传。

读过这个故事，你是否因为妈妈舍命护子而潸然泪下？在这个世界上，所谓的上帝，只不过是虔诚的信徒心中一个虚幻的影像或者寄托。真正创造了这个世界、支撑这个世界的，使这一片土地有绿的希冀的，更多地属于那些平凡、正直、善良、坚忍不拔、任劳任怨的父母们。

父母为了我们，即使背负了我们太多的情绪债务，也不会有任何怨言，他们还是会一如既往地关怀你、照顾你。即使他们心甘情愿做你情感的垃圾桶，也不能放纵自己。如果你学会了用理智的情绪对待父母，那么你才算一个真正成熟的人。

一位知名学者曾写下这样的文字：

当你1岁的时候，她喂你吃奶并给你洗澡，而作为报答，你整晚地哭着；当你3岁的时候，她怜爱地为你做菜，而作为报答，你把她做的菜扔在地上；当你4岁的时候，她给你买下彩色笔，而作为报答，你涂了满墙的抽象画；当你5岁的时候，她给你买既漂亮又贵的衣服，而作为报答，你穿着它到泥坑里玩耍；当你7岁的时候，她给你买了球，而作为报答，你用球打破了邻居的玻璃；当你9岁的时候，她付了很多钱给你辅导钢琴，而作为报答，你常常旷课并不去练习；当你11岁的时候，她陪你和你的朋友们去看电影，而作为报答，你让她坐到另一排去；当你13岁的时候，她建议你去把头发剪了，而你说她不懂什么是现在的时髦发型；当你14岁的时候，她付了你一个月的夏令营费用，而你却整整一个月没有打一个电话给她；当你15岁的时候，她下班回家想拥抱你一下，而作为报答，你转身进屋把门插上了；当你17岁的时候，她在等一个重要的电话，而你抱着电话和你的朋友聊了一晚上；当你18岁的时候，她为你高中毕业感动得流下眼泪，而你和朋友在外聚会到天亮；当你19岁的时候，她付了你的大学学费又送你到学校，你要求她在远处下车怕同学看见笑话你；当你20岁的时候，她问你"你整天去哪"，而你回答"我不想像你一样"；当你23岁的时候，她给你买家具布置你的新家，而你对朋友说她买的家具真糟糕；当你30岁的时候，她对怎样照顾小孩提出劝告，而你对她说"妈，时代不同了"；当你40岁的时候，她给你打电话，说亲戚过生日，而你回答"妈，我很忙没时间"；当你50岁的时候，她常患病，需要你的看护，而你却在家读一本关于父母在孩子家寄身的书；终于有一天，她去世了，突然，你想起了所有该做却从来没做过的事，它们像榔头一样痛击着你的心……

如果说爱是一股力量的话，那么，母爱绝非尘世间一股普通的力量，而是一股吸恒星之刚强、纳星月之柔肠、萃狂风暴雨、取闪电惊雷，日积月累逐渐形成的超自然神力。这股神力在母亲心中如蝴蝶般不断扇展，就算躲藏于荒草丛仰望星空，亦能感受到熠熠繁星朝她拉引，邀她一起完成瑰丽的星系；就算掩耳于海洋中，亦被大涛赶回沙岸，要她去种植桑田，好让海洋永远有喧哗的理由。对母亲而言，爱的付出不是一种责任，而是一种本能。因此，尽管她的孩子畸形弱智，被浅薄者视作瘟疫，遭社会遗弃，她也会忠贞于生生不息的母爱精神，让生命的光在孩子身上辉映。

许多时候，我们对抗着、逆反着、叛离着父母。长大了，又因为懒惰或是一心追求名利，慢慢忽略了亲情，忽略了一日比一日年迈的父母，忽略了双亲望眼欲穿的牵挂。千金散去还复来，亲情逝去永不返。年轻时我们总以为来日方长，却忘记了父母已经黄昏迟暮。说不定哪天，我们正为不失掉一次赚钱的机会而忙得天昏地暗的时候，却惊悉自己永远失去了至爱的亲人。所以，天下儿女们，找点空闲，常回家看看吧！或是认真地写封信，告诉双亲："好想你们！"这些许的点滴将会使他们获得莫大的慰藉和满足。否则，"子欲养而亲不在"，是世上最痛彻心扉的愧疚和遗憾。

父母是为你付出最多的人，也是你永远的牵挂、心灵的港湾，所以不要把父母的付出当作理所当然，千万不要等到失去了，才觉得珍贵而悔恨不已。为人子女者，应该珍惜这份伟大的爱，尽自己的孝道，以回报父母的爱。幸福，只需要常回家看看。

感谢对手，是他们激发了你的潜能

许多人都视对手为眼中钉、肉中刺，欲除之而后快。其实，如果没有对手，也许我们就会走向堕落，走向灭亡。人要对对手心存感激，而不应对对手怀有嫉妒之心，这样才能提高自己，化不利为有利。

别让压力毁了你，别让情绪左右你

有意义的生命才会精彩，精彩的生命才会有意义。快出发，寻找你的对手，让你的生命折射出迷人、永恒的光彩。

1996年世界爱鸟日这一天，芬兰维多利亚国家公园应广大市民的要求，放飞了一只在笼子里关了4年的秃鹰。事过3日，当那些爱鸟者还在为自己的善举津津乐道时，一位游客在距公园不远处的一片小树林里发现了这只秃鹰的尸体。解剖发现，秃鹰死于饥饿。

秃鹰本来是一种十分凶悍的鸟，甚至可与美洲豹争食。然而它由于在笼子里关得太久，远离天敌，结果失去了生存能力。还有一个类似的故事：

一位动物学家在考察生活于非洲奥兰治河两岸的动物时，注意到河东岸和河西岸的羚羊大不一样，前者繁殖能力比后者强，而且奔跑的速度每分钟要快13米。

他感到十分奇怪，既然环境和食物都相同，何以差别如此之大？为了解开其中之谜，动物学家和当地动物保护协会进行了一项实验：在两岸分别捉10只羚羊送到对岸生活。结果送到西岸的羚羊发展到14只，而送到东岸的羚羊只剩下了3只，另外7只被狼吃掉了。

谜底终于被揭开，原来东岸的羚羊之所以身体强健，是因为它们附近居住着一个狼群，这使羚羊天天处在一个"竞争氛围"中，为了生存下去，它们变得越来越有"战斗力"；而西岸的羚羊长得弱不禁风，恰恰就是因为缺少天敌，没有生存压力。

上述现象对我们不无启迪，生活中出现一个对手、一些压力或一些磨难，的确并不是坏事。一份研究资料说，一年中不患一次感冒的人，得癌症的概率是经常患感冒者的6倍。至于俗语"蚌病生珠"，则更说明此问题。一粒沙子嵌入蚌的体内后，它将分泌出一种物质来疗伤，时间长了，便会逐渐形成一颗晶莹的珍珠。

生活中有各种各样的笼子，不少人的处境和那只笼子里的秃鹰相似。虽然它能让人暂时地乐而忘忧，流连忘返，但毕竟是笼子。可以设想，最后的结局只会和那只秃鹰没有什么两样。

人一定要觅得对手。知音难寻，对手更难求。没有对手，人们可能会不知所往，生命也将毫无意义。

战国时期，七雄并立，七个强有力的对手开始了长达百余年的角逐。最后，时势中的英雄始皇诞生，他运筹帷幄之中，决胜千里之外，将六个对手一一击垮，"秦王扫六合，虎视何雄哉！"英雄铸就于对手之中。如果没有一群强有力的对手，英雄怎能矗立于人群？

感激对手，善待对手，你才能从对手那里找到自己的不足，得到帮助，从而化不利为有利，改变生存状况。没有压力怎会有动力？没有竞争怎会有进步？正是对手的追赶才驱使我们向前迈进，驱使我们生命的车轮不断地滚滚前行。对手促使我们进步，只有与对手共生存才能改写历史。

学会珍惜便是感恩生活

不要总是羡慕别人的生活，生活中的一切都要自己去珍惜和把握，因为只有你自己才是你真正的主人。

曾经有人说过：人生若要不留下许多空白，唯一的办法是珍惜曾经拥有的，追求你所没有的。人的一生中值得珍惜的东西太多，最重要的不外三点，那就是时间、机会和痛苦。人们常说年轻人都是富有的，那是因为他们拥有这世界上最宝贵的财富——时间。时间就是生命，如果对时间不加以珍惜，那失去的又岂止是时间，而是一个人的生命。

有人主张把人生分成昨天、今天和明天三个阶段，昨天已定格为历史，没有能力去改变，我们正拥有的今天和要追求的明天才是最重要的，而只有珍惜和把握好今天才能更好地拥抱明天。生活总是在"昨天——今天——明天"的轮换中前进，稍不留神，一个现实的今天就会从你的肩头匆匆滑过，紧接着，明天就变成了今天，如果抓不住，还会像影子一样很快从你的眼前消失，成为昨天。"盛年不重来，一日难再晨。"不要以为一生有多长，在有限的生命里若不珍惜，那留给自己的只会是痛苦和悔恨。

机会对每个人都是平等的，关键在于你是否能珍惜。

西方有一位哲学家说，在许多事情上，我们不应费尽心机地去创造机会，而应更好地抓住现有的机会。只有抓住每一次机会，你才可能成功。人生有许多考验，虽然失去了一次并不意味着失去永远，但是，失去了的是不会再来的，失去就意味着你不会再拥有。一个人的一生能经受得住几次这样的失去？只要有机会就得牢牢抓住。纵观古今中外，哪一位有所成就的人不是在珍惜每一次机会的基础上努力创造的？有谁能相信，一个总是坐失良机的人，有一天会有所建树？

人生值得珍惜的东西确实太多，即使是痛苦，我们也应该去好好珍惜。"一切痛苦都孕育着快乐。"不经历痛苦，真正的快乐永远也不会降临。

很多人在老之将至时往往会追悔自己的年轻岁月，并遗憾不已。原因就在于在年轻的时候他们没有好好珍惜自己所拥有的，总想去抓住外界的那些诱惑，最终只会导致悔恨。为了明天的美好，为了不给自己留下遗憾的种子，请君珍惜！

懂得珍惜，便是对生活的一种感恩。

在细微处感恩

人生在世，不如意事十有八九。如果我们囿于这种"不如意"之中，终日怀揣不安的情绪，那生活就会索然无味。相反，如果我们像孩子一样，拥有一颗"感恩"的心，善于发现事物的美好，感受平凡中的美丽，那我们就会以坦荡的心境、开阔的胸怀来应对生活中的酸甜苦辣，让原本平淡的生活焕发出迷人的光彩！

一位教授到一所幼儿园参观。他决定在课堂上随便问几个问题，考查一下孩子们的语言表达能力。

"感恩节快到了，孩子们，能不能告诉我，你们将要感谢什么呢？"

"琳达，你要感谢什么？"

"我的妈妈天天很早起来给我做早饭，我在感恩节那天一定要感谢她。"

"嗯，不错。彼得，你呢？"

"我的爸爸今年教会了我打棒球，所以我特别想感谢他。"

"嗯，很好！玛丽？"

"学校的守门人很孤单，没有多少人关心她，但她却把关怀的微笑送给我们每一个孩子。我要在感恩节那天给她送一束花。"

"很好！杰克，轮到你了。"

"我们每年感恩节都要吃火鸡，人们只是大口大口地吃火鸡，却从来不想一想火鸡是多么的可怜。感恩节那天，会有多少只火鸡被杀掉呀……"

"我觉得你跑题了，杰克。"

杰克向四周望了一眼，然后平静地说："我要感谢上帝，没有让我变成一只火鸡。"

其实，孩子们还不知道感激的确切涵义，他们只知道对于每一件美好的事物都应心存感激。他们感谢母亲辛勤的工作，感谢同伴热心的帮助，感谢兄弟姐妹之间的相互理解，等等。他们对许多平凡的事都怀有一颗"感恩的心"。

学会感恩，就会懂得尊重他人，发现自我的价值。懂得感恩，就少了歧视，就会以平等的眼光看待每一个生命。重新看待我们身边的每个人，尊重每一份普通平凡的劳动，这样便会更加尊重自己。在现代社会这个分工越来越细的巨大链条上，每一个人都有自己的职责、自己的价值，每个人都在无意间为他人付出。当我们感谢他人时，第一个反应常常是今后自己应该怎么做，怎么做才能做得更好。

如果我们时时能用感恩的心来看这个世界，健康的情绪就会扩散开来，我们会觉得这个世界很可爱、很富有。树上小鸟的轻唱，太阳无私的光和热，路旁花朵的芬芳，都会令你感到心旷神怡。

感恩，并不需要做出多么伟大的事情，从一件微小的事情上我们也可以体会到一颗感恩的心。

让感恩溢于言表

心理学家认为，人与人之间存在"互酬互动效应"，即你如何对别人，别人会以同样的方式给予回报。道声"谢谢"，看似平常，可它却能引起人际关系的良性互动，成为交际成功的促进剂。

向别人表示你的感谢是一个积极有意义的举动。从你那里得到过感谢的人，会希望将来再次受到你的谢意和肯定，因为他看到自己对你的帮助能够被你认识和赞赏。你的衷心感谢也会换来真心相报，以后，对方还会乐意帮助你的。

感恩是认定别人给予你的帮助的价值，是彼此感情顺畅交流的一种有效手段。当别人为你做了某些事情后，你应该表示感谢；当别人给予你关心、安慰、祝贺、指导以及馈赠时，你应该表示感谢；当别人为你做事而未成功时，那份情意也值得你感谢。

李华是一家电脑公司的编程员，一次在工作中遇到一个难题，他的同事主动过来帮忙。同事一句提醒的话使他茅塞顿开，李华很快就完成了工作，他对同事表示感谢，并请这位同事喝酒，他说："我非常感谢你在编那个计算机程序上给我的帮助……"

从此，他们的关系变得更近了，李华也因此在工作上获得了很大的成绩。

李华很有感触地说："是一种感恩的心态改变了我的人生。我对周围人的点滴关怀和帮助都怀抱强烈的感恩之情，我竭力要回报他们。结果，我不仅工作得更加愉快，所获帮助也更多，工作更出色，而且很快获得了公司加薪升职的机会。"

像李华一样，即使是别人对自己的点滴关怀和帮助，也要抱有一颗感恩之心。"滴水之恩，当以涌泉相报"，懂得感激别人为自己所做的一切，只有不把你所得到的帮助视为理所当然，你才能从别人那儿获得更多的帮助。

比尔的心脏有毛病，很容易疲倦。有一天他开车回到家里，感觉很累，希望能够小睡一会儿。这时候，一位邻居兴高采烈地跑来，说他帮比尔在园子里种了两棵菜。比尔随口说声"谢谢"，就进屋睡觉了，因为他感觉实在太困了。

睡意向比尔袭来，但他始终睡不着。比尔猛然坐起，明白自己的不安是因为没有向邻居衷心致谢。他立刻走出屋子，到园子里，向邻居为自己刚才的淡漠道歉，并重新真诚致谢。比尔说："这位邻居知道我的心脏有毛病，也知道休息对我很重要。当他知道我为了向他致谢而中断睡眠后，非常感动，又帮我多种了两棵菜。心中感激却没说出来，就好像包好礼物却没送出去，而我们两个都从再一次致谢中受惠。"

感恩需要表达，说出内心对他人的感激，让他人体会到你的感恩。通过传递感恩之情，比尔和他的邻居都得到了一种内心的感动和愉悦，"人非草木，孰能无情？"在这个尘世攘攘的时代，不时地听到人心不古这样的慨叹，而化解人与人之间的猜忌与不和谐的音符往往就是一句小小的"感激"。为什么要吝啬内心的感动呢？将它表达出来，你将为自己赢得一片天空，正像歌中所唱的："感恩的心，感谢有你，伴我一生，让我有勇气做我自己；感恩的心，感谢命运，花开花落我一样会珍惜。"

第十五章 满怀希望，激发自己的积极情绪

第三节
善待他人胸怀更开阔——学会宽容

及时原谅别人的错误

2009年12月16日，NBA常规赛，新泽西篮网队的后卫德文·哈里斯在客场以89：99的比赛中，因被奥尼尔抢断之后情绪失控，在骑士队球员穆恩上篮的时候将其一把搂住脖子拉下，险些造成其生命危险。然而赛后接受采访的穆恩向媒体表示："我想他应该不是故意的，他很可能是冲着球去的，但是恰恰没碰到球而已。"

曾经因为对方的犯规行为差点失去生命的穆恩用一句"他不是故意的"，化解了彼此的尴尬。其实，很多时候别人得罪我们，也许并非出于本意，即使发生了冲突和矛盾，也往往是巧合，或者是情势所逼。

可见，建立积极的情绪，用心去宽容他人，信任他人，是对人性的肯定。要做到胸襟开阔，就要意识到人无完人，做到得理让人，宽容待人。

在战争期间，一支部队在森林中与敌军相遇，发生激战。最后两名来自同一个小镇的战士与部队失去了联系。两人在森林中艰难跋涉，互相鼓励、安慰。半个月过去了，他们仍未与部队联系上，幸运的是，他们打死了一只鹿，依靠鹿肉又可以艰难度过几日了。然而，这以后他们再也没看到任何动物。仅剩下的一些鹿肉，背在年轻战士的身上。

这一天他们在森林中遇到了敌人，经过再一次激战，两人巧妙地避开了危险。就在他们自以为已安全时，只听到一声枪响，走在前面的年轻战士中了一枪，幸亏子弹只是打在肩膀上。后面的战友惶恐地跑了过来，他害怕得语无伦次，抱起战友的身体泪流不止，赶忙把自己的衬衣撕下包扎战友的伤口。

到了晚上，未受伤的战士一直念叨着母亲，两眼直勾勾的。两人都以为他们的生命即将结束，身边的鹿肉谁也没动。天亮后，部队救出了他们。

30年过去了，那位受伤的战士说："我知道是谁开的那一枪，他就是我的战友。他去年去世了。在他抱住我时，我碰到了他发热的枪管，但当晚我就宽恕了他。我知道他想独吞我身上带的鹿肉并以此活下来，但我也知道他活下来是为了他的母亲。30年了，我装着根本不知道此事，也从不提及。战争太残酷了，他母亲还是没有等到他回来，我和他一起祭奠了老人家。他跪下来，请求我原谅他，我没让他说下去。我们又做了二十几年的朋友，我没有理由不宽恕他。"

因为生命受到了威胁，出于对母亲的担心，那个持枪的战士才向战友开枪，而他在枪响了之后扑到了战友的身边，为之包扎伤口，可以看出他内心的挣扎。

生活不同于战争，它没有战争那么残酷，时时都要面对生命的威胁。所以，在生活中的人，大多不会将对方逼到"不是你死就是我活"的地步。生活里的那些摩擦，通常都是不经意的。比如陌生人在地铁里挤到了你、同事因为不小心打碎了你的玻璃杯、朋友不经意地说了你不爱听的话……

世界上如果没有宽容和信任，一切亲情、友情、爱情都将失去存在的基础，每个角落都是尔虞我诈的欺骗，社会将毫无温情可言。当然，人非圣贤，要去爱我们的敌人也许真的有点强人所难，但出于自身的健康与幸福，学习宽恕敌人，甚至忘记所有的仇恨，也可以算是一种明智之举。有句名言说："无论被虐待也好，被抢掠也好，只要忘掉就行了。"

气量大一点，生活才祥和

生活中，有的人能活得轻松快乐，而有的人却活得沉重压抑。究其原因，无非是因为前者情绪稳定而且有包容一切的气量；而后者之所以感觉负担沉重，是因为度量太小，计较太多，总是沉浸在不安的情绪里。

事实上，任何人都不是完美无缺的，世界上不存在绝对完美的人，我们不论与谁交往，都不可能要求对方事事都能做到让我们满意的程度。气量小的人，往往不能容忍比自己优秀的人，也容忍不了和自己存在分歧的人。其实细细品味人生哲理，就会明白看似困难的事情也很容易解决，"以柔和驱赶仇恨"，这是布朗告诉我们的方式，这其实就是要求我们要有宽厚待人的气量。

美国的第十六任总统林肯是美国历史上一位颇有建树的总统，他在任期内完成了数项足以影响美国乃至世界的丰功伟绩。他的身上具备显著的优秀品质，坚韧、智慧、低调等，他的宽容品质也颇受世人的称赞。曾经发生过这样一件事：

林肯在任时期，一次他下令调动一些军队参与作战。命令下达之后，却受到了当时任作战部部长的史丹顿的阻挠，他拒绝执行林肯的此项命令，犯下了军队的大忌，还发牢骚表示对林肯此项命令的不满、讽刺、嘲笑，甚至口不择言地说道："作为总统下达这种愚蠢的命令，他就是一个该杀的傻瓜。"

这件事很快被林肯得知。大家都在想，这次史丹顿对总统如此不敬，公开表示他的不满、怨恨，林肯一定不会放过他的。然而，林肯本人对这件事的态度非常出乎人们的意料。他没有恼羞成怒，而是静下心来检讨自己的命令是否妥当。他马上亲自找到史丹顿，征求他的意见。史丹顿丝毫不留情面地指出了此项命令的不当之处。林肯经过深思熟虑之后，最终认为自己的方案的确存在很大的问题，于是收回了命令。

林肯面对部下的阻挠，并没有震怒，而是用一种温和的态度处理这件事，这正说明，越是位高权重的人，越应该尊重和采纳他人的意见，正所谓"得民心者得天下"，林肯总统得到了人们的拥戴和肯定，这都要得益于他的宽容大度，在他的领导下，整个美国才得以欣欣向荣地稳定发展。

小肚鸡肠的人，眼中的生活是灰色的，他们无时无刻不在算计着、不在担忧着；反之，心胸宽广的人，眼中的生活是彩色的，失去对他们来说是微不足道的，凡事不会时时刻刻抓在手中，他们懂得放下。身临其境地想一下，当把一切得失荣辱都视作浮云一朵的时候，生活不就变得轻松自如了吗？如果这只需要大一点的气量就可以办到，那何乐而不为呢？

人生的道路漫长而坎坷，在充满了艰辛的同时，也孕育着希望。我们活着，不要总是去抱怨自己生不逢时，不要总是抱怨没有结交到优秀的人。而是要对人多一份包容、多一份理解。能够让自己有气量去结交不同的人。气量和容人，犹如器之容水，器量大则容水多，器量小则容水少，器漏则上注而下逝，无器者则有水而不容。气量大的人，容人之量、容物之量也大，能和不同性格、不同脾气的人们融洽相处。能兼容并蓄，能接受别人的批评，也能忍辱负重，经得起误会和委屈。这样就能以轻松自如的心态来面对纷繁复杂的人间百态，让我们摆脱不满、愤恨的情绪，生活会变得简单，变得祥和。

莫将吃亏挂心头

每当碰上让我们吃亏的事，我们总会深深地陷入生气、懊恼的情绪中。俗话说："好汉不吃眼前亏。"许多人都把"吃亏"看作是一种非常愚蠢的行为，总是苦恼于担心自己"吃亏"，总是害怕"便宜了别人"。

然而，很多时候，我们的判断都是错误的，一些"亏"只不过是事情的表象而已。有时，一件看似很吃亏的事，往往会变成非常有利的事。

清康熙年间，内阁大学士张英（张廷玉的父亲）收到一封家书。信上说他们家正打算修围墙，本来根据地契，墙可以一直修到邻居叶秀才家的墙根下，但是叶秀才不让，并且还到官府里把张家给告了。家人非常生气，就给张英写了这封信，让他处理这件事。家人很快就收到了回信，但上面只有一首诗："千里捎书只为墙，让他三尺又何妨？万里长城今犹在，不见当年秦始皇。"

张英的家人接到信后,明白了他的意思,马上就把墙拆了,并且后退三尺进行重建。叶秀才一看张家如此大度,也把自己家的墙拆了,后移了三尺。由于两家都退让了三尺,因此留出了一条长百余米,宽六尺的巷子,后被当地人赞誉为"六尺巷"。

本来根据地契约定,张家根本没有错,而张英又贵为大学士,并且父子二人同在朝中任要职,只要知会当地官府一声,叶秀才家肯定会妥协,而张家的权利和尊严也会得到保障,但是他没有这样做,而是选择了包容,宁愿自己吃亏,让了叶秀才三尺,而叶秀才觉得张英"宰相肚里能撑船",不与自己计较,而自己本就理亏,感动之余也让了三尺,两家的关系也因此由剑拔弩张转为互相敬重,和睦相处。

在此我们可以想象一下,假如张英当时给当地官府打了个招呼,以他的权势,叶秀才肯定会被法办。不过,虽然他有理,但双方会为此结怨,张英会因为百姓对他滥用私权而议论纷纷,他也会惶惶不可终日,担忧这些话传到皇帝耳中,而叶秀才家会因吃了亏而心生怨恨,情绪也好不到哪里去。好在张英是一个宽宏大量的人,他主动使用了"宽容"这一润滑剂,不仅解决了双方有可能产生的情绪问题,还赢得了他人的敬重,并因这一小事而青史流芳,真可谓一举多得。

在生活和工作中,我们每个人都难免会遇到不如意的事情。如果因为一点小事就闷闷不乐,或发泄情绪,这不仅会影响自己,影响他人,可能还会招致更多的麻烦。所以,当我们在遇到不如意的事情时,一定要学会去适当地宽容他人,不要总觉得吃亏。如果过多地与人计较,总在为得失算计,当有利益的亏欠时,我们就会忍不住心中怒火,会伤害到自己的身心。真正的智者从不会狭隘到不能吃亏的地步,孔融把大梨让给别人,自己情愿吃小的,敢于吃亏,也不会产生情绪上的偏差。

不要总将吃亏挂在心头,胸怀大度,才能让自己的思想境界不断得到提升。有了这种品质、这种境界,人就会变得豁达,变得成熟,也使人与人的相处变得和谐。

做到心胸开阔,便能风雨不惊

人与人之间由于利益的争夺往往会形成竞争的关系。也许你的竞争对手会以君子的风度与你正当竞争,也许你的竞争对手会对你恶意诽谤,总之,会有林林总总的竞争出现。对此,我们是该抱着愤怒与仇恨的情绪以牙还牙、睚眦必报,一旦有机会,落井下石呢,还是放下负面情绪,宽容对方,化解他人的敌意呢?

深邃的天空容忍了雷电风暴一时的肆虐,才有风和日丽;辽阔的大海容纳了惊涛骇浪一时的猖獗,才有浩渺无限。一事不顺便心存憎恨,耿耿于怀,心灵上栽满荆棘,思想上遮满云雾,就变得抑郁,忧虑。很明显,我们要选择做前者,做容纳万物的天空和海洋。

但是,换个角度去想你曾经恨之入骨的敌人,带给自己的也并非只有伤害。正是敌人的虎视眈眈,才让你斗志昂扬,努力提升自己,迎接挑战。在一定程度上,对手能激发你的潜能,提醒自己克服懈怠。如果一个人能从大处着眼,那么这恰恰是"心胸天地阔"、思想境界较高的表现。

诚然,人的一生中会遇到各种各样的困难和与人之间的摩擦,难免会因为误会而彼此伤害,但纷争并不是我们共同的使命,宽容才是我们唯一的信仰。放开胸怀,用宽容的心胸去接纳这个世界,幸福将会不期而至。做到了心胸开阔,方能心态平和,心如止水;做到了恬然自得,方能达观进取,笑看风云。

一位名叫卡尔的卖砖商人,由于与另一位对手的竞争而陷入困境。对方在他的经销区域内定期走访建筑师与承包商,告诉他们卡尔的公司不可靠,他的砖块不好,生意也面临歇业。卡尔对别人解释他并不认为对手会严重伤害到他的生意。但是这件麻烦事使他心中生出无名之火,真想"用一块砖来敲碎那人肥胖的脑袋作为发泄"。

"有一个星期天早晨,"卡尔说,"牧师布道时的主题是:要施恩给那些故意为难你的人。我把每一个字都记在心里。就在上个星期五,我的竞争者使我失去了一份25万块砖的订单。但是,牧师教我们要善待对手,而且他举了很多例子来证明他的理论。当天下午,我在安排下周日程表时,发现住在弗吉尼亚州的我的一位顾客,正因为盖一间办公大楼需要一批砖,而所指定的砖的型号不是我们公司制造供应的,却与我竞争对手出售的产品很类似。同时,我也确定那位满嘴胡言的竞争者完全不知道有这笔生意机会。"

这使卡尔感到为难,是遵从牧师的忠告,告诉对手这项生意,还是按自己的意思去做,让对方永远也得不到这笔生意呢?

卡尔的内心挣扎了一段时间,牧师的忠告一直在他心中回响。最后,也许是因为很想证实牧师是错的,他拿起电话拨到竞争对手家里。接电话的人正是那个对手本人,当时他拿着电话,难堪得一句话也说不出来。卡尔还是礼貌地直接告诉他有关弗吉尼亚州的那笔生意。结果,那个对手很感激卡尔。

卡尔说:"我得到了惊人的结果,他不但停止散布有关我的谎言,而且还把他无法处理的一些生意转给我做。"

因为卡尔懂得包容,所以他没有把那股无名之火发出来,否则他将会酿成无法挽回的错误。

我们要懂得心胸开阔对于情绪健康的重要意义。这个世界我们无力改变,但心是我们自己的,心境不同,随之产生的情绪也就不同,焦躁疑虑的人看到的是毫无生命光泽的枯草,志定心安的人却能静看云卷云舒。很多时候,情绪的改变和外界无关,只是由于自身心境的变迁,"心中有快乐,所见皆快乐",若以宁静而无杂念的心去看世界,虽然它并没有变样,我们却能享受到那份平淡中的永恒。这时我们再回头站在局外观看短短几十年的人生,会发现它只是宇宙的一次呼吸而已,那些凡尘琐事如过眼云烟般不值一提,有如此豁达的心境为伴,看问题便高人一筹,因此会减少很多不必要的情绪问题。

能够宽容待人,宽怀处世,不但需要广阔的胸襟,而且需要拥抱的勇气。当然,给别人以宽容的时候自己也可以获得一份宽慰和解脱;毕竟,没有结扣的心是无比舒畅的。能够化解彼此间的矛盾和误会,对于施者和受者都是精神上的一次放松。甚至一个小小的拥抱也可以为你赢得人心,赢得尊重。

原谅生活,是为了更好地生活

也许,你曾经遭受过别人对你的恶意诽谤或是沉重的伤害,这些伤痛在你的心底一直没有得到抚平,你可能至今还在怨恨他,不能原谅他。然而,怨恨更多地伤害了怨恨者自己,而不是被怨恨的人。怨恨像一个不断长大的肿瘤,让我们每天生活在焦虑之中,使我们失去欢笑,损害我们的健康。

为了让我们更好地生活,杜绝怨恨情绪,最好的办法就是学会宽容。宽容是心与心的交融,无语胜有声,宽容是仁人的虔诚,是智者的宁静。

对别人宽容,恰恰是对自己的宽容。如果一个人不能够经受世界的考验,感受这个世界的美好,心胸只能容得下私利,那他只能生活在焦虑之中,丝毫没有幸福可言。

当你被焦虑折磨得筋疲力尽,沉浸在痛苦的回忆中时,不妨学着宽恕,忘记怨恨,告别过去的灰暗情绪。学会宽恕,就像在黑暗中燃起一支明烛。你会因为重新获得光明而变得积极乐观起来。

人,如果没有宽广的胸怀,便不可能有幸福的生活。宽容不是胆怯,不是妥协,它和放弃一样,是另一种明智和勇敢。宽容能够容纳万物,能够包含太虚。心旷为福之门,心狭为祸之根。心胸坦荡,不以世俗荣辱为念,不为世俗荣辱所累,就会活得轻松、潇洒、磊落。

豁达是衡量风度的标尺

在生活中,常常会见到这样一类人:他们受到一点委屈便斤斤计较、耿耿于怀;听到别人的批评就接受不了,甚至痛哭流涕;对学习、生活中一点小失误就认为是莫大的失败、挫折,长时间寝食难安;人际交往面狭窄,只同与自己意见一致或不超过自己的人交往,容不下那些与自己意见有分歧或比自己强的人……这些人就是典型的狭隘型性格的人。

第十五章 满怀希望，激发自己的积极情绪

比尔·盖茨曾说过："没有豁达就没有宽容。无论你取得多大的成功，无论你爬过多高的山，无论你有多少闲暇，无论你有多少美好的目标，没有宽容心，你仍然会遭受内心的痛苦。世界上最大的是海洋，比海洋更大的是天空，比天空更大的是人的胸怀。"

豁达的度量，从根本上说是来自一个人宽广的胸怀。一个人倘若没有远大的生活理想和目标，其心胸必然狭窄，就像马克思所形容的那样：愚蠢庸俗、斤斤计较、贪图私利的人，总是看到自以为吃亏的事情。眼睛只盯着自己的私利，根本不可能有豁达和宽容的胸怀和度量。"心底无私天地宽"，只有从个人私利的小圈子中走出来，心里经常装着更远、更大目标的人，才能具备宽广的胸怀，领略到海阔天空的精神境界。

唐玄宗开元年间有位梦窗禅师，他德高望重，是当朝国师。

有一次他搭船渡河，渡船刚要离岸，从远处来了一位骑马佩刀的大将军，大声喊道："等一等，等一等，载我过去！"他一边说一边把马拴在岸边，拿了鞭子朝水边走来。

船上的人纷纷说道："船已开行，不能回头了，干脆让他等下一班吧！"船夫也大声回答他："请等下一班吧！"将军急得在水边团团转。

这时坐在船头的梦窗禅师对船夫说道："船家，这船离岸还没有多远，你就行个方便，掉过船头载他过河吧！"船夫看到是一位气度不凡的出家师父开口求情，就把船撑了回去，让那位将军上了船。

将军上船以后四处寻找座位，无奈座位已满，这时他看见坐在船头的梦窗禅师，于是拿起鞭子就打，嘴里还粗野地骂道："老和尚！走开点，快把座位让给我！难道你没看见本大爷上船？"没想到这一鞭子正好打在梦窗禅师头上，鲜血顺着脸颊流了下来，禅师一言不发地把座位让给了那位蛮横的将军。

这一切，大家都看在眼里，心里既害怕将军的蛮横，又为禅师的遭遇感到不平，纷纷窃窃私语：将军真是忘恩负义，禅师请求船夫回去载他，他不但抢禅师的位子，还打了他。将军从大家的议论中，似乎明白了什么。他心里非常惭愧，不免心生悔意，但身为将军却放不下面子，不好意思认错。

不一会儿，船到了对岸，大家都下了船。梦窗禅师默默地走到水边，慢慢地洗掉了脸上的血污。那位将军再也忍受不住良心的谴责，上前跪在禅师面前忏悔道："禅师，我……真对不起！"梦窗禅师心平气和地对他说："不要紧，出门在外难免心情不好。"

这是对人生的一种豁达，如果梦窗禅师没有一颗豁达的心，只想着自己被别人侵犯了，他随即就会产生愤怒情绪。可是在他包容心的驱使下，生活中可能发生冲突和争执也变得云淡风轻，同时他也感染了那位将军，让他的情绪也归于平静。

所以，要用豁达的心宽容一切违逆和挫折，也要以豁达的心去理解他人的误会和偏见。只有你真正明白了这些，才会促使自己成功，才会明白使自己变得机智勇敢、豁达大度的，不是顺境，而是那些常常让自己陷入困境的打击、挫折。陶渊明说：俯仰终宇宙，不乐复何如？一个睿智之人是不会抱着忧虑而愁眉不展的。无论生活在什么环境下，都要豁达乐观地生活。

忘记惹你生气的人

宽恕就是在有权力责罚时而不责罚，在有能力报复时而不报复。做人做事应当拥有这种宽恕的德行。

写过不少美妙的儿童故事的英国学者路易斯小时候常受凶恶的老师侮辱，心灵深受创伤。他几乎一生不能宽恕这位伤害过自己的老师，且又因为自己的怨恨而感到困扰。然而在他去世前不久，他写信告诉朋友道："两三个星期前，我忽然醒悟，终于宽恕了那位使我童年极不愉快的老师。多年来我一直努力做到这一点，每次以为自己已经做到，却发觉还需再努力一试。可是这次我觉得我的确做到了。"这真是大彻大悟啊！

真的，仇恨的习惯是难以破除的。和其他许多坏习惯一样，我们通常要把它粉碎很多次，才能最后把它完全消灭。伤害愈深，心理调整所需要的时间就愈长。可是终归会慢慢地把它消灭。

斯宾诺莎说："心不是靠武力征服，而是靠爱和宽容大度征服。"如果一个人能原谅、宽容别人的冒犯，就证明他的心灵是超越了一切伤害的。做人要心胸开阔，做事要思想开明。宽恕别人所不能宽恕的，是一种高贵的行为。

人们在受到伤害的时候，最容易产生两种不同的情绪：一种是憎恨，一种是宽恕。

憎恨的情绪，使人一再地浸泡在痛苦的深渊里。如果憎恨的情绪持续在心里发酵，可能会使生活逐渐失去秩序，行为越来越极端，最后一发不可收拾。

而宽恕就不同了。宽恕必须随被伤害的事实从"怨怒伤痛"到"没什么"这样的情绪转折，最后认识到不宽恕的坏处，从而积极地去思考如何原谅对方。

有句老话说，不能生气的人是笨蛋，而不去生气的人才是聪明人。

这也是纽约前州长盖诺所推崇的。他被一份内幕小报攻击之后，又被一个疯子打了一枪，这让他几乎失去性命。当他躺在医院的时候，他说："每天晚上我都原谅所有的事情和每一个人，这样，我才会快乐。"

有一次，一个人问巴鲁曲——他曾经做过威尔逊、哈定、柯立芝、胡佛、罗斯福和杜鲁门六位总统的顾问——会不会因为他的敌人攻击他而难过。"没有一个人能够羞辱我或者困扰我，"他回答说，"我不让自己这样做。"

是的，没有人能够羞辱或困扰你——除非你让自己这样做。

棍子和石头也许能打断我们的骨头，可是言语永远也不能伤害我们，我们会生活得很快乐。忘记惹你生气的人，这样做才是明智的。

原谅别人，其实就是放过自己

我们每个人可能都遭受过别人带给我们的伤害，我们也会做出各种各样的反应。但是不管反应有多小，这腔怒火也会烧到我们自己，对我们造成伤害。与其在耿耿于怀中让自己失去原本平和的生活，不如原谅别人。原谅别人，也就是熄灭自己的心中之火，抚平自己的情绪伤痕。

一位画家在集市上卖画，不远处，前呼后拥地走来一位大臣的孩子，这个孩子的父亲在年轻时曾经把画家的父亲欺诈得心碎而死去。这孩子在画家的作品前流连忘返，并且选中了一幅，画家却匆匆地用一块布把它遮盖住，声称这幅画不卖。

从此以后，这孩子因为心病而变得憔悴，最后，他父亲出面了，表示愿意出高价购买那幅画。可是，画家宁愿把这幅画挂在自己画室的墙上，也不愿意出售。他阴沉着脸坐在画前，自言自语地说："这就是我的报复。"

每天早晨，画家都要画一幅他信奉的神像，这是他坚持信仰的唯一方式。

可是现在，他觉得这些神像与他以前画的神像日渐相异。

这使他苦恼不已，他不停地找原因。然而有一天，他惊恐地丢下手中的画，跳了起来：他刚画好的神像的眼睛，竟然像那个大臣的眼睛，而嘴唇也酷似。

他把画撕碎，并且高喊："我的报复已经回报到我的头上来了！"

可见，报复会把人驱向疯狂的边缘，使你的心灵不能得到片刻安静。当你无法忘记心中的怨恨，总是想着去报复时，最终受伤害的不仅仅是对方，对你造成的伤害也许更大。

心理学专家研究证实，心存怨恨有害健康，高血压、心脏病、胃溃疡等疾病就是长期积怨和过度紧张造成的。

由此可见，原谅不但是宽恕别人，更是宽怒自己。唯有学着宽恕，忘记怨恨，才能抚慰你暴躁的心绪，弥补不幸对你的伤害，让你不再纠缠于心灵毒蛇的咬噬，从而获得心灵的自由。

要学会宽容，起码要做到两条。首先，你要看到，自己也有很多的缺点，自己也有做错事的时候，自己本身并不是一个完人；而你原来认为不好的人，也有一些你没有的优点。所以，要学会看到自己的缺点，看到别人的优点。考虑问题时要试着从对方的角度出发，以求大同、存小异，这样你才能够善待他人，也善待自己。其次，你得承认，自己也曾得到别人的宽容，自己也需要别人的宽容。这样一想，我们还有什么不能宽容的呢？

宽容别人的同时，自己也就把怨恨或嫉妒从心中排解掉了，也才会怀着平和与喜悦的心情看待任何人和任何事，会带着愉快的心情生活。所以，在生活的磨难中逐步学会宽容，能原谅他人的人，心里的苦和恨比较少；或者说，心胸比较宽阔的人，就容易宽容他人。

第四节
学会给自己热烈鼓掌——增强自信

激发自己的潜能

面对困难，很多时候，我们往往不知所措，事实上，我们并不是输给了困难，而是输给了我们自己，因为我们常常低估了自己的能力。其实，我们比自己想象中的更优秀，只是我们还没有发现而已。

常听很多人说："命运都由天注定，我再努力也没有用。"真是这样的吗？

美国知名学者奥图博士说："人脑好像是一个沉睡的巨人，我们只用了不到1%的脑力。"一个正常的大脑记忆容量大约有6亿本书的知识总量，相当于一部大型电脑储存量的120万倍。如果人类发挥其一小半潜能，就可以轻易学会40种语言，记忆整套百科全书，获得12个博士学位。

根据研究，即使世界上记忆力最好的人，其大脑的使用也没有达到其功能的1%。人类的知识与智慧，迄今仍是"低度开发"。人的大脑是个无尽的宝藏，只要我们努力去挖掘，努力运用潜意识的力量，成功会比想象的更快、更轻松。

1796年的一天，德国哥廷根大学，一个很有数学天赋的19岁青年吃完晚饭，开始做导师单独布置给他的每天例行的三道数学题。前两道题他在两个小时内就顺利完成了。然而第三道要求只能用圆规和直尺就画出一个正17边形的题竟然毫无进展。

困难反而激起了他的斗志：我一定要把它做出来！他拿起圆规和直尺，一边思索一边在纸上画着，尝试着用一些超常规的思路去寻求答案。当窗口露出曙光时，青年长舒了一口气，他终于完成了这道难题。

见到导师时，他说："您给我布置的第三道题，我竟然做了整整一个通宵。"导师接过学生的作业一看，当即惊呆了。他用颤抖的声音对青年说："这是你自己做出来的吗？"青年有些疑惑地看着导师，回答道："是我做的。"导师请他坐下，取出圆规和直尺，在书桌上铺开纸，让他当着自己的面再做出一个正17边形。

青年很快就做出了一个正17边形。导师激动地对他说："你知不知道，你解开了一桩有两千多年历史的数学悬案！阿基米德没有解决，牛顿也没有解决，而你竟然一个晚上就解出来了，你是一个真正的天才！"

这个青年就是数学王子高斯。

当高斯不知道这是一道有两千多年历史的数学难题，仅仅把它当作一般的数学难题时，只用了一个晚上就解出了它。高斯的确是天才，但如果他在做题前被告知那是一道连阿基米德和牛顿都没有解开的难题时，结果可能是另一番情景。生活中，有很多困难时时困扰着我们的成长，一些问题之所以没有能够解决，也许并不是因为问题难度大，而是我们把它想象的太复杂了，不敢去面对它。学会告诉自己："你比你想象的更优秀。"

那么，该怎样去开发自己的潜能呢？以下提供些具体方法：

自我暗示的成功心法

想要成功的你，要每天不辍地在心中念诵自励的暗示宣言，并牢记成功心法：你要有强烈的成功欲望、无坚不摧的自信心。如果你使精神与行动一致的话，一种神奇的宇宙力量将会替你打开宝库之门。

写下并念诵你的目标

每天两次念诵你的目标：一次在刚醒来的时候，一次在临睡之前——这两段时间是你潜意识活动比较弱，最容易与潜意识沟通的时段。

注意：在念诵的时候，要贯注感情，并且想象你已取得你想得到的成功。

就算是机械式的自我暗示也有效。当然，越能够注入感情，收效就越好。

挖掘自身的无穷力量

拿破仑·希尔曾经说过："抱着微小希望，只能产生微小的结果，这就是人生。"

我们的能力都深深地埋藏在体内，若能把它发掘出来，并使它发展下去，我们就会有惊人的成就，不可能的事也会陆续变成可能，但这要看这个人是否选择了自己应该走的路。杜拉因说："任何人都可以爬升到自己理想的天国，同时，当他选择要爬上去时，世界的力量就会帮助他，一直把他推上去。"

我们有了某种决心，并且对自己充满信心，那么各方面的资源都会协调运转起来，把人推向成功的方向。

构想成功后的自我

伟大的人生源自你心里的想象，即你希望做什么事，希望成为什么人。在你心里的远方，应该稳定地放置一幅画像，然后向前移动并与之吻合。如果你替自己画一幅失败的画像，那么，你必将远离胜利；相反，替自己画一幅获胜的画像，你与成功即可不期而遇。

生命蕴藏着巨大的潜能，生命永远不会贬值。爱迪生说："如果我们能做出所有能做的事情，我们毫无疑问地会使自己大吃一惊。"对自己的生命拥有热爱之情，对自己的潜能抱着肯定的态度，这样，生命就会爆发出前所未有的能量，创造令人惊奇的成绩。

多做自己擅长的事

世界上没有两片完全相同的树叶，每个人的天赋也是不同的。和别人比，你或许在某些方面有些欠缺，但在其他方面你表现得更为突出。成功的关键不是克服缺点、弥补缺点，而是施展天赋、发扬长处。要想获得成就，就要擅长经营自己的强项。

美国盖洛普公司出了一本畅销书《现在，发掘你的优势》。盖洛普的研究人员发现：大部分人在成长过程中都试着"改变自己的缺点，希望把缺点变为优点"，但他们碰到了更多的困难和痛苦；而少数最快乐、最成功的人的秘诀是"加强自己的优点，并管理自己的缺点"。"管理自己的缺点"就是在不足的地方做得足够好，"加强自己的优点"就是把大部分精力花在自己感兴趣的事情上，从而获得成功。

一只小兔子被送进了动物学校，它最喜欢跑步课，并且总是得第一；它最不喜欢的是游泳课，一上游泳课它就非常痛苦。兔爸爸和兔妈妈要求小兔子什么都学，不允许它放弃任何一项课程。

小兔子只好每天垂头丧气地去学校上学，老师问它是不是在为游泳太差而烦恼，小兔子点点头。老师说，其实这个问题很好解决，你跑步是强项，但游泳是弱项。这样好了，你以后不用上游泳课了，可以专心练习跑步。小兔子听了非常高兴，它专门训练跑步，最后成为跑步冠军。

小兔子根本不是学游泳的料，即使再刻苦训练，它也无法成为游泳能手；相反，它专门训练跑步，结果成为跑步冠军。

假如一个人的性格天生内向，不善于表达，却要去学习演讲，这不仅是勉为其难，而且还会浪费大量的时间和精力；假如一个人身材矮小，弹跳力也不好，却要去打篮球，结果，不仅造成

第十五章 满怀希望,激发自己的积极情绪

英雄无用武之地的局面,反而打击了自信心,一蹶不振。在漫漫的人生旅途中,没有人是弱者,只要找到自己的强项,就找到了通往成功的大门。

所谓的强项,并不是把每件事情都干得很好、样样精通,而是在某一方面特别出色。强项可以是一项技能、一种手艺、一门学问、一种特殊的能力或者只是直觉。你可以是鞋匠、修理工、厨师、木匠、裁缝,也可以是律师、广告设计人员、建筑师、作家、机械工程师、软件工程师、服装设计师、商务谈判高手、企业家或领导者,等等。

罗马不是一天建成的,我们想在某一方面拥有过人之处,就必须付出辛苦的努力。我们要想拥有一口流利的英语,可能要错过无数次和朋友通宵 KTV 的机会;要想掌握一门技术,可能就要翻烂无数本专业书;要想成为游泳池中最抢眼的高手,就必须比别人多"喝"水……

人生的诀窍就在于经营好自己的长处,扬长避短,才能创造出人生的辉煌。若舍本逐末,用自己的弱项和别人的强项拼,失败的只能是自己。从这个角度来说,千万别轻视了自己的一技之长,尽管它可能并不高雅,却可能是你终生依赖的财富。

每个人都不是弱者,每个人都有实现自己梦想的可能,只要我们找准自己的最佳位置,努力经营自己的强项,并将这个专长发挥到极致,我们一定能成为某一领域的"王者"。

像英雄一样昂首挺胸

自信是一种心境,自信的人不会在压力面前放弃自我。

生活中,自卑常常在不经意间闯进我们的内心世界,控制着我们的生活。在我们有所决定、有所取舍的时候,自卑向我们勒索着勇气与胆略;当我们碰到困难的时候,自卑会站在我们的背后大声地吓唬我们;当我们要大踏步向前迈进的时候,自卑会拉住我们的衣袖,告诉我们前面危机重重,仅凭一己之力根本无法应对……自卑就像蛀虫一样啃噬着我们的人格,它是我们走向成功的绊脚石,它是快乐生活的拦路虎。所以,我们不能一直活在自卑的阴影中,恢复你的自信,你也可以像世界名模一样昂首挺胸。

他是英国一位年轻的建筑设计师,很幸运地被邀请参加了温泽市政府大厅的设计。他运用工程力学的知识,根据自己的经验,很巧妙地设计了只用一根柱子支撑大厅天顶的方案。一年后,市政府请权威人士进行验收时,对他设计的一根支柱提出了异议。他们认为,用一根柱子支撑天花板太危险了,要求他再多加几根柱子。年轻的设计师十分自信,并且通过详细的计算和列举相关实例加以说明,拒绝了工程验收专家们的建议。他说:"只要用一根柱子便足以保证大厅的稳固。"

他的固执惹恼了市政官员,年轻的设计师险些因此被送上法庭。在万不得已的情况下,他只好在大厅四周增加了 4 根柱子。不过,这 4 根柱子全部都没有接触天花板,其间相隔了无法察觉的两毫米。

时光如梭,岁月更迭,一晃就是 300 年。

300 年的时间里,市政官员换了一批又一批,市政府大厅坚固如初。直到 20 世纪后期,市政府准备修缮大厅的天顶时,才发现了这个秘密。

消息传出,世界各国的建筑师和游客慕名前来,观赏这几根神奇的柱子,并把这个市政大厅称作"嘲笑无知的建筑"。最为人们称奇的是这位建筑师当年刻在中央圆柱顶端的一行字:

自信和真理只需要一根支柱。

这位年轻的设计师就是克里斯托·莱伊恩,一个很陌生的名字。今天,能够找到有关他的资料实在微乎其微了,但在仅存的一点资料中,记录了他当时说过的一句话:"我很自信。至少 100 年后,当你们面对这根柱子时,只能哑口无言,甚至瞠目结舌。我要说明的是,你们看到的不是什么奇迹,而是我对自信的一点坚持。"

一味地轻视自己,不敢相信自己的想法和决策的情绪一旦占据心头,就会腐蚀一个人的斗志,犹豫、忧郁、烦恼、焦虑也便纷至沓来。

我们每个人存在于这个世上,都是有价值的个体,如果将别人的价值观生硬地贴在自己身上,那么自己也就不再真实可爱了，反而会因为我们达不到别人的高度，而产生自卑情绪。每个人都是自己舞台上的明星，不用别人给你灯光，自信的力量可以让你光彩四射。

打造一颗超越自己的心

每天超越自己，哪怕超越一点点，你就能每天都有进步，你就能越来越接近成功。无法每天超越自己的人，通常成不了大事。只要相信自己，不论多么艰巨的任务，你必能完成。反过来说，如果对自己缺乏信心，即使是最简单的事，对你也是一座无力攀登的险峰。

每个人心中都沉睡着一个巨人，当你唤醒了他，他就能助你完成自己的人生理想，成为了不起的人物。很遗憾，大部分人还没有唤醒心中的巨人就已经离开了人世，这是一个巨大的悲哀。

什么样的人生才算是唤醒了自己心中的巨人呢？一定要实现历史巨人那样的丰功伟业才算是不枉此生吗？也不尽然。其实，将自己内心的巨人唤醒，可能源于一次意外事件的刺激，也可能是长期一点一滴的改变。今天比昨天好，现在比过去好，这就是超越。

1968年，在墨西哥奥运会的百米赛场上，美国选手海恩斯撞线后，激动地看着运动场上的计时牌。当指示器打出9.9秒的字样时，他摊开双手，自言自语地说了一句话。

后来，有一位叫戴维的记者在回放当年的赛场实况时再次看到海恩斯撞线的镜头，这是人类历史上第一次在百米赛道上突破10秒大关。看到自己破纪录的那一瞬，海恩斯一定说了一句不同凡响的话，但这一新闻点，竟被现场的四百多名记者疏忽了。因此，戴维决定采访海恩斯，问问他当时到底说了一句什么话。戴维很快找到海恩斯，问起当年的情景，海恩斯竟然毫无印象，甚至否认当时说过什么话。戴维说："你确实说了，有录像带为证。"海恩斯看完戴维带去的录像带，笑了。他说："难道你没听见吗？我说：上帝啊，那扇门原来是虚掩的。"谜底揭开后，戴维对海恩斯进行了深入采访。

自从欧文斯创造了10.3秒的成绩后，曾有一位医学家断言，人类的肌肉纤维所承载的运动极限，不会超过每秒10米。

海恩斯说："30年来，这一说法在田径场上非常流行，我也以为这是真理。但是，我想，自己至少应该跑出10.1秒的成绩。每天，我以最快的速度跑5000米，我知道百米冠军不是在百米赛道上练出来的。所以我每天尽可能地跑得更快，尽可能地超越自己。当我在墨西哥奥运会上看到自己9.9的纪录后，惊呆了。原来，10秒这个门不是紧锁的，而是虚掩的，就像终点那根横着的绳子一样。"

后来，戴维撰写了一篇报道，填补了墨西哥奥运会留下的一个空白。不过，人们认为它的意义不限于此，海恩斯的那句话，为我们留下的启迪更为重要，因为只要推开那扇门，我们就超越了。

海恩斯之所以取得惊人的成绩，是因为他明白一个人只有战胜情绪问题，不断超越自我，才能全面发展自己。只要每一天都有超越自己的地方，或者是让自己的优点更加稳固，这样的成长都是值得期待的、充满希望的。但今天和昨天一个样，甚至不如昨天，这样的生活就会令人厌倦、感到无望之极。

成功的动力源于拥有一个不断超越的进取目标。人生就是一个不断超越的过程。

追求超越自我的人，每一分每一秒都活得很踏实，他们尽其所能享受、关心他人、做事并付出。除了工作和赚钱以外，他们的人生还有其他意义。若非如此，即使居高位，生活富裕，也会感到空虚、乏味，不知生活的乐趣究竟在哪里。

在成长的过程中，很多人因为遭受来自社会、家庭的议论、否定、批评和打击，奋发向上的热情会慢慢冷却，逐渐丧失了信心和勇气，对失败惶恐不安，变得懦弱、狭隘、自卑、孤僻、害怕承担责任、不思进取、不敢拼搏。事实上，他们不是输给了外界压力，而是输给了自己。很多时候，阻挡我们前进的不是别人，而是我们自己。

自信心训练

自信是走向健康的第一步，拥有自信的人更容易获得健康情绪，那么如何获得自信心呢？著名的成功学大师拿破仑·希尔曾提出通过自我暗示获得自信心的5个步骤：

1. 我要求自己为实现这项目标而持续不断地努力，我现在保证，一定立即采取行动。

2. 我明白，我意志中的主要思想最后将自行表现在外在的实际行动上，并逐步使它们变成事实。因此，我每天要花30分钟的时间，集中思想，思考我要变成怎样的人，通过这样的思考在意志中创造出一个明确的心理影像。

3. 我知道，经由自我暗示的原则，我在意识中一再坚持的核心欲望，最终将以某种实际的方式实现。因此，我每天要花10分钟的时间，暗示自己"我能达成心愿"。

4. 我已经清楚地写下一篇声明，描述我生活中主要的目标，我要不停地努力，直到我发现对实现这项目标充满自信为止。

5. 我充分了解，除非是建立在真理和正义之上，否则任何财富、地位都将无法天长地久，因此，我不会做出对所有人不利的行为。我将尽力争取其他人的合作，以获得成功。

因为我乐于替其他人服务，所以我将吸引其他人为我服务。我将消除憎恨、嫉妒、自私及怀疑，表现出对所有人的爱心，因为我知道对其他人抱着消极的态度，永远不会使我获得成功。我能使其他人相信我，因为我相信他们以及我自己，我将在这份声明上签上我的姓名，并下决心把它背诵下来，而且每天大声朗读一遍，并充分相信，它将逐渐影响我的思想与行动，使我成为一个自信而成功的人。

认真地反复读上面这些话，你就给了自己积极的情绪暗示。另外，心理学博士大卫·史华兹则从心理学的角度提出了建立自信心的5种方法：

挑最前面的位置坐

大部分占据后排座位的人，都希望自己不会"太醒目"，他们怕受人注目的原因就是缺乏信心。坐在前排能建立信心。把它当成一个规则试试看，从现在开始就尽量往前坐。当然坐前面会比较显眼，但要记住，有关成功的一切最终都是"显眼的"。

练习正视他人

一个人的眼神可以透露出许多信息。一个人不正视你的时候，你会直觉地问自己："他想要隐藏什么呢？他想对我不利吗？"不正视别人通常意味着："在你旁边我感到很自卑。我感到不如你。我怕你。"躲避别人的眼神也意味着："我有罪恶感。我做了或想了什么我不希望你知道的事，我接触你的眼神，你就会看穿我。"而正视别人等于告诉他："我很诚实，而且光明正大。我告诉你的话是真的，毫无心虚。"要让你的眼睛为你服务，也就是拥有专注别人的眼神。这不但能为你增加自信心，也能为你赢得别人的信任。

把你走路的速度加快25%

你若仔细观察就会发现，人类身体的动作是心灵活动的结果。那些遭受打击、被排斥的人，连走路都拖拖拉拉，很散漫。那些成功人士则表现出超凡的自信心，走起路来比一般人快，像是在慢跑。他们的步伐告诉这个世界："我要去一个重要的地方，去做很重要的事情。更重要的是，我会在15分钟内成功。"使用这种"走快25%"的方法，可助你建立自信心。抬头挺胸走快一点，你就会感到自信心的增长。

练习当众发言

在现实生活中有很多思路敏锐、天分较高的人，都无法发挥他们的长处参与讨论，并不是因为他们不想参与，而是他们缺少自信心。在会议中沉默寡言的人都认为："我的意见可能没有价值，如果说出来，别人可能会觉得很愚蠢，我最好什么也不说，不让他们知道我是怎样的无知。"这些人时常会对自己许下很微妙的诺言："等下次再发言。"可是他们很清楚这是无法实现的。当这些沉默寡言的人不主动发言时，就又中了一次自卑的毒，这也使他们越来越丧失自信心。但是就积极面来看，如果尽量发言，就会增加自信心，下次会勇敢地发言，所以，要多发言，这是自信心的"维生素"。不论是参加什么性质的会议，每次都要主动发言，也许是评论，也许是建议或提问题，都不要有例外。而且，不要最后才发言，要做破冰船，第一个打破沉默，也不要担心你会显得很愚蠢，不会的，因为总会有人同意你的见解。

咧嘴大笑

大部分的人都知道笑能给自己带来动力，它是拯救自信心不足的人的良药。但是仍有一些人不相信这一套，因为他们在恐惧时，从不试着笑一下。做一下这个实验：在你遭受打击时，尝试着大笑，也许你会说做不到，但你可以找一些超级搞笑的电影或漫画来看。在看之前，你要先告诫自己将痛苦暂时放一下，一定要专注地看。当你随着搞笑情节的进展而哈哈大笑之后，你就会发现恐惧、忧虑和沮丧都不见了，而自信心在慢慢增加。

积极情绪的核心就是自信主动意识，或者称作积极的自我意识，而自信意识的来源和成果就是经常在心理上进行积极的自我暗示。

一个人的自信决定了他的能力、热情以及自我激励的程度。一个拥有高度自信的人，一定会拥有强大的个人力量，他做任何一件事几乎都会成功。你对自己越自信，你就会越喜欢自己、接受自己、尊敬自己。

第五节
升华战胜一切的力量——提高热情

消融冷漠，去除人际隔膜

冷漠，就如同在人体内注入了"冰毒"，其中的痛苦是让人难以忍受的。孤独、冰冷、无助的感觉，会让人感觉到无法适从。拥有冷漠心理的人，会对什么事情都不感兴趣，做什么事情都觉得索然无味，而且内心很脆弱，很孤独，总是觉得世间很大，却没有自己的容身之所。而这样的想法，时常会让人产生悲观和厌世的情绪。可是怎样才能消除冷漠的心态呢？答案是热情，热情是消融冷漠的一剂良药。

肯定热情

永远不要失去应有的热情。若你能保有一颗热情之心，那么，冷漠就会消融，就会给你带来奇迹。两个具有相同才能的人，必定是那个更具热情的人会取得更大的成就。

许多人都或多或少地有些自卑感，常常低估自己，对自己缺乏信心，缺少热情，然而，每个人都应该相信自己的能力、精力与忍耐力，这种自信会给予你极大的帮助。热爱自己，肯定自己的热情，就会帮助你获得成功。

培养热情

消融冷漠需要培养热情。培养热情需要遵循以下两个步骤：

1. 深入了解每个问题。要对任何事情都具有热情，要学习更多你目前尚不热爱的事物。了解越多，越容易培养兴趣。有兴趣就有了热情，自然就驱赶了冷漠。

2. 做事要充满热情。你热心不热心或有没有兴趣，都会很自然地在你的行为上表现出来，没有办法隐瞒。

比如，微笑真诚一点，眼睛要配合你的微笑才好，当你对别人说"谢谢你"的时候，也要真心实意、充满热情。

你的谈话要真挚热情。说话热情的人都会受到欢迎。当你话语充满热情时，你自己也会变得很有热情。你必须时时刻刻保持活泼热情，这样才能消除冷漠。

满足他人的愿望

每个人，无论默默无闻或身世显赫，年轻或年老，都有成为重要人物的愿望。这种愿望是人类最强烈、最迫切的一种目标。只要满足别人的这项心愿，使他们觉得自己重要，你就会因为减少了冷漠让自己变得热情起来，同时，你也会因此而很快就步上成功的坦途。

采取热情行动

热情就是将内心的感觉表现到外面来。让我们用热情面对社会、面对工作、面对生活，采取热情行动，世界才能消除冷漠而更加温馨。

振奋精神

热情，是指深入人内心里的一种热烈的精神特质。如果你内心里充满要帮助别人的愿望，你就会一扫冷漠，兴奋不已。你的兴奋从你的面孔、你的灵魂以及你整个行为中辐射出来。你的精神振奋，也会鼓舞别人。

充满活力

一个人如果行动充满了活力，他的精神和情感也会充满了活力。充满活力的人斗志昂扬，精神抖擞，精力充沛，不畏艰险，不惧困难，坚持不懈，始终如一，绝不会冷漠处世。

语言鼓励

教练用语言来鼓舞球员，业务经理用语言来鼓励推销人员，以及其他人员用语言来鼓励一个团体。无疑这种语言就是团体奋进的助力器。虽然自己对自己进行精神鼓励并不普遍，却极为有效，其效果就像教练对球员的鼓励一样。在做任何事前，给自己一些语言方面的精神鼓励，鼓舞自己，消除冷漠，定将收到奇效。

多交流

交流不仅是克服冷漠的良方，也是攻克一切情感障碍的武器。

接触大自然

孤独、冷漠时，不妨跨上自行车去郊外转一圈，呼吸新鲜空气，消除胸中的苦闷和忧郁。

欣赏艺术

无论是文学、音乐或美术，都蕴涵着让人不得不折服的魔力。如果你爱上了这些无生命的东西，难道还会一味沉浸于冷漠情绪吗？

以上的方法尽管不一定能够彻底地消除冷漠的情绪，可是也会减缓对什么都不感兴趣的心理，让人们逐渐寻找到生活的乐趣。

热忱：促使你采取行动的原动力

积极向上的人总能感觉到生活中阳光普照，而失望、沮丧的人看见的只是阴影和暴风雨。无论遭遇挫折或失败，积极向上的人在心中都充满着不灭的热忱。

热忱是一种积极的心态意识。"热忱"这个词源自希腊文，直译过来是"内在的上帝"。也就是说，一个人热忱的能力来自于一种内在的精神特质。你微笑，因为你很快乐，而在微笑的同时你会变得更加快乐。热忱就像微笑一样，是会传染的。

一个人对于生活没有热忱，没有激情，他的生活是枯燥无趣的。

一个人对于工作没有热忱，没有激情，他的工作是没有效率的。

一个人没有热忱，没有激情，他的人际关系是很糟糕的，没有人愿意跟一个没有任何激情的人在一起。

无论你做什么事情，无论你所做的工作有多难，只要你有热忱，就能够无往不利、勇往直前。

热忱是一种重要的力量。你可以加以利用，克服自己对一些事物毫无兴趣的弱点，使自己获得好处。没有了它，人就像一块没有电的电池。

热忱是成功的源泉。你的意志力、追求成功的热忱愈强，成功的几率就愈大。

热忱是一种积极状态——你24小时不断地思考一件事，甚至在睡梦中仍念念不忘。事实上，一天24小时意识清楚地思考是不可能的。然而，有这种热忱却很重要。有了热忱，你的欲望就会进入潜意识中，使你或醒或睡都能集中心志。

热忱可使你释放出潜意识的巨大力量。在认知的层次，一般人是无法和天才竞争的，然而，大多数的心理学家都同意，潜意识的力量要比显意识的大得多。虽然，并不是所有的人都可以成为达·芬奇或比尔·盖茨之类的奇才，但是，我们有理由相信，如果能够发挥潜意识的力量，即使是普通人也能创造奇迹。

热忱并不复杂，热忱其实很单纯。真正的热忱常能带来成功，但如果热忱是出于贪婪或自私，成功也就如昙花一现。如果你对正义毫无感觉，凡事都以自己为出发点，同样的热忱也许一开始会让你尝到成功的甜头，但这样的成功是无法持久的。只有发自内心的热忱，才能造成震撼人心的效果。热忱是人生最珍贵的资产。

那么，如何构筑热忱的人生乐园呢？

积极的自我对话

如，"我是最好的"、"我是最棒的"、"我充满着激情"。

养成使用正面、积极词语的习惯

比如，不说"我不行"，而说"我可以"；不说"我试试看"，而说"我会"等，用正面词汇代替负面词汇。

放弃过去的创伤

太多的人每天花很多时间想着过去的创伤，不要把你的精力浪费在这些地方，用你的明智去学会原谅和遗忘。

在团体里寻找热情和快乐

世界著名潜能大师博恩·崔西说："一个人的幸福快乐80%来自于与他相处的人，20%来自于自己的心灵。"一个正面、积极的团队是你热情的源泉，可以召集一些思想积极的人，每个月聚会一次，一起讨论完成任务，激发彼此的脑力。

让你的每一天都活得精彩

最重要的是把每一天、每一刻都变成最开心的时光。牢牢记住，时间一旦过去，就会永远消失。

角色假定

假定你是自己心里向往或是崇拜的人的样子。

拥有热忱，并且下定决心，促使自己学习、奋斗、成长，这样才有资格摘下成功的甜美果实。缺乏决心与实际行动的梦想，生活的激情就会慢慢消失，种种消极与不可能的情绪可能会衍生，过着随遇而安、乐天知命的平庸生活。

热情真诚为你赢得附加值

世界从来就有美丽和兴奋的存在，它本身就是如此动人，如此令人神往，所以我们必须对它敏感，努力捕捉到让自己具备积极情绪的能量，永远也不要让自己失去那份对生活应有的热忱。

西塞罗说得好："做人如同制酒，坏酒禁不住时间的考验，容易变酸发臭，而好酒却会更显芳香。一旦拥有了热忱，我们能够在满头银发时依然保持心灵上的年轻，正如墨西哥湾过来的北大西洋暖流滋润了北欧的土地一样。"

卡耐基说一个年轻人最让人无法抵御的魅力，就在于他满腔的热忱。年轻人的积极情绪总会像磁场一样吸引着快乐向他走来，在年轻人的眼里，未来只有光明，没有黑暗，即使会遇到险境，最终也可以转危为安。他相信，人类历史过程中所有的快乐，都是为了等待他的出现，等待他成为真善美的使者。

永丰栈牙医诊所是一家标榜"看牙可以很快乐"的诊所，院长吕晓鸣医师说："看牙医一定是痛苦的吗？我与我的创业伙伴想开一个让每个人都感到快乐、满足的牙医诊所。"这样的态度加上细心地考虑患者真正的需求，让永丰栈牙医诊所和一般牙医诊所很不一样。

当顾客一进门时，迎面而来的是30平左右的宽敞舒适的等待区。看牙前，可以在轻柔的音乐声中，坐在沙发上，先啜饮一杯香浓的咖啡。

真正进入看牙过程，还可以感受到硬件设计的贴心：每个会诊间宽畅明亮，一律设有空气清洁机。漱口水是经过逆渗透处理的纯水，只要是第一次挂号看牙，一定会替病患者拍下口腔牙齿的全景X光片，最后还免费洗牙加上氟。一家人来的时候，甚至有一间供全家一起看牙的特别室。软件方面，患者一漱口，女助理立即体贴主动为患者拭干嘴角。拔牙或开刀后，当天晚上，医生或女助理一定会打电话到患者家里询问病人的状况。一位残障人士陈国仓到永丰栈牙医诊所拔牙，晚上回家正在洗澡，听到电话铃响，便走到客厅接电话。听到是永丰栈关心的来电，他感动得热泪盈眶，说："这辈子我都被人忽视，从来没有人这样关心过我。"

第十五章 满怀希望，激发自己的积极情绪

从一开始就想提供令就诊者感动的服务，吕晓鸣热情洋溢的态度赢得了市场，也增强了竞争力，在同一行业中没有哪家牙医诊所能及得上他们的影响力。虽然诊所位于商业大楼的6楼，但一开业就吸引了媒体竞相报道，甚至有人特意从农村来到城里看诊。

吕晓鸣的热情和真诚深深感染了别人的情绪，使得看牙医这件事变得快乐。同时，他令人感动的服务态度，为他赢得了市场，增强了竞争力，创造出了牙医的附加值。

我们很多都觉得身边的人对待自己总是很冷漠，社会上根本没有什么人情可言，感受不到正面的情绪力量，只觉得恐慌。但是，你有没有想过，自己可能就是产生冷漠情绪的根源，如果我们不对别人显示自己热情的微笑，别人又怎么能感受到你内心的渴望呢？

我们的情绪是可以调整的，我们的态度是可以改变的。保持一颗热情的心，你就会像一只火炬，温暖着身边的每个人。

成功学的创始人——拿破仑·希尔指出，若你能保有一颗热忱之心，那是会给你带来奇迹的。热忱是温暖的阳光，它可以化腐朽为神奇，给你温暖，给你自信，让你对世界充满积极的情绪力量。

放飞自己，你也有最美的羽毛

人的一生中会遇到各种各样的困难和挫折，逃避是解决不了问题的，唯有以乐观、热忱的精神去迎接生活的挑战。

无论是谁，心中都会有一些热忱，而那些渴望成功的人们的内心世界更像火焰一样熊熊燃烧，这种热忱实际上是一种可贵的能量。

戴尔·卡耐基便是生活的强者，他不仅克服了生活中的种种障碍，而且在自己的演讲生涯中创造了非凡的业绩。

在戴尔·卡耐基的生活中始终充满着乐观的情绪，每一次失败不仅没有击倒他，反而增强了他与困难作斗争的信心与勇气，力量和经验。他乐观热忱的精神也感染着他周围的人，包括他的朋友、同学和学生，甚至只见过他一面的人，也会为他的精神所鼓舞。

戴尔·卡耐基在课堂上比较喜欢引用纽约中央铁路公司前总经理的人生名言："我愈老愈确认热忱是胜利的秘诀。成功的人和失败的人在技术、能力和智慧上的差别并不会很大，但如果两个人各方面条件都差不多，拥有热忱的人将会拥有更多如愿以偿的机会。一个人能力不够，但如果具有热忱，往往会胜过能力比自己强却缺乏热忱的人。"卡耐基觉得这句话清晰地反映了自己的观点，他在总结前人经验的基础上，把热忱注入了学员的灵魂中。

生活需要热情，工作需要热情，就像人类需要阳光一样，伸出我们的双手，去创造一个新的天地。热情是一种执着，更是一种乐观，一个拥有热情的人，便有了原动力。他就能战胜任何困难和折磨，攀上辉煌的高峰。

但社会环境是复杂的，它不仅使你尝到生活的幸福、甜美，也让你领略一些艰辛，迫使你经受各种各样困苦的磨难和打击。面对这种情况，一些感情脆弱、意志不坚强的人，在心理上就会产生矛盾，变得心灰意冷，甚至看破"红尘"，于是生活的热情被压抑，原有的理想、信念统统被扔掉，长期的意志消沉往往会使他们转到另一个极致——变得冷漠无情、万念俱灰。其实，社会本来就是个五颜六色的大拼盘，人生道路不可能总是一帆风顺，只要你心中激情不熄，希望就不会失去，光明终会到来。

在工作中寻找乐趣

思科公司的总裁约翰·钱伯斯曾说过："我们不能把工作看作为了五斗米折腰的事情，我们必须从工作中获得更多的意义才行。"我们得从工作当中找到乐趣、尊严、成就感以及和谐的人际关系，这是我们作为职场人士所必须承担的责任。

有个英国记者到北美的一个部落采访,这天是个集市日,当地土著人都拿着自己的物产到集市上交易。这位英国记者看见一个老太太在卖柠檬,5美分一个。

老太太的生意显然并不太好,一上午也没卖出去几个。这位记者动了恻隐之心,打算把老太太的柠檬全部买下来,以便使她能"高高兴兴地早些回家"。

当他把自己的想法告诉老太太的时候,她的话却使记者大吃一惊:"都卖给你!那我下午卖什么?"

人生最大的价值,就是对工作保持兴趣。爱迪生说:"在我的一生中,从未感觉是在工作,一切都是对我的安慰……"然而,在职场中,像卖柠檬的老太太那样,对自己所从事的事业充满热情的人并不是太多,他们不是把工作当作乐趣,而是视工作为苦役。早上一醒来,头脑里想的第一件事就是:痛苦的一天又开始了……磨磨蹭蹭地挪到公司以后,无精打采地开始一天的工作,好不容易熬到下班,立刻就高兴起来,和朋友花天酒地之时总不忘诉说自己的工作有多乏味,有多无聊。如此周而复始。

工作是一个人价值的体现,应该是一种幸福的差事,我们有什么理由把它当作苦役呢?有些人抱怨工作本身太枯燥,然而,问题往往不是出在工作上,而是出在我们自己身上。如果你本身不能热情地对待自己的工作,那么即使让你做你喜欢的工作,一个月后你依然会觉得它乏味至极。

精神状态是可以互相感染的,如果你始终以最佳的精神状态出现在办公室,工作有效率而且有成就,那么你周围的人一定会因此受到感染和鼓舞,工作的热情会像野火般蔓延开来。

汤姆是一家电脑公司的业务主管,现在这家公司的生意相当火暴,公司的员工对待自己的工作也充满了热情。

但是,以前并不是这种情况。那时候,公司里的员工都已经厌倦了自己的工作,他们中的许多人都已经做好写辞职报告的准备了。但是,汤姆的到来改变了这一切,他对待工作充满了激情,这种精神状态燃起了其他员工胸中的热情火焰。

每天,汤姆第一个到达公司,并微笑着与每一个同事打招呼。工作时,他容光焕发,好像生活又焕然一新。在工作的过程中,他调动自己身上的潜力,开发新的工作方法。在他的影响下,公司的员工也都早来晚走,斗志昂扬,即使有时候腹中饥饿,也舍不得离开自己的工作岗位。因汤姆能经常保持这种激情四射的工作状态,在很短的时间内,便被经理提拔到主管的位置。

在他的带动和感染下,其他员工也一个个充满了活力,公司的业绩不断上升。

热情具有感染力,汤姆正是以他的热情感染着他周围的人。

如果把工作当作人生的使命,尽力把它做得完美,我们的成就感和信心就会愈来愈强,工作也会愈来愈顺畅。当别人看到我们热情地、努力地把工作做好时,自然会被我们感染。

工作并不只是谋生的手段,当我们把它看作人生的一种快乐的使命并投入自己的热情时,上班就不再是一件苦差事,工作就会变成一种乐趣,就会有许多人愿意聘请你来做你所喜欢的事。工作是为了自己更快乐!做快乐而又成功的工作,是一件多么幸福的事啊!

有关专家认为,保持对工作的新鲜感是保证你对工作充满热忱的有效方法。要想保持对工作恒久的新鲜感,首先,必须改变工作只是一种谋生手段的认识,把自己的事业、成功和目前的工作联系起来。其次,保持长久激情的秘诀,就是给自己不断树立新的目标,挖掘新鲜感,把曾经的梦想拣起来,找机会实现它。

以参与游戏的激情对待工作

工作就像是乘坐一辆列车去旅行,车刚刚开动的那一刻,我们心中充满高涨的情绪。但是随着景色渐渐平淡,我们的情绪也慢慢滑落,这时我们对工作不再充满激情。

但是,我们会发现,很多人玩游戏,玩多长时间都不会厌烦,游戏中的新奇和刺激永远激励着他继续玩下去。如果能为工作注入一些如玩游戏的激情,你的工作积极性也会提高,工作效益

第十五章 满怀希望，激发自己的积极情绪

也会芝麻开花节节高。

陈光大学毕业之后，自己经营一家日用品商店。生意一直不好不坏，自己也不知道是什么原因。商店运营不到一年，因亏损很大，面临着倒闭的风险。陈光心里非常郁闷。

一天，陈光在和一位邻居老大爷聊天的时候，提到商店经营的问题。经过一番攀谈，老大爷道出了一个秘密："孩子啊，经营商店需要热情。你看，每次大伙来你这里购买商品时，你不是在打游戏就是在和别人聊天，很多次大伙问你商品在哪里摆放着，你都不管不顾，这样下去商店迟早会关门，你应该用你玩游戏的激情来经营商店才是。"

老大爷的话一下子敲醒了陈光，他反思了自己存在的问题。自从商店安装电脑之后，他的注意力就一直在打游戏或者聊天上，极少热情地招待来购买商品的顾客。陈光下定决心摆脱之前的那种状态，每当有顾客上门时，他就主动走过去，咨询顾客需要购买的商品，每每有优惠活动的时候，他也会制作一些广告宣传页，或者打电话给周边的邻居，甚至有时候还送货上门。没多久，商店的生意日渐红火，陈光也沉醉在自己的事业中，乐此不疲。

故事中的陈光最初没有意识到自己存在的问题，当明白商店运营不当的原因之后，他便将商店当成充满乐趣的游戏场所，他热情地与顾客攀谈，并一直尽力提高服务质量以赢得顾客的信赖。在商品生意红火的时候，他的事业也如日中天。

陈光之所以能够取得事业的成功，得益于一个小小的秘诀，那就是：如果你能将自己所从事的工作当成一种有趣的游戏，而且能够以饱满的热情去经营它，成功的机会不久便会如约而至。

但是，很多白领在跨入职场之初，不但干劲十足、激情高涨，而且对自己的职业前途也寄予"厚望"。但一两年之后，也许就会感觉到自己简直与机器人一样，每天上了班就希望能早点下班，原先的激情早消失怠尽了。每一次工作中出现不顺心，就会"鼓励"自己换个工作环境，然而每一次的跳槽结果，都会使自己的情绪出现一阵低落。热情高涨的工作激情到底"跑"到哪里去了呢？

其实，事业上的成功很大程度上取决于个人对工作的态度，而非工作本身。如果把工作看作一场充满趣味的游戏，把自己当作游戏中的战士，我们就会仔细研究游戏中的所有规则，然后全力以赴地玩好这个游戏。这样一来，自己不仅能够从平凡的工作中感受到乐趣，又能轻而易举地获得成功。

带着激情去工作，把激情化作前进的动力，你的工作就会充满乐趣，在他人看来那些可能是"疯狂"的举动，却能为你带来成功。

第十六章
情绪掌控：你才是情绪真正的主人

第一节
懂得表达自己的情绪

用表情传递你的情绪

一个人的情绪往往通过他的表情表现出来。生活中，要懂得察言观色，才能更好地与人交流。不懂得观察表情的人，无法体会他人的情绪，也就没办法与他人沟通。这是社会上必需的交流技巧，更是职场上必须学会的阅读工具。

人的表情有很多种，喜怒哀乐尽显其中。每个人都有不同的个性，表情也各有不同。但是只要平时多留意一下对方的表情，随时注意身边的环境、气氛变化，就可以很好地把握他人的情绪。俗话说：知己知彼，百战不殆。当你真正了解一个人的时候，你就可以从他的表情中及时把握他的情绪脉搏。当然对于初次见面的人，要想掌握他的情绪，就要设身处地地从他的角度考虑问题。掌握了他的情绪，再对症下药，那么你所要办的事情也就迎刃而解了。

李明是一家小公司的普通员工。一天，他觉得身体不舒服，就来到了公司附近的诊所看病。当时恰好是周末，诊所的人特别多。医生忙得团团转，根本就没办法专心地给人看病，人群的不满和叫嚷声此起彼伏。一见这阵势，李明也犯起了愁。

好不容易轮到他，他心里早就已经不耐烦了。可那个医生更是疲惫不堪，身边堆了一大堆病例，还要接不断打进来的电话，看病人都已经不愿意抬头了。于是，李明在病历本上写下了一句话："您的项链真漂亮，一看就很有品位。"

烦躁的医生看到了这句话，脸上的表情缓缓舒展开了，微微抬起头，说："谢谢！"

李明接着说："是您把它戴得非常美丽。"这时候，医生显然有点不好意思了，不过脸上尽是得意的笑。

第十六章 情绪掌控:你才是情绪真正的主人

李明趁热打铁:"项链这么好看,感觉挺时尚的,是今年的新款吧?"

"是的,刚买没几天,我们这儿的同事也说好看,"医生像是找到知音似的,美滋滋地摸了一下自己的项链,"是我老公送的。"

"哦,你老公真体贴啊!真是让人羡慕呢!"李明发现医生的表情已经变得轻松畅快了。经过闲聊,医生的烦躁已经烟消云散了,认真地对李明进行了检查,开了药。李明也心满意足地走了。

李明简简单单的一句话起到了良好的效果,既缓解了医生疲惫的身心,能够为自己赢得好的治疗,同时也抚平了自己烦躁不安的情绪。

观察别人的表情是有技巧的:

首先,要善于捕捉他脸上的表情符号。专家研究表明,我们在沟通时,超过50%的效果取决于面部表情。面部表情主要有:喜悦、悲伤、厌恶、愤怒、惊讶、恐惧。及时捕捉对方说话时的每一个表情符号,能够准确地判断他的意图。虽然有的人故意掩饰自己的行为动作,但是他脸上的表情会泄漏他的秘密。

其次,辨别表情,离不开脸上的线条。嘴角和眉毛的上扬或下垂,嘴的开合,眼睛睁大或微眯,以及额头紧蹙或舒展。这些细节往往被人们忽略。我们看他人的表情,就要找准这些"线条",从而敏锐地判断他人的情绪。

每个人的情绪表达方式是不一样的,这增加了观察的困难。但只要细心观察,加上长期锻炼,相信你就会成为一个察言观色的高人。慈禧太后的城府极其深,不也被李莲英琢磨得相当透彻吗?所以,每个人都可以掌握他人的情绪,这就看你的眼睛是否锐利。

听声音,也能知晓情绪

一个人的情绪往往可以通过很多途径表达出来。除了面部表情,声音也是一个重要的因素。声音是一个非常正直诚实的伙伴。当你在同他人交谈时,语气和声调的变化,向听众传达的就是你的情绪。一般人都不会刻意对声音进行伪装,内心世界容易展现在听者的面前。因此,当你想要表达某种情绪的时候,不妨说出来。只要你内心是诚恳的,相信听的人一定会感受到你内心的真诚。

没有声音的世界是枯燥无味的,不懂得用声音来传达情绪的人,就失去了一个向他人抒发情绪的方式。既然声音有如此大的魅力,懂得运用自己的声音,也就可以准确地传达你的情绪,让他人知道你的真实意图,这样沟通就变得顺畅了。美国著名的政治家丹尼尔·韦布斯特就是运用声音的高手,不论是怎样棘手的状况,经过他铿锵有力的声音,面带微笑就可以把问题解决了。

声音是表达情感的一种直接的途径。喜怒哀乐,都需要通过声音来传达。尤其是在生活中,当你的内心愉悦时,你的声音就悦耳动听;当你内心苦闷时,你的声音也一定是沙哑无力的。温和的声音里,可以看到关爱与呵护的微笑的脸;粗暴的声音,似剑锋划过,留一道冷冷的风。

声音不仅为我们带来美好的享受,同时也是人与人之间交流的载体。当你与对方存在争执的时候,不妨把你的情绪通过声音表达出来,这样,对方就可以明白你的真实想法,从而有助于彼此矛盾的化解。当你的情绪是温和真诚的时候,相信对方也不会固执地将分歧扩大化。

你真正感受到的远远比你想的和说的重要得多。你的情绪从来不会撒谎。它是你的思想的真实显现,无论你是否按照真实的意愿在行动,它都是你真心实意的表达。不要忽视你的情绪,也不要试图压抑你的情绪。通过你的声音,好好地抒发你的情绪。

首先,你要做的就是倾听你的内心。只有准确地把握你的内心世界,你才知道自己的情绪是怎样的。其次,你可以通过语速、音量、语调等条件表达你的情绪。当你生气的时候,语速加快,音量增大。当你愉快的时候,语调愉快,整个人的精神状态都变得鲜活。

声音拥有无穷的魅力。它是一个朴实无华的承担者,是解读他人情绪的密码,同时也可以准确地表达你的情绪。当情绪需要表达的时候,不妨求助于声音这个沟通工具。

了解语言中的深层情绪

人与人之间的交流，都是通过对话来实现的。领会他人话语中的含义，才能有效地实现情绪上的互动。有时候，往往可以从他人的话语中，感知他人的情绪，判断对方当时的心理。结合谈话的场景和环境，就顺利沟通。如果无法体会对方的情绪，不仅会使交流出现困难，甚至某些情况下可能产生误会，这就是所谓的"会错意"。

会错意，顾名思义，就是把对方的意思理解错误。通常情况下，如果双方的交流不是特别频繁，或者了解不够透彻，那么就应该注意对方说话的语气和语调。毕竟汉语的字面意思是很好理解的，但是，汉语博大精深。有些时候，即使用词上有一个细小的差异，表达出的意思也会是不一样的。与人交流，首先就要明白对方的意思。否则，理解出现了偏差，就会导致误会和矛盾的产生。这就好比男人和女人之间的沟通障碍。女人思维感性，说话往往偏向于感情的交流；男人则偏向于事情的逻辑顺序。如果不能从对方的话语中理解对方的情绪，双方的交流就变得扑朔迷离。生活中也是这样。每个人的性格特点都有差异，只有体会他人话语的意思，准确抓住对方的情绪波动，才能更好地实现交流互动。

张杰是某大学篮球队的主力，林楠是拉拉队的队长，两人认识不久就坠入爱河。张杰很爱交朋友，为人爽朗，但就是不善于揣度女孩子的心思；林楠属于心思细腻的女生，感情比较丰富，两人起初进展得挺顺利，可时间一长，问题就出来了。

每逢篮球比赛结束，张杰就拉着林楠出去跟朋友聚会。林楠虽然不是特别讨厌聚会，但她担心张杰太累，想让他早点回去休息。于是，几次之后，就劝张杰改天再聚。为人耿直的张杰没有体会到林楠的好意，还以为林楠故意想疏远他跟朋友的关系，两人因为这件事情总是争吵不断。

一次，刚进行完比赛，林楠找到张杰，说自己有点累。张杰说："那这次的聚会你就不要参加了，回去好好休息吧！"林楠心里本来就不高兴，想让张杰送她回家，一听这话，立马不高兴了，怒气冲冲地说："我自己一个人害怕！"可怜的张杰还是没有觉察出林楠的不高兴，随口说道："那就找个同学陪你吧！"没等张杰说完，林楠就气呼呼地跑了。

张杰没有理解林楠话中的真实意图，没有体会林楠的情绪，导致误会的产生。男女朋友之间，本就应该了解对方的性格特点和说话方式。为人爽朗的张杰揣测不到林楠的小心思，林楠又是一个不愿意直接表达自己想法的女孩子，两人的矛盾，就在于都无法通过对方的话语判断对方的情绪。如果林楠了解张杰的个性，恐怕也不会因为张杰对自己疏忽而生气了。中国人讲究含蓄之美，说话也不例外，常常不会把话说得特别清楚，所以两个人必须相当默契，才有可能完全明白对方话中含带的情绪。

生活中这样的状况时有发生。真正的成功者，懂得运用自己的感官和听觉能力，识别他人话中表达的情绪，从而实现零距离沟通。

倾听他人话中的情绪很重要，明白无误地表达自己的情绪同样重要。如果你无法通过话语，把自己的内心真实地表达出来，对方也就无法聆听你内心的声音了。

那么，如何通过说话传达你的情绪呢？

首先，语气一定要温和婉转。声调要和悦柔顺，使听者悦耳；态度要温和诚恳，使见者动容；措辞要圆润周到，使听者感动；三者缺一，绝不能算是婉转。

其次，要明达不紊，条理清楚，措辞准确。语言要层次分明，先后有序，应该说的话，用最经济的说法表达出来；不必说的话，一句都不说，这种措辞组织，都须有相当分寸，事前当然要有一番准备的，否则临时应付，肯定有很多遗漏，算不上明达了。

最后，语气要诚恳亲切。你可以用柔和的眼光，正视对方，态度诚恳，语气诚恳；最不好的现象，是对话时双手搭着天平架子，挺着胸脯，双目视于他处，更不能耷拉着头，表示出一种可怜兮兮的神情。

懂得了倾听，学会了倾诉，准确地理解了他人的情绪，同时也正确地表达了自己的情绪，才能真正做情绪的主人，进而与他人顺利沟通。

第十六章 情绪掌控：你才是情绪真正的主人

隐藏在习惯动作中的情绪

下意识的习惯动作往往能真实地暴露一个人的情绪。研究表明，人可以掩饰自己的语言，但是肢体语言无法掩饰。一旦某些小动作形成习惯，就会在不自觉的时候表现出来。与人交流的时候，通过他人不经意的小动作，可以巧妙地判断对方的情绪变化。每个人都有这样的直觉，只是有的人没有在意这样的小细节。比如，有的人喜欢在不知所措的时候摸一下自己的鼻子。这是情绪紧张引起的鼻腔组织充血造成的瘙痒。再比如，有的人喜欢兴奋的时候翘起小腿，有的人习惯在紧张的时候东张西望。这样的小动作就能帮我们向对方传递情绪信息。但是，如果表达不准确，就会引起他人的误解。

每个人都有一些习惯性的小动作。有时候，这些小动作在他人眼中或许不是特别重要，但是，我们应该小心，如果造成一定的误会，得不偿失。日常生活中，小动作主要有以下几种：

吐舌头

有的人喜欢在做错事情或者搞恶作剧的时候，频繁地吐舌头。这表面上看起来像是很可爱的表现，实际上是不自信的表现。心中缺乏勇气，人体就会不自觉地做出一些应急反应。

东张西望

有的人与他人交谈时，会不自觉地东张西望，或者摆弄自己的衣服角，或者不知道手该放在哪里。这样的小动作，或许是因为紧张情绪调动身体内部组织的运动带来的一些外在的表现。

时常对别人动手动脚

有的人，在与熟悉的人交谈时，为了表示亲密，或者为了表示对别人的同情和安慰，常常拍拍对方的肩膀，这是一种骄傲的情绪表现。感觉自己比对方有优势，从而生发出对对方的怜悯。

用手捂嘴

有的人，与人交谈时，经常会下意识地捂住自己的嘴，这是害羞情绪的表现。这样的人，不善于在别人面前展示自己，害怕出状况，经常会用这样的小动作来掩饰自己内心的不安。

另外，很多人总担心不能引起别人的注意，所以会精神紧张，表情、动作僵硬等从而产生很多潜意识的小动作。其实，只要努力提高自身素质，有意识地锻炼自己，临场时就会放松心情，释放自己独有的个性和特质。免去了矫揉造作，对方也会因为你的率真而喜欢你。交流起来也就顺畅了。

第二节
学会引导他人的情绪

给彼此一个由衷的微笑

诗人汪国真写道："给我一个微笑就够了，如薄酒一杯，像柔风一缕。这就是一篇最动人的宣言呵，仿佛春天，温馨又飘逸。"微笑是一种感染他人情绪的积极有效的方法。

一个微笑只是瞬间，但有时留给他人的记忆却是永远的，这种记忆更多的是一种情绪上的记忆，当他想到你曾经的温暖笑容时，情绪立刻就会好转，微笑的魅力就是如此巨大。世上没有一个人富有和强悍得不需要微笑，世上也没有一个人贫穷得无法微笑。

一天，晓妍去拜访一位客户，但是很可惜，他们没有达成协议。晓妍很苦恼，回来后把事情的经过告诉了经理。经理耐心地听完了她的讲述，沉默了一会儿说："你不妨再去一次，但要调整好自己的心态，要时刻记住运用微笑，用你的微笑打动对方，这样他就能看出你的诚意。"

晓妍试着去做，她表现得很快乐、很真诚，微笑一直洋溢在她的脸上。结果对方也被晓妍感染了，他们愉快地签订了协议。

晓妍结婚已经两年了，每天的忙碌生活让她顾不上照顾丈夫，她也很少对丈夫微笑。现在，晓妍决定试一试，看看微笑会给他们的婚姻带来什么效果。

第二天早上，晓妍梳头照镜子时，就对着镜子微笑起来，她脸上的愁容一扫而空。当她坐下来开始吃早餐的时候，她微笑着跟丈夫打招呼。他惊愕不已，非常兴奋。在这两周的时间里，晓妍感受到的幸福比过去两年的还要多。

现在，晓妍上班时，就对大楼门口的电梯管理员微笑；她微笑着跟大楼门口的警卫打招呼；站在交易所时，她对工作人员微笑。晓妍很快就发现别人同时也对她微笑。一段时间之后，她发现微笑带给她更多的收获。晓妍现在经常真诚地赞美他人，停止谈论自己的需要和烦恼。她试着从别人的角度看事情。这一切真的改变了她的生活，她收获了更多的快乐和友谊。

有人说，人的微笑魅力无穷，它能融化一切。这话一点也没错，只有那些带着自信的微笑的人才能影响更多人的情绪，才会得到更多的合作，更多的信任，更多的爱。

一个微笑能为家庭带来愉悦，在同事中培养善意。它为友谊传递信息，为疲乏者带来休憩，为沮丧者带来振奋，为悲哀者带来阳光，它是大自然中去除烦恼的灵丹妙药。然而，它却买不到，求不得，借不了，偷不去。因为在被赠予之前，它对任何人都毫无价值可言。有人已疲惫得再也无法给你一个微笑，请你将微笑赠予他们吧，因为没有人比无法给予别人微笑的人更需要一个微笑了。

微笑是自信的标志，也就是向外界宣扬你积极情绪的最好标志，它是人的宝贵财富。人们往往依据你的微笑来获取对你的印象，从而决定对你的态度。只要人人都献出一份微笑，人与人之间的沟通将变得十分容易。

一个人面带微笑，远比他穿着一套高档、华丽的衣服更能影响他人情绪，他也更加受人欢迎。因为微笑是一种宽容、一种接纳，它缩短了彼此的距离，使人与人之间心心相通。喜欢微笑着面对他人的人，往往更容易走入对方的天地。难怪学者们强调："微笑是成功者的先锋。"微笑就是无声的语言，它所表示的是："你使我快乐，我很高兴见到你。"笑容是结束话语的最佳"句号"，这话真是不假。

有微笑面孔的人，就会有希望。因为一个人的笑容就是他传递好意的信使，他的笑容可以照亮所有看到他的人。没有人喜欢和那些整天愁容满面的人交往，更不会信任他们。很多人在社会上站住脚是从微笑开始的，还有很多人在社会上获得了极好的人缘也是从微笑开始的。

有人做了一个有趣的实验，以证明微笑的魅力。他给两个人分别戴上一模一样的面具，上面没有任何表情，然后，他问观众最喜欢哪一个人，答案几乎一样：一个也不喜欢。因为那两个面具都没有表情，他们无从选择。

然后，他要求两个模特儿把面具拿开，现在舞台上有两张不同的脸，他要其中一个人把手盘在胸前，愁眉不展并且一句话也不说，另一个人则面带微笑。

他再问每一位观众："现在，你们对哪一个人最有兴趣？"答案也是一样的，他们选择了那个面带微笑的人。

微笑是一种情绪状态，也反映出一种生活态度。根据专家研究表明，不喜欢微笑的人，大多都消极悲观，缺乏自信，甚至无法对自己与他人做出正确的评价。比如说，有一个女人，总是认为自己长得不漂亮，家境又不好，而且没有男朋友，于是便很自卑，每天只是想着自己的这些缺陷，对快乐、高兴的事也漠不关心。同时，她一直以为旁人是用蔑视的目光来看她——事实并不是这样——是她用主观臆想来渲染别人的目光。于是，她就会越来越消沉，陷在自己悲观的情绪里。正所谓，同一幅画面，有的人看到的是鲜花之后的墓地，有的人看到的是墓地前的鲜花。

心中有朝阳，脸上有微笑。不仅绽放自己，也感染周围人。驱逐内心的阴霾，获取良好的、积极的生活态度与人际关系，从让自己微笑开始吧。

第十六章 情绪掌控:你才是情绪真正的主人

如何激发对方的说话情绪

在有些场合,出于防备心理,人们不喜欢开口和陌生人说第一句话,此时,你就应该学会去激起谈话对象的某种情绪,让他滔滔不绝地讲述自己。

一次,日本推销大师夏目志郎去拜访一位绰号叫"老顽固"的董事长。不管夏目志郎怎么滔滔不绝,怎么巧舌如簧,他就是三缄其口,毫无反应。

夏目志郎也是第一次接触到这样的客人,于是,他用起了激将法。

夏目志郎故作冷漠地说:"把您介绍给我的人说得一点没错,您任性、冷酷、严格,没有朋友。"

这时,这位董事长面颊变红了,望着夏目志郎开始有反应了。

夏目志郎继续说:"我研究过心理学,依我的观察,您是面恶心善、寂寞而软弱的人,您想以冷淡和严肃筑起一道墙来防止外人侵入。"

这时,董事长第一次露出了笑脸:"我是个软弱的人,很多时候我无法控制自己的情绪。我今年73岁了,创业成功50年,我是第一次见到像你这样直言不讳的人,你有个性。是的,我拒绝别人,是为了保护自己,不让别人靠近我身边。"

"我想这是不对的。您知道中国汉字中的'人'字是怎么写的吗?'人'这个字,包含着人与人之间相互支持与信赖的意思,任何生意都从人与人的交往产生的。人不需伪装,虚伪的面具会使内容变质。"

自此以后,他们聊得越来越投机,董事长已经把夏目志郎当成了朋友,自然他也成了夏目志郎的长期客户。

其实,很多时候人们并非不愿意开口,只是你没有引起他们的兴趣,激发他们的情绪。他们也是有"情绪开关"的,只要你能准确把握并且适时打开它,就能够打破尴尬气氛,让他们主动开口。下面就有一些简单的方法,能教会你如何激发他人的谈话情绪。

假如你正坐在火车上,你已坐了很久了,而前面还有很长很长的路程。你想与他人讲讲话,这是人类的群体性在和你作祟,而你要尽力使你的谈话显得有趣和富有刺激性。

坐在你旁边的一位像是一个有趣的旅客,而你颇想了解他的情况,于是你便搭讪道:"对不起,你有火柴吗?"

他一句话也不讲,只是点点头,从口袋里掏出一盒火柴递给你。你点了一支烟,在还给他火柴时说了声"谢谢",他又点了点头,然后把火柴放进了口袋里。

你继续说:"真是一段又长又讨厌的旅程,你是否也有这种感觉?""是的,真讨厌。"他同意着,而且语调中包含着不耐烦的意味。"若看看一路上的稻田,倒会使人高兴起来。在稻谷收获之前的一两个月,那一定更有趣。"

"唔,唔!"他含糊地答应着。这时你再也没有勇气说下去了。你在农业方面,给他一个表现兴趣的机会,他若是个农夫,接下来他一定会发表一番他的看法。

假若一个话题能引起他的兴趣,那么无论他是如何内向的一个人,他也会发表一些言论的。因此你在谈话停滞之时,思考了一番后,又重新开始了。

"天气真好,爽朗极了!"你说,"真是理想的踢球时节。今年秋季有好几个大学的球队都很出色呢!"那位坐在你身旁的乘客直起身来。

"你看理工大学球队怎么样?"他问。你回答:"理工大学球队很好,虽然有几个老将已经离队,然而几位新人都很不错。"

"你曾听到过一个叫李刚的队员吗?"他急着问。

你的确听说过这个球员,你猛然发现此人和李刚长得很像,立刻毫无疑问地判断李刚定是此人之近亲,于是你说:"他是一个强壮有力、有技巧,而且品行很好的青年。理工大学球队如果少了这位球员,恐怕实力将会大减。但是李刚快要毕业了,以后这个队如何还很难说。"

这位乘客听了这话便兴高采烈、滔滔不绝地和你谈了起来。

可见,你激发了他谈话的情绪,情绪一上来,就很难控制,谈话就会滔滔不绝。

和陌生人谈话的场合是不可避免的，那种紧张压抑的气氛抑制了大家说话的勇气，这时，必须想办法挑起一种快乐的情绪，让所有人都参与到交谈当中来。

一般说来，对一个素不相识的人，只要事先做一番认真的调查研究，你往往都可以找到或近或远的亲友关系。而当你在见面时及时谈到这层关系，就能一下子缩短彼此的心理距离，使对方产生亲近感。

一个人爱不爱说话，关键看他的情绪状况是怎样的，有很多沉默寡言的人，当其说话的情绪被激发时，也会滔滔不绝。

演讲中如何掌控听众情绪

演讲中，由于演讲者自身的关系，以及外部因素的影响，听众对演讲的关注度会随着情绪的下降而产生转移，从而直接影响演讲的进行。这个时候，演讲者的信心也会受到严重的打击。那么如何有效地把控听众的情绪，让他们始终关注演讲呢？

满足求知欲

陌生的知识领域或神秘不可知的事物总是能引起人们的求知欲，激起探索的欲望，对于不知道的东西，想要弄清楚其工作原理，这是人们的本能，针对这种奇闻轶事展开话题可以大大地吸引听众的注意力。

刺激好奇心

好奇心是每个人都具备的特征。演讲者可以利用这种好奇心，通过各类趣闻、名人轶事、突发事件、科学幻想、传奇经历等内容，来激发听众的兴趣。

利益相关切

在很多单位都会有这样一种现象，公司的一些大的发展方向或者整体规划往往不能得到每个员工的重视。相反地，每个小的细节例如年终奖金的评定方法、午餐的标准，这样的事情反而能赢得大部分人的关注，这是因为群众最关心的无非就是涉及自己切身利益的事情。所以，纵观各种说话内容，一旦关系到吃、穿、住、行、生活琐事的都会非常受欢迎。所以高明的说话者常常能将要说的问题和人们生活中的实际利益联系到一起，例如在讲解全球变暖，号召大家爱护环境时，可以不用空洞的说明，而是根据现实生活中的实际情况来说明：夏天气温越来越闷热等。

信仰的话题

在物质生活越来越丰富的今天，人们对于理想和信仰的追求也越来越明确，没有探索、没有理想的人几乎是没有的。古今中外，人们都在为信仰和理想而不停地奋斗着。

因此，有关这方面的话题能够被大多数的群众所接受，尤其是青年听众，他们正处于人生观、价值观形成的时期，关于信仰和理想的演讲对于他们正是良好的启迪。同时也要注意演讲的内容必须要有针对性、现实性，符合现实生活，符合时代的需求，只有这样才能达到励志的目的。

娱乐性话题

现代人的生活节奏越来越快，工作生活的压力也越来越大，这样的生活使得人们的心情越来越烦躁，为了缓解人们的压力，可以进行娱乐性的演讲。一般娱乐性的演讲大都是选择一些社会上热议的话题，通过演讲者在演讲中穿插些幽默、笑话或娱乐性故事以在短时间内提起听众的兴趣。礼仪场合或者社交场合大都喜欢用这种话题来缓解或者活跃气氛。

让听众的情绪随着你走，才算是真正效果的演讲，你的演讲才会对听众产生影响，敲击他们的心灵。所以，除了关注自身语言技能的精湛以外，还要多达到与听众之间的情绪互动，这样才能成为一个真正优秀的演讲家。

向他人传递出积极的情绪

在生活当中，人与人之间的情绪可以相互传染，也就是说，大部分的人在感受到他人的情绪时，往往会激发自己产生出与其相同的情绪，虽然很多时候我们意识不到这一点，但它确确实实存在。

情绪的传染往往是从情绪强的一方传递到比较弱的一方。很多人之所以能影响其他人，是因为他们都是那些具有强烈情绪传染力的人。

一天清晨，在一列开往柏林的老式火车的卧车中，查尔斯和另外四个男士正挤在洗手间里刮胡子。经过一夜的疲困，隔日清晨通常会有不少人在这个狭窄的地方洗漱一番，此时人们多半神情漠然，彼此间也不交谈。

就在此刻，突然有一个面带微笑的男人走了进来，他愉快地向大家道早安，却没有人理会他的招呼。之后，当他准备开始刮胡子时，竟然哼起歌来，神情显得十分愉快。男人的这番举止让查尔斯感到很奇怪，于是他用开玩笑的口吻问道："喂！老兄，你好像很得意的样子，遇到什么好事了？"

"是的，你说得没错，"男人回答，"正如你所说的，我是很得意，因为我真的觉得很愉快。"然后，他又说道，"我只是把使自己觉得幸福这件事，当成一种习惯罢了。"

后来，在洗手间内所有的人都把"我只是把使自己觉得幸福这件事，当成一种习惯罢了"这句深富意义的话牢牢地记在心中。

到达柏林后，查尔斯仍然时时想起这句话。他时时提醒自己，要把幸福当成一种习惯，在这种情绪的激励下，他也慢慢变得开心多了。

在上面这个例子中，查尔斯就是受到了那个男人强烈的情绪传染，变成了一个快乐的人。当然我们不能忽视一点，那就是强烈的消极情绪也可以给别人以影响，但是这种影响往往是消极的、不良的。要成为一个有积极影响力的人，我们就要传递积极的情绪，那些给别人带来震撼的人士，并不见得是成功的人，但往往都是那些能把积极的情绪传递给别人的人。

棒球王贝比·鲁斯，在他的棒球生涯中，一共击出了714记全垒打，被誉为历史上最卓越的棒球选手。其中，最后一记本垒打为鲁斯的棒球职业生涯画上了一个完美的句点，与其伴随的还有一个感人的故事。

那时，闻名遐迩的鲁斯年龄已经大了，已不再像年轻时那般身手灵活了。在守备上由于他一再漏接，单单在一局中就让对方连下5城，而其中的三分都是由于他的失误所造成的。他在那场比赛中已经连续被三振两次了，英雄似乎走上了末路。

当他就要第三度上场时，此时球赛已进入最后一局的下半局，勇士队两人出局两人在垒，刚好落后对方两分……

当他举步维艰地迈向打击区时，观众们一阵阵的叫嚣声震耳欲聋，奚落的嘲笑与嘘声不绝于耳。

此时，鲁斯已没有信心再打下去了，他缓步走回休息区，向教练要求换别人打。

但就在这一刻，一个男孩费力地跃过栏杆，泪流满面地展开双臂，抱住了心中的英雄。鲁斯亲切地抱起男孩，许久才放下，然后轻轻地拍拍他的头。

这时，球场沉浸在一片宁静中。他又缓缓地走回球场，接着就击出那记最具意义的全垒打。

在鲁斯正要绝望的时候，那个男孩的拥抱传递给他积极的情绪，使他能够积极地面对职业生涯上的瓶颈，可能这个男孩子和鲁斯都想不到，一个鼓励的拥抱可以传递这么强大的情绪力量，发挥这么大的作用，但显然它确实产生了让人感觉不可思议的结果。

约翰·米尔顿曾经说过："一个人如果能够控制自己的激情、欲望和恐惧，那他就胜过国王。"相对于控制自己的情绪，传递给别人积极的情绪无疑显得更为伟大。不夸张地说，有很多时候，这些积极的力量甚至使我们的生命转到了更有意义的方向，可见传递别人积极的情绪具有多么大的魔力。

如果能够每天都保持着积极的情绪，无疑也是在向别人传达着积极的信号，因为我们的情绪可能在自己无意识的状态下传递给周围的人。而保持积极的情绪并把它传递给别人，是增强自我影响力的重要途径。

学会对他人感兴趣

在交往中,人人都希望自己能受到别人的欢迎,进而享受这份愉悦的情绪。但要做到这一点,并不容易。如果只想在别人面前表现自己,使别人对自己感兴趣,说明他只把情绪点聚焦在自己身上,那么他将永远收获不了快乐,也不会得到真挚的友谊。真正的朋友,不是以这种方式来交往的。在社会生活中也是如此,人们对待每件事情,总是本能地从自身情绪点出发来考虑,这无可厚非,可是人毕竟要在这个社会中生活,而且要享受与人交往的快乐,这就要求我们不能只考虑自己的情绪。

著名的汽车推销员乔·吉拉德,一次向一位先生推销汽车,终于说服了对方。那位先生在把钱递给乔·吉拉德时,谈起了自己的儿子,说自己的儿子如何了不起。可乔·吉拉德对他的儿子不感兴趣,只想快点拿到钱。乔·吉拉德的表现引起那位先生的不满,乔·吉拉德还没有接到钱,那位先生就转身走了。

乔·吉拉德晚上给那位先生打了一个电话,问他为什么要把钱收回去。那位先生回答:"没什么,就是我在跟你谈我心爱的儿子的时候,你对我的儿子不感兴趣。"

那位先生向吉拉德谈起自己的儿子,其实就是希望得到吉拉德的认可,但吉拉德只专注于自己赶紧做成生意拿到钱,不考虑他人的情绪,由此反馈出的漠然态度引起了那位先生的不满。因此,吉拉德丧失了这次赚钱的机会。

已故的维也纳著名心理学家亚德勒在一本叫作《人生对你的意识》的书中说道:"不对别人感兴趣的人,他一生中的困难最多,对别人伤害也最大。所有人类的失败都出于这种人。"

哲斯顿被称为魔术师中的魔术师,在他40年的表演生涯中,他走遍了世界各地,表演了无数使人瞠目结舌的幻术,共有6000万人买过他的票。当有人问他成功的秘诀时,他坦言他的成功与学校教育没有多大关系,因为他小时候是个流浪儿,他最早的识字课本是铁道沿线上的标识。他的魔术知识也不是最丰富的。但有两样东西是他独有的:一是他能在舞台上充分展示自己的个性,二是对别人由衷地感兴趣。

许多魔术师看着观众迷惑的样子,就在心里对自己说:"坐在台下的都是傻瓜,我要骗他们太容易了。"但哲斯顿完全不同,他每次登上了舞台,都要在心里重复说几遍"我爱这些观众"。对此他解释道:"我有理由喜欢和感激他们,因为他们来看我的表演,我才能过上我想过的生活。我必须把我的看家本领拿出来,让他们快乐。"哲斯顿钻研魔术的目的不仅仅是赚钱,对他来说,观众的快乐也是他最大的快乐。

哲斯顿的成功秘诀就是对别人感兴趣,真的就是这么简单。当哲斯顿对别人流露出感兴趣的表情和动作时,观众是能够感知他的情绪状态的,并会被他感染。

如果你要交朋友,就要以积极的情绪去迎合别人。当你接电话时,声音要显示出你很高兴对方打电话给你。纽约电话公司要求接线员口气要显露出愉快的心情:"您好,我很高兴为您服务!"

如果你希望别人喜欢你,就要抓住其中的诀窍:了解对方的兴趣,针对他所喜欢的话题与他聊天。

在与人相处时,要尽量让对方明白,对方是个重要人物。

人都喜欢那些欣赏和关心他的人,人都需要别人对他感兴趣,因为没有人喜欢被遗忘。

第三节
正确地思考才能拥有好情绪

执着，但不固执

执着是一种很好的品质，但执着与固执只在一念之间。执着过头了，就会变成固执，在遇到任何事，如果固执不肯改变，情绪就一直处于紧绷的状态，一旦有人提出反对，或是有外物影响自我，都有可能让自己情绪爆发。所以我们无论做人还是做事，都要学会在思考上保持理智，在情绪上保持冷静。只有理智和冷静，才能找到情绪表达的度。

固执地坚守某一样事物，不愿有丝毫改进，往往容易偏离目标，铸成大错。做人做事都不可以太固执，应该充分考虑他人的意见，因为没有一个人的思想总是正确无误的。执着地追求某一样东西，是需要智慧的，如果不切实际地坚持一己之见，不接受新事物，不愿做丝毫的改进，那么，所追求的目标肯定很难实现。

许多人常咬定"青山"不放松，绝不言放弃，却只能败得一塌糊涂。事实上，换一个角度，换一种方法，将会"柳暗花明又一村"。人们无一例外地被教导过，做事情要有恒心和毅力，比如："只要努力、再努力，就可以达到目的。"但是，有时你如果按照这样的准则做事，你就会不断地遇到挫折和产生负疚感。由于"不惜代价，坚持到底"这一教条的影响，那些中途放弃的人，常常被认为"半途而废"，令周围的人失望。

有一个年轻人出生在农村，他从小就渴望成为一个作家。为此，他十年如一日地努力着。他每天坚持写作500字，一篇文章完成后，他反复修改，直到自己满意之后，才满怀希望地寄往远方的报社、杂志社。

可是，多年以来，他写的东西从没有只字片言变成铅字，甚至连一封退稿信也没有收到过。29岁那年，他总算收到了第一封退稿信。那是他坚持投稿的刊物的总编寄来的，信中写道："……看得出，你是一个很努力的青年。但我不得不遗憾地告诉你，你的知识面过于狭窄，生活经历也相对苍白，这些说明你可能不适合创作这条道路。但我从你多年的来稿中发现，你的钢笔字越来越出色……"

这个投稿的年轻人就是张文举，现在是有名的硬笔书法家。记者们去采访他，提得最多的问题是："您认为一个人走向成功，最重要的条件是什么？"

张文举说："一个人能否成功，理想很重要，勇气很重要，毅力很重要，但更重要的是，人生路上要懂得舍弃，更要懂得转弯！"

执着，但不固执，就是要适时调整自己的状态和方向。张文举不适合当作家，却意外地成为一个书法家。"条条大路通罗马"，此路不通，请走彼路。人的成长路途中有许多的机遇，只要变通一下，也许就会柳暗花明。

坚持是一种良好的品性，可是如果这个目标是错误的，而他仍要奋力向前，并且又自以为自己意志坚定、态度坚决，那么，由此导致的恶劣后果，恐怕比没有目标更为可怕。因为，在错误的道路上，过分坚持会让我们迷失在自己的情绪困境中，从而导致更大的失败。这个时候所做的所有努力都是徒劳的。成功者的秘诀是随时检视自己的选择是否有偏差，合理地调整目标，放弃无谓的坚持，轻松地走向成功。

我们无法改变生存的外在环境，但是我们可以转换一下自己的思维，适时改变一下思路，只要我们放弃了盲目的执着，选择了理智的改变，就有可能开辟出一条别样的成功之路。世界上没有死胡同，关键就看你如何去寻找出路。

其实，有些事情，你虽然付出了很大努力，但你会发现自己却处于一个进退两难的境地，这时候，最明智的办法就是抽身退出，寻找其他的成功机会。

没有果敢的放弃，就没有辉煌的选择。与其苦苦挣扎，撞得头破血流，不如潇洒地挥挥手，勇敢地选择放弃。

站在对方的角度看问题

我们共同生活在这个世界上，但是我们每个人之间存在着很多不同，这些不同有可能是源于我们生活的背景、性格的差异。有的人总是坚持自己的原则、自己的性格，这并没有错。但是每个人从来都不是独立活在世界上的，都需要别人的协作。如果一味地固执己见，必然让双方都会陷入愤怒的情绪中。我们没有必要把自己的想法强加给别人，却必须学会从他人的角度思考问题。一个情绪掌控高手会用以心换心的方式与人交往，即便是自己的亲人也要站在对方的角度去感受。

一位母亲在圣诞节带着5岁的儿子去买礼物。大街上回响着圣诞赞歌，橱窗里装饰着彩灯，盛装可爱的小精灵载歌载舞，商店里五光十色的玩具琳琅满目。

"一个5岁的男孩将以多么兴奋的目光观赏这绚丽的世界啊！"母亲毫不怀疑地想。然而她绝对没有想到，儿子呜呜地哭出声来。"怎么了，宝贝？""我……我的鞋带开了……"母亲不得不在人行道上蹲下身来，为儿子系好鞋带。母亲无意中抬起头来，啊，怎么什么都没有？没有绚丽的彩灯，没有迷人的橱窗，没有圣诞礼物，……原来那些东西都太高了，孩子什么也看不见！这是这位母亲第一次以5岁儿子目光的高度仰望世界。她感到非常震惊，立即起身把儿子抱了起来……

从此这位母亲牢记，再也不要把自己认为的"快乐"强加给儿子。"站在孩子的立场上看待问题"，这位母亲通过自己的亲身体会认识到了这一点。

孩子看见的东西，母亲不一定能看到，而母亲能看到的东西，孩子不一定能看到。然而如果母亲放低身子或让孩子抬高角度，那么彼此都能理解对方的情绪和感受。同样，在与人交往中也要站在对方的角度看问题。

每个人都有自己既定的习惯和立场，容易忘却他人的想法。那么，换位思考到底是什么呢？其实就是从对方的立场来看事情，以别人的心境来思考问题。换位思考不但需要转换思维模式，还需要一点好奇心来探求他人的内心世界。

一位沟通大师说："当你认为别人的感受和你自己的一样重要时，才会出现融洽的气氛。"我们需要多从他人的角度考虑问题，如果对方觉得自己受到重视和赞赏，就会报以友好的态度。如果我们只强调自己的感受，别人就不会与你交往。

为对方着想就是为自己着想，这才是情绪掌控高手应具备的品质。

千万不要以自我为中心而完全不顾他人的颜面、立场，如果将自己的价值标准强加在别人的头上，轻则得到的是不和谐的人际关系，重则可能使自己一败涂地。

时常有人抱怨自己不被他人理解，其实，换个角度可能别人也有同样的感受。当我们希望获得他人的理解，想到"他怎么就不能站在我的角度想一想呢"时，我们也可以尝试自己先主动站在对方的角度思考问题，这样就能明白他人的情绪感受，顺利引导他人情绪。

卡耐基有一个保持了多年的习惯，经常在他家附近的公园内散步。令他痛心的是，每一年树林里都会失火。那些火灾几乎全是那些到公园里野餐的孩子引起的。卡耐基决定尽自己所能改变这种状况。他告诉不听话的孩子会叫警察把他们抓起来。卡耐基后来说自己只是在发泄某种不快，根本没有考虑过孩子们的感受。那些孩子即使服从了，等卡耐基一走，他们很可能又把火点燃。

后来，卡耐基意识到必须换一种方式来和那些孩子沟通。他再次看到孩子们在树林里生火时，就微笑着问他们："孩子们，你们玩得高兴吗？"卡耐基和孩子们融洽相处。在与孩子交往中向他们灌输不要玩火的思想。比如：生火时要离枯叶远一点，不要在大风的天气中生火，等等。孩子们立刻就照做起来。

显然，卡耐基后的做法收到的效果大不一样，那些孩子很愿意合作，而且毫不勉强。事实证明，只要我们多考虑别人的感受，多从别人的角度看问题，即便是很尖锐的矛盾也能缓和下来。因此，如果你想得到别人的配合，最好真诚地从他人的角度来考虑。

卡耐基有一个避免争执的神奇句子："我不认为你有什么不对，如果换了我肯定也会这样想。"这句话能使最顽固的人改变态度，而且你说这句话时并不是言不由衷，因为人类的情绪和需求是大致相同的，如果真的换了你，你就会有他那样的想法和感觉，尽管你也许不会像他那样去做。

懂得放弃是具有较高情绪控制能力的表现

忧郁、无聊、困惑、无奈以及一切的不快乐的情绪，都和我们的要求有关。我们之所以会产生这些情绪，是因为我们渴望拥有的东西太多了；或者，太执着了，不知不觉，我们已经沉迷于某个事物中了。"把手握紧，什么都没有，但把手张开就可以拥有一切。"

假如在一个暴风雨的夜里，你驾车经过一个车站。车站上有三个人在等巴士，其中一个是病得快死的老妇人，一个是曾经救过你命的医生，还有一个是你长久以来的梦中情人。如果你只能带上其中一个乘客走，你会选择哪一个？

很多人都只选了其中唯一一个选项。而最好的答案是，"把车钥匙给医生，让医生带老妇人去医院，然后我和我的梦中情人一起等巴士"。

大部分人从来不想放弃任何好处吗，就像那把车钥匙？有时候，如果我们可以放弃一些固执、限制甚至是利益，我们反而可以得到更多。这里有很多关于取和舍的深层问题。

在人生的旅途中，需要我们放弃的东西很多。如果不是我们应该拥有的，我们就要学会放弃。几十年的人生旅途，会有山山水水，风风雨雨，有所得也必然有所失，只有我们学会了放弃，我们才会拥有一份成熟，才会活得更加充实、坦然和轻松。

放弃一件事情，也许会开启另一道成功的门。生活是一个单项选择题，每时每刻你都要有所选择，有所放弃，要追求一个目标，你必须在同一时间放弃一个或数个其他的目标。该放弃时就放弃，不要在犹豫不决中虚度光阴，否则到最后可能会一无所有。

在一间很破的屋子里，有一个穷人，他穷得连床也没有，只好躺在一张长凳上。穷人自言自语地说："我真想发财呀，如果我发了财，绝不做吝啬鬼……"

这时候，上帝在穷人的身旁出现了，说道："好吧，看你那么穷，我就让你发财吧，我会给你一个有魔力的钱袋。"

上帝又说："这钱袋里永远有一块金币，是拿不完的。但是，你要注意，在你觉得够用了时，要把钱袋扔掉才可以开始花钱。"说完，上帝就不见了。在穷人的身边，真的有了一个钱袋，里面装着一块金币。穷人把那块金币拿出来，里面又有了一块。于是，穷人不断地往外拿金币。穷人一直拿了整整一个晚上，金币已有一大堆了。他想：啊，这些钱已经够我用一辈子了。

到了第二天，他很饿，很想去买面包吃。但是，在他花钱以前，必须扔掉那个钱袋。于是，他拎着钱袋向河边走去。他又开始从钱袋里往外拿钱。每次当他想把钱袋扔掉时，总觉得钱还不够多。日子一天天过去了，穷人完全可以去买吃的、买房子、买最豪华的车子。可是，他对自己说："还是等钱再多一些吧。"他不吃不喝地拿。同时，他也变得又瘦又弱。终于，他倒了下去，死在了他的长凳上。

在现实生活中，也有很多这样的人，他们舍不得放弃任何东西。因为不能放弃，不能放手，他们要面对很多无奈的痛苦，因而深陷在无法自拔的情绪困境之中。

放弃，是一种智慧，是一种豁达，它不盲目、不狭隘。放弃，为我们的情绪提供一个相对宽松的环境，它滋润了心灵，它驱散了乌云，它清扫了心房。有了它，人生才有坦然的心境；有了它，生活才会阳光灿烂。

别让压力毁了你，别让情绪左右你

很多人在生活中，往往都会为是否舍弃一种生活追求而犹豫不决。优柔寡断是不可取的。一个人的精力是有限的，如果每件事情都影响到自己的情绪，自己肯定会吃不消。期望所有事情都有好的发展，结果可能一无所成。学会适时放弃，才是成大事者明智的选择。

由美国励志演讲者杰克·坎菲尔和马克·汉森合作推出的《心灵鸡汤》系列读本，被翻译成数十种语言，感动激励了无数的人。可是谁能想到在开始写作之前，马克·汉森经营的是建筑业呢？原来马克在建筑业经营彻底失败，自己也破产之后，果断地选择了放弃，选择彻底退出建筑业，并忘记有关这一行的一切知识和经历，甚至包括他的老师——著名建筑师布克敏斯特·富勒。他决定去一个截然不同的领域创业。很快，他就发现自己对公众演说有独到的领悟，而这是个容易赚钱的职业。一段时间之后，他成为一个具有感召力的一流演讲师。后来，他的著作《心灵鸡汤》和《心灵鸡汤2》双双登上《纽约时报》的畅销书排行榜，并停留数月之久。

马克放弃了建筑业，但是你不能简单地说他是个半途而废的人，他是一个会给情绪松绑的人。要知道，只有懂得放弃，才能做出更好的选择，才能获得成功。选择和放弃都是人生的智慧，太执着，占有欲太强只能给自己的人生增加负担。理智选择，果断放弃才能让自己轻装上阵，走向成功。

人的一生很短暂，而世界上又有那么多炫目的精彩，我们不可能抓住每一个精彩，这时候，放弃就成了一种大智慧。放弃其实是为了得到，只要能得到你想得到的，放弃一些对你而言并不必需的"精彩"，又有什么不可以呢？

对自己的人生主动出击

很多人都无法从负面情绪中走出来，因为他们认为自己失败，是因为不能得到别人所享有的机会，没有人帮助和提拔他们。他们说，好的位置已经满了，高等的职位已被抢走了，一切好的机会都已被别人捷足先登，所以他们毫无机会了。这种人把失败原因都归于别人，所以他们没有情绪负担是不可能的。

但积极的人却不会推脱，他们不在负面情绪中做过多停留，而是主动对自己的人生出击。他们只是迈步向前，不等待别人的援助，他们靠的是自己。

刚毕业不久的大学生小杨，在工作初期，遇到了很多困难，但他告诉自己：面对问题时，要倾尽全力，心中除了胜利以外，什么都不想。这种想法改变了他的人生。如今，他已成为一家大公司的第一号推销员了。

他说："约在4年前，我还是个落伍者，成天唉声叹气、愁眉不展，抱怨苍天待我不公平。我终日懒懒散散，整天做着发财梦，可是这些异想天开的幸运，始终没有降临在我身上。我的幻想终于破灭了，只觉得前途一片黑暗。就在这个时候，一个朋友对我说：天下没有不劳而获的事情，人生要靠自己主动去开创，你对人生付出多少，人生就给予你多少。人生每天都向我们提出一些问题——你是否对人生怀疑？你是否对自己的能力有信心？唯有信心，才能使你主动去创造成功的人生。

"过去我从没有努力地工作过，再加上自己又缺乏信心，当然尝不到成功的果实。突然间，我感到自己整个人都变了，也发现现实充满了新的机会，我决定就从推销员干起，我相信自己有能力突破任何困难。从此，信心与行动，便成了我的人生信条。"

天下没有不劳而获的事情，一直等待机会，不主动出击是不会获得成功的。小杨正因为明白了这个道理，才找到了自信，积极地工作，最后获得成功。积极进取的人，他也不会等待运气护送他走向成功，而会努力争取更多成功的机会。也许，他可能会因为经验不足、判断失误而犯错，但是只要肯从错误中学习，等他逐渐成熟后，就会成功。

真正想成功的人，不会只坐下来发泄自己的抱怨情绪，怨天怨地，他会检讨自己，再接再厉。掌握自己人生的主动权，就需要主动对自己的人生出击，遇到事情不顺利时，必须抱着主动的精神和充分的信心，积极努力地去克服困难，就是遇到了再大的阻力，也绝不退缩，如此才有成功的希望。若开始就抱着放弃的心理，那就根本产生不了斗志，到头来困难更多，这样下去一定会失败。所以，我们在遭遇困难时必须直面问题，冷静思考，再努力地去尝试。

在遇到困难时，不要找理由或借口来逃避现实。但凡世上成功立业之人，都能勇敢地面对困难，解决困难，不被逆流轻易击倒，甚至在他找不到解决困难的方法时，他也会自己去创造机会。

要对自己的人生主动出击，可以运用下面的一些方法：

1. 遇到困难时，最重要的就是绝不放弃，坚持到底。
2. 尽量用充满希望的积极言语来鼓励自己，不要老说一些丧失斗志的话。
3. 不要被外在环境吓倒，内心充满希望，发挥"我认为能，就做得到"的精神。
4. 做个主动的人。要勇于做事，付诸行动。
5. 用行动来克服恐惧，同时增强你的自信。怕什么就去做什么，你的恐惧感自然就会消失。
6. 培养主动的精神，不要一味坐等。主动一点，你自然会精神百倍。
7. 时刻想到"现在"。"明天"、"下礼拜"、"将来"之类的词跟"永远不可能做到"意义相同，要成为"我现在就去做"的那种人。
8. 态度要主动积极，不要沉溺于现状。要积极地去改变现状。要主动担任义务工作，向大家证明你有成功的能力与雄心。

在日常生活和工作活动中，机遇不会时时光顾你，消极等待只能是一种徒劳；只有主动出击，才能让我们拥有阳光一般的良好情绪，最后我们才能为自己赢得一份成功的把握。

舍仇恨，得真快乐

忘记仇恨就是拥有良好情绪的最根本方法。人人都有痛苦，都有伤疤，经常去揭，会添新伤。学会忘却，生活才有阳光。如果没有忘却，人不会快乐，只会淹没在对过去的懊悔、痛苦和对未来的恐惧、忧虑之中，人的大脑与神经会因不堪重荷而错乱，心也会被人生必经的一切坎坷咬噬着，人生永远没有喘息的机会；如果没有忘却，人们可能会因为人与人之间的小摩擦而终生没有朋友、没有伴侣；如果没有忘却，那么我们除了在既没有多少记忆也不需要忘却的婴儿身上能够看到最纯真的欢愉之外，不会在其他人身上看到洋溢着幸福的脸。

一个人在他20多岁时被人陷害，在牢房里待了10年，后来冤案告破，他终于走出了监狱。出狱后，他开始了几年如一日地反复控诉、咒骂："我真不幸，在最年轻有为的时候竟遭受冤屈，在监狱度过本应最美好的一段时光。那样的监狱简直不是人居住的地方，狭窄得连转身都困难。唯一的细小窗口里几乎看不到阳光，冬天寒冷难忍，夏天蚊虫叮咬……真不明白，上帝为什么不惩罚那个陷害我的家伙，即使将他千刀万剐，也难解我心头之恨啊！"

75岁那年，在贫病交加中，他终于卧床不起。弥留之际，牧师来到他的床边："可怜的孩子，去天堂之前，忏悔您在人世间的一切罪恶吧……"

牧师的话音刚落，病床上的他声嘶力竭地叫喊起来："我没有什么需要忏悔，我需要的是诅咒，诅咒那些施予我不幸命运的人……"

牧师问："您因受冤屈在监狱待了多少年？离开监狱后又生活了多少年？"他恶狠狠地将数字告诉了牧师。

牧师长叹了一口气："可怜的人，您真是世上最不幸的人，对您的不幸，我真的感到万分同情和悲痛！他人囚禁了你区区10年，而当你走出监牢本应获取永久自由的时候，您却用心底里的仇恨、抱怨、诅咒囚禁了自己整整50年！"

对仇人的报复只会使你情绪超负荷。心怀报复，无法排泄的怨气会让自己缺乏对理想的执着与追求，事业的成功自然遥遥无期。

实际上，忘记仇恨是爱他人、爱世界的一种方式。在现实生活中，你千万不要拿显微镜看周围的事物。人人都有不足，事事都有缺憾。但是瑕不掩瑜，只要我们忘记仇恨，不刻意追求完美，就会从中发现自己喜欢的东西，从而拥有丰富而美好的真实生活。

我的快乐，我做主

真正的快乐是发自内心的，"我的快乐，我做主"。

其实，在这个世界上，每个人都有着不同的缺陷或遭遇不如意的事情，并非只有你是不幸的，关键在于如何看待和对待不幸。无须抱怨命运的不公，不要只看自己没有的，而要多看看自己所拥有的，这时你就会感到：其实我很富有。快乐的人总向前看，因为他们相信自己能主宰一切。

有一个人问神父："神父，您为什么那么快乐？我却觉得人生宛如苦海，您教教我得到快乐的方法好不好？"神父说："好呀，但你得先做三年的苦工才可以。"这个人坚定地说："可以的，为了得到这个妙方法，我心甘情愿做三年的苦工。"

于是往后的三年里，这个人就认真地工作着，因为有了快乐的追求目标，他每天都乐在工作中，爱在生活里。就这样，年复一年，三年苦工很快做满了，他恭恭敬敬地跪在神父的面前说："神父，您看我这三年的表现好吗？"

神父说："很好，你表现得很好，我今天要履约传法给你，不过还有个小条件，你要自我承诺，终其一生都要享用这个快乐的秘诀好不好？"这个人欣然道："好，好，好，我一定做到。那么快乐的秘诀是什么呢？""快乐的秘诀就是无论身在何处，都要快快乐乐地活着。"这就是神父的"快乐法门"。

这个故事告诉我们，快乐与否都是自己做主的，从心里寻找快乐，这才是最好的捷径。

对于快乐的涵义，每个人都会有不同的想法，而这种想法恰恰可以决定每个人是否真正快乐。有人觉得衣食无忧便是一种快乐；有人认为学业有成是一种快乐；有人说梦想成真是一种快乐；有人则说，玩就是一种快乐。那么，什么才是真正的快乐呢？谁不希望快乐？谁也不会拒绝快乐，"快乐"二字看上去很简单，可又有多少人明白快乐的真谛呢？

真正的快乐只是一种心态，一种你自己完全可以主宰，可以调整的心态；真正的快乐只是一种境界，一种你自己领悟，你自己进入的境界；真正的快乐也需要"悟"，这悟出的快乐不在他人的手里；你是一个快乐的创造者，当你明白这一点的时候，快乐永远伴随着你。

上帝把一捧快乐的种子交给幸福之神，让她到人间去撒播。临行前，上帝仍不放心地问："你准备把它们撒在什么地方呢？"

幸福之神胸有成竹地回答说："我已经想好了，我准备把这些种子放在最深的海底，让那些寻找快乐的人，经过惊涛骇浪的考验后才能找到它。"

上帝听了，微笑着摇了摇头。幸福之神思考了一会儿，继续说："那我就把它们藏在高山之上吧，让寻找快乐的人，通过艰难跋涉才能发现它的存在。"

上帝听了之后，还是摇了摇头，幸福之神茫然无措了。上帝意味深长地说："你选择的这两个地方都不难找到。你应该把快乐的种子撒在每个人的心底。因为，人类最难到达的地方，就是他们自己的心灵。"

"愚人累积金钱，智者累积快乐，与人分享仍取之不竭"，快乐是种子。它能生出更多的快乐。生活里有着许许多多美好的事物、许许多多的快乐，重要的是我们能不能发现。而要发现它，关键在自己。

可见，生活得快不快乐，全在自己对生活的态度和理解。快乐就在我们心里。当你跋山涉水寻找快乐时，为什么不去自己心里找一找？真正的快乐是发自内心的，你不需要戴着灿烂的笑容面具，就已显得容光焕发了。找到快乐唯一要做的就是摒弃你心中的忧虑、欲望、抱怨和仇恨。

改变态度：只看我有的

《伊索寓言》讲述了这样一则故事：

有一次，孙子和祖父进林子里去捕野鸡。祖父教孙子用一种捕猎机：它像一只箱子，用木棍支起，木棍上系着的绳子一直接到他们隐蔽的灌木丛中。野鸡受撒下的玉米粒的诱惑，一路啄食，就会进入箱子，只要一拉绳子就大功告成了。

祖孙俩支好箱子藏起不久，就有一群野鸡飞来，共有9只。大概是饿久了的缘故，不一会儿就有6只野鸡走进了箱子。孙子正要拉绳子，可转念一想，那3只一会儿也会进去的，再等等吧。等了一会儿，那3只非但没进去，反而走出来3只。

孙子后悔了，对自己说，哪怕再有一只走进去就拉绳子。接着，又有两只走了出来。如果这时拉绳，还能套住一只。但孙子对失去的好运不甘心，心想着还会有野鸡要进去的，所以迟迟没有拉绳。

结果连最后那一只也走了出来。孙子一只野鸡也没有捕到。

做人要知道满足，要懂得珍惜，不可贪得无厌。正是因为孙子不满足已有的，想要获得更多，最后一只野鸡也没有捕到。不满足恰好就是打开负面情绪盒子的魔鬼。现实生活中好多人对于已经拥有的都感觉不到满足，贪婪地想索取更多，却在不知不觉中失去了原有的美好事物。

人生究竟是黑白还是彩色，取决于我们的看法。我们一旦习惯看到人生的黑暗面，就会刻意去寻找黑暗的那一面，而忽略掉光明的一面，我们自然会被消极情绪所包围。多计算一下自己已拥有的，我们每个人都将是富人。

提起霍金，人们就会想到这位科学大师那永远深邃的目光和宁静的笑容。世人推崇霍金，不仅因为他是智慧的英雄，更因为他还是一位人生的斗士。

有一次，在学术报告结束之际，一位年轻的女记者面对这位已在轮椅上生活了30余年的科学巨匠，深表敬仰之余，她又不无悲悯地问："霍金先生，卢枷雷病已将你永远固定在轮椅上，你不认为命运让你失去太多了吗？"

这个问题显然有些突兀和尖锐，报告厅内顿时鸦雀无声，一片静谧。

霍金的脸庞却依然充满恬静的微笑，他用还能活动的手指，艰难地叩击键盘，于是，随着合成器发出的标准伦敦音，宽大的投影屏上缓慢而醒目地显示出如下一段文字：

我的手指还能活动，
我的大脑还能思维，
我有终生追求的理想，
有我爱和爱我的亲人和朋友，
……

心灵的震颤之后，掌声雷动。人们纷纷拥向台前，簇拥着这位非凡的科学家，向他表示由衷的敬意。

尽管霍金不得不依靠轮椅活动，但他依然能够保持温和的微笑，因为他只看自己拥有的。很多人为负面情绪所累，抱怨自己过得不好，生活得不幸，如果整天处于烦闷的情绪状态之下，那么他如何体会到生活的美好呢？这个世界不缺少善良，这个社会也不缺少感动，在人人都急功近利地追求着自己的梦想时，有几个人能想到"感谢"这个词语？这个最平常、最容易说出的词语，的确就根植在心里，而不是脱口而出的一句寒暄。

"身外物，不奢恋"是思悟后的清醒，它不但是超越世俗的大智大勇，也是放眼未来的豁达襟怀。谁能做到这一点，谁就会遇事想得开，放得下，活得轻松，过得自在。

如果一个人总是对失去的东西念念不忘，郁闷不已，就没办法做到淡定、知足。

你人生是贫穷还是富有，是黑白还是彩色，都在于你自己。如果你能接受自己所有的缺憾，接受这份不完整的生命赐予,那么你就不会被外物侵扰,拥有平和快乐的心情,开心地对待自己的每一天。对于生命的苦难,我们不能把它当成是"谁"的错。接受自己,接受现实,相信我已富有、已完美,生命将无憾。

第四节
社交中如何掌控自己的情绪

打开心窗,战胜社交焦虑症

患有社交焦虑症的人,对任何社交或公开场合都会感到恐惧或忧虑。害怕自己的行为或紧张的表现会引起羞辱或难堪。

欧阳小姐上学时性格比较内向,与人交往时总是小心翼翼的。因为晕车,每次坐车前都特别紧张,害怕自己会出现干呕的症状,但坐进去了就很少会有这个感觉。某天要去一个老师家补习,刚坐完车,她突然想到万一在老师家忍不住吐怎么办?那时越想越感觉不舒服,最后果然吐了,老师家也没去成。后来又联想到去学校如果也发生这样的事怎么办?结果在路上也出现了干呕的症状。这样持续一段时间后,她害怕出现在公共场合,很多集体活动也不参加了。

我们大多数人在见到陌生人的时候多少会觉得紧张,这本是正常的反应,它可以提高我们的警惕性,有助于我们更快更好地了解对方。这种正常的紧张往往是短暂的,随着交往的加深,大多数人会逐渐放松,继而享受交往带来的乐趣。

然而对于社交焦虑症患者来说,这种紧张不安和恐惧是一直存在的,而且不能通过任何方式得到缓解。在每个社交场合、每次与人交往时,这种紧张状态都会出现。紧张、恐惧远远超过了正常的程度,并表现为生理上的不适:干呕甚至呕吐。类似欧阳小姐这样的人,在日常生活中有很多。

一个不容忽视的方面是社交焦虑症的恶性循环。你可能会说:"既然知道患有社交焦虑症,避免参加社交活动不就行了?"

其实,你心里清楚没那么简单。我们可以给你图解一下你的恶性循环:害怕被人评价——缺乏社交技能——缺少社交强化、缺少社交经历——回避特定的场合——害怕被人评价。

由此可见,单纯回避可导致一系列的问题,如害怕被人评价,社交技能缺乏,而这种缺乏会导致回避行为的增加,进一步加重了社交焦虑症的症状。所以,单纯通过回避减轻病情无异于"饮鸩止渴",只会导致病情越来越恶化。

对于社交焦虑症患者来说,只有积极地进行治疗才是对付社交焦虑症的最佳办法。一方面加强社交技能的学习和强化,另一方面可通过适当的药物治疗来帮助克服社交时由紧张、恐惧引起的身体不适,逐渐形成良性循环。对治疗既不要急于求成,也不能自暴自弃。

有个患有社交焦虑症的青年,医生用妙法帮他摆脱了困扰。

这个青年十分害怕去人多的地方,于是医生给他做了硬性安排,让他每天卖100份当天的报纸,开始他不敢在街上抬头叫喊,就写了一张大字报"谁买报纸,5角一份",结果第一天仅卖了10份,第二天有所好转,第五天就全部卖光,第十天他竟一晚上走街串巷地卖了200份报纸,他感到特别兴奋。

当然,这种方法并不是对每个人都适用,因为许多人从开始就无法面对这种方法,多数人会半途而废,不久又习惯地进入恐惧之中,最后还是回避。

另外,需要强调的是:由于社交焦虑症的发病年龄较低,我们认为预防社交焦虑症应从娃娃抓起。据有关报道，社交焦虑症与遗传及父母的行为方式有关。所以，为人父母的应引起注意。（习惯性焦虑、遗传因素、父母的过度保护→儿时缺乏适应能力的锻炼）+（父母的排斥或批评、令人难堪或耻辱的特殊经历→预期性的焦虑）=回避。由此可见，父母在教养孩子的过程中易犯的错误，可能增加孩子长大以后患社交焦虑症的可能性。特别是我国传统的教养方式，或者无原则地溺爱孩子，或者无来由地任意打骂孩子（中国自古就有"不打不成才"、"子不教，父之过"的古训）。作为家长，培养孩子们从小树立自信，战胜恐惧情绪是很有必要的。一个被恐惧情绪控制的人是无法成功的，因为他拒绝一切新鲜事物，不让它们走进自己的生活。即使有那么一点渴望，也立刻被压制下来，不敢争取自己渴望的东西。

跳出"小我"的世界

有时候，限制我们走向成功的，不是别人拴在我们身上的锁链，而是我们自己设置的牢笼；高度并非无法打破，只是我们无法超越自己思想的限制；没有人束缚我们，只是我们自己束缚了自己。跳出自我的小世界，我们会发现，世界如此之大。

那么，怎样才能做到跳出自我的小世界，以正面的情绪引导正确的行为呢？以下提供几种自我调适的方法。

自我调整

美国经营心理学家欧廉·尤里斯教授提出了能使人平心静气的三项法则："首先降低声音，继而放慢语速，最后胸部挺直。"

闭口倾听

英国闻名的政治家、历史学家帕金森和英国知名的治理学家拉斯托姆吉，在合著的一书中谈道："假如发生了争吵，切记免开尊口。先听听别人的，让别人把话说完，要尽量做到虚心诚恳，通情达理。靠争吵绝对难以赢得人心，立竿见影的办法是彼此交心。"愤怒情绪发生的特点在于短暂，"气头"过后，矛盾就较易解决。

理性升华

当冲突发生时，在内心估计一个后果，想一想自己的责任，将自己升华，使自己成为一个有理智、豁达大度的人，这样就一定能控制住自己的情绪，缓解紧张的气氛。

找朋友倾诉

当意识到自己情绪不好的时候，可以找自己最好的朋友或者最交心的同事，向他们诉说，因为他们往往能从客观的角度来看待问题，弄清楚问题的症结所在，找出解决的方法。

转移视线

在情绪不好的时候，可以看书，或者参加一些体育运动来转移注意力，也可以做有氧运动。

学会调适情绪是帮助自己更好地走出内心小世界的方法。开拓成功的人际网络，从树立自我形象开始，你必须让自己充满自信、活力，使人乐于和你亲近。不论你多么有才华、有能力，没有他人的协助，也是不可能取得很大成就的。懂得调控自己的情绪，进而更好地开拓、协调自己的人际关系网络，才能开创美好的前途。

无故的猜疑会加重情绪负担

猜疑就是无缘无故地对一些自己并不知道的人或事进行各种设想，并让自己信以为真。怀疑一切是错误的，我们可能就会因为这种不当情绪，失去生活中的美好。我们必须认识到，猜疑情绪是人们心理上的劣根性，猜疑因素流淌在我们每个人的血管里，如果我们不采取解毒的手段，它就会像毒品一样把我们的生活推向"窝里斗"的水深火热之中，哪里还有精力去维护友谊的发展？哪有时间去好好享受生活呢？猜疑是"窝里斗"的祸根，猜疑是化友为敌的障眼帘，甚至是造成自杀和他杀的毒品。

两个人结伴横穿沙漠，水喝完了，其中一人中暑不能走动，剩下的那个健康而饥渴的人对同伴说："你在这里等着，我去找水。"他把手枪塞在同伴的手里，说："枪里有五颗子弹，记住，三个小时后，每个小时对空鸣枪一次，枪声会告诉我你所在的位置，这样我就能顺利找到你。"

两人分手后，一个人充满信心地去找水了。另一个人满腹狐疑地躺在那里等候，他看着手表，按时鸣枪，但他一直以为只有自己才能听到枪声，他的恐惧加深，认为同伴找水失败，中途渴死，过了一会儿他又想一定是同伴找到了水，却弃自己而去。到应该开第五枪的时候，这人悲愤地想："这是最后一颗子弹了，同伴早已听不到我的枪声了，等到这颗子弹用过之后，我还有什么依靠呢？只有等死了，而在临死前，秃鹰会啄瞎我的眼睛，那时该多么痛苦，还不如……"于是颤抖着把枪口对准自己的太阳穴，扣动了扳机。不久，那个提着满壶清水的同伴领着一队骆驼商旅循声而至，但是他们找到的只是一具尸体。

猜疑是有害的，上述案例中那位不幸的人由于不相信别人而使自己陷入情绪困境，恐惧、担忧各种情绪轮番上阵，最后因为过重的情绪压力丢掉了性命。

具有猜疑情绪的人每天忧心忡忡，对于一切的事情都在担忧，总觉得无论自己做什么事、说什么话，都有人在评论着自己，议论自己的一举一动，甚至总有人在跟自己过不去。其实呢，大家根本没去注意他，在这个飞速发展的时代，每个人都有自己忙不完的工作，谁还有那些闲情逸致去管别人的事呢？都是猜疑惹的祸。

猜疑在生活中往往给人带来很大的危机感，如何解决和处理掉这种危机，则成为人们共同应付的问题。

当你疑心别人在讽刺你、轻视你的时候，不要马上采取行动，先分析一下，你的猜疑是否正确。不妨设身处地地去为对方设想一下，看他的言行是否合乎情理。这样一来，也许你会发现，事情常常和你猜想的不一样。多作深入的调查了解，能避免用错误情绪处理问题。

身正不怕影子斜，一个人有了充分的自信，就不会时时为疑心所困，别人的态度甚至闲言碎语，就不会使自己敏感，也不会计较。"谁人背后无人说，哪个人前不说人？"几句议论又算得了什么？在许多情况下，不是别人对你有成见，而是多疑使你产生了别人对你有成见的错觉，这又会反过来影响你对别人的看法，从而真的使别人对你产生看法。生活中，工作上，如果自己确有不足的地方，又怕别人背后议论自己，以致疑心重重，那就要敢于承认自己的缺点和错误，并坚决改正。相信自己才能得到别人的承认。

通常，人们对自己信得过的人，不大会产生猜疑；反之，越是自己不信任的人，越容易疑神疑鬼，总以为别人在同自己作对。因此，多疑的人应特别注意对别人直言相告，坦诚相处，有了彼此间的信任，猜疑情绪的基础就不存在了。如果对某人一旦产生了猜疑，可以主动与对方接触，开诚布公地谈一谈，多沟通思想，互相交心通气。这样不但可以消除误会，驱散疑云，因多疑而引起的焦虑苦恼一扫而光，还能进一步增进彼此间的友谊。并且，双方关系融洽，互相信任，有利于团结一致、携手前进。

不要急于证明自己

证明自己，并不是一朝一夕的事情，你不会根据一个人一时的表现而给他下定义，同样别人也不会因为你一时的表现来评价你。在长久的相处中，你和周围的人会相互了解，这样在慢慢地理解的过程中，每个人都有足够多的时间和机会来证明自己。在现实生活中，有些人会常常急于证明自己，往往适得其反。

意大利一家精神病院因运送病人的司机玩忽职守误收了三名正常人。那三个人被关在精神病院里28天，其中两个人差点变成真正的精神病人。美国《探路者》杂志记者格雷贝克特意为此事前往意大利，对那三位被关押者进行了一次专访。

要想从精神病院里走出来的唯一方法就是证明自己不是精神病人，他们三个是怎样做到的呢？据格雷贝克的报道，刚到那个精神病院的时候，他们很崩溃，没想到这种事情会发生在自己身上。他们中的两个人用尽了各种方法来向医务人员证明自己不是疯子，他们展示正常人的思维，

第十六章　情绪掌控：你才是情绪真正的主人

他们向医生说明自己的出身、工作、家庭。但是，他们说得越多，医务人员越发坚定地认为他们就是疯子，就这样，两个人在恐怖中马上就崩溃了。

而第三个人不同，他没做无谓的尝试，他没积极努力地证明自己，而是像平常一样生活，该吃饭时吃饭，该睡觉时睡觉，该看书读报时就看书读报，医生让怎么做，他就听话地去做，当医务人员为他刮脸时，他还微笑着向他们致以谢意，医生因此确定他的精神病有所好转了。

就在第28天的时候，医生确定他的精神病好了，可以出院，而其他两个原本正常的人却快要成为精神病人了。第三个人出院后，就马上报了警，向警察说明三个人的遭遇，于是警察深入调查，才把另外两个同伴解救了出来。

格雷贝克在评论里发表这样的感慨：一个正常人想证明自己的正常，是非常困难的。也许只有不试图去证明的人，才称得上是一个正常人。

其实，事情就这么简单，最好的方法竟是不去证明。故事中其他两个人太急于证明，殊不知，有些事情越想证明越证明不了什么。而高情商的人知道什么时候应该沉默，什么时候应该爆发。

在生活中，那些通过各种途径想证明自己才华横溢、十分出色的人，还有那些用各种手段去证明自己富有、非凡的人，都极有可能被世人当作不折不扣的疯子，可那些低调的人往往才是高情商、真正富有智慧的人。

生活中有很多的不安都是由于想证明自己而产生的。但证明自己真的有那么重要吗？证明了自己就真的能赢得别人的认同吗？这是值得我们好好思考一番的。

另外，在证明自己的过程中，我们会展现自己的个性，但如果一个人锋芒太盛，难免灼伤他人。当你为了急于证明自己而将所有的目光和风头都抢尽了，却将挫败和压力留给别人，那么别人在与你对比之下，很可能觉得不自在，反而疏远了你。

急于想证明自己的人，往往都有一种急于求成的心态，这是低情商的表现，他们不知道一个道理："心急吃不了热豆腐。"

农夫在地里种下了两粒种子，很快它们变成了两棵同样大小的树苗。第一棵树一开始就决心长成一棵参天大树，所以它拼命地从地下吸收养料，储备起来，滋润每一根树枝，思考着怎样向上生长，完善自身，因为它相信，只有自己有充足的营养，以后果实才会非常丰硕，但也正因为这个原因，在最初的几年，它并没有结果实，这让农夫很恼火。

相反，另一棵树也拼命地从地下汲取养料，打算早点开花结果，这样才能证明自己比另外一棵树强，它做到了这一点。这使农夫很欣赏它，并经常浇灌它。

时光飞转，那棵久不开花的大树由于身强体壮，养分充足，终于结出了又大又甜的果实。而那棵过早开花的树，却由于在还未成熟时，便承担起了开花结果的任务，所以结出的果实苦涩难吃，并不讨人喜欢，并且渐渐地枯萎了。

急于求成与表现自己的动机虽是好的，但容易因急躁的情绪状态看不清很多事情，也就忽略了事物发展的客观规律，导致最后失败。

当然，如果你确实有真才实学，又有很大的抱负和理想，不甘于停留在一般和平庸的阶层，那么，你可以放开手脚大干一场证明自己的价值，但你不能只以自己的情绪为转移，同时也要考虑到他人的情绪，不要把自己当作唯一的主角，不然可能会做出对自己有利却伤害他人的事情来。

学会自我保护

在与陌生人的交往中，我们要遵循以下两点准则，以保护我们自己：一是要特别警惕那些站在你的立场或者利益上说话或者办事的人，不要随意表露我们真实的情绪，因为说不定他就是那个想从你这儿获得更多利益的人；二是我们要切忌盲目服从权威，权威不一定代表正确，却以权威的姿态让我们的情绪随之改变，所以一定要警惕。

通过一些简单的例子，我们可以看出这两点对于自我保护的重要性。先说那些似乎是站在我们的立场或者利益上说话或者办事的人，比如一个在你吃饭的时候故意告诉你可以点便宜饭菜的侍应生，在你信任他之后，他可能会让你多点一些汤或者甜品，这个时候你会觉得：他推荐给我一些更便宜的饭菜，那么他对我是真诚的，因此，我可以信任他。其实这时候，你的想法与情绪已经开始不自觉地受到了他的影响，从而付出了更多的代价，而且还是心甘情愿的。在现实生活中，这种情况也并不少见。很多聪明人都明白这个道理，因此他们很少被别人欺骗。有这样一个寓言故事：

从前，在某个国家，有个名叫迈克的人，经营宰牛卖肉的生意。由于他聪明机灵、经营有方，生意做得十分红火。

一天，国王派人找到迈克，对迈克说："国王看你卖肉很辛苦，就准备了丰厚的嫁妆，打算把女儿嫁给你做妻子，这可真是天大的好事呀！"

迈克听了，非但不惊喜，反而连连摆手说："不行啊，我身体有病，不能娶妻。"

后来，迈克的朋友知道了这件事，不断地劝迈克，说："你一个卖肉的，能娶国王的女儿是多大的福分，你却拒绝了，真不知你想什么。"

迈克笑着对朋友说："国王的女儿肯定有缺陷。"

迈克的朋友摸不着头脑，问他："你见过国王的女儿？"

迈克说："我虽没见过国王的女儿，可是根据卖肉的经验，我肯定国王的女儿有缺陷。"

朋友不服气地问："何以见得？"

迈克胸有成竹地回答说："就说我卖牛肉吧，当牛肉质量好的时候，只要给足分量，顾客拿着就走，我用不着加一点、找一点的。当牛肉质量不好的时候，我虽然给顾客加一点这，找一点那，他们依然不要。现在国王把女儿嫁给我一个宰牛卖肉的，还加上丰厚的礼品财物，我想，他的女儿一定有缺陷。"

迈克的朋友觉得迈克说得十分在理，便不再劝他了。

过了些时候，迈克的朋友见到了国王的女儿，发现国王的女儿果然有缺陷，她双目失明，需要人搀着才能行走。

这位朋友不由得暗暗佩服迈克的先见之明。

迈克是清醒的，听到国王要把女儿嫁给他时，没有马上显现高兴的情绪，他想到国王嫁女这种好事怎会平白无故地落在他这个普通人身上，其中定有蹊跷。有些事情虽没有直接的联系，但道理是相通的。如果迈克不是以自己亲身的感受去举一反三地思考生活中的现象，那说不定就要为了丰厚的嫁妆而娶回一个需要自己照顾一辈子的人了。

在我们明白这个简单的道理之后，我们是不是也应该对生活中那些看起来好像是站在你的立场上、为你好的人提高警惕呢？在现代社会，很多人都深谙要想得必须先舍的道理，他们为了从对方身上得到更大的好处，往往会先让对方得到一些利益，所以，为了能更好地保护自己，还是应该保持一些警惕心。

除了要警惕一些表面是为你好的建议之外，在日常的生活中，我们还要切忌盲目服从权威。

权威对我们的生活具有很强的影响力：比如你眼部不适，到医院就诊，如果其他条件相同，有一位眼科专家和一位刚从医学院毕业的年轻大夫供你选择，你会选择哪个呢？相信你一定会选择专家；又如一篇医学论文是被推荐到联合国的某个组织去报告，还是刊登在普通杂志上，这两种杂志在反映医学成就的信息的影响力方面肯定是不同的。

这些都说明，权威对我们的情绪影响是非常大的。不可否认，有时权威效应有它积极的一面，在日常生活中，积极、上进的名人效应是值得提倡的。

此外，进行自我保护，还要区分那些想从你身上得到更多好处的人和那些真正的朋友。真正的朋友会给我们的情绪带来积极正面的影响，这是我们非常欢迎的。对于前者，我们可以交往，但不能泄露真情，要把情绪掌控在自己手中。

适当地保留自己的秘密

在人际交往中，许多人常常把自己的秘密毫无保留地袒露出来。有时如果没把自己的心事完完全全地告诉问及的人，心中就会有不安的情绪，认为自己没有以诚待人，感到对不起他人；认为别人对自己很好或很重要，不把自己的秘密告诉他是错的。但是，这样我们就很容易被人抓住把柄，从而让别人影响我们的情绪。

在生活中，坦诚是交际中的美好品格之一。人与人之间需要交流，需要友情，谁都不愿与一个从不袒露自己的内心世界、对任何问题都不明确表态的高深莫测的人交往。然而，对于坦诚我们应有一个正确的理解。所谓坦诚并不意味着别人要把内心世界的一切都暴露给你，也不意味着你要把内心世界的一切都暴露给别人。每个人都有秘密，这是正常的，也是必要的。

一次约翰把自己的重大秘密告诉了乔治，同时再三叮嘱："这件事只告诉你一个人，千万别对别人说。"然而一转脸，乔治便把约翰的秘密添枝加叶地告诉了别人，让约翰在众人面前很难堪。

这种背信弃义有时出于恶意，有时却是无意的。这与个人的品质修养有关。有的人透明度太高，这种人不但不能为别人保守秘密，就连自己的秘密也保守不住；有的人泄漏别人的秘密，不是为了伤害别人，而是为了抬高自己，"咱们单位的事，没有我不知道的"，"我要是想知道某件事，我就一定能了解出来"……这种人常这样炫耀自己，他们认为，知道别人的秘密越多，自己的身价就越高；有的人用泄漏别人秘密的方法伤害别人、娱乐自己，甚至把掌握的秘密当作要挟别人的把柄，当作自己晋升的阶梯，这种人在现实中很常见，对这种人最应该提高警惕。

由此可见，像约翰那样让他人为自己保守秘密，远比只让自己保守自己的秘密难得多。因此，不到万不得已的时候，不要让他人分享自己的秘密，要学会自己的秘密自己保守。

当然，过于封闭自己也于自己的身心不利。有时我们需要找人倾吐衷肠。这种倾吐，有时是为了企求帮助，请对方出主意；有时则只是能向人打开心扉就十分满足了，渴望找人诉说心事，但问题在于你应该找准可以信赖的倾吐对象。人们倾吐的目的是驱除孤独，如果向不该倾吐的人倾吐了心事，其结果会适得其反，你会因为遭到自己信赖的人的嘲弄和背叛而感到更加孤独。所以，在生活中你有必要找到关键时刻能替自己分担忧愁和苦恼的挚友，以免在需要找人倾诉时无处倾诉。

对于自己的某种想法、某件事情，当你认为有必要保密时，你该怎样做呢？有两点：一是要耐得住孤独，不向他人吐露；二是当他人察觉问及时，能够婉言谢绝。

婉言谢绝别人对自己秘密的探问确是一门交际艺术。对于关系不甚密切的人，谢绝不会让你陷入难堪的情绪状态。然而对于自己的老同事、老同学、老朋友，谢绝时就难以开口了。不过，无论关系是否密切，你在谢绝时最好不用"无可奉告"、"暂时保密"这类过于直白的言辞，而是应该把话说得柔和些。例如甲想了解乙的择偶标准，就问乙："想找个什么样的？"乙想对甲保密，就可以这样说："这个问题我还没考虑好。"这样，虽然你没有回答对方的问题，对方也非常容易接受。

第五节

恋爱中如何掌控自己的情绪

爱需要恒久的忍耐

爱情可以分为三个阶段，处于第一个阶段的恋人正是激情浪漫期，每天都盼望着见到对方，互相依恋，难舍难分，这时，我们眼中的爱人只有优点没有缺点。当爱情来到第二个阶段时，就是彼此的磨合期。上一个阶段的激情在此时冷却了下来，要回到现实中，我们眼中开始有了对方的缺点，爱情变得不那么甜蜜了，双方甚至想要逃避。如果度过了这段时期，爱情的第三个阶段就会让两个人彼此接受，相守永远。

但是，很多人的爱情都夭折在了第二个阶段，就是因为面对对方的缺点，没有选择忍耐，而是选择了发泄自己的负面情绪。

一对情侣在咖啡馆里发生了口角，互不相让。男孩愤然离去，女孩找不到发泄的方式，就用匙子狠狠地捣着杯中未去皮的新鲜柠檬片。当柠檬片被她捣得不成样子的时候，杯中的柠檬茶也泛起了柠檬皮的苦味。

于是女孩叫来侍者，要求换一杯剥掉皮的柠檬茶。侍者看了一眼女孩，没有说话，拿走那杯已被她搅得很浑浊的茶，又端来一杯冰冻柠檬茶，只是，茶里的柠檬还是带皮的。本来就心情不好的女孩更加恼火了，她又叫来侍者："我说过，茶里的柠檬要剥皮，你没听清吗？"

侍者看着她，眼睛清澈明亮："小姐，你知道吗，柠檬皮经过充分浸泡之后，它的苦味溶解于茶水之中，将是一种清爽甘冽的味道，正是现在的你所需要的，所以请不要急躁，不要想在3分钟之内把柠檬的香味全部挤压出来，那样只会把茶搅得很浑，把事情弄得一团糟。"

女孩愣了一下，心里有一种被触动的感觉，随后便略平衡了情绪，轻轻问道："那么，要多长时间才能把柠檬的香味发挥到极致呢？"

侍者笑了："12个小时。12个小时之后柠檬就会把生命的精华全部释放出来，你就可以得到一杯美味到极致的柠檬茶，但你要付出12个小时的忍耐和等待。"

侍者顿了顿，又说道："其实不只是泡茶，生命中的任何烦恼，只要你肯付出12个小时的忍耐和等待，就会发现，事情并不像你想象的那么糟糕。"

回到家后，女孩自己动手泡了一杯柠檬茶，她把柠檬切成又圆又薄的小片，放进茶里。女孩静静地看着杯中的柠檬片，她看到它们慢慢张开来，像是细密的眼泪，想起曾经的爱情，她的鼻子开始有些发酸。12个小时以后，她品尝到了她有生以来喝到的最绝妙、最美味的柠檬茶。女孩开始明白，这是因为柠檬的灵魂完全深入其中，才会有如此完美的味道。

正当女孩发愣的时候，门铃响了，男孩站在门口，怀里抱着一大捧热烈的火红玫瑰。"可以原谅我吗？"他讷讷地问。女孩笑了，她拉他进来，在他面前放了一杯柠檬茶。"让我们有一个约定，"女孩说道，"以后，不管遇到多少烦恼，我们都不许发脾气，静下心来想想这杯柠檬茶。"

"为什么要想柠檬茶？"男孩困惑不解。

"因为，我们需要耐心等待12个小时。"

几乎所有的爱，都需要我们的忍耐。爱是包容、是忍耐、是付出、是感激。每个人的一生中要经历很漫长的焦灼等待，才能在茫茫人海中遇到那个可以相互交付的人。得到了，拥有了，就要懂得珍惜，相比起曾经孤独绝望的等待，相比起顿足错过的刻骨遗憾，忍耐一下又如何呢？

当爱人之间产生矛盾和摩擦时，请先把自己愤怒的情绪冷冻一下，以免毁了自己的爱情。

席慕容曾黯黯地说，那么我要用多少次回眸才能真正住进你的心中？世界上的每一份缘都很不容易，牵手了，就不要轻言离别。相互包容，彼此忍耐，才能相携走过一生。

失恋不失意

恋爱者在恋爱过程中，产生了一种依托和欣慰。失恋后，这一切不复存在，可使之在心理和情绪上产生一种不适感，陷入痛苦绝望、羞愧悔恨等不良情绪中。所以了解失恋后的几种常见心理，并学会调适是非常必要的。失恋者常见心理表现有：

悲伤、痛苦、愤怒与绝望

有的恋爱者在突然失恋以后，在情感上首先会产生极大的悲伤和痛苦，随之而来的是愤怒和绝望。在这种强烈情绪的支配下，如果再加上外界的刺激因素，如旁人的煽动或恋爱对象的激发，很可能产生鲁莽的异常行为，比如自杀殉情、报复他人等。

强烈的报复心

这种心理通常发生在一些感情受到欺骗的失恋者身上。他（她）们为了宣泄自己的愤怒和不满，可能采取非理智的极端行为，如将恋人毁容甚至杀害等，也有的破罐破摔，干脆以自己的沉沦来报复社会和他人。

强烈的自卑感

有的失恋者因自尊心受挫产生强烈的自卑心理；有的甚至从此关闭感情的闸门，拒绝爱情，从而一蹶不振，性格变得孤僻、古怪，严重者可能产生自杀意念。

迁怒于他人或事

失恋后，有的人极易将消极的情绪迁怒于他人或事，表现为易动怒，对一切异性都有一种莫名的仇视心理，干任何事都不开心，容易发怒、发脾气，即使对亲朋好友也是如此。这种无端的迁怒常常会导致偏激行为，影响失恋者情绪的平复。

为了平复失恋者的情绪，我们找了一些方法来调试心理情绪：

正视现实，不要纠缠与责难

如果他或她已经真的不爱你了，到了必须分手的时候，不要纠缠着不放，纠缠也许会令对方暂时难以逃脱，但是更坚定了离开你的信念；不要再一味地责难，责难也许会让你感觉一时痛快，但是粉碎了曾经的美好回忆；更不要怪罪自己天生缺乏魅力，活在怨恨里，这样会令你的生活更沉重。既然你已得不到所希望的那份真情，又何必再为她或他伤心劳神、浪费感情与青春呢？放弃一段已经死亡的情感，你也许会痛苦，但有了新的爱情空间，有了重新选择的机会。

学会宣泄

失恋的人容易被遗憾、惆怅、失落、孤独等不良情绪困扰。此时，最好的办法是找一个能够交心的对象，向他们诉说你的悲伤和烦恼。当他们在倾听你的诉说后，会很好地安慰你。如果你不善言谈，那么可以以日记、书信的形式记录下来，让情感在笔端发泄，释放自己的心理负荷，获得心理解脱。你也可以关上门大哭一场，因为痛哭是一种感情的爆发，是一种自我保护性反应。另外，打球、参加文娱活动都能消除心中的郁结，解除失恋带来的心理压力。

表现出不在乎的样子

失恋了，一点感觉都没有是不可能的，但表面上装作不在乎有利于控制自己的情绪，积极的自我暗示在这时候是非常重要的。你可以这样去暗示自己："对付负心人最好的办法就是让自己好好地活下去！"或者："是不是每个人都要看我难过痛苦？办不到！"又或者："他都不在乎了，我为什么要在乎？一定要镇静，就当什么也没有发生过，只是梦醒了而已。"

自我安慰

有时，可以适当运用挫折合理化心理进行感情转移。一种是酸葡萄心理，即缩小或否定个人求而不达的目标的好处，而强调其各种缺点。比如失恋了，就说对方不好，就好像狐狸吃不到葡萄而说葡萄是酸的一样。另一种是甜柠檬心理，即不是把目标的好处缩小，而是把目前的境况扩大。比如失恋了，可以说这更有利于集中精力学习。这两种方法可以暂时缓解失恋带来的负面情绪，直至心理准备完毕，能够正视现实为止。当然，自我安慰只是一种消极的方法，如果失恋后听任这两种心理支配，不能接受现实，那就还没有从根本上解决问题。

移情

及时适当地把情感转移到失恋对象以外的人或事上，可以把注意力分散到自己感兴趣的活动中去，因为活动本身就是在冲淡心中的郁闷。如失恋后，可与朋友发展更为密切的关系，可积极参加各种娱乐活动，释放苦闷，陶冶性情；可投身大自然，把自己融入大自然中。

要懂得爱惜自己

要忘掉一段曾经真心付出的感情，绝非一蹴而就的事情。不要太苛求自己，要给自己留出空间与时间。要知道，你的生命不只属于你一个人，还属于你的亲人、你的朋友和你的工作岗位。你必须珍惜自己，不要自暴自弃。失恋了，不必再挂念那个人了，正好可以多疼惜一下自己。

一个人失恋时，头脑一片混乱，甚至会因此产生绝望的情绪，最容易做出错误的判断、糟糕的计划。因此，此时要学会调节自己的心情，平复自己的内心。

爱情需要理性经营

爱是一个非常崇高与无私的东西，它就像春天花草的芳香，夏天灼日般的热度，秋天累累硕果的甘甜，冬天白雪的纯净，不能带有丝毫的杂质。很多人都认为既然爱了就要凭着感觉走，这个感觉中很大成分都是情绪，所以我们很容易看到恋爱中的男女情绪波动都很大，与爱人吵一架，情绪就坏到极点，爱人哄一哄，立刻又欢天喜地。其实，爱情也是需要理性经营的。

恋爱中最不可效仿的就是被动地接受爱，认为另一半的付出是理所当然的人，是太自我的人。一个以自我为中心的人，不会爱别人，不会为别人着想，更不会激励对方成长，这样的人在当今社会不在少数。他们在情感上会很苛刻，爱与幸福似乎与他们无缘，因为他们要求所有的人都要以他为中心。他们不会在爱中发现快乐，因为他们不把对方当作一生的伴侣，而是当作控制的俘虏，他们不会在爱中成长，因为他们不会从对方身上吸收营养，而是向对方施加压力。

把另一方的付出视为理所当然时，你就会把他当作自己人，会压制对方享受自己生活的权利。而实际上维持爱情，双方必须是平等的，一方不可能成为另一方的附属物和牺牲品。既然双方是平等的，我们就要学会尊重，尊重对方的存在和对方的一切独立因素。经营爱情的要素有很多，承担责任，感情公开，忠诚，有高度自尊，对人生持积极的态度，等等。而尊重才是真正爱情赖以建立的基础，认为另一半的付出是理所当然的最根本的原因就是双方彼此的不尊重。

尊重就要相敬如宾。正如美国人纳撒尼尔·布拉登在《浪漫爱情的心理奥秘》里的描述：受到爱侣的尊重，我们就会感受到一种理解和被爱，感受到彼此的心心相印。从而不断地增强我们对爱侣的爱慕之心。尊重让我们心灵坦然、释怀、心胸宽广，尊重让彼此的心挨得更近，更加从容地面对一切挑战，生活也就明亮而灿烂。

尊重的基础是相互信任、两情相悦，互相尊重是奠定感情基础的前提。相爱的双方，当然应该尊重对方的观念、习俗和生活方式，尤其要尊重对方的私人空间。尊重对方的私人空间，从表面上看，是相互间的尊重，而实质上，是相互间的信任。无论是恋人还是夫妻，"常相知，不相疑"其实比什么都重要。

要想使爱情之花永久开放，我们就要懂得如何去经营爱情。爱情之路是一个漫长的过程，需要我们一步步地坚持走下去。真正的爱情得来不易，就像温室里的花草一样娇柔，当两个人热恋时，感情热烈得好似要把彼此都燃烧了，但是时间一长，冷却的爱情却需要彼此都很真诚地去维系与经营，需要我们精心地呵护和培植，只有这样爱情才不会变质。

失去爱情很容易，爱情就像一块易碎的玻璃制品，不经意间就会被打破，七零八落，很难收拾。没有面包的婚姻更是让人感到悲哀的。我们对待爱情就要像焙制面包一样，一遍又一遍，让它永葆新鲜，如西方哲学家赫拉克利特说的："太阳，每天都是新的。"这里提出了一个经营爱情的概念。所谓经营爱情就是恋爱双方对爱情要进行投入产出，这才是一个正常的情绪互动模式，我们要不断更新和发展这个情绪模式以保持双方的亲密度。这种经营不仅是指物质上的，更多的还是情绪与情感上的：培养共同的兴趣、爱好，营造良好的家庭氛围，等等。爱情是个互相感动的两情相悦，是男女双方从心底深处发出的欢喜和快乐。爱情是需要经营的，在经营中建立更加深厚的爱情。

恋爱中男女情绪各异

由于生理特征、认知方式等方面的差异，恋爱中的男女，是存在情绪表达上的差异的。所以面对同一件事时，会刺激产生不同的情绪，例如女人在看到男朋友来接自己以后，会非常高兴，但是当男友无意说了一句"我是顺便过来接你的"以后，女人会瞬间情绪爆发，认为这是男友对自己毫不重视的体现，而男人则认为仅仅是一句话，根本无所谓，也就不会对自己女友的情绪有认同感。

我们需要了解这些差异，这样有助于我们建立更加稳固的恋情。恋爱中男女的心理差异具体表现在以下方面：

男性比女性更容易一见钟情

人们之间的了解，总是从相识开始。爱情萌生于好感，而人们之间的好感，也离不开最初的一见。有的初见没有什么，但是日久生情；而有的只要见上一面，就会顿生情愫。通常情况下，男性更注重女性的外貌特征，而女性更注重男性的内心世界，选择对象一般比较慎重。因而男性比女性更易一见钟情。

男性求爱时积极主动，女性则偏爱"爱情马拉松"

在恋爱的过程中，男性往往比较主动，敢于率先表白自己的爱情，喜欢速战速决，与对方接触不久，就展开大胆的追求，希望在短期内能够取得成功。女性则不然，她们喜欢采取迂回、间接的方式，含蓄地表达自己的感情，喜欢将爱情的种子珍藏在心灵深处。

男性在恋爱中的自尊心没有女性强

在恋爱中，男性一般并不过分计较求爱时遭到对方拒绝所带来的尴尬。如果求爱受挫，他们会用精神胜利法来安慰自己以求得自身心理上的平衡。女性则不然，她们在恋爱中极其敏感，自尊心强，并想方设法来满足这种需要。

男性的戒备心理没有女性强

一般来说，男性在恋爱中的戒备心理比女性弱一些。不少男性在与女性开始接触后，几乎没有怀疑对方的心理。女性则不然，她们在恋爱初期显得十分冷静，常常以审视的态度来观察对方是否出自真心实意，考察对方的家庭细节，唯恐上当受骗。所以在恋爱的初期，女性往往显得十分小心谨慎。

女性的情感比男性细腻

在恋爱中，男性往往有些粗心，不能体察女方细微的爱情心理。他们顾及大的方面，而不注意小的细节，发现对方情绪变化时，经常百思不得其解，不知所措。

女性的情感很细腻，善于观察对方的心理。她们追求爱情的完美，要求男友的言谈举止都要称心。马马虎虎、粗心大意的男友不经意间说的一句话、做的一件事，常常会搞得她们伤感不已或大发脾气。

在情感表现方面，女性较男性含蓄

男女在恋爱中的情感表现大不相同，即使到了感情白热化的热恋阶段。

男性一般反应迅速强烈、意志坚强、勇敢大胆、感情洋溢，但情绪不稳定。这种个性特点，使他们对爱的感受容易溢于言表，喜形于色，言行多不深思后果，易冲动，受到刺激时不善控制自己，如急于用亲吻、拥抱等亲昵形式表达爱。

女性一般沉稳持重、灵活好动、情绪多变、感情充沛而脆弱，体现在恋爱过程中，则是她们感情羞涩而少外露，善于掩饰自己，表达爱慕常感到羞口难开，喜欢用婉转含蓄、暗示的方法而不喜欢过早用动作、行为的亲昵来表达。

失恋后，女性的承受能力较强

失恋对于男女双方来说，多是痛苦的事情。但面对失恋，男性的承受力低于女性，常常表现得消沉、哀伤，乃至绝望。这是因为男性恋爱中的浪漫色彩较重，对失恋缺少理智的分析和考虑。另外，男性的承受力较差，在失恋这种重大挫折面前易于消沉、哀伤。女性失恋后自然也非常痛苦、伤感，但她们承受力比较强，又喜欢憋在心里，所以看起来并不怎么痛不欲生。

"问世间情为何物，直教人生死相许"，爱情的力量是这样伟大，不断激发着两个人体验生命中的快乐，从相识到相恋到相伴。人生若舟，常常漂泊不定，爱情如桨，推波助澜，在平淡的生活中荡起片片涟漪。真爱是美好的，真爱是宝贵的，懂得了男女在心理方面的差异，你便不会为了交往中的各种不同表现而产生坏的情绪了。